T0223991

Arbeitsbuch höhere Mathematik

Georg Hoever

Arbeitsbuch höhere Mathematik

Aufgaben mit vollständig
durchgerechneten Lösungen und
Verweisen auf entsprechende Videos

3. Auflage

 Springer Spektrum

Georg Hoever
Fachbereich Elektrotechnik und
Informationstechnik
Fachhochschule Aachen
Aachen, Deutschland

ISBN 978-3-662-68267-8   ISBN 978-3-662-68268-5   (eBook)
https://doi.org/10.1007/978-3-662-68268-5

Die Deutsche Nationalbibliothek verzeichnet diese Publikation in der Deutschen Nationalbibliografie; detaillierte
bibliografische Daten sind im Internet über http://dnb.d-nb.de abrufbar.

Planung/Lektorat: Nikoo Azarm
Springer Spektrum ist ein Imprint der eingetragenen Gesellschaft Springer-Verlag GmbH, DE und ist ein Teil von
Springer Nature.
Die Anschrift der Gesellschaft ist: Heidelberger Platz 3, 14197 Berlin, Germany

Vorwort

So wie man Fußballspielen nicht durch Mitverfolgen der Weltmeisterschaft lernt, so lernt man Mathematik nicht dadurch, dass man Vorlesungen besucht oder Bücher durchliest. Man muss es selbst ausprobieren. Aufgaben eigenständig zu bearbeiten, sich zu überlegen, mit welchen mathematischen Werkzeugen man gegebene Probleme angehen kann, eine Problemstellung so zu modellieren, dass man sie in eine Formelsprache übersetzen kann – das alles ist unverzichtbar, wenn man sich die Mathematik zu eigen machen will. Dieses Buch will dabei helfen.

Das Arbeitsbuch enthält Aufgaben samt vollständig durchgerechneten Lösungen zu den Standardthemen der höheren Mathematik für Ingenieure und Naturwissenschaftler. Dabei liegt der Fokus auf dem Verständnis der Mathematik als Werkzeug zur Lösung von Problemen.

Inhaltlich orientieren sich die Aufgaben an den Themen, wie sie in einer Vorlesung zur höheren Mathematik der Reihe nach behandelt werden können, und wie sie im parallel erscheinenden Buch „Höhere Mathematik kompakt" vorgestellt werden. Zunächst werden Aufgaben zur Analysis in einer Variablen gestellt (Kapitel 1 bis 6), dann zur linearen Algebra (Kapitel 7 und 8). Die Aufgaben zur linearen Algebra sind weitestgehend unabhängig von denen zur Analysis und können daher auch vorgezogen werden. Die Kapitel 9 bis 11 beinhalten dann Aufgaben zur Analysis von Funktionen mehrerer Veränderlicher. Die Kapitel entsprechen dabei thematisch genau den Kapiteln aus dem Buch „Höhere Mathematik kompakt".

Zu Beginn der einzelnen Kapitel bzw. Themenblöcke stehen Aufgaben, die mehr die Rechentechnik üben, gefolgt von Aufgaben, bei denen die Anwendung der Techniken zur Lösung (mehr oder weniger) realer Probleme im Fokus steht. Oft muss dazu zunächst eine geeignete mathematische Modellierung der Problemstellung entwickelt werden. Ferner gibt es die ein oder andere beispielhafte Klausuraufgabe. Bei diesen Aufgaben ist vermerkt, wie lange eine Bearbeitung während einer Klausur ungefähr dauern sollte.

Im Teil I sind ausschließlich die Aufgaben aufgeführt. Der Teil II bietet dann die Lösungen an. Dem Leser sei empfohlen, sich die Aufgaben zunächst nur im Teil I anzusehen, um nicht gleich in Versuchung geführt zu werden, einen Blick auf die Lösungen zu werfen. Der Lerneffekt, eine Aufgabe wirklich selbst zum ersten Mal zu lösen, ist unwiederbringlich verloren, wenn man sich die fertige Lösung aus Teil II angesehen hat. Die Lösungen sollen dazu dienen, die eigenen Rechnungen zu kontrollieren. Oft gibt es mehrere Möglichkeiten zur Lösung. Im Lösungsteil wird entsprechend darauf hingewiesen. Die Vorstellung mehrerer Lösungsvarianten zeigt dem Leser, dass es nicht nur einen Weg gibt, den man hätte finden sollen, sondern dass es häufig mehrere Varianten und unterschiedliche Zugänge gibt. Vielleicht hat der Leser sogar noch einen weiteren gefunden.

Einige Aufgaben werden später wieder aufgegriffen. Im Aufgabenteil wird das entsprechend erwähnt. Die zu Grunde liegende Theorie ist im parallel erscheinenden Buch „Höhere Mathematik kompakt" dargestellt. Abgesehen von Verweisen auf Aufgaben beziehen sich Verweise in der Form „s. Bemerkung x.x.x" o.Ä. immer auf dieses Buch. Dabei sind Verweise nicht auf alle benutzten Sätze und Definitionen sondern eher nur bei Detailüberlegungen angeführt. Grundlegend ist immer die Theorie des entsprechenden Kapitels.

Ich hoffe, dass diese Aufgabensammlung für die Studierenden interessante und lehrreiche Übungsmöglichkeiten bereitstellt und auch von manchen Dozenten als Anregung geschätzt wird. Über Rückmeldungen freue ich mich, sowohl was die Formulierung der Aufgaben, die inhaltliche Darstellung der Lösung oder fehlende Übungsaspekte angeht, als auch einfach nur die Nennung von Druckfehlern. Eine Liste der gefundenen Fehler veröffentliche ich auf meiner Internetseite www.hoever.fh-aachen.de.

An dieser Stelle möchte ich mich bei den vielen Studierenden, Kollegen und Freunden bedanken, namentlich bei Jonas Jungjohann, die zum Entstehen dieses Buches beigetragen haben, sei es durch Anregungen zur Handhabung der Aufgaben, zur Digitalisierung oder zu Druckfehlern in den ersten Versionen. Ferner gebührt mein Dank dem Springer-Verlag für die komplikationslose Zusammenarbeit.

Aachen, im September 2012,

Georg Hoever

Vorwort zur zweiten Auflage

Auch bei größter Sorgfalt kann man nicht verhindern, dass es Tipp- oder Druckfehler gibt. Daher freue ich mich, dass ich mit der zweiten Auflage die Fehler, die bisher entdeckt wurden, berichtigen kann, und bedanke mich bei den Studierenden, die mich durch ihre sorgfältige Lektüre auf Druckfehler aufmerksam gemacht haben. Ansonsten ist diese Auflage gegenüber der ersten kaum verändert.

Aachen, im Februar 2015,

Georg Hoever

Vorwort zur dritten Auflage

In der dritten Auflage des dieser Aufgabensammlung zu Grunde liegenden Theorie-Buchs „Höhere Mathematik kompakt" habe ich QR-Codes ergänzt, die auf 5- bis 10-minütigen Videos zu den entsprechenden Themen verweisen. Mittlerweile sind auch zu den meisten Aufgaben aus diesem Arbeitsbuch Videos entstanden, die die Herangehensweisen und die Lösungen erläutern. Wie in dem Theorie-Buch sind diese Videos nun mittels QR-Codes, die neben den Aufgaben stehen, erreichbar. Alternativ kann man die Videos auch über die Internetseite **www.hm-kompakt.de** aufrufen, indem man dort das unter dem QR-Code stehende Kürzel (also z.B. „A101") in das Schnellzugriffs-Feld eingibt.

Abgesehen von den QR-Codes zu den Videos gibt es in dieser Auflage nur geringfügige Änderungen: Einige Aufgaben wurden modifiziert oder ergänzt, die Verweise auf das Theorie-Buch „Höhere Mathematik kompakt" wurden auf die Nummerierung in der dritten Auflage des Theorie-Buchs angepasst, und weitere entdeckte Tipp- oder Druckfehler wurden korrigiert.

An dieser Stelle möchte ich mich ganz herzlich bei Günter Mänz bedanken, der eine Vielzahl der Videos zu den Aufgaben gedreht hat. Ferner gebührt mein Dank Calvin Köcher, der wertvolle Anregungen bzgl. der Webseite gegeben und diese umgesetzt hat, sowie Laura Schubert, Jon Kaliner, Sebastian Lüscher, Phillip Krien und Gerrit Weiermann, die die Videos aufbereitet und in die Internetseite eingepflegt haben.

Aachen, im August 2023,

Georg Hoever

Inhaltsverzeichnis

I Aufgaben

1 Funktionen

1.1 Elementare Funktionen

1.1.1 Lineare Funktionen

Aufgabe 1.1.1

Skizzieren Sie die folgenden Geraden:

A101

a) $y = \frac{2}{3}x - 2$,   b) $y = \frac{2}{3} - 2x$,   c) $y = -x + 1$.

Aufgabe 1.1.2

Wie lauten die Geradengleichungen zu den skizzierten Geraden?

(Die markierten Punkte entsprechen ganzzahligen Koordinatenwerten.)

A102

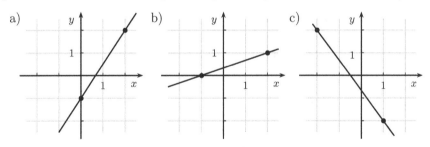

Aufgabe 1.1.3

Bestimmen Sie die Geradengleichung zu einer Geraden,

A103

  a) die durch die Punkte $(-1, 0)$ und $(1, 2)$ führt,

  b) die durch den Punkt $(2, -1)$ führt und die Steigung -2 hat,

  c) die die x-Achse bei -2 und die y-Achse bei 1 schneidet.

  d) die durch den Punkt $(1, -2)$ führt und senkrecht zu der Geraden ist, die durch $y = \frac{1}{3}x - 1$ beschrieben wird.

© Der/die Autor(en), exklusiv lizenziert an
Springer-Verlag GmbH, DE, ein Teil von Springer Nature 2023
G. Hoever, *Arbeitsbuch höhere Mathematik*,
https://doi.org/10.1007/978-3-662-68268-5_1

Aufgabe 1.1.4

Wo kommt das schwarze Feld in den beiden aus gleichen Teilen bestehenden
Figuren her?

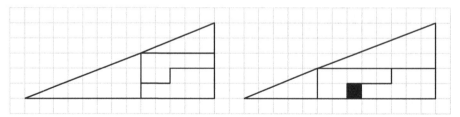

Aufgabe 1.1.5

a) Auf Meereshöhe ist der Luftdruck 1013 hPa (Hektopascal). Pro 8 m Höhe
   nimmt er um ca. 1 hPa ab.

   Geben Sie den funktionalen Zusammenhang zwischen Höhe und Luftdruck
   an. Wie groß ist der Druck in 500 m Höhe?

   (Bei größeren Höhendifferenzen ($\sim$ km) ist der Zusammenhang nicht mehr linear.)

b) Herr Müller gründet ein Gewerbe: Er produziert und verkauft Lebkuchen.
   Die Anschaffung der Produktionsmaschine kostet 10000€. Jeder verkaufte
   Lebkuchen bringt ihm einen Gewinn von 0,58€.

   Wie hoch ist sein Gesamtgewinn/-verlust in Abhängigkeit von der Anzahl
   der verkauften Lebkuchen? Wieviel Lebkuchen muss er verkaufen, um den
   break-even (Gesamtgewinn/-verlust = 0) zu erreichen?

c) Ein Joghurtbecher hat eine Höhe von 8 cm, einen unteren
   Radius von 2 cm und einen oberen Radius von 3 cm.

   Wie groß ist der Radius in Abhängigkeit von der Höhe?

Fortsetzung: Aufgabe 11.1.4

Aufgabe 1.1.6

a) Bei der Klausur gibt es 80 Punkte. Ab 34 Punkten hat man bestanden
   (4.0), ab 67 Punkten gibt es eine 1.0. Dazwischen ist der Notenverlauf
   linear.

   a1) Ab wieviel Punkten gibt es eine 3.0?

   a2) Welche Note erhält man mit 53 Punkten?

b) Daniel Fahrenheit nutzte zur Festlegung seiner Temperaturskala als untere Festlegung (0°F) die Temperatur einer Kältemischung und als obere
   Festlegung (96°F) die normale Körpertemperatur. Nach heutiger Standardisierung gilt:

   0°F entspricht $-\frac{160}{9}$°C ≈ -17.8°C und 96°F entspricht $\frac{320}{9}$°C ≈ 35.6°C.

b1) Wieviel Grad Fahrenheit entspricht der Gefrierpunkt des Wassers?

b2) Wieviel Grad Celsius sind 50°F?

Aufgabe 1.1.7

Beschreiben Sie den funktionalen Zusammenhang zwischen Steuersatz und Einkommen, wie er in der Grafik gekennzeichnet ist (Stand 2020).

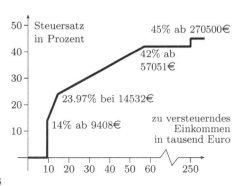

Fortsetzung: Aufgabe 6.1.5, Aufgabe 6.3.6

1.1.2 Quadratische Funktionen

Aufgabe 1.1.8

Bestimmen Sie die Nullstellen und zeichnen Sie die Funktionsgrafen zu

a) $f(x) = x^2 + 2x - 5$,

b) $h(y) = \frac{1}{2}y^2 + y + 2$,

c) $f(x) = -x^2 + 6x - 8$,

d) $g(a) = \frac{1}{3}a^2 - \frac{2}{3}a - 1$.

Geben Sie – falls möglich – eine faktorisierte Darstellung an.

Aufgabe 1.1.9

Geben Sie eine Funktionsvorschrift für die folgenden Parabeln an!

(Die markierten Punkte und Linien entsprechen ganzzahligen Koordinatenwerten.)

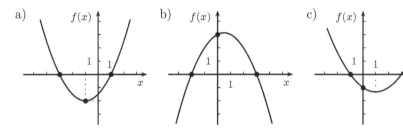

Aufgabe 1.1.10 (beispielhafte Klausuraufgabe, 10 Minuten)

Über einen 30 m breiten Fluss, bei dem das rechte Ufer 15m tiefer liegt als das linke, soll eine Brücke mit parabelförmiger Unterseite gebaut werden. Der Scheitelpunkt soll 10m vom linken Ufer entfernt sein (s. Skizze). Wie kann man den Brückenbogen funktional beschreiben?

(Sie können ein Koordinatensystem wählen, wie Sie möchten.)

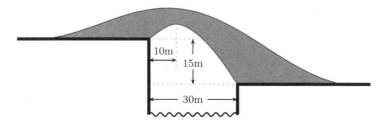

Aufgabe 1.1.11 (beispielhafte Klausuraufgabe, 10 Minuten)

Eine 300m lange Hängebrücke besitze ein parabelförmiges Hauptseil, das an den 85m hohen Pfeilern (von der Straße aus gemessen) aufgehängt ist und am tiefsten Punkt 10m über der Fahrbahn verläuft. Dazwischen sind in gleichen Abständen vier Tragseile für die Fahrbahn montiert (s. Skizze). Wie lang sind diese vier Tragseile?

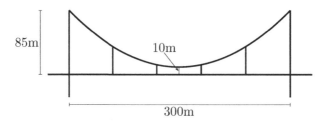

Aufgabe 1.1.12

Eine altbekannte Faustformel für das Idealgewicht eines Menschen in Abhängigkeit von seiner Größe ist

Idealgewicht in kg   =   Körpergröße in cm minus 100.

In den letzten Jahren wurde mehr der *Bodymass-Index* (BMI) propagiert:

$$\text{BMI} = \frac{\text{Gewicht in kg}}{\left(\text{Körpergröße in m}\right)^2}.$$

Ein BMI zwischen 20 und 25 bedeutet Normalgewicht.

a) Zeichnen Sie ein Diagramm, das in Abhängigkeit von der Körpergröße

1) das Idealgewicht nach der ersten Formel,

   2) das Gewicht bei einem BMI von 20 und

   3) das Gewicht bei einem BMI von 25

angibt.

 b) Für welche Körpergröße liegt beim Idealgewicht entsprechend der ersten Formel der BMI zwischen 20 und 25?

Aufgabe 1.1.13

Für welche Parameterwerte c gibt es reelle Lösungen x zu $x^2 + cx + c = 0$?

A113

1.1.3 Polynome

Aufgabe 1.1.14

Zerlegen Sie die folgenden Polynome soweit es geht in lineare und quadratische Faktoren

A114

a) $f(x) = x^4 - 2x^3 + 2x^2 - 2x + 1,$ b) $f(x) = x^3 + x^2 - 4x - 4,$

c) $h(y) = -2y^3 - 8y^2 - 6y,$ d) $g(a) = a^4 - a^2 - 12.$

Fortsetzung: Aufgabe 1.1.17, Aufgabe 1.1.22

Aufgabe 1.1.15

Bestimmen Sie die Vielfachheit der Nullstelle 2 des Polynoms

A115

$$p(x) = x^4 - 4x^3 + 16x - 16.$$

Aufgabe 1.1.16

Die in der Skizze dargestellte Funktion hat die Gestalt

$$f(x) = a \cdot (x + 1)^{p_1} (x - 1)^{p_2} (x - 4)^{p_3}$$

mit einem Vorfaktor a, der gleich plus oder minus Eins ist, und mit Exponenten p_k, die gleich 1, 2 oder 3 sind.

Wie lautet die korrekte Darstellung von f?

A116

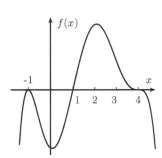

A117

Aufgabe 1.1.17

Skizzieren Sie die Funktionsgrafen zu

a) $f(x) = (x+2)^2 \cdot (x-1)^2 \cdot (x-3)$,   b) $f(x) = -x^3 + 2x^2$,

c) $f(x) = x^3 + x^2 - 4x - 4$,   d) $h(y) = -2y^3 - 8y^2 - 6y$.

Zu c) und d) vgl. Aufgabe 1.1.14.

A118

Aufgabe 1.1.18

Ist die folgende Aussage richtig oder falsch?

   Hat ein Polynom dritten Grades zwei Nullstellen,
   so gibt es auch eine dritte Nullstelle.

1.1.4 Gebrochen rationale Funktionen

A119

Aufgabe 1.1.19

Skizzieren Sie die Funktionsgrafen zu

a) $f_1(x) = \dfrac{1}{x+2}$,   b) $f_2(x) = -\dfrac{2}{x-3}$,

c) $g(x) = \dfrac{1}{(x-2)^2}$,   d) $h(x) = \dfrac{1}{x^5}$.

Fortsetzung: Aufgabe 1.1.20

A120

Aufgabe 1.1.20

Skizzieren Sie die Funktionsgrafen zu

$$f(x) = \frac{1}{x+2} + \frac{-2}{x-3} \quad \text{und} \quad g(x) = \frac{1}{(x+1)^2} - \frac{1}{x-2}.$$

Zur Funktion f vgl. Aufgabe 1.1.19.

A121

Aufgabe 1.1.21

Bestimmen Sie die Partialbruchzerlegungen zu

a) $f(x) = \dfrac{4x-3}{x^2+x-6}$,   b) $g(x) = \dfrac{2x}{x^2-1}$,   c) $h(x) = \dfrac{2x+3}{x^2+2x+1}$,

d) $f(x) = \dfrac{-2x^2-3}{x^3+x}$,   e) $f(x) = \dfrac{1}{2x^2-2x-4}$.

Fortsetzung: Aufgabe 2.2.4, Aufgabe 6.3.17

Aufgabe 1.1.22

A122

Wie lautet der *Ansatz* zur Partialbruchzerlegung von

$$f(x) \;=\; \frac{-2x^3 + 5x^2 - 6x - 1}{x^4 - 2x^3 + 2x^2 - 2x + 1}?$$

Tipp: Zum Nennerpolynom vgl. Aufgabe 1.1.14, a).

Aufgabe 1.1.23 (beispielhafte Klausuraufgabe, 8 Minuten)

A123

Führen Sie eine Partialbruchzerlegung von $f(x) = \dfrac{x-1}{x^2 - x - 2}$ durch und skizzieren Sie den Funktionsgraf.

1.1.5 Trigonometrische Funktionen

Aufgabe 1.1.24

A124

Berechnen Sie die fehlenden Seitenlängen in den rechtwinkligen Dreiecken. (Die Zeichnungen sind nicht maßstabsgetreu. Nutzen Sie einen Taschenrechner.)

a)
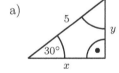

b)
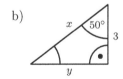

c)
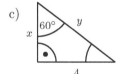

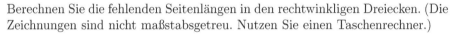

Aufgabe 1.1.25

A125

a) Wandeln Sie die Gradzahlen $90°$, $180°$, $45°$, $30°$, $270°$ und $1°$ in Bogenmaß um und veranschaulichen Sie sich die Bogenmaße im Einheitskreis.

b) Wandeln Sie die folgenden Bogenmaß-Angaben in Gradzahlen um:

$$\pi, \quad 2\pi, \quad -\frac{\pi}{2}, \quad \frac{\pi}{6}, \quad \frac{\pi}{3}, \quad \frac{3}{4}\pi, \quad 1.$$

Aufgabe 1.1.26

A126

Eine Kirchturmuhr besitze einen ca. 2 m langen Minutenzeiger. Welche Entfernung legt die Zeigerspitze in fünf Minuten zurück?

Stellen Sie einen Zusammenhang zum Bogenmaß her!

A127
Aufgabe 1.1.27

Zeichnen Sie die Funktionsgrafen zur Sinus- und Cosinus-Funktion und markieren Sie darin die wichtigen Winkel und Werte.

A128
Aufgabe 1.1.28

a) Veranschaulichen Sie sich die folgenden Beziehungen für $x \in [0, \frac{\pi}{2}]$ anhand der Definitionen der Winkelfunktionen im Einheitskreis:

1) $\sin(-x) = -\sin(x)$,   2) $\cos(-x) = \cos(x)$,

3) $\sin(\pi - x) = \sin(x)$,   4) $\cos(\pi - x) = -\cos(x)$.

b) Verifizieren Sie die Beziehungen 3) und 4) sowie

5) $\sin(\frac{\pi}{2} - x) = \cos(x)$,   6) $\cos(\frac{\pi}{2} - x) = \sin(x)$

mit Hilfe der Additionstheoreme.

c) Veranschaulichen Sie sich die Beziehungen 1) bis 6) an den Funktionsgrafen der Sinus- und Cosinus-Funktion.

A129
Aufgabe 1.1.29

Nutzen Sie die Additionstheoreme, um zu zeigen, dass gilt:

a) $\sin x \cdot \cos y = \frac{1}{2}\big(\sin(x+y) + \sin(x-y)\big)$,

b) $\sin x \cdot \sin y = \frac{1}{2}\big(\cos(x-y) - \cos(x+y)\big)$,

c) $\sin x + \sin y = 2\sin\dfrac{x+y}{2} \cdot \cos\dfrac{x-y}{2}$ (Tipp: verwenden Sie a)),

d) $\sin(3x) = \big(3 \cdot \cos^2 x - \sin^2 x\big) \cdot \sin x$.

Fortsetzung: Aufgabe 2.3.7, Aufgabe 6.3.11

A130
Aufgabe 1.1.30

Sie sollen eine Uhr auf dem Bildschirm programmieren. Welche Koordinaten hat die n-te Minute ($n = 0, 1, \ldots, 59$) bei einer Uhr

a) mit Radius 1, bei der der Koordinatenursprung in der Mitte der Uhr liegt,

b) mit Radius 2, bei der der Koordinatenursprung in der Mitte der Uhr liegt,

c) mit Radius 1, bei der der Koordinatenursprung in der linken unteren Ecke liegt, d.h. bei der der Mittelpunkt der Uhr bei $(1, 1)$ liegt,

d) mit Radius r, bei der der Mittelpunkt der Uhr bei (a, b) liegt?

1.1.6 Potenzregeln und Exponentialfunktionen

Aufgabe 1.1.31

A131

Welche der folgenden Aussagen sind richtig? (Nicht rechnen sondern denken!)

a) $2^3 \cdot 2^3 = 4^3$, b) $\left(\frac{1}{2}\right)^4 = (-2)^4$, c) $\frac{6^{10}}{6^2} = 6^5$, d) $3^4 \cdot 3^5 = 3^{20}$,

e) $5^3 \cdot 5^3 = 5^9$, f) $4^3 \cdot 5^3 = 20^3$, g) $\frac{6^3}{2^3} = 3^3$, h) $(3^4)^5 = (3^5)^4$,

i) $3^3 \cdot 3^3 = 3^9$, j) $3^3 \cdot 3^3 = 9^3$, k) $3^3 \cdot 3^3 = 3^6$, l) $3^3 \cdot 3^3 = 6^3$.

Aufgabe 1.1.32

A132

a) Skizzieren Sie die Funktionen

$$f(x) = 3^x \qquad \text{und} \qquad g(x) = 2^{-x} = \left(\frac{1}{2}\right)^x.$$

b) Wie groß muss Ihr Papier sein, damit Sie bei $1\,\text{cm}$ als Längeneinheit die Funktion f im Intervall $[-5; 5]$ bzw. im Intervall $[-10; 10]$ zeichnen können?

Aufgabe 1.1.33

A133

Falten Sie eine $\frac{1}{2}$ cm dicke Zeitung 10 bzw. 20 mal.

Welche Dicken erhalten Sie?

Versuchen Sie die Lösungen mit Hilfe von $2^{10} \approx 1000$ ohne Taschenrechner abzuschätzen.

Fortsetzung: Aufgabe 1.3.11

Aufgabe 1.1.34

A134

Bei einem Zinssatz p, erhält man nach einem Jahr Zinsen in Höhe von $p \cdot G$, d.h., das Guthaben wächst auf $G + p \cdot G = (1 + p) \cdot G$.

Wie groß ist das Guthaben nach n Jahren

a) ohne Zinseszinsen, b) mit Zinseszinsen?

Berechnen Sie (mit Hilfe eines Taschenrechners) konkret das Guthaben in den beiden Fällen nach 20 Jahren mit $G = 1000€$, $p = 3\% = 0.03$.

Fortsetzung: Aufgabe 1.3.13, Aufgabe 1.4.4, Aufgabe 5.3.17

Aufgabe 1.1.35

A135

a) Zeigen Sie: $\cosh^2 x - \sinh^2 x = 1$.

b) Gilt $\sinh(2x) = 2\sinh x \cdot \cosh x$? (Beweis oder Gegenbeispiel!)

Aufgabe 1.1.36

A136 Zwischen zwei 8m hohen Masten, die 20m weit auseinanderstehen, soll ein 25m langes Kabel gespannt werden.

Liegt das Kabel in der Mitte auf dem Boden?

Nutzen Sie dazu folgende Informationen:

> Ein hängendes Seil mit Scheitelpunkt bei $x = 0$ kann durch die Funktion $f(x) = a \cosh \frac{x}{a} + b$ mit Konstanten a, b beschrieben werden.
>
> Die Länge L des Funktionsgrafen zu f auf dem Intervall $[-x_0, x_0]$ beträgt $L = 2a \sinh \frac{x_0}{a}$.

Hinweis: Die Längenformel kann man nicht elementar nach a auflösen, so dass man zur Bestimmung von a aus L beispielsweise Werte mit Hilfe eines Taschenrechners o.Ä. ausprobieren muss.

Fortsetzung: Aufgabe 4.2.4, Aufgabe 5.3.12; vgl. Aufgabe 6.3.7

1.1.7 Betrags-Funktion

 Aufgabe 1.1.37

A137 a) Markieren Sie auf der Zahlengerade, für welche x gilt

    1) $|x - 6| < 0.3$,   2) $|x + 3| < 2$,   3) $|2 - x| \le 3$.

b) Beschreiben Sie die skizzierten Intervalle mit Hilfe der Betrags-Funktion:

1)    2)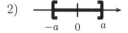

 Aufgabe 1.1.38

A138 Verifizieren Sie die Dreiecks-Ungleichung $|x + y| \le |x| + |y|$ für alle Kombinationen von $x = \pm 2$ und $y = \pm 3$.

Wann gilt „=", wann „<"?

1.2 Einige Eigenschaften von Funktionen

Aufgabe 1.2.1

Was gilt?

		gerade	ungerade	im Allgemeinen keines von beiden
a)	Die Summe zweier gerader Funktionen ist			
b)	Die Summe zweier ungerader Funktionen ist			
c)	Die Summe einer geraden und einer ungeraden Funktion ist			
d)	Das Produkt zweier gerader Funktionen ist			
e)	Das Produkt zweier ungerader Funktionen ist			
f)	Das Produkt einer geraden und einer ungeraden Funktion ist			

Aufgabe 1.2.2

Gibt es eine Funktion $f : \mathbb{R} \to \mathbb{R}$, die sowohl gerade als auch ungerade ist?

Aufgabe 1.2.3

a) Ist die Summe zweier monoton wachsender Funktionen wieder monoton wachsend?

b) Ist das Produkt zweier monoton wachsender Funktionen wieder monoton wachsend?

Aufgabe 1.2.4

Überlegen Sie sich, dass die Cosinus-Funktion $\cos : \mathbb{R} \to \mathbb{R}$ weder injektiv noch surjektiv ist.

Wie muss man den Definitions- oder Zielbereich der Cosinus-Funktion einschränken, damit die Funktion

a) injektiv   b) surjektiv   c) bijektiv

ist?

Aufgabe 1.2.5

A143

Sei $\mathbb{N} = \{1, 2, 3 \ldots\}$ die Menge der natürlichen Zahlen und $M = \{2, 4, 6, \ldots\}$ die Menge der geraden Zahlen.

Sind die folgenden Abbildungen $f : M \to \mathbb{N}$ injektiv, surjektiv bzw. bijektiv?

a) $f(m) = m$,

b) $f(m) = \frac{m}{2}$,

c) $f(m) = \lceil \frac{m}{4} \rceil$, wobei $\lceil x \rceil$ Aufrundung auf die nächstgrößere natürliche Zahl $n \geq x$ bedeutet.

Aufgabe 1.2.6

A144

Berechnen Sie die Umkehrfunktionen zu

a) $f(x) = x - 1$,   b) $g(x) = -\dfrac{1}{2}x + 1$.

Skizzieren Sie jeweils die originale Funktion und die Umkehrfunktion.

1.3 Umkehrfunktionen

1.3.1 Wurzelfunktionen

Aufgabe 1.3.1

A145

Geben Sie (ohne Gebrauch eines Taschenrechners) jeweils zwei ganze Zahlen an, zwischen denen die folgenden Werte liegen:

$$\sqrt{20}, \qquad \sqrt{80}, \qquad \sqrt[3]{20} \qquad \sqrt[3]{80}, \qquad \sqrt[5]{100}.$$

Aufgabe 1.3.2

A146

Bestimmen Sie die reellen Werte x, für die gilt:

a) $\sqrt{2 + 3x} = 2$,   b) $\sqrt{x - 2} = \frac{1}{3}x$,

c) $\sqrt{1 - x} = x - 2$,   d) $\sqrt{32 - 16x} = x - 5$,

e) $\sqrt{x + 2} = x$,   f) $\sqrt{8 - 4x} = x - 3$.

(Beachten Sie, dass Quadrieren keine Äquivalenzumformung ist; es können sich „falsche Lösungen" einschleichen!)

Aufgabe 1.3.3

A147

Gibt es Zahlen $a, b > 0$ mit

$$\sqrt{a + b} = \sqrt{a} + \sqrt{b}?$$

1.3.2 Arcus-Funktionen

Aufgabe 1.3.4

Berechnen Sie den Winkel α (in Bogenmaß und Grad) in den abgebildeten Dreiecken. (Die Zeichnungen sind nicht maßstabsgetreu; nutzen Sie einen Taschenrechner)

A148

a)   b)   c)   d)

Aufgabe 1.3.5

a) Welchen Winkel schließt die Gerade $y = \frac{1}{2}x$ mit der x-Achse ein?

b) Wie lautet der Zusammenhang zwischen der Steigung einer Geraden und dem Winkel zwischen der x-Achse und der Geraden allgemein.

A149

Aufgabe 1.3.6

15% Steigung einer Straße bedeutet, dass die Straße bei 100m in horizontaler Richtung um 15m ansteigt.

A150

Welchem Winkel zwischen Straße und der Waagerechten entspricht eine Steigung von 15%, welchem Winkel eine Steigung von 100%?

Aufgabe 1.3.7

Offensichtlich gibt es im Intervall $[\frac{\pi}{2}, \pi]$ ein x_1 mit $\sin x_1 = 0.8$ und im Intervall $[\pi, 2\pi]$ zwei Werte x_2 und x_3 mit $\sin x_2 = \sin x_3 = -0.8$.

A151

Berechnen Sie diese Werte mithilfe der arcsin-Funktion Ihres Taschenrechners unter Ausnutzung von Symmetrieüberlegungen.

Aufgabe 1.3.8

Der Bodensee ist ca. 50 km lang (Konstanz-Bregenz).

A152

a) Wieviel steht der Bodensee über?

Genauer: Wie tief läge ein straff gespanntes Seil unter dem durch die Erdkrümmung aufgewölbten Wasserspiegel?

b) Wieviel kürzer ist das gespannte Seil gegenüber einem auf der Wasseroberfläche schwimmenden?

Stellen Sie zunächst eine Formel für die Höhe h bzw. die Längendifferenz Δl in Abhängigkeit vom Erdradius R und der Entfernung l zwischen Konstanz und Bregenz auf, bevor Sie die konkreten Werte einsetzen. (Es ist $R \approx 6370$ km.)

c) Welche Werte erhalten Sie für einen 100 m langen See?

(Nutzen Sie einen Taschenrechner.)

Fortsetzung: Aufgabe 3.3.6, Aufgabe 5.2.17, Aufgabe 5.3.16, Aufgabe 5.3.23

1.3.3 Logarithmus

Aufgabe 1.3.9

A153

Überlegen Sie sich, zwischen welchen zwei ganzen Zahlen die Lösungen x zu den folgenden Gleichungen liegen.

a) $10^x = 20$,   b) $2^x = 10$,   c) $3^x = 0.5$,   d) $8^x = 3$,

e) $0.7^x = 0.3$,   f) $4^x = 1.1$,   g) $0.5^x = 4$,   h) $0.2^x = 0.5$.

Wie kann man die Lösung mit Hilfe des Logarithmus ausdrücken?

Berechnen Sie die genaue Lösung mit einem Taschenrechner.

Aufgabe 1.3.10

A154

a) Welche Werte haben $\log_2 8$ und $\log_8 2$ bzw. $\log_{0.1} 100$ und $\log_{100} 0.1$?

b) Sehen Sie bei a) einen Zusammenhang zwischen $\log_a b$ und $\log_b a$?

Gilt dieser Zusammenhang allgemein?

Aufgabe 1.3.11 (Fortsetzung von Aufgabe 1.1.33)

A155

Wie oft müssen Sie eine $\frac{1}{2}$ cm dicke Zeitung falten, um auf dem Mond (Entfernung ca. 300000km) zu landen, wie oft, um die Sonne (ca. 150 Millionen km entfernt) zu erreichen?

Versuchen Sie die Lösungen ohne Taschenrechner abzuschätzen.

Aufgabe 1.3.12 (beispielhafte Klausuraufgabe, 10 Minuten)

A156

In einem Labor werden Bakterien beobachtet, die sich durch Zellteilung exponentiell vermehren, d.h., die Bakterienanzahl kann durch die Funktion

$$f(t) = a \cdot 2^{\lambda \cdot t}$$

mit der Zeit t, einem Parameter a und der Vermehrungsrate λ beschrieben werden. Zu einem bestimmten Zeitpunkt beobachtet man 100 Bakterien, 2 Tage später sind es 800.

Wie groß ist die Vermehrungsrate λ?

Aufgabe 1.3.13 (Fortsetzung von Aufgabe 1.1.34)

A157

a) Wann hat sich ein Guthaben bei einem Zinssatz $p = 3\% = 0.03$ verdoppelt?

b) Wie groß muss der Zinssatz sein, damit sich ein Guthaben nach 15 Jahren verdoppelt hat?

Berechnen Sie die Werte einerseits ohne, andererseits mit Zinseszins.

Nutzen Sie einen Taschenrechner.

Aufgabe 1.3.14

A158

Zeigen Sie, dass

$$\operatorname{ld} x \;\approx\; \ln x + \log x$$

mit einer Abweichung weniger als 1% gilt. (Dabei bezeichnet log den Logarithmus zur Basis 10. Nutzen Sie einen Taschenrechner.)

Aufgabe 1.3.15

A159

Welche Funktionen sind in den folgenden Schaubildern (mit zum Teil logarithmischer Skalierung) durch die Geraden dargestellt?

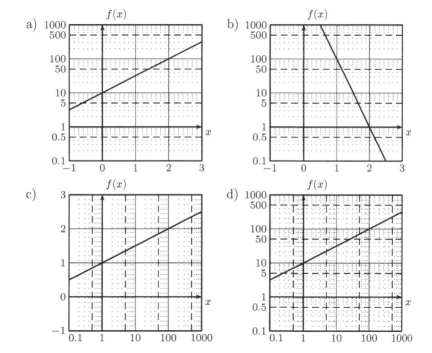

Aufgabe 1.3.16

A160

Signal-zu-Rausch-Verhältnisse (*SNR: signal-to-noise-ratio*) werden häufig in Dezibel (dB) angegeben. Dabei ist Bel (B) der Logarithmus zur Basis 10 des Verhältnisses. Zehn Dezibel entsprechen einem Bel, so dass sich mit der Signalleistung S und der Rauschleistung R das SNR in dB ergibt durch

$$\mathrm{SNR} \;=\; 10 \cdot \log_{10} \frac{S}{R} \; [\mathrm{dB}].$$

a) Welchen Wert hat das SNR bei einer Signalleistung $S = 10\,\mathrm{W}$ und einer Rauschleistung von $R = 0.1\,\mathrm{W}$?

b) Um wieviel ändert sich SNR, wenn man die Signalleistung verdoppelt?

Aufgabe 1.3.17

A161

Zeigen Sie: Für die Umkehrfunktion arsinh zu $f(x) = \sinh x$ gilt:

$$\text{arsinh}\, y = \ln\left(y + \sqrt{y^2 + 1}\right).$$

Anleitung: Zur Bestimmung der Umkehrfunktion müssen Sie die Gleichung $f(x) = y$ nach x umstellen. Nutzen Sie dazu die Definition von $\sinh x$, führen Sie die Substitution $z = e^x$ durch und stellen Sie die Gleichung zunächst nach z um.

Aufgabe 1.3.18 (beispielhafte Klausuraufgabe, 8 Minuten)

A162

Markieren Sie den richtigen (gerundeten) Zahlenwert.

(Sie brauchen Ihre Angabe nicht zu begründen)

$\sin 4 =$		$\cos 3 =$		$\arcsin 0.5 =$		$\arccos 0.2 =$	
-0.757		0.141		-0.314		0.201	
0.241		-0.324		0.523		1.369	
0.891		-0.990		1.571		2.156	

$\sqrt{0.3} =$		$e^{-1} =$		$\log_3 5 =$		$\ln 0.2 =$	
0.09		-2.718		0.834		-1.609	
0.325		0.368		1.465		0.156	
0.548		0.891		2.134		1.324	

Aufgabe 1.3.19 (beispielhafte Klausuraufgabe, 12 Minuten)

A163

Markieren Sie zu a auf dem Zahlenstrahl jeweils (falls definiert) die ungefähre Lage von

$$x_1 = a^2, \quad x_2 = \sqrt{a}, \quad x_3 = \frac{1}{a}, \quad x_4 = 2^a, \quad x_5 = \log_2 a.$$

a)

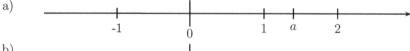

b)

c)

1.4 Modifikation von Funktionen

Aufgabe 1.4.1

Was ist richtig?

A164

Die Verkettung $g \circ f$ ist	gerade	ungerade	im Allgemeinen keines von beiden
a) wenn f und g gerade sind			
b) wenn f und g ungerade sind			
c) wenn f gerade und g ungerade ist			
d) wenn f ungerade und g gerade ist			

Aufgabe 1.4.2

A165

Sei $f : \mathbb{R} \to \mathbb{R}$, $f(x) = x^2 + 1$ und $g : \mathbb{R} \to \mathbb{R}$, $g(x) = x^2 + px + q$ mit Parametern p und q.

Gibt es Parameterwerte für p und q, so dass $f \circ g = g \circ f$ ist?

Aufgabe 1.4.3

A166

Sei $f(x) = 2x + 4$.

a) Bestimmen Sie die Umkehrfunktion f^{-1} zu f.

b) Berechnen Sie $f^{-1} \circ f$ und $f \circ f^{-1}$.

Aufgabe 1.4.4

A167

Eine Rentenversicherung mit Kapitalauszahlung bietet zwei Modelle an:

Modell A:
Die Beiträge werden dem Bruttolohn entnommen und zu Beginn mit 20% versteuert. Die Auszahlung der verzinsten Beiträge ist dafür steuerfrei.

Modell B:
Die vollen Beiträge aus dem Bruttolohn werden verzinst. Am Ende wird der Auszahlungsbetrag mit 20% versteuert.

Welches Modell ist besser? Modellieren Sie das Problem mit Hilfe von Funktions-Verkettungen.

Aufgabe 1.4.5

A168   Das nebenstehende Diagramm zeigt den Funktionsgraf zur Funktion f.

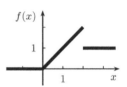

1) Zeichnen Sie den Funktionsgraf zu

   a) $g(x) = f(x) - 2$,   b) $g(x) = f(x+2)$,   c) $g(x) = f(2x)$,

   d) $g(x) = f(\frac{1}{2}x)$,   e) $g(x) = 2 \cdot f(x)$,   f) $g(x) = -f(x)$,

   g) $g(x) = f(-x)$,   h) $g(x) = f(x-1)-2$, i) $g(x) = f(-2x)$,

   j) $g(x) = f(2x) - 1$,   k) $g(x) = \frac{1}{2} \cdot f(2x)$,   l) $g(x) = 2 \cdot f(\frac{1}{2}x)$,

   m) $g(x) = 2f(x) - 1$,   n) $g(x) = 3 - f(x)$,   o) $g(x) = f(2x+1)$,

   p) $g(x) = f(\frac{1}{2}x + 1)$, q) $g(x) = f(3-x)$,   r) $g(x) = -f(4-2x)+3$.

2) Wie lautet der entsprechende Zusammenhang zwischen g und f bei folgenden Funktionsgrafen zu g?

a) 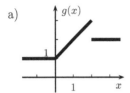   b) 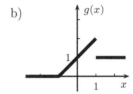   c)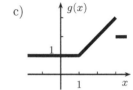

d) 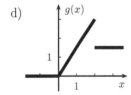   e) 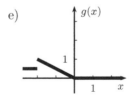   f)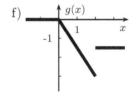

g) 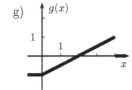   h) 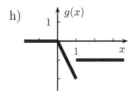   i)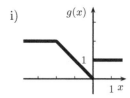

 Aufgabe 1.4.6

A169   Zeichnen Sie $\cos x$ und $\cos^2 x$ und plausibilisieren Sie den Zusammenhang

$$\cos(2x) = 2\cos^2 x - 1.$$

Aufgabe 1.4.7 (beispielhafte Klausuraufgabe, 12 Minuten)

In Hamburg schwankt die Wassertiefe der Elbe auf Grund von Ebbe und Flut
zwischen 9m und 13m, wobei der Verlauf (sehr vereinfacht) als Sinus-förmig
mit einer Periode von 12 Stunden modelliert werden kann.

A170

a) Skizzieren Sie den Verlauf und geben Sie eine Funktionsvorschrift an.

b) Wie lang innerhalb einer Periode ist die Wassertiefe mindestens 12m?

(Sie brauchen Ihre Angabe nicht zu begründen.)

Fortsetzung: Aufgabe 5.2.15

Aufgabe 1.4.8

a) Sei $f(x) = 1.5 \cdot \cos(x - 2)$ und $g(x) = -2 \cdot \sin(x + 1)$.

Nutzen Sie die Additionstheoreme, um $f(x)$ und $g(x)$ als Überlagerung
von Sinus- und Cosinus-Funktionen darzustellen, also in der Form

A171

$$c \cdot \cos(x) + d \cdot \sin(x).$$

Verifizieren Sie mit Hilfe eines Funktionsplotters, dass Ihre Darstellungen
wirklich den ursprünglichen Funktionen entsprechen.

b) Sei $f(x) = 2\cos(x) + 3\sin(x)$.

Gesucht sind r und φ, so dass gilt: $f(x) = r \cdot \cos(x - \varphi)$. $(*)$

1) Nutzen Sie einen Funktionsplotter, um r und φ approximativ zu bestimmen.

2) Welche Bedingungen müssen r und φ erfüllen, damit $(*)$ gilt (Tipp:
Additionstheorem)? Wie kann man diese Bedingungen geometrisch
interpretieren (Tipp: Kreis)?

Welche Werte für r und φ sind die exakten?

Fortsetzung: Aufgabe 2.3.6, Aufgabe 7.2.6

2 Komplexe Zahlen

2.1 Grundlagen

Aufgabe 2.1.1

A201

Sei $z_1 = 2 + j$ und $z_2 = j$. Stellen Sie

a) $z_1 + z_2$,   b) $z_1 - z_2$,   c) $z_1 \cdot z_2$.

zeichnerisch dar und berechnen Sie die Werte.

Aufgabe 2.1.2

A202

Berechnen Sie die folgenden Werte, stellen Sie die Ausgangszahlen und das Ergebnis in der Gaußschen Zahlenebene dar und veranschaulichen Sie sich die geometrischen Zusammenhänge.

a) $(-1 + 2j) + (2 - j)$,   b) $2 \cdot (2 - j)$,

c) $(-2 + 3j) \cdot (1 + j)$,   d) $(\frac{1}{2} + \frac{3}{4}j) \cdot (-2 - 4j)$.

Aufgabe 2.1.3

A203

Konstruieren Sie grafisch $z_1 + z_2$, $z_1 - z_2$ und $z_1 \cdot z_2$ zu den markierten Punkten.

a)

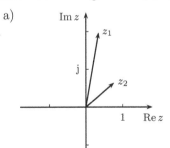

b)

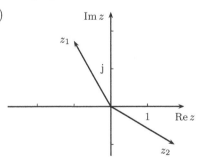

© Der/die Autor(en), exklusiv lizenziert an
Springer-Verlag GmbH, DE, ein Teil von Springer Nature 2023
G. Hoever, *Arbeitsbuch höhere Mathematik*,
https://doi.org/10.1007/978-3-662-68268-5_2

Aufgabe 2.1.4

Geben Sie $\operatorname{Re} z$, $\operatorname{Im} z$, z^* und $|z|$ an zu

a) $z = 3 - 2\mathrm{j}$,　　　　b) $z = 1 + \mathrm{j}$,　　　　c) $z = 2\mathrm{j}$,　　　　d) $z = -1$.

Visualisieren Sie die Größen.

Aufgabe 2.1.5

Zeigen Sie für beliebige z_1, $z_2 \in \mathbb{C}$:

$$z_1{}^* \cdot z_2{}^* \;=\; (z_1 \cdot z_2)^*.$$

Aufgabe 2.1.6

Sei $z_1 = 1 + 2\mathrm{j}$ und $z_2 = -3 + 5\mathrm{j}$.

Berechnen Sie $z_1 + z_2$ sowie $z_1 \cdot z_2$ und verifizieren Sie

$$|z_1 + z_2| \;\leq\; |z_1| + |z_2| \qquad \text{sowie} \qquad |z_1 \cdot z_2| \;=\; |z_1| \cdot |z_2|.$$

Aufgabe 2.1.7

Sei $z = 1 + \mathrm{j}$.

a) Berechnen Sie $|z^n|$, $n = 1, 2, \ldots, 8$.

b) Stellen Sie z, z^2, z^3, $\ldots$, z^8 in der Gaußschen Zahlenebene dar.

Aufgabe 2.1.8

a) Berechnen Sie $\frac{1}{z}$ und visualisieren Sie die Ergebnisse zu

1) $z = 3 + 4\mathrm{j}$,　　　　2) $z = 1 - \mathrm{j}$,　　　　3) $z = 2\mathrm{j}$.

b) Berechnen Sie

1) $\dfrac{2 + \mathrm{j}}{3 + 4\mathrm{j}}$,　　　2) $\dfrac{\mathrm{j}}{1 - 2\mathrm{j}}$,　　　3) $\dfrac{4 + 2\mathrm{j}}{2 + \mathrm{j}}$,　　　4) $\dfrac{1 + 3\mathrm{j}}{\mathrm{j}}$.

2.2 Eigenschaften

Aufgabe 2.2.1

Gesucht sind die Lösungen $z^2 = w$ zu $w = 3 + 4\mathrm{j}$.

a) Visualisieren Sie w und die ungefähre Lage einer Lösung z in der komplexen Zahlenebene.

Berechnen Sie z, indem Sie ausnutzen, wie der Winkel (zur positiven x-Achse) und der Betrag von z mit den entsprechenden Größen von w zusammenhängen. (Nutzen Sie einen Taschenrechner.)

Wie lautet die andere Lösung?

b) Berechnen Sie die Lösungen durch einen Ansatz $z = a + b\mathrm{j}$, $a, b \in \mathbb{R}$.

Fortsetzung: Aufgabe 2.2.3

Aufgabe 2.2.2

A210

Zerlegen Sie die folgenden Polynome in Linearfaktoren

a) $z^2 + 2z + 5$,　　　b) $z^3 + \mathrm{j}z^2 + 2\mathrm{j}$　(Tipp: $z = \mathrm{j}$ ist eine Nullstelle.).

Aufgabe 2.2.3

A211

Zerlegen Sie $p(z) = z^4 - 6z^2 + 25$ in das Produkt zweier im Reellen nullstellenfreier quadratischer Polynome.

Nutzen Sie dazu die biquadratische Struktur, um die (komplexen) Nullstellen von p zu ermitteln (Tipp: s. Aufgabe 2.2.1), und fassen Sie Linearfaktoren zu zueinander konjugiert komplexen Nullstellen zusammen.

Aufgabe 2.2.4

A212

Führen Sie eine *komplexe Partialbruchzerlegung* von

$$f(x) \;=\; \frac{-2x^2 - 3}{x^3 + x}$$

durch. Zerlegen Sie dazu den Nenner komplett in Linearfaktoren und führen Sie eine Partialbruchzerlegung entsprechend dieser Linearfaktoren durch.

Was erhält man, wenn man die Partialbrüche zueinander konjugiert komplexer Polstellen zusammenfasst? (Vgl. Aufgabe 1.1.21,d))

Aufgabe 2.2.5

A213

Zur Funktion $f : \mathbb{C} \to \mathbb{C}$, $f(z) = \frac{1}{z}$ wird die Menge $G = \{z \in \mathbb{C} | \operatorname{Im} z = 1\}$ und deren Bildmenge $M = f(G) = \{\frac{1}{z} | \operatorname{Im} z = 1\}$ betrachtet.

a) Zeichnen Sie G und berechnen Sie einige Punkte aus M.

Markieren Sie diese Punkte in der Gaußschen Zahlenebene.

b) Zeigen Sie, dass die Menge M auf einem Kreis um $-\frac{1}{2}\mathrm{j}$ mit Radius $\frac{1}{2}$ liegt.

2.3 Polardarstellung

Aufgabe 2.3.1

A214

a) Markieren Sie die folgenden Zahlen in der Gaußschen Zahlenebene:

$$z_1 = 2\,e^{\frac{\pi}{3}j}, \qquad z_2 = 3\,e^{-\frac{\pi}{4}j}, \qquad z_3 = 0.5\,e^{\pi j}, \qquad z_4 = 1.5\,e^{\frac{3}{4}\pi j}.$$

b) Wie lautet (ungefähr) die Polardarstellung der markierten Zahlen?
(Nutzen Sie Lineal und Geodreieck!)

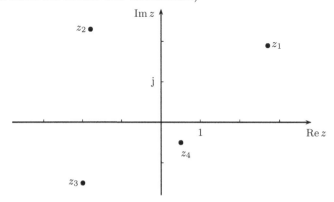

Aufgabe 2.3.2

A215

a) Stellen Sie die folgenden Zahlen in der Form $a + bj$, $a, b \in \mathbb{R}$ dar:

$$z_1 = e^j, \qquad z_2 = 3\,e^{\frac{\pi}{12}j}, \qquad z_3 = 1.5 \cdot e^{2j}, \qquad z_4 = \sqrt{2}\,e^{-\frac{\pi}{4}j}$$

b) Berechnen Sie die Polardarstellung zu

$$z_1 = j, \qquad z_2 = 2 + 3j, \qquad z_3 = -2, \qquad z_4 = 2 - j,$$
$$z_5 = 1 + 2j, \qquad z_6 = -1 + 2j, \qquad z_7 = 1 - 2j, \qquad z_8 = -1 - 2j.$$

(Nutzen Sie (wo nötig) einen Taschenrechner.)

Fortsetzung: Aufgabe 2.3.6

Aufgabe 2.3.3 (beispielhafte Klausuraufgabe, 12 Minuten)

A216

a) Geben Sie die Polardarstellung von $z_1 = 1 - j$ an.

b) Stellen Sie $z_2 = 2 \cdot e^{\frac{\pi}{3}j}$ in der Form $a + bj$, $a, b \in \mathbb{R}$ dar.

c) Berechnen Sie $z_1 \cdot z_2$ und $\frac{z_1}{z_2}$ einerseits mittels der Polardarstellungen und andererseits mittels der Real-/Imaginärteil-Darstellungen.

Aufgabe 2.3.4

A217

Berechnen Sie mittels der Polardarstellungen die Lösungen z von $z^2 = w$ mit

a) $w = 3 + 4\mathrm{j}$ (nutzen Sie einen Taschenrechner; vgl. Aufgabe 2.2.1),

b) $w = 4 \cdot e^{\frac{3}{4}\pi\mathrm{j}}$.

Aufgabe 2.3.5

A218

a) Geben Sie alle Lösungen zu $z^3 = 1$ an.

(Tipp: Sie können die Lösungen als Nullstellen von $p(z) = z^3 - 1$ wie üblich oder über die Polardarstellung bestimmen.)

b) Geben Sie alle Lösungen zu $z^4 = 1$ an.

c) Geben Sie alle Lösungen zu $z^5 = 1$ an.

Aufgabe 2.3.6

A219

a) Zeigen Sie: Jede Überlagerung einer Cosinus- und Sinus-Funktion kann man darstellen als eine verschobene skalierte Cosinus-Funktion:

$$c \cdot \cos(x) + d \cdot \sin(x) = r \cdot \cos(x - \varphi).$$

Für die Parameter c, d, r und φ gilt dabei $c + d\mathrm{j} = r\,e^{\mathrm{j}\varphi}$.

b) Nutzen Sie a), um

b1) $f(x) = 1.5 \cdot \cos(x - 2)$ in der Form $f(x) = c \cdot \cos(x) + d \cdot \sin(x)$,

b2) $f(x) = 2\cos(x) + 3\sin(x)$ in der Form $f(x) = r \cdot \cos(x - \varphi)$

darzustellen.

(Vgl. Aufgabe 1.4.8; Tipp zu b1): s. Aufgabe 2.3.2.)

c) Welche Amplitude hat die durch

$$f(x) = 3\cos(x) + 4\sin(x)$$

dargestellte Schwingung?

Aufgabe 2.3.7

A220

a) Leiten Sie unter Zuhilfenahme von $e^{3x\mathrm{j}} = (e^{x\mathrm{j}})^3$ eine Darstellung von $\sin(3x)$ durch $\sin x$ und $\cos x$ her.

b) Zeigen Sie, dass gilt

$$\cosh(\mathrm{j}x) = \cos x \qquad \text{und} \qquad \sinh(\mathrm{j}x) = \mathrm{j}\sin x.$$

Fortsetzung: Aufgabe 3.3.5

Aufgabe 2.3.8

Sei $z = 1 + e^{j\varphi}$ mit beliebigem φ.

a) Zeigen Sie, dass (bei $z \neq 0$) für $w = \frac{1}{z}$ gilt: $\operatorname{Re} w = \frac{1}{2}$.

   Tipp: Nutzen Sie die Euler-Formel und die Gesetze für trigonometrische Funktionen.

b) Wo liegen die Punkte z für beliebiges φ, wo die Punkte $\frac{1}{z}$?

3 Folgen und Reihen

3.1 Folgen

Aufgabe 3.1.1

A301

Zeichnen Sie einige Folgenglieder zu den durch die folgenden Ausdrücke beschriebenen Folgen auf der Zahlengerade.

a) $a_n = \dfrac{2n}{n+1}$,

b) $b_n = (-1)^n \cdot \left(1 + \dfrac{1}{n}\right)$,

c) $c_n = \sin n$,

d) $d_n = \cos\left(2 - \dfrac{1}{n}\right)$,

e) $e_1 = 1$, $e_{n+1} = \dfrac{e_n}{2} + \dfrac{2}{e_n}$,

f) $s_0 = 0$, $s_{n+1} = s_n + \dfrac{1}{2^n}$.

Sind die Folgen konvergent? (Sie brauchen keine exakte Begründung anzugeben.)

Aufgabe 3.1.2

A302

Mit einer Konstanten c wird die Folge $(a_n)_{n \in \mathbb{N}}$ rekursiv definiert durch

$$a_1 = 0 \quad \text{und} \quad a_{n+1} = a_n^2 + c \text{ für } n \geq 1.$$

a) Berechnen Sie für verschiedene Werte von c, z.B. für $c = \pm 0.5$, $c = -1$, $c = -1.5$, $c = -2$, $c = -2.5$, die ersten Folgenglieder.

b) Zeigen Sie:

   Für $c > \frac{1}{4}$ ist die Folge $(a_n)_{n \in \mathbb{N}}$ streng monoton wachsend.

   Tipp: Es kann helfen, sich zu überlegen, dass die Funktion $f(x) = x^2 - x + c$ für die betrachteten Werte c immer positiv ist.

c) Zeigen Sie:

   Ist $c \in [-\frac{1}{2}; \frac{1}{4}]$, und gilt $|a_n| \leq \frac{1}{2}$, so ist auch $|a_{n+1}| \leq \frac{1}{2}$.

   Überlegen Sie sich weiter, dass daraus folgt, dass die Folge für $c \in [-\frac{1}{2}; \frac{1}{4}]$ beschränkt durch $C = \frac{1}{2}$ ist.

© Der/die Autor(en), exklusiv lizenziert an
Springer-Verlag GmbH, DE, ein Teil von Springer Nature 2023
G. Hoever, *Arbeitsbuch höhere Mathematik*,
https://doi.org/10.1007/978-3-662-68268-5_3

Aufgabe 3.1.3

A303

Die Folgen $\left(\dfrac{2n}{n+1}\right)_{n\in\mathbb{N}}$ und $\left(1+\dfrac{1}{2^n}\right)_{n\in\mathbb{N}}$ konvergieren.

Stellen Sie jeweils eine Vermutung bzgl. des Grenzwertes a auf und geben Sie dann jeweils ein N an, so dass für $n \geq N$ für die Folgenglieder a_n gilt:

$$|a_n - a| < \frac{1}{100} \qquad \text{bzw.} \qquad |a_n - a| < 10^{-8}.$$

Aufgabe 3.1.4

A304

Sind die angegebenen Folgen konvergent?

a) $a_n = \pi$ für alle $n \in \mathbb{N}$.

b) $b_n = 0$ für alle n, die nicht durch 10 teilbar sind; ist n Vielfaches von 10, so ist $b_n = 1$.

c) $c_n = 0$ für alle n außer für Zehnerpotenzen; für Zehnerpotenzen n, also $n = 10^k$, ist $c_n = 1$.

d) $d_n = 0$ für alle n außer für Zehnerpotenzen; es ist $d_1 = 1$, und ist $n = 10^k$, $k \geq 1$, so ist $d_n = \frac{1}{k}$;

Aufgabe 3.1.5

A305

a) Die Folge $(a_n)_{n\in\mathbb{N}}$ erfülle $a_{n+1} = \frac{1}{2}a_n + 1$.

Welchen Grenzwert hat die Folge, falls sie konvergiert?

b) Die Folge $(a_n)_{n\in\mathbb{N}}$ mit

$$a_1 = 1, \qquad a_{n+1} = \frac{a_n}{2} + \frac{c}{2a_n}$$

mit einem Parameter $c \in \mathbb{R}^{>0}$ konvergiert. (Das brauchen Sie nicht zu zeigen). Welchen Grenzwert hat die Folge? (Vgl. Aufgabe 3.1.1, e).)

Fortsetzung: Aufgabe 5.3.13

Aufgabe 3.1.6

A306

Geben Sie den Grenzwert der folgenden Folgen in $\mathbb{R} \cup \{\pm\infty\}$ an.

a) $\left(\dfrac{2n-1}{4n+3}\right)_{n\in\mathbb{N}}$,   b) $\left(\dfrac{3n}{n^2-3}\right)_{n\in\mathbb{N}}$,   c) $\left(\dfrac{2n^2+3}{2-n^2}\right)_{n\in\mathbb{N}}$,

d) $\left(\dfrac{n^2}{n+1}\right)_{n\in\mathbb{N}}$,   e) $\left(\dfrac{(n+2)^2}{2n^2+1}\right)_{n\in\mathbb{N}}$,   f) $\left(\dfrac{n^3-3n^2+1}{1-n^2}\right)_{n\in\mathbb{N}}$,

g) $\left(\dfrac{4n+2}{(3n-1)^2}\right)_{n\in\mathbb{N}}$,   h) $\left(\dfrac{3n^2}{(2n+1)^2}\right)_{n\in\mathbb{N}}$,   i) $\left(\dfrac{n(4n-1)^2}{(2n+1)^3}\right)_{n\in\mathbb{N}}$.

Aufgabe 3.1.7 (beispielhafte Klausuraufgabe, 6 Minuten)

A307

Auf einer Geburtstagsfeier mit vielen Gästen soll eine Torte verteilt werden. Damit jeder etwas bekommt, legt der Gastgeber fest, dass jeder, der sich bedient, ein Zehntel dessen, was noch an Torte da ist, nehmen soll.

Sei R_n der Anteil der Torte, der noch übrig ist, nachdem sich der n-te Gast bedient hat. Geben Sie eine Formel für R_n an.

Aufgabe 3.1.8

A308

Geben Sie jeweils reelle Folgen $(a_n)_{n\in\mathbb{N}}$ und $(b_n)_{n\in\mathbb{N}}$ an, die

a) $a_n \overset{n\to\infty}{\longrightarrow} 0$ und $b_n \overset{n\to\infty}{\longrightarrow} \infty$ erfüllen und für die gilt

    1) $\lim\limits_{n\to\infty} a_n b_n = 3,$ 2) $\lim\limits_{n\to\infty} a_n b_n = -\infty.$

b) $a_n \overset{n\to\infty}{\longrightarrow} \infty$ und $b_n \overset{n\to\infty}{\longrightarrow} \infty$ erfüllen und für die gilt

    1) $\lim\limits_{n\to\infty} (a_n - b_n) = 0,$ 2) $\lim\limits_{n\to\infty} (a_n - b_n) = 3,$

    3) $\lim\limits_{n\to\infty} (a_n - b_n) = \infty,$ 4) $\lim\limits_{n\to\infty} (a_n - b_n) = -\infty.$

Aufgabe 3.1.9

A309

Geben Sie die Grenzwerte (in $\mathbb{R} \cup \{\pm\infty\}$) der folgenden Folgen an.

a) $\left(\dfrac{n^4}{2^n}\right)_{n\in\mathbb{N}},$ b) $\left(\dfrac{3^n}{n^3}\right)_{n\in\mathbb{N}},$ c) $\left(n^4 \cdot \left(\dfrac{1}{3}\right)^n\right)_{n\in\mathbb{N}},$

d) $\left(\dfrac{1}{\sqrt{n}+1}\right)_{n\in\mathbb{N}},$ e) $\left(\dfrac{\sqrt{n}}{\sqrt[3]{n}+1}\right)_{n\in\mathbb{N}},$ f) $\left(\dfrac{n^2}{\sqrt{2n^4+n}}\right)_{n\in\mathbb{N}},$

g) $\left(\sqrt[3]{n}\right)_{n\in\mathbb{N}},$ h) $\left(\dfrac{n^2+n\cdot 2^n}{3^n}\right)_{n\in\mathbb{N}},$ i) $\left(\dfrac{1-2^n}{n^3+1}\right)_{n\in\mathbb{N}}.$

Aufgabe 3.1.10

A310

Bestimmen Sie die Grenzwerte von

a) $\left(\sqrt{n+1} - \sqrt{n-1}\right)_{n\in\mathbb{N}},$ b) $\left(\sqrt{n^2+n} - n\right)_{n\in\mathbb{N}}.$

(Tipp: Formen Sie die Ausdrücke durch geschickte Erweiterung mittels der dritten binomischen Formel so um, dass Sie das Konvergenzverhalten klar erkennen können.)

3.2 Reihen

Aufgabe 3.2.1

A311

Sei $a_k = \dfrac{k}{2^k}$. Berechnen Sie mit dem Taschenrechner einige Folgenglieder von $(a_k)_{k \in \mathbb{N}}$ sowie die ersten Partialsummen s_n der Reihe $\sum\limits_{k=1}^{\infty} a_k$.

Aufgabe 3.2.2

A312

Sei $a_k = \dfrac{k}{(k+1)!}$. (Zur Erinnerung: $k! := 1 \cdot 2 \cdot \ldots \cdot k$.)

a) Berechnen Sie mit einem Taschenrechner einige Folgenglieder von $(a_k)_{k \in \mathbb{N}}$ sowie die ersten Partialsummen s_n der Reihe $\sum\limits_{k=1}^{\infty} a_k$.

b) Zeigen Sie: $a_k = \dfrac{1}{k!} - \dfrac{1}{(k+1)!}$.

c) Nutzen Sie die Darstellung aus b) zur Berechnung von $\sum\limits_{k=1}^{\infty} a_k$.

Aufgabe 3.2.3

A313

Gegeben ist die Reihe $1 - \dfrac{1}{3} + \dfrac{1}{9} - \dfrac{1}{27} + - \ldots$.

a) Wie lauten die a_k bei einer Darstellung der Summe als $\sum\limits_{k=0}^{\infty} a_k$?

b) Berechnen Sie den Reihenwert.

Aufgabe 3.2.4

A314

Herr Mayer schließt einen Ratensparvertrag ab: Er zahlt zu Beginn jeden Jahres 1000€ ein. Das Guthaben wird (mit Zinseszins) zu 4% verzinst.

Welches Guthaben hat Herr Mayer nach 30 Jahren?

Aufgabe 3.2.5

A315

Berechnen Sie

a) $\sum\limits_{k=0}^{\infty} \left(\dfrac{1}{3}\right)^k$,   b) $\sum\limits_{n=0}^{\infty} \dfrac{1}{4^n}$,   c) $\sum\limits_{k=1}^{\infty} 0.8^k$,   d) $\sum\limits_{m=2}^{\infty} \left(\dfrac{1}{2}\right)^m$.

(Zu c) und d) vgl. Aufgabe 3.2.6.)

Aufgabe 3.2.6

A316

Zeigen Sie, dass für $|q| < 1$ gilt: $\sum\limits_{k=k_0}^{\infty} q^k = \dfrac{q^{k_0}}{1-q}$.

Aufgabe 3.2.7

A317

a) Visualisieren Sie die Partialsummen der Reihe $\sum_{k=0}^{\infty} a_k$ mit den komplexen Summanden $a_k = \left(\frac{1}{2}\text{j}\right)^k$ in der Gaußschen Zahlenebene und berechnen Sie den Reihenwert.

b) Was ergibt $\sum_{n=0}^{\infty} (\frac{1}{2} + \frac{1}{2}\text{j})^n$ und $\sum_{l=0}^{\infty} (0.8 + 0.7\text{j})^l$?

Aufgabe 3.2.8 (beispielhafte Klausuraufgabe, 10 Minuten)

A318

Miniland macht Schulden, dieses Jahr 1000 €. Von Jahr zu Jahr soll die Neuverschuldung auf $\frac{2}{3}$ des Vorjahres reduziert werden.

Wieviel Gesamtschulden macht Miniland?

Aufgabe 3.2.9

A319

Achilles und die Schildkröte veranstalten ein Wettrennen. Achilles lässt der Schildkröte einen Vorsprung von $\Delta s_0 = 10\,\text{m}$. Er spurtet mit einer Geschwindigkeit von $10\,\text{m/s}$, während die Schildkröte $1\,\text{m/s}$ schafft.

Sei Δt_0 die Zeit, die Achilles braucht, um den gegebenen Vorsprung Δs_0 zurückzulegen, Δs_1 die Strecke, die sich die Schildkröte in der Zeit Δt_0 als neuen Vorsprung erarbeitet. Allgemein sei

Δt_n die Zeit, die Achilles für die Strecke Δs_n braucht,

Δs_{n+1} die Strecke, die die Schildkröte in der Zeit Δt_n zurücklegt.

a) Überlegen Sie sich, dass gilt: $\Delta t_n = \frac{1}{10^n}\,\text{s}$.

b) Was ergibt die Reihe $\sum_{n=0}^{\infty} \Delta t_n$?

   Wie lässt sich damit das Paradoxon, dass die Schildkröte bei der Betrachtung immer einen Vorsprung vor Achilles hat, auflösen?

Aufgabe 3.2.10

A320

Welche der folgenden Reihen konvergieren in $\mathbb{R}$?

a) $\sum_{k=1}^{\infty} \frac{1}{k^3}$,

b) $\sum_{k=1}^{\infty} \frac{k+2}{k^2+4k-1}$,

c) $\sum_{k=1}^{\infty} \frac{k^2+2}{k^4+3k}$,

d) $\sum_{k=1}^{\infty} \frac{k-3}{k+5}$,

e) $\sum_{k=1}^{\infty} \frac{k}{2^k}$,

f) $\sum_{k=1}^{\infty} k^2 \cdot 0.8^k$,

g) $\sum_{k=1}^{\infty} \frac{1.2^k}{k^4}$,

h) $\sum_{k=1}^{\infty} \frac{k^3}{0.5^k}$,

i) $\sum_{k=1}^{\infty} \frac{1}{\sqrt{k}}$,

j) $\sum_{k=1}^{\infty} \left(1 - \frac{1}{k^2}\right)$,

k) $\sum_{k=1}^{\infty} \frac{2^k-k}{3^k+1}$,

l) $\sum_{k=1}^{\infty} \frac{2^k+1}{k \cdot 2^k}$.

Aufgabe 3.2.11

A321

Konvergiert

a) $\sum\limits_{k=1}^{\infty}(-1)^k \sin\frac{1}{k}$,   b) $\sum\limits_{k=1}^{\infty}(-1)^k \cos\frac{1}{k}$?

Aufgabe 3.2.12

A322

a) Zeigen Sie mit Hilfe des Quotientenkriteriums die Konvergenz der Reihe $\sum k^2 \cdot q^k$ ($|q| < 1$).

b) Was ergibt sich bei der Anwendung des Quotientenkriteriums zur Untersuchung der Konvergenz von $\sum\frac{1}{k}$ bzw. $\sum\frac{1}{k^2}$?

Aufgabe 3.2.13

A323

Sind die (komplexen) Reihen

a) $\sum\limits_{k=1}^{\infty}\left(\frac{j}{2}\right)^k$,   b) $\sum\limits_{k=1}^{\infty}\frac{j^k}{k}$

konvergent bzw. absolut konvergent?

3.3 Potenzreihen

Aufgabe 3.3.1

A324

Gegeben sei die Potenzreihe $1 - \frac{1}{3}x + \frac{1}{9}x^2 - \frac{1}{27}x^3 + - \ldots$.

a) Wie lautet der Koeffizient a_n vor x^n?

b) Welche Funktion wird durch die Reihe dargestellt?

(Tipp: geometrische Reihe)

Aufgabe 3.3.2

A325

Berechnen Sie (mit Hilfe eines Taschenrechners) jeweils eine Näherung von e $=$ e^1, von $\sqrt{e}$ $=$ e$^{\frac{1}{2}}$ und von e^j (mit der imaginären Einheit j), indem Sie die Potenzreihendarstellung e^x $= \sum\limits_{n=0}^{\infty}\frac{1}{n!}x^n$ benutzen und dabei nur die ersten sechs Summanden berücksichtigen.

Welche Werte erhält man direkt mit dem Taschenrechner?

Aufgabe 3.3.3

A326

a) Sie wollen 1000 Euro für ein Jahr anlegen. Bank A bietet Ihnen für das Jahr 4% Zinsen. Bank B bietet nur 3,98%, schreibt Ihnen aber nach einem halben Jahr schon die bis dahin fälligen Zinsen gut und verzinst sie dann mit. Bank C gibt nur 3,95%, wirbt aber mit monatlicher Gutschrift der aufgelaufenen Zinsen. Welches Angebot ist am günstigsten?

b) Wie lautet die Formel für Ihr Guthaben nach einem Jahr bei einem Zinssatz von p Prozent, wenn Ihnen die aufgelaufenen Zinsen n mal im Jahr gutgeschrieben werden?

c) Was ergibt sich bei b) für $n \to \infty$, also bei kontinuierlicher Zinsgutschrift?

Fortsetzung: Aufgabe 5.3.17

Aufgabe 3.3.4

A327

Geben Sie die Koeffizienten a_0, a_1, a_2, a_3 und a_4 der Potenzreihenentwicklung $\sum\limits_{k=0}^{\infty} a_k x^k$ für die folgenden Funktionen an:

a) $f(x) = \sin x + \cos x$,   b) $f(x) = 2 \cdot \sin x$,   c) $f(x) = \sin(2x)$,

d) $f(x) = \sin(x^2)$,   e) $f(x) = \sin(x + 2)$,   f) $f(x) = \sin x \cdot \cos x$.

Aufgabe 3.3.5 (Vgl. Aufgabe 2.3.7)

A328

Zeigen Sie mittels der Potenzreihenentwicklung den folgenden Zusammenhang der trigonometrischen und der hyperbolischen Funktionen im Komplexen:

$$\cos(\mathrm{j}x) = \cosh x \quad \text{und} \quad \sin(\mathrm{j}x) = \mathrm{j} \cdot \sinh x.$$

Aufgabe 3.3.6

A329

Bei einem See der Länge l (gemessen auf der Wasseroberfläche) erhält man für die Höhe h, die der See über der direkten Verbindung übersteht, und für die Differenz Δl eines schwimmenden Seils und der direkten Linie die folgenden Formeln (s. Aufgabe 1.3.8):

$$h = R - R \cdot \cos \frac{l}{2R} \quad \text{und} \quad \Delta l = l - 2 \cdot R \cdot \sin \frac{l}{2R}.$$

a) Nutzen Sie den Anfang der Potenzreihenentwicklungen, um Näherungen für h und Δl zu erhalten.

b) Vergleichen Sie die Näherungsergebnisse, die Sie bei a) mit $l = 50\,\mathrm{km}$ und $R = 6370\,\mathrm{km}$ erhalten, mit Ihren Ergebnissen von Aufgabe 1.3.8.

c) Welche Werte erhalten Sie für einen $100\,\mathrm{m}$ langen See?

Fortsetzung: Aufgabe 5.2.17, Aufgabe 5.3.16, Aufgabe 5.3.23

Aufgabe 3.3.7

A330

Wieviel Summanden braucht man höchstens, um den Wert von $\sin x$ für $x \in [0,1]$ mittels der (alternierenden) Potenzreihe mit einer Genauigkeit von 10^{-15} zu berechnen?

Aufgabe 3.3.8

A331

a) Berechnen Sie den Konvergenzradius zur Potenzreihe $\sum\limits_{k=0}^{\infty} 3^k \cdot x^k$.

   Welche Funktion wird durch die Reihe dargestellt?

b) Überlegen Sie sich, dass der Konvergenzradius zur Potenzreihe $\sum\limits_{l=0}^{\infty} (-1)^l \cdot x^{2l}$ gleich 1 ist.

4 Grenzwerte von Funktionen und Stetigkeit

4.1 Grenzwerte

Aufgabe 4.1.1

A401

Gegeben sind die Funktionen

$$f : \mathbb{R}^{>0} \to \mathbb{R}, \ f(x) = \sin \frac{1}{x} \qquad \text{und} \qquad g : \mathbb{R}^{>0} \to \mathbb{R}, \ g(x) = x \cdot \sin \frac{1}{x}.$$

Wie verhalten sich die Funktionen, wenn man sich mit dem Argument x der Null von rechts annähert? Existieren $\lim\limits_{x \to 0+} f(x)$ bzw. $\lim\limits_{x \to 0+} g(x)$?

Skizzieren Sie die Funktionsgrafen.

Aufgabe 4.1.2

A402

Gegeben sind die Funktionen

$$H : \mathbb{R} \to \mathbb{R}, \ H(x) = \begin{cases} 0 \text{ , falls } x \leq 0 \\ 1 \text{ , falls } x > 0 \end{cases} \quad \text{und} \quad f : \mathbb{R} \setminus \{0\} \to \mathbb{R}, \ f(x) = x^2.$$

Bestimmen Sie $H\big(\lim\limits_{x \to 0} f(x)\big)$ und $\lim\limits_{x \to 0} H(f(x))$.

Aufgabe 4.1.3

A403

Geben Sie die folgenden Grenzwerte (in $\mathbb{R} \cup \{\pm\infty\}$) an:

a) $\lim\limits_{x \to \infty} \dfrac{3^x}{x^3}$,

b) $\lim\limits_{x \to \infty} \dfrac{x^2 + x}{4^x}$,

c) $\lim\limits_{x \to \infty} 3^{-x} \cdot x^5$,

d) $\lim\limits_{x \to -\infty} 4^x \cdot x^3$,

e) $\lim\limits_{x \to -\infty} \left(\dfrac{1}{2}\right)^x \cdot x^2$,

f) $\lim\limits_{x \to -\infty} \dfrac{2^x}{x}$,

g) $\lim\limits_{x\to\infty} \dfrac{x^2 + 3x - 1}{x + 2}$,

h) $\lim\limits_{x\to\infty} \dfrac{x - 1}{2x^2 + x + 1}$,

i) $\lim\limits_{x\to\infty} \dfrac{3x + 4}{4x - 1}$,

j) $\lim\limits_{x\to\infty} \dfrac{(2x - 1)^2}{x^2 + 1}$,

k) $\lim\limits_{x\to\infty} \dfrac{x^3}{1 - x^2}$,

l) $\lim\limits_{x\to-\infty} \dfrac{x^3}{1 - x^2}$,

m) $\lim\limits_{x\to\infty} \dfrac{x}{\log_2 x}$,

n) $\lim\limits_{x\to\infty} \dfrac{(\ln x)^2}{x}$,

o) $\lim\limits_{x\to 0+} x^2 \cdot \log x$,

p) $\lim\limits_{x\to 0+} \dfrac{x}{\ln x}$,

q) $\lim\limits_{x\to 0+} \dfrac{2^{\frac{1}{x}}}{x}$,

r) $\lim\limits_{x\to 0-} \dfrac{2^{\frac{1}{x}}}{x}$.

A404

Aufgabe 4.1.4

Berechnen Sie die folgenden Grenzwerte unter zu Hilfenahme der Potenzreihenentwicklungen.

a) $\lim\limits_{x\to 0} \dfrac{1 - \cos x}{x^2}$,

b) $\lim\limits_{x\to 0} \dfrac{1 - \cos(2x)}{x^2}$,

c) $\lim\limits_{x\to 0} \dfrac{\sin x - x \cos x}{x^3}$,

d) $\lim\limits_{x\to 0} \dfrac{\cos x - 1}{\cosh x - 1}$,

e) $\lim\limits_{x\to 0} \dfrac{e^{x^2} - 1}{x}$.

4.2 Stetigkeit

A405

Aufgabe 4.2.1

Die Funktion

$$f(x) = \begin{cases} 1, & \text{für } x < 0 \\ 4 - x, & \text{für } x > 2 \end{cases}$$

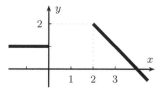

soll für $x \in [0, 2]$ so definiert werden, dass f stetig ist.

Wie kann man das möglichst einfach machen?

Fortsetzung: Aufgabe 5.2.12

A406

Aufgabe 4.2.2

Für welche Kombination von Parametern c und a ist die Funktion

$$f : \mathbb{R} \to \mathbb{R}, \quad f(x) = \begin{cases} cx^2, & \text{für } x < 2, \\ \frac{1}{2}x + a, & \text{für } x \geq 2 \end{cases}$$

stetig? Gibt es auch eine Kombination mit $c = a$?

Fortsetzung: Aufgabe 5.2.13

Aufgabe 4.2.3

Geben Sie die Nullstellen von $f(x) = x^3 - 4x^2 + x + 3$ mit Hilfe des Bisektionsverfahrens mit einer Genauigkeit kleiner 0.01 an.

A407

(Statt das Verfahren von Hand durchzuführen, bietet es sich an, ein kleines Programm zu schreiben.)

Aufgabe 4.2.4 (Fortsetzung von Aufgabe 1.1.36)

Bestimmen Sie mit Hilfe des Bisektionsverfahrens ein a, das

A408

$$25 = 2a \cdot \sinh \frac{10}{a}$$

erfüllt mit einer Genauigkeit kleiner 0.001.

Fortsetzung: Aufgabe 5.3.12

Aufgabe 4.2.5 (beispielhafte Klausuraufgabe, 10 Minuten)

Betrachtet wird das Bisektionsverfahren zur Bestimmung einer Nullstelle von

A409

$$f(x) = x^3 + 2x - 4.$$

a) Führen Sie zwei Schritte des Bisektionsverfahrens ausgehend von 0 und 2 durch, und geben Sie ein Intervall der Länge 0.5 an, in dem eine Nullstelle liegt.

b) Wieviel Schritte muss man mit dem Bisektionsverfahren machen, um ausgehend von 0 und 2 ein Intervall der Länge 10^{-6} anzugeben, in dem eine Nullstelle liegt?

Geben Sie die Anzahl formelmäßig und näherungsweise (mit der groben Abschätzung $2^3 \approx 10$) an.

5 Differenzialrechnung

5.1 Differenzierbare Funktionen

Aufgabe 5.1.1

Sei $f(x) = \dfrac{1}{x}$.

A501

a) Berechnen Sie (mit einem Taschenrechner) die Steigung der Geraden durch die Punkte $P_1 = (1, f(1)) = (1, 1)$ und $P_x = (x, f(x))$ zu

$\quad$ 1) $x = 2$, $\quad$ 2) $x = 1.5$, $\quad$ 3) $x = 1.1$, $\quad$ 4) $x = 1.0001$, $\quad$ 5) $x = 0.9999$.

b) Welche Steigung ergibt sich formelmäßig bei P_1 und P_x zu allgemeinem x?

c) Berechnen Sie die Ableitung der Funktion f an der Stelle 1, indem Sie bei b) den Grenzwert $x \to 1$ betrachten.

d) Berechnen Sie die Ableitung der Funktion f an einer beliebigen Stelle x_0 analog zu b) und c) als Grenzwert des Differenzenquotienten.

Aufgabe 5.1.2

Ziel der Aufgabe ist die Bestimmung der Ableitung von $f : \mathbb{C} \to \mathbb{C}$, $x \mapsto e^x$.

A502

a) Berechnen Sie $f'(0)$ als Grenzwert des Differenzenquotienten unter Verwendung der Potenzreihendarstellung von e^x.

b) Bestimmen Sie für eine beliebige Stelle x_0 die Ableitung $f'(x_0)$ als Grenzwert des Differenzenquotienten $\lim\limits_{h \to 0} \dfrac{f(x_0+h)-f(x_0)}{h}$.

(Tipp: Nach einer Umformung können Sie die Grenzwertbeziehung aus a) benutzen.)

Aufgabe 5.1.3

Berechnen Sie die Ableitung der Funktion $f(x) = \sin x$ als Grenzwert des Differenzenquotienten in der Gestalt $\lim\limits_{h \to 0} \dfrac{f(x+h)-f(x)}{h}$ unter Ausnutzung der Additionstheoreme und der Potenzreihenentwicklungen.

A503

© Der/die Autor(en), exklusiv lizenziert an
Springer-Verlag GmbH, DE, ein Teil von Springer Nature 2023
G. Hoever, *Arbeitsbuch höhere Mathematik*,
https://doi.org/10.1007/978-3-662-68268-5_5

Aufgabe 5.1.4

A504 Skizzieren Sie den ungefähren Verlauf der Ableitung zu der abgebildeten Funktion.

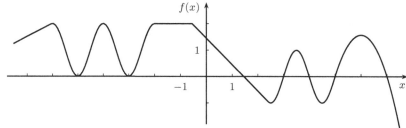

Aufgabe 5.1.5

A505 Geben Sie die Geradengleichung der Tangenten an die Funktionsgrafen

    a) von $f(x) = x^2$ in $x_0 = \frac{1}{2}$

    b) von $f(x) = \frac{1}{x}$ in $x_0 = 2$

    c) von $f(x) = \mathrm{e}^x$ in $x_0 = 0$

an und fertigen Sie entsprechende Zeichnungen an.

(Hinweis: Nutzen Sie die Ableitungen $\left(x^2\right)' = 2x$, $\left(\frac{1}{x}\right)' = -\frac{1}{x^2}$ und $(\mathrm{e}^x)' = \mathrm{e}^x$.)

Aufgabe 5.1.6

A506 Berechnen Sie näherungsweise den Ableitungswert zu $f(x) = x^3$ an der Stelle $x_0 = \sqrt{2}$, indem Sie den Differenzenquotienten $\frac{f(x_0+h)-f(x_0)}{h}$ für kleine Werte von h (zwischen 0.1 und 10^{-16}) mit einem Taschenrechner auswerten.

Für welche Werte von h ergeben sich die genauesten Werte?

Aufgabe 5.1.7

A507 Berechnen Sie die folgenden Differenzen näherungsweise unter Benutzung der Ableitung, d.h. mittels der Formel $f(x_0 + \Delta x) - f(x_0) \approx f'(x_0) \cdot \Delta x$:

    a) $3.1^2 - 3^2$,   b) $\dfrac{1}{2} - \dfrac{1}{2.1}$.

Aufgabe 5.1.8

A508 Ist $s(t)$ die Strecke, die ein Körper in der Zeit t nach dem Loslassen in freiem Fall zurücklegt, so gilt für die Geschwindigkeit

$$v(t) = s'(t) = g \cdot t \qquad \text{mit } g \approx 10\,\mathrm{m/s^2}.$$

Welche Geschwindigkeit hat der Körper, nachdem er zwei Sekunden gefallen ist, und welche Strecke legt er dann ungefähr innerhalb einer Zehntel Sekunde zurück?

Sehen Sie einen Bezug zum Thema Ableitung?

Aufgabe 5.1.9 (beispielhafte Klausuraufgabe, 10 Minuten)

Für welche Punkte auf der Parabel $f(x) = x^2$ führt die Tangente an f durch den Punkt $(1, -3)$?

A509

5.2 Rechenregeln

Aufgabe 5.2.1

Berechnen Sie die Ableitung zu den folgenden Funktionen $f(x)$:

A510

a) $x^2 + 4x^3$,　　b) $x \cdot \sin x$,　　c) $(x+1) \cdot \sqrt{x}$,　　d) $x \cdot \sin x \cdot \ln x$,

e) $\dfrac{1}{x^2 + 3x}$,　　f) $\dfrac{1}{\sin x}$,　　g) $\dfrac{x^2 + 2x}{3x + 1}$,　　h) $\cot x$,

i) $\sin(x^2)$,　　j) $(\sin x)^2$,　　k) $\ln \sqrt{x}$,　　l) $\sin(\ln(x^2 + 1))$.

Aufgabe 5.2.2

Berechnen Sie die Ableitung zu den folgenden Funktionen $f(x)$, bei denen neben der unabhängigen Variablen x auch noch Parameter a, b bzw. c vorkommen.

A511

a) $ax^2 + bx^3$,　　b) $\dfrac{1}{ax}$,　　c) e^{bx},　　d) $\ln(cx)$,

e) $a + \sin x$,　　f) $a \cdot \sin x$,　　g) $\sin(a + x)$,　　h) $\sin(a \cdot x)$.

Aufgabe 5.2.3

a) Leiten Sie die Funktionen

$$f(x) = (5x + 3)^2 \quad \text{und} \quad g(x) = (x + 2)^3$$

A512

einerseits mit Hilfe der Kettenregel ab und andererseits summandenweise nach Ausmultiplizieren.

b) Berechnen Sie die Ableitung der Funktion $f(x) = \frac{1}{\sin^2 x}$ auf verschiedene Arten.

Aufgabe 5.2.4

Berechnen Sie die Ableitung zu den folgenden Funktionen; beachten Sie was die freie Variable ist; der Rest sind Konstanten.

A513

a) $f(x) = \dfrac{x}{y} + y^2$

b) $f(y) = \dfrac{x}{y} + y^2$

c) $f(a) = ab + \sin(ab)$

d) $f(b) = ab + \sin(ab)$

Aufgabe 5.2.5

A514

a) Berechnen Sie die Ableitung von $f(x) = \dfrac{x+2}{(x^2+3)^3}$.

Tipp: Nutzen Sie zur Ableitung des Nenners die Kettenregel, um anschließend kürzen zu können.

b) Zeigen Sie, dass man beim Ableiten einer Funktion der Form

$$f(x) \;=\; \frac{p(x)}{\bigl(q(x)\bigr)^n}$$

mit der Quotientenregel immer so kürzen kann, dass sich die Potenz im Nenner nur um Eins erhöht.

Aufgabe 5.2.6

A515

a) Zeigen Sie $(e^x)' = e^x$, $(\sin x)' = \cos x$ und $(\cos x)' = -\sin x$, indem Sie die Potenzreihendarstellungen nutzen und diese Summandenweise ableiten.

b) Was ergibt sich, wenn Sie die Potenzreihendarstellung von $f(x) = \ln(1+x)$ Summandenweise ableiten?

Aufgabe 5.2.7

A516

Nutzen Sie $\left(\frac{1}{x}\right)' = -\frac{1}{x^2}$ und die Kettenregel, um die Formel $\left(\frac{1}{g(x)}\right)' = -\frac{g'(x)}{(g(x))^2}$ herzuleiten.

Aufgabe 5.2.8

A517

Leiten Sie eine Produktregel zur Ableitung von $f \cdot g \cdot h$ her.

Aufgabe 5.2.9

A518

Zeigen Sie: Ist a eine doppelte Nullstelle eines Polynoms p, so ist $p'(a) = 0$.

Aufgabe 5.2.10

A519

Zeigen Sie:

a) Ist f eine gerade Funktion, so ist f' eine ungerade Funktion.

b) Ist f eine ungerade Funktion, so ist f' eine gerade Funktion.

Aufgabe 5.2.11

A520

a) Berechnen Sie f'' und f''' zu $f(x) = x^2 \cdot \sin x$.

b) Stellen Sie eine allgemeine Formel für $(g \cdot h)''$ und $(g \cdot h)'''$ auf.

Aufgabe 5.2.12 (Fortsetzung von Aufgabe 4.2.1)

Finden Sie ein Polynom, das die beiden markierten Wegstücke glatt (d.h. ohne Knick) verbindet.

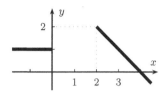

A521

Aufgabe 5.2.13 (Fortsetzung von Aufgabe 4.2.2)

Für welche Kombination von Parametern c und a ist der Funktionsgraf zur Funktion

A522

$$f : \mathbb{R} \to \mathbb{R}, \quad f(x) = \begin{cases} cx^2, & \text{für } x < 2, \\ \frac{1}{2}x + a, & \text{für } x \geq 2 \end{cases}$$

glatt, d.h., auch bei $x = 2$ ohne Knick?

Aufgabe 5.2.14

Das nebenstehende Bild zeigt schematisch eine Papieraufwicklung. Die Walze hat den Radius 1, die Papierbahn kommt vom Punkt $(-2, 2)$.

A523

An welchem Punkt berührt die Papierbahn die Walze?

Anleitung: Stellen Sie den oberen Halbkreis der Walze als Funktion f dar, bestimmen Sie die Tangentengleichung in $(x_0, f(x_0))$ (x_0 variabel) und suchen Sie das x_0, bei dem $(-2, 2)$ auf der Tangente liegt.

Fortsetzung: Aufgabe 7.3.11

Aufgabe 5.2.15 (vgl. Aufgabe 1.4.7)

In Hamburg schwankt die Wassertiefe der Elbe auf Grund von Ebbe und Flut zwischen 9m und 13m, wobei der Verlauf grob als Sinus-förmig mit einer Periode von 12 Stunden modelliert werden kann.

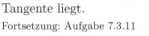
A524

a) Zu welchen Zeiten ändert sich der Wasserstand am schnellsten?

b) Um wieviel ändert sich der Wasserstand zu diesen Zeiten innerhalb von einer Minute?

Nutzen Sie die Ableitung zur näherungsweisen Berechnung!

Aufgabe 5.2.16

A525

Zu Sommerbeginn (21.06) ist in Aachen der Sonnenaufgang um 4:21 Uhr MEZ und zu Winterbeginn (21.12.) um 8:35 MEZ. Die Sonnenaufgangszeit dazwischen kann man grob als sinus-förmig modellieren.

Berechnen Sie damit näherungsweise unter Benutzung der Ableitung, um wieviel Minuten sich die Aufgangszeit vom 24. auf den 25.11. ändert.

Wie groß ist die Änderung zum Herbstanfang?

Aufgabe 5.2.17

A526

Bei einem See der Länge l (gemessen als direkte Linie) erhält man für die Höhe h, die der See über der direkten Verbindung übersteht (s. Aufgabe 1.3.8):

$$h = R - \sqrt{R^2 - \left(\frac{l}{2}\right)^2}.$$

Mit $f(x) = \sqrt{R^2 - x}$ ist

$$h = f(0) - f\left(\left(\tfrac{l}{2}\right)^2\right).$$

Nutzen Sie diese Darstellung, um mit Hilfe der Ableitung der Funktion f eine Näherung für h zu erhalten.

Vergleichen Sie diese Näherung mit der Näherung von Aufgabe 3.3.6.

Fortsetzung: Aufgabe 5.3.23, Aufgabe 5.3.16

5.3 Anwendungen

5.3.1 Kurvendiskussion

Aufgabe 5.3.1 (beispielhafte Klausuraufgabe, $8 + 4 + 4 = 16$ Minuten)

Es sei $f : \mathbb{R} \setminus \{0\} \to \mathbb{R},\ x \mapsto \dfrac{e^x}{x}$.

A527

a) Berechnen Sie Nullstellen, Extremstellen und Wendestellen von f.

b) Geben Sie das Verhalten von f an den Rändern des Definitionsbereichs und an der Definitionslücke an.

c) Skizzieren Sie grob den Funktionsgraf von f auf Grund der Informationen aus a) und b).

Aufgabe 5.3.2 (beispielhafte Klausuraufgabe, 8 Minuten)

Für welche Stelle $a \geq 0$ wird die Fläche des Rechtecks unter dem Grafen zur Funktion $f(x) = e^{-x}$ (s. Skizze) maximal?

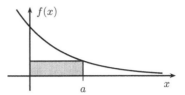

Aufgabe 5.3.3 (beispielhafte Klausuraufgabe, 10 Minuten)

Es soll ein Verpackungskarton mit quadratischer Grundfläche für 1 Liter Milch hergestellt werden. Aus falt- und klebetechnischen Gründen benötigt man bei der Kartonherstellung jeweils doppelte Fläche für Deckel und Boden.

Wie müssen die Maße der Verpackung sein, damit der Materialverbrauch minimal ist?

Aufgabe 5.3.4

Bei einer n-maligen Messung einer Größe werden die Werte x_1, x_2, ..., x_n gemessen, die auf Grund von Messfehlern und Störungen um den wahren Wert streuen.

Eine gute Näherung für den wahren Wert erhält man durch den Wert $\bar{x}$, für den die Summe der quadratischen Abweichungen minimal wird, d.h. für den Wert, der

$$f(x) = \sum_{k=1}^{n} (x - x_k)^2$$

minimiert. Wie berechnet sich $\bar{x}$ aus x_1, x_2, ..., x_n?

Aufgabe 5.3.5

Die Bahnkurve bei einem schrägen Wurf wird bei Vernachlässigung des Luftwiderstandes beschrieben durch

$$y(x) = \tan\alpha \cdot x - \frac{g}{2v_0^2 \cos^2\alpha} \cdot x^2.$$

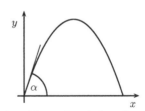

Dabei beschreibt v_0 die Abwurfgeschwindigkeit, α den Abwurfwinkel und g die Erdbeschleunigung ($g \approx 9.81\,\mathrm{m/s^2}$).

Für welchen Abwurfwinkel erreicht man die größte Weite?

Aufgabe 5.3.6

a) Ein Automobilhersteller lässt sich Reifen zuliefern. Er braucht pro Jahr insgesamt R Reifen, die er sich in einzelnen Lieferungen mehrmals im Jahr anliefern lässt. Unabhängig vom Umfang ist eine Lieferung mit K_{fix} Kosten verbunden. Lässt er sich pro Lieferung n Reifen kommen, ist dadurch Geld gebunden, das finanziert werden muss. Die dadurch im Jahr entstehenden Kosten sind proportional zu n, also gleich $c \cdot n$ mit einer Konstanten c.

Was ist die optimale Liefergröße n, und welche Kosten entstehen insgesamt (in Abhängigkeit von K_{fix} und c)?

b) Der Automobilhersteller hat 3 Reifenzwischenhändler, von denen er jeweils $\frac{R}{3}$ Reifen bezieht. Im Zuge der Just-in-Time-Anlieferung löst er sein Lager auf, so dass die Lagerung auf die drei Zwischenhändler abgeschoben wird. Diese kalkulieren für sich mit gleichen Liefer- und Lagerkosten.

Wie ändern sich dadurch die gesamten Liefer- und Lagerkosten?

(Vernachlässigen Sie bei den Rechnungen ggf. eigentlich nötige Rundungen.)

5.3.2 Regel von de L'Hospital

Aufgabe 5.3.7

Bestimmen Sie die folgenden Grenzwerte:

a) $\lim\limits_{x \to 1} \dfrac{\ln x}{1 - x}$,

b) $\lim\limits_{x \to 0} \dfrac{\cosh x - 1}{\cos x - 1}$,

c) $\lim\limits_{x \to \infty} \dfrac{\ln \sqrt{x}}{\sqrt{\ln x}}$,

d) $\lim\limits_{x \to \infty} x \cdot \ln(1 + \dfrac{1}{x})$.

Aufgabe 5.3.8

Berechnen Sie $\lim\limits_{x \to 0} \dfrac{\cos(x^2) - 1}{x^3 \sin x}$

a) mit Hilfe der Potenzreihendarstellungen,

b) mit der Regel von de l'Hospital.

Aufgabe 5.3.9

Betrachtet werden die Grenzwerte

1) $\lim\limits_{x \to \infty} \dfrac{\sinh x}{\cosh x}$ und 2) $\lim\limits_{x \to \infty} \dfrac{x + \sin x}{x}$.

a) Was ergibt sich bei der Anwendung der Regel von de L'Hospital?

b) Bestimmen Sie die Grenzwerte.

(Tipp zu 1): nutzen Sie die Definitionen von $\sinh x$ und $\cosh x$.)

5.3.3 Newton-Verfahren

Aufgabe 5.3.10

A536

Was ergibt die Anwendung des Newton-Verfahrens auf die Funktion

$$f(x) = \frac{x}{x^2 + 3}$$

mit den Startwerten

a) $x_0 = 0.5$,   b) $x_0 = 1$,   c) $x_0 = 1.5$?

(Nutzen Sie einen Taschenrechner.) Skizzieren Sie die Situationen!

Aufgabe 5.3.11

A537

Bestimmen Sie die lokalen Extremstellen der Funktion

$$f(x) = x^3 - 3x + 1,$$

skizzieren Sie mit diesen Informationen den Funktionsgraf, und bestimmen Sie (mit Hilfe eines Taschenrechners) Näherungen für sämtliche Nullstellen mittels des Newton-Verfahrens.

Aufgabe 5.3.12 (Fortsetzung von Aufgabe 4.2.4)

A538

Bestimmen Sie mit Hilfe des Newton-Verfahrens ein a, das

$$25 = 2a \cdot \sinh \frac{10}{a}$$

erfüllt. Führen Sie dabei soviel Schritte durch, bis der Abstand zweier aufeinander folgender Iterationslösungen kleiner als 0.001 ist.

Vergleichen Sie die Anzahl der Schritte mit der beim Bisektionsverfahren (s. Aufgabe 4.2.4).

Aufgabe 5.3.13

A539

a) Zeigen Sie, dass man nur Multiplikationen und Additionen benötigt, wenn man numerisch $x = \frac{1}{a}$ als Nullstelle der Funktion $f(x) = \frac{1}{x} - a$ gemäß des Newton-Verfahrens berechnet.

b) Zeigen Sie, dass die Rekursionsvorschrift $x_{n+1} = \frac{x_n}{2} + \frac{c}{2x_n}$ (vgl. Aufgabe 3.1.5) der Newton-Iteration zur Bestimmung von $\sqrt{c}$ als Nullstelle von $f(x) = x^2 - c$ entspricht.

Aufgabe 5.3.14 (beispielhafte Klausuraufgabe, $4 + 4 = 8$ Minuten)

a) Skizzieren Sie näherungsweise die Lage von x_1 und x_2 bei Durchführung des Newton-Verfahrens zur Bestimmung einer Nullstelle der abgebildeten Funktion $f(x)$ ausgehend von x_0.

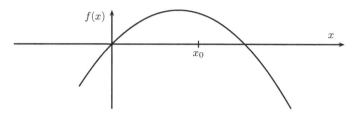

b) Führen Sie einen Schritt des Netwon-Verfahrens zur Bestimmung einer Nullstelle von

$$f(x) = x^3 - 4x + 2$$

ausgehend von $x_0 = 1$ durch.

5.3.4 Taylorpolynome und -reihen

Aufgabe 5.3.15

a) Bestimmen Sie das 3-te Taylorpolynom in 0 von $f(x) = \mathrm{e}^x \sin x$.

b) Bestimmen Sie das 13-te Taylorpolynom in 1 zu $f(x) = x^3 - 2x$.

c) Bestimmen Sie das 3-te Taylorpolynom in 0 von $f(x) = \arcsin x$.

   (Hinweis: $(\arcsin x)' = \frac{1}{\sqrt{1-x^2}}$)

Fortsetzung: Aufgabe 5.3.16

Aufgabe 5.3.16

Bei einem See der Länge l (gemessen als direkte Linie) erhält man für die Differenz Δl eines schwimmenden Seils und der direkten Linie (s. Aufgabe 1.3.8):

$$\Delta l \;=\; 2R \cdot \arcsin \frac{l}{2R} - l.$$

Berechnen Sie eine Näherung für Δl, indem Sie das dritte Taylorpolynom zu $\arcsin x$ in $x = 0$ (s. Aufgabe 5.3.15, c)) zu Hilfe nehmen.

Vergleichen Sie das Ergebnis mit der Näherung von Aufgabe 3.3.6.

Fortsetzung: Aufgabe 5.3.23

Aufgabe 5.3.17 (Fortsetzung von Aufgabe 1.1.34 und Aufgabe 3.3.3)

a) Mit Zinseszins wächst ein Guthaben G bei jährlicher Vezinsung zu einem Zinssatz p nach n Jahren auf $G_n = (1+p)^n \cdot G$.

   Was erhält man als lineare Taylor-Näherung dieser Formel aufgefasst als Funktion bzgl. p an der Entwicklungsstelle $p = 0$?

b) Bei kontinuierlicher Verzinsung zu einem Zinssatz p wächst ein Guthaben G innerhalb eines Jahres auf $G_1 = G \cdot e^p$.

   1) Was erhält man als lineare Taylor-Näherung dieser Formel aufgefasst als Funktion bzgl. p an der Entwicklungsstelle $p = 0$?

   2) Sei konkret $p = 3\% = 0.03$ und $G = 1000€$.

      Ab welcher Ordnung liefert die Taylor-Entwicklung auf den Cent genau den exakten Betrag? (Nutzen Sie einen Taschenrechner.)

Aufgabe 5.3.18

Die Funktion f sei definiert durch die Potenzreihe $f(x) = \sum\limits_{k=0}^{\infty} a_k x^k$.

Überzeugen Sie sich, dass das n-te Taylorpolynom in $x = 0$ zu f gleich der nach x^n abgeschnittenen Potenzreihe ist.

Aufgabe 5.3.19

a) Überlegen Sie sich, dass die hinreichende Bedingung für eine Minimalstelle x_s nach Satz 5.3.7, 1., also $f'(x_s) = 0$ und $f''(x_s) > 0$, bedeutet, dass das zweite Taylorpolynom von f in x_s dort eine Minimalstelle hat.

b) Es soll ein Verfahren zur iterativen Bestimmung einer Extremstelle einer Funktion f entwickelt werden. Dazu wird zu einer Näherungsstelle x_n das zweite Taylorpolynom (eine Parabel) zu f bestimmt und dessen Extremstelle als nächste Näherung x_{n+1} bestimmt.

   1) Veranschaulichen Sie sich das Verfahren an der Funktion $f(x) = x^3 - 6x^2 + 8x$ beginnend mit $x_0 = 0$.

   2) Stellen Sie eine Formel auf, wie sich x_{n+1} aus x_n berechnen lässt.

      Fällt Ihnen etwas auf?

Aufgabe 5.3.20

a) Bestimmen Sie das n-te Taylorpolynom von $f(x) = \frac{1}{x}$ in 1 für beliebiges $n \in \mathbb{N}$.

b) Welche Reihe ergibt sich bei a) für $n \to \infty$?

Aufgabe 5.3.21

A547

Sei $T_2(x)$ das 2-te Taylorpolynom in $x_0 = 2$ zu

$$f(x) \; = \; \frac{1}{12}x^5 - \frac{5}{8}x^4 + 2x^2.$$

Geben Sie mit Hilfe der Restglied-Formel (s. Satz 5.3.24) eine Fehlerabschätzung von $|f(x) - T_2(x)|$ für $x \in [1, 3]$ an.

Aufgabe 5.3.22

A548

a) Schätzen Sie den Fehler ab, den man macht, wenn man

   1) die Funktion $\sin x$ durch x,

   2) die Funktion $\sin x$ durch $x - \frac{1}{3!}x^3$,

   ersetzt und $|x| \le 0.5$ ist.

b) Wieviel Summanden der Potenzreihenentwicklung braucht man, um die Funktion $f(x) = \sin x$ für $x \in [0, \frac{\pi}{4}]$ mit einer Genauigkeit kleiner 10^{-16} zu berechnen?

Aufgabe 5.3.23

A549

Bei einem See der Länge l (gemessen auf der Wasseroberfläche) erhält man für die Höhe h, die der See über der direkten Verbindung übersteht, und für die Differenz Δl eines schwimmenden Seils und der direkten Linie die folgenden Formeln, die mit Hilfe der Potenzreihendarstellungen von sin und cos angenähert werden können (s. Aufgabe 3.3.6):

$$h \; = \; R - R \cdot \cos\tfrac{l}{2R} \; \approx \; R - R \cdot (1 - \tfrac{1}{2}\left(\tfrac{l}{2R}\right)^2) \; = \; \tfrac{l^2}{8R},$$
$$\Delta l \; = \; l - 2R \cdot \sin\tfrac{l}{2R} \; \approx \; l - 2R \cdot (\tfrac{l}{2R} - \tfrac{1}{3!}\left(\tfrac{l}{2R}\right)^3) \; = \; \tfrac{l^3}{24R^2}.$$

Nutzen Sie ähnliche Überlegungen wie bei Aufgabe 5.3.22, um abzuschätzen, wie nah die Näherungen an den wirklichen Werten liegen.

6 Integralrechnung

6.1 Definition und elementare Eigenschaften

Aufgabe 6.1.1

Sei $f(x) = -x^2 + 2x + 3$ (s. Skizze).

Berechnen Sie (mit einem Taschenrechner) Näherungen zu $\int\limits_0^3 f(x)\,\mathrm{d}x$ durch eine Riemannsche Zwischensumme zu den folgenden Zerlegungen

A601

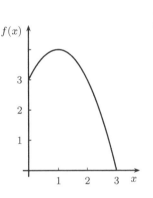

a) $x_0 = 0$, $x_1 = 1$, $x_2 = 2$, $x_3 = 3$,

b) $x_0 = 0$, $x_1 = 0.5$, $x_2 = 1$, $x_3 = 1.5$, $x_4 = 2$, $x_5 = 2.5$, $x_6 = 3$,

c) $x_0 = 0$, $x_1 = 1$, $x_2 = 2.5$, $x_3 = 3$,

und Zwischenstellen $\widehat{x_k}$ am linken Intervallrand.

Was ergibt sich bei der Zerlegung a) bei Zwischenstellen $\widehat{x_k}$ in der Intervallmitte bzw. als Ober- und Untersumme?

Skizzieren Sie die Situationen.

Aufgabe 6.1.2

Stellen Sie die Riemannsche Zwischensumme zu

$$\int\limits_a^b \frac{1}{x^2}\,\mathrm{d}x \qquad (0 < a < b)$$

A602

auf, wobei zu einer Zerlegung $a = x_0 < x_1 < \ldots < x_n = b$ als Zwischenstellen die geometrischen Mittel $\widehat{x_k} := \sqrt{x_{k-1} \cdot x_k} \in [x_{k-1}, x_k]$ von x_{k-1} und x_k genutzt werden.

Vereinfachen Sie die Summe.

Springer-Verlag GmbH, DE, ein Teil von Springer Nature 2023
G. Hoever, *Arbeitsbuch höhere Mathematik*,
https://doi.org/10.1007/978-3-662-68268-5_6

Aufgabe 6.1.3

A603 Überlegen Sie sich, dass die folgenden Sachverhalte zu Integralberechnungen führen:

a) Bei dem Bau einer Eisenbahnlinie gibt es unterschiedlich schwierige Gelände (z.B. Brücken, Tunnel), die sich direkt in unterschiedlichen Preisen pro Meter Strecke auswirken. Der Streckenplaner hat diese Schwierigkeiten bzw. Kosten in einer Skizze erfasst. Wie teuer wird die gesamte Strecke?

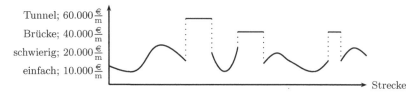

b) Die Zu- und Abflüsse eines Wasservorratsbehälters werden von zwei Messgeräten erfasst: $m_{\text{Zufluss}}(t)$ bzw. $m_{\text{Abfluss}}(t)$ geben jeweils die entsprechenden Mengen Wasser in $\frac{m^3}{s}$ an. Die Grafiken zeigen den Verlauf von m_{Zufluss}, m_{Abfluss}, sowie von der Differenz $d(t) = m_{\text{Zufluss}}(t) - m_{\text{Abfluss}}(t)$.

Wieviel Wasser ist zwischen T_0 und T_1 zugeflossen, wieviel abgeflossen?

Wenn zur Zeit T_0 eine Wassermenge M_0 im Behälter war, wieviel ist es dann zur Zeit T_1?

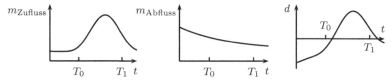

Aufgabe 6.1.4

A604 Ziel ist eine Formel zur Berechnung der Länge L einer Kurve, die durch eine Funktion $f : [a, b] \to \mathbb{R}$ gegeben ist.

a) Eine erste Näherung erhält man, indem das Intervall $[a, b]$ in n Teilintervalle $[x_{k-1}, x_k]$ mit

$$a = x_0 < x_1 < \ldots < x_n = b$$

zerlegt wird, und der Funktionsgraf durch Geradenstücke zwischen den Punkten $(x_{k-1}, f(x_{k-1}))$ und $(x_k, f(x_k))$ ersetzt wird (s. Skizze). Welche Näherung erhält man auf diese Weise für L?

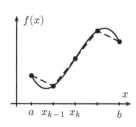

b) Wie lautet die Näherung, wenn Sie in der Formel von a) die Differenz benachbarter Funktionswerte näherungsweise mit Hilfe der Ableitung ausdrücken?

c) Welche Formel ergibt sich für L, wenn Sie die Zerlegung immer feiner machen?

Fortsetzung: Aufgabe 6.3.7, Aufgabe 10.3.3

Aufgabe 6.1.5

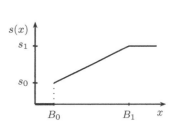

A605

Bei der Beschreibung von linear-progressiven Steuermodellen werden oft Eckdaten wie folgende angegeben:

Beträge bis zu B_0 werden nicht versteuert (Grundfreibetrag). Der Steuersatz s steigt dann von s_0 (Eingangssteuersatz) linear auf s_1 (Spitzensteuersatz) bei B_1 zu versteuerndem Einkommen an.

Dabei ist der Steuersatz *nicht* so zu verstehen, dass das Einkommen E mit dem Steuersatz $s(E)$ versteuert wird, sondern ungefähr so, dass der x-te Euro des Einkommens mit dem Steuersatz $s(x)$ versteuert wird, bzw. genauer auf Cent-Unterteilung mit entsprechendem Steuersatz bzw. exakt als Grenzwert bei immer feineren Zerlegungen.

Sehen Sie einen Zusammenhang zur Integral-Thematik?

Fortsetzung: Aufgabe 6.3.6

Aufgabe 6.1.6

A606

Skizzieren Sie zu den folgenden Integralen die Integranden, und bestimmen Sie mittels Symmetriebetrachtungen und elementar-geometrischen Berechnungen den Wert der Integrale.

a) $\displaystyle\int_0^{2\pi} \cos x \, dx$,
b) $\displaystyle\int_0^{2\pi} \cos^2 x \, dx$,
c) $\displaystyle\int_0^{2\pi} \cos \frac{x}{2} \, dx$,
d) $\displaystyle\int_0^{2\pi} (1 + \cos x) \, dx$,

e) $\displaystyle\int_{-2}^{2} |x| \, dx$,
f) $\displaystyle\int_{-1}^{2} x \, dx$,
g) $\displaystyle\int_{2}^{0} x \, dx$,
h) $\displaystyle\int_{-1.5}^{1.5} (x^3 - x) \, dx$.

6.2 Hauptsatz der Differenzial- und Integralrechnung

Aufgabe 6.2.1

A607

Skizzieren Sie qualitativ die Flächenfunktion $F(x) := \int_a^x f(t)\,dt$ zu den abgebildeten Funktionen f.

a)
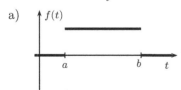

b)
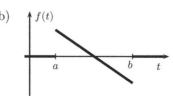

c)
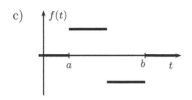

d)
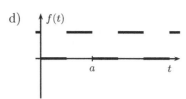

Kontrollieren Sie an den Bildern, dass $F' = f$ gilt.

Aufgabe 6.2.2 (beispielhafte Klausuraufgabe, 8 Minuten)

A608

Sei $F(x) = \int_0^x f(t)\,dt$ die Flächenfunktion zur skizzierten Funktion f.

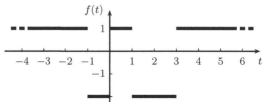

a) Geben Sie $F(1)$, $F(2)$ und $F(-1)$ an.

b) Geben Sie sämtliche Stellen x an, für die $F(x) = 0$ gilt.

Aufgabe 6.2.3

A609

Der Fahrtenschreiber eines LKWs speichere die momentane Geschwindigkeit des Fahrzeugs jede zehntel Sekunde. Wie lässt sich daraus die zurückgelegte Strecke ungefähr berechnen?

Stellen Sie einen Bezug zum Hauptsatz der Differenzial- und Integralrechnung (s. Satz 6.2.3) her.

6.3 Integrationstechniken

6.3.1 Einfache Integrationstechniken

Aufgabe 6.3.1

Bestimmen Sie die folgenden Stammfunktionen:

A610

a) $\int x^3 \, dx$,

b) $\int (x^3 + 1) \, dx$,

c) $\int (x + 1)^3 \, dx$,

d) $\int (2x + 1)^3 \, dx$,

e) $\int (x^2 + 1)^3 \, dx$,

f) $\int x \cdot (x^2 + 1)^3 \, dx$,

g) $\int \sqrt{x} \, dx$,

h) $\int \frac{1}{x^2} \, dx$,

i) $\int \frac{1}{x} \, dx$,

j) $\int \frac{1}{(x-1)^2} \, dx$,

k) $\int \cos(x + 2) \, dx$,

l) $\int e^{2x} \, dx$.

Aufgabe 6.3.2

Berechnen Sie die folgenden Integrale:

A611

a) $\int_{-1}^{2} (2x + 1) \, dx$,

b) $\int_{0}^{1} \frac{1}{x - 3} \, dx$,

c) $\int_{0}^{\frac{\pi}{2}} \cos(2x) \, dx$,

d) $\int_{2}^{-1} (2x + 1) \, dx$,

e) $\int_{-1}^{1} e^{-|x|} \, dx$,

f) $\int_{-1}^{1} x \cdot |x| \, dx$.

Aufgabe 6.3.3

Berechnen Sie die folgenden Integrale in Abhängigkeit der auftretenden Parameter.

A612

a) $\int_{0}^{2} (ax + b) \, dx$,

b) $\int_{c}^{d} (y^2 + 1) \, dy$,

c) $\int_{0}^{2} x \cdot y^2 \, dx$,

d) $\int_{0}^{2} x \cdot y^2 \, dy$.

Aufgabe 6.3.4

Berechnen Sie $\int_{0}^{\infty} e^{-x} \, dx$.

A613

Aufgabe 6.3.5

A614

Sei $a > 0$. Zeigen Sie für die folgenden uneigentlichen Integrale:

a) $\displaystyle\int_1^\infty \frac{1}{x^a}\,\mathrm{d}x$ existiert $\Leftrightarrow a > 1$, b) $\displaystyle\int_0^1 \frac{1}{x^a}\,\mathrm{d}x$ existiert $\Leftrightarrow a < 1$.

Fortsetzung: Aufgabe 11.2.2

Aufgabe 6.3.6

A615

Im Jahr 2020 galten folgende Eckdaten für das linear-progressive Einkommensteuermodell in Deutschland:

Beträge bis zu 9408€ werden nicht versteuert (Grundfreibetrag). Der Steuersatz steigt dann von 14% (Eingangssteuersatz) linear auf 23.97% bei 14532€ und weiter linear bis 42% (Spitzensteuersatz) bei 57051€ zu versteuerndem Einkommen an. Ab 270501€ beträgt er 45%. (Vgl. Aufgabe 1.1.7.)

Die Steuer berechnet sich als Integral über den Steuersatz bis zum zu versteuernden Jahreseinkommen (vgl. Aufgabe 6.1.5).

Wieviel Steuern musste ein Arbeitnehmer mit einem zu versteuernden Jahreseinkommen x_0 zwischen 9409€ und 14532€ zahlen?

Vergleichen Sie das Ergebnis mit dem offiziellen Gesetzestext.

---

§ 32a Einkommensteuertarif

(Quelle: Bundesgesetzblatt, www.gesetze-im-internet.de/estg/__32a.html)

(1) Die tarifliche Einkommensteuer bemisst sich nach dem zu versteuernden Einkommen. Sie beträgt [...] jeweils in Euro für zu versteuernde Einkommen

1. bis 9 408 Euro (Grundfreibetrag): 0;

2. von 9 409 Euro bis 14532 Euro: $(972{,}87 \cdot y + 1\,400) \cdot y$;

3. von 14 533 Euro bis 57051 Euro: $(212{,}02 \cdot z + 2\,397) \cdot z + 972{,}79$;

4. von 57 052 Euro bis 270 500 Euro: $0{,}42 \cdot x - 8\,963{,}74$;

5. von 270 501 Euro an: $0{,}45 \cdot x - 17\,078{,}74$.

Die Größe „y" ist ein Zehntausendstel des den Grundfreibetrag übersteigenden Teils des auf einen vollen Euro-Betrag abgerundeten zu versteuernden Einkommens. Die Größe „z" ist ein Zehntausendstel des 14 532 Euro übersteigenden Teils des auf einen vollen Euro-Betrag abgerundeten zu versteuernden Einkommens. Die Größe „x" ist das auf einen vollen Euro-Betrag abgerundete zu versteuernde Einkommen. Der sich ergebende Steuerbetrag ist auf den nächsten vollen Euro-Betrag abzurunden.

Aufgabe 6.3.7

Gemäß Aufgabe 6.1.4 ist die Länge L des Funktionsgrafen zu einer Funktion $f : [c, d] \to \mathbb{R}$ gegeben durch

$$L = \int_c^d \sqrt{1 + (f'(x))^2}\, \mathrm{d}x.$$

Berechnen Sie die Länge einer Kette, die mit Konstanten a und b im Intervall $[-x_0, x_0]$ gegeben ist durch

$$f(x) = a \cosh \frac{x}{a} + b.$$

(Vgl. Aufgabe 1.1.36; Tipp: $\cosh^2 x - \sinh^2 x = 1$.)

Aufgabe 6.3.8

Versuchen Sie, eine Stammfunktion zu raten, testen Sie durch zurück-Ableiten und passen Sie ggf. Konstanten an:

a) $\displaystyle\int (5x - 3)^6 \, \mathrm{d}x,$　　b) $\displaystyle\int \sqrt{3x + 1} \, \mathrm{d}x,$　　c) $\displaystyle\int \frac{1}{(2x + 3)^2} \, \mathrm{d}x,$

d) $\displaystyle\int \frac{3}{4x - 1} \, \mathrm{d}x,$　　e) $\displaystyle\int \sin(2x + 1) \, \mathrm{d}x,$　　f) $\displaystyle\int e^{5x - 3} \, \mathrm{d}x.$

6.3.2 Partielle Integration

Aufgabe 6.3.9

a) Berechnen Sie mittels partieller Integration eine Stammfunktion zu

　　a1) $f(x) = x \cdot \cos(2x),$　　　　a2) $f(x) = (x + 1) \cdot e^x.$

b) Bestimmen Sie den Wert der folgenden Integrale:

　　b1) $\displaystyle\int_0^{2\pi} \cos x \cdot x \, \mathrm{d}x,$　　　　b2) $\displaystyle\int_{-\pi}^{\pi} \cos x \cdot x \, \mathrm{d}x.$

c) Bestimmen Sie $\displaystyle\int x \cdot \ln x \, \mathrm{d}x.$

Aufgabe 6.3.10

a) Gesucht ist eine Stammfunktion zu $f(x) = x^2 \cdot \cos x$.

Partielle Integration (mit Ableiten von x^2 und Aufleiten von $\cos x$) führt zu

$$\int x^2 \cdot \cos x \, \mathrm{d}x \;=\; x^2 \cdot \sin x - \int 2x \cdot \sin x \, \mathrm{d}x.$$

Das rechte Integral kann nun wieder mit partieller Integration behandelt werden.

a1) Was ergibt sich, wenn man dabei $2x$ auf- und $\sin x$ ableitet?

a2) Was ergibt sich, wenn man umgekehrt $2x$ ab- und $\sin x$ aufleitet?

b) Zur Bestimmung einer Stammfunktion zu

$$f(x) \;=\; \mathrm{e}^{3x} \cdot \sin(2x)$$

kann man zweimalige partielle Integration nutzen. Führen Sie wie in a) die zweite partielle Integration auf zwei verschiedene Arten durch. Was erhalten Sie?

(Tipp: Sie können jeweils das rechts entstehende Integral mit der linken Seite verrechnen.)

Aufgabe 6.3.11

a) Berechnen Sie mittels partieller Integration eine Stammfunktion zu

$$f(x) = \sin x \cdot \cos x \qquad \text{und} \qquad g(x) = \sin x \cdot \sin(2x).$$

b) Fallen Ihnen auch andere Wege zur Bestimmung von Stammfunktionen zu den Funktionen aus a) ein?

(Tipp: Additionstheoreme, s. Satz 1.1.55, 3., und Aufgabe 1.1.29.)

c) Welchen Wert haben konkret

$$\int_0^{2\pi} \sin x \cdot \cos x \, \mathrm{d}x \qquad \text{und} \qquad \int_0^{2\pi} \sin x \cdot \sin(2x) \, \mathrm{d}x?$$

Aufgabe 6.3.12

A621

Die *Gamma-Funktion* ist für $a > 0$ definiert durch

$$\Gamma(a) := \int_0^\infty x^{a-1} \cdot e^{-x}\, dx.$$

a) Berechnen Sie $\Gamma(1)$, $\Gamma(2)$ und $\Gamma(3)$.

b) Zeigen Sie: $\Gamma(a+1) = a \cdot \Gamma(a)$.

c) Überprüfen Sie mit der Formel aus b) Ihre Ergebnisse aus a) und berechnen Sie $\Gamma(4)$ und $\Gamma(5)$.

Welchen Wert hat $\Gamma(n)$ für beliebiges $n \in \mathbb{N}$?

6.3.3 Substitution

Aufgabe 6.3.13

A622

Leiten Sie die Funktionen in der linken Spalte ab (Kettenregel!), um dann eine Idee zu bekommen, wie Sie bei den Funktionen in der mittleren und rechten Spalte eine Stammfunktion durch Raten, zurück Ableiten und ggf. Anpassen von Konstanten bestimmen können.

	Ableiten	Stammfunktion bilden	
a)	$F(x) = e^{x^3}$	$f_1(x) = x^3 \cdot e^{x^4}$	$f_2(x) = x \cdot e^{x^2}$
b)	$G(x) = \sin^3 x$	$g_1(x) = \cos^2 x \cdot \sin x$	$g_2(x) = \sin^3 x \cdot \cos x$
c)	$H(x) = \sin(x^3)$	$h_1(x) = x \cdot \cos(x^2)$	$h_2(x) = x^2 \cdot \sin(x^3)$
d)	$F(x) = (x^2+1)^2$	$f_1(x) = x \cdot (x^2+2)^3$	$f_2(x) = x^2 \cdot \left(4x^3 - 1\right)^2$

Bestimmen Sie dann erneut Stammfunktionen zu den Funktionen in der mittleren und rechten Spalte, diesmal indem Sie eine geeignete Substitution durchführen.

Aufgabe 6.3.14

A623

Bestimmen Sie Stammfunktionen durch Substitution oder durch „scharfes Hinschauen" (d.h., raten Sie eine Stammfunktion und passen Sie sie durch Zurück-Ableiten an).

a) $\displaystyle\int x \cdot \sqrt{1 - x^2}\, dx,$ b) $\displaystyle\int x \cdot e^{-x^2}\, dx,$ c) $\displaystyle\int \sin x \cdot \cos^4 x\, dx,$

d) $\displaystyle\int \frac{x}{x^2+1}\, dx,$ e) $\displaystyle\int \frac{\sin \sqrt{x}}{\sqrt{x}}\, dx,$ f) $\displaystyle\int \frac{\cos(\ln x)}{x}\, dx.$

Aufgabe 6.3.15

A624

a) Wie muss man f wählen, damit man Integrale der Form

$$\int g(x) \cdot g'(x) \, dx \qquad \text{bzw.} \qquad \int \frac{g'(x)}{g(x)} \, dx$$

mit der Substitutionsformel $\int f(g(x)) \cdot g'(x) \, dx = F(g(x))$ lösen kann?
Wie lauten (bei allgemeinem $g(x)$) die Stammfunktionen?

b) Nutzen Sie die Überlegungen aus a) zur Bestimmung von

$$\int \sin x \cdot \cos x \, dx \qquad \text{und} \qquad \int \tan x \, dx.$$

Aufgabe 6.3.16

A625

Formen Sie die folgenden Integrale mittels Substitution so um, dass man die entstehenden Integrale mit partieller Integration lösen kann.

a) $\displaystyle\int_0^4 \ln(\sqrt{x} + 1) \, dx,$ \qquad\qquad b) $\displaystyle\int_0^1 \sin(\ln x) \, dx.$

6.3.4 Partialbruch-Zerlegung

Aufgabe 6.3.17

A626

Bestimmen Sie mit Hilfe der Partialbruchzerlegungen (s. dazu Aufgabe 1.1.21) Stammfunktionen zu

a) $f(x) = \dfrac{4x - 3}{x^2 + x - 6},$ \qquad\qquad b) $g(x) = \dfrac{2x}{x^2 - 1},$

c) $h(x) = \dfrac{2x + 3}{x^2 + 2x + 1},$ \qquad\qquad d) $f(x) = \dfrac{-2x^2 - 3}{x^3 + x}.$

Aufgabe 6.3.18

A627

Bestimmen Sie eine Stammfunktion zu $f(x) = \dfrac{x + 3}{x^2 - 4x + 8}.$

7 Vektorrechnung

7.1 Vektoren und Vektorraum

Aufgabe 7.1.1

a) Zeichnen Sie die Punkte $P = \begin{pmatrix} 3 \\ 1 \end{pmatrix}$, $Q = \begin{pmatrix} 1 \\ -2 \end{pmatrix}$ und $S = \begin{pmatrix} -2 \\ 3 \end{pmatrix}$ und die zugehörigen Ortsvektoren $\vec{p}$, $\vec{q}$ und $\vec{s}$.

A701

b) Was ergibt $\vec{p} + \vec{q}$, was $\vec{p} - \vec{s}$?

c) Welcher Vektor führt von P zu S, welcher von Q zu P?

d) Bestimmen und zeichnen Sie $2 \cdot \vec{p}$, $-\frac{1}{2} \cdot \vec{p}$, $2 \cdot (\vec{p} + \vec{q})$.

e) Wie erhält man den Punkt T, der genau zwischen P und Q liegt?

Aufgabe 7.1.2

Berechnen Sie

$$\vec{a} + \vec{b}, \qquad \vec{a} - \vec{b}, \qquad -\vec{a}, \qquad 3\vec{b}, \qquad 2 \cdot (\vec{a} + \vec{b}), \qquad 2\vec{a} + 2\vec{b}$$

A702

für die folgenden Fälle:

a) im Vektorraum $\mathbb{R}^2$ mit $\vec{a} = \begin{pmatrix} 1 \\ -2 \end{pmatrix}$, $\vec{b} = \begin{pmatrix} 1 \\ 1 \end{pmatrix}$. Zeichnen Sie die Vektoren.

b) im Vektorraum $\mathbb{R}^3$ mit $\vec{a} = \begin{pmatrix} 1 \\ 0 \\ -2 \end{pmatrix}$, $\vec{b} = \begin{pmatrix} 0 \\ 1 \\ 3 \end{pmatrix}$. Versuchen Sie, sich die Vektoren vorzustellen.

c) im Vektorraum $\mathbb{R}^4$ mit $\vec{a} = \begin{pmatrix} 2 \\ 3 \\ 0 \\ 1 \end{pmatrix}$, $\vec{b} = \begin{pmatrix} -1 \\ 1 \\ 1 \\ 0 \end{pmatrix}$.

d) im Vektorraum aller Polynome mit

$$\vec{a} \text{ als dem Polynom } a(x) = x^3 + x + 1 \quad \text{und} \quad \vec{b} \text{ als } b(x) = x^2 - 2x.$$

© Der/die Autor(en), exklusiv lizenziert an
Springer-Verlag GmbH, DE, ein Teil von Springer Nature 2023
G. Hoever, *Arbeitsbuch höhere Mathematik*,
https://doi.org/10.1007/978-3-662-68268-5_7

7.2 Linearkombination

Aufgabe 7.2.1

A703

a) Stellen Sie die Vektoren $\begin{pmatrix} 2 \\ 5 \end{pmatrix}$, $\begin{pmatrix} 3 \\ 0 \end{pmatrix}$, $\begin{pmatrix} 1 \\ 0 \end{pmatrix}$ und $\begin{pmatrix} 0 \\ 1 \end{pmatrix}$ als Linearkombina-

tion von $\begin{pmatrix} 2 \\ 2 \end{pmatrix}$ und $\begin{pmatrix} 2 \\ -1 \end{pmatrix}$ dar.

b) Stellen Sie $p(x) = 2x^2 + 2x + 1$ dar als Linearkombination von

$$v_1(x) \;=\; x+1, \quad v_2(x) \;=\; x^2 \quad \text{und} \quad v_3(x) \;=\; x^2+1.$$

Aufgabe 7.2.2

A704

Ein Roboter kann auf einer Schiene entlang der x-Achse fahren und hat einen diagonalen Greifarm (Richtung $\begin{pmatrix} 1 \\ 1 \end{pmatrix}$), den er aus- und einfahren kann.

In welcher Position muss der Roboter stehen, um einen Gegenstand bei $\begin{pmatrix} 1 \\ 3 \end{pmatrix}$ zu fassen?

Formulieren Sie das Problem mittels Linearkombination von Vektoren.

Aufgabe 7.2.3

A705

Für welche Werte von c sind drei Vektoren

$$\begin{pmatrix} 1 \\ 0 \\ -1 \end{pmatrix}, \qquad \begin{pmatrix} 3 \\ 1 \\ -2 \end{pmatrix} \qquad \text{und} \qquad \begin{pmatrix} 0 \\ 2 \\ c \end{pmatrix}$$

linear unabhängig?

Fortsetzung: Aufgabe 8.2.5, Aufgabe 8.4.4, Aufgabe 8.5.3

Aufgabe 7.2.4

A706

Machen Sie sich anschaulich klar, welche der folgenden Mengen ein Erzeugendensystem bzw. sogar eine Basis des $\mathbb{R}^2$ bilden.

a) $\left\{ \begin{pmatrix} 1 \\ 3 \end{pmatrix}, \begin{pmatrix} 0 \\ 1 \end{pmatrix} \right\}$ b) $\left\{ \begin{pmatrix} 2 \\ 1 \end{pmatrix} \right\}$ c) $\left\{ \begin{pmatrix} 3 \\ 1 \end{pmatrix}, \begin{pmatrix} 1 \\ 3 \end{pmatrix} \right\}$

d) $\left\{ \begin{pmatrix} 3 \\ 1 \end{pmatrix}, \begin{pmatrix} 1 \\ 3 \end{pmatrix}, \begin{pmatrix} 1 \\ 1 \end{pmatrix} \right\}$ e) $\left\{ \begin{pmatrix} 2 \\ -1 \end{pmatrix}, \begin{pmatrix} -4 \\ 2 \end{pmatrix} \right\}$

Aufgabe 7.2.5

A707

Sei P_n der Vektorraum aller Polynome vom Grad $\leq n$.

a) Welche der folgenden Mengen bilden ein Erzeugendensystem, welche sogar eine Basis von P_2?

1) $\{1,\, x,\, x^2\}$,   2) $\{1+x,\, 1+x^2\}$,   3) $\{1,\, 1+x,\, 1+x^2\}$

4) $\{1+x,\, x^2,\, 1+x+x^2\}$,   5) $\{1,\, 1+x,\, 1+x^2,\, x^2\}$

b) Welche Dimension hat P_2?

c) Welche Dimension hat P_n?

Aufgabe 7.2.6

A708

Sei V die Menge aller in x-Richtung verschobenen und in y-Richtung gestreckten oder gestauchten Sinus- und Cosinus-Funktionen.

a) Überlegen Sie sich, dass V ein Vektorraum ist.

b) Geben Sie eine Basis von V an.

(Tipp: Vgl. Aufgabe 1.4.8 und Aufgabe 2.3.6.)

Aufgabe 7.2.7

A709

a) Rechnen Sie nach, dass $f(x) = x$ und $f(x) = \frac{1}{x}$ Lösungen der Differenzialgleichung

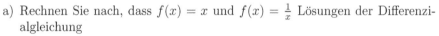

$$x^2 \cdot f''(x) + x \cdot f'(x) - f(x) \;=\; 0.$$

sind, und dass sogar jedes f mit $f(x) = c_1 \cdot x + c_2 \cdot \frac{1}{x}$ ($c_1, c_2 \in \mathbb{R}$ beliebig) eine Lösung der Differenzialgleichung ist.

b) Rechnen Sie nach, dass, falls die Funktionen f_1 und f_2 Lösungen der Differenzialgleichung

$$a_2(x) \cdot f''(x) + a_1(x) \cdot f'(x) + a_0(x) \cdot f(x) \;=\; 0$$

(mit fest vorgegebenen Funktionen a_0, a_1 und a_2) sind, auch immer jede Linearkombination $f(x) = c_1 \cdot f_1(x) + c_2 \cdot f_2(x)$ ($c_1, c_2 \in \mathbb{R}$ beliebig) eine Lösung ist.

7.3 Skalarprodukt

Aufgabe 7.3.1

A710

Betrachtet werden die folgenden Gleichungen für $\vec{a}, \vec{b}, \vec{c}, \vec{d} \in \mathbb{R}^n$ und $\lambda, \mu \in \mathbb{R}$.

(1) $\quad (\lambda \cdot \mu) \cdot \vec{a} \;=\; \lambda \cdot (\mu \cdot \vec{a})$,

(2) $\quad (\lambda \cdot \vec{a}) \cdot \vec{b} \;=\; \lambda \cdot (\vec{a} \cdot \vec{b})$,

(3) $\quad (\vec{a} \cdot \vec{b}) \cdot (\vec{c} \cdot \vec{d}) \;=\; \vec{a} \cdot ((\vec{b} \cdot \vec{c}) \cdot \vec{d})$,

(4) $\quad (\vec{a} + \lambda \cdot \vec{b}) \cdot \vec{c} \;=\; \vec{a} \cdot \vec{c} + \lambda \cdot (\vec{b} \cdot \vec{c})$.

a) Markieren Sie in den Gleichungen die Multiplikationspunkte entsprechend ihrer Bedeutung:

- • für die normale Multiplikation reeller Zahlen,

- ∗ für die skalare Multiplikation,

- ⊙ für das Skalarprodukt.

b) Testen Sie, ob die Gleichungen konkret gelten für

$$\vec{a} = \begin{pmatrix} 1 \\ 2 \end{pmatrix}, \; \vec{b} = \begin{pmatrix} 3 \\ -1 \end{pmatrix}, \; \vec{c} = \begin{pmatrix} -2 \\ -4 \end{pmatrix}, \; \vec{d} = \begin{pmatrix} 3 \\ 0 \end{pmatrix}, \; \lambda = 2 \text{ und } \mu = -3.$$

c) Stimmen die Gleichungen immer?

Aufgabe 7.3.2

A711

Sei $\vec{a} = \begin{pmatrix} 3 \\ 2 \end{pmatrix}$ bzw. $\vec{a} = \begin{pmatrix} 2 \\ 1 \\ 0 \\ -2 \end{pmatrix}$.

a) Berechnen Sie $\|\vec{a}\|$.

b) Berechnen Sie $\|5\vec{a}\|$ einerseits, indem Sie zunächst die entsprechenden Vektoren $5\vec{a}$ und dann deren Norm berechnen und andererseits mit Hilfe von Satz 7.3.13, 1..

c) Oft will man zu einem Vektor $\vec{a}$ einen *normalisierten* Vektor haben, d.h. einen Vektor $\vec{b}$, der in die gleiche Richtung wie $\vec{a}$ zeigt (also $\vec{b} = \lambda \vec{a}$ mit $\lambda \in \mathbb{R}$), und der die Länge 1 hat.

Geben Sie jeweils einen normalisierten Vektor $\vec{b}$ zu den angegebenen Vektoren $\vec{a}$ an.

Wie muss man dazu allgemein λ wählen?

Fortsetzung: Aufgabe 8.4.6, Aufgabe 10.3.5

Aufgabe 7.3.3

A712

Welchen Abstand haben

a) die Punkte $P_1 = (1,3)$ und $P_2 = (4,-1)$ im $\mathbb{R}^2$,

b) die Punkte $Q_1 = (1, 1, -1)$ und $Q_2 = (0, 0, 1)$ im $\mathbb{R}^3$?

c) die Punkte $R_1 = (1, 2, 3, 4)$ und $R_2 = (2, 1, 2, 1)$ im $\mathbb{R}^4$?

Aufgabe 7.3.4

Ein 100g schweres Gewicht ist wie abgebildet an Fäden aufgehängt.

Wie groß sind die (Zug-)Kräfte in den Fäden? (Nutzen Sie einen Taschenrechner.)

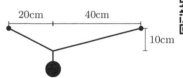
A713

Anleitung: Die nach unten gerichtete Gewichtskraft muss dargestellt werden als Linearkombination von in Richtung der Fäden gerichteten Kraftvektoren.

Aufgabe 7.3.5

Ein Schiff will in nord-östliche Richtung fahren, also bezüglich eines entsprechenden Koordinatensystems in Richtung $\left(\begin{smallmatrix}1\\1\end{smallmatrix}\right)$. Seine Höchstgeschwindigkeit beträgt 13 Knoten. Die Geschwindigkeit der Meeresströmung, mit der das Schiff abtreibt, ist (in Knoten) $\left(\begin{smallmatrix}6\\-1\end{smallmatrix}\right)$.

A714

In welche Richtung muss das Schiff steuern, damit es (mit der Meeresströmung zusammen) seinen anvisierten Kurs hält und möglichst schnell voran kommt?

Aufgabe 7.3.6

Berechnen Sie (wo nötig unter Benutzung eines Taschenrechners) den Winkel, den $\vec{a}$ und $\vec{b}$ einschließen, zu

A715

a) $\vec{a} = \left(\begin{smallmatrix}1\\2\end{smallmatrix}\right)$, $\vec{b} = \left(\begin{smallmatrix}3\\1\end{smallmatrix}\right)$,

b) $\vec{a} = \left(\begin{smallmatrix}3\\-4\\1\end{smallmatrix}\right)$, $\vec{b} = \left(\begin{smallmatrix}2\\1\\-2\end{smallmatrix}\right)$,

c) $\vec{a} = \left(\begin{smallmatrix}1\\0\\2\end{smallmatrix}\right)$, $\vec{b} = \left(\begin{smallmatrix}3\\1\\-3\end{smallmatrix}\right)$,

d) $\vec{a} = \left(\begin{smallmatrix}2\\-4\\6\end{smallmatrix}\right)$, $\vec{b} = \left(\begin{smallmatrix}-1\\2\\-3\end{smallmatrix}\right)$,

e) $\vec{a} = \left(\begin{smallmatrix}1\\2\\-3\\1\end{smallmatrix}\right)$, $\vec{b} = \left(\begin{smallmatrix}2\\0\\1\\-2\end{smallmatrix}\right)$.

Zeichnen Sie in a) die Situation und messen Sie den berechneten Werte nach.

Versuchen Sie, sich die Vektoren und Winkel bei b), c) und d) vorzustellen.

Aufgabe 7.3.7

a) Wie lang ist die Diagonale in einem (dreidimensionalen) Würfel bei einer Kantenlänge 1?

A716

Welchen Winkel schließt sie mit einer Kante ein?

b) Welche Werte ergeben sich in einem n-dimensionalen Würfel?

c) Was ergibt sich bei b) für $n \to \infty$?

Aufgabe 7.3.8

Welchen Winkel schließen die Dachkanten beim nebenstehend abgebildeten Walmdach untereinander bzw. mit dem Dachfirst ein?

Nutzen Sie einen Taschenrechner.

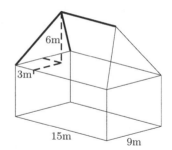

Aufgabe 7.3.9 (beispielhafte Klausuraufgabe, 10 Minuten)

Geben Sie einen formelmäßigen Ausdruck an, unter welchem Winkel sich die Kanten einer Pyramide mit Basislänge 2 und Höhe h an der Spitze treffen (s. Skizze).

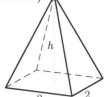

Aufgabe 7.3.10

Geben Sie orthogonale Vektoren an zu

a) $\begin{pmatrix} 3 \\ 2 \end{pmatrix}$, b) $\begin{pmatrix} 2 \\ -1 \end{pmatrix}$, c) $\begin{pmatrix} 1 \\ 0 \\ 2 \end{pmatrix}$, d) $\begin{pmatrix} 3 \\ 1 \\ -2 \end{pmatrix}$, e) $\begin{pmatrix} 4 \\ 1 \\ 0 \\ 2 \end{pmatrix}$.

Aufgabe 7.3.11 (vgl. Aufgabe 5.2.14)

Das nebenstehende Bild zeigt schematisch eine Papieraufwicklung. Die Walze hat den Radius 1, die Papierbahn kommt vom Punkt $(-2, 2)$.

An welchem Punkt berührt die Papierbahn die Walze?

Anleitung: Stellen Sie den oberen Halbkreis der Walze als Funktion f dar und bestimmen Sie den Punkt X, bei dem der radiale Vektor senkrecht zum Verbindungsvektor von P zu X ist.

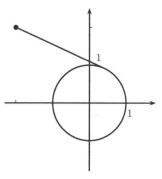

Aufgabe 7.3.12

Verifizieren Sie (wo nötig mit Hilfe eines Taschenrechners) die Dreiecksungleichung und die Cauchy-Schwarzsche Ungleichung für

a) $\begin{pmatrix} 2 \\ 1 \end{pmatrix}$ und $\begin{pmatrix} 2 \\ 3 \end{pmatrix}$, b) $\begin{pmatrix} 1 \\ 3 \\ -2 \end{pmatrix}$ und $\begin{pmatrix} 2 \\ 6 \\ -4 \end{pmatrix}$, c) $\begin{pmatrix} -2 \\ 1 \\ 1 \\ 3 \end{pmatrix}$ und $\begin{pmatrix} 3 \\ 1 \\ 2 \\ -2 \end{pmatrix}$.

Aufgabe 7.3.13

Beweisen Sie den Satz des Thales:

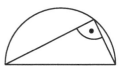

Jeder Winkel im Halbkreis ist ein rechter Winkel.

Anleitung: Legen Sie das Koordinatensystem geeignet fest und stellen Sie den Halbkreis als Funktion dar. Beschreiben Sie dann die beiden Schenkel des Winkels als Vektoren und betrachten Sie deren Skalarprodukt.

7.4 Vektorprodukt

Aufgabe 7.4.1

Berechnen Sie die folgenden Vektorprodukte

a) $\begin{pmatrix} 2 \\ 3 \\ 1 \end{pmatrix} \times \begin{pmatrix} 0 \\ 1 \\ 2 \end{pmatrix}$,

b) $\begin{pmatrix} 3 \\ -1 \\ 0 \end{pmatrix} \times \begin{pmatrix} 2 \\ 1 \\ 3 \end{pmatrix}$,

c) $\begin{pmatrix} 2 \\ 1 \\ 3 \end{pmatrix} \times \begin{pmatrix} 3 \\ -1 \\ 0 \end{pmatrix}$,

d) $\begin{pmatrix} 1 \\ -2 \\ 3 \end{pmatrix} \times \begin{pmatrix} -2 \\ 4 \\ -6 \end{pmatrix}$.

Versuchen Sie, sich die Vektoren und das Ergebnis vorzustellen.

Aufgabe 7.4.2

Für das Vektorprodukt gelten folgende allgemeine Gleichungen:

a) $\vec{a} \times (\vec{b} \times \vec{c}) = (\vec{a} \cdot \vec{c}) \cdot \vec{b} - (\vec{a} \cdot \vec{b}) \cdot \vec{c}$ (Graßmann-Identität),

b) $(\vec{a} \times \vec{b}) \cdot (\vec{c} \times \vec{d}) = (\vec{a} \cdot \vec{c}) \cdot (\vec{b} \cdot \vec{d}) - (\vec{b} \cdot \vec{c}) \cdot (\vec{a} \cdot \vec{d})$ (Lagrange-Identität),

c) $\vec{a} \times (\vec{b} \times \vec{c}) + \vec{b} \times (\vec{c} \times \vec{a}) + \vec{c} \times (\vec{a} \times \vec{b}) = 0$ (Jacobi-Identität).

Rechnen Sie konkret nach, dass die Identitäten stimmen für

$$\vec{a} = \begin{pmatrix} 1 \\ 0 \\ 3 \end{pmatrix}, \quad \vec{b} = \begin{pmatrix} 2 \\ -1 \\ 1 \end{pmatrix}, \quad \vec{c} = \begin{pmatrix} 0 \\ 1 \\ 2 \end{pmatrix}, \quad \vec{d} = \begin{pmatrix} 2 \\ 5 \\ 3 \end{pmatrix}.$$

Aufgabe 7.4.3

A725   Sei $\vec{a} = \begin{pmatrix} 2 \\ 2 \\ -1 \end{pmatrix}$ und $\vec{b} = \begin{pmatrix} 4 \\ 0 \\ 3 \end{pmatrix}$.

    a) Berechnen Sie den Winkel φ zwischen $\vec{a}$ und $\vec{b}$ mit Hilfe des Skalarprodukts.

    b) Berechnen Sie $\vec{a} \times \vec{b}$.

    c) Verifizieren Sie die Gleichung $\|\vec{a} \times \vec{b}\| = \|\vec{a}\| \cdot \|\vec{b}\| \cdot \sin \varphi$.

Aufgabe 7.4.4

Zeigen Sie mittels der Komponentendarstellung, dass für $\vec{a}, \vec{b} \in \mathbb{R}^3$ gilt:

A726

    $\vec{a} \times \vec{b} \perp \vec{a}$ und $\vec{a} \times \vec{b} \perp \vec{b}$.

Aufgabe 7.4.5

Geben Sie mehrere Vektoren $\vec{b} \in \mathbb{R}^3$ an mit $\begin{pmatrix} 1 \\ 0 \\ 0 \end{pmatrix} \times \vec{b} = \begin{pmatrix} 0 \\ 0 \\ 1 \end{pmatrix}$.

A727

Überlegen Sie sich zunächst anschaulich, welche $\vec{b}$ in Frage kommen, und rechnen Sie dann.

Aufgabe 7.4.6

    a) Geben Sie $\vec{a}$, $\vec{b}$ und $\vec{c}$ an mit

A728

$$(\vec{a} \times \vec{b}) \times \vec{c} \neq \vec{a} \times (\vec{b} \times \vec{c}).$$

    b) Untersuchen Sie, ob die folgenden Gleichungen gelten ($\vec{a}, \vec{b}, \vec{c} \in \mathbb{R}^3$, $\lambda \in \mathbb{R}$):

        b1) $\vec{a} \times (\lambda \cdot \vec{b}) = \lambda \cdot (\vec{a} \times \vec{b})$,

        b2) $\vec{a} \times (\vec{c} \cdot \vec{b}) = \vec{c} \cdot (\vec{a} \times \vec{b})$.

Aufgabe 7.4.7

    a) Berechnen Sie den Flächeninhalt des Parallelogramms, das durch $\vec{a} = \begin{pmatrix} 4 \\ 2 \end{pmatrix}$

A729

    und $\vec{b} = \begin{pmatrix} 2 \\ 3 \end{pmatrix}$ aufgespannt wird,

        1) durch die Formel „Seite mal Höhe", indem Sie mit dem Winkel zwischen $\vec{a}$ und $\vec{b}$ die Höhe berechnen,

        2) indem Sie die Situation ins Dreidimensionale übertragen und das Vektorprodukt zu Hilfe nehmen.

b) Bestimmen Sie den Flächeninhalt des Dreiecks mit den Eckpunkten

$$A = \begin{pmatrix} -1 \\ 2 \end{pmatrix}, \quad B = \begin{pmatrix} 5 \\ -1 \end{pmatrix} \quad \text{und} \quad C = \begin{pmatrix} 2 \\ 3 \end{pmatrix}.$$

(Tipp: Durch Verdoppelung eines Dreiecks kann man ein Parallelogramm erhalten.)

Fortsetzung: Aufgabe 7.5.3, Aufgabe 7.5.4, Aufgabe 8.5.6, a)

7.5 Geraden und Ebenen

Aufgabe 7.5.1

A730

a) Geben Sie eine Darstellung der Geraden g im $\mathbb{R}^3$ an, die durch

$$P_1 = \begin{pmatrix} 3 \\ 1 \\ 2 \end{pmatrix} \quad \text{und} \quad P_2 = \begin{pmatrix} 1 \\ 1 \\ -1 \end{pmatrix}$$

verläuft.

Liegt $Q = \begin{pmatrix} -1 \\ 1 \\ -4 \end{pmatrix}$ auf g?

b) Geben Sie eine Darstellung der Geraden g im $\mathbb{R}^4$ an, die durch

$$P_1 = \begin{pmatrix} -1 \\ 0 \\ 1 \\ 2 \end{pmatrix} \quad \text{und} \quad P_2 = \begin{pmatrix} 2 \\ 1 \\ 0 \\ 3 \end{pmatrix}$$

verläuft?

Aufgabe 7.5.2

A731

Welche Punkte auf der Geraden $g = \left\{ \begin{pmatrix} 2 \\ 1 \end{pmatrix} + \lambda \begin{pmatrix} -3 \\ 4 \end{pmatrix} \mid \lambda \in \mathbb{R} \right\}$ haben

a) von $\begin{pmatrix} 2 \\ 1 \end{pmatrix}$ den Abstand 3, \qquad b) von $\begin{pmatrix} 0 \\ -3 \end{pmatrix}$ den Abstand 5?

Aufgabe 7.5.3

Betrachtet wird das Dreieck mit den Eckpunkten

$$A = \begin{pmatrix} -1 \\ 2 \end{pmatrix}, \quad B = \begin{pmatrix} 5 \\ -1 \end{pmatrix} \quad \text{und} \quad C = \begin{pmatrix} 2 \\ 3 \end{pmatrix}.$$

Gesucht ist der Lotfußpunkt L des Lots von C auf die Seite $\overline{AB}$ bzw. auf die Gerade g, auf der diese Seite liegt.

Berechnen Sie L auf drei verschiedene Arten:

a) Bestimmen Sie L als Schnittpunkt von g und der Geraden h, die durch C führt und senkrecht zu g ist.

b) Bestimmen Sie L als den Punkt auf g, so dass der Verbindungsvektor von L zu C senkrecht auf dem Richtungsvektor von g steht.

c) Bestimmen Sie L als nächstliegenden Punkt auf g an C, indem Sie den Abstand $d(\lambda)$ von C zu einem allgemeinen Punkt der Geraden g in Abhängigkeit von dem Parameter λ berechnen und die Minimalstelle der Funktion $d(\lambda)$ bestimmen.

Berechnen Sie schließlich die Höhe und damit die Fläche des Dreiecks.

Fortsetzung: Aufgabe 7.5.4

Aufgabe 7.5.4

In Aufgabe 7.4.7 und Aufgabe 7.5.3 werden insgesamt fünf verschiedene Möglichkeiten zur Berechnung der Fläche eines ebenen Dreiecks betrachtet.

Stellen Sie diese Möglichkeiten zusammen, und überlegen Sie, welche der Möglichkeiten auch in drei- und höherdimensionalen Räumen funktionieren.

Fortsetzung: Aufgabe 8.5.6, a)

Aufgabe 7.5.5

a) Stellen Sie die Ebene durch die Punkte

$$P_1 = \begin{pmatrix} -1 \\ 0 \\ 2 \end{pmatrix}, \quad P_2 = \begin{pmatrix} 2 \\ 1 \\ 1 \end{pmatrix}, \quad P_3 = \begin{pmatrix} 1 \\ -1 \\ 2 \end{pmatrix}$$

in Parameter- und in Normalendarstellung dar.

Testen Sie, ob der Punkt $Q = \begin{pmatrix} -2 \\ 3 \\ 1 \end{pmatrix}$ in der Ebene liegt.

b) Stellen Sie die Ebene, die durch $P = \begin{pmatrix} 3 \\ 1 \\ 0 \end{pmatrix}$ führt und senkrecht zu $\vec{n} = \begin{pmatrix} 1 \\ 2 \\ -1 \end{pmatrix}$ ist, in Parameter- und in Normalendarstellung dar.

Aufgabe 7.5.6

Stellen

$$E_1 = \left\{ \begin{pmatrix} 3 \\ -1 \\ 0 \end{pmatrix} + \alpha \begin{pmatrix} 1 \\ 2 \\ 2 \end{pmatrix} + \beta \begin{pmatrix} 0 \\ 2 \\ 3 \end{pmatrix} \, \middle| \, \alpha, \beta \in \mathbb{R} \right\}$$

und

$$E_2 = \left\{ \begin{pmatrix} -1 \\ -3 \\ 1 \end{pmatrix} + \alpha \begin{pmatrix} 2 \\ 2 \\ 1 \end{pmatrix} + \beta \begin{pmatrix} 2 \\ 0 \\ -2 \end{pmatrix} \, \middle| \, \alpha, \beta \in \mathbb{R} \right\}$$

die gleiche Ebene dar?

Überlegen Sie sich verschiedene Möglichkeiten, dies zu überprüfen.

Aufgabe 7.5.7

Berechnen Sie die Schnittmenge von

$$E = \left\{ \begin{pmatrix} 3 \\ -1 \\ 0 \end{pmatrix} + \alpha \begin{pmatrix} -1 \\ 2 \\ 3 \end{pmatrix} + \beta \begin{pmatrix} 0 \\ 0 \\ 1 \end{pmatrix} \, \middle| \, \alpha, \beta \in \mathbb{R} \right\}$$

mit der Geraden

$$g = \left\{ \begin{pmatrix} 1 \\ -1 \\ -1 \end{pmatrix} + \lambda \begin{pmatrix} 0 \\ 2 \\ 1 \end{pmatrix} \, \middle| \, \lambda \in \mathbb{R} \right\},$$

indem Sie

a) die Parameterdarstellung von E benutzen.

b) E in Normalendarstellung darstellen und diese nutzen.

Aufgabe 7.5.8

Haben die beiden Geraden

$$g_1 = \left\{ \begin{pmatrix} 1 \\ 0 \\ 3 \end{pmatrix} + \lambda \begin{pmatrix} 1 \\ -2 \\ 1 \end{pmatrix} \, \middle| \, \lambda \in \mathbb{R} \right\},$$

$$g_2 = \left\{ \begin{pmatrix} -3 \\ -2 \\ -6 \end{pmatrix} + \lambda \begin{pmatrix} 1 \\ 0 \\ 2 \end{pmatrix} \, \middle| \, \lambda \in \mathbb{R} \right\}$$

einen gemeinsamen Schnittpunkt?

Aufgabe 7.5.9

A738

20 m nördlich eines 30 m hohen Kirchturms steht eine große Mauer.

In welcher Höhe an der Mauer befindet sich der Schatten der Kirchturmspitze um 3 Uhr nachmittags (die Sonne steht im Südwesten), wenn die Sonne 45° über dem Horizont steht?

Aufgabe 7.5.10 (beispielhafte Klausuraufgabe, 10 Minuten)

A739

Die nebenstehende Karte (genordet mit 1 km-Raster) zeigt die Lage von vier Berggipfeln G_1, G_2, G_3 und G_4.

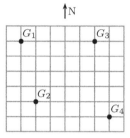

Steht man auf G_1, so sieht man in der Ferne genau über dem Gipfel G_2 eine Stadt liegen. Steht man auf G_3, sieht man die Stadt genau über G_4.

Wie weit südlich von G_1 liegt die Stadt?

Aufgabe 7.5.11 (ehemalige Klausuraufgabe, 10 Minuten)

A740

Ein Flugzeug befindet sich (bzgl. eines festen Koordinatensystems) an der Stelle $\begin{pmatrix} 3 \\ 4 \\ 1 \end{pmatrix}$ und hat die Geschwindigkeit $\begin{pmatrix} 1 \\ -2 \\ 3 \end{pmatrix}$; ein zweites Flugzeug befindet sich an der Stelle $\begin{pmatrix} -3 \\ 6 \\ 3 \end{pmatrix}$ mit Geschwindigkeit $\begin{pmatrix} 3 \\ -2 \\ 1 \end{pmatrix}$ (in geeigneten Einheiten).

a) Berechnen Sie den Schnittpunkt der beiden Geraden, die durch die Flugbahnen beschrieben werden, wenn die Flugzeuge Ihre jeweilige Geschwindigkeit und Richtung nicht ändern.

b) Stoßen die Flugzeuge zusammen, wenn die Flugzeuge Ihre Geschwindigkeit und Richtung nicht ändern? (Begründen Sie Ihre Aussage!)

Aufgabe 7.5.12 (beispielhafte Klausuraufgabe, 20 Minuten)

A741

In Krummhausen wird ein Schuppen gebaut mit dem links abgebildeten Grundriss. An drei Ecken stehen schon (unterschiedlich hohe) Säulen (s. rechts).

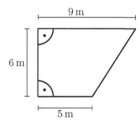
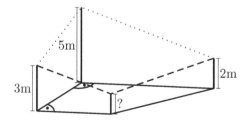

a) Wie groß ist der Winkel zwischen den (gepunktet dargestellten) Dachkanten an der 5m hohen Säule?

b) Zeichnen Sie in die Abbildung rechts ein Koordinatensystem ein und geben Sie entsprechend Ihres Koordinatensystems eine Normalendarstellung für die durch die Dachfläche gebildete Ebene E an.

c) Wie hoch muss die Säule an der vierten Ecke sein, damit ein ebenes Dach passend aufliegt?

Aufgabe 7.5.13

Bestimmen Sie den Abstand des Punktes $\vec{p} = \begin{pmatrix} 2 \\ 3 \\ 3 \end{pmatrix}$ zur Ebene

A742

$$E = \left\{ \begin{pmatrix} 2 \\ -2 \\ 1 \end{pmatrix} + \lambda \begin{pmatrix} 1 \\ 0 \\ 1 \end{pmatrix} + \mu \begin{pmatrix} 0 \\ -1 \\ 2 \end{pmatrix} \;\middle|\; \lambda, \mu \in \mathbb{R} \right\}$$

auf folgende Weisen:

a) durch Bestimmung des Lotfußpunkts L des Lots von P auf E und dann als Länge von $\overline{PL}$.

b) mit Hilfe der Abstandsformel Satz 7.5.15, 1..

Fortsetzung: Aufgabe 10.2.4

8 Lineare Gleichungssysteme und Matrizen

8.1 Grundlagen

Aufgabe 8.1.1

Berechnen Sie

A801

a) $\begin{pmatrix} 2 & 1 & 0 \\ 2 & 0 & -3 \\ -1 & 0 & 1 \end{pmatrix} \cdot \begin{pmatrix} 1 \\ 2 \\ 3 \end{pmatrix}$ b) $\begin{pmatrix} 1 & 0 \\ 2 & -3 \\ 0 & 1 \end{pmatrix} \cdot \begin{pmatrix} 2 \\ 1 \end{pmatrix}$ c) $\begin{pmatrix} -1 & 2 & 0 & 5 \\ 1 & 3 & 1 & 1 \end{pmatrix} \cdot \begin{pmatrix} 2 \\ 1 \\ -1 \\ 0 \end{pmatrix}$.

Aufgabe 8.1.2

Schreiben Sie das folgende Gleichungssystem in Matrix-Vektor-Schreibweise:

A802

$$\begin{array}{rrrrrl} x_1 & & - 5x_3 & + & x_4 & = & 0 \\ 2x_1 & + 3x_2 & & - & x_4 & = & 2 \\ & 4x_2 & & + & 3x_4 & = & -1 \end{array}$$

Aufgabe 8.1.3

Mutter Beimer will verschiedene Weihnachtsplätzchen backen. Sie hat drei Rezepte:

A803

Sandplätzchen	*Mandelhörnchen*	*Makronen*
200g Butter	200g Butter	150g Zucker
150g Zucker	100g Zucker	2 Eier
2 Eier	250g Mehl	150g Mandeln
375g Mehl	100g Mandeln	

Da die Großfamilie zu Besuch kommt, will Mutter Beimer 4mal Sandplätzchen, 2mal Mandelhörnchen und 3mal Makronen backen. Wieviel Zutaten braucht sie?

Formulieren Sie den Sachverhalt als Matrix-Vektor-Multiplikation.

Aufgabe 8.1.4

A804

Manche chemische Reaktionen können in beiden Richtungen stattfinden, z.B. die Reaktion von $2NO_2$ (Stickstoffdioxid) zu N_2O_4 (Distickstofftetroxid) und umgekehrt die Rückreaktion von N_2O_4 in $2NO_2$.

Bei einer bestimmten Temperatur wandeln sich pro Minute 20% des vorhandenen NO_2 in N_2O_4 um und umgekehrt 30% des vorhandenen N_2O_4 in NO_2.

a) Welche Mengen NO_2 und N_2O_4 hat man nach einer Minute, wenn es anfangs 100g NO_2 und 150g N_2O_4 sind?

Formulieren Sie den Zusammenhang als Matrix-Vektor-Multiplikation.

b) Wie ist es nach zwei und drei Minuten?

Fortsetzung: Aufgabe 8.3.6, Aufgabe 8.6.2

Aufgabe 8.1.5

A805

Ein Lebensmittelhändler hat m Filialen F_1, F_2, ..., F_m. In jeder Filiale hat er die gleichen n Artikel $A_1, ..., A_n$. Zum Jahreswechsel wird überall Inventur gemacht. Die Anzahl von A_k in Filiale F_l sei $a(F_l, A_k)$. In der internen Buchführung wird ein Artikel A_k mit dem Preis p_k bewertet. Wie groß ist der Warenwert in den einzelnen Filialen?

Formulieren Sie den Sachverhalt als Matrix-Vektor-Multiplikation.

Aufgabe 8.1.6

A806

Sei $M = \begin{pmatrix} \frac{\sqrt{3}}{2} & -\frac{1}{2} \\ \frac{1}{2} & \frac{\sqrt{3}}{2} \end{pmatrix}$ und $\vec{a} = \begin{pmatrix} 1 \\ 1 \end{pmatrix}$, $\vec{b} = \begin{pmatrix} 2 \\ -1 \end{pmatrix}$ und $\vec{c} = \begin{pmatrix} 5 \\ 3 \end{pmatrix}$.

Berechnen Sie (mit einem Taschenrechner) $\vec{a}\,' = M \cdot \vec{a}$, $\vec{b}\,' = M \cdot \vec{b}$ und $\vec{c}\,' = M \cdot \vec{c}$ und zeichnen Sie in einem Koordinatensystem Dreiecke mit den entsprechenden Punkten A, B und C bzw. A', B' und C'. Fällt Ihnen etwas auf?

Fortsetzung: Aufgabe 8.4.6

Aufgabe 8.1.7

A807

Sei $M = \begin{pmatrix} 1 & \frac{2}{3} & 0 \\ 0 & \frac{1}{3} & 1 \end{pmatrix}$.

a) Sei W der Einheitswürfel im $\mathbb{R}^3$. Berechnen Sie für jede Ecke $\vec{p}$ von W den Punkt $M \cdot \vec{p}$ und zeichnen Sie ihn in ein zweidimensionales Koordinatensystem. Verbinden Sie die Punkte, deren entsprechende Ecken in W durch eine Kante verbunden sind.

b) Zeigen Sie, dass $M \cdot \vec{p}$ die Projektion eines Punktes $\vec{p} = \begin{pmatrix} x \\ y \\ z \end{pmatrix} \in \mathbb{R}^3$ auf die (x, z)-Ebene E_{xz} in Richtung $\vec{v} = \begin{pmatrix} 2 \\ -3 \\ 1 \end{pmatrix}$ ist, indem Sie den Schnittpunkt von E_{xz} mit einer Geraden mit Richtung $\vec{v}$ durch einen beliebigen Punkt $\vec{p} = \begin{pmatrix} x \\ y \\ z \end{pmatrix}$ berechnen.

c) Wie kann man mit Hilfe einer Matrix M die Projektion eines Punktes $\vec{p} = \begin{pmatrix} x \\ y \\ z \end{pmatrix} \in \mathbb{R}^3$ auf die (x,y)-Ebene E_{xy} in Richtung $\vec{v} = \begin{pmatrix} 2 \\ 1 \\ 1 \end{pmatrix}$ darstellen?

Aufgabe 8.1.8

Betrachtet wird das inhomogene Gleichungssystem

$$\begin{pmatrix} 1 & 0 & -1 & 1 \\ 2 & 1 & 1 & 0 \end{pmatrix} \cdot x = \begin{pmatrix} 3 \\ 4 \end{pmatrix} \quad (I)$$

A808

und das zugehörige homogene System

$$\begin{pmatrix} 1 & 0 & -1 & 1 \\ 2 & 1 & 1 & 0 \end{pmatrix} \cdot x = \begin{pmatrix} 0 \\ 0 \end{pmatrix}. \quad (H)$$

a) Geben Sie (durch Raten) zwei verschiedene Lösungen $x_{h,1}$ und $x_{h,2}$ des homogenen Systems (H) an.

b) Verifizieren Sie, dass auch $x_{h,1} + x_{h,2}$, $x_{h,1} - x_{h,2}$ und $3 \cdot x_{h,1}$ Lösungen von (H) sind.

c) Geben Sie (durch Raten) eine Lösung x_s des inhomogenen Systems (I) an.

d) Verifizieren Sie, dass auch $x_s + x_{h,1}$, $x_s + 2 \cdot x_{h,2}$ und $x_s + 2 \cdot x_{h,1} + x_{h,2}$ Lösungen von (I) sind.

e) Geben Sie (durch Raten) eine weitere Lösung $x_{s,2}$ des inhomogenen Systems (I) an.

f) Verifizieren Sie, dass $x_0 = x_{s,2} - x_s$ (also $x_{s,2} = x_s + x_0$) eine Lösung des homogenen Systems (H) ist.

g) Überlegen Sie sich allgemein, warum die Verifikation in b), d) und f) funktionieren.

Aufgabe 8.1.9

Betrachtet wird das inhomogene Gleichungssystem $Ax = b$ ($b \neq 0$) (I) und das zugehörige homogene System $Ax = 0$ (H). $x_{h,1}$ und $x_{h,2}$ seien zwei Lösungen von (H), $x_{s,1}$ und $x_{s,2}$ zwei Lösungen von (I)

A809

Welche der folgenden Aussagen sind richtig?

a) $x_{h,1} + x_{h,2}$ ist Lösung von (H).

b) $x_{s,1} - x_{h,1}$ ist Lösung von (H).

c) $x_{s,1} - x_{h,1}$ ist Lösung von (I).

d) $x_{s,1} - x_{s,2}$ ist Lösung von (H).

e) $2 \cdot x_{s,1} - x_{s,2}$ ist Lösung von (I).

f) Jedes x der Form $x = \alpha_1 \cdot x_{h,1} + \alpha_2 \cdot x_{h,2}$ ($\alpha_1, \alpha_2 \in \mathbb{R}$) ist Lösung von (H).

g) Jedes x der Form $x = \alpha_1 \cdot x_{s,1} + \alpha_2 \cdot x_{s,2}$ ($\alpha_1, \alpha_2 \in \mathbb{R}$) ist Lösung von (I).

h) Jedes x der Form $x = x_{s,1} + \alpha_1 \cdot x_{h,1} + \alpha_2 \cdot x_{h,2}$ ($\alpha_1, \alpha_2 \in \mathbb{R}$) ist Lösung von (I).

8.2 Gaußsches Eliminationsverfahren

Aufgabe 8.2.1

A810

Bestimmen Sie die Lösungen zu den folgenden Gleichungssystemen.

a) $\begin{aligned} x_1 - x_2 - \ x_3 &= 0 \\ x_1 + x_2 + 3x_3 &= 4 \ , \\ 2x_1 \qquad + \ x_3 &= 3 \end{aligned}$

b) $\begin{aligned} 2x_1 + 4x_2 + 2x_3 &= 2 \\ x_1 + 2x_2 + 2x_3 &= 2 \ , \\ 3x_2 - 2x_3 &= 4 \end{aligned}$

c) $\begin{aligned} x_1 + x_2 - \ x_3 + \ x_4 - \ x_5 &= 1 \\ -x_1 + x_2 - 3x_3 \qquad\quad + 3x_5 &= 2 \\ -2x_1 \qquad + \ x_3 + 5x_4 + 4x_5 &= 1 \ . \\ x_2 - 2x_3 + \ x_4 - \ x_5 &= -1 \\ 2x_1 \qquad + 2x_3 + \ x_4 - 2x_5 &= 1 \end{aligned}$

Aufgabe 8.2.2

A811

Im Folgenden sind die auf Zeilen-Stufen-Form gebrachten erweiterten Koeffizientenmatrizen zu linearen Gleichungssystemen gegeben. Wie lautet jeweils die Lösungsmenge?

a) $\left(\begin{array}{ccc|c} 1 & 0 & 2 & -1 \\ 0 & 1 & 1 & 0 \\ 0 & 0 & 0 & 0 \end{array} \right)$,

c) $\left(\begin{array}{ccccc|c} 1 & -1 & 0 & 0 & 4 & -1 \\ 0 & 0 & 1 & 0 & 3 & -2 \\ 0 & 0 & 0 & 1 & 0 & -3 \end{array} \right)$,

b) $\left(\begin{array}{ccc|c} 1 & 0 & 2 & 3 \\ 0 & 1 & 1 & 0 \\ 0 & 0 & 0 & 1 \end{array} \right)$,

d) $\left(\begin{array}{cccccc|c} 1 & 3 & 0 & 2 & 0 & 0 & 2 \\ 0 & 0 & 1 & 1 & 0 & 0 & -1 \\ 0 & 0 & 0 & 0 & 1 & 0 & 5 \\ 0 & 0 & 0 & 0 & 0 & 1 & 3 \\ 0 & 0 & 0 & 0 & 0 & 0 & 0 \end{array} \right)$.

Aufgabe 8.2.3

A812

Betrachtet wird das lineare Gleichungssystem

$$\begin{aligned} -x_1 - 4x_2 + 2x_3 \qquad\quad - 3x_5 &= 3 \\ x_3 - \ x_4 + \ x_5 &= 1 \\ 2x_1 + 8x_2 - \ x_3 + \ x_4 + 5x_5 &= 1 \end{aligned}$$

a) Bestimmen Sie eine spezielle Lösung.

b) Bestimmen Sie eine Basis des Lösungsraums zum zugehörigen homogenen Gleichungssystem.

c) Wie sieht die allgemeine Lösung des inhomogenen Gleichungssystems aus?

Aufgabe 8.2.4

A813

Bestimmen Sie die Lösungsmengen zu den folgenden Gleichungssystemen.

a)
$$\begin{aligned}
x_1 &- x_2 &- x_3 &&&= 0 \\
x_1 &+ x_2 &+ 3x_3 &&&= 4 \\
&x_2 &+ 2x_3 &&&= 2 \\
2x_1 &&+ x_3 &&&= 3
\end{aligned}$$
,

b)
$$\begin{aligned}
x_1 &+ x_2 &- x_3 &+ x_4 &- x_5 &= 1 \\
-x_1 &+ x_2 &- 3x_3 && + 3x_5 &= 2 \\
&x_2 &- 2x_3 &+ x_4 &- x_5 &= -1 \\
2x_1 &&+ 2x_3 &+ x_4 &- 2x_5 &= 1
\end{aligned}$$
.

Aufgabe 8.2.5

A814

Bestimmen Sie in Abhängigkeit vom Parameter c den Rang der Matrix

$$A = \begin{pmatrix} 1 & 3 & 0 \\ 0 & 1 & 2 \\ -1 & -2 & c \end{pmatrix}$$

Fortsetzung: Aufgabe 8.4.4, Aufgabe 8.5.3

Aufgabe 8.2.6

A815

Bestimmen Sie die Schnittmenge der Ebenen

$$E_1 = \left\{ \begin{pmatrix} 1 \\ 2 \\ 2 \end{pmatrix} + \alpha \begin{pmatrix} 2 \\ -1 \\ 0 \end{pmatrix} + \beta \begin{pmatrix} 1 \\ -1 \\ -1 \end{pmatrix} \,\middle|\, \alpha, \beta \in \mathbb{R} \right\}$$

und

$$E_2 = \left\{ \begin{pmatrix} 1 \\ 0 \\ 1 \end{pmatrix} + \gamma \begin{pmatrix} 4 \\ -3 \\ 1 \end{pmatrix} + \delta \begin{pmatrix} 2 \\ -3 \\ -1 \end{pmatrix} \,\middle|\, \gamma, \delta \in \mathbb{R} \right\},$$

indem Sie

a) die Parameterdarstellungen gleichsetzen,

b) die Normalendarstellungen von E_1 und E_2 verwenden.

Aufgabe 8.2.7

A816

Bei einer Verkehrszählung an einem Kreisverkehr werden die nebenstehenden Zahlen gemessen (Autos pro Stunde).

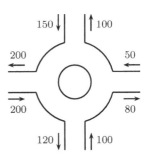

a) Stellen Sie ein Gleichungssystem für die Belastung der einzelnen Abschnitte des Kreisverkehrs auf.

b) Bestimmen Sie die Lösung des Gleichungssystems.

Aufgabe 8.2.8 (beispielhafte Klausuraufgabe, 10 Minuten)

Wie kann der Vektor $\vec{a} = \begin{pmatrix} 2 \\ 1 \\ 1 \end{pmatrix}$ als Linearkombination von

$$\vec{v_1} = \begin{pmatrix} 1 \\ 0 \\ -2 \end{pmatrix}, \quad \vec{v_2} = \begin{pmatrix} 2 \\ 2 \\ 3 \end{pmatrix} \quad \text{und} \quad \vec{v_3} = \begin{pmatrix} 5 \\ 3 \\ -1 \end{pmatrix}$$

dargestellt werden?

Aufgabe 8.2.9

Für welches Polynom p dritten Grades gilt

$$p(-1) = -3, \quad p(0) = 3, \quad p(1) = 1 \quad \text{und} \quad p(2) = 3?$$

Aufgabe 8.2.10 (beispielhafte Klausuraufgabe, 15 Minuten)

Ein metallverarbeitender Betrieb hat vier Stahlsorten auf Lager, die jeweils Legierungen aus Eisen, Chrom und Nickel sind:

	Eisen	Chrom	Nickel
Sorte 1	90%	0%	10%
Sorte 2	70%	10%	20%
Sorte 3	60%	20%	20%
Sorte 4	40%	20%	40%

Der Betrieb will durch eine Mischung daraus eine Tonne bestehend aus

   60% Eisen,   10% Chrom,   30% Nickel

herstellen.

Ist das möglich? Wenn ja: wie? Wenn nein: warum nicht?

8.3 Matrizen

Aufgabe 8.3.1

Es sei

$$A = \begin{pmatrix} 2 & 1 \\ -1 & 1 \end{pmatrix}, \quad B = \begin{pmatrix} 1 & 3 & 0 \\ 5 & -1 & 2 \end{pmatrix}, \quad C = \begin{pmatrix} 3 & 0 \\ 2 & 1 \\ -1 & 2 \end{pmatrix}, \quad D = \begin{pmatrix} 1 & -1 & 0 & 2 \\ 3 & 0 & 1 & -1 \\ 1 & 1 & 2 & 0 \end{pmatrix}.$$

Welche Matrixprodukte kann man mit diesen Matrizen bilden? Welche Dimensionen haben die Produkte? Berechnen Sie die Produkte.

Aufgabe 8.3.2

A821

a) Rechnen Sie nach, dass zu $A = \begin{pmatrix} 1 & 2 \\ 3 & 4 \end{pmatrix}$ und $B = \begin{pmatrix} -1 & 0 \\ 2 & 1 \end{pmatrix}$ die Produkte $A \cdot B$ und $B \cdot A$ verschieden sind.

b) Rechnen Sie nach, dass zu $A = \begin{pmatrix} 2 & 1 \\ -1 & 0 \end{pmatrix}$ und $B = A^2$ die Produkte $A \cdot B$ und $B \cdot A$ gleich sind.

Ist das Zufall?

Aufgabe 8.3.3

A822

Gegeben sind die beiden linearen Abbildungen $f, g : \mathbb{R}^2 \to \mathbb{R}^2$ mit

$$f(x) = \begin{pmatrix} 1 & -1 \\ 0 & 2 \end{pmatrix} \cdot x \quad \text{und} \quad g(x) = \begin{pmatrix} 1 & -1 \\ 1 & 1 \end{pmatrix} \cdot x.$$

a) Wie wird das Rechteck mit den Eckpunkten

$$A = (2|0), \quad B = (2|1), \quad C = (0|1) \quad \text{und} \quad D = (0|0)$$

einerseits mittels $f \circ g$ und andererseits mittels $g \circ f$ abgebildet?

b) Man kann $f \circ g$ bzw. $g \circ f$ als lineare Abbildung auffassen.

Wie lauten die entsprechenden Abbildungsmatrizen?

Aufgabe 8.3.4

A823

Wählen Sie sich drei Matrizen A, B und C mit jeweils unterschiedlichen Zeilen- und Spaltenanzahlen, aber so, dass man $A \cdot B$ und $B \cdot C$ bilden kann.

Überlegen Sie, dass man dann auch $(A \cdot B) \cdot C$ und $A \cdot (B \cdot C)$ bilden kann.

Welche Dimensionen ergeben sich? Berechnen Sie die Produkte.

Aufgabe 8.3.5

A824

In einer chemischen Fabrik werden vier Grundsubstanzen G_1, G_2, G_3 und G_4 benutzt. Zunächst werden diese zu drei Zwischenprodukten Z_1, Z_2 und Z_3 verarbeitet. Um jeweils eine Mengeneinheit zu erhalten, braucht man

	von G_1	von G_2	von G_3	von G_4
für Z_1	2 Einheiten	1 Einheit	3 Einheiten	
für Z_2	1 Einheit	2 Einheiten	1 Einheit	1 Einheit
für Z_3			1 Einheit	3 Einheiten

In einem weiteren Produktionsschritt werden daraus die beiden Endprodukte E_1 und E_2 gefertigt; für jeweils eine Mengeneinheit braucht man

	von Z_1	von Z_2	von Z_3
für E_1	1 Einheit		2 Einheiten
für E_2		2 Einheiten	1 Einheit

Wie sieht die Zusammensetzung der Endprodukte in Bezug auf die Grundsubstanzen aus?

Formulieren Sie den Zusammenhang als Matrix-Matrix-Multiplikation.

Aufgabe 8.3.6 (Fortsetzung von Aufgabe 8.1.4)

A825

Die Änderung der Masseverteilung von $2NO_2$ und N_2O_4 innerhalb einer Minute kann bei einer bestimmten Termperatur beschrieben werden durch

$$m_1 = \begin{pmatrix} 0.8 & 0.3 \\ 0.2 & 0.7 \end{pmatrix} \cdot m_0,$$

wobei $m_0 = \begin{pmatrix} m_{0,1} \\ m_{0,2} \end{pmatrix}$ die Masseverteilung vorher und $m_1 = \begin{pmatrix} m_{1,1} \\ m_{1,2} \end{pmatrix}$ die nachher beschreiben.

a) Wie kann man die entstehende Masseverteilung m_2 bzw. m_3 nach zwei bzw. drei Minuten als direktes Matrix-Vektor-Produkt aus m_0 berechnen?

b) Wie sieht formelmäßig eine Matrix aus, mit der man die Masseverteilung nach n Minuten ausrechnen kann?

Berechnen Sie das konkrete Ergebnis mit Hilfe eines Computerprogramms. Was ergibt sich für große n? Wie hängt die Masseverteilung für große n von der anfänglichen Masseverteilung ab?

Fortsetzung: Aufgabe 8.6.2

Aufgabe 8.3.7

A826

a) Sei $A = \begin{pmatrix} 0.8 & 0.3 \\ 0.2 & 0.7 \end{pmatrix}$ und $B = \begin{pmatrix} 0.1 & 0.4 \\ 0.9 & 0.6 \end{pmatrix}$.

Rechnen Sie nach, dass bei A, B und $A \cdot B$ jeweils die Summe der Elemente in einer Spalte gleich 1 ist.

b) Seien $A, B \in \mathbb{R}^{n \times n}$ zwei Matrizen, wobei jeweils die Summe der Elemente in einer Spalte gleich Eins ist. Zeigen Sie, dass diese Eigenschaft dann auch für $A \cdot B$ gilt.

Betrachten Sie zunächst den Fall $n = 2$ und schreiben Sie die Matrizen mit allgemeinen Komponenten $a_{i,j}$ bzw. $b_{i,j}$.

Aufgabe 8.3.8

A827

a) Berechnen Sie $M_1 = A \cdot A^T$ und $M_2 = A^T \cdot A$ zu $A = \begin{pmatrix} -1 & 2 & 0 \\ 1 & 3 & 1 \end{pmatrix}$.

b) Überlegen Sie sich, dass man zu $A \in \mathbb{R}^{m \times n}$ stets die Produkte $A \cdot A^T$ und $A^T \cdot A$ bilden kann. Welche Dimensionen ergeben sich?

c) Die Produkte M_1 und M_2 aus a) sind symmetrisch bzgl. der Hauptdiagonalen, also $M_1{}^T = M_1$ und $M_2{}^T = M_2$. Ist das Zufall?

Aufgabe 8.3.9

A828

a) Berechnen Sie die Matrix $A^T \cdot A$ zu

$$A = \begin{pmatrix} 0 & 0 & 1 \\ \sqrt{\frac{1}{2}} & \sqrt{\frac{1}{2}} & 0 \\ \sqrt{\frac{1}{2}} & -\sqrt{\frac{1}{2}} & 0 \end{pmatrix}.$$

b) Überlegen Sie sich anhand des Beispiels aus a) und allgemein:

Die Matrix $A \in \mathbb{R}^{m \times n}$ besitze die Vektoren $a_1, \ldots, a_n \in \mathbb{R}^m$ als Spalten, also $A = (a_1, \ldots, a_n)$. Dann gilt:

1) Die Matrix A^T besitzt die Zeilen $a_1^T, \ldots, a_n^T$, also $A^T = \begin{pmatrix} a_1{}^T \\ \cdots \\ a_n{}^T \end{pmatrix}$.

2) Es gilt:

$a_1, \ldots, a_n$ sind normiert und orthogonal zueinander

$\Leftrightarrow$ $A^T \cdot A = I_n$ mit der $(n \times n)$-Einheitsmatrix I_n.

Fortsetzung: Aufgabe 8.4.6

Aufgabe 8.3.10

A829

Berechnen Sie den Rang von A und den von A^T zu

$$A = \begin{pmatrix} 1 & 0 & 3 & 2 & 2 \\ 0 & 2 & 4 & 2 & -2 \\ 1 & 0 & 3 & 1 & 1 \\ 2 & -2 & 2 & 1 & 5 \end{pmatrix}.$$

8.4 Quadratische Matrizen

Aufgabe 8.4.1

A830

Sei $D \in \mathbb{R}^{3 \times 3}$ die Diagonalmatrix mit den Diagonaleinträgen $-1, 2, 1$ (von links oben nach rechts unten). Berechnen Sie $D \cdot A$ und $A \cdot D$ zu

$$A = \begin{pmatrix} 2 & 3 & 1 \\ -1 & 0 & 4 \\ 5 & 1 & 5 \end{pmatrix}.$$

Aufgabe 8.4.2

A831

a) Ist das Produkt zweier symmetrischer Matrizen wieder symmetrisch?

b) Ist das Quadrat einer symmetrischen Matrix wieder symmetrisch?

c) Ist das Produkt zweier Diagonalmatrizen wieder eine Diagonalmatrix?

Aufgabe 8.4.3

A832

Sei $A = \begin{pmatrix} 1 & 1 \\ 2 & 3 \end{pmatrix}$ und $B = \begin{pmatrix} 0 & -1 \\ 2 & 3 \end{pmatrix}$.

a) Berechnen Sie A^{-1} und B^{-1}.

b) Berechnen Sie $(A \cdot B)^{-1}$ einerseits, indem Sie $A \cdot B$ berechnen und dazu die Inverse bestimmen, und andererseits, indem Sie A^{-1} und B^{-1} zu Hilfe nehmen.

Aufgabe 8.4.4

A833

Für welche Werte von c ist die Matrix

$$A = \begin{pmatrix} 1 & 3 & 0 \\ 0 & 1 & 2 \\ -1 & -2 & c \end{pmatrix}$$

invertierbar?

Wie lautet dann die Inverse A^{-1}?

(Vgl. Aufgabe 7.2.3 und Aufgabe 8.2.5.)

Fortsetzung: Aufgabe 8.5.3

Aufgabe 8.4.5

A834

Sei $A = \begin{pmatrix} 1 & 0 & -3 \\ 3 & 1 & 0 \\ 4 & 2 & 4 \end{pmatrix}$ und $B = \begin{pmatrix} 1 & 0 & -2 & -2 \\ 0 & 1 & 0 & 1 \\ -1 & 2 & 3 & 5 \\ 0 & 2 & 1 & 4 \end{pmatrix}$.

a) Bestimmen Sie A^{-1} und B^{-1}.

b) Geben Sie Lösungen x an zu

$$Ax = \begin{pmatrix} 1 \\ 0 \\ 0 \end{pmatrix}, \quad Ax = \begin{pmatrix} 2 \\ 1 \\ 0 \end{pmatrix}, \quad Bx = \begin{pmatrix} 0 \\ 0 \\ 1 \\ 0 \end{pmatrix} \quad \text{bzw.} \quad Bx = \begin{pmatrix} 2 \\ 1 \\ 0 \\ -1 \end{pmatrix}.$$

Aufgabe 8.4.6

A835

Eine Matrix $A \in \mathbb{R}^{n \times n}$ heißt *orthogonal* genau dann, wenn $A^{-1} = A^T$ ist.

a) Welche der folgenden Matrizen sind orthogonal?

$$\begin{pmatrix} 1 & -1 \\ 1 & 1 \end{pmatrix}, \qquad \begin{pmatrix} \cos \alpha & -\sin \alpha \\ \sin \alpha & \cos \alpha \end{pmatrix} \; (\alpha \in \mathbb{R}), \qquad \begin{pmatrix} 0 & 0 & 1 \\ 1 & 0 & 0 \\ 0 & 1 & 0 \end{pmatrix}.$$

b) Sei $a_1 = \begin{pmatrix} 1 \\ 0 \\ -1 \end{pmatrix}$, $a_2 = \begin{pmatrix} 2 \\ 1 \\ 2 \end{pmatrix}$ und $a_3 = \begin{pmatrix} 1 \\ -4 \\ 1 \end{pmatrix}$.

1) Prüfen Sie nach, dass die drei Vektoren jeweils orthogonal zueinander sind.

2) Bestimmen Sie λ_i so, dass für $\tilde{a}_i = \lambda_i \cdot a_i$ gilt: $||\tilde{a}_i|| = 1$.

3) Sei $A \in \mathbb{R}^{3 \times 3}$ die Matrix bestehend aus $\tilde{a}_1$, $\tilde{a}_2$ und $\tilde{a}_3$ als Spalten.

Überlegen Sie sich, dass A orthogonal ist. (Tipp: Aufgabe 8.3.9 ,b))

4) Prüfen Sie nach, dass die Zeilen von A als Vektoren aufgefasst normiert und orthogonal zueinander sind.

8.5 Determinanten

Aufgabe 8.5.1

A836

a) Berechnen Sie $\det \begin{pmatrix} 1 & 2 \\ 1 & 4 \end{pmatrix}$ und $\det \begin{pmatrix} 2 & 1 & 0 \\ 1 & 1 & 3 \\ 0 & -1 & 2 \end{pmatrix}$, indem Sie

1) die Matrizen auf Dreiecksform bringen,

2) die direkten Berechnungsformeln (Satz 8.5.3) benutzen.

b) Berechnen Sie $\det \begin{pmatrix} 0 & 2 & 3 & 5 \\ -1 & 1 & 0 & 0 \\ 1 & 3 & 1 & 4 \\ 2 & 0 & 1 & 3 \end{pmatrix}$.

c) Sei $A = \begin{pmatrix} 1 & 0 & -3 \\ 3 & 1 & 0 \\ 4 & 2 & 4 \end{pmatrix}$ und $B = \begin{pmatrix} 1 & 1 & 1 \\ 1 & -3 & 2 \\ -1 & 0 & -2 \end{pmatrix}$.

Berechnen Sie $\det A$, $\det B$, $\det A^{-1}$ und $\det(A \cdot B)$.

(Tipp: A^{-1} wurde schon bei Aufgabe 8.4.5 berechnet.)

A837

Aufgabe 8.5.2

a) Zeigen Sie (s. Satz 8.5.12)

Ist $A = \begin{pmatrix} a_{11} & a_{12} \\ a_{21} & a_{22} \end{pmatrix}$ und $\det A \neq 0$, so ist A invertierbar mit

$$A^{-1} = \frac{1}{\det A} \begin{pmatrix} a_{22} & -a_{12} \\ -a_{21} & a_{11} \end{pmatrix}.$$

b) Testen Sie die Formel aus a) an $A = \begin{pmatrix} 1 & 1 \\ 2 & 3 \end{pmatrix}$ und $B = \begin{pmatrix} 0 & -1 \\ 2 & 3 \end{pmatrix}$ (vgl. Aufgabe 8.4.3).

A838

Aufgabe 8.5.3

Berechnen Sie in Abhängigkeit vom Parameter c die Determinante zu

$$A = \begin{pmatrix} 1 & 3 & 0 \\ 0 & 1 & 2 \\ -1 & -2 & c \end{pmatrix}.$$

Für welche Werte von c ist A invertierbar?

(Vgl. Aufgabe 7.2.3, Aufgabe 8.2.5 und Aufgabe 8.4.4.)

A839

Aufgabe 8.5.4

Bestimmen Sie die Lösung der Gleichungssysteme

a) $\begin{aligned} x_1 + x_2 &= 0 \\ 2x_1 + 3x_2 &= 4 \end{aligned}$ b) $\begin{aligned} x_1 - x_2 - x_3 &= 0 \\ x_1 + x_2 + 3x_3 &= 4 \\ 2x_1 \quad\quad + x_3 &= 3 \end{aligned}$

mit Hilfe der Cramerschen Regel. (Zu b) vgl. Aufgabe 8.2.1, a).)

A840

Aufgabe 8.5.5

Zeigen Sie:

Ist A orthogonal (d.h. $A^{-1} = A^T$, s. Aufgabe 8.4.6), so ist $|\det(A)| = 1$.

A841

Aufgabe 8.5.6

a) Überlegen Sie sich, dass die Berechnung der Fläche eines Parallelogramms in der zweidimensionalen Ebene einerseits mittels Einbettung ins Dreidimensionale und des Vektorprodukts und andererseits als Determinante der aufspannenden Vektoren auf das gleiche Ergebnis führt.

b) Überlegen Sie sich (mittels der Eigenschaften von Vektor- und Skalarprodukt), dass für Vektoren $a, b, c \in \mathbb{R}^3$ das Volumen des von a, b und c aufgespannten Spats durch $|(a \times b) \cdot c|$ gegeben ist.

Betrachten Sie ggf. zunächst den Spezialfall, dass a, b und c paarweise zueinander senkrecht stehen.

c) Rechnen Sie nach, dass für $a = \begin{pmatrix} 2 \\ 1 \\ 0 \end{pmatrix}$, $b = \begin{pmatrix} 1 \\ 1 \\ -1 \end{pmatrix}$, $c = \begin{pmatrix} 0 \\ 3 \\ 2 \end{pmatrix}$ und der Matrix $A = (a\ b\ c)$, die aus den Vektoren a, b und c als Spalten besteht, gilt:

$$\det A = (a \times b) \cdot c.$$

8.6 Eigenwerte und -vektoren

Aufgabe 8.6.1

Bestimmen Sie die Eigenwerte und Eigenvektoren zu

A842

a) $A = \begin{pmatrix} 3 & 2 \\ -2 & -1 \end{pmatrix}$,
b) $A = \begin{pmatrix} 2 & 1 & 0 \\ 1 & 1 & -1 \\ 0 & -1 & 2 \end{pmatrix}$.

Aufgabe 8.6.2 (Fortsetzung von Aufgabe 8.1.4 und Aufgabe 8.3.6)

Die Änderung der Masseverteilung von $2NO_2$ und N_2O_4 innerhalb einer Minute kann bei einer bestimmten Temperatur beschrieben werden durch

A843

$$m_1 = A \cdot m_0 \quad \text{mit} \quad A = \begin{pmatrix} 0.8 & 0.3 \\ 0.2 & 0.7 \end{pmatrix},$$

wobei $m_0 = \begin{pmatrix} m_{0,1} \\ m_{0,2} \end{pmatrix}$ die Masseverteilung vorher und $m_1 = \begin{pmatrix} m_{1,1} \\ m_{1,2} \end{pmatrix}$ die nachher beschreiben.

Auf lange Sicht nähert sich die Verteilung einer stationären Verteilung m_∞, die sich nicht mehr ändert.

Überlegen Sie sich, dass m_∞ ein Eigenvektor von A zum Eigenwert 1 ist.

Berechnen Sie m_∞ konkret.

Aufgabe 8.6.3

Durch die Abbildung $\mathbb{R}^3 \to \mathbb{R}^3$, $x \mapsto Ax$ mit $A = \begin{pmatrix} 0 & 1 & 0 \\ 1 & 0 & 0 \\ 0 & 0 & -1 \end{pmatrix}$ wird eine Drehung A844

im $\mathbb{R}^3$ beschrieben.

Überlegen Sie, dass die Drehachse aus Eigenvektoren von A zum Eigenwert 1 besteht.

Berechnen Sie die Drehachse!

8.7 Quadratische Formen

Aufgabe 8.7.1

A845   a) Sei $A = \begin{pmatrix} 1 & 2 & 0 \\ 2 & -1 & 3 \\ 0 & 3 & 4 \end{pmatrix}$.

Geben Sie die quadratische Form $x^T A x$ zu $x = \begin{pmatrix} x_1 \\ x_2 \\ x_3 \end{pmatrix}$ in Koordinatenschreibweise an.

b) Geben Sie eine Matrix $A \in \mathbb{R}^{3 \times 3}$ an mit

$$x^T A x = x_1{}^2 + 2x_1 x_2 - 4x_1 x_3 + x_3{}^2 \qquad (x = \begin{pmatrix} x_1 \\ x_2 \\ x_3 \end{pmatrix} \in \mathbb{R}^3).$$

Finden Sie auch eine symmetrische Matrix A, die dies erfüllt?

Aufgabe 8.7.2

A846   Sei $A = \begin{pmatrix} 2 & 1 \\ 1 & 1 \end{pmatrix}$. Zeigen Sie, dass A positiv definit ist,

a) indem Sie die Komponentendarstellung von $x^T A x$ betrachten und diese als Summe zweier Quadrate darstellen,

b) indem Sie zeigen, dass alle Eigenwerte positiv sind,

c) indem Sie zeigen, dass alle Haupunterdeterminanten positiv sind.

Aufgabe 8.7.3

A847   Sei $C \in \mathbb{R}^{n \times n}$ eine reguläre Matrix.

Begründen Sie, dass $A = C^T \cdot C$ positiv definit ist.

Tipp: Die entsprechende quadratische Form kann man als Quadrat der Länge eines Vektors umschreiben.

Aufgabe 8.7.4

A848   Sei $A_1 = \begin{pmatrix} 1 & -1 & 3 \\ -1 & 0 & 1 \\ 3 & 1 & -5 \end{pmatrix}$ und $A_2 = \begin{pmatrix} 2 & -1 & 1 \\ -1 & 2 & 1 \\ 1 & 1 & 3 \end{pmatrix}$.

a) Untersuchen Sie, ob die Matrizen A_1 oder A_2 positiv definit sind.

b) Testen Sie bei der positiv definiten Matrix für verschiedene Vektoren $x \neq 0$, dass $x^T A x > 0$ ist.

c) Finden Sie für die nicht positiv definite Matrix ein $x \neq 0$ mit $x^T A x \leq 0$.

9 Funktionen mit mehreren Veränderlichen

Aufgabe 9.1.1

A901

Betrachtet werden die folgenden Funktionen $\mathbb{R}^2 \to \mathbb{R}$:

$$f(x,y) = y \cdot e^{xy}, \qquad g(x,y) = \sqrt{1-x^2-y^2}, \qquad h(x,y) = \sqrt{x^2+y^2}.$$

a) Wie lauten die in Polarkoordinaten ausgedrückten Funktionsvorschriften?

b) Machen Sie sich mit Hilfe der partiellen Funktionen bzw. mit Hilfe der Polarkoordinaten-Ausdrücke ein Bild zu den Funktionsgrafen.

Aufgabe 9.1.2 (beispielhafte Klausuraufgabe, 6 Minuten)

A902

Welche Funktion erzeugt das darüber stehende „Funktionsgebirge"?

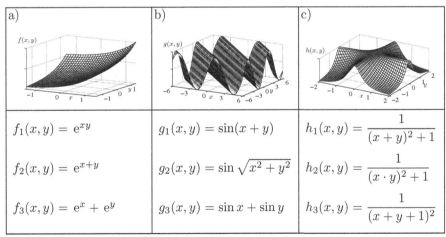

a)	b)	c)
$f_1(x,y) = e^{xy}$	$g_1(x,y) = \sin(x+y)$	$h_1(x,y) = \dfrac{1}{(x+y)^2+1}$
$f_2(x,y) = e^{x+y}$	$g_2(x,y) = \sin\sqrt{x^2+y^2}$	$h_2(x,y) = \dfrac{1}{(x\cdot y)^2+1}$
$f_3(x,y) = e^x + e^y$	$g_3(x,y) = \sin x + \sin y$	$h_3(x,y) = \dfrac{1}{(x+y+1)^2}$

© Der/die Autor(en), exklusiv lizenziert an
Springer-Verlag GmbH, DE, ein Teil von Springer Nature 2023
G. Hoever, *Arbeitsbuch höhere Mathematik*,
https://doi.org/10.1007/978-3-662-68268-5_9

Aufgabe 9.1.3

A903

Versuchen Sie, sich die Funktionsgrafen zu den durch die folgenden Ausdrücke in Polarkoordinaten gegebenen Funktionen als Flächen vorzustellen.

a) $f(r,\varphi) = \dfrac{1}{r}$, b) $g(r,\varphi) = r \cdot \sin\varphi$,

c) $h(r,\varphi) = r \cdot \sin\dfrac{\varphi}{2}$, mit $\varphi \in [0, 2\pi]$.

Fortsetzung: Aufgaben 11.2.1, Aufgabe 11.2.2

Aufgabe 9.1.4 (beispielhafte Klausuraufgabe, 8 Minuten)

A904

Drücken Sie die Punkte

$$P_1 = \begin{pmatrix} 1 \\ 0 \\ 0 \end{pmatrix}, \quad P_2 = \begin{pmatrix} 0 \\ 1 \\ 1 \end{pmatrix}, \quad P_3 = \begin{pmatrix} -1 \\ 1 \\ 0 \end{pmatrix} \quad \text{und} \quad P_4 = \begin{pmatrix} 1 \\ 1 \\ 1 \end{pmatrix}$$

einerseits in Zylinderkoordinaten und andererseits in Kugelkoordinaten aus.

Aufgabe 9.1.5

A905

Geben Sie verschiedene Parameterbereiche für Kugelkoordinaten r, φ und ϑ an, mit denen Sie Viertelkugeln (mit Radius 1) beschreiben können.

Wo liegen die Viertelkugeln?

Aufgabe 9.1.6

A906

Das elektrische Feld eines langen geladenen Stabes ist radial vom Stab weg gerichtet und hat einen Betrag $\frac{c}{\text{Abstand zum Stab}}$ mit einer Konstanten c.

Geben Sie eine formelmäßige Beschreibung des Feldes in geeigneten Koordinaten an.

Aufgabe 9.1.7

A907

Ziel der Aufgabe ist die Bestimmung des elektrischen Feldes eines Dipols mit entgegengesetzten Ladungen an den Stellen $(0, 0, \frac{d}{2})$ und $(0, 0, -\frac{d}{2})$.

Anleitung:

a) Das elektrische Feld einer Punktladung ist (abhängig vom Vorzeichen der Ladung) von der Ladung weg bzw. zu ihr hin gerichtet und hat den Betrag

$$\frac{c}{(\text{Abstand zur Ladung})^2}$$

mit einer Konstanten c.

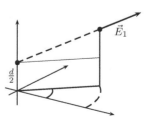

Nutzen Sie dies, um herzuleiten, dass (in Zylinderkoordinaten und bzgl. der lokalen Koordinaten) das Feld $\vec{E}_1$ einer Punktladung in $(0, 0, \frac{d}{2})$ an der durch ϱ, φ und z gegebenen Stelle beschrieben wird durch

$$\vec{E}_1 = \frac{c}{\left(\varrho^2 + (z - \frac{d}{2})^2\right)^{3/2}} \cdot \left(\varrho \cdot \vec{e}_\varrho + \left(z - \frac{d}{2}\right) \cdot \vec{e}_z\right).$$

b) Wie lautet das Feld $\vec{E}_2$ einer entgegengesetzt geladenen Punktladung in $(0, 0, -\frac{d}{2})$?

c) Das Dipolfeld entsteht durch Überlagerung von $\vec{E}_1$ und $\vec{E}_2$:

$$\vec{E}_{\text{Dipol}} = \vec{E}_1 + \vec{E}_2.$$

Nehmen Sie d als klein an und nutzen Sie eine lineare Näherung bzgl. d, um $\vec{E}_{\text{Dipol}}$ näherungsweise zu vereinfachen.

Aufgabe 9.1.8 (beispielhafte Klausuraufgabe, 8 Minuten)

Betrachtet wird das in (lokalen) Kugelkoordinaten gegebene Vektorfeld

A908

$$\vec{F} : \mathbb{R}^3 \to \mathbb{R}^3, \ \vec{F}(r, \varphi, \vartheta) = r \cdot \cos\varphi \cdot \vec{e}_r + r \cdot \sin\varphi \cdot \vec{e}_\varphi + \sin\vartheta \cdot \vec{e}_\vartheta.$$

Geben Sie den Funktionsvektor an der (in kartesischen Koordinaten gegebenen) Stelle $(x_0, y_0, z_0) = (0, 2, 0)$ einerseits in lokalen Kugelkoordinaten und andererseits in kartesischen Koordinaten an.

10 Differenzialrechnung bei mehreren Veränderlichen

10.1 Partielle Ableitung und Gradient

Aufgabe 10.1.1

Berechnen Sie zu den folgenden Funktionen sämtliche partielle Ableitungen erster und zweiter Ordnung.

A931

a) $f : \mathbb{R}^3 \to \mathbb{R}$, $f(x, y, z) = \dfrac{x^2 y}{z^2 + 1}$.

b) $f : \mathbb{R}^2 \to \mathbb{R}$, $f(x, y) = \mathrm{e}^{xy} \cdot \sin(x^2 + y)$.

Aufgabe 10.1.2

Zu zwei Vektoren $\mathbf{a}, \mathbf{b} \in \mathbb{R}^n$, $\mathbf{a} = (a_1, \ldots, a_n)$, $\mathbf{b} = (b_1, \ldots, b_n)$ wird das Skalarprodukt $\mathbf{a} \cdot \mathbf{b} = a_1 b_1 + \ldots + a_n b_n$ betrachtet. Berechnen Sie $\operatorname{grad} f(\mathbf{x})$ zu den folgenden Funktionen:

A932

a) $f : \mathbb{R}^n \to \mathbb{R}$, $f(\mathbf{x}) = \mathbf{a} \cdot \mathbf{x}$ zu fest gewähltem $\mathbf{a} \in \mathbb{R}^n$.

b) $f : \mathbb{R}^n \to \mathbb{R}$, $f(\mathbf{x}) = \mathbf{x} \cdot \mathbf{x}$.

c) Zu einer symmetrischen Matrix $A \in \mathbb{R}^{n \times n}$ und einem Vektor $\mathbf{x} \in \mathbb{R}^n$ kann man die quadratische Form $\mathbf{x}^T A \mathbf{x}$ bilden. Sei

$$f : \mathbb{R}^2 \to \mathbb{R}, \quad \mathbf{x} \mapsto \mathbf{x}^T A \mathbf{x} \quad \text{mit} \quad A = \begin{pmatrix} 5 & 2 \\ 2 & -1 \end{pmatrix}.$$

Sehen Sie einen Zusammenhang zwischen A und $\operatorname{grad} f(\mathbf{x})$?

Aufgabe 10.1.3

a) Führen Sie von Hand je zwei Schritte des Gradientenverfahrens zur *Minimierung* von

A933

$$f : \mathbb{R}^2 \to \mathbb{R}, \quad f(x, y) = x^4 + 2y^2 - 4xy$$

ausgehend von $(0, 1)$ mit Schrittweite $\lambda = \frac{1}{2}$, $\lambda = \frac{1}{4}$ und $\lambda = \frac{1}{8}$ aus.

© Der/die Autor(en), exklusiv lizenziert an
Springer-Verlag GmbH, DE, ein Teil von Springer Nature 2023
G. Hoever, *Arbeitsbuch höhere Mathematik*,
https://doi.org/10.1007/978-3-662-68268-5_10

b) Führen Sie von Hand zwei Schritte des Gradientenverfahrens zur *Minimierung* von

$$f : \mathbb{R}^3 \to \mathbb{R}, \quad f(x_1, x_2, x_3) = 2x_1^2 - 2x_1x_2 + x_2^2 + x_3^2 - 2x_1 - 4x_3$$

ausgehend von $(2, 3, 4)$ mit Schrittweite $\lambda = \frac{1}{2}$ aus.

c) Schreiben Sie ein Programm zur Minimierung von f aus a) bzw. b) mittels des Gradientenverfahrens und experimentieren Sie mit verschiedenen Startwerten und unterschiedlichen Schrittweiten.

Aufgabe 10.1.4

A934

Die beiden Platten eines (unendlich ausgedehnten) Plattenkondensators seien beschrieben durch die beiden Ebenen $\{\begin{pmatrix} x \\ y \\ z \end{pmatrix} \mid x = 0\}$ und $\{\begin{pmatrix} x \\ y \\ z \end{pmatrix} \mid x = 1\}$. Das elektrisches Feld $\vec{E}$ zwischen den Kondensatorplatten ist homogen: $\vec{E}(x, y, z) = \begin{pmatrix} E_0 \\ 0 \\ 0 \end{pmatrix}$ für $0 < x < 1$.

a) Suchen Sie eine Potenzialfunktion $\Phi(x, y, z)$, also eine Funktion $\Phi : \mathbb{R}^3 \to \mathbb{R}$ mit $\vec{E} = -\operatorname{grad}\Phi$.

b) Bestimmen Sie die Äquipotenzialflächen, d.h. die Punktemengen, auf denen Φ konstant ist.

Aufgabe 10.1.5

A935

Sei $f : \mathbb{R}^3 \to \mathbb{R}$, $f(x, y, z) = x^2 \cdot \sin(yz)$.

Berechnen Sie den Gradienten zu f an der Stelle $(x_0, y_0, z_0) = (2, 1, 3)$ näherungsweise, indem Sie jeweils numerische Ableitungen nutzen, d.h. entsprechende Differenzenquotienten, mit $h = 0.1$.

Wie lautet der Gradient an der Stelle exakt?

(Nutzen Sie einen Taschenrechner!)

Aufgabe 10.1.6

A936

Das Potenzial eines im Ursprung befindlichen in z-Richtung ausgerichteten Dipols ist (in einiger Entfernung vom Ursprung angenähert) durch

$$\Phi(\varrho, \varphi, z) = c \cdot \frac{z}{(\varrho^2 + z^2)^{3/2}} \quad \text{in Zylinderkoordinaten bzw.}$$

$$\Phi(r, \varphi, \vartheta) = c \cdot \frac{\cos\vartheta}{r^2} \quad \text{in Kugelkoordinaten}$$

mit einer Konstanten c gegeben.

Berechnen Sie das elektrische Feld $\vec{E} = -\operatorname{grad}\Phi$ einerseits in Zylinder- und andererseits in Kugelkoordinaten.

Aufgabe 10.1.7 (beispielhafte Klausuraufgabe, 12 Minuten)

A937

Sei $f : \mathbb{R}^3 \to \mathbb{R}$ in Kugelkoordinaten gegeben durch

$$f(r, \varphi, \vartheta) = r^2 \cdot \cos(\varphi) \cdot \sin(2\vartheta).$$

a) Welchen Funktionswert hat f an der (in kartesischen Koordinaten gegebenen) Stelle $(x, y, z) = (1, 0, 1)$?

b) Geben Sie den Gradienten $\operatorname{grad} f(r, \varphi, \vartheta)$ in (lokalen) Kugelkoordinaten an.

c) Geben Sie den Gradienten von f an der (in kartesischen Koordinaten gegebenen) Stelle $(x, y, z) = (1, 0, 1)$ in kartesischen Koordinaten an.

10.2 Anwendungen

10.2.1 Lokale Extremstellen

Aufgabe 10.2.1

A938

Bestimmen Sie die stationären Punkte von

a) $f(x, y) = x^4 + 2y^2 - 4xy$,

b) $f(x_1, x_2, x_3) = 2x_1^2 - 2x_1 x_2 + x_2^2 + x_3^2 - 2x_1 - 4x_3$.

Fortsetzung: Aufgabe 10.3.7

Aufgabe 10.2.2

A939

Eine quaderförmige Kiste, die oben offen ist, soll einen Inhalt von 32 Litern haben. Bestimmen Sie Länge, Breite und Höhe so, dass der Materialverbrauch für die Kiste minimal ist.

Aufgabe 10.2.3

A940

Berechnen Sie eine Ausgleichsgerade zu den drei Punkten

$$(-2, 0), \quad (0, 1) \quad \text{und} \quad (1, 2),$$

d.h. eine Gerade, so dass die Summe der Quadrate der markierten Abstände (in y-Richtung) minimal ist

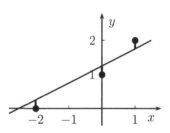

Aufgabe 10.2.4 (vgl. Aufgabe 7.5.13)

A941

Ziel ist die Bestimmung des an den Punkt $\vec{q} = \begin{pmatrix} 2 \\ 3 \\ 3 \end{pmatrix}$ nächstgelegenen Punktes auf der Ebene

$$E = \left\{ \begin{pmatrix} 2 \\ -2 \\ 1 \end{pmatrix} + \lambda \begin{pmatrix} 1 \\ 0 \\ 1 \end{pmatrix} + \mu \begin{pmatrix} 0 \\ -1 \\ 2 \end{pmatrix} \;\Big|\; \lambda, \mu \in \mathbb{R} \right\}.$$

Bestimmen Sie dazu den Abstand $d(\lambda, \mu)$ eines beliebigen mit den Parametern λ und μ festgelegten Punktes der Ebene E zu $\vec{q}$ und suchen Sie eine Minimalstelle dieser Funktion.

10.2.2 Jacobi-Matrix und lineare Approximation

Aufgabe 10.2.5

A942

Berechnen Sie die Jacobi-Matrizen zu

a) $f : \mathbb{R}^4 \to \mathbb{R}^3$, $f(x_1, x_2, x_3, x_4) = \begin{pmatrix} x_1 x_2 \, e^{x_3} \\ x_2 x_3 x_4 \\ x_4 \end{pmatrix}$,

b) $g : \mathbb{R}^2 \to \mathbb{R}^4$, $g(x, y) = \begin{pmatrix} 1 \\ x \\ x \\ xy \end{pmatrix}$.

Fortsetzung: Aufgabe 10.3.4

Aufgabe 10.2.6

A943

Wie lautet die Jacobi-Matrix zu

$$f : \mathbb{R}^3 \to \mathbb{R}^2, \; f(x) = Ax \quad \text{mit} \quad A = \begin{pmatrix} 3 & 0 & 5 \\ -1 & 2 & 4 \end{pmatrix}?$$

Aufgabe 10.2.7

A944

Sei $f : \mathbb{R}^2 \to \mathbb{R}$, $f(x, y) = x^2 y + x - y^2$.

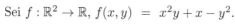

a) Geben Sie mit Hilfe der linearen Approximation eine Tangentenebene an f um den Punkt $(2, 3)$ an.

b) Geben Sie mit Hilfe der linearen Approximation eine Näherung für die Funktionsänderung $\Delta f = f(2 + \Delta x, 3 + \Delta y) - f(2, 3)$ in Abhängigkeit von Δx und Δy an.

c) Wie groß ist die Abweichung bei der Funktion f bzw. durch die Näherungen aus a) bzw. b), wenn man statt $(2,3)$ die Stellen $(2.1,3)$ bzw. $(2.05,3.2)$ einsetzt?

d) Nutzen Sie die Näherung aus b), um abzuschätzen, wie groß der Fehler maximal ist, wenn man statt $(x_0, y_0) = (2,3)$ die Stelle $(x_0 + \Delta x, y_0 + \Delta y)$ mit $|\Delta x| \leq 0.1$ und $|\Delta y| \leq 0.2$ einsetzt.

e) Erklären Sie das lineare Fehlerfortpflanzungsgesetz:

Sei $\mathbf{x} = (x_1, \ldots, x_n)$. Sind die Größen x_k mit Fehlern oder Ungenauigkeiten versehen, die maximal $|\Delta x_k|$ betragen $(k = 1, \ldots, n)$, so erhält man bei Einsetzen von $\mathbf{x}$ in eine differenzierbare Funktion $f : \mathbb{R}^n \to \mathbb{R}$ einen maximalen Fehler von ungefähr

$$|\Delta f| \leq \left|\frac{\partial f}{\partial x_1}(\mathbf{x})\right| \cdot |\Delta x_1| + \ldots + \left|\frac{\partial f}{\partial x_n}(\mathbf{x})\right| \cdot |\Delta x_n|.$$

Aufgabe 10.2.8 (beispielhafte Klausuraufgabe, 12 Minuten)

A945

Sei $f : \mathbb{R}^2 \to \mathbb{R}^2$, $f\left(\begin{pmatrix} x \\ y \end{pmatrix}\right) = \begin{pmatrix} x^3 y^3 - 2y \\ x \end{pmatrix}$.

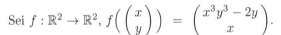

Gesucht ist eine Stelle (x, y) mit $f\left(\begin{pmatrix} x \\ y \end{pmatrix}\right) = \begin{pmatrix} 0 \\ 2 \end{pmatrix}$. Führen Sie dazu ausgehend vom Punkt $\mathbf{x}^{(0)} = \begin{pmatrix} 1 \\ 1 \end{pmatrix}$ zwei Schritte des (mehrdimensionalen) Newton-Verfahrens durch.

10.3 Weiterführende Themen

10.3.1 Kurven

Aufgabe 10.3.1

Ein Zylinder rollt auf einer ebenen Platte.

A946

a) Stellen Sie eine Formel für die Kurve auf, die ein Punkt am Rand des Zylinders beschreibt.
Anleitung: Betrachten Sie das Problem im Zweidimensionalen. Setzen Sie die Bewegung zusammen aus der Drehbewegung um den Zylindermittelpunkt und der Längsbewegung des Zylinders.

b) Welche Bewegungsrichtung hat der Punkt in dem Moment, in dem er die Platte berührt?

Aufgabe 10.3.2 (beispielhafte Klausuraufgabe, 12 Minuten)

A947

Gegeben ist die Kurve $f : \mathbb{R}^{\geq 0} \to \mathbb{R}^2$, $f(t) = \begin{pmatrix} t \cdot \cos t \\ t \cdot \sin t \end{pmatrix}$.

a) Es ist $f(0) = \begin{pmatrix} 0 \\ 0 \end{pmatrix}$. In welche Richtung verlässt die Kurve bei wachsendem t diesen Punkt?

b) Stellen Sie eine Gleichung für die Tangente an die Kurve zu $t = 2\pi$ auf.

c) Skizzieren Sie die Kurve für $t \in [0, 7]$; berücksichtigen Sie dabei Ihre Ergebnisse von a) und b). Kennzeichnen Sie wichtige Punkte im Koordinatensystem.

Aufgabe 10.3.3

A948

a) Leiten Sie her, dass die Länge L einer durch eine Funktion $f : [a, b] \to \mathbb{R}^n$ dargestellten Kurve berechnet werden kann durch $L = \int_a^b \|f'(t)\|\, \mathrm{d}t$.

Anleitung:

1) Approximieren Sie die Kurve durch einen Streckzug zwischen Punkten $f(t_i)$ mit $a = t_0 < t_1 < \ldots < t_n = b$.

2) Berechnen Sie die Länge der einzelnen Strecken näherungsweise mit Hilfe der Ableitung.

3) Erklären Sie, wie sich das behauptete Integral ergibt.

b) Nutzen Sie die Formel aus a), um die Länge des Kreisbogens zu berechnen, der durch $f : [0, \alpha] \to \mathbb{R}^2$, $f(t) = \begin{pmatrix} \cos t \\ \sin t \end{pmatrix}$ gegeben ist.

10.3.2 Kettenregel

Aufgabe 10.3.4 (Fortsetzung von Aufgabe 10.2.5)

A949

Betrachtet werden die Funktionen $f : \mathbb{R}^4 \to \mathbb{R}^3$ und $g : \mathbb{R}^2 \to \mathbb{R}^4$ mit

$$f(x_1, x_2, x_3, x_4) = \begin{pmatrix} x_1 x_2\, e^{x_3} \\ x_2 x_3 x_4 \\ x_4 \end{pmatrix} \quad \text{und} \quad g(x, y) = \begin{pmatrix} 1 \\ x \\ x \\ xy \end{pmatrix}$$

sowie $h = f \circ g : \mathbb{R}^2 \to \mathbb{R}^3$.

Berechnen Sie die Jacobi-Matrix von h

a) indem Sie explzit $h(x, y)$ beschreiben und die Jacobi-Matrix dann wie gewöhnlich bestimmen,

b) mit Hilfe der Kettenregel aus den Jacobi-Matrizen zu f und g (s. Aufgabe 10.2.5).

10.3.3 Richtungsableitung

Aufgabe 10.3.5

A950

Eine Geländeformation werde beschrieben durch $f(x,y) = 4 - 2x^2 - y^2 + x$. Sie befinden sich an der Stelle $(0,1)$.

a) In welche Richtung führt der steilste Anstieg? Wie groß ist die Steigung in diese Richtung?

b) Welche Richtung müssen Sie einschlagen, um Ihre Höhe genau zu halten?

c) Sie wollen einen Weg nehmen, der genau die Steigung 1 hat. Welche Richtung müssen Sie nehmen?

10.3.4 Hesse-Matrix

Aufgabe 10.3.6

A951

Berechnen Sie die Hesse-Matrix zu

a) $f : \mathbb{R}^3 \to \mathbb{R}$, $f(x_1, x_2, x_3) = x_1^3 + x_2^2 \cdot \sin(x_3)$.

b) $f : \mathbb{R}^2 \to \mathbb{R}$, $f(\mathbf{x}) = \mathbf{x}^T A \mathbf{x}$ mit der Matrix $A = \begin{pmatrix} 5 & 2 \\ 2 & -1 \end{pmatrix}$.

Aufgabe 10.3.7 (Fortsetzung von Aufgabe 10.2.1)

A952

Sind die stationären Punkte der Funktionen

a) $f(x,y) = x^4 + 2y^2 - 4xy$,

b) $f(x_1, x_2, x_3) = 2x_1^2 - 2x_1 x_2 + x_2^2 + x_3^2 - 2x_1 - 4x_3$.

lokale Maximal- oder Minimalstellen oder sind es Sattelstellen?

Aufgabe 10.3.8

A953

a) Berechnen Sie zur Stelle $(x_0, y_0) = (2,1)$ eine quadratische Näherung für $f(2 + \Delta x, 1 + \Delta y)$ zur Funktion

$$f : \mathbb{R}^2 \to \mathbb{R}, \quad f(x,y) = x^2 - 3xy + y + 4.$$

b) Was ergibt sich bei a), wenn man die Änderungen $(\Delta x, \Delta y)$ in der Form $(x - 2, y - 1)$ schreibt?

11 Integration bei mehreren Veränderlichen

11.1 Satz von Fubini

Aufgabe 11.1.1

Berechnen Sie

A971

a) $\displaystyle\int_D (x^2 - xy^2)\ \mathrm{d}(x,y)$ zu $D = [0,3] \times [0,1]$,

b) $\displaystyle\int_D x \cdot \cos(xy)\ \mathrm{d}(x,y)$ zu $D = [0,\pi] \times [0,1]$.

Aufgabe 11.1.2

Berechnen Sie

A972

$$\int_D \frac{2z}{(x+y)^2}\ \mathrm{d}(x,y,z) \qquad \text{mit } D = [1,2] \times [2,3] \times [0,2] \subseteq \mathbb{R}^3.$$

Verifizieren Sie, dass der Wert des Integrals unabhängig von der Reihenfolge der Integrationen ist, indem Sie verschiedene Reihenfolgen ausprobieren.

Aufgabe 11.1.3

A973

a) Seien $f : [a,b] \to \mathbb{R}$ und $g : [c,d] \to \mathbb{R}$ integrierbar, $D = [a,b] \times [c,d]$.

Zeigen Sie:

$$\int_D f(x) \cdot g(y)\ \mathrm{d}(x,y) = \left(\int_a^b f(x)\ \mathrm{d}x\right) \cdot \left(\int_c^d g(y)\ \mathrm{d}y\right).$$

© Der/die Autor(en), exklusiv lizenziert an
Springer-Verlag GmbH, DE, ein Teil von Springer Nature 2023
G. Hoever, *Arbeitsbuch höhere Mathematik*,
https://doi.org/10.1007/978-3-662-68268-5_11

b) Nutzen Sie die Formel aus a) zur Berechnung von

$$\int_D x^2 \cdot \sin(y) \, d(x, y) \qquad \text{mit } D = [1, 2] \times [0, \pi].$$

Fortsetzung: Aufgabe 11.2.1, Aufgabe 11.2.3, Aufgabe 11.2.5

Aufgabe 11.1.4

A974

Ein Joghurtbecher hat eine Höhe von 8cm. Der Radius der Bodenfläche beträgt 2cm, beim Deckel sind es 3cm.

Welches Volumen hat der Becher?

Aufgabe 11.1.5

A975

Überlegen Sie sich, dass das Volumen V eines Rotationskörpers mit der Mantellinie $f(x)$, $x \in [x_0, x_1]$, berechnet werden kann durch

$$V = \pi \int_{x_0}^{x_1} \left(f(x) \right)^2 dx.$$

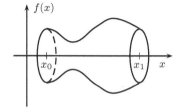

Aufgabe 11.1.6 (beispielhafte Klausuraufgabe, 6 Minuten)

A976

Betrachtet werden die vier jeweils grau dargestellten Integrationsbereiche D_k im $\mathbb{R}^2$

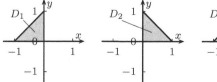
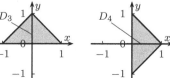

und die entsprechenden Integralwerte

$$I_k = \int_{D_k} xy^2 \, d(x, y) \qquad (k = 1, \dots, 4).$$

Sortieren Sie die Werte I_k der Größe nach.

Begründen Sie Ihre Anordnung! (Sie brauchen die I_k nicht zu berechnen!)

11.2 Integration in anderen Koordinatensystemen

Aufgabe 11.2.1

A977

Sei K_R der Kreis in $\mathbb{R}^2$ um $(0,0)$ mit Radius R. Berechnen Sie

a) $\displaystyle\int_{K_2} (x^2 + y^2)\,\mathrm{d}(x,y)$,

b) $\displaystyle\int_{K_1} f(x,y)\,\mathrm{d}(x,y)$ mit $f = f(r,\varphi)$ in Polarkoordinaten ausgedrückt durch

$$f(r,\varphi) \;=\; r \cdot \sin\frac{\varphi}{2}, \qquad \varphi \in [0, 2\pi].$$

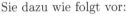 Fortsetzung: Aufgabe 11.2.4

Aufgabe 11.2.2

A978

a) Sei K_1 der Kreis in $\mathbb{R}^2$ um $(0,0)$ mit Radius 1.

Existiert das Integral $\displaystyle\int_{K_1} \frac{1}{r}\,\mathrm{d}(x,y)$?

(Dabei ist der Integrand in Polarkoordinaten ausgedrückt.)

b) Sei K_1 die Kugel in $\mathbb{R}^3$ um den Ursprung mit Radius 1.

Existiert das Integral $\displaystyle\int_{K_1} \frac{1}{r^2}\,\mathrm{d}(x,y,z)$?

(Dabei ist der Integrand in Kugelkoordinaten ausgedrückt.)

Aufgabe 11.2.3

A979

Ziel dieser Aufgabe ist es, den Wert von $A = \displaystyle\int_{-\infty}^{\infty} \mathrm{e}^{-x^2}\,\mathrm{d}x$ zu bestimmen. Gehen Sie dazu wie folgt vor:

a) Zeigen Sie $A^2 = \int_{\mathbb{R}^2} \mathrm{e}^{-(x^2+y^2)}\,\mathrm{d}(x,y)$, indem Sie den Integranden als Produkt schreiben und die Formel aus Aufgabe 11.1.3 nutzen.

b) Berechnen Sie $\int_{\mathbb{R}^2} \mathrm{e}^{-(x^2+y^2)}\,\mathrm{d}(x,y)$ durch Integration in Polarkoordinaten.

c) Bestimmen Sie nun den Wert von A.

Aufgabe 11.2.4

A980   Berechnen Sie das Volumen des abgebildeten Kelches mit Höhe 4 und oberen Radius 2, der formelmäßig durch $f(x,y) = x^2 + y^2$ beschrieben wird,

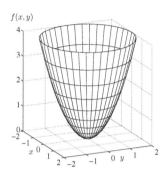

a) mit Hilfe einer Integration in Polarkoordinaten,

    (Achtung: Gesucht ist nicht das Volumen unter der Kurve sondern der Kelchinhalt!),

b) durch Integration der Flächen horizontaler Schnitte.

Wie wird der Kelch bei den Berechnungen in a) bzw. b) jeweils "zerlegt"?

Aufgabe 11.2.5

A981   Die Funktion $f : \mathbb{R}^3 \to \mathbb{R}$ sei in kartesischen Koordinaten gegeben durch

$$f(x,y,z) = (x^2 + y^2) \cdot z.$$

a) Bestimmen Sie $\int_Z f(x,y,z)\,\mathrm{d}(x,y,z)$, wobei Z der Zylinder um die z-Achse von $z_0 = 0$ bis $z_1 = 2$ mit Radius 1 ist.

b) Bestimmen Sie $\int_K f(x,y,z)\,\mathrm{d}(x,y,z)$, wobei K die auf der (x,y)-Ebene um den Nullpunkt liegende Halbkugel mit Radius 1 ist.

Aufgabe 11.2.6

A982   Betrachtet wird ein Kugelkondensator mit innerem Kugelradius R_1 und äußerem Kugelradius R_2. Tragen die Kugelschalen jeweils die Ladung Q bzw. $-Q$, so gilt der folgende Zusammenhang zwischen der elektrischen Feldstärke $\vec{E}$ und der elektrischen Flussdichte $\vec{D}$ in einem Punkt zwischen den Kugelschalen:

$$\vec{D} = \varepsilon \cdot \vec{E} = \frac{Q}{4\pi r^2}\vec{e_r}.$$

Dabei ist ε die Dielektrizitätskonstante, r gibt den Abstand zum Kugelmittelpunkt an, und $\vec{e_r}$ ist ein Vektor der Länge 1 in radialer Richtung.

Die elektrische Energiedichte w_{el} in einem Raumpunkt ergibt sich durch $w_{\mathrm{el}} = \frac{1}{2}\vec{D} \cdot \vec{E}$, die Gesamtenergie des Feldes durch $W_{\mathrm{el}} = \int w_{\mathrm{el}}\,\mathrm{d}V$, wobei sich das Volumenintegral über das betrachtete Gesamtfeld zwischen den Kugelschalen erstreckt.

Berechnen Sie die Energie, die im Feld des Kugelkondensators enthalten ist.

II Lösungen

1 Funktionen

1.1 Elementare Funktionen

1.1.1 Lineare Funktionen

Aufgabe 1.1.1

Skizzieren Sie die folgenden Geraden:

a) $y = \frac{2}{3}x - 2$,   b) $y = \frac{2}{3} - 2x$,   c) $y = -x + 1$.

A101

Lösung:

Die Geraden kann man entsprechend des jeweiligen y-Achsenabschnitts und der Steigung direkt in ein Koordinatensystem einzeichnen (vgl. Bemerkung 1.1.3):

a)   b)   c)

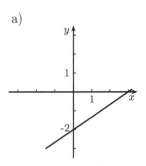
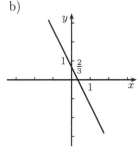
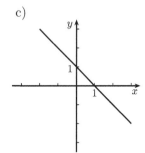

Abb. 1.1 $y = \frac{2}{3}x - 2$.   **Abb. 1.2** $y = \frac{2}{3} - 2x$.   **Abb. 1.3** $y = -x + 1$.

Aufgabe 1.1.2

Wie lauten die Geradengleichungen zu den skizzierten Geraden?

(Die markierten Punkte entsprechen ganzzahligen Koordinatenwerten.)

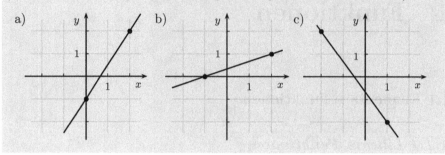

Lösung:

Die Steigungen kann man jeweils an den ganzzahligen Gitterpunkten ablesen:
Die Steigung bei a) ist $\frac{3}{2}$, bei b) $\frac{1}{3}$ und bei c) $-\frac{4}{3}$.

Bei a) kann man den y-Achsenabschnitt -1 direkt ablesen und erhält als Geradengleichung zu a):

$$y = \frac{3}{2} \cdot x - 1.$$

Bei b) kann man die Nullstelle bei $x = -1$ ablesen. Als y-Achsenabschnitt, also
Funktionswert bei $x = 0$, erhält man dann mit der Steigung $\frac{1}{3}$ den Wert $\frac{1}{3}$.

Alternativ kann man beim Ansatz $f(x) = \frac{1}{3} \cdot x + a$ den Wert von a bestimmen
durch

$$0 \overset{!}{=} f(-1) = \frac{1}{3} \cdot (-1) + a \quad \Leftrightarrow \quad a = \frac{1}{3}.$$

Also ist die Geradengleichung zu b): $y = \frac{1}{3} \cdot x + \frac{1}{3}$.

Bei c) kann man den y-Achsenabschnitt a durch Einsetzen eines der beiden
markierten Punkte in den Ansatz $f(x) = -\frac{4}{3} \cdot x + a$ ermitteln, z.B. mit dem
Punkt $(-2, 2)$:

$$2 \overset{!}{=} f(-2) = -\frac{4}{3} \cdot (-2) + a = \frac{8}{3} + a \quad \Leftrightarrow \quad a = 2 - \frac{8}{3} = -\frac{2}{3}.$$

Alternativ kann man ausgehend vom Punkt $(1, -2)$ von $x = 1$ zu $x = 0$ zurück-
gehen und muss dann entsprechend der Steigung den y-Wert um $\frac{4}{3}$ erhöhen, so
dass man als y-Achsenabschnitt $-2 + \frac{4}{3} = -\frac{2}{3}$ erhält.

Also ist die Geradengleichung zu c): $y = -\frac{4}{3} \cdot x - \frac{2}{3}$.

Aufgabe 1.1.3

Bestimmen Sie die Geradengleichung zu einer Geraden,

a) die durch die Punkte $(-1,0)$ und $(1,2)$ führt,

b) die durch den Punkt $(2,-1)$ führt und die Steigung -2 hat,

c) die die x-Achse bei -2 und die y-Achse bei 1 schneidet.

d) die durch den Punkt $(1,-2)$ führt und senkrecht zu der Geraden ist, die durch $y = \frac{1}{3}x - 1$ beschrieben wird.

Lösung:

a) Durch die gegebenen Punkte ergibt sich als Steigung

$$m = \frac{2-0}{1-(-1)} = \frac{2}{2} = 1.$$

Die Geradengleichung mit unbekanntem Parameter a ist also $y = 1 \cdot x + a$.

Setzt man den Punkt $(-1,0)$ ein, erhält man

$$0 \stackrel{!}{=} 1 \cdot (-1) + a,$$

also $a = 1$, und die Geradengleichung ist

$$y = x + 1.$$

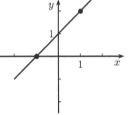

Abb. 1.4 Gerade durch zwei Punkte.

b) Die Punkt-Steigungs-Formel (s. Satz 1.1.6) ergibt direkt

$$\begin{aligned} y &= (-1) + (-2) \cdot (x-2) \\ &= -2 \cdot x + 4 - 1 \\ &= -2 \cdot x + 3. \end{aligned}$$

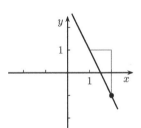

Abb. 1.5 Gerade durch einen Punkt mit vorgegebener Steigung.

c) Die angegebenen Schnittpunkte besagen, dass $(-2,0)$ und $(0,1)$ auf der Geraden liegen. Die Steigung ist damit

$$m = \frac{1-0}{0-(-2)} = \frac{1}{2}.$$

Mit dem zweiten Punkt ist der y-Achsenabschnitt direkt als $a = 1$ gegeben; die Geradengleichung lautet also

$$y = \frac{1}{2} \cdot x + 1.$$

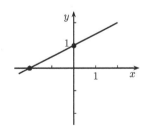

Abb. 1.6 Gerade mit vorgegebenen Achsenschnittpunkten.

d) Die Gerade zu $y = \frac{1}{3}x - 1$ besitzt die Steigung $\frac{1}{3}$. Für die Steigung m einer dazu senkrechten Geraden muss entsprechend Bemerkung 1.1.10 gelten:

$$\frac{1}{3} \cdot m = -1 \quad \Leftrightarrow \quad m = -3.$$

Mit der Punkt-Steigungs-Formel (s. Satz 1.1.6) ergibt sich damit für die beschriebene Gerade die Geradengleichung

$$\begin{aligned} y &= -2 + (-3) \cdot (x - 1) \\ &= -3 \cdot x + 3 - 2 \\ &= -3x + 1. \end{aligned}$$

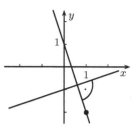

Abb. 1.7 Gerade mit vorgegebenen Achsenschnittpunkten.

A104

Aufgabe 1.1.4

Wo kommt das schwarze Feld in den beiden aus gleichen Teilen bestehenden Figuren her?

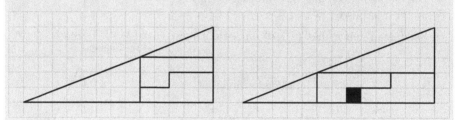

Lösung:

Auf den ersten Blick sehen die beiden zusammengesetzten Figuren wie zwei gleiche Dreiecke aus. Dann dürfte es im rechten Bild aber kein schwarzes Feld mehr geben.

Tatsächlich sind die Steigungen der beiden kleinen Dreiecke aber verschieden: Das größere der beiden hat die Steigung $\frac{3}{8}$, das kleinere die Steigung $\frac{2}{5}$ ($\frac{3}{8} = \frac{15}{40} \neq \frac{16}{40} = \frac{2}{5}$). Die zusammengesetzten Figuren sind also keine Dreiecke.

Das „scheinbare" Dreieck, das aus den Teilen zusammengesetzt ist, hat die Steigung $\frac{5}{13}$. Vergleicht man die Steigungen, indem man sie auf einen gemeinsamen Nenner bringt, so erhält man

$$\frac{3}{8} = \frac{195}{8 \cdot 5 \cdot 13} < \frac{5}{13} = \frac{200}{8 \cdot 5 \cdot 13} < \frac{2}{5} = \frac{208}{8 \cdot 5 \cdot 13}.$$

Die linke Figur liegt also innerhalb des richtigen Dreiecks, die rechte ragt ein bisschen darüber hinaus. Damit erklärt sich die zusätzliche Fläche, die dem des schwarzen Quadrats entspricht.

In Abb. 1.8 sind das große Dreieck (durchgezogene Linie) und die Umrisse und Dreiecke der linken (gestrichelt) und rechten (gepunktet) Figur übereinandergelegt:

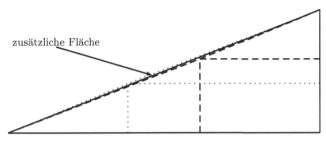

zusätzliche Fläche

Abb. 1.8 Vergleich der Dreiecke.

Aufgabe 1.1.5

A105

a) Auf Meereshöhe ist der Luftdruck 1013 hPa (Hektopascal). Pro 8 m Höhe nimmt er um ca. 1 hPa ab.

Geben Sie den funktionalen Zusammenhang zwischen Höhe und Luftdruck an. Wie groß ist der Druck in 500 m Höhe?

(Bei größeren Höhendifferenzen ($\sim$ km) ist der Zusammenhang nicht mehr linear.)

b) Herr Müller gründet ein Gewerbe: Er produziert und verkauft Lebkuchen. Die Anschaffung der Produktionsmaschine kostet 10000€. Jeder verkaufte Lebkuchen bringt ihm einen Gewinn von 0,58€.

Wie hoch ist sein Gesamtgewinn/-verlust in Abhängigkeit von der Anzahl der verkauften Lebkuchen? Wieviel Lebkuchen muss er verkaufen, um den break-even (Gesamtgewinn/-verlust = 0) zu erreichen?

c) Ein Joghurtbecher hat eine Höhe von 8 cm, einen unteren Radius von 2 cm und einen oberen Radius von 3 cm.

Wie groß ist der Radius in Abhängigkeit von der Höhe?

Lösung:

a) Gesucht ist eine lineare Funktion $p(h)$, die den Druck p in der Höhe h angibt.

Eine Abnahme von 1 hPa auf 8 m bedeutet eine Steigung

$$m \; = \; \frac{-1\,\text{hPa}}{8\,\text{m}} \; = \; -\frac{1}{8}\frac{\text{hPa}}{\text{m}}.$$

Wegen des Luftdrucks 1013 hPa bei Höhe $h = 0$ m (bezogen auf Meereshöhe) ergibt sich als Funktion

$$p(h) \; = \; 1013\,\text{hPa} - \frac{1}{8}\frac{\text{hPa}}{\text{m}} \cdot h$$

und speziell für den Druck in 500 m Höhe:

$$p(500\,\text{m}) \;=\; 1013\,\text{hPa} - \frac{1}{8}\frac{\text{hPa}}{\text{m}}\cdot 500\,\text{m} \;=\; 950.5\,\text{hPa}.$$

b) Durch die Angaben erhält man direkt den Gewinn g in Abhängigkeit von der Stückzahl s:

$$g(s) \;=\; -10\,000\,\text{€} + 0.58\,\text{€}\cdot s$$

Die Frage nach dem Break-Even ist die Frage nach der Nullstelle dieser Funktion:

$$0 \;=\; g(s) \;=\; -10\,000\,\text{€} + 0.58\,\text{€}\cdot s$$
$$\Leftrightarrow \qquad 0.58s \;=\; 10\,000$$
$$\Leftrightarrow \qquad s \;=\; \frac{10\,000}{0.58} \;\approx\; 17241.4.$$

Zum Break-Even müssen also ca. 17242 Lebkuchen verkauft werden.

c) Abb. 1.9 zeigt den Becher mit einem Koordinatensystem.

Gesucht ist eine Funktion $r(h)$, die den Radius r in Höhe h angibt. Die Höhe h ist also die unabhängige Variable, die üblicherweise nach rechts gezeichnet wird, hier aber nach oben zeigt.

Man kann aber weiter von der Funktionsgleichung

$$r(h) \;=\; m\cdot h + a$$

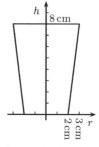

Abb. 1.9 Joghurtbecher.

ausgehen und erhält wegen des Radius 2 cm am unteren Rand (Höhe 0 cm)

$$2\,\text{cm} \;\overset{!}{=}\; r(0\,\text{cm}) \;=\; a$$

und dann wegen des Radius 3 cm am oberen Rand (Höhe 8 cm)

$$3\,\text{cm} \;\overset{!}{=}\; r(8\,\text{cm}) \;=\; m\cdot 8\,\text{cm} + a \;=\; m\cdot 8\,\text{cm} + 2\,\text{cm},$$

also 1 cm $= m\cdot 8\,\text{cm}$ und damit $m = \frac{1}{8}$.

Also lautet die Funktion

$$r(h) \;=\; \frac{1}{8}\cdot h + 2\,\text{cm}.$$

Alternativ kann man, um in üblicher Weise die unabhängige Variable nach rechts laufen zu lassen, die Darstellung kippen bzw. genauer an der Winkelhalbierenden spiegeln und erhält dann Abb. 1.10.

An Abb. 1.10 liest man sofort die Steigung $\frac{1}{8}$ und den y-Achsenabschnitt 2 cm ab und erhält so die Funktion

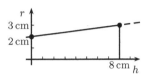

$$r(h) = \frac{1}{8} \cdot h + 2\,\text{cm}.$$

Abb.   1.10 Alternative Darstellung.

Aufgabe 1.1.6

A106

a) Bei der Klausur gibt es 80 Punkte. Ab 34 Punkten hat man bestanden (4.0), ab 67 Punkten gibt es eine 1.0. Dazwischen ist der Notenverlauf linear.

   a1) Ab wieviel Punkten gibt es eine 3.0?

   a2) Welche Note erhält man mit 53 Punkten?

b) Daniel Fahrenheit nutzte zur Festlegung seiner Temperaturskala als untere Festlegung ($0°$F) die Temperatur einer Kältemischung und als obere Festlegung ($96°$F) die normale Körpertemperatur. Nach heutiger Standardisierung gilt:

$$0°\text{F entspricht } -\frac{160}{9}°\text{C} \approx -17.8°\text{C und } 96°\text{F entspricht } \frac{320}{9}°\text{C} \approx 35.6°\text{C}.$$

   b1) Wieviel Grad Fahrenheit entspricht der Gefrierpunkt des Wassers?

   b2) Wieviel Grad Celsius sind $50°$F?

Lösung:

Bei den beiden Situationen ist nicht ausdrücklich gesagt, was die abhängige und was die unabhängige Variable sein soll, z.B. ob bei a) eine Funktion für die Note in Abhängigkeit von den Punkten oder eine für die Punkte in Abhängigkeit von der Note aufgestellt werden soll. Tatsächlich kann man mit beiden Varianten die Fragestellungen beantworten, wie im Folgenden vorgeführt ist.

a) *1. Variante*

   Man stellt eine lineare Funktion $p(n)$ auf, die die Punktezahl p angibt, die für die Note n nötig ist. Entsprechend der Angaben ist

   $$p(4) = 34 \quad \text{und} \quad p(1) = 67.$$

   Damit erhält man als Steigung

   $$m = \frac{67 - 34}{1 - 4} = \frac{33}{-3} = -11, \tag{$*$}$$

also $p(n) = -11 \cdot n + a$.

Einsetzen von beispielsweise $p(1) = 67$ führt zu

$$67 \stackrel{!}{=} p(1) = -11 \cdot 1 + a \quad \Rightarrow \quad a = 67 + 11 = 78.$$

Also ist $p(n) = -11n + 78$.

a1) Es ist

$$p(3) = -11 \cdot 3 + 78 = 45,$$

d.h., ab 45 Punkten gibt es eine 3.0.

Alternativ kann man nach Berechnung der Steigung (∗) auch direkt schlussfolgern, dass man für eine Note 3 elf Punkte mehr als für eine 4 braucht, also $34 + 11 = 45$.

a2) Gesucht ist die Note n mit

$$53 \stackrel{!}{=} p(n) = -11n + 78$$
$$\Leftrightarrow \quad 11n = 78 - 53 = 25$$
$$\Leftrightarrow \quad n = \frac{25}{11} \approx 2.27.$$

Mit 53 Punkten gibt es also (bei entsprechender Rundung) eine 2.3.

2. Variante

Man stellt eine lineare Funktion $n(p)$ auf, die die Note n angibt, die man mit p Punkten erreicht. Entsprechend der Angaben ist

$$n(34) = 4 \quad \text{und} \quad n(67) = 1.$$

Aufstellen der Geradengleichung ähnlich wie oben führt zu

$$n(p) = -\frac{1}{11} \cdot p + \frac{78}{11}.$$

(Diese Funktion ist genau die Umkehrfunktion zu der in der ersten Variante bestimmten Funktion $p(n)$.)

a1) Gesucht ist die Stelle p, bei der der Funktionswert $n(p)$ gleich 3 ist:

$$3 \stackrel{!}{=} n(p) = -\frac{1}{11} \cdot p + \frac{78}{11}$$
$$\Leftrightarrow \quad 33 = -p + 78 \quad \Leftrightarrow \quad p = 78 - 33 = 45.$$

a2) Es ist

$$n(53) = -\frac{1}{11} \cdot 53 + \frac{78}{11} = \frac{25}{11} \approx 2.27.$$

Damit erhält man die gleichen Antworten wie bei der ersten Variante.

b) *1. Variante*

Für eine Funktion $f(c)$, die zu einer Grad Celsius Angabe c den Fahrenheit-Wert $f(c)$ berechnet, gilt

$$f(-\tfrac{160}{9}°\text{C}) = 0°\text{F} \quad \text{und} \quad f(\tfrac{320}{9}°\text{C}) = 96°\text{F}.$$

Damit erhält man als Steigung

$$m = \frac{96°\text{F} - 0°\text{F}}{\tfrac{320}{9}°\text{C} - (-\tfrac{160}{9})°\text{C}} = \frac{9 \cdot 96°\text{F}}{480°\text{C}} = \frac{9}{5}\frac{°\text{F}}{°\text{C}}$$

also $f(c) = \frac{9}{5}\frac{°\text{F}}{°\text{C}} \cdot c + a$.

Einsetzen von beispielsweise $f(-\tfrac{160}{9}°\text{C}) = 0°\text{F}$ führt zu

$$0°\text{F} \overset{!}{=} f(-\tfrac{160}{9}°\text{C}) = \frac{9}{5}\frac{°\text{F}}{°\text{C}} \cdot (-\tfrac{160}{9})°\text{C} + a = -32°\text{F} + a$$

$$\Leftrightarrow \quad a = 32°\text{F}.$$

Also ist

$$f(c) = \frac{9}{5}\frac{°\text{F}}{°\text{C}} \cdot c + 32°\text{F}.$$

b1) Für den Gefrierpunkt $0°\text{C}$ ergibt sich

$$f(0°\text{C}) = \frac{9}{5}\frac{°\text{F}}{°\text{C}} \cdot 0°\text{C} + 32°\text{F} = 32°\text{F}.$$

b2) Gesucht ist der Celsius-Wert c mit

$$50°\text{F} \overset{!}{=} f(c) = \frac{9}{5}\frac{°\text{F}}{°\text{C}} \cdot c + 32°\text{F}$$

$$\Leftrightarrow \quad \frac{9}{5}\frac{°\text{F}}{°\text{C}} \cdot c = 50°\text{F} - 32°\text{F} = 18°\text{F}$$

$$\Leftrightarrow \quad c = 18 \cdot \frac{5}{9}°\text{C} = 10°\text{C}.$$

2. Variante

Für eine Funktion $c(f)$, die zu einer Grad Fahrenheit Angabe f den Celsius-Wert $c(f)$ berechnet, gilt

$$c(0°\text{F}) = -\tfrac{160}{9}°\text{C} \quad \text{und} \quad c(96°\text{F}) = \tfrac{320}{9}°\text{C}.$$

Damit erhält man als y-Achsenabschnitt direkt $a = -\tfrac{160}{9}°\text{C}$ und als Steigung

$$m = \frac{\frac{320}{9}°C - (-\frac{160}{9})}{96°F - 0°F} = \frac{480°C}{9 \cdot 96°F} = \frac{5}{9}\frac{°C}{°F},$$

also

$$c(f) = \frac{5}{9}\frac{°C}{°F} \cdot f - \frac{160}{9}°C.$$

b1) Gesucht ist der Fahrenheit-Wert f mit

$$0°C \overset{!}{=} c(f) = \frac{5}{9}\frac{°C}{°F} \cdot f - \frac{160}{9}°C$$

$$\Leftrightarrow \quad \frac{5}{9}\frac{°C}{°F} \cdot f = \frac{160}{9}°C$$

$$\Leftrightarrow \quad f = \frac{160}{9} \cdot \frac{9}{5}°F = 32°F.$$

b2) Man erhält

$$c(50°F) = \frac{5}{9}\frac{°C}{°F} \cdot 50°F - \frac{160}{9}°C = \frac{250 - 160}{9}°C = 10°C.$$

A107

Aufgabe 1.1.7

Beschreiben Sie den funktionalen Zusammenhang zwischen Steuersatz und Einkommen, wie er in der Grafik gekennzeichnet ist (Stand 2020).

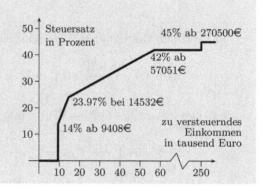

Lösung:

Die Funktion ist eine stückweise lineare Funktion. Die Beschreibung geschieht durch eine Fallunterscheidung entsprechend der einzelnen linearen Abschnitte. Mit den begrenzenden Punkten kann man jeweils die Steigung bestimmen und dann beispielsweise direkt die Punkt-Steigungs-Formel (s. Satz 1.1.6) anwenden.

Bezeichnet e das Einkommen in Euro und s den Steuersatz in Prozent, so erhält man auf diese Weise:

$$\text{für } e \leq 9408\colon s = 0,$$

$$\text{für } e \in {]}9408, 14532]\colon s = 14 + \frac{23.97 - 14}{14532 - 9408} \cdot (e - 9408)$$

$$\approx -4.306 + 0.001946 \cdot e,$$

$$\text{für } e \in {]}14532, 57051]\colon s = 24 + \frac{42 - 23.97}{57051 - 14532} \cdot (e - 14532)$$

$$\approx 17.808 + 0.000424 \cdot e,$$

$$\text{für } e \in {]}57051, 270500]\colon s = 42,$$

$$\text{für } e > 270500\colon s = 45.$$

Als Funktion kann man den Steuersatz (bei Benutzung der gerundeten Werte) schreiben als

$$s(e) = \begin{cases} 0 & \text{, falls } e \leq 9408, \\ -4.306 + 0.001946 \cdot e & \text{, falls } e \in {]}9408, 14532], \\ 17.808 + 0.000424 \cdot e & \text{, falls } e \in {]}14532, 57051], \\ 42 & \text{, falls } e \in {]}57051, 270500], \\ 45 & \text{, falls } e > 270500. \end{cases}$$

1.1.2 Quadratische Funktionen

Aufgabe 1.1.8

Bestimmen Sie die Nullstellen und zeichnen Sie die Funktionsgrafen zu

A108

a) $f(x) = x^2 + 2x - 5,$ b) $h(y) = \frac{1}{2}y^2 + y + 2,$

c) $f(x) = -x^2 + 6x - 8,$ d) $g(a) = \frac{1}{3}a^2 - \frac{2}{3}a - 1.$

Geben Sie – falls möglich – eine faktorisierte Darstellung an.

Lösung:

Es gibt mehrere Möglichkeiten, die Nullstellen zu bestimmen, vgl. Zusammenfassung 1.1.25. In den folgenden Teilaufgaben ist jeweils exemplarisch eine Möglichkeit dargestellt.

a) Die Nullstellen kann man mit der p-q-Formel bestimmen (s. Satz 1.1.15). Nullstellen sind

$$x_{1/2} = -1 \pm \sqrt{1+5} = -1 \pm \sqrt{6}.$$

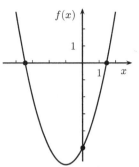

Der Funktionsgraf ist eine nach oben geöffnete Parabel. Mit den Nullstellen und dem Wert $f(0) = -5$ kann man den Funktionsgraf skizzieren (s. Abb. 1.11).

Abb. 1.11 $f(x) = x^2 + 2x - 5$.

Die Nullstellen erlauben nach Satz 1.1.26 eine faktorisierte Darstellung:

$$f(x) = \left(x - (-1 + \sqrt{6})\right) \cdot \left(x - (-1 - \sqrt{6})\right).$$

b) Eine quadratische Ergänzung (s. Bemerkung 1.1.14, 3.) liefert

$$
\begin{aligned}
h(y) &= \frac{1}{2} \cdot \left(y^2 + 2y + 4\right) \\
&= \frac{1}{2} \cdot \left((y+1)^2 + 3\right) \\
&= \frac{1}{2}(y+1)^2 + \frac{3}{2}.
\end{aligned}
$$

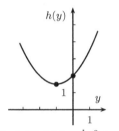

Abb. 1.12 $h(y) = \frac{1}{2}y^2 + y + 2$.

An der Scheitelpunktform kann man den Scheitelpunkt $(-1, \frac{3}{2})$ ablesen.

Mit $f(0) = 2$ und als nach oben geöffnete Parabel kann man den Funktionsgraf skizzieren, s. Abb. 1.12. Die Parabel ist wegen des Vorfaktors $\frac{1}{2}$ vor x^2 etwas flacher als eine Normalparabel (s. Bemerkung 1.1.13).

Insbesondere befindet sich die Parabel oberhalb der x-Achse, d.h., es gibt keine Nullstellen und damit keine faktorisierte Darstellung.

c) Eine Multiplikation mit -1 liefert

$$f(x) = 0 \quad \Leftrightarrow \quad x^2 - 6x + 8 = 0.$$

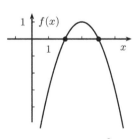

Durch Raten findet man die Nullstelle $x = 2$, die andere Nullstelle ist dann nach dem Satz von Vieta (s. Satz 1.1.19) $x = 4$.

Eine faktorisierte Darstellung ist also nach Satz 1.1.26

Abb. 1.13 $f(x) = -x^2 + 6x - 8$.

$$f(x) = -(x-2) \cdot (x-4).$$

Wegen des Minus-Vorzeichens vor x^2 ist die Parabel nach unten geöffnet (s. Bemerkung 1.1.13). Mit den Nullstellen erhält man ein Bild wie in Abb. 1.13.

d) Mit der *abc*-Formel (s. Satz 1.1.21) erhält man die Nullstellen

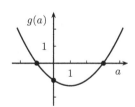

$$-\frac{-\frac{2}{3}}{2 \cdot \frac{1}{3}} \pm \sqrt{\left(\frac{\frac{2}{3}}{2 \cdot \frac{1}{3}}\right)^2 - \frac{-1}{\frac{1}{3}}} \;=\; 1 \pm \sqrt{4},$$

Nullstellen sind also 3 und -1. Als flache nach oben geöffnete Parabel erhält man ein Bild entspr. Abb. 1.14. Eine faktorisierte˙ Darstellung ist auf Grund der Nullstellen

Abb. 1.14 $g(a) = \frac{1}{3}a^2 - \frac{2}{3}a - 1$.

$$g(a) \;=\; \frac{1}{3} \cdot (a - 3) \cdot (a - (-1)) \;=\; \frac{1}{3} \cdot (a - 3) \cdot (a + 1).$$

Aufgabe 1.1.9

Geben Sie eine Funktionsvorschrift für die folgenden Parabeln an!

(Die markierten Punkte und Linien entsprechen ganzzahligen Koordinatenwerten.)

A109

a) b) c)

Lösung:

a) Mit den gegebenen drei Punkten und dem Ansatz

$$f(x) \;=\; ax^2 + bx + c$$

könnte man ein Gleichungssystem für die Koeffizienten a, b und c aufstellen. Hier gibt es aber geschicktere Möglichkeiten:

Die Nullstellen 1 und -3 liefern mit Satz 1.1.26 den Ansatz

$$f(x) \;=\; a \cdot (x - 1) \cdot (x - (-3)) \;=\; a \cdot (x - 1) \cdot (x + 3).$$

Der auf der Parabel liegende Punkt $(-1, -2)$ führt zu

$$-2 \stackrel{!}{=} f(-1) = a \cdot (-1-1) \cdot (-1+3) = a \cdot (-2) \cdot 2$$

$$\Leftrightarrow \quad 1 = a \cdot 2 \quad \Leftrightarrow \quad a = \frac{1}{2}.$$

Die Funktionsvorschrift lautet also $f(x) = \frac{1}{2} \cdot (x-1) \cdot (x+3)$.

Alternativ kann man durch den Scheitelpunkt bei $(-1,-2)$ die Scheitelpunktform (s. Bemerkung 1.1.14, 2.)

$$f(x) = a \cdot (x-(-1))^2 - 2 = a \cdot (x+1)^2 - 2$$

ansetzen und erhält durch

$$0 \stackrel{!}{=} f(1) = a \cdot (1+1)^2 - 2 = 4a - 2,$$

dass $a = \frac{1}{2}$ ist. Eine Funktionsvorschrift ist also auch $f(x) = \frac{1}{2}(x+1)^2 - 2$.

Tatsächlich sind beide Darstellungen gleich:

$$\frac{1}{2} \cdot (x-1) \cdot (x+3) = \frac{1}{2} \cdot (x^2 - x + 3x - 3) = \frac{1}{2}x^2 + x - \frac{3}{2},$$

$$\frac{1}{2}(x+1)^2 - 2 = \frac{1}{2}(x^2 + 2x + 1) - 2 = \frac{1}{2}x^2 + x - \frac{3}{2}.$$

b) Die Nullstellen 3 und -2 liefern mit Satz 1.1.26 den Ansatz

$$f(x) = a \cdot (x-3) \cdot (x-(-2)) = a \cdot (x-3) \cdot (x+2)$$

mit

$$3 \stackrel{!}{=} f(0) = a \cdot (-3) \cdot 2 \quad \Leftrightarrow \quad a = -\frac{1}{2},$$

also $f(x) = -\frac{1}{2} \cdot (x-3) \cdot (x+2)$.

c) Der Scheitelpunkt mit x-Wert 1 führt mit der Scheitelpunktform (s. Bemerkung 1.1.14, 2.) zum Ansatz

$$f(x) = a \cdot (x-1)^2 + f.$$

Die angegebenen Punkte $(-1,0)$ und $(0,-1)$ liefern

$$-1 \stackrel{!}{=} f(0) = a \cdot (0-1)^2 + f = a + f$$

$$0 \stackrel{!}{=} f(-1) = a \cdot (-1-1)^2 + f = 4 \cdot a + f$$

Subtrahiert man die erste von der zweiten Gleichung, erhält man $1 = 3 \cdot a$, also $a = \frac{1}{3}$. In die erste Gleichung eingesetzt ergibt sich

$$f = -1 - a = -1 - \frac{1}{3} = -\frac{4}{3}.$$

Die Funktionsvorschrift ist also $f(x) = \frac{1}{3} \cdot (x-1)^2 - \frac{4}{3}$.

Alternativ kann man die zweite Nullstelle bei 3 nutzen. (Man sieht diese am Bild, aber auch durch Symmetrieüberlegungen, da -1 Nullstelle ist, und 1 der x-Wert des Scheitelpunkts; die zweite Nullstelle liegt symmetrisch zum Scheitelpunkt.) Die beiden Nullstellen führen mit Satz 1.1.26 zum Ansatz

$$f(x) \;=\; a \cdot (x - (-1)) \cdot (x - 3) \;=\; a \cdot (x+1) \cdot (x-3)$$

mit

$$-1 \;\overset{!}{=}\; f(0) \;=\; a \cdot 1 \cdot (-3) \quad \Leftrightarrow \quad a \;=\; \frac{1}{3},$$

also $f(x) = \frac{1}{3} \cdot (x+1) \cdot (x-3)$.

Auch hier kann man nachrechnen, dass beide Funktionsdarstellungen gleich sind.

Aufgabe 1.1.10 (beispielhafte Klausuraufgabe, 10 Minuten)

Über einen 30 m breiten Fluss, bei dem das rechte Ufer 15m tiefer liegt als das linke, soll eine Brücke mit parabelförmiger Unterseite gebaut werden. Der Scheitelpunkt soll 10m vom linken Ufer entfernt sein (s. Skizze). Wie kann man den Brückenbogen funktional beschreiben?

(Sie können ein Koordinatensystem wählen, wie Sie möchten.)

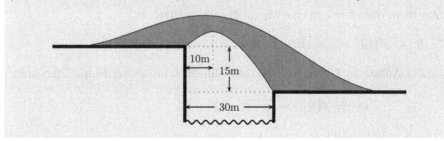

Lösung:

Es gibt hier viele verschiedene Lösungsmöglichkeiten. Beispielhaft werden zwei Varianten vorgeführt, die beide den Koordinatenursprung an das linke obere Ufer legen, s. Abb. 1.15. Bei der zweiten Variante wird die Ableitung genutzt, während die erste Variante nur elementare Techniken einsetzt.

Es wird jeweils mit 1 m als Einheit gerechnet.

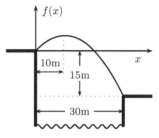

Abb. 1.15 Brücke mit Koordinatensystem.

Variante 1

Der Ursprung ist Nullstelle der Parabel. Aus Symmetriegründen liegt eine weitere Nullstelle bei $x = 20$. Dies führt mit Satz 1.1.26 zum Ansatz

$$f(x) = a \cdot (x - 0) \cdot (x - 20) = a \cdot (x^2 - 20x).$$

Der rechte Uferpunkt liefert

$$-15 \overset{!}{=} f(30) = a \cdot (30^2 - 20 \cdot 30) = a \cdot 30 \cdot (30 - 20) = a \cdot 300,$$

also $a = -\frac{15}{300} = -\frac{1}{20}$.

Die Funktionsdarstellung ist also

$$f(x) = -\frac{1}{20} \cdot (x^2 - 20x) = -\frac{1}{20} \cdot x^2 + x.$$

Variante 2

Als Ansatz wird eine Darstellung

$$f(x) = ax^2 + bx + c$$

genutzt. Wegen $f(0) = 0$ erhält man $c = 0$, d.h., der Ansatz reduziert sich auf

$$f(x) = ax^2 + bx.$$

Nutzt man, dass f bei 10 eine Maximalstelle besitzt, also

$$0 = f'(10) = 2a \cdot 10 + b \quad \Leftrightarrow \quad b = -20a,$$

wird der Ansatz zu $f(x) = ax^2 - 20ax$. Schließlich bringt der rechte Uferpunkt

$$-15 \overset{!}{=} f(30) = a \cdot 30^2 - 20a \cdot 30$$

$$\overset{|:30}{\Leftrightarrow} (30 - 20)a = -\frac{1}{2} \quad \Leftrightarrow \quad a = -\frac{1}{20}.$$

Somit erhält man

$$f(x) = -\frac{1}{20} \cdot x^2 + x.$$

A111

Aufgabe 1.1.11 (beispielhafte Klausuraufgabe, 10 Minuten)

Eine 300m lange Hängebrücke besitze ein parabelförmiges Hauptseil, das an den 85m hohen Pfeilern (von der Straße aus gemessen) aufgehängt ist und am tiefsten Punkt 10m über der Fahrbahn verläuft. Dazwischen sind in gleichen Abständen vier Tragseile für die Fahrbahn montiert (s. Skizze). Wie lang sind diese vier Tragseile?

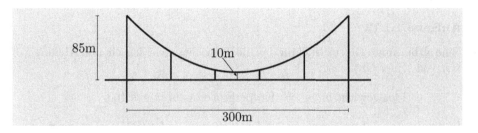

Lösung:

Im Folgenden wird mit der Einheit 10 m gerechnet und der Koordinatenursprung auf die Fahrbahn in der Mitte der Brücke gelegt, s. Abb. 1.16. (Es gibt auch andere sinnvolle Modellierungen.)

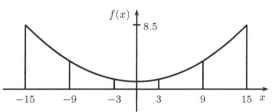

Abb. 1.16 Brücke mit Koordinatensystem.

Da der Scheitelpunkt des Hauptseils bei dieser Modellierung bei $(0,1)$ liegt, erhält man mit der Scheitelpunktform (s. Bemerkung 1.1.14, 2.) den Ansatz

$$f(x) \;=\; a \cdot (x - 0)^2 + 1 \;=\; a \cdot x^2 + 1$$

mit

$$8.5 \;\overset{!}{=}\; f(15) \;=\; 1 + a \cdot 15^2 \quad \Leftrightarrow \quad 7.5 \;=\; a \cdot 15^2,$$

also

$$a \;=\; \frac{7.5}{15^2} \;=\; \frac{15/2}{15^2} \;=\; \frac{1}{15 \cdot 2} \;=\; \frac{1}{30}.$$

Die Tragseile haben einen Abstand von $\frac{300\,\text{m}}{5} = 60\,\text{m}$, was bei der gewählten Modellierung $x = \pm 3$ und $x = \pm 9$ entspricht. Wegen

$$f(\pm 3) \;=\; 1 + \frac{1}{30} \cdot 3^2 = 1 + \frac{3}{10} \;=\; 1.3$$

und

$$f(\pm 9) \;=\; 1 + \frac{1}{30} \cdot 9^2 \;=\; 1 + \frac{27}{10} \;=\; 3.7$$

und der Einheit 10 m folgt, dass die Tragseile 13 m bzw. 37 m lang sind.

Aufgabe 1.1.12

A112

Eine altbekannte Faustformel für das Idealgewicht eines Menschen in Abhängigkeit von seiner Größe ist

$$\text{Idealgewicht in kg} = \text{Körpergröße in cm minus 100.}$$

In den letzten Jahren wurde mehr der *Bodymass-Index* (BMI) propagiert:

$$\text{BMI} = \frac{\text{Gewicht in kg}}{(\text{Körpergröße in m})^2}.$$

Ein BMI zwischen 20 und 25 bedeutet Normalgewicht.

a) Zeichnen Sie ein Diagramm, das in Abhängigkeit von der Körpergröße

　　1) das Idealgewicht nach der ersten Formel,

　　2) das Gewicht bei einem BMI von 20 und

　　3) das Gewicht bei einem BMI von 25

angibt.

b) Für welche Körpergröße liegt beim Idealgewicht entsprechend der ersten Formel der BMI zwischen 20 und 25?

Lösung:

a) Sei l die Körpergröße in Metern und g_1, g_2 bzw. g_3 die Gewichte nach 1), 2) bzw. 3) in Kilogramm

Dann hat man folgende Zusammenhänge:

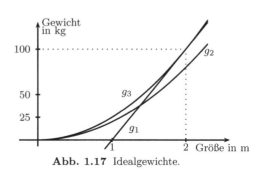

Abb. 1.17 Idealgewichte.

　　1) $g_1(l) = 100 \cdot l - 100,$

　　2) $\dfrac{g_2}{l^2} = 20 \quad \Leftrightarrow \quad g_2 = g_2(l) = 20 \cdot l^2,$

　　3) $\dfrac{g_3}{l^2} = 25 \quad \Leftrightarrow \quad g_3 = g_3(l) = 25 \cdot l^2.$

Abb. 1.17 zeigt die entsprechenden Grafen.

b) Gesucht sind die Größen l, so dass $g_2(l) \leq g_1(l) \leq g_3(l)$ ist.

Die Schnittpunkte von g_1 und g_2 erhält man durch

$$g_1(l) \;=\; g_2(l) \quad\Leftrightarrow\quad 100 \cdot l - 100 \;=\; 20 \cdot l^2$$
$$\Leftrightarrow\quad l^2 - 5l + 5 \;=\; 0$$
$$\Leftrightarrow\quad l \;=\; \frac{5}{2} \pm \sqrt{\frac{25}{4} - 5} \;=\; \frac{5}{2} \pm \sqrt{\frac{5}{4}}.$$

Dies entspricht Werten von $l \approx 1.38$ und $l \approx 3.62$. An Abb. 1.17 sieht man, dass für Größen zwischen diesen Werten $g_2(l) \le g_1(l)$ ist.

Die Schnittpunkte von g_1 und g_3 erhält man durch

$$g_1(l) \;=\; g_3(l) \quad\Leftrightarrow\quad 100 \cdot l - 100 \;=\; 25 \cdot l^2$$
$$\Leftrightarrow\quad l^2 - 4 \cdot l + 4 \;=\; 0$$
$$\Leftrightarrow\quad (l-2)^2 \;=\; 0 \Leftrightarrow \quad l \;=\; 2.$$

Die Gerade g_1 berührt also die Parabel zu g_3 nur in $l = 2$; sie ist dort die Tangente an die Parabel. Also gilt immer $g_1(l) \le g_3(l)$ (s. Abb. 1.17).

Für eine Körpergröße ab $1.38\,\mathrm{m}$ (bis zur unrealistischen Größe von $3.62\,\mathrm{m}$) liegt also bei einem Idealgewicht entsprechend der ersten Formel der BMI zwischen 20 und 25.

Aufgabe 1.1.13

Für welche Parameterwerte c gibt es reelle Lösungen x zu $x^2 + cx + c = 0$?

A113

Lösung:

Die p-q-Formel (s. Satz 1.1.15) liefert formal $x = -\frac{c}{2} \pm \sqrt{\left(\frac{c}{2}\right)^2 - c}$.

Damit dies tatsächlich reelle Lösungen sind, muss der Ausdruck unter der Wurzel größer oder gleich Null sein:

$$0 \;\le\; \left(\frac{c}{2}\right)^2 - c \quad\Leftrightarrow\quad 0 \;\le\; c^2 - 4c.$$

An einer Skizze von $f(c) = c^2 - 4c$ (mit den Nullstellen 0 und 4), s. Abb. 1.18, sieht man, dass gilt

$$0 \;\le\; c^2 - 4c$$
$$\Leftrightarrow\; c \;\ge\; 4 \quad\text{oder}\quad c \;\le\; 0.$$

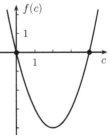

Für $c \ge 4$ bzw. $c \le 0$ exisitieren also Lösungen.

Abb. 1.18 $f(c) = c^2 - 4c.$

1.1.3 Polynome

A114

Aufgabe 1.1.14

Zerlegen Sie die folgenden Polynome soweit es geht in lineare und quadratische Faktoren

a) $f(x) = x^4 - 2x^3 + 2x^2 - 2x + 1,$ b) $f(x) = x^3 + x^2 - 4x - 4,$

c) $h(y) = -2y^3 - 8y^2 - 6y,$ d) $g(a) = a^4 - a^2 - 12.$

Lösung:

a) Durch Probieren findet man, dass 1 Nullstelle ist.

Mit Polynomdivision (oder mit dem Horner-Schema) kann man den Linearfaktor $(x - 1)$ abspalten und erhält

$$f(x) = (x - 1) \cdot \left(x^3 - x^2 + x - 1\right).$$

Man kann nun wieder 1 als Nullstelle raten und einen weiteren Linearfaktor $(x - 1)$ beispielsweise durch Polynomdivision abspalten.

Alternativ erhält man durch geschickte Umformungen unter Ausnutzung der Struktur:

$$\begin{aligned}
f(x) &= (x - 1) \cdot \left(x^3 - x^2 + x - 1\right) \\
&= (x - 1) \cdot \left(x^2 \cdot (x - 1) + (x - 1)\right) \\
&= (x - 1) \cdot \left(x^2 + 1\right) \cdot (x - 1) \\
&= (x - 1)^2 \cdot \left(x^2 + 1\right).
\end{aligned}$$

Da $x^2 + 1$ nullstellenfrei in den reellen Zahlen ist, kann man den Ausdruck nicht weiter zerlegen.

b) Wie bei a) kann man durch Probieren Nullstellen suchen und Linearfaktoren abspalten.

Unter Ausnutzung der Struktur des Ausdrucks kann man aber auch durch geschickte Umformungen und die dritte binomische Formel zu einer Faktorisierung kommen:

$$\begin{aligned}
f(x) &= x^2 \cdot (x + 1) - 4 \cdot (x + 1) \\
&= \left(x^2 - 4\right) \cdot (x + 1) \\
&= (x - 2) \cdot (x + 2) \cdot (x + 1).
\end{aligned}$$

c) Offensichtlich kann man $-2y$ ausklammern und erhält dann beispielsweise durch Nullstellen-Raten eine Faktorisierung:

$$h(y) = -2y \cdot \left(y^2 + 4y + 3\right) = -2 \cdot y \cdot (y+1) \cdot (y+3).$$

d) Es ist $g(a) = \left(a^2\right)^2 - \left(a^2\right) - 12$, also $g(a) = p(a^2)$ mit

$$p(x) = x^2 - x - 12.$$

Die quadratische Funktion p hat nach der p-q-Formel (s. Satz 1.1.15) die Nullstellen

$$x_{1,2} = -\left(\frac{-1}{2}\right) \pm \sqrt{\frac{1}{4} + 12} = \frac{1}{2} \pm \sqrt{\frac{49}{4}} = \frac{1}{2} \pm \frac{7}{2},$$

also 4 und -3.

Damit ist $p(x) = (x-4) \cdot (x+3)$ und es folgt

$$\begin{aligned} g(a) &= p(a^2) = \left(a^2 - 4\right) \cdot \left(a^2 + 3\right) \\ &= (a-2) \cdot (a+2) \cdot \left(a^2 + 3\right). \end{aligned}$$

Aufgabe 1.1.15

Bestimmen Sie die Vielfachheit der Nullstelle 2 des Polynoms

$$p(x) = x^4 - 4x^3 + 16x - 16.$$

A115

Lösung:

1. Möglichkeit:

Man kann wiederholt Polynomdivision durch $(x - 2)$ durchführen, solange 2 noch Nullstelle des Restpolynoms ist.

Alternativ kann man das Horner Schema solange anwenden, bis 2 nicht mehr Nullstelle ist.

2. Möglichkeit:

Wegen $p(2) = 0$ ist 2 mindestens einfache Nullstelle. Um zu testen, ob 2 mindestens zweifache Nullstelle ist, kann man direkt eine Polynomdivision durch $(x - 2)^2 = x^2 - 4x + 4$ durchführen:

$$\begin{array}{l}
(x^4 - 4x^3 \qquad\ + 16x - 16\ ) : (x^2 - 4x + 4) = x^2 - 4. \\
\underline{-(x^4 - 4x^3 + 4x^2)} \\
\qquad\qquad -4x^2\ + 16x - 16 \\
\qquad\ \underline{-(\ -4x^2\ + 16x - 16)} \\
\qquad\qquad\qquad\qquad 0
\end{array}$$

Da die Division ohne Rest aufgeht, erhält man

$$p(x) \; = \; x^4 - 4x^3 + 16x - 16 \; = \; (x-2)^2 \cdot \left(x^2 - 4\right).$$

Mit der dritten binomischen Formel erhält man dann

$$p(x) \; = \; = \; (x-2)^2 \cdot (x-2) \cdot (x+2) \; = \; (x-2)^3 \cdot (x+2),$$

d.h., 2 ist dreifache Nullstelle.

Bemerkung:

Unter Gebrauch der Ableitung kann man ausnutzen, dass eine k-fache Nullstelle vorliegt, wenn die $(k-1)$-te Ableitung an der Stelle gleich Null ist. (Vgl. Aufgabe 5.2.9.)

Hier ist

$$\begin{aligned}
p'(x) &= 4x^3 - 12x^2 + 16, &\text{also } p'(2) &= 4 \cdot (8-12) + 16 &= 0, \\
p''(x) &= 12x^2 - 24x, &\text{also } p''(2) &= 12 \cdot (4-4) &= 0, \\
p'''(x) &= 24x - 24, &\text{also } p'''(2) &\neq 0,
\end{aligned}$$

woraus auch folgt, dass 2 eine dreifache Nullstelle ist.

A116

Aufgabe 1.1.16

Die in der Skizze dargestellte Funktion hat die Gestalt

$$f(x) \; = \; a \cdot (x+1)^{p_1}(x-1)^{p_2}(x-4)^{p_3}$$

mit einem Vorfaktor a, der gleich plus oder minus Eins ist, und mit Exponenten p_k, die gleich 1, 2 oder 3 sind.

Wie lautet die korrekte Darstellung von f?

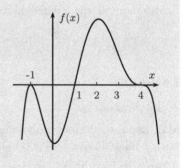

Lösung:

Bei der Nullstelle -1 gibt es keinen Vorzeichenwechsel, d.h., die entsprechende Vielfachheit bzw. der Exponent zum Linearfaktor $(x-(-1)) = (x+1)$ ist gerade; da nur 1, 2 und 3 als mögliche Werte zur Verfügung stehen, muss $p_1 = 2$ sein.

Offensichtlich ist 1 eine einfache Nullstelle; der entsprechende Exponent zum Linearfaktor $(x-1)$ ist also $p_2 = 1$.

Bei der Nullstelle 4 schmiegt sich der Funktionsgraf an die x-Achse an und wechselt das Vorzeichen. Die Vielfachheit ist also größer als 1 und ungerade, also $p_3 = 3$.

Für Werte x größer als 4 ist $f(x)$ negativ, daher muss der Vorfaktor negativ sein, also $a = -1$.

Damit ist $f(x) = (-1) \cdot (x+1)^2(x-1)^1(x-4)^3$.

Aufgabe 1.1.17

Skizzieren Sie die Funktionsgrafen zu

A117

a) $f(x) = (x+2)^2 \cdot (x-1)^2 \cdot (x-3)$,　　b) $f(x) = -x^3 + 2x^2$,

c) $f(x) = x^3 + x^2 - 4x - 4$,　　d) $h(y) = -2y^3 - 8y^2 - 6y$.

Zu c) und d) vgl. Aufgabe 1.1.14.

Lösung:

a) Die Funktion besitzt doppelte Nullstellen (also kein Vorzeichenwechsel) bei -2 und 1 und eine einfache Nullstelle (also mit Vorzeichenwechsel) bei 3.

Für große Werte von x ist $f(x)$ positiv.

Damit ergibt sich ein Bild wie in Abb. 1.19.

b) Nach Ausklammern von $-x^2$ erhält man

$$f(x) = -x^2 \cdot (x-2).$$

Die Funktion besitzt also eine doppelte Nullstelle (also kein Vorzeichenwechsel) bei 0 und eine einfache Nullstelle (also mit Vorzeichenwechsel) bei 2.

Für große Werte von x ist $f(x)$ negativ.

Damit ergibt sich ein Bild wie in Abb. 1.20.

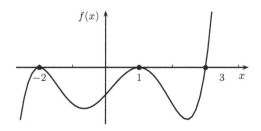

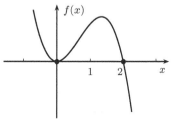

Abb. 1.19 $f(x) = (x+2)^2(x-1)^2(x-3)$.　　**Abb. 1.20** $f(x) = -x^3 + 2x^2$.

c) Nach Aufgabe 1.1.14, b), ist

$$f(x) = (x-2) \cdot (x+2) \cdot (x+1).$$

Die Funktion besitzt also einfache Nullstellen (also mit Vorzeichenwechsel) bei 2, -2 und -1.

Für große Werte von x ist $f(x)$ positiv.

Damit ergibt sich ein Bild wie in Abb. 1.21.

d) Nach Aufgabe 1.1.14, c), ist

$$h(y) = -2 \cdot y \cdot (y+1) \cdot (y+3).$$

Die Funktion besitzt also einfache Nullstellen bei 0, -1 und -3.

Für große Werte von y ist $h(y)$ negativ.

Damit ergibt sich ein Bild wie in Abb. 1.22.

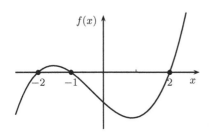

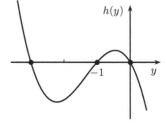

Abb. 1.21 $f(x) = x^3 + x^2 - 4x - 4$.　　　**Abb. 1.22** $h(y) = -2y^3 - 8y^2 - 6y$.

A118

Aufgabe 1.1.18

Ist die folgende Aussage richtig oder falsch?

Hat ein Polynom dritten Grades zwei Nullstellen,
so gibt es auch eine dritte Nullstelle.

Lösung:

Zählt man nur die Anzahl verschiedener Nullstellen, so ist die Aussage falsch,
denn beispielsweise hat $p(x) = (x-1)(x-2)^2$ nur *zwei* verschiedene Nullstellen
1 und 2.

Zählt man allerdings die Vielfachheit mit, so ist die Aussage richtig:

Hat ein Polynom dritten Grades zwei Nullstellen, so kann man die entsprechen-
den Linearfaktoren durch Polynomdivision abspalten und erhält als Rest ein
Polynom vom Grad 1, also von der Form $ax + b$ ($a \neq 0$). Dies liefert eine dritte
Nullstelle $-\frac{b}{a}$.

Diese dritte Nullstelle könnte mit der ersten oder zweiten übereinstimmen, aber
dann ist die Vielfachheit entsprechend größer.

1.1.4 Gebrochen rationale Funktionen

Aufgabe 1.1.19

Skizzieren Sie die Funktionsgrafen zu

a) $f_1(x) = \dfrac{1}{x+2}$,

b) $f_2(x) = -\dfrac{2}{x-3}$,

c) $g(x) = \dfrac{1}{(x-2)^2}$,

d) $h(x) = \dfrac{1}{x^5}$.

Lösung:

a) Der Funktionsgraf hat eine Polstelle mit Vorzeichenwechsel bei -2 (vgl. Bemerkung 1.1.47), s. Abb. 1.23.

b) Der Funktionsgraf hat eine Polstelle mit Vorzeichenwechsel bei 3 (vgl. Bemerkung 1.1.47).

Da der Zähler gleich 2 ist, sind die Funktionswerte im Vergleich zu a) betragsmäßig doppelt so groß.

Wegen des negativen Vorfaktors ist der Verlauf im Vergleich zu a) an der x-Achse gespiegelt: Bei Argumenten oberhalb der Polstelle 3 erhält man negative Funktionswerte, bei Argumenten unterhalb der Polstelle posivite Funktionswerte, s. Abb. 1.24.

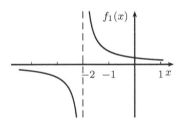

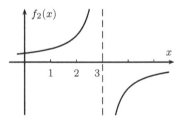

Abb. 1.23 $f_1(x) = \frac{1}{x+2}$.

Abb. 1.24 $f_2(x) = -\frac{2}{x-3}$.

c) Der Funktionsgraf hat eine Polstelle ohne Vorzeichenwechsel bei 2 (vgl. Bemerkung 1.1.47), s. Abb. 1.25.

d) Der Funktionsgraf hat eine Polstelle bei 0 mit Vorzeichenwechsel, s. Abb. 1.26.

Die Funktionswerte für $x \in \,]0,1[$ sind größer und für $x > 1$ kleiner als bei $f(x) = \frac{1}{x}$ (in Abb. 1.26 gepunktet.)

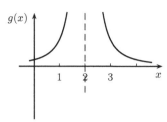

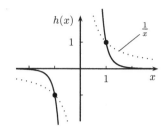

Abb. 1.25 $g(x) = \frac{1}{(x-2)^2}$.   **Abb. 1.26** $h(x) = \frac{1}{x^5}$.

A120

Aufgabe 1.1.20

Skizzieren Sie die Funktionsgrafen zu

$$f(x) = \frac{1}{x+2} + \frac{-2}{x-3} \quad \text{und} \quad g(x) = \frac{1}{(x+1)^2} - \frac{1}{x-2}.$$

Zur Funktion f vgl. Aufgabe 1.1.19.

Lösung:

Mit den Funktionen $f_1(x) = \frac{1}{x+2}$ und $f_2(x) = -\frac{2}{x-3}$ aus Aufgabe 1.1.19 ist $f(x) = f_1(x) + f_2(x)$.

Zeichnet man die Grafen zu f_1 (in Abb. 1.27 gepunktet) und f_2 (in Abb. 1.27 gestrichelt), so kann man den Funktionsgraf zu f als entsprechende punktweise Summe skizzieren. Das Verhalten an den Polstellen -2 und 3 von f_1 bzw. f_2 ähnelt dabei dem von f, da der jeweils andere Summand dort einen vergleichsweise kleinen Wert besitzt.

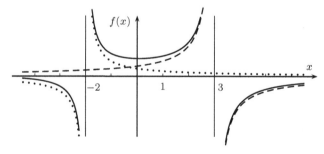

Abb. 1.27 Funktionsgraf zu $f(x) = \frac{1}{x+2} + \frac{-2}{x-3}$.

Wie oben erhält man den Funktionsgraf zu g als Summe der Bestandteile $g_1(x) = \frac{1}{(x+1)^2}$ und $g_2(x) = -\frac{1}{x-2}$, die in Abb. 1.28 gestrichelt bzw. gepunktet dargestellt sind.

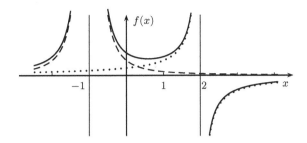

Abb. 1.28 Funktionsgraf zu $g(x) = \frac{1}{(x+1)^2} - \frac{1}{x-2}$.

Aufgabe 1.1.21

Bestimmen Sie die Partialbruchzerlegungen zu

a) $f(x) = \dfrac{4x - 3}{x^2 + x - 6}$,
   b) $g(x) = \dfrac{2x}{x^2 - 1}$,
   c) $h(x) = \dfrac{2x + 3}{x^2 + 2x + 1}$,

d) $f(x) = \dfrac{-2x^2 - 3}{x^3 + x}$,
   e) $f(x) = \dfrac{1}{2x^2 - 2x - 4}$.

Lösung:

a) Durch eine Nullstellen-Bestimmung erhält man

$$x^2 + x - 6 = (x - 2) \cdot (x + 3).$$

Damit lautet der Ansatz zur Partialbruchzerlegung entsprechend Bemerkung 1.1.46, a)

$$\frac{4x - 3}{x^2 + x - 6} = \frac{A}{x - 2} + \frac{B}{x + 3}$$

$$= \frac{A \cdot (x + 3) + B \cdot (x - 2)}{(x - 2) \cdot (x + 3)}.$$

Um A und B zu bestimmen, kann man konkrete x-Werte in die Zähler einsetzen. Dabei bieten sich solche Werte an, bei denen ein Faktor gleich Null wird:

Einsetzen von $x = -3$ in den Zähler führt zu

$$4 \cdot (-3) - 3 = A \cdot 0 + B \cdot (-3 - 2)$$
$$\Leftrightarrow \quad -15 = -5 \cdot B$$
$$\Leftrightarrow \quad B = 3.$$

Einsetzen von $x = 2$ in den Zähler führt zu

$$4 \cdot 2 - 3 = A \cdot (2 + 3) + B \cdot 0$$
$$\Leftrightarrow \quad 5 = 5 \cdot A$$
$$\Leftrightarrow \quad A = 1.$$

Damit ist

$$f(x) = \frac{1}{x - 2} + \frac{3}{x + 3}.$$

b) Mit der dritten binomischen Formel ist

$$x^2 - 1 = (x + 1) \cdot (x - 1),$$

so dass der Ansatz für die Partialbruchzerlegung nach Bemerkung 1.1.46, a) lautet:

$$\frac{2x}{x^2 - 1} = \frac{A}{x + 1} + \frac{B}{x - 1} = \frac{A \cdot (x - 1) + B \cdot (x + 1)}{(x + 1) \cdot (x - 1)}$$
$$= \frac{(A + B) \cdot x + B - A}{(x + 1) \cdot (x - 1)}.$$

Ein Koeffizientenvergleich bringt

$$2 = A + B \qquad \text{und} \qquad 0 = B - A \quad \Leftrightarrow \quad A = B,$$

also $2 = A + A = 2A$ und damit $B = A = 1$, also

$$g(x) = \frac{1}{x + 1} + \frac{1}{x - 1}.$$

Alternativ kann man A und B wie bei a) auch durch Einsetzen von x-Werten in die Zähler (hier beispielsweise $x = -1$ und $x = 1$) ermitteln.

c) Mit der ersten binomischen Formel ist

$$x^2 + 2x + 1 = (x + 1)^2.$$

Der Ansatz zur Partialbruchzerlegung ist damit nach Bemerkung 1.1.46, b)

$$\frac{2x + 3}{x^2 + 2x + 1} = \frac{A}{x + 1} + \frac{B}{(x + 1)^2} = \frac{A \cdot (x + 1) + B}{(x + 1)^2}.$$

Einsetzen von $x = -1$ in den Zählern ergibt

$$2 \cdot (-1) + 3 = A \cdot 0 + B \quad \Rightarrow \quad B = 1.$$

Der Koeffizientenvergleich bei x führt zu $A = 2$. Damit ist

$$h(x) = \frac{2}{x+1} + \frac{1}{(x+1)^2}.$$

d) Ausklammern von x führt zu

$$x^3 + x = x \cdot (x^2 + 1).$$

Da $x^2 + 1$ nullstellenfrei ist, ist keine weitere Zerlegung möglich und der entsprechende Partialbruch enthält einen linearen Zähler (s. Bemerkung 1.1.46, c)):

$$\frac{-2x^2 - 3}{x^3 + x} = \frac{A}{x} + \frac{Bx + C}{x^2 + 1} = \frac{A \cdot (x^2 + 1) + (Bx + C) \cdot x}{x \cdot (x^2 + 1)}$$
$$= \frac{Ax^2 + A + Bx^2 + Cx}{x \cdot (x^2 + 1)} = \frac{(A + B)x^2 + Cx + A}{x \cdot (x^2 + 1)}.$$

Der Koeffizientenvergleich bringt:

$$-2 = A + B, \quad 0 = C, \quad -3 = A.$$

Damit folgt $B = -2 - A = -2 - (-3) = 1$ also

$$f(x) = -\frac{3}{x} + \frac{x}{x^2 + 1}.$$

e) Durch Ausklammern und Nullstellen-Bestimmung erhält man für den Nenner:

$$2x^2 - 2x - 4 = 2 \cdot (x^2 - x - 2) = 2 \cdot (x - 2) \cdot (x + 1).$$

Den Faktor 2 im Nenner kann man nun vor den Bruch ziehen oder auch als Faktor $1/2$ in den Zähler schreiben:

$$\frac{1}{2x^2 - 2x - 4} = \frac{1}{2 \cdot (x - 2) \cdot (x + 1)} = \frac{1/2}{(x - 2) \cdot (x + 1)}.$$

Der Ansatz zur Partialbruchzerlegung ist damit

$$\frac{1/2}{(x - 2) \cdot (x + 1)} = \frac{A}{x - 2} + \frac{B}{x + 1} = \frac{A \cdot (x + 1) + B \cdot (x - 2)}{(x - 2) \cdot (x + 1)}.$$

Einsetzen von $x = -1$ in den Zählern ergibt $\frac{1}{2} = B \cdot (-3)$, also $B = -\frac{1}{6}$, und Einsetzen von $x = 2$ in den Zählern ergibt $\frac{1}{2} = A \cdot 3$, also $A = \frac{1}{6}$, also

$$f(x) = \frac{1/6}{x - 2} - \frac{1/6}{x + 1}.$$

A122

Aufgabe 1.1.22

Wie lautet der *Ansatz* zur Partialbruchzerlegung von

$$f(x) = \frac{-2x^3 + 5x^2 - 6x - 1}{x^4 - 2x^3 + 2x^2 - 2x + 1}?$$

Tipp: Zum Nennerpolynom vgl. Aufgabe 1.1.14, a).

Lösung:

In Aufgabe 1.1.14, a), wurde berechnet:

$$x^4 - 2x^3 + 2x^2 - 2x + 1 = (x-1)^2 \cdot (x^2 + 1).$$

Damit lautet der Ansatz zur Partialbruchzerlegung:

$$f(x) = \frac{A}{x-1} + \frac{B}{(x-1)^2} + \frac{Cx + D}{x^2 + 1}.$$

(Mit entsprechenden Methoden wie bei Aufgabe 6 erhält man nach einer kleinen Fleißarbeit: $A = 1$, $B = -2$, $C = -3$ und $D = 2$.)

A123

Aufgabe 1.1.23 (beispielhafte Klausuraufgabe, 8 Minuten)

Führen Sie eine Partialbruchzerlegung von $f(x) = \dfrac{x-1}{x^2 - x - 2}$ durch und skizzieren Sie den Funktionsgraf.

Lösung:

Durch Raten sieht man, dass

$$x^2 - x - 2$$

die Nullstellen 2 und -1 hat.

Die führt zum Partialbruch-Ansatz

$$\frac{x-1}{x^2 - x - 2} = \frac{A}{x-2} + \frac{B}{x+1}$$
$$= \frac{A(x+1) + B(x-2)}{(x-2)(x+1)}.$$

Einsetzten von $x = -1$ in die Zähler ergibt $-2 = B \cdot (-3)$, also $B = \dfrac{2}{3}$.

Einsetzten von $x = 2$ ergibt $1 = A \cdot 3$, also $A = \dfrac{1}{3}$.

Damit ist

$$f(x) \;=\; \frac{1}{3} \cdot \frac{1}{x-2} + \frac{2}{3} \cdot \frac{1}{x+1}.$$

Aus den Skizzen der Funktionsgrafen zu

$$f_1(x) \;=\; \frac{1}{3} \cdot \frac{1}{x-2}$$

(in Abb. 1.29 gestrichelt) und

$$f_2(x) \;=\; \frac{2}{3} \cdot \frac{1}{x+1}$$

(in Abb. 1.29 gepunktet) erhält man durch punktweise Summation den Funktionsgrafen zu f (s. Abb. 1.30).

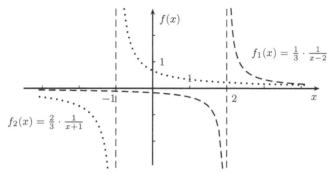

Abb. 1.29 Die beiden Bestandteile $f_1(x)$ und $f_2(x)$.

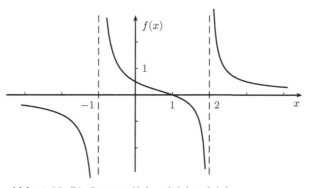

Abb. 1.30 Die Summe $f(x) = f_1(x) + f_2(x)$.

1.1.5 Trigonometrische Funktionen

Aufgabe 1.1.24

Berechnen Sie die fehlenden Seitenlängen in den rechtwinkligen Dreiecken. (Die Zeichnungen sind nicht maßstabsgetreu. Nutzen Sie einen Taschenrechner.)

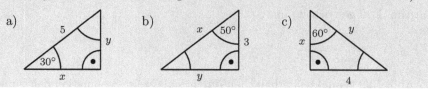

Lösung:

Die einzelnen Seitenlängen erhält man direkt mittels geeigneter Winkelfunktionen, s. Definition 1.1.49.

$$\text{a) } \cos 30° = \frac{x}{5} \quad \Rightarrow \quad x = 5 \cdot \cos 30° \approx 4.3,$$

$$\sin 30° = \frac{y}{5} \quad \Rightarrow \quad y = 5 \cdot \sin 30° = 2.5.$$

$$\text{b) } \tan 50° = \frac{y}{3} \quad \Rightarrow \quad y = 3 \cdot \tan 50° \approx 3.6,$$

$$\cos 50° = \frac{3}{x} \quad \Rightarrow \quad x = \frac{3}{\cos 50°} \approx 4.7.$$

$$\text{c) } \tan 60° = \frac{4}{x} \quad \Rightarrow \quad x = \frac{4}{\tan 60°} \approx 2.3,$$

$$\sin 60° = \frac{4}{y} \quad \Rightarrow \quad y = \frac{4}{\sin 60°} \approx 4.6.$$

Hat man eine der unbekannten Seitenlängen berechnet, kann man alternativ die dritte Seite mit dem Satz von Pythagoras berechnen oder auch unter Ausnutzung der berechneten Seite mit einer anderen Winkelfunktion.

Aufgabe 1.1.25

a) Wandeln Sie die Gradzahlen 90°, 180°, 45°, 30°, 270° und 1° in Bogenmaß um und veranschaulichen Sie sich die Bogenmaße im Einheitskreis.

b) Wandeln Sie die folgenden Bogenmaß-Angaben in Gradzahlen um:
$$\pi, \quad 2\pi, \quad -\frac{\pi}{2}, \quad \frac{\pi}{6}, \quad \frac{\pi}{3}, \quad \frac{3}{4}\pi, \quad 1.$$

Lösung:

a) Entsprechend der Umrechnung

$$\alpha \text{ in Grad } \text{ entspricht } \frac{\pi}{180°} \cdot \alpha \text{ im Bogenmaß}$$

(s. Bemerkung 1.1.51) erhält man:

$$90° \; \hat{=} \; \frac{\pi}{180°} \cdot 90° = \frac{\pi}{2}, \qquad\qquad 180° \; \hat{=} \; \frac{\pi}{180°} \cdot 180° = \pi,$$

$$45° \; \hat{=} \; \frac{\pi}{180°} \cdot 45° = \frac{\pi}{4}, \qquad\qquad 30° \; \hat{=} \; \frac{\pi}{180°} \cdot 30° = \frac{\pi}{6},$$

$$270° \; \hat{=} \; \frac{\pi}{180°} \cdot 270° = \frac{3}{2}\pi, \qquad\qquad 1° \; \hat{=} \; \frac{\pi}{180°} \cdot 1° = \frac{\pi}{180}.$$

b) Die umgekehrte Umrechnung ist

$$x \text{ im Bogenmaß } \text{ entspricht } \frac{180°}{\pi} \cdot x \text{ in Grad,}$$

also

$$\pi \; \hat{=} \; \frac{180°}{\pi} \cdot \pi = 180°, \qquad\qquad 2\pi \; \hat{=} \; \frac{180°}{\pi} \cdot 2\pi = 360°,$$

$$-\frac{\pi}{2} \; \hat{=} \; \frac{180°}{\pi} \cdot \left(-\frac{\pi}{2}\right) = -90°, \qquad\qquad \frac{\pi}{6} \; \hat{=} \; \frac{180°}{\pi} \cdot \frac{\pi}{6} = 30°,$$

$$\frac{\pi}{3} \; \hat{=} \; \frac{180°}{\pi} \cdot \frac{\pi}{3} = 60°, \qquad\qquad \frac{3}{4}\pi \; \hat{=} \; \frac{180°}{\pi} \cdot \frac{3}{4}\pi = 135°,$$

$$1 \; \hat{=} \; \frac{180°}{\pi} \cdot 1 \approx 57.3°.$$

Aufgabe 1.1.26

A126

Eine Kirchturmuhr besitze einen ca. 2 m langen Minutenzeiger. Welche Entfernung legt die Zeigerspitze in fünf Minuten zurück?

Stellen Sie einen Zusammenhang zum Bogenmaß her!

Lösung:

In fünf Minuten, also einem Zwölftel einer Stunde, überstreicht der Zeiger einen Winkel $\frac{2\pi}{12} = \frac{\pi}{6}$ im Bogenmaß.

Bei einem Radius von Eins ist das Bogenmaß genau die entsprechende Bogenlänge. Bei einem Radius von 2 m erhält man einen Bogen von

$$2\,\text{m} \cdot \frac{\pi}{6} \approx 1\,\text{m}.$$

Aufgabe 1.1.27

Zeichnen Sie die Funktionsgrafen zur Sinus- und Cosinus-Funktion und markieren Sie darin die wichtigen Winkel und Werte.

Lösung:

Abb. 1.31 und Abb. 1.32 zeigen die Werte entsprechend Bemerkung 1.1.54, 2.:

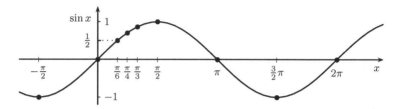

Abb. 1.31 Sinusfunktion mit wichtigen Punkten.

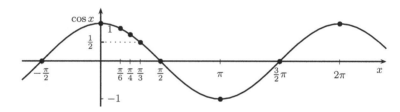

Abb. 1.32 Cosinusfunktion mit wichtigen Punkten.

Aufgabe 1.1.28

a) Veranschaulichen Sie sich die folgenden Beziehungen für $x \in [0, \frac{\pi}{2}]$ anhand der Definitionen der Winkelfunktionen im Einheitskreis:

    1) $\sin(-x) = -\sin(x)$,   2) $\cos(-x) = \cos(x)$,

    3) $\sin(\pi - x) = \sin(x)$,   4) $\cos(\pi - x) = -\cos(x)$.

b) Verifizieren Sie die Beziehungen 3) und 4) sowie

    5) $\sin(\frac{\pi}{2} - x) = \cos(x)$,   6) $\cos(\frac{\pi}{2} - x) = \sin(x)$

    mit Hilfe der Additionstheoreme.

c) Veranschaulichen Sie sich die Beziehungen 1) bis 6) an den Funktionsgrafen der Sinus- und Cosinus-Funktion.

Lösung:

a) Die folgenden Bilder zeigen die jeweiligen Definitionen im Einheitskreis (s. Bemerkung 1.1.52), so dass die Gleichheiten auf Grund der Symmetrien klar sind.

1)

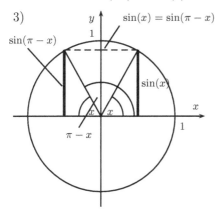

Abb. 1.33 $\sin(-x) = -\sin(x)$.

2)

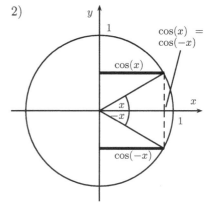

Abb. 1.34 $\cos(-x) = \cos(x)$.

3)

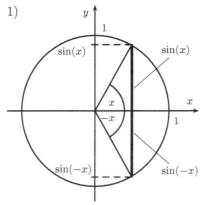

Abb. 1.35 $\sin(\pi - x) = \sin(x)$.

4)

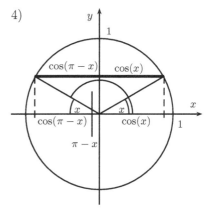

Abb. 1.36 $\cos(\pi - x) = -\cos(x)$.

b) Mit dem Sinus-Additionstheorem (s. Satz 1.1.55, 3.), wegen 1) und wegen $\sin(\pi) = 0$ und $\cos(\pi) = -1$ gilt

$$
\begin{aligned}
\sin(\pi - x) &= \sin(\pi + (-x)) \\
&= \sin(\pi) \cdot \cos(-x) + \cos(\pi) \cdot \sin(-x) \\
&= 0 \quad \cdot \cos(-x) + (-1) \quad \cdot \sin(-x) \overset{1)}{=} \sin(x).
\end{aligned}
$$

Ähnlich erhält man

$$
\begin{aligned}
\cos(\pi - x) &= \cos(\pi + (-x)) \\
&= \cos(\pi) \cdot \cos(-x) - \sin(\pi) \cdot \sin(-x) \\
&= (-1) \quad \cdot \cos(-x) - 0 \quad \cdot \sin(-x) \overset{2)}{=} -\cos(x).
\end{aligned}
$$

Weiter ist wegen $\sin(\frac{\pi}{2}) = 1$ und $\cos(\frac{\pi}{2}) = 0$

$$
\begin{aligned}
\sin(\tfrac{\pi}{2} - x) &= \sin(\tfrac{\pi}{2}) \cdot \cos(-x) + \cos(\tfrac{\pi}{2}) \cdot \sin(-x) \\
&= \quad 1 \quad \cdot \cos(-x) + \quad 0 \quad \cdot \sin(-x) \overset{2)}{=} \cos(x)
\end{aligned}
$$

und

$$
\begin{aligned}
\cos(\tfrac{\pi}{2} - x) &= \cos(\tfrac{\pi}{2}) \cdot \cos(-x) - \sin(\tfrac{\pi}{2}) \cdot \sin(-x) \\
&= \quad 0 \quad \cdot \cos(-x) - \quad 1 \quad \cdot \sin(-x) \overset{1)}{=} \sin(x).
\end{aligned}
$$

c) Abb. 1.37 zeigt die Funktionsgrafen zur Sinus- und Cosinus-Funktion.

Die Beziehung 1) drückt aus, dass die Sinus-Funktion punktsymmetrisch zum Ursprung ist, die Beziehung 2), dass die Cosinus-Funktion achsensymmetrisch zur y-Achse ist.

Die Beziehung 3) kann man sich veranschaulichen, indem man sich beispielsweise beginnend mit $x = 0$ ein wachsendes x vorstellt. Bei $\sin(\pi - x)$ erhält man dann den Funktionswert aus dem Funktionsgraf zu $\sin x$, indem man von der Stelle π aus rückwärts geht (in Abb. 1.37, links, durch die Pfeile angedeutet); man erhält jeweils gleiche Funktionswerte.

Bei der Beziehung 4) betrachtet man ähnlich die Cosinus-Funktion (vgl. die Pfeile in Abb. 1.37, rechts); man erhält jeweils gespiegelte Funktionswerte, was in der Beziehung 4) durch das Minus-Zeichen ausgedrückt wird.

Bei den Beziehungen 5) und 6) kann man einerseits bei der Sinus- bzw. Cosinus-Funktion ein von $x = 0$ aus wachsendes x und andererseits bei der anderen Funktion ein von der Stelle $\frac{\pi}{2}$ aus rückwärts gehendes x betrachten und erhält jeweils gleiche Funktionswerte.

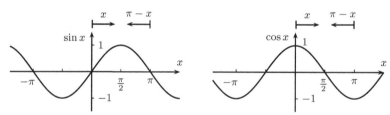

Abb. 1.37 Sinus- und Cosinus-Funktion.

A129

Aufgabe 1.1.29

Nutzen Sie die Additionstheoreme, um zu zeigen, dass gilt:

a) $\sin x \cdot \cos y = \frac{1}{2}\big(\sin(x+y) + \sin(x-y)\big)$,

b) $\sin x \cdot \sin y = \frac{1}{2}\big(\cos(x-y) - \cos(x+y)\big)$,

c) $\sin x + \sin y = 2\sin\dfrac{x+y}{2} \cdot \cos\dfrac{x-y}{2}$ (Tipp: verwenden Sie a)),

d) $\sin(3x) = \big(3 \cdot \cos^2 x - \sin^2 x\big) \cdot \sin x$.

Lösung:

a) Mit dem Sinus-Additionstheorem (s. Satz 1.1.55, 3.) und wegen

$$\sin(-y) = -\sin y \quad \text{und} \quad \cos(-y) = \cos y$$

erhält man

$$\frac{1}{2}\big(\sin(x+y) + \sin(x-y)\big)$$

$$= \frac{1}{2}\big(\sin(x+y) + \sin(x+(-y))\big)$$

$$= \frac{1}{2}\big(\sin x \cos y + \cos x \sin y \;+\; \sin x \cos(-y) + \cos x \sin(-y)\big)$$

$$= \frac{1}{2}\big(\sin x \cos y + \cancel{\cos x \sin y} \;+\; \sin x \cos y - \cancel{\cos x \sin y}\big)$$

$$= \frac{1}{2}\big(2 \cdot \sin x \cos y\big)$$

$$= \sin x \cos y.$$

b) Ähnlich wie bei a) erhält man mit dem Cosinus-Additionstheorem (s. Satz 1.1.55, 3.)

$$\frac{1}{2}\big(\cos(x-y) - \cos(x+y)\big)$$

$$= \frac{1}{2}\Big(\big(\cos x \cos(-y) - \sin x \sin(-y)\big) \;-\; \big(\cos x \cos y - \sin x \sin y\big)\Big)$$

$$= \frac{1}{2}\Big(\big(\cos x \cos y + \sin x \sin y\big) \;-\; \big(\cos x \cos y - \sin x \sin y\big)\Big)$$

$$= \frac{1}{2}\Big(\cancel{\cos x \cos y} + \sin x \sin y - \cancel{\cos x \cos y} + \sin x \sin y\Big)$$

$$= \frac{1}{2}\Big(2 \cdot \sin x \sin y\Big)$$

$$= \sin x \sin y.$$

c) Setzt man in a) statt x den Wert $\frac{x+y}{2}$ und statt y den Wert $\frac{x-y}{2}$ ein, so erhält man

$$2\sin\frac{x+y}{2} \cdot \cos\frac{x-y}{2}$$

$$= 2 \cdot \frac{1}{2}\Big(\sin\big(\frac{x+y}{2} - \frac{x-y}{2}\big) + \sin\big(\frac{x+y}{2} + \frac{x-y}{2}\big)\Big)$$

$$= \sin\big(\frac{x+y-x+y}{2}\big) + \sin\big(\frac{x+y+x-y}{2}\big)$$

$$= \sin(y) + \sin(x).$$

d) Mit den Additionstheoremen, s. Satz 1.1.55, 3., ist

$$\begin{aligned}
\sin(3x) &= \sin(2x + x) \\
&= \sin(2x) \cdot \cos x + \cos(2x) \cdot \sin x \\
&= 2 \cdot \sin x \cdot \cos x \cdot \cos x + \left(\cos^2 x - \sin^2 x\right) \cdot \sin x \\
&= 2 \cdot \sin x \cdot \cos^2 x + \cos^2 x \cdot \sin x - \sin^3 x \\
&= \left(3 \cdot \cos^2 x - \sin^2 x\right) \cdot \sin x.
\end{aligned}$$

Wegen $\sin^2 x = 1 - \cos^2 x$ bzw. $\cos^2 x = 1 - \sin^2 x$ gibt es noch weitere Darstellungen, so zum Beispiel:

$$\begin{aligned}
\left(3 \cdot (1 - \sin^2 x) - \sin^2 x\right) \cdot \sin x &= \left(3 - 4 \cdot \sin^2 x\right) \cdot \sin x \\
&= 3 \cdot \sin x - 4 \cdot \sin^3 x
\end{aligned}$$

Bemerkung:

Formelsammlungen enthalten weitere derartige Beziehungen.

A130

Aufgabe 1.1.30

Sie sollen eine Uhr auf dem Bildschirm programmieren. Welche Koordinaten hat die n-te Minute ($n = 0, 1, \ldots, 59$) bei einer Uhr

a) mit Radius 1, bei der der Koordinatenursprung in der Mitte der Uhr liegt,

b) mit Radius 2, bei der der Koordinatenursprung in der Mitte der Uhr liegt,

c) mit Radius 1, bei der der Koordinatenursprung in der linken unteren Ecke liegt, d.h. bei der der Mittelpunkt der Uhr bei $(1, 1)$ liegt,

d) mit Radius r, bei der der Mittelpunkt der Uhr bei (a, b) liegt?

Lösung:

a) Eine Minute entspricht einem Winkel von $\frac{2\pi}{60} = \frac{\pi}{30}$ im Bogenmaß.

Damit ist der Winkel bei der n-ten Minute ausgehend von der y-Achse gleich $n \cdot \frac{\pi}{30}$, s. Abb. 1.38.

Um die Sinus- und Cosinusfunktion wie üblich ausgehend von der horizontalen Achse zu nutzen, braucht man den Winkel x_n ausgehend von der horizontalen Achse:

$$x_n = \frac{\pi}{2} - n \cdot \frac{\pi}{30}.$$

Damit erhält man als Koordinaten

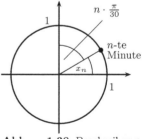

Abb. 1.38 Beschreibung der Uhr.

$$\left(\cos(x_n), \sin(x_n)\right) = \left(\cos\left(\frac{\pi}{2} - n \cdot \frac{\pi}{30}\right), \sin\left(\frac{\pi}{2} - n \cdot \frac{\pi}{30}\right)\right).$$

Wegen $\sin(\frac{\pi}{2} - x) = \cos x$ und $\cos(\frac{\pi}{2} - x) = \sin x$ (s. Aufgabe 1.1.28, 5) und 6)) kann man den Ausdruck vereinfachen zu

$$\left(\sin\left(n \cdot \frac{\pi}{30}\right), \cos\left(n \cdot \frac{\pi}{30}\right)\right).$$

b) Analoge Überlegungen zu a), nur mit doppeltem Radius, führen zu den Koordinaten

$$\left(2 \cdot \sin\left(n \cdot \frac{\pi}{30}\right), 2 \cdot \cos\left(n \cdot \frac{\pi}{30}\right)\right).$$

c) Da man nun von $(1, 1)$ als Mittelpunkt ausgeht, erhält man als Koordinaten

$$\left(1 + \sin\left(n \cdot \frac{\pi}{30}\right), 1 + \cos\left(n \cdot \frac{\pi}{30}\right)\right).$$

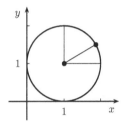

Abb. 1.39 Uhr mit Mittelpunkt $(1, 1)$, Radius 1.

d) Eine Kombination der Überlegungen von a), b) und c) führt zu den Koordinaten

$$\left(a + r \cdot \sin\left(n \cdot \frac{\pi}{30}\right), b + r \cdot \cos\left(n \cdot \frac{\pi}{30}\right)\right).$$

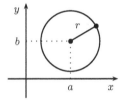

Abb. 1.40 Uhr mit Mittelpunkt (a, b), Radius r.

1.1.6 Potenzregeln und Exponentialfunktionen

Aufgabe 1.1.31

A131

Welche der folgenden Aussagen sind richtig? (Nicht rechnen sondern denken!)

a) $2^3 \cdot 2^3 = 4^3$, b) $\left(\frac{1}{2}\right)^4 = (-2)^4$, c) $\frac{6^{10}}{6^2} = 6^5$, d) $3^4 \cdot 3^5 = 3^{20}$,

e) $5^3 \cdot 5^3 = 5^9$, f) $4^3 \cdot 5^3 = 20^3$, g) $\frac{6^3}{2^3} = 3^3$, h) $(3^4)^5 = (3^5)^4$,

i) $3^3 \cdot 3^3 = 3^9$, j) $3^3 \cdot 3^3 = 9^3$, k) $3^3 \cdot 3^3 = 3^6$, l) $3^3 \cdot 3^3 = 6^3$.

Lösung:

Unter Benutzung der Potenzregeln, s. Satz 1.1.58, sieht man:

a) Richtig.

b) Falsch; richtig ist $\left(\frac{1}{2}\right)^4 = 2^{-4}$.

c) Falsch; richtig ist $\frac{6^{10}}{6^2} = 6^{10-2} = 6^8$.

d) Falsch; richtig ist $3^4 \cdot 3^5 = 3^{4+5} = 3^9$.

e) Falsch; richtig ist $5^3 \cdot 5^3 = 5^{3+3} = 5^6$.

f) Richtig.

g) Richtig.

h) Richtig, denn $\left(3^4\right)^5 = 3^{4 \cdot 5} = 3^{5 \cdot 4} = \left(3^5\right)^4$.

i) Falsch; richtig ist $3^3 \cdot 3^3 = 3^{3+3} = 3^6$, siehe k).

j) Richtig.

k) Richtig.

l) Falsch; richtig ist $3^3 \cdot 3^3 = (3 \cdot 3)^3 = 9^3$, siehe j).

A132

Aufgabe 1.1.32

a) Skizzieren Sie die Funktionen

$$f(x) = 3^x \quad \text{und} \quad g(x) = 2^{-x} = \left(\tfrac{1}{2}\right)^x.$$

b) Wie groß muss Ihr Papier sein, damit Sie bei 1 cm als Längeneinheit die Funktion f im Intervall $[-5; 5]$ bzw. im Intervall $[-10; 10]$ zeichnen können?

Lösung:

a) Man erhält die in Abb. 1.41 dargestellten Funktionsgrafen.

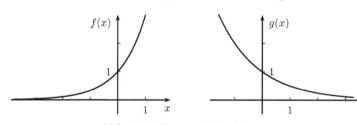

Abb. 1.41 Exponentialfunktionen.

b) Im Intervall $[-5, 5]$ erhält man als größten Funktionswert $f(5) = 3^5 = 243$.

Bei einer Längeneinheit von 1 cm entspricht dies einer Breite von 10 cm und einer Höhe von 243 cm = 2.43 m.

Im Intervall $[-10, 10]$ ergibt sich als größter Wert $f(10) = 3^{10} = 59049$.

Bei einer Längeneinheit von $1\,\mathrm{cm}$ entspricht dies einer Breite von $20\,\mathrm{cm}$ und einer Höhe von $59049\,\mathrm{cm} = 590.49\,\mathrm{m} \approx \frac{1}{2}\,\mathrm{km}$.

Aufgabe 1.1.33

A133

Falten Sie eine $\frac{1}{2}\,\mathrm{cm}$ dicke Zeitung 10 bzw. 20 mal.

Welche Dicken erhalten Sie?

Versuchen Sie die Lösungen mit Hilfe von $2^{10} \approx 1000$ ohne Taschenrechner abzuschätzen.

Lösung:

Bei jedem Falten verdoppelt sich die Dicke.

Daher hat man nach n-maligem Falten die Dicke $d_n = 2^n \cdot \frac{1}{2}\,\mathrm{cm}$.

Bei 10-maligem Falten erhält man eine Dicke

$$d_{10} = 2^{10} \cdot \frac{1}{2}\,\mathrm{cm} \approx 1000 \cdot \frac{1}{2}\,\mathrm{cm} = 512\,\mathrm{cm} \approx 5\,\mathrm{m}.$$

Bei 20-maligem Falten erhält man eine Dicke

$$d_{20} = 2^{20} \cdot \frac{1}{2}\,\mathrm{cm} = 2^{10} \cdot 2^{10} \cdot \frac{1}{2}\,\mathrm{cm} \approx 1000 \cdot 5\,\mathrm{m} = 5\,\mathrm{km}.$$

Aufgabe 1.1.34

A134

Bei einem Zinssatz p, erhält man nach einem Jahr Zinsen in Höhe von $p \cdot G$, d.h., das Guthaben wächst auf $G + p \cdot G = (1 + p) \cdot G$.

Wie groß ist das Guthaben nach n Jahren

a) ohne Zinseszinsen,   b) mit Zinseszinsen?

Berechnen Sie (mit Hilfe eines Taschenrechners) konkret das Guthaben in den beiden Fällen nach 20 Jahren mit $G = 1000€$, $p = 3\% = 0.03$.

Lösung:

a) Ohne Zinseszins erhält man jedes Jahr die Zinsen $p \cdot G$ gutgeschrieben, hat nach n Jahren also ein Guthaben G_n von

$$G_n = G + n \cdot p \cdot G = (1 + np) \cdot G.$$

b) Mit Zinseszins erhält man zum aktuellen Guthaben $\tilde{G}$ die Zinsen $p \cdot \tilde{G}$, hat im Jahr darauf also ein Guthaben $\tilde{G} + p \cdot \tilde{G} = (1 + p) \cdot \tilde{G}$, das dann weiter verzinst wird. Damit ergibt sich

$$\text{nach einem Jahr} \quad G_1 = (1+p) \cdot G$$
$$\text{nach zwei Jahren} \quad G_2 = (1+p) \cdot G_1 = (1+p) \cdot (1+p) \cdot G$$
$$= (1+p)^2 \cdot G$$
$$\text{nach drei Jahren} \quad G_3 = (1+p) \cdot G_2 = (1+p)^2 \cdot (1+p) \cdot G$$
$$= (1+p)^3 \cdot G$$
$$\dots$$
$$\text{nach } n \text{ Jahren} \quad G_n = (1+p)^n \cdot G.$$

Konkret ergibt sich bei einem Zinssatz $p = 3\% = 0.03$ nach 20 Jahren

a) ohne Zinseszins:

$$G_{20} = (1 + 20 \cdot 0.03) \cdot 1000 \mathord{\text{\euro}} = 1600 \mathord{\text{\euro}},$$

b) mit Zinseszins:

$$G_{20} = (1 + 0.03)^{20} \cdot 1000 \mathord{\text{\euro}} = (1.03)^{20} \cdot 1000 \mathord{\text{\euro}} \approx 1806.11 \mathord{\text{\euro}}.$$

A135

Aufgabe 1.1.35

a) Zeigen Sie: $\cosh^2 x - \sinh^2 x = 1$.

b) Gilt $\sinh(2x) = 2\sinh x \cdot \cosh x$? (Beweis oder Gegenbeispiel!)

Lösung:

a) Mit den Definitionen

$$\cosh x = \frac{1}{2}\left(\mathrm{e}^x + \mathrm{e}^{-x}\right) \quad \text{und} \quad \sinh x = \frac{1}{2}\left(\mathrm{e}^x - \mathrm{e}^{-x}\right)$$

(s. Definition 1.1.64) erhält man mittels der binomischen Formeln

$$\cosh^2 x - \sinh^2 x = \left[\frac{1}{2}\left(\mathrm{e}^x + \mathrm{e}^{-x}\right)\right]^2 - \left[\frac{1}{2}\left(\mathrm{e}^x - \mathrm{e}^{-x}\right)\right]^2$$
$$= \frac{1}{4}\left((\mathrm{e}^x)^2 + 2\underbrace{\mathrm{e}^x\,\mathrm{e}^{-x}}_{=\,1} + \left(\mathrm{e}^{-x}\right)^2\right)$$
$$- \frac{1}{4}\left((\mathrm{e}^x)^2 - 2\underbrace{\mathrm{e}^x\,\mathrm{e}^{-x}}_{=\,1} + \left(\mathrm{e}^{-x}\right)^2\right)$$

$$= \frac{1}{4}\left[e^{2x} + 2 + e^{-2x} - \left(e^{2x} - 2 + e^{-2x}\right)\right]$$

$$= \frac{1}{4} \cdot 4 = 1.$$

b) Die Gleichung gilt, denn bei Einsetzen der Definitionen der hyperbolischen Funktionen auf der rechten Seite erhält man

$$2 \cdot \sinh x \cdot \cosh x = 2 \cdot \frac{1}{2}\left(e^x - e^{-x}\right) \cdot \frac{1}{2}\left(e^x + e^{-x}\right)$$

$$= \frac{1}{2} \cdot \left(e^x - e^{-x}\right) \cdot \left(e^x + e^{-x}\right). \qquad (*)$$

Hier erkennt man die dritte binomische Formel

$$(a - b) \cdot (a + b) = a^2 - b^2$$

mit $a = e^x$ und $b = e^{-x}$. Also gilt weiter

$$2 \cdot \sinh x \cdot \cosh x = \frac{1}{2}\left((e^x)^2 - (e^{-x})^2\right) = \frac{1}{2}(e^{2x} - e^{-2x})$$

$$= \sinh(2x).$$

Statt die dritte binomische Formel zu nutzen, führt bei $(*)$ auch Ausmultiplizieren und Vereinfachen zum Ziel.

Aufgabe 1.1.36

A136

Zwischen zwei 8m hohen Masten, die 20m weit auseinanderstehen, soll ein 25m langes Kabel gespannt werden.

Liegt das Kabel in der Mitte auf dem Boden?

Nutzen Sie dazu folgende Informationen:

Ein hängendes Seil mit Scheitelpunkt bei $x = 0$ kann durch die Funktion $f(x) = a \cosh \frac{x}{a} + b$ mit Konstanten a, b beschrieben werden.

Die Länge L des Funktionsgrafen zu f auf dem Intervall $[-x_0, x_0]$ beträgt $L = 2a \sinh \frac{x_0}{a}$.

Hinweis: Die Längenformel kann man nicht elementar nach a auflösen, so dass man zur Bestimmung von a aus L beispielsweise Werte mit Hilfe eines Taschenrechners o.Ä. ausprobieren muss.

Lösung:

Abb. 1.42 zeigt das hängende Kabel mit
einem Koordinatensystem, dessen y-Achse
durch den Scheitelpunkt des hängenden
Seils verläuft und dessen x-Achse auf Bo-
denhöhe liegt.

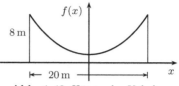

Abb. 1.42 Hängendes Kabel.

(Es gibt auch alternative Möglichkeiten für
die Lage des Koordinatensystems.)

Erhält man nach Anpassung der Konstanten a und b durch die Länge und die
Aufhängepunkte, dass $f(0)$ kleiner als Null ist, so liegt das Seil in der Mitte
auf dem Boden.

Zur Anpassung der Konstanten betrachtet man zunächst die Längenangabe:
Mit $x_0 = 10\,\text{m}$ erhält man

$$25\,\text{m} \;=\; 2 \cdot a \cdot \sinh\left(\frac{10\,\text{m}}{a}\right).$$

Entsprechend des Hinweis kann man den Parameter a durch Ausprobieren bestimmen und erhält ungefähr $a \approx 8.45\,\text{m}$.

Mit diesem Parameterwert und dem Aufhängepunkt $f(10\,\text{m}) = 8\,\text{m}$ erhält man

$$8\,\text{m} \;\overset{!}{=}\; f(10\,\text{m}) \;=\; 8.45\,\text{m} \cdot \cosh\frac{10\,\text{m}}{8.45\,\text{m}} + b \;\approx\; 15.1\,\text{m} + b,$$

also

$$b \;\approx\; 8\,\text{m} - 15.1\,\text{m} \;=\; -7.1\,\text{m},$$

und damit

$$f(x) \;=\; 8.45\,\text{m} \cdot \cosh\frac{x}{8.45\,\text{m}} - 7.1\,\text{m}.$$

Wegen $\cosh 0 = 1$ ist dann

$$f(0\,\text{m}) \;=\; 8.45\,\text{m} \cdot \cosh\frac{0\,\text{m}}{8.45\,\text{m}} - 7.1\,\text{m} \;=\; 8.45\,\text{m} \cdot 1 - 7.1\,\text{m} \;=\; 1.35\,\text{m}$$

Das Seil hängt in der Mitte also ca. 1.35 m über dem Boden; es berührt den
Boden nicht.

1.1.7 Betrags-Funktion

A137

Aufgabe 1.1.37

a) Markieren Sie auf der Zahlengerade, für welche x gilt

   1) $|x - 6| < 0.3$,   2) $|x + 3| < 2$,   3) $|2 - x| \leq 3$.

b) Beschreiben Sie die skizzierten Intervalle mit Hilfe der Betrags-Funktion:

1) 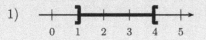   2)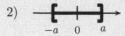

Lösung:

a) 1) Durch $|x - 6| < 0.3$ werden die Werte x beschrieben, die von 6 einen Abstand kleiner als 0.3 haben (s. Bemerkung 1.1.70), also Werte zwischen $6 - 0.3 = 5.7$ und $6 + 0.3 = 6.3$. Wegen des echten „$<$"-Zeichens gehören die Ränder des Intervalls nicht mehr dazu. Also gilt

$$|x - 6| < 0.3 \quad \Leftrightarrow \quad x \in]5.7, 6.3[.$$

Abb. 1.43 Werte x mit $|x - 6| < 0.3$.

2) Es ist

$$|x + 3| = |x - (-3)|.$$

Also charakterisiert $|x + 3| < 2$ diejenigen Werte x, die von -3 einen Abstand kleiner als 2 haben. Wegen des echten „$<$"-Zeichens gehören die Ränder des Intervalls nicht mehr dazu. Also gilt

$$|x + 3| < 2 \quad \Leftrightarrow \quad x \in \,]-3 - 2, -3 + 2[\, = \,]-5, -1[.$$

Abb. 1.44 Werte x mit $|x + 3| < 2$.

3) Wegen

$$|2 - x| = |-(x - 2)| = |-1| \cdot |x - 2| = 1 \cdot |x - 2| = |x - 2|$$

beschreibt $|2 - x| \leq 3$ die Werte x, die von 2 einen Abstand kleiner oder gleich 3 haben. Wegen der möglichen Gleichheit beim „$\leq$"-Zeichens gehören die Ränder des Intervalls dazu. Also gilt

$$|2 - x| \leq 3 \quad \Leftrightarrow \quad x \in [2 - 3, 2 + 3] = [-1, 5].$$

Abb. 1.45 Werte x mit $|2 - x| \leq 3$.

b) 1) Das Intervall reicht vom Mittelpunkt 2.5 aus jeweils 1.5 nach rechts und links, umfasst also diejenigen Werte x, deren Abstand zu 2.5 kleiner als 1.5 ist:

$$|x - 2.5| < 1.5.$$

2) Vom Mittelpunkt 0 aus reicht das Intervall jeweils a nach rechts und links, umfasst also diejenigen Werte x, deren Abstand zu 0 kleiner oder gleich (die Intervallgrenzen sind eingeschlossen) a ist:

$$|x| \leq a.$$

A138

Aufgabe 1.1.38

Verifizieren Sie die Dreiecks-Ungleichung $|x + y| \leq |x| + |y|$ für alle Kombinationen von $x = \pm 2$ und $y = \pm 3$.

Wann gilt „$=$", wann „$<$"?

Lösung:

Durch einfaches Nachrechnen erhält man

$$
\begin{aligned}
|2 + 3| &= |5| = 5 &&= 2 + 3 = |2| + |3|, \\
|2 + (-3)| &= |-1| = 1 &&< 2 + 3 = |2| + |-3|, \\
|-2 + 3| &= |1| = 1 &&< 2 + 3 = |-2| + |3|, \\
|-2 - 3| &= |-5| = 5 &&= 2 + 3 = |-2| + |-3|.
\end{aligned}
$$

Man sieht: Haben x und y gleiches Vorzeichen, so gilt „$=$", bei unterschiedlichen Vorzeichen gilt „$<$". Dies gilt auch allgemein.

1.2 Einige Eigenschaften von Funktionen

Aufgabe 1.2.1

Was gilt?

A139

		gerade	ungerade	im Allgemeinen keines von beiden
a)	Die Summe zweier gerader Funktionen ist	✓		
b)	Die Summe zweier ungerader Funktionen ist		✓	
c)	Die Summe einer geraden und einer ungeraden Funktion ist			✓
d)	Das Produkt zweier gerader Funktionen ist	✓		
e)	Das Produkt zweier ungerader Funktionen ist	✓		
f)	Das Produkt einer geraden und einer ungeraden Funktion ist		✓	

Lösung:

In der Tabelle sind schon die richtigen Häkchen gesetzt.

Dass die Symmetrien so wie angegeben tatsächlich sind, sieht man unter Benutzung der Definition von „gerade" und „ungerade" (s. Definition 1.2.1) wie folgt:

a) Zu zeigen ist, dass bei geraden Funktionen f und g gilt:

$$(f + g)(-x) \;=\; (f + g)(x).$$

Da f und g gerade sind, ist

$$f(-x) \;=\; f(x) \quad \text{und} \quad g(-x) \;=\; g(x). \qquad (*)$$

Damit gilt:

$$\begin{aligned}
(f + g)(-x) &\;=\; f(-x) + g(-x) \\
&\overset{(*)}{=} f(x) + g(x) \\
&\;=\; (f + g)(x).
\end{aligned}$$

b) Betrachtet man zwei ungerade Funktionen f und g, also

$$f(-x) \ = \ -f(x) \quad \text{und} \quad g(-x) \ = \ -g(x), \tag{$*$}$$

so folgt für die Summenfunktion

$$\begin{aligned}
(f+g)(-x) \ &= \ f(-x) + g(-x) \\
&\overset{(*)}{=} \ -f(x) + (-g(x)) \ = \ -(f(x) + g(x)) \\
&= \ -(f+g)(x),
\end{aligned}$$

d.h., die Summenfunktion ist ungerade.

c) An dem Beispiel $f(x) = 1$ (gerade) und $g(x) = x$ (ungerade) sieht man, dass die Summenfunktion unsymmetrisch sein kann: Es ist $(f+g)(x) = 1 + x$; diese Funktion ist weder gerade noch ungerade, denn z.B. ist

$$(f+g)(1) \ = \ 2 \ \neq \ \pm 0 \ = \ (f+g)(-1).$$

d) Ähnlich wie bei a) erhält man bei geraden Funktionen f und g

$$(f \cdot g)(-x) \ = \ f(-x) \cdot g(-x) \ = \ f(x) \cdot g(x) \ = \ (f \cdot g)(x).$$

e) Sind die Funktionen f und g ungerade, also

$$f(-x) \ = \ -f(x) \quad \text{und} \quad g(-x) \ = \ -g(x), \tag{$*$}$$

so folgt für die Produktfunktion

$$\begin{aligned}
(f \cdot g)(-x) \ &= \ f(-x) \cdot g(-x) \\
&\overset{(*)}{=} \ (-f(x)) \cdot (-g(x)) \ = \ f(x) \cdot g(x) \\
&= \ (f \cdot g)(x).
\end{aligned}$$

Die beiden Minus-Zeichen heben sich im Produkt auf, so dass die Produktfunktion gerade ist.

f) Bei einer geraden Funktion f und einer ungeraden Funktion g, also

$$f(-x) \ = \ f(x) \quad \text{und} \quad g(-x) \ = \ -g(x), \tag{$*$}$$

gilt für die Produktfunktion

$$\begin{aligned}
(f \cdot g)(-x) \ &= \ f(-x) \cdot g(-x) \\
&\overset{(*)}{=} \ f(x) \cdot (-g(x)) \ = \ -f(x) \cdot g(x) \\
&= \ -(f \cdot g)(x),
\end{aligned}$$

d.h., die Produktfunktion ist ungerade.

Aufgabe 1.2.2

Gibt es eine Funktion $f : \mathbb{R} \to \mathbb{R}$, die sowohl gerade als auch ungerade ist?

A140

Lösung:

Ja, die Funktion $f(x) = 0$.

Dies ist auch die einzige Funktion, die sowohl gerade als auch ungerade ist.

Denn ist die Funktion $f : \mathbb{R} \to \mathbb{R}$ sowohl gerade als auch ungerade, so gilt entsprechend Definition 1.2.1 für jedes x:

$$f(-x) \;=\; f(x), \quad \text{da } f \text{ gerade ist,}$$

$$f(-x) \;=\; -f(x) \quad \text{da } f \text{ ungerade ist.}$$

Durch Subtraktion der beiden Gleichungen erhält man

$$0 \;=\; f(x) - (-f(x)) \;=\; f(x) + f(x) \;=\; 2 \cdot f(x),$$

also $f(x) = 0$ für alle x.

Aufgabe 1.2.3

a) Ist die Summe zweier monoton wachsender Funktionen wieder monoton wachsend?

A141

b) Ist das Produkt zweier monoton wachsender Funktionen wieder monoton wachsend?

Lösung:

a) Ja. Zur Begründung kann man zwei monoton wachsende Funktionen f und g betrachten. Für beliebige Stellen $x_1 < x_2$ ist dann zu zeigen, dass $(f + g)(x_1) \leq (f + g)(x_2)$ ist.

Wegen der Monotonie der einzelnen Funktionen gilt bei $x_1 < x_2$, dass

$$f(x_1) \leq f(x_2) \quad \text{und} \quad g(x_1) \leq g(x_2)$$

ist. Da aus $a \leq b$ und $c \leq d$ folgt, dass auch $a + c \leq b + d$ ist, erhält man damit

$$(f + g)(x_1) \;=\; f(x_1) + g(x_1) \;\leq\; f(x_2) + g(x_2) \;=\; (f + g)(x_2).$$

b) Nein. Man kann nicht analog zu a) argumentieren, denn aus $a \leq b$ und $c \leq d$ folgt nicht immer, dass $a \cdot c \leq b \cdot d$ gilt. Beispielsweise ist $-3 \leq -2$ und $-2 \leq -1$ aber $(-3) \cdot (-2) = 6 > 2 = (-2) \cdot (-1)$.

Nimmt man beispielsweise das Produkt der monoton wachsenden Funktion $f : \mathbb{R} \to \mathbb{R}$, $f(x) = x$ mit sich selbst, so erhält man $g(x) = f(x) \cdot f(x) = x^2$, also eine Funktion, die nicht auf dem ganzen Definitionsbereich monoton wachsend ist.

A142

Aufgabe 1.2.4

Überlegen Sie sich, dass die Cosinus-Funktion $\cos : \mathbb{R} \to \mathbb{R}$ weder injektiv noch surjektiv ist.

Wie muss man den Definitions- oder Zielbereich der Cosinus-Funktion einschränken, damit die Funktion

   a) injektiv   b) surjektiv   c) bijektiv

ist?

Lösung:

Die Cosinus-Funktion ist nicht injektiv, da es verschiedene Argumente mit gleichem Funktionswert gibt, z.B. $f(0) = 1 = f(2\pi)$.

Sie ist (mit dem Zielbereich $Z = \mathbb{R}$) nicht surjektiv, da beispielsweise $2 \in Z$ ist, es aber kein $x \in \mathbb{R}$ mit $\cos(x) = 2$ gibt.

  a) Bei einer injektiven Funktion darf jeder Funktionswert höchstens einmal auftreten. Das erreicht man bei der Cosinus-Funktion beispielsweise, wenn man als Definitionsgebiet nur das Intervall $[0, \pi]$ oder nur das Intervall $[\pi, 2\pi]$ oder auch nur das Intervall $[0, \frac{\pi}{2}]$ o.ä. betrachtet, s. Abb. 1.46.

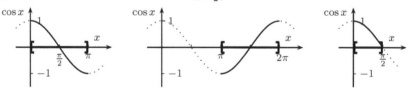

Abb. 1.46 Definitionsbereiche, auf denen $\cos x$ injektiv ist.

  b) Bei einer surjektiven Funktion muss jeder Wert des Zielbereichs als Funktionswert angenommen werden, Dies erreicht man bei der Cosinus-Funktion, indem man das Intervall $[-1, 1]$ als Zielbereich wählt:

$$f : \mathbb{R} \to [-1, 1], \ f(x) = \cos x \text{ ist surjektiv.}$$

  c) Um eine bijektive Funktion zu erhalten, muss man die Überlegungen aus a) und b) kombinieren. Beispielsweise ist

$$f : [0, \pi] \to [-1, 1], \ f(x) = \cos$$

bijektiv.

Auch $f : [0, \frac{\pi}{2}] \to [0, 1], \ f(x) = \cos x$ (vgl. Abb. 1.46, rechts) ist bijektiv.

Aufgabe 1.2.5

Sei $\mathbb{N} = \{1, 2, 3 \ldots\}$ die Menge der natürlichen Zahlen und $M = \{2, 4, 6, \ldots\}$ die Menge der geraden Zahlen.

Sind die folgenden Abbildungen $f : M \to \mathbb{N}$ injektiv, surjektiv bzw. bijektiv?

a) $f(m) = m$,

b) $f(m) = \frac{m}{2}$,

c) $f(m) = \lceil \frac{m}{4} \rceil$, wobei $\lceil x \rceil$ Aufrundung auf die nächstgrößere natürliche Zahl $n \geq x$ bedeutet.

Lösung:

a) Die Abbildung f ist injektiv, denn ist $m_1 \neq m_2$, so ist auch

$$f(m_1) = m_1 \neq m_2 = f(m_2).$$

Die Abbildung f ist nicht surjektiv, da es beispielsweise zu $3 \in \mathbb{N}$ kein $m \in M$ gibt mit $f(m) = 3$.

Da f nicht surjektiv ist, ist f auch nicht bijektiv.

b) Die Abbildung f ist injektiv, denn ist $m_1 \neq m_2$, so ist auch

$$(m_1) = \frac{m_1}{2} \neq \frac{m_2}{2} = f(m_2).$$

Die Abbildung f ist surjektiv, denn zu $n \in \mathbb{N}$ gilt für $m = 2n \in M$:

$$f(m) = \frac{m}{2} = \frac{2n}{2} = n.$$

Da f injektiv und surjektiv ist, ist f bijektiv.

c) Die Abbildung f ist nicht injektiv, da beispielsweise zu $2, 4 \in M$ gilt $2 \neq 4$, aber

$$f(2) = \lceil \tfrac{1}{2} \rceil = 1 = \lceil 1 \rceil = \lceil \tfrac{4}{4} \rceil = f(4).$$

Die Abbildung f ist surjektiv, denn zu $n \in \mathbb{N}$ gilt für $m = 4n \in M$:

$$f(m) = \lceil \tfrac{m}{4} \rceil = \lceil \tfrac{4n}{4} \rceil = \lceil n \rceil = n.$$

Da f nicht injektiv ist, ist f auch nicht bijektiv.

A144

Aufgabe 1.2.6

Berechnen Sie die Umkehrfunktionen zu

a) $f(x) = x - 1$,   b) $g(x) = -\dfrac{1}{2}x + 1$.

Skizzieren Sie jeweils die originale Funktion und die Umkehrfunktion.

Lösung:

a) Stellt man entspechend Bemerkung 1.2.10, 5., die Gleichung $y = x - 1$ nach x um, erhält man $x = y + 1$.

Also wird die Umkehrfunktion f^{-1} zu f beschrieben durch

$$f^{-1}(y) = y + 1$$

bzw. mit x als Argument: $f^{-1}(x) = x + 1$.

Abb. 1.47 zeigt ganz links den Funktionsgraf zu f und daneben die Umkehrfunktion f^{-1}, die sich auch durch Spiegelung an der Winkelhalbierenden ergibt (s. Bemerkung 1.2.10, 4.).

b) Es gilt

$$y = -\frac{1}{2}x + 1 \quad \Leftrightarrow \quad y - 1 = -\frac{1}{2}x \quad \Leftrightarrow \quad -2y + 2 = x.$$

Also ist die Umkehrfunktion g^{-1} zu g

$$g^{-1}(y) = -2y + 2$$

bzw. mit x als Argument: $g^{-1}(x) = -2x + 2$.

Abb. 1.47 zeigt rechts den Funktionsgraf zu g und daneben die Umkehrfunktion g^{-1}, die sich auch durch Spiegelung an der Winkelhalbierenden ergibt.

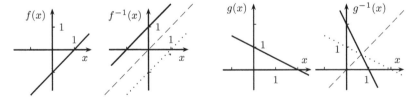

Abb. 1.47 Geraden und ihre Umkehrfunktionen.

1.3 Umkehrfunktionen

1.3.1 Wurzelfunktionen

Aufgabe 1.3.1

Geben Sie (ohne Gebrauch eines Taschenrechners) jeweils zwei ganze Zahlen an, zwischen denen die folgenden Werte liegen:

$$\sqrt{20}, \qquad \sqrt{80}, \qquad \sqrt[3]{20} \qquad \sqrt[3]{80}, \qquad \sqrt[5]{100}.$$

A145

Lösung:

Der Wert $x = \sqrt[n]{a}$ ist die Lösung zu $x^n = a$. Findet man (beispielsweise durch Ausprobieren) eine ganze Zahl k mit $k^n < a$ aber $(k+1)^n > a$, so liegt $x = \sqrt[n]{a}$ zwischen k und $k + 1$.

- Wegen $4^2 = 16$ und $5^2 = 25$ gilt: $\sqrt{20} \in [4, 5]$.
- Wegen $8^2 = 64$ und $9^2 = 81$ gilt: $\sqrt{80} \in [8, 9]$.
- Wegen $2^3 = 8$ und $3^3 = 27$ gilt: $\sqrt[3]{20} \in [2, 3]$.
- Wegen $4^3 = 64$ und $5^3 = 125$ gilt: $\sqrt[3]{80} \in [4, 5]$.
- Wegen $2^5 = 32$ und $3^5 = 3^2 \cdot 3^3 = 9 \cdot 27 > 100$ gilt: $\sqrt[5]{100} \in [2, 3]$.

Aufgabe 1.3.2

Bestimmen Sie die reellen Werte x, für die gilt:

A146

a) $\sqrt{2 + 3x} = 2$, \qquad b) $\sqrt{x - 2} = \frac{1}{3}x$,

c) $\sqrt{1 - x} = x - 2$, \qquad d) $\sqrt{32 - 16x} = x - 5$,

e) $\sqrt{x + 2} = x$, \qquad f) $\sqrt{8 - 4x} = x - 3$.

(Beachten Sie, dass Quadrieren keine Äquivalenzumformung ist; es können sich „falsche Lösungen" einschleichen!)

Lösung:

Erfüllen x-Werte eine Gleichung, so erfüllen Sie auch die Gleichung, die dadurch entsteht, dass man linke und rechte Seite quadriert. Erhält man dann durch Auflösen dieser quadrierten Gleichung eine Lösungsmenge L, so gilt: Erfüllt ein x die ursprüngliche Gleichung, so muss $x \in L$ sein. Umgekehrt muss aber nicht jedes $x \in L$ die ursprüngliche Gleichung erfüllen, da Quadrieren nur eine Folgerung und keine Äquivalenzumformung ist. Die Werte in L muss man daher in die ursprüngliche Gleichung einsetzen, um zu testen, ob sie tatsächlich Lösungen sind.

Im Folgenden werden die Gleichungen im ersten Schritt jeweils quadriert. Die entstehende Gleichung wird dann aufgelöst. Anschließend werden die Kandidaten zum Test in die ursprüngliche Gleichung eingesetzt.

a) $\sqrt{2+3x} = 2 \;\Rightarrow\; 2+3x = 4 \;\Leftrightarrow\; 3x = 2 \;\Leftrightarrow\; x = \dfrac{2}{3}.$

Test: $\sqrt{2+3\cdot\frac{2}{3}} = \sqrt{2+2} = 2$ ist richtig.

Die Gleichung ist also für $x = \frac{2}{3}$ erfüllt.

b) $\sqrt{x-2} = \dfrac{1}{3}x \;\Rightarrow\; x-2 = \dfrac{1}{9}x^2 \;\Leftrightarrow\; x^2 - 9x + 18 = 0.$

Beispielsweise mit der p-q-Formel (s. Satz 1.1.15) kann man nachrechnen, dass diese quadratische Gleichung die Lösungen $x = 6$ und $x = 3$ besitzt.

Test: $\sqrt{6-2} = \sqrt{4} = 2 = \frac{1}{3}\cdot 6$ ist richtig,

$\sqrt{3-2} = 1 = \frac{1}{3}\cdot 3$ ist richtig.

Die Gleichung ist also für $x = 3$ und für $x = 6$ erfüllt.

c) $\sqrt{1-x} = x-2 \;\Rightarrow\; 1-x = x^2 - 4x + 4 \;\Leftrightarrow\; x^2 - 3x + 3 = 0.$

Wie man beispielsweise mit der p-q-Formel oder mit quadratischer Ergänzung sieht, hat diese und damit auch die ursprüngliche Gleichung keine reelle Lösung x.

d) $\sqrt{32-16x} = x-5 \;\Rightarrow\; 32-16x = x^2 - 10x + 25$

$\Leftrightarrow\; x^2 + 6x - 7 = 0$

$\Leftrightarrow\; x = 1 \text{ oder } x = -7.$

Test: $\sqrt{32-16\cdot 1} = \sqrt{16} = 4 \neq 1-5,$

$\sqrt{32-16\cdot(-7)} = \sqrt{144} = 12 \neq -7-5.$

Die Gleichung ist also für kein x erfüllt.

e) $\sqrt{x+2} = x \;\Rightarrow\; x+2 = x^2 \;\Leftrightarrow\; x^2 - x - 2 = 0$

$\Leftrightarrow\; x = -1 \text{ oder } x = 2$

Test: $\sqrt{-1+2} = 1 \neq -1,$

$\sqrt{2+2} = 2$ ist richtig.

Die Gleichung ist also für $x = 2$ erfüllt.

f) $\sqrt{8-4x} = x-3 \;\Rightarrow\; 8-4x = x^2 - 6x + 9$

$\Leftrightarrow\; x^2 - 2x + 1 = 0 \;\Leftrightarrow\; (x-1)^2 = 0$

$\Leftrightarrow\; x = 1.$

Test: $\sqrt{8-4\cdot 1} = 2 \neq -2 = 1-3.$

Die Gleichung ist also für keinen Wert x erfüllt.

Aufgabe 1.3.3

Gibt es Zahlen $a, b > 0$ mit

$$\sqrt{a+b} = \sqrt{a} + \sqrt{b}?$$

A147

Lösung:

Aus $\sqrt{a+b} = \sqrt{a} + \sqrt{b}$ folgt durch Quadrieren:

$$\left(\sqrt{a+b}\right)^2 = \left(\sqrt{a} + \sqrt{b}\right)^2$$
$$\Leftrightarrow \quad a+b \;=\; \left(\sqrt{a}\right)^2 + 2\sqrt{a} \cdot \sqrt{b} + \left(\sqrt{b}\right)^2 \;=\; a + 2\sqrt{a} \cdot \sqrt{b} + b$$
$$\Leftrightarrow \quad 0 \;=\; 2 \cdot \sqrt{a} \cdot \sqrt{b}.$$

Dies wird für keine $a, b > 0$ erfüllt. Es gibt also keine solchen Zahlen.

1.3.2 Arcus-Funktionen

Aufgabe 1.3.4

Berechnen Sie den Winkel α (in Bogenmaß und Grad) in den abgebildeten Dreiecken. (Die Zeichnungen sind nicht maßstabsgetreu; nutzen Sie einen Taschenrechner)

A148

a)   b)   c)   d)

Lösung:

Mittels geeigneter Arcus-Funktionen kann man den Winkel bei a) bis c) berechnen:

a) $\alpha = \arcsin \frac{5}{7} \approx 0.796 \;\hat{=}\; 45.58°.$

b) $\alpha = \arctan \frac{3}{4} \approx 0.644 \;\hat{=}\; 36.87°.$

c) $\alpha = \arccos \frac{2}{8} \approx 1.318 \;\hat{=}\; 75.52°.$

d) Da die Hypotenuse immer mindestens so lang ist wie eine Kathete, gibt es kein Dreieck, das eine Hypotenuse der Länge 6 und eine Kathete der Länge 7 besitzt. Wollte man mit dem Arcus-Sinus den Winkel berechnen, erhielte man $\arcsin \frac{7}{6}$, und damit einen Ausdruck, der wegen des Definitionsbereichs $[-1, 1]$ der Arcus-Sinus-Funktion nicht definiert ist.

Aufgabe 1.3.5

a) Welchen Winkel schließt die Gerade $y = \frac{1}{2}x$ mit der x-Achse ein?

b) Wie lautet der Zusammenhang zwischen der Steigung einer Geraden und dem Winkel zwischen der x-Achse und der Geraden allgemein.

Lösung:

a) An Abb. 1.48, links, sieht man, dass für den Winkel α zwischen der Geraden und der x-Achse gilt

$$\tan\alpha = \frac{1/2}{1} = \frac{1}{2} \quad\Leftrightarrow\quad \alpha = \arctan\frac{1}{2} \approx 0.464 \,\hat{=}\, 26.57°.$$

b) Bei einer Steigung m sieht man mit Hilfe eines Steigungsdreiecks (s. Abb. 1.48, Mitte)

$$\tan\alpha = \frac{m}{1} = m \quad\Leftrightarrow\quad \alpha = \arctan m.$$

Bei einer negativen Steigung erhält man durch den Arcus-Tangens einen negativen Winkel, der ausdrückt, dass man im mathematisch negativen Sinn, also im Uhrzeigersinn, dreht, s. Abb. 1.48, rechts.

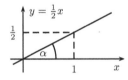 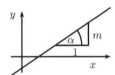 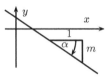

Abb. 1.48 Winkel zwischen Gerade und x-Achse.

Aufgabe 1.3.6

15% Steigung einer Straße bedeutet, dass die Straße bei 100m in horizontaler Richtung um 15m ansteigt.

Welchem Winkel zwischen Straße und der Waagerechten entspricht eine Steigung von 15%, welchem Winkel eine Steigung von 100%?

Lösung:

Wie man an Abb. 1.49 sieht, bedeutet 15% Steigung für den Winkel α, dass $\tan\alpha = \frac{15\,\text{m}}{100\,\text{m}} = \frac{15}{100}$ ist, also

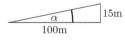

Abb. 1.49 15% Steigung.

$$\alpha \;=\; \arctan\frac{15}{100} \;\approx\; 8.53°.$$

Bei 100% Steigung ist $\tan\alpha = \frac{100\,\text{m}}{100\,\text{m}} = 1$, also

$$\alpha \;=\; \arctan 1 \;\approx\; 45°,$$

was man an Abb. 1.50 auch direkt sieht.

Abb. 1.50 100% Steigung.

Die Ergebnisse erhält man auch bei Anwendung der Formel $\alpha = \arctan m$ von Aufgabe 1.3.5, da beispielsweise 15% Steigung eine Steigung $m = 0.15$ bedeutet.

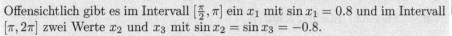

Aufgabe 1.3.7

Offensichtlich gibt es im Intervall $\left[\frac{\pi}{2}, \pi\right]$ ein x_1 mit $\sin x_1 = 0.8$ und im Intervall $[\pi, 2\pi]$ zwei Werte x_2 und x_3 mit $\sin x_2 = \sin x_3 = -0.8$.

Berechnen Sie diese Werte mithilfe der arcsin-Funktion Ihres Taschenrechners unter Ausnutzung von Symmetrieüberlegungen.

A151

Lösung:

Der Taschenrechner liefert

$$x_0 \;=\; \arcsin 0.8 \;\approx\; 0.9273,$$

also den Wert x aus dem Intervall $\left[-\frac{\pi}{2}, \frac{\pi}{2}\right]$ mit $\sin x = 0.8$.

Wegen der Symmetrien, die man in Abb. 1.51 sieht, gilt für die gesuchten Punkte

$$x_1 \;=\; \pi - x_0 \;\approx\; 2.2143,$$
$$x_2 \;=\; \pi + x_0 \;\approx\; 4.0689,$$
$$x_3 \;=\; 2\pi - x_0 \;\approx\; 5.3559.$$

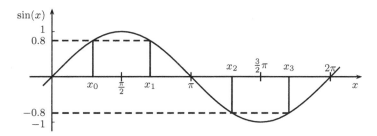

Abb. 1.51 Sinusfunktion im Intervall $[0, 2\pi]$.

A152

Aufgabe 1.3.8

Der Bodensee ist ca. 50 km lang (Konstanz-Bregenz).

a) Wieviel steht der Bodensee über?

Genauer: Wie tief läge ein straff gespanntes Seil unter dem durch die Erdkrümmung aufgewölbten Wasserspiegel?

b) Wieviel kürzer ist das gespannte Seil gegenüber einem auf der Wasseroberfläche schwimmenden?

Stellen Sie zunächst eine Formel für die Höhe h bzw. die Längendifferenz Δl in Abhängigkeit vom Erdradius R und der Entfernung l zwischen Konstanz und Bregenz auf, bevor Sie die konkreten Werte einsetzen. (Es ist $R \approx 6370$ km.)

c) Welche Werte erhalten Sie für einen 100 m langen See?

(Nutzen Sie einen Taschenrechner.)

Lösung:

Die Aufgabenstellung sagt nicht, ob die Entfernung l als direkte Linie oder entlang der Erdkrümmung, also der Wasserlinie, gemessen werden. Im Folgenden werden beide Interpretationen betrachtet. Es wird sich herausstellen, dass sich je nach Interpretation zwar andere Formeln ergeben, die Zahlenwerte aber (fast) übereinstimmen.

Variante 1: Entfernung als direkte Linie.

a) Mit den Bezeichnungen aus Abb. 1.52 ist nach dem Satz des Pythagoras

$$\left(\frac{l}{2}\right)^2 + x^2 = R^2$$

$$\Leftrightarrow x = \sqrt{R^2 - \left(\frac{l}{2}\right)^2}$$

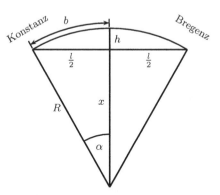

und

$$x + h = R,$$

also

Abb. 1.52 50 km als direkte Linie.

$$h = R - x = R - \sqrt{R^2 - \left(\frac{l}{2}\right)^2}.$$

Mit $R = 6370$ km und $l = 50$ km erhält man mit Hilfe eines Taschenrechners $h \approx 0.05$ km $= 50$ m.

Der Bodensee steht also ca. 50 m über.

b) Ist α im Bogenmaß gegeben, so gilt für die halbe Länge des schwimmenden Seils (s. Abb. 1.52)

$$b = R \cdot \alpha.$$

Dabei ist

$$\sin \alpha = \frac{l/2}{R} \quad \Leftrightarrow \quad \alpha = \arcsin \frac{l}{2R}.$$

Damit ergibt sich als Länge des schwimmenden Seils

$$2 \cdot b = 2 \cdot R \cdot \arcsin \frac{l}{2R}$$

und als Längendifferenz

$$\Delta l = 2 \cdot b - l = 2 \cdot R \cdot \arcsin \frac{l}{2R} - l.$$

Bei $R = 6370 \, \text{km}$ und $l = 50 \, \text{km}$ erhält man mit einem Taschenrechner

$$\Delta l \approx 0.00013 \, \text{km} = 13 \, \text{cm}.$$

Das gespannte Seil ist also ca. 13cm kürzer.

c) Mit $l = 100 \, \text{m} = 0.1 \, \text{km}$ erhält man bei guten Taschenrechnern (die mit 12 oder mehr Stellen rechnen)

$$h \approx 0.2 \cdot 10^{-6} \, \text{km} \approx 0.2 \, \text{mm},$$

$$\Delta l \approx 10^{-12} \, \text{km} = 10^{-6} \, \text{mm}.$$

Bei Rechnern mit weniger Stellen können auf Grund numerischer Aspekte sinnlose Ergebnisse entstehen, da die Werte Differenzen sehr nahe beieinander liegender Zahlen sind.

Variante 2: Entfernung entlang der Wasserlinie.

a) Mit den Bezeichnungen aus Abb. 1.53 ist, wenn man den Winkel α im Bogenmaß betrachtet,

$$R \cdot \alpha = \frac{l}{2}$$

$$\Leftrightarrow \alpha = \frac{l/2}{R} = \frac{l}{2R}.$$

Wegen $x = R \cdot \cos \alpha$ ist damit

$$h = R - x = R - R \cdot \cos \alpha$$

$$= R \cdot (1 - \cos \frac{l}{2R}).$$

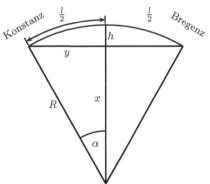

Abb. 1.53 50 km als Wasserlinie.

Mit dem Taschenrechner erhält man zu $R = 6370 \, \text{km}$ und $l = 50 \, \text{km}$ (fast) den gleichen Wert wie bei Variante 1: $h \approx 0.05 \, \text{km} = 50 \, \text{m}$.

b) Wegen $y = R \cdot \sin \alpha$ ergibt sich als Längendifferenz

$$\Delta l = l - 2 \cdot y = l - 2 \cdot R \cdot \sin \frac{l}{2R}.$$

Bei $R = 6370 \, \text{km}$ und $l = 50 \, \text{km}$ erhält man mit einem Taschenrechner wie bei Variante 1 $\Delta l \approx 0.00013 \, \text{km} = 13 \, \text{cm}$.

c) Wie bei Variante 1 erhält man bei guten Taschenrechnern (die mit 12 oder mehr Stellen rechnen) zu $l = 100 \, \text{m} = 0.1 \, \text{km}$

$$h \approx 0.2 \cdot 10^{-6} \, \text{km} \approx 0.2 \, \text{mm},$$

$$\Delta l \approx 10^{-12} \, \text{km} = 10^{-6} \, \text{mm}.$$

Bei Rechnern mit weniger Stellen können auf Grund der Differenzen sehr nahe beieinander liegender Zahlen sinnlose Ergebnisse entstehen.

1.3.3 Logarithmus

A153

Aufgabe 1.3.9

Überlegen Sie sich, zwischen welchen zwei ganzen Zahlen die Lösungen x zu den folgenden Gleichungen liegen.

a) $10^x = 20$,   b) $2^x = 10$,   c) $3^x = 0.5$,   d) $8^x = 3$,

e) $0.7^x = 0.3$,   f) $4^x = 1.1$,   g) $0.5^x = 4$,   h) $0.2^x = 0.5$.

Wie kann man die Lösung mit Hilfe des Logarithmus ausdrücken?

Berechnen Sie die genaue Lösung mit einem Taschenrechner.

Lösung:

Durch Einsetzen verschiedener x-Werte erhält man Werte a^x, an denen man sich orientieren kann: Ist $a^{x_1} < b < a^{x_2}$, so liegt die Lösung x zu $a^x = b$ zwischen x_1 und x_2.

Die exakte Lösung zu $a^x = b$ ist $\log_a b$. Um diesen Ausdruck mit einem Taschenrechner zu berechnen, der nur eine ln-Funktion besitzt, kann man ihn nach Satz 1.3.9, 5., schreiben als $\log_a b = \frac{\ln b}{\ln a}$.

a) Es ist $10^1 = 10$ und $10^2 = 100$, also ist $x \in [1, 2]$. Genau ist

$$x = \log_{10} 20 = \frac{\ln 20}{\ln 10} \approx 1.301.$$

b) Es ist $2^3 = 8$ und $2^4 = 16$, also $x \in [3,4]$. Genau ist

$$x = \log_2 10 = \frac{\ln 10}{\ln 2} \approx 3.322.$$

c) Da 3^x für $x > 0$ größer als Eins ist, muss $x < 0$ sein, aber $x > -1$, da $3^{-1} = \frac{1}{3} \approx 0.33$, also $x \in [-1,0]$. Genau ist

$$x = \log_3 0.5 = \frac{\ln 0.5}{\ln 3} \approx -0.631.$$

d) Wegen $8^0 = 1$ und $8^1 = 8$ ist $x \in [0,1]$.

Man kann hier ohne Taschenrechner auch genauer abschätzen: Wegen $9^{0.5} = \sqrt{9} = 3$ ist $8^{0.5} = \sqrt{8}$ ein bisschen kleiner als 3; daher ist die Lösung zu $8^x = 3$ ein bisschen größer als 0.5.

Genau ist

$$x = \log_8 3 = \frac{\ln 3}{\ln 8} \approx 0.528.$$

e) Wegen $0.7^2 = 0.49$ ist $x > 2$. Wegen

$$0.7^3 = 0.7 \cdot 0.7^2 = 0.7 \cdot 0.49 \approx 0.7 \cdot 0.5 = 0.35 > 0.3$$

ist sogar $x > 3$. Wegen

$$0.7^4 = (0.7^2)^2 = 0.49^2 < 0.5^2 = 0.25 < 0.3$$

ist $x \in [3,4]$. Genau ist

$$x = \log_{0.7} 0.3 = \frac{\ln 0.3}{\ln 0.7} \approx 3.376.$$

f) Wegen $4^0 = 1$ und $4^1 = 4$ ist $x \in [0,1]$ (und nahe bei 0). Genau ist

$$x = \log_4 1.1 = \frac{\ln 1.1}{\ln 4} \approx 0.069.$$

g) Es ist genau $x = -2$, denn

$$0.5^{-2} = \left(\frac{1}{0.5}\right)^2 = 2^2 = 4.$$

h) Wegen $0.2^0 = 1$ und $0.2^1 = 0.2$ ist $x \in [0,1]$. Genau ist

$$x = \log_{0.2} 0.5 = \frac{\ln 0.5}{\ln 0.2} \approx 0.431.$$

A154

Aufgabe 1.3.10

a) Welche Werte haben $\log_2 8$ und $\log_8 2$ bzw. $\log_{0.1} 100$ und $\log_{100} 0.1$?

b) Sehen Sie bei a) einen Zusammenhang zwischen $\log_a b$ und $\log_b a$?
   Gilt dieser Zusammenhang allgemein?

Lösung:

a) Wegen $2^3 = 8$ ist $\log_2 8 = 3$ und wegen $8^{1/3} = \sqrt[3]{8} = 2$ ist $\log_8 2 = \frac{1}{3}$.

   Wegen $0.1^{-2} = \left(\frac{1}{10}\right)^{-2} = 10^2 = 100$ ist $\log_{0.1} 100 = -2$.

   Wegen $100^{-1/2} = \frac{1}{\sqrt{100}} = \frac{1}{10} = 0.1$ ist $\log_{100} 0.1 = -\frac{1}{2}$.

b) Es gilt

$$\log_a b \;=\; \frac{1}{\log_b a}, \tag{$*$}$$

denn setzt man $x = \log_a b$, so gilt $a^x = b$. Durch Potenzierung mit $\frac{1}{x}$ erhält man daraus $a = b^{1/x}$, was gleichbedeutend mit $\log_b a = \frac{1}{x} = \frac{1}{\log_a b}$ ist.

Alternativ kann man mit Satz 1.3.9, 5., schließen

$$\log_a b \cdot \log_b a \;=\; \log_a a \;=\; 1,$$

woraus $(*)$ folgt.

A155

Aufgabe 1.3.11 (Fortsetzung von Aufgabe 1.1.33)

Wie oft müssen Sie eine $\frac{1}{2}$ cm dicke Zeitung falten, um auf dem Mond (Entfernung ca. 300000km) zu landen, wie oft, um die Sonne (ca. 150 Millionen km entfernt) zu erreichen?

Versuchen Sie die Lösungen ohne Taschenrechner abzuschätzen.

Lösung:

Wie schon bei Aufgabe 1.1.33 überlegt, erhält man nach n-maligem Falten die Dicke $d_n = 2^n \cdot \frac{1}{2}$ cm.

Um auf dem Mond zu landen, braucht man nun ein n mit

$$300000\,\text{km} \;\approx\; 2^n \cdot 1\,\text{cm}$$
$$\Leftrightarrow \quad 3 \cdot 10^5 \cdot 10^3\,\text{m} \;\approx\; 2^n \cdot 10^{-2}\,\text{m}$$
$$\Leftrightarrow \qquad\qquad 2^n \;\approx\; 3 \cdot 10^5 \cdot 10^3 \cdot 10^2 \;=\; 3 \cdot 10^{10}$$
$$\Leftrightarrow \qquad\qquad n \;\approx\; \log_2(3 \cdot 10^{10}).$$

Um $\log_2(3 \cdot 10^{10})$ grob abzuschätzen, kann man

$$10^3 \;=\; 1000 \;\approx\; 1024 \;=\; 2^{10}$$

nutzen und erhält

$$3 \cdot 10^{10} \;=\; 3 \cdot 10 \cdot \left(10^3\right)^3 \;\approx\; 30 \cdot \left(2^{10}\right)^3 \;\approx\; \underbrace{32}_{=2^5} \cdot \left(2^{10}\right)^3$$
$$=\; 2^{5+30} \;=\; 2^{35},$$

also $\log_2(3 \cdot 10^{10}) \approx 35$.

Alternativ kann man wegen $10 \approx 8 = 2^3$ annähern, dass $\log_2 10 \approx 3$. Damit erhält man

$$\log_2(3 \cdot 10^{10}) \;=\; \log_2 3 + 10 \cdot \log_2 10$$
$$\approx\quad 1.5 \;\; + 10 \cdot \quad 3 \quad \approx\; 32.$$

(Tatsächlich ist $\log_2(3 \cdot 10^{10}) \approx 34.8$.)

Um auf der Sonne zu landen, braucht man ein n mit

$$150 \cdot 10^6\,\text{km} \;=\; 2^n \cdot 10^{-2}\,\text{m}$$
$$\Leftrightarrow \qquad 2^n \;=\; 150 \cdot 10^6 \cdot 10^3 \cdot 10^2 \;=\; 15 \cdot 10^{12}$$
$$\Leftrightarrow \qquad n \;=\; \log_2(15 \cdot 10^{12}).$$

Von Hand abgeschätzt erhält man

$$15 \cdot 10^{12} \;\approx\; 16 \cdot \left(10^3\right)^4 \;=\; 2^4 \cdot \left(2^{10}\right)^4 \;=\; 2^{44},$$

also $\log_2(15 \cdot 10^{12}) \approx 44$.

(Tatsächlich ist $\log_2(15 \cdot 10^{12}) \approx 43.8$.)

Man muss also ca. 35 mal Falten, um auf dem Mond zu landen, und 44 mal, um die Sonne zu erreichen.

Aufgabe 1.3.12 (beispielhafte Klausuraufgabe, 10 Minuten)

A156

In einem Labor werden Bakterien beobachtet, die sich durch Zellteilung exponentiell vermehren, d.h., die Bakterienanzahl kann durch die Funktion

$$f(t) \;=\; a \cdot 2^{\lambda \cdot t}$$

mit der Zeit t, einem Parameter a und der Vermehrungsrate λ beschrieben werden. Zu einem bestimmten Zeitpunkt beobachtet man 100 Bakterien, 2 Tage später sind es 800.

Wie groß ist die Vermehrungsrate λ?

Lösung:

Sei t_0 der Zeitpunkt der ersten Beobachtung (man kann auch $t_0 = 0$ setzen) in Einheit Tagen.

Dann ist $f(t_0) = 100$ und $f(t_0 + 2) = 800$, also

$$100 \; = \; f(t_0) \; = \; a \cdot 2^{\lambda \cdot t_0} \tag{$*$}$$

und

$$800 \; = \; f(t_0 + 2) \; = \; a \cdot 2^{\lambda \cdot (t_0 + 2)} \; = \; a \cdot 2^{\lambda \cdot t_0 + 2\lambda} \; = \; a \cdot 2^{\lambda \cdot t_0} \cdot 2^{2\lambda}.$$

Mit $(*)$ folgt dann $800 = 100 \cdot 2^{2 \cdot \lambda}$, also

$$8 \; = \; 2^{2 \cdot \lambda} \quad \Leftrightarrow \quad 2 \cdot \lambda \; = \; \log_2 8 \; = \; 3 \quad \Leftrightarrow \quad \lambda \; = \; \frac{3}{2}.$$

Die Vermehrungsrate ist also $\lambda = \frac{3}{2}$.

A157

Aufgabe 1.3.13 (Fortsetzung von Aufgabe 1.1.34)

  a) Wann hat sich ein Guthaben bei einem Zinssatz $p = 3\% = 0.03$ verdoppelt?

  b) Wie groß muss der Zinssatz sein, damit sich ein Guthaben nach 15 Jahren verdoppelt hat?

Berechnen Sie die Werte einerseits ohne, andererseits mit Zinseszins.

Nutzen Sie einen Taschenrechner.

Lösung:

Nach Aufgabe 1.1.34 ist ein Guthaben G bei einem Zinssatz p innerhalb von n Jahren

  1) ohne Zinseszins auf $G_n = (1 + np) \cdot G$,

  2) mit Zinseszins auf $G_n = (1 + p)^n \cdot G$

gewachsen.

  a) Es ist jeweils ein n gesucht mit $G_n \approx 2 \cdot G$.

    1) Ohne Zinseszins:

$$G_n \; = \; (1 + np) \cdot G \; = \; 2 \cdot G$$

$$\Leftrightarrow \quad 1 + np \; = \; 2 \quad \Leftrightarrow \quad np \; = \; 1 \quad \Leftrightarrow \quad n \; = \; \frac{1}{p}.$$

      Bei $p = 3\% = 0.03$ ergibt sich $n = \frac{1}{0.03} \approx 33.3$.

    2) Mit Zinseszins:

$$G_n = (1+p)^n \cdot G = 2 \cdot G$$
$$\Leftrightarrow (1+p)^n = 2 \quad \Leftrightarrow \quad n = \log_{1+p} 2.$$

Bei $p = 3\% = 0.03$ ergibt sich $n = \log_{1.03} 2 = \frac{\ln 2}{\ln 1.03} \approx 23.4$.

b) Gesucht ist jeweils das p, so dass $G_{15} = 2 \cdot G$ ist.

1) Ohne Zinseszins:

$$G_{15} = (1 + 15 \cdot p) \cdot G = 2 \cdot G$$
$$\Leftrightarrow 1 + 15p = 2 \quad \Leftrightarrow \quad 15 \cdot p = 1$$
$$\Leftrightarrow p = \frac{1}{15} \approx 6.67\%.$$

2) Mit Zinseszins:

$$G_{15} = (1+p)^{15} \cdot G = 2 \cdot G$$
$$\Leftrightarrow (1+p)^{15} = 2 \quad \Leftrightarrow \quad 1 + p = \sqrt[15]{2}$$
$$\Leftrightarrow p = \sqrt[15]{2} - 1 \approx 0.0473 = 4.73\%.$$

Aufgabe 1.3.14

Zeigen Sie, dass

$$\operatorname{ld} x \approx \ln x + \log x$$

A158

mit einer Abweichung weniger als 1% gilt. (Dabei bezeichnet log den Logarithmus zur Basis 10. Nutzen Sie einen Taschenrechner.)

Lösung:

Um die Ausdrücke zueinander in Beziehung zu setzen kann man die Logarithmen entsprechend Satz 1.3.9, 5., auf eine einheitliche Basis umschreiben, beispielsweise auf die Basis 2:

$$\ln x = \frac{\operatorname{ld} x}{\operatorname{ld} e} \quad \text{und} \quad \log x = \frac{\operatorname{ld} x}{\operatorname{ld} 10}.$$

Also ist

$$\ln x + \log x = \frac{\operatorname{ld} x}{\operatorname{ld} e} + \frac{\operatorname{ld} x}{\operatorname{ld} 10} = \left(\frac{1}{\operatorname{ld} e} + \frac{1}{\operatorname{ld} 10}\right) \cdot \operatorname{ld} x.$$

Mit Hilfe eines Taschenrechners erhält man $\frac{1}{\operatorname{ld} e} + \frac{1}{\operatorname{ld} 10} \approx 0.9941$, also

$$\ln x + \log x \approx 0.9941 \cdot \operatorname{ld} x$$

Der Fehler in der Approximation beträgt also sogar weniger als 0.6%.

A159

Aufgabe 1.3.15

Welche Funktionen sind in den folgenden Schaubildern (mit zum Teil logarithmischer Skalierung) durch die Geraden dargestellt?

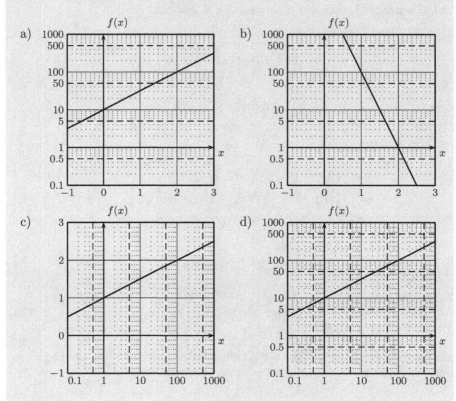

Lösung:

a) Die Funktionswerte sind logarithmisch abgetragen, d.h. $\log f(x)$ entspricht einer linearen Skalierung. Die dargestellte Gerade hat bezüglich einer linearen Skalierung, bei der 10 der 1 entspricht, 100 der 2 u.s.w. (also einer logarithmischen Transformation zur Basis 10) die Gestalt

$$y = \tfrac{1}{2}x + 1.$$

Für die dargestellte Funktion gilt also

$$\log_{10} f(x) = \tfrac{1}{2}x + 1$$

und damit

$$f(x) = 10^{\frac{1}{2}x+1} = \left(10^{\frac{1}{2}}\right)^{x} \cdot 10^{1} = 10 \cdot (\sqrt{10})^{x}.$$

b) Die Überlegungen sind entsprechend zu a):

Aus der Gleichung

$$y \;=\; -2x + 4$$

der dargestellten Gerade erhält man

$$\log_{10} f(x) \;=\; -2x + 4$$

und damit

$$f(x) \;=\; 10^{-2x+4} \;=\; \left(10^{-2}\right)^{x} \cdot 10^{4} \;=\; 10000 \cdot \left(\frac{1}{100}\right)^{x}.$$

c) Die x-Werte sind logarithmisch abgetragen. Versieht man die Grafik mit einer linearen Skalierung, bei der 10 der 1 entspricht, 100 der 2 u.s.w. (also einer logarithmischen Transformation zur Basis 10), so erhält man eine Geradengleichung, bei der man dann den x-Wert durch $\log_{10} x$ ersetzen muss, um die tatsächliche Skalierung zu berücksichtigen. Man erhält also

$$f(x) \;=\; \tfrac{1}{2} \cdot \log_{10} x + 1.$$

d) Beide Achsen sind logarithmisch dargestellt. Eine Kombination der Überlegungen aus a) und b) führt zu

$$\log_{10} f(x) \;=\; \tfrac{1}{2} \cdot \log_{10} x + 1,$$

also

$$f(x) \;=\; 10^{\frac{1}{2} \cdot \log_{10} x + 1} \;=\; \left(10^{\log_{10} x}\right)^{1/2} \cdot 10^{1} \;=\; 10 \cdot (x)^{1/2}$$
$$=\; 10 \cdot \sqrt{x}.$$

Aufgabe 1.3.16

A160

Signal-zu-Rausch-Verhältnisse (*SNR: signal-to-noise-ratio*) werden häufig in Dezibel (dB) angegeben. Dabei ist Bel (B) der Logarithmus zur Basis 10 des Verhältnisses. Zehn Dezibel entsprechen einem Bel, so dass sich mit der Signalleistung S und der Rauschleistung R das SNR in dB ergibt durch

$$\text{SNR} \;=\; 10 \cdot \log_{10} \frac{S}{R} \; [\text{dB}].$$

a) Welchen Wert hat das SNR bei einer Signalleistung $S = 10\,\text{W}$ und einer Rauschleistung von $R = 0.1\,\text{W}$?

b) Um wieviel ändert sich SNR, wenn man die Signalleistung verdoppelt?

Lösung:

a) Bei $S = 10\,\text{W}$ und $R = 0.1\,\text{W}$ ist konkret

$$\text{SNR} = 10 \cdot \log_{10} \frac{10\,\text{W}}{0.1\,\text{W}}\,\text{dB} = 10 \cdot \log_{10} 100\,\text{dB} = 10 \cdot 2\,\text{dB}$$
$$= 20\,\text{dB}.$$

b) Mit den Werten aus a) ist bei doppelter Signalleistung

$$\text{SNR} = 10 \cdot \log_{10} \frac{2 \cdot 10\,\text{W}}{0.1\,\text{W}}\,\text{dB} = 10 \cdot \log_{10} 200\,\text{dB} \approx 10 \cdot 2.3\,\text{dB}$$
$$= 23\,\text{dB}.$$

Allgemein gilt bei einer Verdoppelung von S:

$$10 \cdot \log_{10} \frac{2 \cdot S}{R} = 10 \cdot \log_{10} \left(2 \cdot \frac{S}{R} \right)$$
$$= 10 \cdot \left(\log_{10} 2 + \log_{10} \frac{S}{R} \right)$$
$$= 10 \cdot \log_{10} 2 + 10 \cdot \log_{10} \frac{S}{R}$$
$$\approx \quad 3 \quad + \text{ alte SNR}.$$

Bei einer Verdoppelung der Signalleistung erhöht sich das SNR also um $3\,\text{dB}$.

A161

Aufgabe 1.3.17

Zeigen Sie: Für die Umkehrfunktion arsinh zu $f(x) = \sinh x$ gilt:

$$\text{arsinh}\, y = \ln \left(y + \sqrt{y^2 + 1} \right).$$

Anleitung: Zur Bestimmung der Umkehrfunktion müssen Sie die Gleichung $f(x) = y$ nach x umstellen. Nutzen Sie dazu die Definition von $\sinh x$, führen Sie die Substitution $z = e^x$ durch und stellen Sie die Gleichung zunächst nach z um.

Lösung:

Ziel ist das Umstellen der Formel

$$y = \sinh x = \frac{1}{2} \cdot (e^x - e^{-x})$$

nach x.

Mit $z = e^x$, also

$$e^{-x} = (e^x)^{-1} = z^{-1} = \frac{1}{z}$$

erhält man:

$$y = \frac{1}{2} \cdot \left(z - \frac{1}{z}\right) = \frac{z^2 - 1}{2z}$$
$$\Leftrightarrow \quad 2zy = z^2 - 1$$
$$\Leftrightarrow \quad 0 = z^2 - 2yz - 1.$$

Für diese quadratische Gleichung bzgl. z kann man mit der p-q-Formel (s. Satz 1.1.15) die Lösungen finden:

$$z = y \pm \sqrt{y^2 + 1}.$$

Der „$-$"-Ausdruck ist immer negativ, denn wegen $\sqrt{y^2 + 1} > \sqrt{y^2} = |y|$ wird von y etwas betragsmäßig größeres abgezogen. Da $z = e^x$ aber immer positiv ist, kommt nur die „$+$" - Lösung in Frage, also

$$e^x = z = y + \sqrt{y^2 + 1}$$

und damit

$$x = \ln\left(y + \sqrt{y^2 + 1}\right).$$

Aufgabe 1.3.18 (beispielhafte Klausuraufgabe, 8 Minuten)

Markieren Sie den richtigen (gerundeten) Zahlenwert.

(Sie brauchen Ihre Angabe nicht zu begründen)

A162

$\sin 4 =$		$\cos 3 =$		$\arcsin 0.5 =$		$\arccos 0.2 =$	
-0.757	$\checkmark$	0.141		-0.314		0.201	
0.241		-0.324		0.523	$\checkmark$	1.369	$\checkmark$
0.891		-0.990	$\checkmark$	1.571		2.156	

$\sqrt{0.3} =$		$e^{-1} =$		$\log_3 5 =$		$\ln 0.2 =$	
0.09		-2.718		0.834		-1.609	$\checkmark$
0.325		0.368	$\checkmark$	1.465	$\checkmark$	0.156	
0.548	$\checkmark$	0.891		2.134		1.324	

Lösung:

In der Tabelle sind schon die richtigen Werte markiert.

Auf die Lösungen kann man folgendermaßen schließen:

Durch eine Skizze der Sinus- und Cosinus-Funktion und die ungefähre Lage von 3 und 4 (s. Abb.1.54) sieht man, dass unter den angegebenen Werten nur $\sin 4 \approx -0.757$ und $\cos 3 \approx -0.990$ möglich ist.

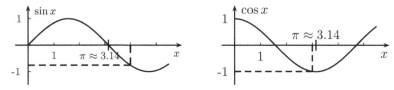

Abb. 1.54 Skizze zur Bestimmung von $\sin 4$ (links) und $\cos 3$ (rechts).

Fertigt man ähnlich Skizzen an zu den Intervallen, auf denen die Sinus- und Cosinus-Funktion umgekehrt werden, so kann man dort die x-Werte suchen, die den Sinuswert 0.5 bzw. den Cosinuswert 0.2 haben (s. Abb. 1.55). Unter den angegebenen Werten kommt dann nur $\arcsin 0.5 \approx 0.523$ und $\arccos 0.2 \approx 1.369$ in Frage.

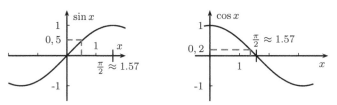

Abb. 1.55 Skizze zur Bestimmung von $\arcsin 0.5$ (links) und $\arccos 0.2$ (rechts).

Zur Abschätzung von $\sqrt{0.3}$ kann man sich überlegen, dass

$$0.5^2 \;=\; 0.25$$

ist, $\sqrt{0.3}$ also noch größer als 0.5 ist. Damit kommt nur $\sqrt{0.3} \approx 0.548$ in Frage. Mit $e \approx 3$ ist

$$e^{-1} \;\approx\; \frac{1}{3} \;\approx\; 0.3,$$

also bei den gegebenen Werten $e^{-1} \approx 0.368$.

Wegen $3^1 = 3$ und $3^2 = 9$ ist $\log_3 5 \in [1,2]$, also $\log_3 5 \approx 1.465$.

Damit $e^x = 0.2$ ist, muss $x < 0$ sein, also $\ln 0.2 \approx -1.609$.

Aufgabe 1.3.19 (beispielhafte Klausuraufgabe, 12 Minuten)

Markieren Sie zu a auf dem Zahlenstrahl jeweils (falls definiert) die ungefähre Lage von

$$x_1 = a^2, \quad x_2 = \sqrt{a}, \quad x_3 = \frac{1}{a}, \quad x_4 = 2^a, \quad x_5 = \log_2 a.$$

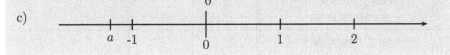

Lösung:

a) Es ist $a \approx 1.4 \approx \sqrt{2}$ also $a^2 \approx 2$, wobei sich nicht genau entscheiden lässt, ob $a^2 < 2$ oder $a^2 > 2$ ist.

Aus $a > 1$ folgt ferner $1 < \sqrt{a} < a$. Wegen $1 < a < 2$ ist $\frac{1}{a} \in]\frac{1}{2}, 1[$.

Bei $a > 1$ ist $2^a > 2$, und schließlich folgt aus $a \approx \sqrt{2}$, dass $\log_2 a \approx 0.5$ ist.

Damit erhält man Markierungen wie in Abb. 1.56.

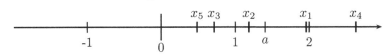

Abb. 1.56 Werte zu einem a mit $1 < a < 2$.

b) Bei Werten a mit $0 < a < 1$ ist $a^2 < a$ und $a < \sqrt{a} < 1$.

Da $\frac{1}{2} < a < 1$ ist, ist $\frac{1}{a} \in]1, 2[$, $2^a \in]2^{\frac{1}{2}}, 2^1[=]\sqrt{2}, 2[$ und $\log_2 a \in]-1, 0[$.

Damit erhält man Markierungen wie in Abb. 1.57.

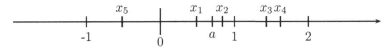

Abb. 1.57 Werte zu einem a mit $\frac{1}{2} < a < 1$.

c) Zu negativem a ist $\sqrt{a}$ und $\log_2 a$ nicht definiert.

Wegen $a < -1$ ist $a^2 > 1$, $\frac{1}{a} \in]-1, 0[$ und $2^a \in]0, \frac{1}{2}[$.

Damit erhält man Markierungen wie in Abb. 1.58.

Abb. 1.58 Werte zu einem a mit $a < -1$.

1.4 Modifikation von Funktionen

A164

Aufgabe 1.4.1

Was ist richtig?

Die Verkettung $g \circ f$ ist	gerade	ungerade	im Allgemeinen keines von beiden
a) wenn f und g gerade sind	√		
b) wenn f und g ungerade sind		√	
c) wenn f gerade und g ungerade ist	√		
d) wenn f ungerade und g gerade ist	√		

Lösung:

In der Tabelle sind schon die richtigen Häkchen gesetzt.

Dass die Symmetrien so wie angegeben tatsächlich sind, sieht man unter Benutzung der Definition von „gerade" und „ungerade" (s. Definition 1.2.1) wie folgt:

Bei einer geraden Funktion f ist $f(-x) = f(x)$. Daher gilt bei einer beliebigen (!) Funktion g:

$$g \circ f(-x) \; = \; g\left(f(-x)\right) \; \overset{f \text{ gerade}}{=} \; g(f(x)) \; = \; g \circ f(x)$$

d.h., $g \circ f(x)$ ist gerade. Da die Funktion g dabei beliebig ist, folgen die Behauptungen zu a) und c).

Sind f und g ungerade, so gilt $f(-x) = -f(x)$ und $g(-y) = -g(y)$, also

$$g \circ f(-x) \; = \; g(f(-x)) \; \overset{\substack{f \text{ un-}\\ \text{gerade}}}{=} \; g(-f(x)) \; \overset{\substack{g \text{ un-}\\ \text{gerade}}}{=} \; -g(f(x))$$

$$= \; -g \circ f(x).$$

d.h., $g \circ f(x)$ ist ungerade (Behauptung b)).

Ist f ungerade und g gerade, so gilt:

$$g \circ f(-x) \; = \; g(f(-x)) \; \overset{\substack{f \text{ un-}\\ \text{gerade}}}{=} \; g(-f(x)) \; \overset{g \text{ gerade}}{=} \; g(f(x)) \; = \; g \circ f(x),$$

d.h., $g \circ f(x)$ ist gerade (Behauptung d)).

Aufgabe 1.4.2

A165

Sei $f : \mathbb{R} \to \mathbb{R}$, $f(x) = x^2 + 1$ und $g : \mathbb{R} \to \mathbb{R}$, $g(x) = x^2 + px + q$ mit Parametern p und q.

Gibt es Parameterwerte für p und q, so dass $f \circ g = g \circ f$ ist?

Lösung:

Es ist

$$
\begin{aligned}
f \circ g(x) &= f(x^2 + px + q) = (x^2 + px + q)^2 + 1 \\
&= (x^2)^2 + (px)^2 + q^2 + 2 \cdot x^2 \cdot px + 2 \cdot x^2 \cdot q + 2 \cdot px \cdot q + 1 \\
&= x^4 + 2px^3 + (p^2 + 2q)x^2 + 2pqx + q^2 + 1
\end{aligned}
$$

und

$$
\begin{aligned}
g \circ f(x) &= g(x^2 + 1) = (x^2 + 1)^2 + p(x^2 + 1) + q \\
&= x^4 + 2x^2 + 1 + px^2 + p + q \\
&= x^4 + (2 + p)x^2 + 1 + p + q.
\end{aligned}
$$

Durch den Koeffizientenvergleich bei x^3 sieht man, dass $p = 0$ sein muss.

Durch den Koeffizientenvergleich bei x^2 sieht man, dass $p^2 + 2q = 2 + p$ sein muss, mit $p = 0$ also $2q = 2$ und damit $q = 1$.

Für $p = 0$ und $q = 1$ sind die beiden Ausdrücke tatsächlich gleich.

Das ist auch schon daher klar, dass dann $g(x) = x^2 + 1 = f(x)$ ist, und damit $f \circ g = f \circ f = g \circ f$ ist.

Aufgabe 1.4.3

A166

Sei $f(x) = 2x + 4$.

a) Bestimmen Sie die Umkehrfunktion f^{-1} zu f.

b) Berechnen Sie $f^{-1} \circ f$ und $f \circ f^{-1}$.

Lösung:

a) Umstellen von $y = 2x + 4$ nach x führt zu

$$
y = 2x + 4 \quad \Leftrightarrow \quad x = \frac{1}{2} \cdot (y - 4) = \frac{1}{2}y - 2,
$$

d.h., die Umkehrfunktion ist $f^{-1}(x) = \frac{1}{2}x - 2$.

b) Es ist

$$f^{-1} \circ f(x) \;=\; f^{-1}(2x+4) \;=\; \frac{1}{2} \cdot (2x+4) - 2 \;=\; x$$

und

$$f \circ f^{-1}(x) \;=\; f\left(\frac{1}{2}x - 2\right) \;=\; 2 \cdot \left(\frac{1}{2}x - 2\right) + 4 \;=\; x.$$

Das Ergebnis $f^{-1} \circ f(x) = x = f \circ f^{-1}(x)$ ist klar, da dies gerade ausdrückt, dass f^{-1} die Umkehrfunktion zu f ist.

A167

Aufgabe 1.4.4

Eine Rentenversicherung mit Kapitalauszahlung bietet zwei Modelle an:

Modell A:
Die Beiträge werden dem Bruttolohn entnommen und zu Beginn mit 20% versteuert. Die Auszahlung der verzinsten Beiträge ist dafür steuerfrei.

Modell B:
Die vollen Beiträge aus dem Bruttolohn werden verzinst. Am Ende wird der Auszahlungsbetrag mit 20% versteuert.

Welches Modell ist besser? Modellieren Sie das Problem mit Hilfe von Funktions-Verkettungen.

Lösung:

Sei p der Zinssatz und n die Anlagejahre.

Aus einem eingezahlten Guthaben G wird dann durch die Verzinsung mit Zinseszins (s. Aufgabe 1.1.34, b))

$$f(G) \;=\; (1+p)^n \cdot G.$$

Da nach Abzug der Steuern noch 80% des Kapitals verbleiben, kann die Versteuerung eines Betrags B beschrieben werden durch

$$s(B) \;=\; 0.8 \cdot B.$$

Die beiden Modelle führen diese beiden Funktionen in unterschiedlicher Reihenfolge aus:

- Modell A: Zuerst versteuern, dann verzinsen:

$$f \circ s(B) \;=\; f(s(B)) \;=\; f(0.8 \cdot B) \;=\; (1+p)^n \cdot 0.8 \cdot B.$$

- Modell B: Zuerst verzinsen, dann versteuern:

$$s \circ f(B) \;=\; s(f(B)) \;=\; s\left((1+p)^n \cdot B\right) \;=\; 0.8 \cdot (1+p)^n \cdot B$$
$$=\; f \circ s(B).$$

Hier ist also $f \circ s = s \circ f$, d.h. beide Modelle sind gleich gut.

Rechnet man ohne Zinseszins, ist $f(G) = (1 + np) \cdot G$ (s. Aufgabe 1.1.34, a)). Durch die gleiche multiplikative Struktur erhält man auch dann, dass beide Verkettungen das gleiche Ergebnis liefern.

Aufgabe 1.4.5

Das nebenstehende Diagramm zeigt den Funktionsgraf zur Funktion f.

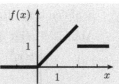

A168

1) Zeichnen Sie den Funktionsgraf zu

  a) $g(x) = f(x) - 2$,   b) $g(x) = f(x + 2)$,   c) $g(x) = f(2x)$,

  d) $g(x) = f(\frac{1}{2}x)$,   e) $g(x) = 2 \cdot f(x)$,   f) $g(x) = -f(x)$,

  g) $g(x) = f(-x)$,   h) $g(x) = f(x-1)-2$, i) $g(x) = f(-2x)$,

  j) $g(x) = f(2x) - 1$,   k) $g(x) = \frac{1}{2} \cdot f(2x)$,   l) $g(x) = 2 \cdot f(\frac{1}{2}x)$,

  m) $g(x) = 2f(x) - 1$,   n) $g(x) = 3 - f(x)$,   o) $g(x) = f(2x + 1)$,

  p) $g(x) = f(\frac{1}{2}x + 1)$,   q) $g(x) = f(3 - x)$,   r) $g(x) = -f(4 - 2x) + 3$.

2) Wie lautet der entsprechende Zusammenhang zwischen g und f bei folgenden Funktionsgrafen zu g?

a) 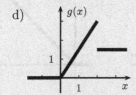 b) 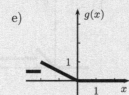 c)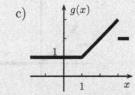

d) 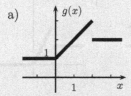 e) 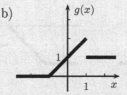 f)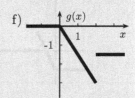

g) 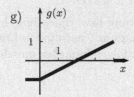 h)  i)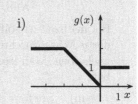

Lösung:

1) Durch Verschiebungen, Stauchungen, Streckungen und Spiegelungen wie in Abschnitt 1.4 beschrieben, kann man den ursprünglichen Funktionsgraf modifizieren. Bei den Teilaufgabe h) bis l) muss man zwei Operationen nacheinander ausführen, z.B. Stauchen und Verschieben, wobei die Reihenfolge keine Rolle spielt.

Abb. 1.59 zeigt die resultierenden Funktionsgrafen für a) bis l).

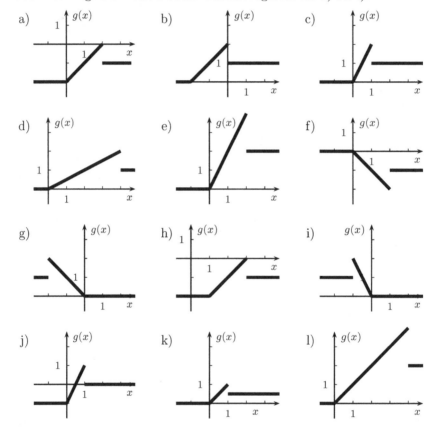

Abb. 1.59 Modifizierte Funktionsgrafen zu a) bis l).

Bei m) bzw. n) sollte man zunächst die Skalierung bzw. Spiegelung bzgl. der y-Achse durchführen, dann die Verschiebung um 1 nach unten bzw. 3 nach oben. Man kann die Funktionen aber auch folgendermaßen umschreiben:

$$\text{m)} \quad g(x) = 2f(x) - 1 = 2 \cdot (f(x) - 0.5),$$

$$\text{n)} \quad g(x) = 3 - f(x) = -(f(x) - 3).$$

In den rechten Darstellungen liegt es nahe, zunächst die Verschiebung durchzuführen (um 0.5 statt 1 nach unten bzw. 3 nach *unten* statt nach oben) und dann die Skalierung bzw. Spiegelung bzgl. der y-Achse, was auf das gleiche Bild führt. Abb. 1.60 zeigt die resultierenden Funktionsgrafen.

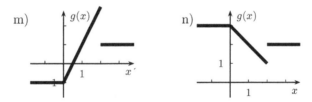

Abb. 1.60 Modifizierte Funktionsgrafen zu m) und n).

Bei o) bzw. p), also $g(x) = f(2x + 1)$ bzw. $g(x) = f(\frac{1}{2}x + 1)$ gibt es Verschiebungen und Skalierungen in x-Richtung. Hier sollte man zunächst jeweils um 1 nach links verschieben und dann skalieren. Das kann man sich z.B. bei o) damit überlegen, dass $h(x) = f(x + 1)$ die Verschiebung beschreibt; die anschließende Skalierung stellt dann $h(2x) = f(2x+1)$ dar. Würde man zunächst um den Faktor 2 skalieren und dann um 1 nach links verschieben, so würde $\tilde{h}(x) = f(2x)$ die skalierte Funktion beschreiben und $\tilde{h}(x + 1) = f(2(x + 1)) = f(2x + 2)$ die dann verschobene Funktion, was eine andere Funktion und ein anderes Bild ergäbe. Will man zuerst skalieren und dann verschieben, so muss man die skalierte Funktion $\tilde{h}$ nur um $\frac{1}{2}$ nach links verschieben, denn dann erhält man

$$\tilde{h}(x + \tfrac{1}{2}) = f(2(x + \tfrac{1}{2})) = f(2x + 1) = g(x).$$

Bei p) müsste man entsprechend die Hilfsfunktion $\tilde{h}(x) = f(\frac{1}{2}x)$ um 2 nach links verschieben.

Abb. 1.61 zeigt die Funktionsgrafen zu entsprechenden Hilfsfunktionen h und $\tilde{h}$ sowie zu g jeweils für o) und p).

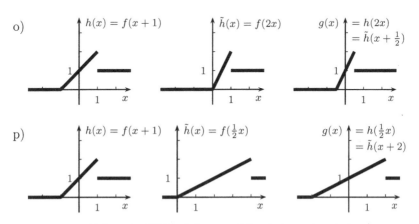

Abb. 1.61 Hilfsfunktionen und Ergebnis zu o) und p).

Bei q) ist es ähnlich: Man sollte zunächst um 3 nach links verschieben $(h(x) = f(x+3))$ und dann an der y-Achse spiegeln $(h(-x) = f(-x+3) = f(3 - x))$. Man kann die Funkion g auch schreiben als

$$g(x) \;=\; f(3-x) \;=\; f(-(x-3)).$$

Entsprechend der rechten Darstellung kann man zunächst eine Spiegelung an der y-Achse durchführen ($\tilde{h}(x) = f(-x)$) und dann um 3 nach *rechts* verschieben ($\tilde{h}(x-3) = f(-(x-3))$), s. Abb. 1.62.

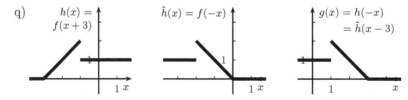

Abb. 1.62 Hilfsfunktionen und Ergebnis zu q).

Bei r) gibt es schließlich Modifikationen sowohl in x- als auch in y-Richtung, die man sich wie oben erläutert zusammen setzen kann. Abb. 1.63 zeigt den resultierenden Funktionsgrafen.

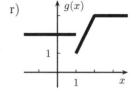

Abb. 1.63 Funktionsgraf zu r).

2) Indem man sich überlegt, wie man den ursprünglichen Funktionsgraf verschieben, strecken/stauchen und/oder spiegeln muss, um den abgebildeten Grafen zu konstruieren, erhält man

    a) $g(x) \;=\; f(x) + 1,$

    b) $g(x) \;=\; f(x-(-1)) \;=\; f(x+1),$

    c) $g(x) \;=\; f(x-1) + 1,$

    d) $g(x) \;=\; 1.5 \cdot f(x),$

    e) $g(x) \;=\; 0.5 \cdot f(-x),$

    f) $g(x) \;=\; -1.5 \cdot f(x),$

    g) $g(x) \;=\; f\left(\tfrac{1}{2} \cdot x\right) - 1,$

    h) $g(x) \;=\; -f(2x),$

    i) $g(x) \;=\; -f(x+2) + 2.$

A169

Aufgabe 1.4.6

Zeichnen Sie $\cos x$ und $\cos^2 x$ und plausibilisieren Sie den Zusammenhang

$$\cos(2x) \;=\; 2\cos^2 x - 1.$$

Lösung:

Beim Quadrieren werden alle Werte positiv. Werte nahe Null werden durch das Quadrieren noch näher an die Null gerückt. Lineare Nulldurchgänge werden zu quadratischen Nullstellen, also Berührstellen wie bei Parabeln. Mit diesen Überlegungen erhält man aus dem Funktionsgraf zur Cosiuns-Funktion (s. Abb. 1.64, oben) das Bild zu $\cos^2 x$ (s. Abb. 1.64, unten).

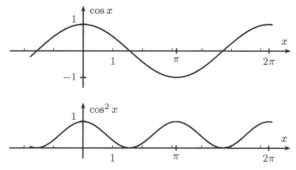

Abb. 1.64 Funktionsgrafen zu $\cos x$ und $\cos^2 x$.

Durch eine Verdoppelung in y-Richtung und eine Verschiebung um Eins nach unten erhält man dadurch den in Abb. 1.64 dargestellten Funktionsgraf zu $f(x) = 2\cos^2 x - 1$.

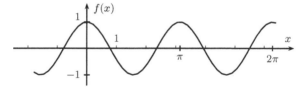

Abb. 1.65 Funktionsgraf zu $f(x) = 2 \cdot \cos^2 x - 1 = \cos(2x)$.

Dieser Funktionsgraf ist auch der zu $\cos(2x)$ als gestauchter Cosinus-Funktion.

Aufgabe 1.4.7 (beispielhafte Klausuraufgabe, 12 Minuten)

In Hamburg schwankt die Wassertiefe der Elbe auf Grund von Ebbe und Flut zwischen 9m und 13m, wobei der Verlauf (sehr vereinfacht) als Sinus-förmig mit einer Periode von 12 Stunden modelliert werden kann.

A170

a) Skizzieren Sie den Verlauf und geben Sie eine Funktionsvorschrift an.

b) Wie lang innerhalb einer Periode ist die Wassertiefe mindestens 12m?

   (Sie brauchen Ihre Angabe nicht zu begründen.)

Lösung:

a) Beginnt man bei $t = 0$ mit mittlerem Wasserstand und steigendem Wasser, erhält man folgendes Bild (es gibt auch gleichwertige andere Skizzen, z.B. beginnend mit dem höchsten Wasserstand):

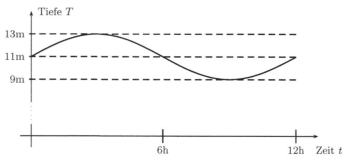

Abb. 1.66 Verlauf des Wasserstands.

Als Sinus-förmige Schwingung mit Amplitude $2\,\mathrm{m}$ um $11\,\mathrm{m}$ und einer Periode von $12\,\mathrm{h}$ ist bei dieser Modellierung

$$T(t) \;=\; 11\,\mathrm{m} + 2\,\mathrm{m}\cdot\sin\left(\frac{2\pi}{12\,\mathrm{h}}\cdot t\right).$$

(Den Faktor $\frac{2\pi}{12\,\mathrm{h}}$ erhält man beispielsweise aus der Überlegung heraus, dass das Argument der Sinus-Funktion von 0 bis 2π variieren muss, wenn t zwischen 0 und $12\,\mathrm{h}$ variiert.)

b) Es gilt

$$T(t) \geq 12\,\mathrm{m} \quad \Leftrightarrow \quad 11\,\mathrm{m} + 2\,\mathrm{m}\cdot\sin\left(\frac{2\pi}{12\,\mathrm{h}}\cdot t\right) \geq 12\,\mathrm{m}$$

$$\Leftrightarrow \; 2\,\mathrm{m}\cdot\sin\left(\frac{2\pi}{12\,\mathrm{h}}\cdot t\right) \geq 1\,\mathrm{m} \quad \Leftrightarrow \quad \sin\left(\frac{\pi}{6\,\mathrm{h}}\cdot t\right) \geq \frac{1}{2}.$$

Betrachtet man den Sinus-Halbbogen im Interval $[0,\pi]$, so sieht man:

für $x \in \left[\dfrac{\pi}{6}, \pi - \dfrac{\pi}{6}\right]$ ist $\sin x \geq \dfrac{1}{2}$.

Also gilt $\sin\left(\frac{\pi}{6\,\mathrm{h}}\cdot t\right) \geq \frac{1}{2}$, also $T(t) \geq 12$, für

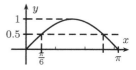

Abb. 1.67 Bereich, in dem $\sin x \geq \frac{1}{2}$ ist.

$$\frac{\pi}{6\,\mathrm{h}} t \in \left[\frac{\pi}{6}, \frac{5}{6}\pi\right] \quad \Leftrightarrow \quad t \in [1\,\mathrm{h}; 5\,\mathrm{h}].$$

Damit ist der Wasserstand 4 Stunden lang mindestens 12m.

Aufgabe 1.4.8

a) Sei $f(x) = 1.5 \cdot \cos(x - 2)$ und $g(x) = -2 \cdot \sin(x + 1)$.

Nutzen Sie die Additionstheoreme, um $f(x)$ und $g(x)$ als Überlagerung von Sinus- und Cosinus-Funktionen darzustellen, also in der Form

$$c \cdot \cos(x) + d \cdot \sin(x).$$

Verifizieren Sie mit Hilfe eines Funktionsplotters, dass Ihre Darstellungen wirklich den ursprünglichen Funktionen entsprechen.

b) Sei $f(x) = 2\cos(x) + 3\sin(x)$.

Gesucht sind r und φ, so dass gilt: $f(x) = r \cdot \cos(x - \varphi)$. $\qquad$ (*)

1) Nutzen Sie einen Funktionsplotter, um r und φ approximativ zu bestimmen.

2) Welche Bedingungen müssen r und φ erfüllen, damit (*) gilt (Tipp: Additionstheorem)? Wie kann man diese Bedingungen geometrisch interpretieren (Tipp: Kreis)?

Welche Werte für r und φ sind die exakten?

Lösung:

a) Mittels der Additionstheoreme (s. Satz 1.1.55, 3.) erhält man

$$
\begin{aligned}
1.5 \cdot \cos(x - 2) &= 1.5 \cdot (\cos x \cdot \cos 2 + \sin x \cdot \sin 2) \\
&= 1.5 \cdot \cos 2 \cdot \cos x + 1.5 \cdot \sin 2 \cdot \sin x \\
&\approx -0.62 \cdot \cos x + 1.36 \cdot \sin x
\end{aligned}
$$

und

$$
\begin{aligned}
-2 \cdot \sin(x + 1) &= -2 \cdot (\sin x \cdot \cos 1 + \cos x \cdot \sin 1) \\
&= -2 \cdot \sin 1 \cdot \cos x + (-2) \cdot \cos 1 \cdot \sin x \\
&\approx -1.68 \cdot \cos x - 1.08 \cdot \sin x
\end{aligned}
$$

Ein Funktionsplotter zeigt als entsprechende Überlagerung tatsächlich eine verschobene und skalierte Cosinus- bzw. Sinus-Funktion an, die der ursprünglichen Funktion entspricht, s. Abb. 1.68.

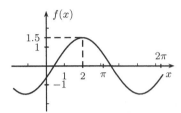
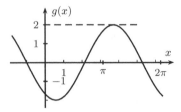

Abb. 1.68 Funktionsgrafen zu $f(x) = -0.62 \cdot \cos x + 1.36 \cdot \sin x$ links und $g(x) = -1.68 \cdot \cos x - 1.08 \cdot \sin x$ rechts.

b) 1) An dem in Abb. 1.69 dargestellten Funktionsgraf sieht man, dass die Funktion eine verschobene skalierte Cosinus-Funktion ist.

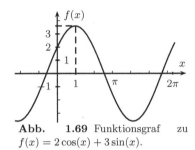

Als Verschiebungs- und Skalierungsparameter liest man

$$\varphi \approx 1 \quad \text{und} \quad r \approx 3.5$$

Abb. 1.69 Funktionsgraf zu $f(x) = 2\cos(x) + 3\sin(x)$.

ab, also $f(x) \approx 3.5 \cdot \cos(x - 1)$.

2) Mit dem Cosinus-Additionstheorem (s. Satz 1.1.55, 3.) ist

$$\begin{aligned} r \cdot \cos(x - \varphi) &= r \cdot (\cos x \cdot \cos \varphi + \sin x \cdot \sin \varphi) \\ &= r \cdot \cos \varphi \cdot \cos x + r \cdot \sin \varphi \cdot \sin x. \end{aligned}$$

Dies stellt die Funktion f dar, falls gilt

$$r \cdot \cos \varphi = 2 \quad \text{und} \quad r \cdot \sin \varphi = 3.$$

Der Punkt $(r \cdot \cos \varphi, r \cdot \sin \varphi)$ liegt auf einem Kreis mit Radius r und Winkel φ von der positiven horizontalen Achse aus gesehen. Damit auf diese Weise der Punkt $(2, 3)$ beschrieben wird, muss entsprechend Abb. 1.70

$$r^2 = 2^2 + 3^2 = 13,$$

also

$$r = \sqrt{13} \approx 3.61$$

sein, und

$$\varphi = \arctan \frac{3}{2} \approx 0.98.$$

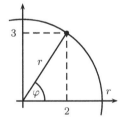

Abb. 1.70 Darstellung in der Form $r \cdot \cos(\varphi)$.

2 Komplexe Zahlen

2.1 Grundlagen

Aufgabe 2.1.1

Sei $z_1 = 2 + j$ und $z_2 = j$. Stellen Sie

  a) $z_1 + z_2$,   b) $z_1 - z_2$,   c) $z_1 \cdot z_2$.

zeichnerisch dar und berechnen Sie die Werte.

Lösung:

Rechnerisch ist

  a) $(2 + j) + j = 2 + 2j$,

  b) $(2 + j) - j = 2$,

  c) $(2 + j) \cdot j = 2j + j^2 = -1 + 2j$.

Zeichnerisch erhält man die Ergebnisse (s. Abb. 2.1)

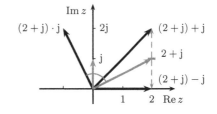

Abb. 2.1 Zeiger in der Gaußschen Zahlenebene.

  a) durch Aneinanderhängen der Zeiger,

  b) indem der zu $z_2 = j$ gespiegelte Zeiger an $z_1 = 2 + j$ angehängt wird,

  c) entspr. Bemerkung 2.1.3, indem die Längen der Zeiger multipliziert und die Winkel addiert werden. Da der Zeiger zu $z_2 = j$ die Länge 1 und einen Winkel von 90° besitzt, bedeutet dies gerade die Drehung des Zeigers zu $z_1 = 2 + j$ um 90°.

Aufgabe 2.1.2

A202

Berechnen Sie die folgenden Werte, stellen Sie die Ausgangszahlen und das Ergebnis in der Gaußschen Zahlenebene dar und veranschaulichen Sie sich die geometrischen Zusammenhänge.

a) $(-1 + 2j) + (2 - j)$, $\qquad$ b) $2 \cdot (2 - j)$,

c) $(-2 + 3j) \cdot (1 + j)$, $\qquad$ d) $(\frac{1}{2} + \frac{3}{4}j) \cdot (-2 - 4j)$.

Lösung:

a) Es ist

$$(-1 + 2j) + (2 - j)$$
$$= -1 + 2 + 2j - j = 1 + j.$$

Zeichnerisch erhält man das Ergebnis durch Aneinanderhängen der Zeiger, s. Abb. 2.2.

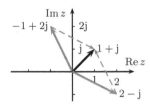

Abb. 2.2 Addition.

b) Es ist

$$2 \cdot (2 - j) = 4 - 2j.$$

Der Zeiger wird auf die doppelte Länge gestreckt, s. Abb. 2.3.

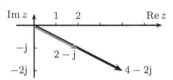

Abb. 2.3 Vervielfachung.

c) Rechnerisch ist

$$(-2 + 3j) \cdot (1 + j)$$
$$= -2 + 3j - 2j + 3j^2$$
$$= -2 + j + 3 \cdot (-1)$$
$$= -5 + j.$$

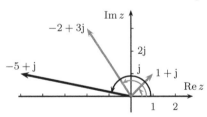

Abb. 2.4 Multiplikation.

d) Rechnerisch ist

$$\left(\frac{1}{2} + \frac{3}{4}j\right) \cdot (-2 - 4j)$$
$$= -1 - 2j - \frac{3}{2}j - 3j^2$$
$$= -1 - \frac{7}{2}j - 3 \cdot (-1)$$
$$= 2 - \frac{7}{2}j.$$

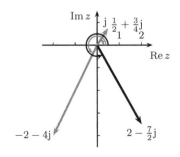

Abb. 2.5 Multiplikation.

Bei c) und d) werden entsprechend Bemerkung 2.1.3 die Längen der Zeiger multipliziert und die Winkel addiert.

Da die Länge von $1 + j$ bei c) der Diagonale im Einheitsquadrat entspricht, also gleich $\sqrt{2} \approx 1.5$ ist, hat der Ergebniszeiger ungefähr die eineinhalb-fache Länge des Zeigers zu $-2 + 3j$. Bei d) ist die Länge von $\frac{1}{2} + \frac{3}{4}j$ nahe bei 1, so dass das Ergebnis der Multiplikation ungefähr die gleiche Länge wie der Zeiger zu $-2 - 4j$ besitzt.

Die Winkel addieren sich jeweils, wie Abb. 2.4 und Abb. 2.5 zeigen.

Aufgabe 2.1.3

A203

Konstruieren Sie grafisch $z_1 + z_2$, $z_1 - z_2$ und $z_1 \cdot z_2$ zu den markierten Punkten.

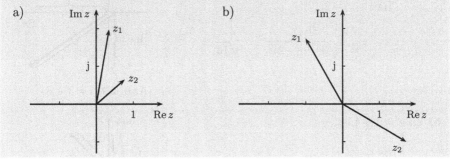

Lösung:

Die Addition geschieht durch Aneinanderhängen der Zeiger, bei Subtraktion muss der Zeiger zu z_2 vorher gepiegelt werden.

Bei der Multiplikation werden die Längen der Zeiger multipliziert und die Winkel addiert. Die Längen und Winkel kann man dabei beispielsweise mit einem Geodreieck ausmessen.

Bei b) ist bei der Multiplikation zu beachten, dass der Winkel zu z_2 negativ gerechnet wird, also von dem zu z_1 abzuziehen ist. Dabei erhält man auf Grund der speziellen Lage genau eine senkrechte Richtung, d.h., das Produkt $z_1 \cdot z_2$ ist rein imaginär.

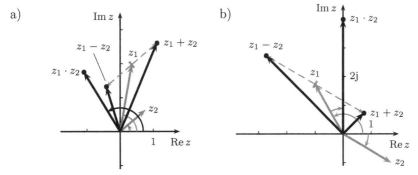

Abb. 2.6 Rechenoperationen in der Gaußschen Zahlenebene.

A204

Aufgabe 2.1.4

Geben Sie $\mathrm{Re}\,z$, $\mathrm{Im}\,z$, z^* und $|z|$ an zu

  a) $z = 3 - 2\mathrm{j}$,   b) $z = 1 + \mathrm{j}$,   c) $z = 2\mathrm{j}$,   d) $z = -1$.

Visualisieren Sie die Größen.

Lösung:

a) Zu $z = 3 - 2\mathrm{j}$ ist

$$\begin{aligned}
\mathrm{Re}\,z &= 3, \\
\mathrm{Im}\,z &= -2, \\
z^* &= 3 + 2\mathrm{j}, \\
|z| &= \sqrt{3^2 + (-2)^2} = \sqrt{13}.
\end{aligned}$$

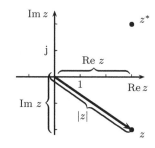

Abb. 2.7 $z = 3 - 2\mathrm{j}$.

b) Zu $z = 1 + \mathrm{j}$ ist

$$\begin{aligned}
\mathrm{Re}\,z &= 1, \\
\mathrm{Im}\,z &= 1, \\
z^* &= 1 - \mathrm{j}, \\
|z| &= \sqrt{1^2 + 1^2} = \sqrt{2}.
\end{aligned}$$

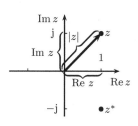

Abb. 2.8 $z = 1 + \mathrm{j}$.

c) Zu $z = 2\mathrm{j}$ ist

$$\begin{aligned}
\mathrm{Re}\,z &= 0, \\
\mathrm{Im}\,z &= 2, \\
z^* &= -2\mathrm{j}, \\
|z| &= \sqrt{0^2 + 2^2} = 2.
\end{aligned}$$

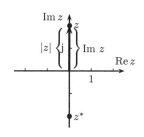

Abb. 2.9 $z = 2\mathrm{j}$.

d) Zu $z = -1$ ist

$$\begin{aligned}
\mathrm{Re}\,z &= -1, \\
\mathrm{Im}\,z &= 0, \\
z^* &= -1, \\
|z| &= \sqrt{(-1)^2 + 0^2} = 1.
\end{aligned}$$

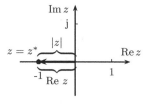

Abb. 2.10 $z = -1$.

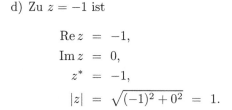
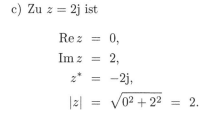

A205

Aufgabe 2.1.5

Zeigen Sie für beliebige $z_1, z_2 \in \mathbb{C}$:

$$z_1{}^* \cdot z_2{}^* = (z_1 \cdot z_2)^*.$$

Lösung:

Es sei

$$z_1 = a + b\mathrm{j} \quad \text{und} \quad z_2 = c + d\mathrm{j} \qquad \text{mit } a, b, c, d \in \mathbb{R}.$$

Dann ist $z_1{}^* = a - b\mathrm{j}$ und $z_2{}^* = c - d\mathrm{j}$, also

$$
\begin{aligned}
z_1{}^* \cdot z_2{}^* = (a - b\mathrm{j}) \cdot (c - d\mathrm{j}) &= ac - ad\mathrm{j} - bc\mathrm{j} + bd\mathrm{j}^2 \\
&= ac - bd - (ad + bc)\mathrm{j}
\end{aligned}
$$

und

$$
\begin{aligned}
z_1 \cdot z_2 = (a + b\mathrm{j}) \cdot (c + d\mathrm{j}) &= ac + ad\mathrm{j} + bc\mathrm{j} + bd\mathrm{j}^2 \\
&= ac - bd + (ad + bc)\mathrm{j}
\end{aligned}
$$

Also ist

$$
\begin{aligned}
(z_1 \cdot z_2)^* = (ac - bd + (ad + bc)\mathrm{j})^* &= ac - bd - (ad + bc)\mathrm{j} \\
&= z_1{}^* \cdot z_2{}^*.
\end{aligned}
$$

A206

Aufgabe 2.1.6

Sei $z_1 = 1 + 2\mathrm{j}$ und $z_2 = -3 + 5\mathrm{j}$.

Berechnen Sie $z_1 + z_2$ sowie $z_1 \cdot z_2$ und verifizieren Sie

$$|z_1 + z_2| \leq |z_1| + |z_2| \qquad \text{sowie} \qquad |z_1 \cdot z_2| = |z_1| \cdot |z_2|.$$

Lösung:

Es ist

$$z_1 + z_2 = (1 + 2\mathrm{j}) + (-3 + 5\mathrm{j}) = 1 - 3 + 2\mathrm{j} + 5\mathrm{j} = -2 + 7\mathrm{j}$$

und

$$z_1 \cdot z_2 = (1 + 2\mathrm{j}) \cdot (-3 + 5\mathrm{j}) = -3 + 5\mathrm{j} - 6\mathrm{j} + 10\mathrm{j}^2 = -13 - \mathrm{j}.$$

Als Beträge erhält man

$$|z_1| \quad = \sqrt{1^2 + 2^2} \quad = \sqrt{5} \approx 2.24,$$
$$|z_2| \quad = \sqrt{(-3)^2 + 5^2} \quad = \sqrt{34} \approx 5.83,$$
$$|z_1 + z_2| = \sqrt{(-2)^2 + 7^2} \quad = \sqrt{53} \approx 7.28,$$

so dass die Dreiecksungleichung $|z_1 + z_2| \leq |z_1| + |z_2|$ erfüllt ist:

$$7.28 \leq 2.24 + 5.83.$$

Ferner ist

$$|z_1 \cdot z_2| \quad = \sqrt{13^2 + 1^2} \quad = \sqrt{170} \quad = \sqrt{5 \cdot 34} \quad = \sqrt{5} \cdot \sqrt{34} \quad = |z_1| \cdot |z_2|.$$

A207

Aufgabe 2.1.7

Sei $z = 1 + j$.

a) Berechnen Sie $|z^n|$, $n = 1, 2, \ldots, 8$.

b) Stellen Sie z, z^2, z^3, ..., z^8 in der Gaußschen Zahlenebene dar.

Lösung:

a) Aus $|z_1 \cdot z_2| = |z_1| \cdot |z_2|$ (siehe Satz 2.1.9, 1.) folgt durch mehrfache An-
   wendung

$$|z^n| \quad = \quad |z \cdot \ldots \cdot z| \quad = \quad |z| \cdot \ldots \cdot |z| \quad = \quad |z|^n,$$

also mit $z = 1 + j$ und $|z| = \sqrt{1^2 + 1^2} = \sqrt{2}$:

$$|z|^n \quad = \quad \sqrt{1^2 + 1^2}^n \quad = \quad \sqrt{2}^n,$$

konkret

$$|z| = \sqrt{2}, \quad |z^2| = 2, \quad |z^3| = 2\sqrt{2}, \quad |z^4| = 4,$$
$$|z^5| = 4\sqrt{2}, \quad |z^6| = 8, |z^7| = 8\sqrt{2}, \quad |z^8| = 16.$$

b) Der Winkel zwischen z und der reellen Achse beträgt $45°$.

   Bei z^2 wird er verdoppelt, beträgt also $2 \cdot 45° = 90°$,

   Bei z^3 wird er verdreifacht, beträgt also $3 \cdot 45° = 135°$, u.s.w..

   Die Längen von z^n wurden schon in a) berechnet. Der zusätzliche Faktor
   $\sqrt{2}$ tritt dabei immer bei den ungeraden Potenzen von z auf, also bei den
   Zahlen, die in diagonale Richtung zeigen. Eine Länge von $\sqrt{2} \cdot c$ entspricht
   dabei genau der Diagonalen in einem Quadrat mit Seitenlänge c, so dass
   man die Punkte gut einzeichnen kann:

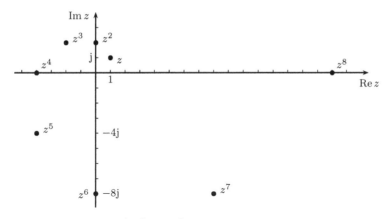

Abb. 2.11 z, z^2, z^3, ..., z^8 in der Gaußschen Zahlenebene.

Aufgabe 2.1.8

a) Berechnen Sie $\frac{1}{z}$ und visualisieren Sie die Ergebnisse zu

 1) $z = 3 + 4\mathrm{j}$,   2) $z = 1 - \mathrm{j}$,   3) $z = 2\mathrm{j}$.

b) Berechnen Sie

 1) $\dfrac{2+\mathrm{j}}{3+4\mathrm{j}}$,   2) $\dfrac{\mathrm{j}}{1-2\mathrm{j}}$,   3) $\dfrac{4+2\mathrm{j}}{2+\mathrm{j}}$,   4) $\dfrac{1+3\mathrm{j}}{\mathrm{j}}$.

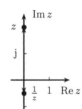

A208

Lösung:

a) Entsprechend Bemerkung 2.1.16, 1., geschieht die Berechnung von $\frac{1}{z}$ jeweils durch Erweiterung mit z^*:

 1) $\dfrac{1}{3+4\mathrm{j}} = \dfrac{3-4\mathrm{j}}{(3+4\mathrm{j})(3-4\mathrm{j})} = \dfrac{3-4\mathrm{j}}{3^2+4^2} = \dfrac{3-4\mathrm{j}}{25} = \dfrac{3}{25} - \dfrac{4}{25}\mathrm{j}$,

 2) $\dfrac{1}{1-\mathrm{j}} = \dfrac{1+\mathrm{j}}{(1-\mathrm{j})(1+\mathrm{j})} = \dfrac{1+\mathrm{j}}{1+1} = \dfrac{1}{2} + \dfrac{1}{2}\mathrm{j}$,

 3) $\dfrac{1}{2\mathrm{j}} = \dfrac{1}{2} \cdot \dfrac{\mathrm{j}}{\mathrm{j}^2} = -\dfrac{1}{2}\mathrm{j}$.

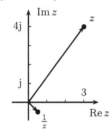
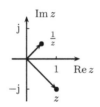

Abb. 2.12 z und $\frac{1}{z}$.

Abb. 2.12 visualisiert die Ergebnisse. Man erkennt jeweils entspr. Bemerkung 2.1.16, 2., den komplementären Winkel bei $\frac{1}{z}$ (an der reellen Achse gespiegelt) und die inverse Länge.

b) Die Berechnung bei 1) und 2) geschieht wieder durch Erweiterung mit der konjugiert komplexen Zahl:

$$1) \quad \frac{2+j}{3+4j} \;=\; \frac{(2+j)(3-4j)}{3^2+4^2} \;=\; \frac{1}{25}\left(6-8j+3j-4j^2\right)$$

$$=\; \frac{1}{25}\left(6+4-5j\right) \;=\; \frac{2}{5}-\frac{1}{5}j,$$

$$2) \quad \frac{j}{1-2j} \;=\; \frac{j(1+2j)}{1^2+2^2} \;=\; \frac{1}{5}\left(j+2j^2\right) \;=\; -\frac{2}{5}+\frac{1}{5}j.$$

Bei 3) und 4) könnte man auch mit der konjugiert komplexen Zahl erweitern. Bei 3) kommt man aber durch genaues Hinschauen schneller zum Ziel (der Zähler ist das doppelte des Nenners), bei 4) kann man die einzelnen Summanden des Zählers durch j teilen und $\frac{1}{j}=\frac{j}{j^2}=-j$ nutzen:

$$3) \quad \frac{4+2j}{2+j} \;=\; \frac{2\cdot(2+j)}{2+j} \;=\; 2,$$

$$4) \quad \frac{1+3j}{j} \;=\; \frac{1}{j}+3 \;=\; -j+3 \;=\; 3-j.$$

2.2 Eigenschaften

A209

Aufgabe 2.2.1

Gesucht sind die Lösungen $z^2 = w$ zu $w = 3+4j$.

a) Visualisieren Sie w und die ungefähre Lage einer Lösung z in der komplexen Zahlenebene.

Berechnen Sie z, indem Sie ausnutzen, wie der Winkel (zur positiven x-Achse) und der Betrag von z mit den entsprechenden Größen von w zusammenhängen. (Nutzen Sie einen Taschenrechner.)

Wie lautet die andere Lösung?

b) Berechnen Sie die Lösungen durch einen Ansatz $z = a+bj$, $a,b \in \mathbb{R}$.

Lösung:

a) Für den Zeiger zu einer Lösung z muss der Winkel φ zwischen dem Zeiger zu w und der positiven reellen Achse halbiert werden.

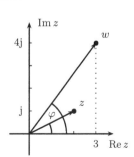

Die Länge des Zeigers zu z ist die Wurzel aus

$$|w| = \sqrt{3^2 + 4^2} = \sqrt{25} = 5,$$

also $\sqrt{5} \approx 2.24$.

Wegen $\varphi = \arctan \frac{4}{3}$ erhält man

$$\operatorname{Re} z = \sqrt{5} \cdot \cos\left(\frac{1}{2} \cdot \arctan \frac{4}{3}\right) = 2,$$

$$\operatorname{Im} z = \sqrt{5} \cdot \sin\left(\frac{1}{2} \cdot \arctan \frac{4}{3}\right) = 1,$$

Abb. 2.13 w und z mit $z^2 = w$.

also $z = 2 + \mathrm{j}$.

Die andere Lösung ist dann $-z = -2 - \mathrm{j}$.

b) Der Ansatz $z = a + b\mathrm{j}$, $a, b \in \mathbb{R}$ führt zu

$$3 + 4\mathrm{j} = z^2 = (a + b\mathrm{j})^2 = a^2 + 2a \cdot b\mathrm{j} + (b\mathrm{j})^2$$
$$= a^2 - b^2 + 2ab\mathrm{j}.$$

Vergleich von Real- und Imaginärteil führt zu

$$a^2 - b^2 = 3 \quad \text{und} \quad 2ab = 4.$$

Aus der zweiten Gleichung erhält man $b = \frac{4}{2a} = \frac{2}{a}$; dies in die erste Gleichung eingesetzt, führt zu

$$a^2 - \left(\frac{2}{a}\right)^2 = 3 \quad \Leftrightarrow \quad a^4 - 4 = 3a^2 \quad \Leftrightarrow \quad (a^2)^2 - 3a^2 - 4 = 0.$$

Die quadratische Gleichung $x^2 - 3x - 4 = 0$ hat die Lösungen -1 und 4, so dass sich $a^2 = -1$ (was keine Lösung $a \in \mathbb{R}$ besitzt) oder $a^2 = 4$ ergibt, also $a = \pm 2$ und damit $b = \frac{2}{a} = \pm 1$.

Lösungen sind also $z = \pm(2 + \mathrm{j})$.

Aufgabe 2.2.2

Zerlegen Sie die folgenden Polynome in Linearfaktoren

A210

a) $z^2 + 2z + 5$,   b) $z^3 + \mathrm{j}z^2 + 2\mathrm{j}$ (Tipp: $z = \mathrm{j}$ ist eine Nullstelle.).

Lösung:

a) Man erhält die Nullstellen mit der p-q-Formel, die auch bei komplexen Zahlen gilt (s. Bemerkung 2.2.2, 4.):

$$z \;=\; -\frac{2}{2} \pm \sqrt{1^2 - 5} \;=\; -1 \pm \sqrt{-4} \;=\; -1 \pm 2\mathrm{j}.$$

Daraus folgen als Liniearfaktoren:

$$z^2 + 2z + 5 \;=\; (z - (-1 + 2\mathrm{j})) \cdot (z - (-1 - 2\mathrm{j})).$$

b) Durch Polynomdivision mit $(z - \mathrm{j})$ erhält man:

$$
\begin{aligned}
(z^3 + \mathrm{j}z^2 \quad\;\; + 2\mathrm{j}) : (z - \mathrm{j}) &= z^2 + 2\mathrm{j}z - 2\\
\underline{-\left(z^3 - \mathrm{j}z^2\right)}&\\
2\mathrm{j}z^2&\\
\underline{-\left(2\mathrm{j}z^2 + 2z\right)}&\\
-2z + 2\mathrm{j}&\\
\underline{-(-2z + 2\mathrm{j})}&\\
0&
\end{aligned}
$$

und aus dem Ergebnis die restlichen Nullstellen mit der p-q-Formel:

$$z \;=\; -\frac{2\mathrm{j}}{2} \pm \sqrt{\left(\frac{2\mathrm{j}}{2}\right)^2 - (-2)} \;=\; -\mathrm{j} \pm \sqrt{-1 + 2} \;=\; -\mathrm{j} \pm 1.$$

Damit ist die Linearfaktorzerlegung:

$$z^3 + \mathrm{j}z^2 + 2\mathrm{j} \;=\; (z - \mathrm{j}) \cdot (z - (1 - \mathrm{j})) \cdot (z - (-1 - \mathrm{j})).$$

A211

Aufgabe 2.2.3

Zerlegen Sie $p(z) = z^4 - 6z^2 + 25$ in das Produkt zweier im Reellen nullstellenfreier quadratischer Polynome.

Nutzen Sie dazu die biquadratische Struktur, um die (komplexen) Nullstellen von p zu ermitteln (Tipp: s. Aufgabe 2.2.1), und fassen Sie Linearfaktoren zu zueinander konjugiert komplexen Nullstellen zusammen.

Lösung:

Nach der p-q-Formel erhält man Nullstellen von $p(z) = (z^2)^2 - 6z^2 + 25$, falls

$$z^2 \;=\; -\frac{-6}{2} \pm \sqrt{\left(\frac{6}{2}\right)^2 - 25} \;=\; 3 \pm \sqrt{-16} \;=\; 3 \pm 4\mathrm{j}.$$

Nach Aufgabe 2.2.1 gilt $z^2 = 3 + 4\mathrm{j}$ für $z = \pm(2 + \mathrm{j})$. Um Lösungen zu $z^2 = 3 - 4\mathrm{j}$ zu erhalten, kann man sich überlegen, dass bei $z^2 = w$ bzgl. der konjugiert komplexen Zahlen gilt

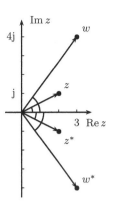

$$z^* \cdot z^* = (z \cdot z)^* = (z^2)^* = w^*$$

gilt, was auch anschaulich klar ist (s. Abb. 2.14).

Wegen $3 - 4\mathrm{j} = (3 + 4\mathrm{j})^*$ sind also

$$z = (\pm(2 + \mathrm{j}))^* = \pm(2 - \mathrm{j})$$

Lösungen zu $z^2 = 3 - 4\mathrm{j}$.

Abb.   2.14 Lösungen $z^2 = w$ und $(z^*)^2 = w^*$.

Mit den gefundenen vier Nullstellen ist

$$
\begin{aligned}
p(z) &= \big(z - (2 + \mathrm{j})\big) \cdot \big(z - (-(2 + \mathrm{j}))\big) \cdot \big(z - (2 - \mathrm{j})\big) \cdot \big(z - (-(2 - \mathrm{j}))\big) \\
&= \big(z - (2 + \mathrm{j})\big) \cdot \big(z - (-2 - \mathrm{j})\big) \cdot \big(z - (2 - \mathrm{j})\big) \cdot \big(z - (-2 + \mathrm{j})\big).
\end{aligned}
$$

Fasst man jeweils die Linearfaktoren zu den konjugiert komplexen Nullstellen $2 \pm \mathrm{j}$ und $-2 \pm \mathrm{j}$ zusammen, so erhält man wegen

$$
\begin{aligned}
(z - z_0) \cdot (z - z_0{}^*) &= z^2 - (z_0 + z_0{}^*) \cdot z + z_0 \cdot z_0{}^* \\
&= z^2 - 2 \cdot \mathrm{Re}\,(z_0) \cdot z + |z_0|^2,
\end{aligned}
$$

dass gilt

$$
\begin{aligned}
p(z) &= \big(z^2 - 2 \cdot \mathrm{Re}\,(2 + \mathrm{j}) \cdot z + |2 + \mathrm{j}|^2\big) \\
&\qquad \cdot \big(z^2 - 2 \cdot \mathrm{Re}\,(-2 + \mathrm{j}) \cdot z + |-2 + \mathrm{j}|^2\big) \\
&= \big(z^2 - 4z + (1^2 + 2^2)\big) \cdot \big(z^2 - (-4)z + (1^2 + 2^2)\big) \\
&= \big(z^2 - 4z + 5\big) \cdot \big(z^2 + 4z + 5\big).
\end{aligned}
$$

Aufgabe 2.2.4

A212

Führen Sie eine *komplexe Partialbruchzerlegung* von

$$f(x) = \frac{-2x^2 - 3}{x^3 + x}$$

durch. Zerlegen Sie dazu den Nenner komplett in Linearfaktoren und führen Sie eine Partialbruchzerlegung entsprechend dieser Linearfaktoren durch.

Was erhält man, wenn man die Partialbrüche zueinander konjugiert komplexer Polstellen zusammenfasst? (Vgl. Aufgabe 1.1.21,d))

Lösung:

Eine Zerlegung des Nenners in (komplexe) Linearfaktoren ist

$$x^3 + x \;=\; x \cdot (x^2 + 1) \;=\; x \cdot (x + \mathrm{j}) \cdot (x - \mathrm{j}).$$

Der Ansatz zur Partialbruchzerlegung lautet daher

$$f(x) \;=\; \frac{-2x^2 - 3}{x \cdot (x + \mathrm{j}) \cdot (x - \mathrm{j})} \;=\; \frac{A}{x} + \frac{B}{x + \mathrm{j}} + \frac{C}{x - \mathrm{j}}.$$

Bringt man die Partialbrüche wieder auf einen Hauptnenner, so erhält man als Zähler

$$A \cdot (x + \mathrm{j}) \cdot (x - \mathrm{j}) + B \cdot x \cdot (x - \mathrm{j}) + C \cdot x \cdot (x + \mathrm{j}). \qquad (*)$$

Einsetzen von $x = 0$ in die Zähler bringt

$$-3 \;=\; A \cdot \mathrm{j} \cdot (-\mathrm{j}) + 0 + 0 \;=\; A.$$

Einsetzen von $x = -\mathrm{j}$ in den ursprünglichen Zähler bringt

$$-2 \cdot (-\mathrm{j})^2 - 3 \;=\; -2 \cdot \mathrm{j}^2 - 3 \;=\; -2 \cdot (-1) - 3 \;=\; 2 - 3 \;=\; -1$$

und bei $(*)$:

$$0 + B \cdot (-\mathrm{j}) \cdot (-\mathrm{j} - \mathrm{j}) + 0 \;=\; B \cdot \mathrm{j} \cdot 2\mathrm{j} \;=\; -2B,$$

also $-1 = -2B$ und damit $B = \frac{1}{2}$.

Einsetzen von $x = \mathrm{j}$ in den ursprünglichen Zähler ergibt wieder -1 und bei $(*)$

$$0 + 0 + C \cdot \mathrm{j} \cdot (\mathrm{j} + \mathrm{j}) \;=\; C \cdot \mathrm{j} \cdot 2\mathrm{j} \;=\; -2C,$$

also auch $-1 = -2C$ und damit $C = \frac{1}{2}$.

Damit ist

$$f(x) \;=\; \frac{-3}{x} + \frac{\frac{1}{2}}{x + \mathrm{j}} + \frac{\frac{1}{2}}{x - \mathrm{j}}.$$

Die beiden rechten Partialbrüche zusammmmengefasst ergeben

$$\frac{\frac{1}{2}}{x + \mathrm{j}} + \frac{\frac{1}{2}}{x - \mathrm{j}} \;=\; \frac{\frac{1}{2}(x - \mathrm{j}) + \frac{1}{2}(x + \mathrm{j})}{(x + \mathrm{j}) \cdot (x - \mathrm{j})} \;=\; \frac{x}{x^2 + 1}.$$

Damit erhält man die reelle Partialbruchzerlegung wie bei Aufgabe 1.1.21,d):

$$f(x) \;=\; \frac{-3}{x} + \frac{x}{x^2 + 1}.$$

Aufgabe 2.2.5

Zur Funktion $f : \mathbb{C} \to \mathbb{C}$, $f(z) = \frac{1}{z}$ wird die Menge $G = \{z \in \mathbb{C} \mid \operatorname{Im} z = 1\}$ und deren Bildmenge $M = f(G) = \{\frac{1}{z} \mid \operatorname{Im} z = 1\}$ betrachtet.

A213

a) Zeichnen Sie G und berechnen Sie einige Punkte aus M.

Markieren Sie diese Punkte in der Gaußschen Zahlenebene.

b) Zeigen Sie, dass die Menge M auf einem Kreis um $-\frac{1}{2}\mathrm{j}$ mit Radius $\frac{1}{2}$ liegt.

Lösung:

a) Beispielsweise sind $\mathrm{j},\ 1+\mathrm{j},\ -1+\mathrm{j} \in G$.

Dazu ist

$$f(\mathrm{j}) = \frac{1}{\mathrm{j}} = -\mathrm{j},$$

$$f(1+\mathrm{j}) = \frac{1}{1+\mathrm{j}} = \frac{1-\mathrm{j}}{2}$$

$$= \frac{1}{2} - \frac{1}{2}\mathrm{j},$$

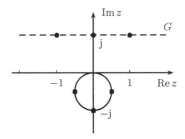

Abb. 2.15 Die Mengen G und $f(G)$.

$$f(-1+\mathrm{j}) = \frac{1}{-1+\mathrm{j}} = \frac{-1-\mathrm{j}}{2} = -\frac{1}{2} - \frac{1}{2}\mathrm{j}.$$

Für $z = a + \mathrm{j} \in G$ mit immer größer werdendem a wird $|z|$ immer größer, also liegt $\frac{1}{z}$ immer näher bei 0.

b) Zu zeigen ist, dass für alle $w \in M$ gilt $\left| w - \left(-\frac{1}{2}\mathrm{j}\right) \right| = \frac{1}{2}$.

Dazu betrachtet man ein beliebiges $w = \frac{1}{z}$ mit $z = a + \mathrm{j}$ und rechnet

$$\left| \frac{1}{z} - \left(-\frac{1}{2}\mathrm{j}\right) \right| = \left| \frac{1}{a+\mathrm{j}} + \frac{1}{2}\mathrm{j} \right| = \left| \frac{2 + (a+\mathrm{j})\cdot\mathrm{j}}{(a+\mathrm{j})\cdot 2} \right| = \left| \frac{1 + a\mathrm{j}}{2\cdot(a+\mathrm{j})} \right|$$

Nutzt man nun $\left| \frac{z_1}{z_2} \right| = \frac{|z_1|}{|z_2|}$ (s. Satz 2.1.17), so erhält man weiter

$$\left| \frac{1}{z} - \left(-\frac{1}{2}\mathrm{j}\right) \right| = \frac{|1+a\mathrm{j}|}{|2\cdot(a+\mathrm{j})|} = \frac{\sqrt{1+a^2}}{2\cdot\sqrt{a^2+1}} = \frac{1}{2}.$$

Bemerkung:

Durch die Abbildung $z \mapsto \frac{1}{z}$ wird in der Gaußschen Zahlenebene jede Gerade auf einen Kreis durch den Ursprung abgebildet. Umgekehrt werden Kreise durch den Ursprung auf Geraden abgebildet, s. auch Aufgabe 2.3.8. Die Bildmenge zu Kreisen, die den Ursprung nicht enthalten, sind wieder Kreise.

2.3 Polardarstellung

A214

Aufgabe 2.3.1

a) Markieren Sie die folgenden Zahlen in der Gaußschen Zahlenebene:

$$z_1 = 2\,\mathrm{e}^{\frac{\pi}{3}\mathrm{j}}, \qquad z_2 = 3\,\mathrm{e}^{-\frac{\pi}{4}\mathrm{j}}, \qquad z_3 = 0.5\,\mathrm{e}^{\pi\mathrm{j}}, \qquad z_4 = 1.5\,\mathrm{e}^{\frac{3}{4}\pi\mathrm{j}}.$$

b) Wie lautet (ungefähr) die Polardarstellung der markierten Zahlen?
   (Nutzen Sie Lineal und Geodreieck!)

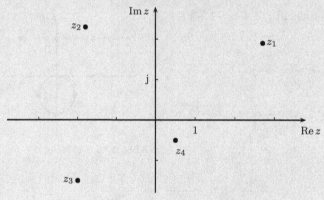

Lösung:

a) Aus der Polardarstellung kann man direkt die Winkel (zur positiven reellen Achse) und die Abstände zum Ursprung ablesen und damit die Punkte wie in Abb. 2.16 markieren:

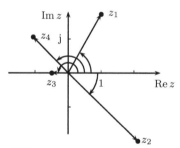

Abb. 2.16 z_1 bis z_4 in der Gaußschen Zahlenebene.

b) Mit Hilfe eines Geodreiecks kann man die Winkel zur reellen Achse bestimmen:

$$z_1 : \text{ca. } 35° \;\hat{=}\; \frac{35}{180}\pi \approx 0.61, \quad z_2 : \text{ca. } 132° \;\hat{=}\; \frac{132}{180}\pi \approx 2.30,$$

$$z_3 : \text{ca. } 217° \;\hat{=}\; \frac{217}{180}\pi \approx 3.79, \quad z_4 : \text{ca. } -45° \;\hat{=}\; -\frac{45}{180}\pi = -\frac{\pi}{4}.$$

Mit entsprechend gemessenen Längen ist

$$z_1 \approx 3.4\cdot \mathrm{e}^{0.61\mathrm{j}}, \quad z_2 \approx 3.0\cdot \mathrm{e}^{2.30\mathrm{j}}, \quad z_3 \approx 2.6\cdot \mathrm{e}^{3.79\mathrm{j}}, \quad z_4 \approx 0.7\cdot \mathrm{e}^{-\frac{\pi}{4}\mathrm{j}}.$$

Aufgabe 2.3.2

A215

a) Stellen Sie die folgenden Zahlen in der Form $a + bj$, $a, b \in \mathbb{R}$ dar:

$$z_1 = e^j, \qquad z_2 = 3\,e^{\frac{\pi}{12}j}, \qquad z_3 = 1.5 \cdot e^{2j}, \qquad z_4 = \sqrt{2}\,e^{-\frac{\pi}{4}j}$$

b) Berechnen Sie die Polardarstellung zu

$$z_1 = j, \qquad z_2 = 2 + 3j, \qquad z_3 = -2, \qquad z_4 = 2 - j,$$
$$z_5 = 1 + 2j, \qquad z_6 = -1 + 2j, \qquad z_7 = 1 - 2j, \qquad z_8 = -1 - 2j.$$

(Nutzen Sie (wo nötig) einen Taschenrechner.)

Lösung:

a) Mit der Euler-Formel

$$e^{jx} = \cos x + j \cdot \sin x$$

(s. Satz 2.3.1) erhält man

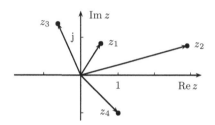

$$z_1 = e^{1 \cdot j} = \cos 1 + j \cdot \sin 1$$
$$\approx 0.54 + 0.84j,$$

$$z_2 = 3 \cdot \cos\frac{\pi}{12} + j \cdot 3\sin\frac{\pi}{12}$$
$$\approx 2.90 + 0.78j,$$

Abb. 2.17 z_1 bis z_4 in der Gaußschen Zahlenebene.

$$z_3 = 1.5 \cdot \cos 2 + 1.5 \cdot j \cdot \sin 2$$
$$\approx -0.62 + 1.36j,$$

$$z_4 = \sqrt{2} \cdot \left(\cos\left(-\frac{1}{4}\pi\right) + j \cdot \sin\left(-\frac{1}{4}\pi\right)\right)$$
$$= \sqrt{2} \cdot \left(\sqrt{\frac{1}{2}} - j \cdot \sqrt{\frac{1}{2}} \right) = 1 - j.$$

b) Bei der Polardarstellung $r \cdot e^{j\varphi}$ ist r gleich dem Betrag der entsprechenden komplexen Zahl. Den Winkel φ erhält man durch den Arcus-Tangens bei Betrachtung der entsprechenden Verhältnisse von Real- und Imaginärteil. Je nach Lage des Punktes braucht man noch Symmetrieüberlegungen, da $\arctan x \in]-\frac{\pi}{2}, \frac{\pi}{2}[$ ist (s. Bemerkung 2.3.6):

$$z_1 = 1 \cdot e^{\frac{\pi}{2}j},$$

$$z_2 = \sqrt{13} \cdot e^{\arctan \frac{3}{2} \cdot j}$$

$$\approx 3.61 \cdot e^{0.98j},$$

$$z_3 = 2 \cdot e^{\pi j},$$

$$z_4 = \sqrt{5} \cdot e^{-\arctan \frac{1}{2} \cdot j}$$

$$\approx 2.24 \cdot e^{-0.46j}.$$

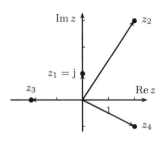

Abb. 2.18 z_1 bis z_4 in der Gaußschen Zahlenebene.

Die Punkte z_5 bis z_8 liegen in gewisser Weise symmetrisch, s. Abb. 2.19. Mit $\alpha :=$ $\arctan \frac{2}{1} \approx 1.11$ gilt:

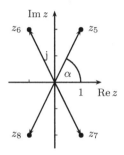

$$z_5 = \sqrt{5} \cdot e^{\alpha j} \approx 2.24 \cdot e^{1.11j},$$

$$z_6 = \sqrt{5} \cdot e^{(\pi - \alpha)j} \approx 2.24 \cdot e^{2.03j},$$

$$z_7 = \sqrt{5} \cdot e^{-\alpha j} \approx 2.24 \cdot e^{-1.11j},$$

$$z_8 = \sqrt{5} \cdot e^{(\pi + \alpha)j} \approx 2.24 \cdot e^{4.25j}.$$

Abb. 2.19 z_5 bis z_8 in der Gaußschen Zahlenebene.

A216

Aufgabe 2.3.3 (beispielhafte Klausuraufgabe, 12 Minuten)

a) Geben Sie die Polardarstellung von $z_1 = 1 - j$ an.

b) Stellen Sie $z_2 = 2 \cdot e^{\frac{\pi}{3}j}$ in der Form $a + bj$, $a, b \in \mathbb{R}$ dar.

c) Berechnen Sie $z_1 \cdot z_2$ und $\frac{z_1}{z_2}$ einerseits mittels der Polardarstellungen und andererseits mittels der Real-/Imaginärteil-Darstellungen.

Lösung:

a) An der Lage von z_1 in der Gaußschen Zahlenebene (s. Abb. 2.20) kann man direkt

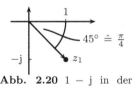

$$z_1 = \sqrt{2} \cdot e^{-\frac{\pi}{4}j}$$

ablesen.

Abb. 2.20 $1 - j$ in der Gaußschen Zahlenebene.

b) Mit der Euler-Formel (s. Satz 2.3.1) und den wichtigen Werten der Sinus- und Cosinus-Funktion (s. Bemerkung 1.1.54, 2.) ist

$$z_2 = 2 \cdot \left(\cos \frac{\pi}{3} + j \cdot \sin \frac{\pi}{3} \right) = 2 \cdot \left(\frac{1}{2} + j \cdot \frac{\sqrt{3}}{2} \right) = 1 + \sqrt{3}j.$$

c) Für $z_1 \cdot z_2$ ergibt sich mittels der Real-/Imaginärteil-Darstellungen

$$(1-\mathrm{j})\cdot(1+\sqrt{3}\mathrm{j}) = 1-\mathrm{j}+\sqrt{3}\mathrm{j}-\sqrt{3}\mathrm{j}^2 = (1+\sqrt{3})+(\sqrt{3}-1)\cdot\mathrm{j}$$

und mit den Polardarstellungen

$$\left(\sqrt{2}\cdot\mathrm{e}^{-\frac{\pi}{4}\mathrm{j}}\right)\cdot\left(2\cdot\mathrm{e}^{\frac{\pi}{3}\mathrm{j}}\right) = 2\cdot\sqrt{2}\,\mathrm{e}^{\left(\frac{\pi}{3}-\frac{\pi}{4}\right)\mathrm{j}} = 2\cdot\sqrt{2}\cdot\mathrm{e}^{+\frac{\pi}{12}\mathrm{j}}.$$

Für $\frac{z_1}{z_2}$ ergibt sich mittels der Real-/Imaginärteil-Darstellungen durch Erweiterung mit der konjugiert komplexen Zahl

$$\frac{1-\mathrm{j}}{1+\sqrt{3}\mathrm{j}} = \frac{(1-\mathrm{j})(1-\sqrt{3}\mathrm{j})}{1+3} = \frac{1-\mathrm{j}-\sqrt{3}\mathrm{j}+\sqrt{3}\mathrm{j}^2}{4}$$

$$= \frac{1-\sqrt{3}}{4} - \frac{1+\sqrt{3}}{4}\mathrm{j}$$

und mit den Polardarstellungen

$$\frac{\sqrt{2}\cdot\mathrm{e}^{-\frac{\pi}{4}\mathrm{j}}}{2\cdot\mathrm{e}^{\frac{\pi}{3}\mathrm{j}}} = \frac{\sqrt{2}}{2}\cdot\mathrm{e}^{\left(-\frac{\pi}{4}-\frac{\pi}{3}\right)\mathrm{j}} = \frac{1}{\sqrt{2}}\cdot\mathrm{e}^{-\frac{7}{12}\pi\mathrm{j}}.$$

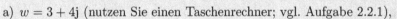

Aufgabe 2.3.4

Berechnen Sie mittels der Polardarstellungen die Lösungen z von $z^2 = w$ mit

A217

a) $w = 3 + 4\mathrm{j}$ (nutzen Sie einen Taschenrechner; vgl. Aufgabe 2.2.1),

b) $w = 4\cdot\mathrm{e}^{\frac{3}{4}\pi\mathrm{j}}$.

Lösung:

Entsprechend Bemerkung 2.3.7, 4., gilt bei einer Polardarstellung $w = r\cdot\mathrm{e}^{\mathrm{j}\cdot\varphi}$ für $z = \pm\sqrt{r}\cdot\mathrm{e}^{\mathrm{j}\cdot\frac{\varphi}{2}}$, dass $z^2 = w$ ist.

a) Die Polardarstellung von w ist

$$w = \sqrt{3^2+4^2}\cdot\mathrm{e}^{\arctan\frac{4}{3}\mathrm{j}} \approx 5\cdot\mathrm{e}^{0.927\mathrm{j}}.$$

Lösungen zu $z^2 = w$ sind also

$$z \approx \pm\sqrt{5}\cdot\mathrm{e}^{\frac{0.927}{2}\mathrm{j}} \approx \pm 2.236\cdot\mathrm{e}^{0.464\mathrm{j}}$$

$$= \pm 2.236\cdot(\cos(0.464)+\mathrm{j}\cdot\sin(0.464))$$

$$\approx \pm(2+\mathrm{j}\cdot 1).$$

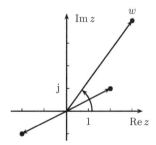

Abb. 2.21 Die Lösungen zu $z^2 = w$.

b) Da w schon in Polarkoordinaten angegeben ist, kann man die Lösungen zu $z^2 = w$ direkt hinschreiben:

$$z = \pm\sqrt{4} \cdot e^{\frac{3}{8}\pi j} = \pm 2 \cdot e^{\frac{3}{8}\pi j}.$$

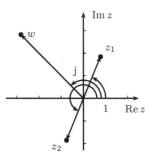

Während $z_1 = 2 \cdot e^{\frac{3}{8}\pi j}$ die Polardarstellung der einen Lösung ist, ist $z_2 = -2 \cdot e^{\frac{3}{8}\pi j}$ wegen des negativen Faktors keine Polardarstellung; eine Polardarstellung von z_2 erhält man, indem man den Winkel von z_1 um π erhöht:

$$z_2 = 2 \cdot e^{(\frac{3}{8}\pi + \pi)j} = 2 \cdot e^{\frac{11}{8}\pi j}.$$

Abb. 2.22 Die Lösungen zu $z^2 = w$.

A218

Aufgabe 2.3.5

a) Geben Sie alle Lösungen zu $z^3 = 1$ an.

(Tipp: Sie können die Lösungen als Nullstellen von $p(z) = z^3 - 1$ wie üblich oder über die Polardarstellung bestimmen.)

b) Geben Sie alle Lösungen zu $z^4 = 1$ an.

c) Geben Sie alle Lösungen zu $z^5 = 1$ an.

Lösung:

a) *Möglichkeit 1:*

Offensichtlich ist $z = 1$ eine Nullstelle von $p(z) = z^3 - 1$. Durch Polynomdivision oder mit dem Horner-Schema erhält man

$$p(z) = z^3 - 1 = (z - 1) \cdot (z^2 + z + 1).$$

Durch das Restpolynom $z^2 + z + 1$ ergeben sich die weiteren Nullstellen

$$z = -\frac{1}{2} \pm \sqrt{\left(\frac{1}{2}\right)^2 - 1} = -\frac{1}{2} \pm \sqrt{-\frac{3}{4}} = -\frac{1}{2} \pm \frac{\sqrt{3}}{2}j.$$

Möglichkeit 2:

In Polarkoordinaten ist für $z = r\,e^{j\varphi}$

$$z^3 = \left(r\,e^{j\varphi}\right)^3 = r^3 e^{j\varphi \cdot 3}.$$

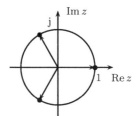

Man erhält Lösungen zu $z^3 = w$ also durch Dritte-Wurzel-Nehmen von $|w|$ und Dritteln des Winkels von w.

Da zu $w = 1$ der Betrag gleich Eins ist, haben auch alle Lösungen z den Betrag Eins. Zu den Darstellungen

Abb. 2.23 Die Lösungen von $z^3 = 1$.

$$w = 1 = 1 \cdot e^{j \cdot 0} = 1 \cdot e^{j \cdot 2\pi} = 1 \cdot e^{j \cdot 4\pi}$$

erhält man durch Dritteln des Winkels Lösungen

$$z = e^{j \cdot \frac{0}{3}} = e^{j \cdot 0} = 1,$$

$$z = e^{j \cdot \frac{2\pi}{3}} = \cos\frac{2\pi}{3} + j\sin\frac{2\pi}{3} = -\frac{1}{2} + \frac{\sqrt{3}}{2}j$$

und

$$z = e^{j \cdot \frac{4\pi}{3}} = \cos\frac{4\pi}{3} + j\sin\frac{4\pi}{3} = -\frac{1}{2} - \frac{\sqrt{3}}{2}j.$$

Weitere Darstellungen, z.B. $w = 1 \cdot e^{j \cdot 6\pi}$, $w = 1 \cdot e^{j \cdot 8\pi}$ oder $w = 1 \cdot e^{j \cdot (-2\pi)}$ bringen wegen $e^{j\varphi} = e^{j \cdot (\varphi + 2\pi)}$ als Lösungen

$$e^{j \cdot \frac{6\pi}{3}} = e^{j \cdot 2\pi} = e^0, \quad e^{j \cdot \frac{8\pi}{3}} = e^{j \cdot \frac{2\pi}{3}} \quad \text{oder} \quad e^{j \cdot \frac{-2\pi}{3}} = e^{j \cdot \frac{4\pi}{3}},$$

also keine neuen Lösungen.

b) *Möglichkeit 1*:

Lösungen zu $z^4 = 1$ sind Nullstellen von

$$\begin{aligned} p(z) &= z^4 - 1 = (z^2 - 1) \cdot (z^2 + 1) \\ &= (z - 1)(z + 1)(z - j)(z + j). \end{aligned}$$

Also hat $z^4 = 1$ die Lösungen $z = \pm 1$ und $z = \pm j$.

Möglichkeit 2:

In Polarkoordinaten ist für $z = r\,e^{j\varphi}$

$$z^4 = \left(r\,e^{j\varphi}\right)^4 = r^4\,e^{j\varphi \cdot 4}.$$

Man erhält Lösungen zu $z^4 = w$ also durch Vierte-Wurzel-Nehmen von $|w|$ und Vierteln des Winkels von w.

Wie bei a) erhält man also zu den Darstellungen

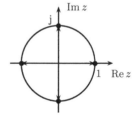

Abb. **2.24** Die Lösungen von $z^4 = 1$.

$$w = 1 = 1 \cdot e^{j \cdot 0} = 1 \cdot e^{j \cdot 2\pi} = 1 \cdot e^{j \cdot 4\pi} = 1 \cdot e^{j \cdot 6\pi}$$

Lösungen

$$z = e^{j \cdot \frac{0}{4}} = e^{j \cdot 0} = 1, \qquad z = e^{j \cdot \frac{2\pi}{4}} = e^{j \cdot \frac{\pi}{2}} = j,$$

$$z = e^{j \cdot \frac{4\pi}{4}} = e^{j \cdot \pi} = -1, \qquad z = e^{j \cdot \frac{6\pi}{4}} = e^{j \cdot \frac{3\pi}{2}} = -j;$$

weitere Darstellungen bringen nichts Neues.

c) Der Ansatz, die Lösungen zu $z^5 = 1$ als Null-stellen von $p(z) = z^5 - 1$ zu bestimmen, führt hier nicht so einfach zum Ziel, da man nach Dividieren durch den Linearfaktor $z - 1$ zur offensichtlichen Lösung $z = 1$ ein Polynom vom Grad 4 erhält, mit dem man nicht gut weiter arbeiten kann.

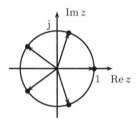

Abb. 2.25 Die Lösungen von $z^5 = 1$.

Die Polardarstellung liefert entsprechend zu a) und b) Lösungen durch Fünfte-Wurzel-Nehmen des Betrages und Fünfteln des Winkels.

Konkret sind die fünf Lösungen

$$z = 1, \quad z = e^{j \cdot \frac{2\pi}{5}}, \quad z = e^{j \cdot \frac{4\pi}{5}}, \quad z = e^{j \cdot \frac{6\pi}{5}}, \quad z = e^{j \cdot \frac{8\pi}{5}}.$$

Bemerkung:

Die Lösungen zu $z^n = 1$ sind entsprechend $z = e^{j \cdot \frac{2k\pi}{n}}$ mit $k = 0, 1, \ldots, n - 1$. Man nennt diese Lösungen *n-te Einheitswurzeln*. Sie bilden in der Gaußschen Zahlenebene ein gleichseitiges n-Eck im Einheitskreis.

A219

Aufgabe 2.3.6

a) Zeigen Sie: Jede Überlagerung einer Cosinus- und Sinus-Funktion kann man darstellen als eine verschobene skalierte Cosinus-Funktion:

$$c \cdot \cos(x) + d \cdot \sin(x) = r \cdot \cos(x - \varphi).$$

Für die Parameter c, d, r und φ gilt dabei $c + dj = r\, e^{j\varphi}$.

b) Nutzen Sie a), um

    b1) $f(x) = 1.5 \cdot \cos(x - 2)$ in der Form $f(x) = c \cdot \cos(x) + d \cdot \sin(x)$,

    b2) $f(x) = 2\cos(x) + 3\sin(x)$ in der Form $f(x) = r \cdot \cos(x - \varphi)$

darzustellen.

(Vgl. Aufgabe 1.4.8; Tipp zu b1): s. Aufgabe 2.3.2.)

c) Welche Amplitude hat die durch

$$f(x) = 3\cos(x) + 4\sin(x)$$

dargestellte Schwingung?

Lösung:

a) Nach dem Cosinus-Additionstheorem (s. Satz 1.1.55, 3., und Bemerkung 1.1.56, 3.) ist

$$r \cdot \cos(x - \varphi) = r \cdot \left(\cos x \cos \varphi + \sin x \sin \varphi \right)$$
$$= (r \cdot \cos \varphi) \cdot \cos x + (r \cdot \sin \varphi) \cdot \sin x.$$

Findes man also r und φ mit

$$r \cdot \cos \varphi = c \quad \text{und} \quad r \cdot \sin \varphi = d, \qquad (*)$$

so gilt die dargestellte Funktionsgleichung.

Besitzt $c + dj$ die Polardarstellung $r\,e^{j\varphi}$, so gilt

$$c + dj = r \cdot (\cos \varphi + j \sin \varphi) = r \cdot \cos \varphi + j \cdot r \cdot \sin \varphi.$$

Dies ist bei Betrachtung von Real- und Imaginärteil äquivalent zu $(*)$.

Alternative (ohne Verwendung der Additionstheoreme):

Bei $z = c + dj = r\,e^{j\varphi}$ ist $z^* = c - dj = r\,e^{-j\varphi}$. Damit ist einerseits

$$\operatorname{Re}(z^* \cdot e^{jx}) = \operatorname{Re}\left((c - dj) \cdot (\cos x + j \sin x)\right)$$
$$= \operatorname{Re}\left(c \cdot \cos x + j \cdot c \cdot \sin x - j \cdot d \cdot \cos x + d \cdot \sin x\right)$$
$$= c \cdot \cos(x) + d \cdot \sin(x)$$

und andererseits

$$\operatorname{Re}(z^* \cdot e^{jx}) = \operatorname{Re}\left(r\,e^{-j\varphi} \cdot e^{jx}\right)$$
$$= \operatorname{Re}\left(r \cdot e^{j(x-\varphi)}\right)$$
$$= \operatorname{Re}\left(r \cdot (\cos(x - \varphi) + j \sin(x - \varphi))\right)$$
$$= r \cdot \cos(x - \varphi),$$

woraus die behauptete Gleichheit der Ausdrücke folgt.

b1) In Aufgabe 2.3.2 wurde $1.5 \cdot e^{2j} \approx -0.62 + 1.36j$ berechnet.
Damit gilt nach a)

$$f(x) = 1.5 \cdot \cos(x - 2) \approx -0.62 \cdot \cos(x) + 1.36 \cdot \sin(x).$$

b2) In Aufgabe 2.3.2 wurde $2 + 3j \approx 3.61 \cdot e^{0.98j}$ berechnet.
Damit gilt nach a)

$$f(x) = 2\cos(x) + 3\sin(x) \approx 3.61 \cdot \cos(x - 0.98).$$

c) Entsprechend a) kann man die Funktion f darstellen als

$$f(x) = r \cdot \cos(x - \varphi),$$

wobei $r\,e^{j\varphi} = 3 + 4j$ ist. Die Amplitude r ist also gleich dem Betrag von $3 + 4j$, also gleich $\sqrt{3^2 + 4^2} = \sqrt{25} = 5$.

A220

Aufgabe 2.3.7

a) Leiten Sie unter Zuhilfenahme von $e^{3xj} = (e^{xj})^3$ eine Darstellung von $\sin(3x)$ durch $\sin x$ und $\cos x$ her.

b) Zeigen Sie, dass gilt

$$\cosh(jx) = \cos x \qquad \text{und} \qquad \sinh(jx) = j\sin x.$$

Lösung:

a) Es gilt einerseits

$$e^{3xj} = \cos(3x) + j \cdot \sin(3x)$$

und andererseits:

$$e^{3xj} = \left(e^{xj}\right)^3 = (\cos x + j \cdot \sin x)^3.$$

Ausmultiplizieren dieses Ausdrucks führt zu

$$\begin{aligned}
e^{3xj} &= \cos^3 x + 3\cos^2 x \cdot j \cdot \sin x + 3 \cdot \cos x \cdot (j \cdot \sin x)^2 + (j \cdot \sin x)^3 \\
&= \cos^3 x - 3\cos x \sin^2 x + j(3\cos^2 x \sin x - \sin^3 x).
\end{aligned}$$

Durch Vergleich der Imaginärteile folgt:

$$\sin 3x = 3\cos^2 x \sin x - \sin^3 x.$$

b) Entsprechend der Definition der hyperbolischen Funktionen (s. Definition 1.1.64) und unter Verwendung der Euler-Formel (s. Satz 2.3.1) ist

$$\begin{aligned}
\cosh(jx) &= \frac{1}{2}\left(e^{jx} + e^{-jx}\right) \\
&= \frac{1}{2}\left((\cos x + j\sin x) + (\cos x - j\sin x)\right) \\
&= \frac{1}{2} \cdot (2 \cdot \cos x + 0) = \cos x, \\
\sinh(jx) &= \frac{1}{2}\left(e^{jx} - e^{-jx}\right) \\
&= \frac{1}{2}\left((\cos x + j\sin x) - (\cos x - j\sin x)\right) \\
&= \frac{1}{2} \cdot (0 + 2 \cdot j\sin x) = j \cdot \sin x.
\end{aligned}$$

Aufgabe 2.3.8

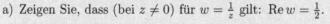

Sei $z = 1 + e^{j\varphi}$ mit beliebigem φ.

a) Zeigen Sie, dass (bei $z \neq 0$) für $w = \frac{1}{z}$ gilt: $\operatorname{Re} w = \frac{1}{2}$.

   Tipp: Nutzen Sie die Euler-Formel und die Gesetze für trigonometrische Funktionen.

b) Wo liegen die Punkte z für beliebiges φ, wo die Punkte $\frac{1}{z}$?

Lösung:

a) Mit der Euler-Formel (s. Satz 2.3.1) und dem trigonometrischen Pythagoras (s. Satz 1.1.55, 2.) ist

$$\frac{1}{1 + e^{j\varphi}} = \frac{1}{1 + \cos\varphi + j\sin\varphi} = \frac{(1 + \cos\varphi) - j\sin\varphi}{(1 + \cos\varphi)^2 + (\sin\varphi)^2}$$

$$= \frac{1 + \cos\varphi - j\sin\varphi}{1 + 2\cos\varphi + \underbrace{\cos^2\varphi + \sin^2\varphi}_{=1}} = \frac{1 + \cos\varphi - j\sin\varphi}{2 + 2\cos\varphi}.$$

Damit erhält man

$$\operatorname{Re} \frac{1}{1 + e^{j\varphi}} = \frac{1 + \cos\varphi}{2 + 2\cos\varphi} = \frac{1 + \cos\varphi}{2 \cdot (1 + \cos\varphi)} = \frac{1}{2}.$$

b) Die Menge $\{1 + e^{j\varphi} | \varphi \in \mathbb{R}\}$ stellt einen Kreis mit Radius Eins um die Zahl 1 dar.

Da die Punkte $\frac{1}{z}$ nach a) alle den Realteil $\frac{1}{2}$ haben, liegen sie auf einer Geraden parallel zur imaginären Achse durch $x = \frac{1}{2}$.

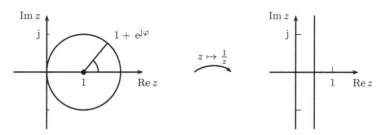

Abb. 2.26 Der Kreis wird durch $x \mapsto \frac{1}{z}$ auf eine Gerade abgebildet.

Die Abbildung $z \mapsto \frac{1}{z}$ bildet den Kreis (ohne Null) auf die Gerade ab, vgl. die Bemerkung am Ende der Lösung von Aufgabe 2.2.5.

3 Folgen und Reihen

3.1 Folgen

Aufgabe 3.1.1

Zeichnen Sie einige Folgenglieder zu den durch die folgenden Ausdrücke beschriebenen Folgen auf der Zahlengerade.

a) $a_n = \dfrac{2n}{n+1}$,

b) $b_n = (-1)^n \cdot \left(1 + \dfrac{1}{n}\right)$,

c) $c_n = \sin n$,

d) $d_n = \cos\left(2 - \dfrac{1}{n}\right)$,

e) $e_1 = 1$, $e_{n+1} = \dfrac{e_n}{2} + \dfrac{2}{e_n}$,

f) $s_0 = 0$, $s_{n+1} = s_n + \dfrac{1}{2^n}$.

Sind die Folgen konvergent? (Sie brauchen keine exakte Begründung anzugeben.)

Lösung:

a)

n	1	2	3	4	5	6	$\ldots$
a_n	1	1.33..	1.5	1.6	1.66..	1.71..	$\ldots$

Die Folge $(a_n)_{n \in \mathbb{N}}$ konvergiert gegen 2.

b)

n	1	2	3	4	5	6	$\ldots$
b_n	-2	1.5	$-1.33..$	1.25	-1.2	1.16..	$\ldots$

Die Folge $(b_n)_{n \in \mathbb{N}}$ konvergiert nicht.

© Der/die Autor(en), exklusiv lizenziert an
Springer-Verlag GmbH, DE, ein Teil von Springer Nature 2023
G. Hoever, *Arbeitsbuch höhere Mathematik*,
https://doi.org/10.1007/978-3-662-68268-5_14

c)

n		1	2	3	4	5	6	...
-------		--------	--------	--------	---------	---------	---------	-----
c_n		0.84..	0.90..	0.14..	−0.75..	−0.95..	−0.27..	...

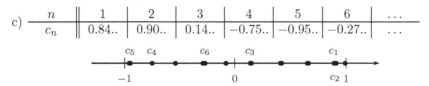

Die Folge $(c_n)_{n \in \mathbb{N}}$ konvergiert nicht.

d)

n		1	2	3	4	5	6	...
-------		--------	--------	---------	---------	---------	---------	-----
d_n		0.54..	0.07..	−0.09..	−0.17..	−0.22..	−0.25..	...

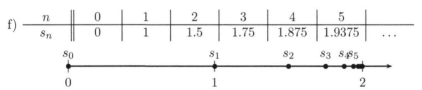

Die Folge $(d_n)_{n \in \mathbb{N}}$ konvergiert gegen $\cos(2)$.

e)

n		1	2	3	4	5	6	
-------		---	-----	------	-------	-------	-------	-----
e_n		1	2.5	2.05	2.00..	2.00..	2.00..	...

Die Folge $(e_n)_{n \in \mathbb{N}}$ konvergiert gegen 2.

f)

n		0	1	2	3	4	5	
-------		---	---	-----	------	-------	--------	-----
s_n		0	1	1.5	1.75	1.875	1.9375	...

Die Folge $(s_n)_{n \in \mathbb{N}_0}$ konvergiert gegen 2.

A302

Aufgabe 3.1.2

Mit einer Konstanten c wird die Folge $(a_n)_{n \in \mathbb{N}}$ rekursiv definiert durch

$$a_1 = 0 \quad \text{und} \quad a_{n+1} = a_n^2 + c \quad \text{für } n \geq 1.$$

a) Berechnen Sie für verschiedene Werte von c, z.B. für $c = \pm 0.5$, $c = -1$, $c = -1.5$, $c = -2$, $c = -2.5$, die ersten Folgenglieder.

b) Zeigen Sie:

   Für $c > \frac{1}{4}$ ist die Folge $(a_n)_{n \in \mathbb{N}}$ streng monoton wachsend.

   Tipp: Es kann helfen, sich zu überlegen, dass die Funktion $f(x) = x^2 - x + c$ für die betrachteten Werte c immer positiv ist.

c) Zeigen Sie:

   Ist $c \in [-\frac{1}{2}; \frac{1}{4}]$, und gilt $|a_n| \leq \frac{1}{2}$, so ist auch $|a_{n+1}| \leq \frac{1}{2}$.

   Überlegen Sie sich weiter, dass daraus folgt, dass die Folge für $c \in [-\frac{1}{2}; \frac{1}{4}]$ beschränkt durch $C = \frac{1}{2}$ ist.

Lösung:

a) Die folgende Tabelle zeigt jeweils den ungefähren Wert der ersten sechs Folgenglieder:

c	a_1	a_2	a_3	a_4	a_5	a_6
0.5	0	0.5	0.75	1.06	1.63	3.15
-0.5	0	-0.5	-0.25	-0.44	-0.31	-0.40
-1	0	-1	0	-1	0	-1
-1.5	0	-1.5	0.75	-0.94	-0.62	-1.11
-2	0	-2	2	2	2	2
-2.5	0	-2.5	3.75	11.6	131.2	17209

b) Es gilt die Äquivalenz

$$a_n < a_{n+1} = a_n^2 + c \quad \Leftrightarrow \quad a_n^2 - a_n + c > 0.$$

Um die strenge Monotonie der Folge zu zeigen, reicht es also, die rechte Ungleichung zu zeigen. Dazu reicht es, sich zu überlegen, dass die quadratische Funktion $f(x) = x^2 - x + c$ für die betrachteten Werte c immer positiv ist. Dies sieht man, da sich nach der p-q-Formel (s. Satz 1.1.15) Nullstellen

$$\frac{1}{2} \pm \sqrt{\left(\frac{1}{2}\right)^2 - c} = \frac{1}{2} \pm \sqrt{\frac{1}{4} - c}$$

ergeben, es also bei $c > \frac{1}{4}$ keine reellen Nullstellen gibt. Die (nach oben geöffnete) Parabel zu f muss also vollständig oberhalb der x-Achse liegen.

c) Ist $|a_n| \leq \frac{1}{2}$, so ist $a_n^2 \in [0, \frac{1}{4}]$. Ist dann noch $c \in [-\frac{1}{2}; \frac{1}{4}]$, so erhält man bei Betrachtung der kleinst- und größt-möglichen Werte:

$$a_{n+1} = a_n^2 + c \geq 0 + \left(-\frac{1}{2}\right) = -\frac{1}{2},$$

$$a_{n+1} = a_n^2 + c \leq \frac{1}{4} + \frac{1}{4} = \frac{1}{2},$$

also $|a_{n+1}| \leq \frac{1}{2}$.

Da man mit $a_1 = 0$ beginnt, also $|a_1| \leq \frac{1}{2}$ ist, folgt mit obigem $|a_2| \leq \frac{1}{2}$, damit dann $|a_3| \leq \frac{1}{2}$ u.s.w., also $|a_n| \leq \frac{1}{2}$ für alle n. Im Prinzip ist diese Überlegung eine sogenannte vollständige Induktion, die hier aber nicht weiter behandelt wird.

Bemerkung:

Man kann die Folge auch mit komplexen Werten c betrachten. Die Menge aller $c \in \mathbb{C}$, für die die Folge beschränkt bleibt, nennt man *Mandelbrot-Menge*. Stellt man diese Menge in der Gaußschen Zahlenebene dar, ergibt sich das fraktale Bild des sogenannten *Apfelmännchens*.

Aufgabe 3.1.3

A303   Die Folgen $\left(\dfrac{2n}{n+1}\right)_{n\in\mathbb{N}}$ und $\left(1+\dfrac{1}{2^n}\right)_{n\in\mathbb{N}}$ konvergieren.

Stellen Sie jeweils eine Vermutung bzgl. des Grenzwertes a auf und geben Sie dann jeweils ein N an, so dass für $n \geq N$ für die Folgenglieder a_n gilt:

$$|a_n - a| < \frac{1}{100} \qquad \text{bzw.} \qquad |a_n - a| < 10^{-8}.$$

Lösung:

1) Bei $a_n = \frac{2n}{n+1}$ kann man wie bei Blatt 8, Aufgabe 9a) , $a = 2$ als Grenzwert vermuten. Es gilt

$$|a_n - a| = \left|\frac{2n}{n+1} - 2\right| = \left|\frac{2n - 2\cdot(n+1)}{n+1}\right| = \left|\frac{-2}{n+1}\right| = \frac{2}{n+1}.$$

Also gilt

$$|a_n - a| < \frac{1}{100} \quad\Leftrightarrow\quad \frac{2}{n+1} < \frac{1}{100} \quad\Leftrightarrow\quad 200 < n+1,$$

d.h., für $n \geq 200$ gilt $|a_n - 2| < \frac{1}{100}$.

Entsprechend erhält man aus

$$|a_n - a| < 10^{-8} \quad\Leftrightarrow\quad \frac{2}{n+1} < 10^{-8} \quad\Leftrightarrow\quad 2\cdot 10^8 < n+1,$$

dass für $n \geq 2\cdot 10^8$ gilt $|a_n - 2| < 10^{-8}$.

2) Bei $a_n = 1 + \frac{1}{2^n}$ kann man $a = 1$ als Grenzwert vermuten, da der zweite Summand immer kleiner wird. Es gilt

$$|a_n - a| = \left|1 + \frac{1}{2^n} - 1\right| = \frac{1}{2^n}.$$

Also gilt

$$|a_n - a| < \frac{1}{100} \quad\Leftrightarrow\quad \frac{1}{2^n} < \frac{1}{100} \quad\Leftrightarrow\quad 100 < 2^n$$
$$\Leftrightarrow\quad n > \log_2 100 \approx 6.64,$$

d.h., für $n \geq 7$ gilt $|a_n - 1| < \frac{1}{100}$.

Entsprechend erhält man aus

$$|a_n - a| < 10^{-8} \quad \Leftrightarrow \quad \frac{1}{2^n} < 10^{-8} \quad \Leftrightarrow \quad 10^8 < 2^n$$

$$\Leftrightarrow \quad n > \log_2 10^8 = 8 \cdot \log_2 10 \approx 26.57,$$

dass für $n \geq 27$ gilt $|a_n - 1| < 10^{-8}$.

Aufgabe 3.1.4

A304

Sind die angegebenen Folgen konvergent?

a) $a_n = \pi$ für alle $n \in \mathbb{N}$.

b) $b_n = 0$ für alle n, die nicht durch 10 teilbar sind; ist n Vielfaches von 10, so ist $b_n = 1$.

c) $c_n = 0$ für alle n außer für Zehnerpotenzen; für Zehnerpotenzen n, also $n = 10^k$, ist $c_n = 1$.

d) $d_n = 0$ für alle n außer für Zehnerpotenzen; es ist $d_1 = 1$, und ist $n = 10^k$, $k \geq 1$, so ist $d_n = \frac{1}{k}$;

Lösung:

a) Die Folge $(a_n)_{n \in \mathbb{N}}$ konvergiert gegen π.

Denn für jedes $\varepsilon > 0$ gilt $|a_n - \pi| = 0 < \varepsilon$ für alle n.

b) Die Folge $(b_n)_{n \in \mathbb{N}}$ konvergiert nicht.

Würde man beispielsweise versuchen, 0 als Grenzwert nachzuweisen, so könnte man zu $\varepsilon = \frac{1}{2}$ kein N finden, so dass $|b_n - 0| < \frac{1}{2}$ für alle $n > N$ ist, da immer wieder $b_n = 1$, also $|b_n - 0| = 1$ auftritt.

c) Mit der gleichen Argumentation wie bei b) sieht man, dass die Folge $(c_n)_{n \in \mathbb{N}}$ nicht konvergiert.

d) Die Folge $(d_n)_{n \in \mathbb{N}}$ konvergiert gegen 0.

Sei nämlich $\varepsilon > 0$ vorgegeben. Dann gilt für große k:

$$\frac{1}{k} < \varepsilon \quad \left(\text{nämlich für } k > \frac{1}{\varepsilon} \right).$$

Für $n > 10^k$ ist dann $d_n = 0$ oder $d_n = \frac{1}{l}$ mit $l > k$; in jedem Fall gilt $|d_n - 0| < \varepsilon$.

Aufgabe 3.1.5

a) Die Folge $(a_n)_{n \in \mathbb{N}}$ erfülle $a_{n+1} = \frac{1}{2}a_n + 1$.

Welchen Grenzwert hat die Folge, falls sie konvergiert?

b) Die Folge $(a_n)_{n \in \mathbb{N}}$ mit

$$a_1 = 1, \qquad a_{n+1} = \frac{a_n}{2} + \frac{c}{2a_n}$$

mit einem Parameter $c \in \mathbb{R}^{>0}$ konvergiert. (Das brauchen Sie nicht zu zeigen). Welchen Grenzwert hat die Folge? (Vgl. Aufgabe 3.1.1, e).)

Lösung:

a) Sei a der Grenzwert der Folge, also $a = \lim_{n \to \infty} a_n$ und auch $a = \lim_{n \to \infty} a_{n+1}$.

Wie bei Beispiel 3.1.15 erhält man aus $a_{n+1} = \frac{1}{2}a_n + 1$ damit durch Grenzübergang $n \to \infty$

$$a = \frac{1}{2}a + 1 \quad \Leftrightarrow \quad \frac{1}{2}a = 1 \quad \Leftrightarrow \quad a = 2.$$

b) Sei a der Grenzwert der Folge, also $a = \lim_{n \to \infty} a_n$ und auch $a = \lim_{n \to \infty} a_{n+1}$. Wie bei Beispiel 3.1.15 erhält man aus $a_{n+1} = \frac{a_n}{2} + \frac{c}{2a_n}$ damit durch Grenzübergang $n \to \infty$

$$a = \frac{a}{2} + \frac{c}{2a} \quad \Leftrightarrow \quad 2a^2 = a^2 + c \quad \Leftrightarrow \quad a^2 = c,$$

also $a = +\sqrt{c}$ oder $a = -\sqrt{c}$. Da die Folgenglieder aber offensichtlich alle positiv sind, muss der Grenzwert $a = +\sqrt{c}$ sein.

Aufgabe 3.1.6

Geben Sie den Grenzwert der folgenden Folgen in $\mathbb{R} \cup \{\pm\infty\}$ an.

a) $\left(\dfrac{2n-1}{4n+3} \right)_{n \in \mathbb{N}}$,   b) $\left(\dfrac{3n}{n^2-3} \right)_{n \in \mathbb{N}}$,   c) $\left(\dfrac{2n^2+3}{2-n^2} \right)_{n \in \mathbb{N}}$,

d) $\left(\dfrac{n^2}{n+1} \right)_{n \in \mathbb{N}}$,   e) $\left(\dfrac{(n+2)^2}{2n^2+1} \right)_{n \in \mathbb{N}}$,   f) $\left(\dfrac{n^3-3n^2+1}{1-n^2} \right)_{n \in \mathbb{N}}$,

g) $\left(\dfrac{4n+2}{(3n-1)^2} \right)_{n \in \mathbb{N}}$,   h) $\left(\dfrac{3n^2}{(2n+1)^2} \right)_{n \in \mathbb{N}}$,   i) $\left(\dfrac{n(4n-1)^2}{(2n+1)^3} \right)_{n \in \mathbb{N}}$.

Lösung:

Die Grenzwerte kann man mit Satz 3.1.19 angeben. Ggf. muss man sich (beispielsweise durch Ausmultiplizieren) überlegen, welchen Grad der Zähler bzw. Nenner hat, und welchen Wert der führende Koeffizient besitzt.

Die Grenzwerte sind:

a) $\quad \dfrac{2}{4} = \dfrac{1}{2},$ 　　　　b) $\quad 0,$ 　　　　c) $\quad \dfrac{2}{-1} = -2,$

d) $\quad \infty,$ 　　　　e) $\quad \dfrac{1}{2},$ 　　　　f) $\quad -\infty,$

g) $\quad 0,$ 　　　　h) $\quad \dfrac{3}{2^2} = \dfrac{3}{4},$ 　　　　i) $\quad \dfrac{4^2}{2^3} = \dfrac{16}{8} = 2.$

Aufgabe 3.1.7 (beispielhafte Klausuraufgabe, 6 Minuten)

A307

Auf einer Geburtstagsfeier mit vielen Gästen soll eine Torte verteilt werden. Damit jeder etwas bekommt, legt der Gastgeber fest, dass jeder, der sich bedient, ein Zehntel dessen, was noch an Torte da ist, nehmen soll.

Sei R_n der Anteil der Torte, der noch übrig ist, nachdem sich der n-te Gast bedient hat. Geben Sie eine Formel für R_n an.

Lösung:

Der erste Gast nimmt ein Zehntel der Torte, also ist

$$R_1 = \frac{9}{10}.$$

Der zweite Gast nimmt ein Zehntel vom Rest, also $\frac{1}{10} \cdot \frac{9}{10}$. Damit verbleibt ein Anteil

$$R_2 = \frac{9}{10} - \frac{1}{10} \cdot \frac{9}{10} = \left(1 - \frac{1}{10}\right) \cdot \frac{9}{10} = \frac{9}{10} \cdot \frac{9}{10} = \left(\frac{9}{10}\right)^2.$$

Entsprechend nimmt der dritte Gast ein Zehntel von R_2, also

$$R_3 = R_2 - \frac{1}{10} R_2 = \left(1 - \frac{1}{10}\right) R_2 = \frac{9}{10} \cdot \left(\frac{9}{10}\right)^2 = \left(\frac{9}{10}\right)^3.$$

Man sieht, dass sich so für den n-ten Gast ergibt:

$$R_n = \left(\frac{9}{10}\right)^n.$$

Aufgabe 3.1.8

Geben Sie jeweils reelle Folgen $(a_n)_{n\in\mathbb{N}}$ und $(b_n)_{n\in\mathbb{N}}$ an, die

a) $a_n \overset{n\to\infty}{\longrightarrow} 0$ und $b_n \overset{n\to\infty}{\longrightarrow} \infty$ erfüllen und für die gilt

    1) $\lim\limits_{n\to\infty} a_n b_n = 3$,   2) $\lim\limits_{n\to\infty} a_n b_n = -\infty$.

b) $a_n \overset{n\to\infty}{\longrightarrow} \infty$ und $b_n \overset{n\to\infty}{\longrightarrow} \infty$ erfüllen und für die gilt

    1) $\lim\limits_{n\to\infty} (a_n - b_n) = 0$,   2) $\lim\limits_{n\to\infty} (a_n - b_n) = 3$,

    3) $\lim\limits_{n\to\infty} (a_n - b_n) = \infty$,   4) $\lim\limits_{n\to\infty} (a_n - b_n) = -\infty$.

Lösung:

Hier gibt es viele verschiedene Möglichkeiten. Beispielhafte Lösungen sind:

a)   1) $a_n = \dfrac{3}{n}$, $b_n = n$,   2) $a_n = -\dfrac{1}{n}$, $b_n = n^2$.

b)   1) $a_n = b_n = n$,   2) $a_n = n + 3$, $b_n = n$,

      3) $a_n = n^2$, $b_n = n$,   4) $a_n = n$, $b_n = n^2$.

Aufgabe 3.1.9

Geben Sie die Grenzwerte (in $\mathbb{R} \cup \{\pm\infty\}$) der folgenden Folgen an.

a) $\left(\dfrac{n^4}{2^n}\right)_{n\in\mathbb{N}}$,   b) $\left(\dfrac{3^n}{n^3}\right)_{n\in\mathbb{N}}$,   c) $\left(n^4 \cdot \left(\dfrac{1}{3}\right)^n\right)_{n\in\mathbb{N}}$,

d) $\left(\dfrac{1}{\sqrt{n}+1}\right)_{n\in\mathbb{N}}$,   e) $\left(\dfrac{\sqrt{n}}{\sqrt[3]{n}+1}\right)_{n\in\mathbb{N}}$,   f) $\left(\dfrac{n^2}{\sqrt{2n^4+n}}\right)_{n\in\mathbb{N}}$,

g) $\left(\sqrt[3]{n}\right)_{n\in\mathbb{N}}$,   h) $\left(\dfrac{n^2 + n \cdot 2^n}{3^n}\right)_{n\in\mathbb{N}}$,   i) $\left(\dfrac{1 - 2^n}{n^3 + 1}\right)_{n\in\mathbb{N}}$.

Lösung:

Zu a) bis c): Entsprechend der Regel „Exponentiell ist stärker als polynomial"
(s. Bemerkung 3.1.21) erhält man als Grenzwerte

a) 0   b) ∞ c) 0.

Für die weiteren Grenzwerte gilt:

d) Da der Nenner immer größer wird, ist der Grenzwert 0.

e) In Potenzschreibweise ist der Zähler gleich $n^{1/2}$, der Nenner gleich $n^{1/3}+1$. Wegen der größeren Potenz und damit des stärkeren Wachstums im Zähler ist der Grenzwert $+\infty$.

f) Für das Wachstumsverhalten im Nenner ist der Summand „$+n$" unter der Wurzel vernachlässigbar. Damit hat der Nenner ein Wachstumsverhalten wie $\sqrt{2n^4} = \sqrt{2} \cdot n^2$, und man erhält $\frac{1}{\sqrt{2}}$ als Grenzwert der Folge.

Formal kann man die Grenzwertberechnung durchführen, indem man n^4 aus der Wurzel ausklammert und dann n^2 kürzt:

$$\frac{n^2}{\sqrt{2n^4+n}} = \frac{n^2}{n^2 \cdot \sqrt{2+\frac{1}{n^3}}} = \frac{1}{\sqrt{2+\frac{1}{n^3}}} \xrightarrow{n\to\infty} \frac{1}{\sqrt{2}}.$$

g) Mit n wächst auch $\sqrt[3]{n}$ gegen $+\infty$.

h) Das polynomiale Wachstum n^2 im Zähler ist gegenüber $n \cdot 2^n$ vernachlässigbar. Damit hat der ganze Bruch ein Wachstumsverhalten wie $\frac{n \cdot 2^n}{3^n} = n \cdot \left(\frac{2}{3}\right)^n$, und da polynomiales Wachstum schwächer als exponentielle Konvergenz gegen Null ist, ist der Grenzwert gleich 0.

Alternativ sieht man dies auch durch Aufspaltung des Bruchs:

$$\frac{n^2 + n \cdot 2^n}{3^n} = n^2 \cdot \left(\frac{1}{3}\right)^n + n \cdot \left(\frac{2}{3}\right)^n$$
$$\xrightarrow{n\to\infty} \quad 0 \quad + \quad 0 \quad = 0.$$

i) Der Zähler strebt exponentiell gegen $-\infty$, das polynomiale Wachstum des Nenners kann das nicht bremsen, so dass sich als Grenzwert $-\infty$ ergibt.

Aufgabe 3.1.10

Bestimmen Sie die Grenzwerte von

A310

a) $\left(\sqrt{n+1} - \sqrt{n-1}\right)_{n\in\mathbb{N}}$,   b) $\left(\sqrt{n^2+n} - n\right)_{n\in\mathbb{N}}$.

(Tipp: Formen Sie die Ausdrücke durch geschickte Erweiterung mittels der dritten binomischen Formel so um, dass Sie das Konvergenzverhalten klar erkennen können.)

Lösung:

a) Eine Erweiterung mit $\sqrt{n+1} + \sqrt{n-1}$ führt zu

$$\sqrt{n+1} - \sqrt{n-1} = \frac{(\sqrt{n+1} - \sqrt{n-1}) \cdot (\sqrt{n+1} + \sqrt{n-1})}{\sqrt{n+1} + \sqrt{n-1}}$$

$$= \frac{(\sqrt{n+1})^2 - (\sqrt{n-1})^2}{\sqrt{n+1} + \sqrt{n-1}}$$

$$= \frac{n+1 - (n-1)}{\sqrt{n+1} + \sqrt{n-1}}$$

$$= \frac{2}{\sqrt{n+1} + \sqrt{n-1}}.$$

Der Nenner konvergiert offensichtlich gegen $+\infty$, so dass der ganze Ausdruck gegen 0 konvergiert.

b) Eine Erweiterung mit $\sqrt{n^2 + n} + n$ führt zu

$$\sqrt{n^2 + n} - n = \frac{\left(\sqrt{n^2 + n} - n\right) \cdot \left(\sqrt{n^2 + n} + n\right)}{\sqrt{n^2 + n} + n}$$

$$= \frac{\left(\sqrt{n^2 + n}\right)^2 - n^2}{\sqrt{n^2 + n} + n} = \frac{n^2 + n - n^2}{\sqrt{n^2 + n} + n}$$

$$= \frac{n}{\sqrt{n^2 + n} + n}.$$

Da $\sqrt{n^2 + n}$ das gleiche Wachstumsverhalten wie n hat, kann man hier den Grenzwert $\frac{1}{1+1} = \frac{1}{2}$ ablesen. Man kann aber auch formal weiterrechnen:

$$\frac{n}{\sqrt{n^2 + n} + n} = \frac{n}{n\sqrt{1 + \frac{1}{n}} + n} = \frac{1}{\sqrt{1 + \frac{1}{n}} + 1} \xrightarrow{n \to \infty} \frac{1}{1+1} = \frac{1}{2}.$$

3.2 Reihen

A311

Aufgabe 3.2.1

Sei $a_k = \dfrac{k}{2^k}$. Berechnen Sie mit dem Taschenrechner einige Folgenglieder von $(a_k)_{k \in \mathbb{N}}$ sowie die ersten Partialsummen s_n der Reihe $\sum\limits_{k=1}^{\infty} a_k$.

Lösung:

Man erhält folgende Werte:

k	=	1	2	3	4	5
a_k	=	0.5	0.5	0.375	0.25	0.15625

$$
\begin{aligned}
s_1 &= 0.5 & &= 0.5, \\
s_2 &= 0.5 + 0.5 & &= 1, \\
s_3 &= 0.5 + 0.5 + 0.375 & &= 1.375, \\
s_4 &= 0.5 + 0.5 + 0.375 + 0.25 & &= 1.625, \\
s_5 &= 0.5 + 0.5 + 0.375 + 0.25 + 0.15625 &= 1.78125,
\end{aligned}
$$

u.s.w.

Bemerkung:

Man kann zeigen, dass die Folge der s_n, also die Reihe $\sum\limits_{k=1}^{\infty} a_k$ gegen 2 konvergiert.

Aufgabe 3.2.2

Sei $a_k = \dfrac{k}{(k+1)!}$. (Zur Erinnerung: $k! := 1 \cdot 2 \cdot \ldots \cdot k$.)

a) Berechnen Sie mit einem Taschenrechner einige Folgenglieder von $(a_k)_{k \in \mathbb{N}}$ sowie die ersten Partialsummen s_n der Reihe $\sum\limits_{k=1}^{\infty} a_k$.

b) Zeigen Sie: $a_k = \dfrac{1}{k!} - \dfrac{1}{(k+1)!}$.

c) Nutzen Sie die Darstellung aus b) zur Berechnung von $\sum\limits_{k=1}^{\infty} a_k$.

Lösung:

a) Man erhält folgende Werte:

k	1	2	3
a_k	$\frac{1}{2!} = \frac{1}{1\cdot 2} = 0.5$	$\frac{2}{3!} = \frac{2}{1\cdot 2\cdot 3} \approx 0.3333$	$\frac{3}{4!} = \frac{3}{1\cdot 2\cdot 3\cdot 4} = 0.125$

und damit die Partialsummen

$$
\begin{aligned}
s_1 &= 0.5, \\
s_2 &= 0.5 + 0.3333 = 0.8333, \\
s_3 &= 0.5 + 0.3333 + 0.125 = 0.9583,
\end{aligned}
$$

u.s.w.

b) Wegen

$$
(k+1)! = 1 \cdot 2 \cdot \ldots \cdot k \cdot (k+1) = k! \cdot (k+1)
$$

ist der Hauptnenner der beiden Brüche gleich $(k+1)!$ und man erhält durch Erweitern von $\dfrac{1}{k!}$ mit $(k+1)$:

$$\frac{1}{k!} - \frac{1}{(k+1)!} = \frac{k+1}{k! \cdot (k+1)} - \frac{1}{(k+1)!} = \frac{k+1}{(k+1)!} - \frac{1}{(k+1)!}$$

$$= \frac{k+1-1}{(k+1)!} = \frac{k}{(k+1)!} = a_k.$$

c) Die n-te Partialsumme ist $s_n = a_1 + a_2 + \ldots + a_{n-1} + a_n$.

Mit der Darstellung $a_k = \frac{1}{k!} - \frac{1}{(k+1)!}$ aus b) ergibt sich eine Teleskopsumme wie bei Beispiel 3.2.8:

$$
\begin{aligned}
s_n &= \left(\frac{1}{1!} - \frac{1}{(1+1)!} \right) + \left(\frac{1}{2!} - \frac{1}{(2+1)!} \right) + \ldots \\
&\quad + \left(\frac{1}{(n-1)!} - \frac{1}{n!} \right) + \left(\frac{1}{n!} - \frac{1}{(n+1)!} \right) \\
&= \left(\frac{1}{1!} - \underbrace{\frac{1}{2!} \right) + \left(\frac{1}{2!}}_{=0} - \underbrace{\frac{1}{3!} \right) + \ldots}_{=0} \\
&\quad + \underbrace{\left(\frac{1}{(n-1)!} - \frac{1}{n!} \right)}_{=0} + \underbrace{\left(\frac{1}{n!}}_{=0} - \frac{1}{(n+1)!} \right) \\
&= \frac{1}{1!} \qquad\qquad\qquad\qquad\qquad - \frac{1}{(n+1)!}
\end{aligned}
$$

Die Grenzwertbildung ergibt also

$$\sum_{k=1}^{\infty} a_k = \lim_{n \to \infty} s_n = \lim_{n \to \infty} \left(1 - \frac{1}{(n+1)!} \right) = 1 - 0 = 1.$$

Aufgabe 3.2.3

Gegeben ist die Reihe $1 - \dfrac{1}{3} + \dfrac{1}{9} - \dfrac{1}{27} + - \ldots$.

a) Wie lauten die a_k bei einer Darstellung der Summe als $\displaystyle\sum_{k=0}^{\infty} a_k$?

b) Berechnen Sie den Reihenwert.

Lösung:

a) Bei geradem k ergibt sich ein postitiver Summand, bei ungeradem ein negativer. Dieses Vorzeichenverhalten kann man durch $(-1)^k$ darstellen. Der Nenner durchläuft 3er-Potenzen. Damit erhält man

$$a_k = (-1)^k \cdot \frac{1}{3^k} = \left(-\frac{1}{3}\right)^k.$$

b) Als geometrische Reihe (s. Satz 3.2.5) erhält man:

$$\sum_{k=0}^{\infty} a_k = \sum_{k=0}^{\infty}\left(-\frac{1}{3}\right)^k = \frac{1}{1-(-\frac{1}{3})} = \frac{1}{1+\frac{1}{3}} = \frac{3}{4}.$$

Aufgabe 3.2.4

Herr Mayer schließt einen Ratensparvertrag ab: Er zahlt zu Beginn jeden Jahres 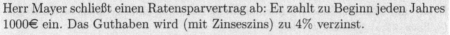 1000€ ein. Das Guthaben wird (mit Zinseszins) zu 4% verzinst.

A314

Welches Guthaben hat Herr Mayer nach 30 Jahren?

Lösung:

Eine Einzahlung $G = 1000€$ ergibt bei einer Verzinsung zum Zinssatz $p = 0.04$ mit Zinseszins nach n Jahren (s. Beispiel 3.1.1 oder Aufgabe 1.1.34)

$$K = (1+p)^n \cdot G.$$

Die einzelnen Einzahlungen von Herrn Mayer kann man nun getrennt voneinander betrachten:

Die Einzahlung aus dem ersten Jahr wird 30 Jahre verzinst: $(1+p)^{30} \cdot G$.

Die Einzahlung aus dem zweiten Jahr wird 29 Jahre verzinst: $(1+p)^{29} \cdot G$.

$$\vdots$$

Die Einzahlung aus dem 30-ten Jahr wird 1 Jahr verzinst: $(1+p)^1 \cdot G$.

Daraus folgt als Gesamtsumme S:

$$S = \sum_{k=1}^{30} (1+p)^k \cdot G = G \cdot \sum_{k=1}^{30} (1+p)^k.$$

Die Summe ist die Partialsumme einer geometrischen Reihe. Um die Formel aus Satz 3.2.5 anwenden zu können, bei der die Summation bei $k = 0$ und nicht – wie hier – bei $k = 1$ beginnt, kann man den Summanden zu $k = 0$ hinzufügen und wieder abziehen:

$$S = G \cdot \left(\sum_{k=0}^{30}(1+p)^k - 1\right) = G \cdot \left(\frac{1-(1+p)^{31}}{1-(1+p)} - 1\right)$$

$$= G \cdot \left(\frac{(1+p)^{31}-1}{p} - 1\right).$$

Die konkreten Werte von G und p führen zu $S \approx 58\,328.34€$.

A315

Aufgabe 3.2.5

Berechnen Sie

a) $\displaystyle\sum_{k=0}^{\infty}\left(\frac{1}{3}\right)^k$,   b) $\displaystyle\sum_{n=0}^{\infty}\frac{1}{4^n}$,   c) $\displaystyle\sum_{k=1}^{\infty}0.8^k$,   d) $\displaystyle\sum_{m=2}^{\infty}\left(\frac{1}{2}\right)^m$.

(Zu c) und d) vgl. Aufgabe 3.2.6.)

Lösung:

Bei a) und b) kann direkt die Formel zur Berechnung einer geometrischen Reihe (s. Satz 3.2.5) genutzt werden:

a) $\displaystyle\sum_{k=0}^{\infty}\left(\frac{1}{3}\right)^k = \frac{1}{1-\frac{1}{3}} = \frac{1}{\frac{2}{3}} = \frac{3}{2}$.

b) $\displaystyle\sum_{n=0}^{\infty}\frac{1}{4^n} = \sum_{n=0}^{\infty}\left(\frac{1}{4}\right)^n = \frac{1}{1-\frac{1}{4}} = \frac{4}{3}$.

Bei c) und d) beginnt die Summe nicht beim Index Null:

c) Die Summe beginnt bei $k = 1$. Dies kann man auf zwei verschiedene Weisen auf die „Standard"-Summe $\displaystyle\sum_{k=0}^{\infty} q^k = \frac{1}{1-q}$ zurückführen:

Möglichkeit 1:

Man kann den 0-ten Summanden hinzufügen und wieder abziehen:

$$\sum_{k=1}^{\infty}0.8^k = \left(\sum_{k=0}^{\infty}0.8^k\right) - 1$$

$$= \frac{1}{1-0.8} - 1 = \frac{1}{0.2} - 1 = 5 - 1 = 4.$$

Möglichkeit 2:

Man kann 0.8 ausklammern, so dass man Summanden beginnend mit $0.8^{1-1} = 0.8^0$ erhält, und anschließend eine Indexverschiebung durchführen:

$$\sum_{k=1}^{\infty}0.8^k = 0.8 \cdot \sum_{k=1}^{\infty}0.8^{k-1} = 0.8 \cdot \sum_{l=0}^{\infty}0.8^l$$

$$= 0.8 \cdot \frac{1}{1-0.8} = 0.8 \cdot \frac{1}{0.2} = 4.$$

d) Wie bei c) kann man die Summe auf zweierlei Arten zurückführen auf eine Summe, die bei 0 beginnt:

Möglichkeit 1 (Hinzufügen und Abziehen der ersten Summanden):

$$\sum_{m=2}^{\infty} \left(\frac{1}{2}\right)^m = \sum_{m=0}^{\infty} \left(\frac{1}{2}\right)^m - 1 - \frac{1}{2}$$

$$= \frac{1}{1 - \frac{1}{2}} - 1 - \frac{1}{2} = 2 - 1 - \frac{1}{2} = \frac{1}{2}.$$

Möglichkeit 2 (Ausklammern und Indexverschiebung):

$$\sum_{m=2}^{\infty} \left(\frac{1}{2}\right)^m = \left(\frac{1}{2}\right)^2 \cdot \sum_{m=2}^{\infty} \left(\frac{1}{2}\right)^{m-2}$$

$$= \left(\frac{1}{2}\right)^2 \cdot \sum_{n=0}^{\infty} \left(\frac{1}{2}\right)^n$$

$$= \left(\frac{1}{2}\right)^2 \cdot \frac{1}{1 - \frac{1}{2}} = \left(\frac{1}{2}\right)^2 \cdot 2 = \frac{1}{2}.$$

Aufgabe 3.2.6

Zeigen Sie, dass für $|q| < 1$ gilt: $\displaystyle\sum_{k=k_0}^{\infty} q^k = \frac{q^{k_0}}{1-q}$.

A316

Lösung:

Wie bei Aufgabe 3.2.5, c) und d), gibt es zwei verschiedene Möglichkeiten zur Behandlung dieser Summe:

Möglichkeit 1:

Man kann die für die beim Index 0 beginnende „Standard"-Summe $\displaystyle\sum_{k=0}^{\infty} q^k$ fehlenden Summanden hinzufügen und wieder abziehen:

$$\sum_{k=k_0}^{\infty} q^k = \sum_{k=0}^{\infty} q^k - \left(1 + q + \ldots + q^{k_0-1}\right). \qquad (*)$$

Satz 3.2.5 liefert einen geschlossenen Ausdruck für den Reihenwert $\displaystyle\sum_{k=0}^{\infty} q^k = \frac{1}{1-q}$ und die Partialsumme

$$1 + q + \ldots + q^{k_0-1} = \sum_{k=0}^{k_0-1} q^k = \frac{1 - q^{(k_0-1)+1}}{1-q},$$

so dass aus $(*)$ weiter folgt

$$\sum_{k=k_0}^{\infty} q^k = \frac{1}{1-q} - \frac{1 - q^{k_0-1+1}}{1-q} = \frac{1 - \left(1 - q^{k_0}\right)}{1-q} = \frac{q^{k_0}}{1-q}.$$

Möglichkeit 2:

Man kann den in allen Summanden vorhandenen Faktor q^{k_0} ausklammern. Dabei ist

$$q^k = q^{k_0+k-k_0} = q^{k_0} \cdot q^{k-k_0}.$$

Statt bei der Summation den Index k von k_0 bis unendlich laufen zu lassen, kann man $l = k - k_0$ von 0 bis unendlich laufen lassen und erhält mit dieser Indexverschiebung

$$\sum_{k=k_0}^{\infty} q^k = \sum_{k=k_0}^{\infty} q^{k_0} \cdot q^{k-k_0} = q^{k_0} \cdot \sum_{k=k_0}^{\infty} q^{k-k_0}$$

$$= q^{k_0} \cdot \sum_{l=0}^{\infty} q^l = q^{k_0} \cdot \frac{1}{1-q}.$$

A317

Aufgabe 3.2.7

a) Visualisieren Sie die Partialsummen der Reihe $\sum_{k=0}^{\infty} a_k$ mit den komplexen Summanden $a_k = \left(\frac{1}{2}\mathrm{j}\right)^k$ in der Gaußschen Zahlenebene und berechnen Sie den Reihenwert.

b) Was ergibt $\sum_{n=0}^{\infty}(\frac{1}{2} + \frac{1}{2}\mathrm{j})^n$ und $\sum_{l=0}^{\infty}(0.8 + 0.7\mathrm{j})^l$?

Lösung:

a) Die einzelnen Summanden sind

$$a_0 = \left(\tfrac{1}{2}\mathrm{j}\right)^0 = 1,$$
$$a_1 = \left(\tfrac{1}{2}\mathrm{j}\right)^1 = \tfrac{1}{2}\mathrm{j},$$
$$a_2 = \left(\tfrac{1}{2}\mathrm{j}\right)^2 = -\tfrac{1}{4},$$
$$a_3 = \left(\tfrac{1}{2}\mathrm{j}\right)^3 = -\tfrac{1}{8}\mathrm{j},$$
$$a_4 = \left(\tfrac{1}{2}\mathrm{j}\right)^4 = \tfrac{1}{16},$$
$$a_5 = \left(\tfrac{1}{2}\mathrm{j}\right)^5 = \tfrac{1}{32}\mathrm{j},$$

u.s.w.

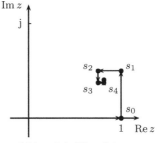

Abb. 3.1 Visualisierung der Partialsummen.

Die entsprechenden Partialsummen s_n sind in Abb. 3.1 gekennzeichnet.

Den Reihenwert kann man mit Satz 3.2.5 berechnen, der auch für komplexe Werte für q gilt:

$$\sum_{k=0}^{\infty}\left(\frac{1}{2}j\right)^{k} = \frac{1}{1-\frac{1}{2}j} = \frac{1+\frac{1}{2}j}{(1-\frac{1}{2}j)\cdot(1+\frac{1}{2}j)} = \frac{1+\frac{1}{2}j}{1^2-\left(\frac{1}{2}j\right)^2}$$

$$= \frac{1+\frac{1}{2}j}{\frac{5}{4}} = \frac{4}{5}\cdot\left(1+\frac{1}{2}j\right) = \frac{4}{5}+\frac{2}{5}j.$$

b) Bei der Anwendung von Satz 3.2.5 ist zu beachten, dass $|q| < 1$ ist. Zu $q = \frac{1}{2} + \frac{1}{2}j$ ist

$$|q| = \left|\frac{1}{2}+\frac{1}{2}j\right| = = \sqrt{\left(\frac{1}{2}\right)^2+\left(\frac{1}{2}\right)^2} = \sqrt{\frac{1}{2}}.$$

Da $\sqrt{\frac{1}{2}} < 1$ ist, konvergiert die geometrische Reihe und es ist

$$\sum_{l=0}^{\infty}\left(\frac{1}{2}+\frac{1}{2}j\right)^{l} = \frac{1}{1-\left(\frac{1}{2}+\frac{1}{2}j\right)} = \frac{1}{\frac{1}{2}-\frac{1}{2}j}$$

$$= \frac{\frac{1}{2}+\frac{1}{2}j}{\left(\frac{1}{2}\right)^2+\left(\frac{1}{2}\right)^2} = \frac{\frac{1}{2}+\frac{1}{2}j}{\frac{1}{2}} = 1+j.$$

Zu $q = 0.8 + 0.7j$ ist

$$|q| = |0.8+0.7j| = \sqrt{0.8^2+0.7^2} = \sqrt{1.13}.$$

Da $\sqrt{1.13} > 1$ ist, divergiert die entsprechende geometrische Reihe.

Aufgabe 3.2.8 (beispielhafte Klausuraufgabe, 10 Minuten)

A318

Miniland macht Schulden, dieses Jahr 1000 €. Von Jahr zu Jahr soll die Neuverschuldung auf $\frac{2}{3}$ des Vorjahres reduziert werden.

Wieviel Gesamtschulden macht Miniland?

Lösung:

Seien a_n die Schulden, die im n-ten Jahr gemacht werden. Dabei bezeichne $n = 0$ das aktuelle Jahr. Dann gilt:

$$\text{Schulden im aktuellen Jahr: } a_0 = 1000\text{€}$$
$$\text{Schulden im nächstes Jahr: } a_1 = \frac{2}{3} \cdot 1000\text{€,}$$
$$\text{Schulden im Jahr darauf: } a_2 = \frac{2}{3} \cdot a_1 = \left(\frac{2}{3}\right)\left(\frac{2}{3}\right) \cdot 1000\text{€,}$$
$$= \left(\frac{2}{3}\right)^2 \cdot 1000\text{€,}$$
$$\text{Schulden im Jahr darauf: } a_3 = \frac{2}{3} \cdot a_2 = \left(\frac{2}{3}\right)^3 \cdot 1000\text{€,}$$
$$\vdots$$
$$\text{allgemein: } a_n = \left(\frac{2}{3}\right)^n \cdot 1000\text{€.}$$

Die Gesamtschulden betragen also

$$\sum_{k=0}^{\infty} a_k = \sum_{k=0}^{\infty} \left(\frac{2}{3}\right)^k \cdot 1000\text{€} = 1000\text{€} \cdot \frac{1}{1 - \frac{2}{3}} = 1000\text{€} \cdot 3 = 3000\text{€.}$$

Miniland macht also 3000€ Gesamtschulden.

A319

Aufgabe 3.2.9

Achilles und die Schildkröte veranstalten ein Wettrennen. Achilles lässt der Schildkröte einen Vorsprung von $\Delta s_0 = 10\,\text{m}$. Er spurtet mit einer Geschwindigkeit von $10\,\text{m/s}$, während die Schildkröte $1\,\text{m/s}$ schafft.

Sei Δt_0 die Zeit, die Achilles braucht, um den gegebenen Vorsprung Δs_0 zurückzulegen, Δs_1 die Strecke, die sich die Schildkröte in der Zeit Δt_0 als neuen Vorsprung erarbeitet. Allgemein sei

Δt_n die Zeit, die Achilles für die Strecke Δs_n braucht,

Δs_{n+1} die Strecke, die die Schildkröte in der Zeit Δt_n zurücklegt.

a) Überlegen Sie sich, dass gilt: $\Delta t_n = \frac{1}{10^n}\,\text{s}$.

b) Was ergibt die Reihe $\sum\limits_{n=0}^{\infty} \Delta t_n$?

Wie lässt sich damit das Paradoxon, dass die Schildkröte bei der Betrachtung immer einen Vorsprung vor Achilles hat, auflösen?

Lösung:

a) Da die Schildkröte die Geschwindigkeit $1\,\text{m/s}$ hat, ist $\Delta s_{n+1} = 1\,\text{m/s} \cdot \Delta t_n$, bzw.

$$\Delta s_n = 1\,\mathrm{m/s} \cdot \Delta t_{n-1}.$$

Mit der Geschwindigkeit $10\,\mathrm{m/s}$ von Achilles ist $\Delta s_n = 10\,\mathrm{m/s} \cdot \Delta t_n$, also

$$\Delta t_n = \frac{1}{10\,\mathrm{m/s}} \cdot \Delta s_n = \frac{1}{10\,\mathrm{m/s}} \cdot 1\,\mathrm{m/s} \cdot \Delta t_{n-1} = \frac{1}{10}\Delta t_{n-1}$$

und

$$\Delta t_0 = \frac{1}{10\,\mathrm{m/s}} \cdot \Delta s_0 = \frac{1}{10\,\mathrm{m/s}} \cdot 10\,\mathrm{m} = 1\,\mathrm{s}.$$

Daraus folgt weiter

$$\Delta t_1 = \frac{1}{10} \cdot \Delta t_0 = \frac{1}{10} \cdot 1\,\mathrm{s} = \frac{1}{10}\,\mathrm{s},$$

$$\Delta t_2 = \frac{1}{10} \cdot \Delta t_1 = \frac{1}{10} \cdot \frac{1}{10}\,\mathrm{s} = \frac{1}{100}\,\mathrm{s},$$

$$\Delta t_3 = \frac{1}{10} \cdot \Delta t_2 = \frac{1}{10} \cdot \frac{1}{100}\,\mathrm{s} = \frac{1}{10^3}\,\mathrm{s},$$

u.s.w.

und man sieht, dass $\Delta t_n = \frac{1}{10^n}\,\mathrm{s}$ ist.

b) Es ist

$$\sum_{n=0}^{\infty} \Delta t_n = \sum_{n=0}^{\infty} \frac{1}{10^n}\,\mathrm{s} \overset{\substack{\text{geometrische}\\ =\\ \text{Reihe}}}{} \frac{1}{1 - \frac{1}{10}}\,\mathrm{s} = \frac{10}{9}\,\mathrm{s}.$$

Man betrachtet also zwar unendlich viele Zeitintervalle, die aber aufsummiert nicht über die Zeit $\frac{10}{9}\,\mathrm{s}$ hinausgehen. Das ist genau der Zeitpunkt, in dem Achilles die Schildkröte überholt.

Aufgabe 3.2.10

Welche der folgenden Reihen konvergieren in $\mathbb{R}$?

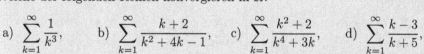

a) $\displaystyle\sum_{k=1}^{\infty} \frac{1}{k^3},$ b) $\displaystyle\sum_{k=1}^{\infty} \frac{k+2}{k^2 + 4k - 1},$ c) $\displaystyle\sum_{k=1}^{\infty} \frac{k^2 + 2}{k^4 + 3k},$ d) $\displaystyle\sum_{k=1}^{\infty} \frac{k-3}{k+5},$

e) $\displaystyle\sum_{k=1}^{\infty} \frac{k}{2^k},$ f) $\displaystyle\sum_{k=1}^{\infty} k^2 \cdot 0.8^k,$ g) $\displaystyle\sum_{k=1}^{\infty} \frac{1.2^k}{k^4},$ h) $\displaystyle\sum_{k=1}^{\infty} \frac{k^3}{0.5^k},$

i) $\displaystyle\sum_{k=1}^{\infty} \frac{1}{\sqrt{k}},$ j) $\displaystyle\sum_{k=1}^{\infty} \left(1 - \frac{1}{k^2}\right),$ k) $\displaystyle\sum_{k=1}^{\infty} \frac{2^k - k}{3^k + 1},$ l) $\displaystyle\sum_{k=1}^{\infty} \frac{2^k + 1}{k \cdot 2^k}.$

A320

Lösung:

Zu a) bis d): Durch Betrachtung der Grade von Zähler und Nenner erhält man mit Satz 3.2.17, 3., dass die Reihen von a) und c) konvergieren und die von b) und d) nicht konvergieren.

Zu e) bis h): Exponentielles Verhalten dominiert polynomiales Verhalten, und bei exponentiellem Schrumpftum gewährleistet Satz 3.2.17, 2., die Konvergenz der Reihen. Dies ist bei e) und f) der Fall. Die Summanden $\frac{1 \cdot 2^k}{k^4}$ bei g) und $\frac{k^3}{0.5^k} = k^3 \cdot 2^k$ bei h) werden immer größer, so dass die entsprechenden Summen nicht in $\mathbb{R}$ konvergieren.

Zu i): Nach Satz 3.2.17, 1., mit $a = \frac{1}{2}$ divergiert die Reihe.

Zu j): Die Summanden nähern sich immer mehr der Eins an. Nach Satz 3.2.10 kann die Summe daher nicht konvergieren.

Zu k): Das dominierende Verhalten der Summanden ist wie $\frac{2^k}{3^k} = \left(\frac{2}{3}\right)^k$. Daran sieht man, dass die Reihe ähnlich wie eine geometrische Reihe konvergiert. Formal kann man die Konvergenz auch mit dem Majorantenkriterium (s. Satz 3.2.14, 2.) zeigen, da

$$\left|\frac{2^k - k}{3^k + 1}\right| = \frac{2^k - k}{3^k + 1} \leq \frac{2^k}{3^k + 1} \leq \frac{2^k}{3^k} = \left(\frac{2}{3}\right)^k$$

ist, und die geometrische Reihe $\sum \left(\frac{2}{3}\right)^k$ konvergiert.

Zu l): Es ist

$$\frac{2^k + 1}{k \cdot 2^k} \geq \frac{2^k}{k \cdot 2^k} = \frac{1}{k},$$

und da die harmonische Reihe $\sum \frac{1}{k}$ divergiert (s. Satz 3.2.12) folgt nach dem Minorantenkriterium (s. Satz 3.2.14, 1.) auch die Divergenz von $\sum \frac{2^k + 1}{k \cdot 2^k}$.

A321

Aufgabe 3.2.11

Konvergiert

a) $\displaystyle\sum_{k=1}^{\infty} (-1)^k \sin \frac{1}{k}$,   b) $\displaystyle\sum_{k=1}^{\infty} (-1)^k \cos \frac{1}{k}$?

Lösung:

a) Die Argumente $\frac{1}{k}$ der Sinus-Funktion liegen in $[0,1]$ und werden immer kleiner. Da die Sinus-Funktion in $[0,1]$ monoton wachsend ist, folgt, dass die Werte $\sin \frac{1}{k}$ monoton fallen. Damit konvergiert die alternierende Reihe

$$\sum_{k=1}^{\infty} (-1)^k \sin \frac{1}{k} = -\sum_{k=1}^{\infty} (-1)^{k+1} \sin \frac{1}{k}$$

nach dem Leibniz-Kriterium (Satz 3.2.20).

b) Die Summanden haben zwar alternierendes Vorzeichen, aber sie konvergieren betragsmäßig gegen 1. Insbesondere bilden die Summanden also keine Nullfolge; damit kann die Reihe nicht konvergieren (s. Satz 3.2.10).

Aufgabe 3.2.12

A322

a) Zeigen Sie mit Hilfe des Quotientenkriteriums die Konvergenz der Reihe $\sum k^2 \cdot q^k$ ($|q| < 1$).

b) Was ergibt sich bei der Anwendung des Quotientenkriteriums zur Untersuchung der Konvergenz von $\sum \frac{1}{k}$ bzw. $\sum \frac{1}{k^2}$?

Lösung:

a) Der beim Quotientenkriterium (s. Satz 3.2.23) betrachtete Quotient ist hier

$$\left| \frac{(k+1)^2 \cdot q^{k+1}}{k^2 \cdot q^k} \right| = \frac{(k+1)^2}{k^2} \cdot |q| \overset{k \to \infty}{\longrightarrow} |q| < 1,$$

so dass das Quotientenkriterium Konvergenz garantiert.

b) Bei $\sum \frac{1}{k}$ gilt für die betrachteten Quotienten $\left| \frac{k+1}{k} \right| \overset{k \to \infty}{\longrightarrow} 1$.

Bei $\sum \frac{1}{k^2}$ gilt für die betrachteten Quotienten $\left| \frac{(k+1)^2}{k^2} \right| \overset{k \to \infty}{\longrightarrow} 1$.

Das Quotientenkriterium gibt also in beiden Fällen keine Aussage.

Tatsächlich divergiert die erste Reihe, wohingegen die zweite konvergiert (s. Satz 3.2.12 und Satz 3.2.17, 1.).

Aufgabe 3.2.13

A323

Sind die (komplexen) Reihen

a) $\displaystyle\sum_{k=1}^{\infty} \left(\frac{j}{2} \right)^k$,   b) $\displaystyle\sum_{k=1}^{\infty} \frac{j^k}{k}$

konvergent bzw. absolut konvergent?

Lösung:

a) Für die Summanden der Reihe $\displaystyle\sum_{k=1}^{\infty} \left(\frac{j}{2} \right)^k$ gilt

$$\left| \left(\frac{j}{2} \right)^k \right| = \left| \frac{j^k}{2^k} \right| = \frac{|j^k|}{2^k} = \frac{|j|^k}{2^k} = \frac{1}{2^k},$$

und da $\sum \frac{1}{2^k}$ als geometrische Reihe konvergiert, ist $\sum\limits_{k=1}^{\infty} \left(\frac{j}{2}\right)^k$ absolut konvergent und damit auch konvergent (s. Bemerkung 3.2.29).

(In Aufgabe 3.2.7 wurde der Reihenwert berechnet: $\sum\limits_{k=1}^{\infty} \left(\frac{j}{2}\right)^k = \frac{4}{5} + \frac{2}{5}j$.)

b) Für die Summanden der Reihe $\sum\limits_{k=1}^{\infty} \frac{j^k}{k}$ gilt

$$\left|\frac{j^k}{k}\right| = \frac{1}{k},$$

und da $\sum \frac{1}{k}$ als harmonische Reihe divergiert, ist $\sum\limits_{k=1}^{\infty} \left(\frac{j}{2}\right)^k$ nicht absolut konvergent.

Bei Betrachtung der Partialsummen (s. Abb. 3.2 rechts) sieht man aber, dass die Reihe konvergiert, da sie Summanden hat, die betragsmäßig immer kleiner werden und sich richtungsmäßig „drehen".

Bemerkung:

Abb. 3.2 zeigt links die Partialsummen zu a) (vgl. Aufgabe 3.2.7) und rechts zu b). Die absolute Konvergenz ist gleichbedeutend damit, dass der Weg bis zum Konvergenzpunkt endlich ist, was links der Fall ist und rechts nicht.

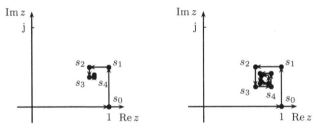

Abb. 3.2 Geometrische Reihen im Komplexen.

3.3 Potenzreihen

Aufgabe 3.3.1

Gegeben sei die Potenzreihe $1 - \frac{1}{3}x + \frac{1}{9}x^2 - \frac{1}{27}x^3 + - \dots$.

a) Wie lautet der Koeffizient a_n vor x^n?

b) Welche Funktion wird durch die Reihe dargestellt?

   (Tipp: geometrische Reihe)

Lösung:

a) An dem alternierenden Vorzeichen und den Dreierpotenzen im Nenner sieht man $a_n = \left(-\frac{1}{3}\right)^n$.

b) Mit dem Summensymbol dargestellt ergibt sich

$$1 - \frac{1}{3}x + \frac{1}{9}x^2 - \frac{1}{27}x^3 + - \ldots \; = \; \sum_{n=0}^{\infty} \left(-\frac{1}{3}\right)^n \cdot x^n \; = \; \sum_{n=0}^{\infty} \left(-\frac{x}{3}\right)^n.$$

Dies ist eine geometrische Reihe, und falls $\left|-\frac{x}{3}\right| < 1$, also $|x| < 3$ ist, folgt mit Satz 3.2.5 weiter

$$\sum_{n=0}^{\infty} \left(-\frac{x}{3}\right)^n \; = \; \frac{1}{1 - \left(-\frac{x}{3}\right)} \; = \; \frac{3}{3 + x},$$

also

$$1 - \frac{1}{3}x + \frac{1}{9}x^2 - \frac{1}{27}x^3 + - \ldots \; = \; \frac{3}{3 + x}, \quad \text{falls } |x| < 3.$$

Aufgabe 3.3.2

A325

Berechnen Sie (mit Hilfe eines Taschenrechners) jeweils eine Näherung von $e = e^1$, von $\sqrt{e} = e^{\frac{1}{2}}$ und von e^j (mit der imaginären Einheit j), indem Sie die Potenzreihendarstellung $e^x = \sum_{n=0}^{\infty} \frac{1}{n!} x^n$ benutzen und dabei nur die ersten sechs Summanden berücksichtigen.

Welche Werte erhält man direkt mit dem Taschenrechner?

Lösung:

Als Näherungen ergeben sich

$$e \; = \; e^1 \; \approx \; \frac{1}{0!} + \frac{1}{1!} \cdot 1^1 + \frac{1}{2!} \cdot 1^2 + \frac{1}{3!} \cdot 1^3 + \frac{1}{4!} \cdot 1^4 + \frac{1}{5!} \cdot 1^5$$

$$= \; 1 + 1 + \frac{1}{2} + \frac{1}{6} + \frac{1}{24} + \frac{1}{120} \; = \; \frac{326}{120} \; = \; \frac{163}{60} \; = \; 2.716\overline{6},$$

exakt ist $e = 2.718\ldots$,

$$\sqrt{e} \; = \; e^{\frac{1}{2}} \; \approx \; 1 + 1 \cdot \frac{1}{2} + \frac{1}{2} \cdot \frac{1}{4} + \frac{1}{6} \cdot \frac{1}{8} + \frac{1}{24} \cdot \frac{1}{16} + \frac{1}{120} \cdot \frac{1}{32}$$

$$\approx \; 1.648698,$$

exakt ist $\sqrt{e} = 1.648721\ldots$.

Mit der imaginären Einheit j ist

$$e^j \approx 1 + 1 \cdot j + \frac{1}{2} \cdot (j)^2 + \frac{1}{6} \cdot (j)^3 + \frac{1}{24} \cdot (j)^4 + \frac{1}{120} \cdot (j)^5$$

$$= 1 - \frac{1}{2} + \frac{1}{24} + \left(1 - \frac{1}{6} + \frac{1}{120}\right) j$$

$$= \frac{13}{24} + \frac{101}{120} j = 0.5416\overline{6} + 0.8416\overline{6}j.$$

Mit einem Taschenrechner kann man den Wert mit Hilfe der Euler-Formel (s. Satz 2.3.1) berechnen:

$$e^j = e^{1 \cdot j} = \cos 1 + j \cdot \sin 1 = 0.5403\ldots + 0.84147\ldots j.$$

A326

Aufgabe 3.3.3

a) Sie wollen 1000 Euro für ein Jahr anlegen. Bank A bietet Ihnen für das Jahr 4% Zinsen. Bank B bietet nur 3,98%, schreibt Ihnen aber nach einem halben Jahr schon die bis dahin fälligen Zinsen gut und verzinst sie dann mit. Bank C gibt nur 3,95%, wirbt aber mit monatlicher Gutschrift der aufgelaufenen Zinsen. Welches Angebot ist am günstigsten?

b) Wie lautet die Formel für Ihr Guthaben nach einem Jahr bei einem Zinssatz von p Prozent, wenn Ihnen die aufgelaufenen Zinsen n mal im Jahr gutgeschrieben werden?

c) Was ergibt sich bei b) für $n \to \infty$, also bei kontinuierlicher Zinsgutschrift?

Lösung:

a) Bei Bank A hat man nach einem Jahr: $1000€ \cdot (1 + 0.04) = 1040€$.

Bei Bank B bekommt man nach einem halben Jahr die Hälfte der Zinsen, also $\frac{1}{2} \cdot 0.0398 \cdot 1000€$, ausbezahlt, hat also

$$1000€ \cdot \left(1 + \frac{1}{2} \cdot 0.0398\right)$$

auf dem Konto, das für das zweite Halbjahr entsprechend verzinst wird, sodass man am Ende des Jahres

$$1000€ \cdot \left(1 + \frac{1}{2} \cdot 0.0398\right) \cdot \left(1 + \frac{1}{2} \cdot 0.0398\right)$$

$$= 1000€ \cdot \left(1 + \frac{1}{2} \cdot 0.0398\right)^2 \approx 1040.20€$$

besitzt.

Bei Bank C erhält man entsprechend nach einem Monat ein Zwölftel der Zinsen, hat dann also

$$1000\text{€} \cdot \left(1 + \frac{1}{12} \cdot 0.0395\right)$$

Guthaben, das für den zweiten Monat verzinst wird, usw.. Nach 12 Monaten hat man also

$$1000\text{€} \cdot \left(1 + \frac{1}{12} \cdot 0.0395\right)^{12} \approx 1040.22\text{€}.$$

Bank C hat also das günstigste Angebot.

b) Eine analoge Überlegung wie bei Bank C ergibt nach einem Jahr ein Guthaben von

$$1000\text{€} \cdot \left(1 + \frac{p}{n}\right)^n.$$

c) Bei Betrachtung des Grenzwertes ergibt sich aus b) allgemein (s. Bemerkung 3.1.23, 2.)

$$\lim_{n \to \infty} 1000 \cdot \left(1 + \frac{p}{n}\right)^n = 1000\text{€} \cdot e^p.$$

Für $p = 0.04$ ergibt sich so $1000\text{€} \cdot e^{0.04} \approx 1040.81\text{€}$.

Aufgabe 3.3.4

A327

Geben Sie die Koeffizienten a_0, a_1, a_2, a_3 und a_4 der Potenzreihenentwicklung $\sum_{k=0}^{\infty} a_k x^k$ für die folgenden Funktionen an:

a) $f(x) = \sin x + \cos x$, b) $f(x) = 2 \cdot \sin x$, c) $f(x) = \sin(2x)$,

d) $f(x) = \sin(x^2)$, e) $f(x) = \sin(x + 2)$, f) $f(x) = \sin x \cdot \cos x$.

Lösung:

a) Durch Addition der Potenzreihenentwicklungen der Sinus- und Cosinus-Funktion (s. Satz 3.3.7) erhält man

$$\sin x + \cos x$$

$$= \left(x - \frac{1}{3!}x^3 + \frac{1}{5!}x^5 - \frac{1}{7!}x^7 + - \ldots\right)$$

$$+ \left(1 - \frac{1}{2!}x^2 + \frac{1}{4!}x^4 - \frac{1}{6!}x^6 + - \ldots\right)$$

$$= 1 + x - \frac{1}{2!}x^2 - \frac{1}{3!}x^3 + \frac{1}{4!}x^4 + \ldots.$$

Damit kann man die Koeffizienten ablesen:

$$a_0 = 1, \quad a_1 = 1, \quad a_2 = -\frac{1}{2!}, \quad a_3 = -\frac{1}{3!}, \quad a_4 = \frac{1}{4!}.$$

b) Durch einfache Multiplikation der Sinus-Potenzreihe ergibt sich

$$2 \cdot \sin x = 2 \cdot \left(x - \frac{1}{3!}x^3 + \frac{1}{5!}x^5 - \frac{1}{7!}x^7 + - \ldots \right)$$
$$= 2x - \frac{2}{3!}x^3 + \frac{2}{5!}x^5 - \frac{2}{7!}x^7 + - \ldots.$$

Man sieht:

$$a_0 = a_2 = a_4 = 0 \quad \text{und} \quad a_1 = 2, \quad a_3 = -\frac{2}{3!} = -\frac{1}{3}.$$

c) Durch Einsetzen in die Sinus-Potenzreihe erhält man

$$\sin(2x) = (2x) - \frac{1}{3!}(2x)^3 + \frac{1}{5!}(2x)^5 - \frac{1}{7!}(2x)^7 + - \ldots$$
$$= 2x - \frac{2^3}{3!}x^3 + \frac{2^5}{5!}x^5 - \frac{2^7}{7!}x^7 + - \ldots.$$

Man sieht:

$$a_0 = a_2 = a_4 = 0 \quad \text{und} \quad a_1 = 2, \quad a_3 = -\frac{2^3}{3!} = -\frac{4}{3}.$$

d) Durch Einsetzen in die Sinus-Potenzreihe erhält man

$$\sin(x^2) = (x^2) - \frac{1}{3!}(x^2)^3 + \frac{1}{5!}(x^2)^5 - \frac{1}{7!}(x^2)^7 + - \ldots$$
$$= x^2 - \frac{1}{3!}x^6 + \frac{1}{5!}x^{10} - + \ldots.$$

Man sieht:

$$a_0 = a_1 = a_3 = a_4 = 0 \quad \text{und} \quad a_2 = 1.$$

e) Mit Hilfe des Sinus-Additionstheorems (s. Satz 1.1.55, 3.) erhält man

$$\sin(x + 2) = \sin x \cdot \cos 2 + \cos x \cdot \sin 2$$
$$= \cos 2 \cdot \left(x - \frac{1}{3!}x^3 + \frac{1}{5!}x^5 - \frac{1}{7!}x^7 + - \ldots \right)$$
$$+ \sin 2 \cdot \left(1 - \frac{1}{2!}x^2 + \frac{1}{4!}x^4 - \frac{1}{6!}x^6 + - \ldots \right).$$
$$= \sin 2 + \cos 2 \cdot x - \frac{\sin 2}{2!}x^2 - \frac{\cos 2}{3!}x^3 + \frac{\sin 2}{4!}x^4 + \ldots.$$

Damit kann man die Koeffizienten ablesen:

$$a_0 = \sin 2, \quad a_1 = \cos 2, \quad a_2 = -\frac{\sin 2}{2!}, \quad a_3 = -\frac{\cos 2}{3!}, \quad a_4 = \frac{\sin 2}{4!}.$$

f) Man kann $\sin(2x) = 2\sin x \cos x$ nutzen (s. Satz 1.1.55, 3.):

$$\sin x \cdot \cos x \;=\; \frac{1}{2}\sin(2x)$$

$$\overset{\text{s. c)}}{=} \frac{1}{2}\cdot\left(2x - \frac{2^3}{3!}x^3 + \frac{2^5}{5!}x^5 - \frac{2^7}{7!}x^7 + - \ldots\right)$$

$$= \quad x - \frac{2^2}{3!}x^3 + \frac{2^4}{5!}x^5 - + \ldots$$

$$= \quad x - \frac{2}{3}x^3 + \frac{2}{15}x^5 - + \ldots.$$

Damit erhält man

$$a_0 = a_2 = a_4 = 0 \quad \text{und} \quad a_1 = 1, \quad a_3 = -\frac{2}{3}.$$

Alternativ kann man die Anfänge der Potenzreihenentwicklungen von $\sin x$ und $\cos x$ multiplizieren und das Ergebnis nach Potenzen von x sortieren. (Hier ordnet man um, was man aber - wie man zeigen kann - darf.) So erhält man

$$\sin x \cdot \cos x$$

$$= \left(x - \frac{1}{3!}x^3 + \frac{1}{5!}x^5 - + \ldots\right)\cdot\left(1 - \frac{1}{2!}x^2 + \frac{1}{4!}x^4 - + \ldots\right)$$

$$= x + x^3\cdot\left(-\frac{1}{3!} - \frac{1}{2!}\right) + x^5\cdot\left(\frac{1}{4!} + \frac{1}{3!}\cdot\frac{1}{2!} + \frac{1}{5!}\right) + \ldots$$

$$= x - \frac{2}{3}x^3 \quad + \quad \frac{2}{15}x^5 \quad + \ldots$$

und damit die gleichen Koeffizienten.

Aufgabe 3.3.5 (Vgl. Aufgabe 2.3.7)

A328

Zeigen Sie mittels der Potenzreihenentwicklung den folgenden Zusammenhang der trigonometrischen und der hyperbolischen Funktionen im Komplexen:

$$\cos(\mathrm{j}x) \;=\; \cosh x \quad \text{und} \quad \sin(\mathrm{j}x) \;=\; \mathrm{j}\cdot\sinh x.$$

Lösung:

Nutzt man die ausgeschriebenen Darstellungen der Potenzreihen, so kann man sich die Zusammenhänge wie folgt verdeutlichen:

$$\cos(jx) = 1 - \frac{1}{2!}(jx)^2 + \frac{1}{4!}(jx)^4 - \frac{1}{6!}(jx)^6 + - \ldots$$

$$= 1 - \frac{1}{2!} \cdot j^2 x^2 + \frac{1}{4!} \cdot j^4 x^4 - \frac{1}{6!} \cdot j^6 x^6 + - \ldots$$

$$= 1 - \frac{1}{2!} \cdot (-1) \cdot x^2 + \frac{1}{4!} \cdot (+1) \cdot x^4 - \frac{1}{6!} \cdot (-1) \cdot x^6 + - \ldots$$

$$= 1 + \frac{1}{2!} x^2 + \frac{1}{4!} x^4 + \frac{1}{6!} x^6 + \ldots$$

$$= \cosh x,$$

$$\sin(jx) = (jx) - \frac{1}{3!}(jx)^3 + \frac{1}{5!}(jx)^5 - \frac{1}{7!}(jx)^7 + - \ldots$$

$$= j \cdot x - \frac{1}{3!} \cdot \underbrace{j^3}_{=-j} x^3 + \frac{1}{5!} \cdot \underbrace{j^5}_{=+j} x^5 - \frac{1}{7!} \cdot \underbrace{j^7}_{=-j} x^7 + - \ldots$$

$$= j \cdot x + \frac{1}{3!} \cdot j \cdot x^3 + \frac{1}{5!} \cdot j \cdot x^5 + \frac{1}{7!} \cdot j \cdot x^7 + \ldots$$

$$= j \cdot \left(x + \frac{1}{3!} x^3 + \frac{1}{5!} x^5 + \frac{1}{7!} x^7 + \ldots \right)$$

$$= j \cdot \sinh x.$$

Mit der kompakten Summen-Schreibweise der Potenzreihen ist

$$\cos(jx) = \sum_{k=0}^{\infty} \frac{(-1)^k}{(2k)!} \cdot (jx)^{2k}.$$

Nun gilt

$$(jx)^{2k} = j^{2k} \cdot x^{2k} = (j^2)^k \cdot x^{2k} = (-1)^k \cdot x^{2k},$$

und damit

$$\cos(jx) = \sum_{k=0}^{\infty} \frac{(-1)^k}{(2k)!} \cdot (-1)^k \cdot x^{2k} = \sum_{k=0}^{\infty} \frac{\left((-1) \cdot (-1)\right)^k}{(2k)!} \cdot x^{2k}$$

$$= \sum_{k=0}^{\infty} \frac{1}{(2k)!} \cdot x^{2k} = \cosh x.$$

Ähnlich erhält man wegen

$$(jx)^{2k+1} = j^{2k+1} \cdot x^{2k+1} = (j^2)^k \cdot j \cdot x^{2k+1} = (-1)^k \cdot j \cdot x^{2k+1},$$

dass

$$\sin(\mathrm{j}x) = \sum_{k=0}^{\infty} \frac{(-1)^k}{(2k+1)!} \cdot (\mathrm{j}x)^{2k+1} = \sum_{k=0}^{\infty} \frac{(-1)^k}{(2k+1)!} \cdot (-1)^k \cdot \mathrm{j} \cdot x^{2k+1}$$

$$= \mathrm{j} \cdot \sum_{k=0}^{\infty} \frac{((-1) \cdot (-1))^k}{(2k+1)!} \cdot x^{2k+1} = \mathrm{j} \cdot \sum_{k=0}^{\infty} \frac{1}{(2k+1)!} \cdot x^{2k+1}$$

$$= \mathrm{j} \cdot \sinh x.$$

Aufgabe 3.3.6

A329

Bei einem See der Länge l (gemessen auf der Wasseroberfläche) erhält man für die Höhe h, die der See über der direkten Verbindung übersteht, und für die Differenz Δl eines schwimmenden Seils und der direkten Linie die folgenden Formeln (s. Aufgabe 1.3.8):

$$h = R - R \cdot \cos \frac{l}{2R} \quad \text{und} \quad \Delta l = l - 2 \cdot R \cdot \sin \frac{l}{2R}.$$

a) Nutzen Sie den Anfang der Potenzreihenentwicklungen, um Näherungen für h und Δl zu erhalten.

b) Vergleichen Sie die Näherungsergebnisse, die Sie bei a) mit $l = 50\,\mathrm{km}$ und $R = 6370\,\mathrm{km}$ erhalten, mit Ihren Ergebnissen von Aufgabe 1.3.8.

c) Welche Werte erhalten Sie für einen 100 m langen See?

Lösung:

a) Mit der Näherung $\cos x \approx 1 - \frac{1}{2}x^2$ erhält man als Näherung für die Höhe

$$h = R - R \cdot \cos \frac{l}{2R} \approx R - R \cdot \left(1 - \frac{1}{2}\left(\frac{l}{2R}\right)^2\right)$$

$$= R - R + R \cdot \frac{1}{2} \cdot \frac{l^2}{4R^2} = \frac{l^2}{8R}.$$

Als Näherung für die Längendifferenz Δl ergäbe sich mit $\sin x \approx x$

$$\Delta l = l - 2R \cdot \sin \frac{l}{2R} \approx l - 2R \cdot \frac{l}{2R} = l - l = 0,$$

die Näherung ist also zu grob. Mit $\sin x \approx x - \frac{1}{3!}x^3 = x - \frac{1}{6}x^3$ ergibt sich

$$\Delta l = l - 2R \cdot \sin \frac{l}{2R} \approx l - 2R \cdot \left(\frac{l}{2R} - \frac{1}{6}\left(\frac{l}{2R}\right)^3\right)$$

$$= l - l + \frac{2R}{6} \cdot \frac{l^3}{8R^3} = \frac{l^3}{24R^2}.$$

b) Bei einer Rechnung mit 15 dezimalen Stellen erhält man

$$h_{\text{exakt}} \;=\; 49.058021...\,\text{m}, \qquad \Delta l_{\text{exakt}} \;=\; 12.835700...\,\text{cm},$$

$$\frac{l^2}{8R} \;=\; 49.058084...\,\text{m}, \qquad \frac{l^3}{24R^2} \;=\; 12.835710...\,\text{cm}.$$

c) Bei den exakten Formeln kann es auf Grund der Differenzen sehr nahe beieinander liegender Zahlen zu numerischen Schwierigkeiten kommen (s. Aufgabe 1.3.8, c)).

Die Näherungsformeln sind numerisch stabil auch für kleine Werte von l auswertbar:

$$h \;\approx\; \frac{(0.1\,\text{km})^2}{8 \cdot 6370\,\text{km}} \;\approx\; 2 \cdot 10^{-7}\,\text{km} \;=\; 0.2\,\text{mm},$$

$$\Delta l \;\approx\; \frac{(0.1\,\text{km})^3}{24 \cdot (6370\,\text{km})^2} \;\approx\; 10^{-12}\,\text{km} \;=\; 10^{-6}\,\text{mm}.$$

A330

Aufgabe 3.3.7

Wieviel Summanden braucht man höchstens, um den Wert von $\sin x$ für $x \in [0,1]$ mittels der (alternierenden) Potenzreihe mit einer Genauigkeit von 10^{-15} zu berechnen?

Lösung:

Bei der Potenzreihe

$$\sin x \;=\; x - \frac{1}{3!}x^3 + \frac{1}{5!}x^5 - \frac{1}{7!}x^7 + - \cdots$$

haben die Summanden alternierendes Vorzeichen und werden offensichtlich für $x \in [0,1]$ betragsmäßig immer kleiner.

Entsprechend zur Bemerkung 3.2.21 ist dann der Abstand der n-ten Partialsumme zum Grenzwert $\sin x$ kleiner oder gleich dem Betrag des $n+1$-ten Summanden, hier also kleiner oder gleich

$$\left| (-1)^n \cdot \frac{1}{(2n+1)!} \cdot x^{2n+1} \right| \;\overset{x\in[0,1]}{\leq}\; \frac{1}{(2n+1)!}.$$

Durch Ausprobieren findet man, dass dieser Wert für $n = 8$ kleiner als 10^{-15} ist, d.h., es reichen acht Summanden.

A331

Aufgabe 3.3.8

a) Berechnen Sie den Konvergenzradius zur Potenzreihe $\sum\limits_{k=0}^{\infty} 3^k \cdot x^k$.

Welche Funktion wird durch die Reihe dargestellt?

b) Überlegen Sie sich, dass der Konvergenzradius zur Potenzreihe $\sum\limits_{l=0}^{\infty}(-1)^l \cdot x^{2l}$ gleich 1 ist.

Lösung:

a) Die Koeffizienten a_k zur Potenzreihe $\sum\limits_{k=0}^{\infty} 3^k \cdot x^k$ sind $a_k = 3^k$, so dass man den Konvergenzradius mit den Formeln aus Satz 3.3.9 berechnen kann:

$$R = \frac{1}{\lim\limits_{k \to \infty} \sqrt[k]{|3^k|}} = \frac{1}{\lim\limits_{k \to \infty} 3} = \frac{1}{3},$$

oderalternativ mit der anderen Formel aus Satz 3.3.9

$$R = \lim_{k \to \infty} \left| \frac{3^k}{3^{k+1}} \right| = \lim_{k \to \infty} \frac{1}{3} = \frac{1}{3}.$$

Für $|3x| < 1$, also $|x| < \frac{1}{3}$ erhält man als geometrische Reihe

$$\sum_{k=0}^{\infty} 3^k \cdot x^k = \sum_{k=0}^{\infty}(3x)^k = \frac{1}{1 - 3x}.$$

b) Stellt man die Reihe

$$\sum_{l=0}^{\infty}(-1)^l \cdot x^{2l} = 1 - x^2 + x^4 - x^6 + - \ldots$$

in der Form $\sum\limits_{k=0}^{\infty} a_k x^k$ dar, so ist

$$a_k = \begin{cases} 0, & \text{falls } k \text{ ungerade ist,} \\ +1, & \text{falls } k \text{ durch 4 teilbar ist,} \\ -1, & \text{falls } k \text{ gerade aber nicht durch 4 teilbar ist.} \end{cases}$$

Die Berechnung mit den Grenzwertformeln aus Satz 3.3.9 ist daher nicht möglich. Allerdings sieht man direkt, dass die Summanden für $|x| > 1$ nicht gegen Null konvergieren; für $|x| < 1$ gilt als geometrische Reihe

$$\sum_{l=0}^{\infty}(-1)^l \cdot x^{2l} = \sum_{l=0}^{\infty}(-x^2)^l \overset{|-x^2|<1}{=} \frac{1}{1-(-x^2)} = \frac{1}{1+x^2}.$$

Also ist der Konvergenzradius gleich 1.

Bemerkung:

Bei a) stellt die Potenzreihe eine Funktion dar, die bei $x = \frac{1}{3}$, also genau am Rand des Konvergenzbereichs, eine Polstelle hat.

Die Funktion $f(x) = \frac{1}{1+x^2}$ bei b) hat zwar keine reellen Polstellen, aber mit $x = \pm j$ gibt es komplexe Polstellen, die wiederum am Rand des Konvergenzbereichs $|x| < 1$ liegen.

Dies gilt allgemein: Der Konvergenzradius einer Potenzreihe ist genau so groß, dass am Rand des Konvergenzbereichs (als Teilmenge von $\mathbb{C}$) eine Polstelle liegt.

4 Grenzwerte von Funktionen und Stetigkeit

4.1 Grenzwerte

Aufgabe 4.1.1

Gegeben sind die Funktionen

$$f : \mathbb{R}^{>0} \to \mathbb{R}, \ f(x) = \sin \frac{1}{x} \qquad \text{und} \qquad g : \mathbb{R}^{>0} \to \mathbb{R}, \ g(x) = x \cdot \sin \frac{1}{x}.$$

Wie verhalten sich die Funktionen, wenn man sich mit dem Argument x der Null von rechts annähert? Existieren $\lim\limits_{x \to 0+} f(x)$ bzw. $\lim\limits_{x \to 0+} g(x)$?

Skizzieren Sie die Funktionsgrafen.

A401

Lösung:

Bei $x \to 0+$ wird das Argument $\frac{1}{x}$ des Sinus immer größer, d.h. der Funktionswert $f(x) = \sin \frac{1}{x}$ schwankt immer schneller zwischen $+1$ und -1. Der Grenzwert $\lim\limits_{x \to 0+} f(x)$ existiert nicht.

Es ist $g(x) = x \cdot f(x)$. Durch die Multiplikation mit x werden die Funktionswerte von f bei 0 in einen „Trichter" gepresst, und es gilt $\lim\limits_{x \to 0+} g(x) = 0$.

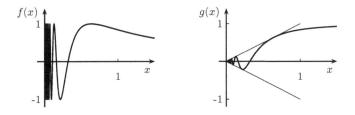

Abb. 4.1 Funktionsgrafen zu f und g.

Um formal $\lim\limits_{x \to 0+} g(x) = 0$ entsprechend Definition 4.1.1 zu zeigen, betrachtet man eine beliebige Folge (x_n) mit $x_n \to 0$ und $x_n > 0$.

Zu zeigen ist dann, dass zu beliebig vorgegebenem $\varepsilon > 0$ für alle großen n gilt: $|g(x_n) - 0| < \varepsilon$.

Wegen $x_n \to 0$ gilt $|x_n| = |x_n - 0| < \varepsilon$ für alle großen n. Für diese n gilt dann

$$|g(x_n) - 0| = |g(x_n)| = \left| x_n \cdot \sin \frac{1}{x_n} \right| = |x_n| \cdot \left| \sin \frac{1}{x_n} \right| \leq \varepsilon \cdot 1 = \varepsilon.$$

A402

Aufgabe 4.1.2

Gegeben sind die Funktionen

$$H : \mathbb{R} \to \mathbb{R},\ H(x) = \begin{cases} 0\text{, falls } x \leq 0 \\ 1\text{, falls } x > 0 \end{cases} \quad \text{und} \quad f : \mathbb{R} \setminus \{0\} \to \mathbb{R},\ f(x) = x^2.$$

Bestimmen Sie $H(\lim\limits_{x \to 0} f(x))$ und $\lim\limits_{x \to 0} H(f(x))$.

Lösung:

Es ist

$$\lim_{x \to 0} f(x) = 0,$$

denn für jede Folge $(x_n)_{n \in \mathbb{N}}$ mit $x_n \overset{n \to \infty}{\longrightarrow} 0$ und $x_n \neq 0$ (damit x_n im Definitionsbereich von f liegt) gilt $f(x_n) = x_n^2 \overset{n \to \infty}{\longrightarrow} 0$.

Damit gilt

$$H\left(\lim_{x \to 0} f(x) \right) = H(0) = 0.$$

Zur Berechnung von $\lim\limits_{x \to 0} H(f(x))$ sei (x_n) eine Folge mit $x_n \overset{n \to \infty}{\longrightarrow} 0$ und x_n aus dem Definitionsbereich von f, also $x_n \neq 0$.

Dann ist $f(x_n) = x_n^2 > 0$, also

$$H(f(x_n)) = H(x_n^2) = 1 \overset{n \to \infty}{\longrightarrow} 1,$$

und damit

$$\lim_{x \to 0} H(f(x)) = 1.$$

Aufgabe 4.1.3

Geben Sie die folgenden Grenzwerte (in $\mathbb{R} \cup \{\pm\infty\}$) an:

a) $\lim\limits_{x \to \infty} \dfrac{3^x}{x^3}$,

b) $\lim\limits_{x \to \infty} \dfrac{x^2 + x}{4^x}$,

c) $\lim\limits_{x \to \infty} 3^{-x} \cdot x^5$,

d) $\lim\limits_{x \to -\infty} 4^x \cdot x^3$,

e) $\lim\limits_{x \to -\infty} \left(\dfrac{1}{2}\right)^x \cdot x^2$,

f) $\lim\limits_{x \to -\infty} \dfrac{2^x}{x}$,

g) $\lim\limits_{x \to \infty} \dfrac{x^2 + 3x - 1}{x + 2}$,

h) $\lim\limits_{x \to \infty} \dfrac{x - 1}{2x^2 + x + 1}$,

i) $\lim\limits_{x \to \infty} \dfrac{3x + 4}{4x - 1}$,

j) $\lim\limits_{x \to \infty} \dfrac{(2x - 1)^2}{x^2 + 1}$,

k) $\lim\limits_{x \to \infty} \dfrac{x^3}{1 - x^2}$,

l) $\lim\limits_{x \to -\infty} \dfrac{x^3}{1 - x^2}$,

m) $\lim\limits_{x \to \infty} \dfrac{x}{\log_2 x}$,

n) $\lim\limits_{x \to \infty} \dfrac{(\ln x)^2}{x}$,

o) $\lim\limits_{x \to 0+} x^2 \cdot \log_{10} x$,

p) $\lim\limits_{x \to 0+} \dfrac{x}{\ln x}$,

q) $\lim\limits_{x \to 0+} \dfrac{2^{\frac{1}{x}}}{x}$,

r) $\lim\limits_{x \to 0-} \dfrac{2^{\frac{1}{x}}}{x}$.

Lösung:

Zu a) bis d): Unter Beachtung, dass polynomiales Verhalten schwächer ist als exponentielles Wachstum bzw. Konvergenz gegen Null, vgl. Satz 4.1.10, 2., und Bemerkung 4.1.11, erhält man als Grenzwerte

a) $+\infty$,   b) 0,   c) 0,   d) 0.

Zu e): Wegen $\lim\limits_{x \to -\infty} \left(\frac{1}{2}\right)^x = \lim\limits_{x \to -\infty} 2^{-x} = \lim\limits_{x \to \infty} 2^x = \infty$ streben bei e) beide Faktoren gegen unendlich, so dass der Grenzwert gleich $+\infty$ ist.

Zu f): Bei Betrachtung von $\frac{2^x}{x} = 2^x \cdot \frac{1}{x}$ hat man ein Produkt, bei dem beide Faktoren für $x \to -\infty$ gegen Null streben, so dass auch der gesamte Grenzwert gleich 0 ist.

Zu g) bis j): Mit Satz 4.1.10, 1., erhält man

g) $+\infty$,   h) 0,   i) $\frac{3}{4}$,   j) 4.

(Bei j) ist zu beachten, dass man durch Ausmultiplizieren als führenden Koeffizienten eine 4 erhält.)

Zu k) und l): Für $x \to \pm\infty$ konvergiert der Nenner gegen $-\infty$. Der Zähler hat jeweils ein stärkeres Wachstum, aber der Nenner beeinflusst das Vorzeichen. Als Grenzwerte ergeben sich daher

k) $-\infty$,   l) $+\infty$.

Zu m) bis o): Unter Beachtung, dass logarithmisches Wachstum schwächer ist als polynomiales Wachstum bzw. Konvergenz gegen Null, vgl. Satz 4.1.10, 3., und Bemerkung 4.1.11, erhält man als Grenzwerte

m) $+\infty$,   n) 0,   o) 0.

Zu p): Für $x \to 0+$ gilt $\ln x \to -\infty$, also $\frac{1}{\ln x} \to 0$. Im Ausdruck $\frac{x}{\ln x} = x \cdot \frac{1}{\ln x}$ streben also beide Faktoren gegen Null, so dass der Grenzwert gleich 0 ist.

Zu q): Für $x \to 0+$ gilt $\frac{1}{x} \to +\infty$ und daher $2^{\frac{1}{x}} \to +\infty$. In der Darstellung $\frac{2^{\frac{1}{x}}}{x} = \frac{1}{x} \cdot 2^{\frac{1}{x}}$ sieht man daher, dass beide Faktoren gegen unendlich streben; der Grenzwert ist also $+\infty$.

Zu r) Für $x \to 0-$ gilt $\frac{1}{x} \to -\infty$ und daher $2^{\frac{1}{x}} \to 0$. Die Darstellung $\frac{2^{\frac{1}{x}}}{x} = \frac{1}{x} \cdot 2^{\frac{1}{x}}$ zeigt also ein Produkt der Art „$-\infty \cdot 0$". Um zu entscheiden, welcher der beiden Faktoren dominiert, kann man $\frac{1}{x} = y$ setzen und den Grenzwert $x \to 0-$ durch $y \to -\infty$ ersetzen. Damit, und da exponentielles Verhalten polynomiales Verhalten dominiert, sieht man dann:

$$\lim_{x \to 0-} \frac{2^{\frac{1}{x}}}{x} = \lim_{x \to 0-} \frac{1}{x} \cdot 2^{\frac{1}{x}} = \lim_{y \to -\infty} y \cdot 2^y = 0.$$

A404

Aufgabe 4.1.4

Berechnen Sie die folgenden Grenzwerte unter zu Hilfenahme der Potenzreihenentwicklungen.

a) $\lim_{x \to 0} \dfrac{1 - \cos x}{x^2}$,

b) $\lim_{x \to 0} \dfrac{1 - \cos(2x)}{x^2}$,

c) $\lim_{x \to 0} \dfrac{\sin x - x \cos x}{x^3}$,

d) $\lim_{x \to 0} \dfrac{\cos x - 1}{\cosh x - 1}$,

e) $\lim_{x \to 0} \dfrac{e^{x^2} - 1}{x}$.

Lösung:

Nach Einsetzen der Potenzreihenentwicklungen (s. Satz 3.3.7) kann man jeweils den Bruch umformen und x-Potenzen kürzen. Anschließend kann man leicht die Grenzwerte bestimmen (vgl. Bemerkung 4.1.8).

a)
$$
\begin{aligned}
\frac{1 - \cos x}{x^2} &= \frac{1 - \left(1 - \frac{1}{2}x^2 + \frac{1}{4!}x^4 - \frac{1}{6!}x^6 + - \ldots\right)}{x^2} \\
&= \frac{\frac{1}{2}x^2 - \frac{1}{4!}x^4 + \frac{1}{6!}x^6 - + \ldots}{x^2} \\
&= \frac{1}{2} - \frac{1}{4!}x^2 + \frac{1}{6!}x^4 - + \ldots \qquad \overset{x \to 0}{\to} \quad \frac{1}{2}.
\end{aligned}
$$

b)
$$
\begin{aligned}
\frac{1 - \cos(2x)}{x^2} &= \frac{1 - \left(1 - \frac{1}{2}(2x)^2 + \frac{1}{4!}(2x)^4 - + \ldots\right)}{x^2} \\
&= \frac{\frac{1}{2} \cdot 4x^2 - \frac{1}{4!} \cdot 2^4 x^4 + - \ldots}{x^2} \\
&= 2 - \frac{1}{4!} \cdot 2^4 x^2 + - \ldots \qquad \overset{x \to 0}{\to} \quad 2.
\end{aligned}
$$

c) Als Potenzreihenentwicklung im Zähler erhält man

$$\sin x - x \cdot \cos x$$

$$= \left(x - \frac{1}{3!}x^3 + \frac{1}{5!}x^5 - +\dots \right) - x \cdot \left(1 - \frac{1}{2}x^2 + \frac{1}{4!}x^4 - +\dots \right)$$

$$= \left(x - \frac{1}{6}x^3 + \frac{1}{5!}x^5 - +\dots \right) - \left(x - \frac{1}{2}x^3 + \frac{1}{4!}x^5 - +\dots \right)$$

$$= x - x + \left(-\frac{1}{6} + \frac{1}{2} \right) x^3 + \left(\frac{1}{5!} - \frac{1}{4!} \right) x^5 + \dots$$

$$= \qquad\qquad \frac{1}{3} \cdot x^3 + x^5 \cdot (\dots).$$

Damit ist

$$\lim_{x \to 0} \frac{\sin x - x \cdot \cos x}{x^3} = \lim_{x \to 0} \frac{\frac{1}{3}x^3 + x^5 \cdot (\dots)}{x^3}$$

$$= \lim_{x \to 0} \left(\frac{1}{3} + x^2 \cdot (\dots) \right) = \frac{1}{3}.$$

d) $\dfrac{\cos x - 1}{\cosh x - 1} = \dfrac{\left(1 - \frac{1}{2}x^2 + \frac{1}{4!}x^4 - +\dots \right) - 1}{\left(1 + \frac{1}{2}x^2 + \frac{1}{4!}x^4 + \dots \right) - 1} = \dfrac{-\frac{1}{2}x^2 + \frac{1}{4!}x^4 - +\dots}{\frac{1}{2}x^2 + \frac{1}{4!}x^4 + \dots}$

$$= \dfrac{-\frac{1}{2} + \frac{1}{4!}x^2 - +\dots}{\frac{1}{2} + \frac{1}{4!}x^2 + \dots} \quad \overset{x \to 0}{\longrightarrow} \quad \dfrac{-\frac{1}{2}}{\frac{1}{2}} = -1.$$

e) $\dfrac{e^{x^2} - 1}{x} = \dfrac{\left(1 + (x^2) + \frac{1}{2}(x^2)^2 + \frac{1}{3!}(x^2)^3 + \dots \right) - 1}{x}$

$$= \dfrac{x^2 + x^4 \cdot (\dots)}{x} = x + x^3 \cdot (\dots) \quad \overset{x \to 0}{\longrightarrow} \quad 0.$$

4.2 Stetigkeit

Aufgabe 4.2.1

Die Funktion

$$f(x) = \begin{cases} 1, & \text{für } x < 0 \\ 4 - x, & \text{für } x > 2 \end{cases}$$

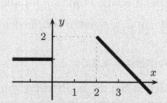

A405

soll für $x \in [0, 2]$ so definiert werden, dass f stetig ist.

Wie kann man das möglichst einfach machen?

Lösung:

Um eine stetige Funktion zu erhalten, dürfen keine Sprünge vorhanden sein. Dies kann mit einem Geradenstück erreicht werden, das durch die Punkte $(0,1)$ und $(2,2)$ führt, also

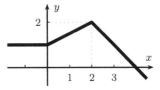

$$f(x) \; = \; 1 + \frac{1}{2}x \quad \text{für } x \in [0,2].$$

Abb. 4.2 Stetige Verbindung.

A406

Aufgabe 4.2.2

Für welche Kombination von Parametern c und a ist die Funktion

$$f : \mathbb{R} \to \mathbb{R}, \quad f(x) \; = \; \begin{cases} cx^2, & \text{für } x < 2, \\ \frac{1}{2}x + a, & \text{für } x \geq 2 \end{cases}$$

stetig? Gibt es auch eine Kombination mit $c = a$?

Lösung:

Die Funktion f ist für jeden Parameterwert c als quadratische Funktion für $x < 2$ stetig und für jeden Parameterwert a als lineare Funktion für $x > 2$. Also ist sie immer in allen Stellen $x \neq 2$ stetig.

Damit sie auch in $x = 2$ stetig ist, muss der links- und rechtseitige Grenzwert übereinstimmen (s. Bemerkung 4.1.5) und gleich dem Funktionswert sein.

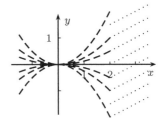

Abb. 4.3 Funktionsgrafen zu verschiedenen c und a.

Offensichtlich ist $\lim\limits_{x \to 2+} f(x) = f(2) = 1 + a$. Also bleibt die Forderung

$$1 + a \; = \; \lim_{x \to 2-} f(x) \; = \; \lim_{x \to 2-} cx^2 \; = \; 4c.$$

Damit ist die Funktion für alle Parameter-Kombinationen mit $1 + a = 4c$ stetig. Wenn $a = c$ gelten soll, bedeutet dies $1 + a = 4a$, also bei $c = a = \frac{1}{3}$.

A407

Aufgabe 4.2.3

Geben Sie die Nullstellen von $f(x) = x^3 - 4x^2 + x + 3$ mit Hilfe des Bisektionsverfahrens mit einer Genauigkeit kleiner 0.01 an.

(Statt das Verfahren von Hand durchzuführen, bietet es sich an, ein kleines Programm zu schreiben.)

Lösung:

Zur Anwendung des Bisektionsverfahrens (s. Bemerkung 4.2.6) braucht man Startwerte a und b, an denen die Funktion unterschiedliches Vorzeichen besitzt. Diese kann man durch Ausprobieren finden.

Beispielsweise ist $f(0) = 3 > 0$ und $f(2) = -3 < 0$, d.h. im Intervall $[0; 2]$ liegt eine Nullstelle, die man mit dem Bisektionsverfahren bestimmen kann:

Der Funktionswert am Intervallmittelpunkt ist $f(1) = 1 > 0$, also gibt es einen Vorzeichenwechsel und damit eine Nullstelle im Intervall $[1, 2]$. Berechnet man den Funktionswert (es reicht dessen Vorzeichen) am Intervallmittelpunkt 1.5, so kann man entscheiden, ob die Nullstelle im Intervall $[1, 1.5]$ oder $[1.5, 2]$ liegt, u.s.w..

Ein entsprechendes Programm liefert beispielsweise die folgende Ausgabe:

```
f(0) > 0, f(2) < 0.
Bisektion:
f(1) > 0, also Nullstelle in [1,2],
f(1.5) < 0, also Nullstelle in [1,1.5],
f(1.25) < 0, also Nullstelle in [1,1.25],
f(1.125) > 0, also Nullstelle in [1.125,1.25],
f(1.1875) > 0, also Nullstelle in [1.1875,1.25],
f(1.21875) > 0, also Nullstelle in [1.21875,1.25],
f(1.23438) > 0, also Nullstelle in [1.23438,1.25],
f(1.24219) < 0, also Nullstelle in [1.23438,1.24219].
```

Wegen $f(x) \to -\infty$ für $x \to -\infty$ muss es eine weitere Nullstelle $x < 0$ geben. Wegen $f(-1) = -3 < 0$ kann man als Startwerte für die Bisektion $a = -1$ und $b = 0$ nehmen:

```
f(-1) < 0, f(0) > 0.
Bisektion:
f(-0.5) > 0, also Nullstelle in [-1,-0.5],
f(-0.75) < 0, also Nullstelle in [-0.75,-0.5],
f(-0.625) > 0, also Nullstelle in [-0.75,-0.625],
f(-0.6875) > 0, also Nullstelle in [-0.75,-0.6875],
f(-0.71875) < 0, also Nullstelle in [-0.71875,-0.6875],
f(-0.703125) < 0, also Nullstelle in [-0.703125,-0.6875],
f(-0.695313) > 0, also Nullstelle in [-0.703125,-0.695313].
```

Wegen $f(x) \to +\infty$ für $x \to +\infty$ muss es eine weitere Nullstelle $x > 2$ geben. Wegen $f(4) = 7 > 0$ kann man als Startwerte für die Bisektion $a = 2$ und $b = 4$ nehmen:

```
f(2) < 0, f(4) > 0.
Bisektion:
f(3) < 0, also Nullstelle in [3,4],
f(3.5) > 0, also Nullstelle in [3,3.5],
f(3.25) < 0, also Nullstelle in [3.25,3.5],
f(3.375) < 0, also Nullstelle in [3.375,3.5],
f(3.4375) < 0, also Nullstelle in [3.4375,3.5],
f(3.46875) > 0, also Nullstelle in [3.4375,3.46875],
f(3.45313) < 0, also Nullstelle in [3.45313,3.46875],
f(3.46094) > 0, also Nullstelle in [3.45313,3.46094].
```

Aufgabe 4.2.4 (Fortsetzung von Aufgabe 1.1.36)

Bestimmen Sie mit Hilfe des Bisektionsverfahrens ein a, das

$$25 \;=\; 2a \cdot \sinh \frac{10}{a}$$

erfüllt mit einer Genauigkeit kleiner 0.001.

Lösung:

Ein a mit $25 = 2a \cdot \sinh \frac{10}{a}$ zu finden, bedeutet, eine Nullstelle von

$$f(a) \;=\; 2a \cdot \sinh \frac{10}{a} - 25$$

zu finden. Startwerte muss man durch Ausprobieren bestimmen; beispielsweise erhält man für $f(8)$ und $f(9)$ unterschiedliche Vorzeichen. Mit einem Programm wie bei Aufgabe 4.2.3 erhält man dann:

```
f(8) > 0, f(9) < 0.
Bisektion:
f(8.5) < 0, also Nullstelle in [8,8.5],
f(8.25) > 0, also Nullstelle in [8.25,8.5],
f(8.375) > 0, also Nullstelle in [8.375,8.5],
f(8.4375) > 0, also Nullstelle in [8.4375,8.5],
f(8.46875) < 0, also Nullstelle in [8.4375,8.46875],
f(8.45313) > 0, also Nullstelle in [8.45313,8.46875],
f(8.46094) < 0, also Nullstelle in [8.45313,8.46094],
f(8.45703) < 0, also Nullstelle in [8.45313,8.45703],
f(8.45508) < 0, also Nullstelle in [8.45313,8.45508],
f(8.4541) > 0, also Nullstelle in [8.4541,8.45508].
```

Aufgabe 4.2.5 (beispielhafte Klausuraufgabe, 10 Minuten)

Betrachtet wird das Bisektionsverfahren zur Bestimmung einer Nullstelle von

$$f(x) = x^3 + 2x - 4.$$

a) Führen Sie zwei Schritte des Bisektionsverfahrens ausgehend von 0 und 2 durch, und geben Sie ein Intervall der Länge 0.5 an, in dem eine Nullstelle liegt.

b) Wieviel Schritte muss man mit dem Bisektionsverfahren machen, um ausgehend von 0 und 2 ein Intervall der Länge 10^{-6} anzugeben, in dem eine Nullstelle liegt?

Geben Sie die Anzahl formelmäßig und näherungsweise (mit der groben Abschätzung $2^3 \approx 10$) an.

Lösung:

a) Bei den Startwerten $x_0 = 0$ und $x_1 = 2$ ist

$$f(x_0) = -4 < 0, \qquad f(x_1) = 8 > 0.$$

Also gibt es eine Nullstelle in $[0, 2]$.

Der Intervallmittelpunkt ist $x_2 = \frac{x_0 + x_1}{2} = 1$ mit

$$f(x_2) = -1 < 0.$$

Also gibt es eine Nullstelle in $[1, 2]$.

Der Intervallmittelpunkt ist $x_3 = \frac{1+2}{2} = 1.5$ mit

$$f(x_3) = 1.5^3 + 2 \cdot 1.5 - 4 = 1.5^3 - 1 > 0.$$

(Zur Bestimmung des Vorzeichens braucht man den Wert nicht exakt zu berechnen.)

Also gibt es eine Nullstelle in $[1, 1.5]$.

b) In jedem Schritt halbiert sich die Länge. Beginnt man mit einem Intervall der Länge 2, so erhält man nach n Schritten ein Intervall der Länge $2 \cdot \frac{1}{2^n}$.

Gesucht ist also die Schrittanzahl n mit

$$10^{-6} \geq 2 \cdot \frac{1}{2^n}$$
$$\Leftrightarrow \quad 2^n \geq 2 \cdot 10^6$$
$$\Leftrightarrow \quad n \geq \log_2(2 \cdot 10^6).$$

Eine grobe Abschätzung mit $2^3 \approx 10$ liefert $\log_2 10 \approx 3$, also

$$\log_2(2 \cdot 10^6) = \log_2 2 + 6 \cdot \log_2 10 \approx 1 + 6 \cdot 3 = 19.$$

Also braucht man ca. 19 Schritte.

Bemerkung:

Eine bessere Abschätzung ergibt sich durch $2^{10} = 1024 \approx 1000 = 10^3$, also $\log_2 10^3 \approx 10$, und damit also

$$\log_2(2 \cdot 10^6) = \log_2 2 + \log_2 \left((10^3)^2 \right)$$
$$= \log_2 2 + 2 \cdot \log_2 10^3 \approx 1 + 2 \cdot 10 = 21.$$

Der exakte Wert ist $\log_2(2 \cdot 10^6) = 20.93\ldots$.)

5 Differenzialrechnung

5.1 Differenzierbare Funktionen

Aufgabe 5.1.1

Sei $f(x) = \dfrac{1}{x}$.

a) Berechnen Sie (mit einem Taschenrechner) die Steigung der Geraden durch die Punkte $P_1 = (1, f(1)) = (1,1)$ und $P_x = (x, f(x))$ zu

  1) $x = 2$,   2) $x = 1.5$,   3) $x = 1.1$,   4) $x = 1.0001$,   5) $x = 0.9999$.

b) Welche Steigung ergibt sich formelmäßig bei P_1 und P_x zu allgemeinem x?

c) Berechnen Sie die Ableitung der Funktion f an der Stelle 1, indem Sie bei b) den Grenzwert $x \to 1$ betrachten.

d) Berechnen Sie die Ableitung der Funktion f an einer beliebigen Stelle x_0 analog zu b) und c) als Grenzwert des Differenzenquotienten.

Lösung:

a) Die Steigung der Geraden durch P_1 und P_x ist

$$m_x = \frac{f(x) - f(1)}{x - 1} = \frac{\frac{1}{x} - 1}{x - 1}.$$

Damit erhält man

1) $m_2 = \dfrac{\frac{1}{2} - 1}{2 - 1} = -0.5$,

2) $m_{1.5} = \dfrac{\frac{1}{1.5} - 1}{1.5 - 1} = -0.\overline{66}$,

3) $m_{1.1} = \dfrac{\frac{1}{1.1} - 1}{1.1 - 1} = -0.\overline{90}$,

4) $m_{1.0001} = \dfrac{\frac{1}{1.0001} - 1}{1.0001 - 1} \approx -0.9999$,

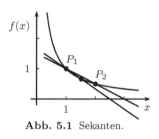

Abb. 5.1 Sekanten.

5) $m_{0.9999} = \dfrac{\frac{1}{0.9999} - 1}{0.9999 - 1} \approx -1.0001.$

b) Allgemein ist die Steigung

$$m_x = \frac{f(x) - 1}{x - 1} = \frac{\frac{1}{x} - 1}{x - 1} = \frac{\frac{1-x}{x}}{x - 1} = \frac{-\frac{x-1}{x}}{x - 1} = -\frac{1}{x}.$$

c) Als Grenzwert erhält man

$$f'(1) = \lim_{x \to 1} \frac{f(x) - 1}{x - 1} \overset{b)}{=} \lim_{x \to 1} \left(-\frac{1}{x} \right) = -1.$$

d) Die Ableitung an der Stelle x_0 ist

$$f'(x_0) = \lim_{x \to x_0} \frac{f(x) - f(x_0)}{x - x_0} = \lim_{x \to x_0} \frac{\frac{1}{x} - \frac{1}{x_0}}{x - x_0}$$

$$= \lim_{x \to x_0} \frac{1}{x - x_0} \cdot \frac{x_0 - x}{x \cdot x_0} = \lim_{x \to x_0} \frac{1}{x - x_0} \cdot \frac{-(x - x_0)}{x \cdot x_0}$$

$$= \lim_{x \to x_0} \frac{-1}{x \cdot x_0} = -\frac{1}{x_0 \cdot x_0} = -\frac{1}{x_0^2}.$$

A502

Aufgabe 5.1.2

Ziel der Aufgabe ist die Bestimmung der Ableitung von $f : \mathbb{C} \to \mathbb{C}, \, x \mapsto e^x$.

a) Berechnen Sie $f'(0)$ als Grenzwert des Differenzenquotienten unter Verwendung der Potenzreihendarstellung von e^x.

b) Bestimmen Sie für eine beliebige Stelle x_0 die Ableitung $f'(x_0)$ als Grenzwert des Differenzenquotienten $\lim\limits_{h \to 0} \frac{f(x_0 + h) - f(x_0)}{h}$.

(Tipp: Nach einer Umformung können Sie die Grenzwertbeziehung aus a) benutzen.)

Lösung:

a) Es ist

$$f'(0) = \lim_{h \to 0} \frac{f(h) - f(0)}{h} = \lim_{h \to 0} \frac{e^h - 1}{h}.$$

Mit der Potenzreihendarstellung $e^h = 1 + \frac{1}{1!}h + \frac{1}{2!}h^2 + \dots$ ergibt sich

$$\frac{e^h - 1}{h} = \frac{\left(1 + \frac{1}{1!}h + \frac{1}{2!}h^2 + \frac{1}{3!}h^3 + \ldots\right) - 1}{h}$$

$$= \frac{\frac{1}{1!}h + \frac{1}{2!}h^2 + \frac{1}{3!}h^3 + \ldots}{h} = 1 + \frac{1}{2!}h + \frac{1}{3!}h^2 + \ldots$$

$$\overset{h \to 0}{\Rightarrow} \quad 1.$$

Also ist $f'(0) = 1$.

b) Für eine beliebige Stelle x_0 ist

$$f'(x_0) = \lim_{h \to 0} \frac{f(x_0 + h) - f(x_0)}{h} = \lim_{h \to 0} \frac{e^{x_0 + h} - e^{x_0}}{h}$$

$$= \lim_{h \to 0} e^{x_0} \cdot \frac{e^h - 1}{h} = e^{x_0} \cdot \lim_{h \to 0} \frac{e^h - 1}{h}.$$

Der letzte Grenzwert ist genau der in a) betrachtete Grenzwert mit Wert 1. Also ist

$$f'(x_0) = e^{x_0} \cdot 1 = e^{x_0}.$$

Aufgabe 5.1.3

A503

Berechnen Sie die Ableitung der Funktion $f(x) = \sin x$ als Grenzwert des Differenzenquotienten in der Gestalt $\lim\limits_{h \to 0} \frac{f(x+h)-f(x)}{h}$ unter Ausnutzung der Additionstheoreme und der Potenzreihenentwicklungen.

Lösung:

Unter Benutzung des Sinus-Additionstheoreme (s. Satz 1.1.55, 3.) gilt

$$f'(x) = \lim_{h \to 0} \frac{f(x + h) - f(x)}{h} = \lim_{h \to 0} \frac{\sin(x + h) - \sin(x)}{h}$$

$$= \lim_{h \to 0} \frac{\sin x \cdot \cos h + \cos x \cdot \sin h - \sin x}{h}$$

$$= \lim_{h \to 0} \left[\sin x \cdot \frac{\cos h - 1}{h} + \cos x \cdot \frac{\sin h}{h} \right]. \qquad (*)$$

Mit Hilfe der Potenzreihenentwicklungen von Cosinus und Sinus (s. Satz 3.3.7) erhält man

$$\frac{\cos h - 1}{h} = \frac{\left(1 - \frac{1}{2}h^2 + \frac{1}{4!}h^4 - + \ldots\right) - 1}{h} = -\frac{1}{2}h + \frac{1}{4!}h^3 - + \ldots \overset{h \to 0}{\longrightarrow} 0$$

und

$$\frac{\sin h}{h} = \frac{h - \frac{1}{3!}h^3 + \frac{1}{5!}h^5 - + \ldots}{h} = 1 - \frac{1}{3!}h^2 + \frac{1}{5!}h^4 - + \ldots \overset{h \to 0}{\longrightarrow} 1.$$

Damit kann man die Rechnung bei (∗) fortsetzen:

$$f'(x) = \lim_{h \to 0} \left[\sin x \cdot \frac{\cos h - 1}{h} + \cos x \cdot \frac{\sin h}{h} \right]$$

$$= \sin x \cdot \lim_{h \to 0} \frac{\cos h - 1}{h} + \cos x \cdot \lim_{h \to 0} \frac{\sin h}{h}$$

$$= \sin x \cdot \quad 0 \quad + \cos x \cdot \quad 1 \quad = \cos x.$$

A504

Aufgabe 5.1.4

Skizzieren Sie den ungefähren Verlauf der Ableitung zu der abgebildeten Funktion.

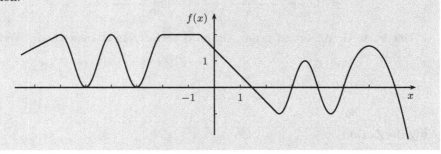

Lösung:

Man erkennt Stellen mit waagerechter Tangente, also Ableitungswert 0, an den Hoch- und Tiefpunkten.

Geradenstücke sind Bereiche mit konstanter Steigung, also konstantem Ableitungswert; zwischen -2 und -0.5 ist dieser Wert gleich 0, zwischen -0.5 und ca. 2.3 ist dieser Wert ungefähr -1.

An der Stelle -0.5 gibt es einen Knick, dort ist f nicht differenzierbar. Die Steigung springt von 0 auf -1.

An anderen Stellen kann man die Steigung und damit den Ableitungswert qualitativ ablesen. Beispielsweise hat man bei $x = 3$ positive Steigung, die mit wachsendem x kleiner wird, bis sie bei $x = 3.5$ gleich Null wird. Dann wird die Steigung negativ. Bei 4 ist sie maximal negativ, wächst dann wieder u.s.w..

Insgesamt ergibt sich folgendes Bild:

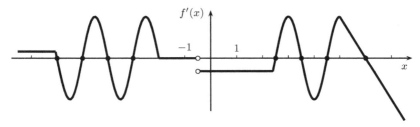

Abb. 5.2 Die Ableitungsfunktion zu $f(x)$.

Aufgabe 5.1.5

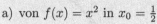

Geben Sie die Geradengleichung der Tangenten an die Funktionsgrafen

a) von $f(x) = x^2$ in $x_0 = \frac{1}{2}$

b) von $f(x) = \frac{1}{x}$ in $x_0 = 2$

c) von $f(x) = e^x$ in $x_0 = 0$

an und fertigen Sie entsprechende Zeichnungen an.

(Hinweis: Nutzen Sie die Ableitungen $\left(x^2\right)' = 2x$, $\left(\frac{1}{x}\right)' = -\frac{1}{x^2}$ und $\left(e^x\right)' = e^x$.)

Lösung:

Die Tangentengleichung der Tangente an die Funktion f an der Stelle x_0 erhält man nach Satz 5.1.5 direkt durch

$$t(x) = f(x_0) + f'(x_0) \cdot (x - x_0).$$

a) Zu $f(x) = x^2$ und $x_0 = \frac{1}{2}$ ist

$$f(x_0) = \left(\frac{1}{2}\right)^2 = \frac{1}{4} \quad \text{und} \quad f'(x_0) = 2x_0 = 2 \cdot \frac{1}{2} = 1.$$

Die Tangentengleichung ist also

$$\begin{aligned} t(x) &= \frac{1}{4} + 1 \cdot \left(x - \frac{1}{2}\right) \\ &= x - \frac{1}{2} + \frac{1}{4} = x - \frac{1}{4}. \end{aligned}$$

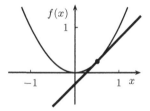

Abb. 5.3 Tangente in $x_0 = \frac{1}{2}$.

b) Zu $f(x) = \frac{1}{x}$ und $x_0 = 2$ ist

$$f(x_0) = \frac{1}{2} \quad \text{und} \quad f'(x_0) = -\frac{1}{x_0^2} = -\frac{1}{4}.$$

Die Tangentengleichung ist also

$$\begin{aligned} t(x) &= \frac{1}{2} - \frac{1}{4} \cdot (x - 2) \\ &= \frac{1}{2} - \frac{1}{4} \cdot x + \frac{1}{2} \\ &= -\frac{1}{4}x + 1. \end{aligned}$$

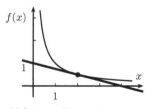

Abb. 5.4 Tangente in $x_0 = 2$.

c) Zu $f(x) = e^x$ und $x_0 = 0$ ist

$$f(x_0) = e^0 = 1$$

und

$$f'(x_0) = e^0 = 1.$$

Die Tangentengleichung ist also

$$t(x) = 1 + 1 \cdot (x - 0) = x + 1.$$

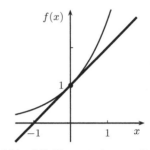

Abb. 5.5 Tangente in $x_0 = 0$.

A506

Aufgabe 5.1.6

Berechnen Sie näherungsweise den Ableitungswert zu $f(x) = x^3$ an der Stelle $x_0 = \sqrt{2}$, indem Sie den Differenzenquotienten $\frac{f(x_0+h)-f(x_0)}{h}$ für kleine Werte von h (zwischen 0.1 und 10^{-16}) mit einem Taschenrechner auswerten.

Für welche Werte von h ergeben sich die genauesten Werte?

Lösung:

Die konkreten Werte hängen vom verwendeten Taschenrechner ab. Die folgende Tabelle zeigt exemplarische Ergebnisse bei Verwendung von Matlab 7.5.0:

h	$\frac{f(x_0+h)-f(x_0)}{h}$	h	$\frac{f(x_0+h)-f(x_0)}{h}$
10^{-1}	6.434264068711935	10^{-10}	6.000000496442224
10^{-2}	6.042526406871218	10^{-11}	6.000000496442224
10^{-3}	6.004243640686191	10^{-12}	6.000533403494045
10^{-4}	6.000424274068550	10^{-13}	5.995204332975844
10^{-5}	6.000042426546059	10^{-14}	5.995204332975844
10^{-6}	6.000004241890621	10^{-15}	6.661338147750938
10^{-7}	6.000000425387952	10^{-16}	0
10^{-8}	6.000000007944094	10^{-17}	0
10^{-9}	6.000000496442224	10^{-18}	0

Die tatsächliche Ableitung ist $f'(x) = 3x^2$, also $f'(\sqrt{2}) = 6$.

Man sieht, dass die Ergebnisse zunächst bei kleiner werdendem Wert von h genauer werden. Bei $h \approx 10^{-8}$ hat man den genauesten Wert, bei kleinerem h wird die Auswertung ungenauer, da dann die numerischen Effekte Überhand nehmen: Die Werte von x_0 und $x_0 + h$ stimmen dann in mehr als den ersten acht Stellen hinter dem Komma überein, ähnlich ist es bei $f(x_0)$ und $f(x_0+h)$. Durch die Differenzbildung werden diese Stellen ausgelöscht. Die Differenz ist dann nur noch aussagekräftig für die verbleibenden Stellen. Da Matlab mit ca. 16 dezimalen Stellen rechnet, sind das dann weniger als 8 signifikante Stellen, wodurch sich die abnehmende Genauigkeit erklärt.

Bei $h \leq 10^{-16}$ sind x_0 und $x_0 + h$ numerisch gleich, so dass sich als Differenz Null ergibt.

Aufgabe 5.1.7

Berechnen Sie die folgenden Differenzen näherungsweise unter Benutzung der Ableitung, d.h. mittels der Formel $f(x_0 + \Delta x) - f(x_0) \approx f'(x_0) \cdot \Delta x$:

A507

a) $3.1^2 - 3^2$,
b) $\dfrac{1}{2} - \dfrac{1}{2.1}$.

Lösung:

a) Mit $f(x) = x^2$, also $f'(x) = 2x$, $x_0 = 3$ und $\Delta x = 0.1$ ist

$$
\begin{aligned}
3.1^2 - 3^2 &= f(x_0 + \Delta x) - f(x_0) \approx f'(x_0) \cdot \Delta x \\
&= 2 \cdot 3 \cdot 0.1 = 0.6.
\end{aligned}
$$

Exakt ist $3.1^2 - 3^2 = 0.61$.

b) Mit $f(x) = \frac{1}{x}$, also $f'(x) = -\frac{1}{x^2}$, $x_0 = 2$ und $\Delta x = 0.1$ ist

$$
\begin{aligned}
\frac{1}{2} - \frac{1}{2.1} &= f(x_0) - f(x_0 + \Delta x) \\
&= -\big(f(x_0 + \Delta x) - f(x_0)\big) \approx -f'(x_0) \cdot \Delta x \\
&= -\left(-\frac{1}{2^2}\right) \cdot 0.1 = 0.025.
\end{aligned}
$$

Exakt ist $\frac{1}{2} - \frac{1}{2.1} = 0.0238....$

Aufgabe 5.1.8

Ist $s(t)$ die Strecke, die ein Körper in der Zeit t nach dem Loslassen in freiem Fall zurücklegt, so gilt für die Geschwindigkeit

A508

$$
v(t) = s'(t) = g \cdot t \qquad \text{mit } g \approx 10\,\text{m/s}^2.
$$

Welche Geschwindigkeit hat der Körper, nachdem er zwei Sekunden gefallen ist, und welche Strecke legt er dann ungefähr innerhalb einer Zehntel Sekunde zurück?

Sehen Sie einen Bezug zum Thema Ableitung?

Lösung:

Nach zwei Sekunden hat der Körper eine Geschwindigkeit von

$$
v(2\,\text{s}) = 10\,\text{m/s}^2 \cdot 2\,\text{s} = 20\,\text{m/s},
$$

legt also dann innerhalb einer Zehntel Sekunde ungefähr die Strecke

$$
\Delta s \approx 20\,\text{m/s} \cdot \frac{1}{10}\,\text{s} = 2\,\text{m}
$$

zurück.

Den exakten Wert erhält man durch $\Delta s = s\left(2\,\mathrm{s} + \frac{1}{10}\,\mathrm{s}\right) - s(2\,\mathrm{s})$. Man hat also die Näherung

$$\Delta s \;=\; s(t_0 + \Delta t) - s(t_0) \;\approx\; s'(t_0) \cdot \Delta t \;=\; v(t_0) \cdot \Delta t$$

genutzt.

A509

Aufgabe 5.1.9 (beispielhafte Klausuraufgabe, 10 Minuten)

Für welche Punkte auf der Parabel $f(x) = x^2$ führt die Tangente an f durch den Punkt $(1, -3)$?

Lösung:

Die Tangente t_{x_0} an der Stelle x_0 wird beschrieben durch

$$t_{x_0}(x) \;=\; f(x_0) + f'(x_0) \cdot (x - x_0)$$

(s. Satz 5.1.5).

Hier ist $f(x) = x^2$ und $f'(x) = 2x$, also

$$t_{x_0}(x) \;=\; x_0^2 + 2x_0 \cdot (x - x_0).$$

Gesucht sind nun Stellen x_0, bei denen die Tangente t_{x_0} durch $(1, -3)$ führt, also

$$-3 \;\overset{!}{=}\; t_{x_0}(1) \;=\; x_0^2 + 2 \cdot x_0 \cdot (1 - x_0)$$
$$= 2x_0 - x_0^2.$$

Damit ergibt sich die quadratische Gleichung

$$x_0^2 - 2x_0 - 3 \;=\; 0$$

mit den Lösungen $x_0 = -1$ und $x_0 \;=\; 3$.

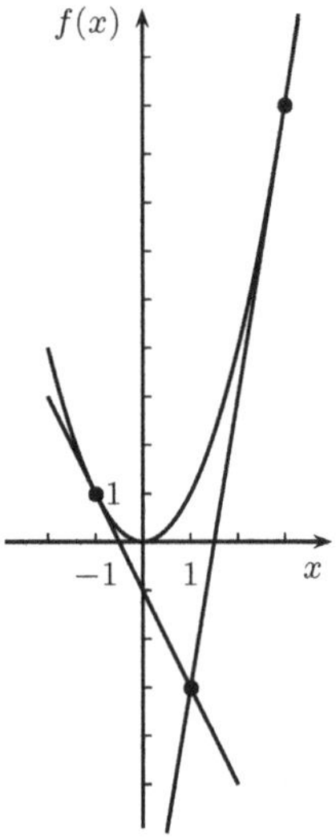

Abb. 5.6 Tangenten durch $(-1, 3)$.

Alternativer Lösungsweg:

Gesucht ist die Stelle x_0, so dass die Gerade durch $(1, -3)$ und $(x_0, f(x_0))$ als Steigung genau den Ableitungswert $f'(x_0)$ hat, also

$$2x_0 \;=\; f'(x_0) \;\overset{!}{=}\; \frac{f(x_0) - (-3)}{x_0 - 1} \;=\; \frac{x_0^2 + 3}{x_0 - 1}$$
$$\Leftrightarrow \;\; (x_0 - 1) \cdot 2x_0 \;=\; x_0^2 + 3$$
$$\Leftrightarrow \;\; x_0^2 - 2x_0 - 3 \;=\; 0,$$

also die gleiche Gleichung wie oben mit den Lösungen $x_0 = -1$ und $x_0 \;=\; 3$.

5.2 Rechenregeln

Aufgabe 5.2.1

Berechnen Sie die Ableitung zu den folgenden Funktionen $f(x)$:

a) $x^2 + 4x^3$, b) $x \cdot \sin x$, c) $(x+1) \cdot \sqrt{x}$, d) $x \cdot \sin x \cdot \ln x$,

e) $\dfrac{1}{x^2 + 3x}$, f) $\dfrac{1}{\sin x}$, g) $\dfrac{x^2 + 2x}{3x + 1}$, h) $\cot x$,

i) $\sin(x^2)$, j) $(\sin x)^2$, k) $\ln \sqrt{x}$, l) $\sin(\ln(x^2 + 1))$.

A510

Lösung:

Zu den verwendeten Ableitungsregeln s. Satz 5.2.1 und Satz 5.2.5

a) Es ist

$$\begin{aligned}
(x^2 + 4x^3)' &= (x^2)' + (4x^3)' = 2x + 4 \cdot (x^3)' \\
&= 2x + 4 \cdot 3x^2 = 2x + 12x^2.
\end{aligned}$$

b) Mit der Produktregel erhält man

$$(\underset{f}{x} \cdot \underset{g}{\sin x})' = \underset{f'}{1} \cdot \underset{g}{\sin x} + \underset{f}{x} \cdot \underset{g'}{\cos x} = \sin x + x \cdot \cos x.$$

c) Mit der Ableitung $(\sqrt{x})' = \frac{1}{2\sqrt{x}}$ erhält man durch Anwendung der Produktregel

$$\begin{aligned}
\big((x+1) \cdot \sqrt{x}\big)' &= (x+1)' \cdot \sqrt{x} + (x+1) \cdot (\sqrt{x})' \\
&= 1 \cdot \sqrt{x} + (x+1) \cdot \frac{1}{2\sqrt{x}} = \sqrt{x} + \frac{x}{2\sqrt{x}} + \frac{1}{2\sqrt{x}} \\
&\overset{\frac{x}{\sqrt{x}} = \sqrt{x}}{=} \sqrt{x} + \frac{1}{2}\sqrt{x} + \frac{1}{2\sqrt{x}} = \frac{3}{2}\sqrt{x} + \frac{1}{2\sqrt{x}}.
\end{aligned}$$

Alternativ erhält man durch Ausmultiplizieren und Potenzschreibweise

$$\begin{aligned}
\big((x+1) \cdot \sqrt{x}\big)' &= (x \cdot \sqrt{x} + \sqrt{x})' = \left(x^{\frac{3}{2}} + x^{\frac{1}{2}}\right)' \\
&= \frac{3}{2} \cdot x^{\frac{1}{2}} + \frac{1}{2} \cdot x^{-\frac{1}{2}} = \frac{3}{2} \cdot \sqrt{x} + \frac{1}{2} \cdot \frac{1}{\sqrt{x}}.
\end{aligned}$$

d) Zur Anwendung der Produktregel muss man den Ausdruck zunächst als Produkt von zwei Faktoren auffassen, z.B. $x \cdot \sin x \cdot \ln x = x \cdot (\sin x \cdot \ln x)$. Dies ergibt

$$(x \cdot \sin x \cdot \ln x)' = (x)' \cdot (\sin x \cdot \ln x) + x \cdot \underbrace{(\sin x \cdot \ln x)'}_{\text{mit Produktregel}}$$

$$= 1 \cdot \sin x \cdot \ln x + x \cdot [(\sin x)' \cdot \ln x + \sin x \cdot (\ln x)']$$

$$= \sin x \cdot \ln x + x \cdot \left[\cos x \cdot \ln x + \sin x \cdot \frac{1}{x} \right]$$

$$= \sin x \cdot \ln x + x \cdot \cos x \cdot \ln x + \sin x.$$

Die Berechnung über die Darstellung $x \cdot \sin x \cdot \ln x = (x \cdot \sin x) \cdot \ln x$ führt zum gleichen Ergebnis.

Zur Ableitung eines mehrfachen Produkts s. auch Aufgabe 5.2.8.

e) Die Formel $\left(\frac{1}{g} \right)' = -\frac{g'}{g^2}$ führt zu

$$\left(\frac{1}{x^2 + 3x} \right)' = -\frac{(x^2 + 3x)'}{(x^2 + 3x)^2} = -\frac{2x + 3}{(x^2 + 3x)^2}.$$

f) Ähnlich zu e) erhält man

$$\left(\frac{1}{\sin x} \right)' = -\frac{(\sin x)'}{(\sin x)^2} = -\frac{\cos x}{\sin^2 x}.$$

g) Die Quotientenregel führt zu

$$\left(\frac{x^2 + 2x}{3x + 1} \right)' = \frac{(x^2 + 2x)' \cdot (3x + 1) - (x^2 + 2x) \cdot (3x + 1)'}{(3x + 1)^2}$$

$$= \frac{(2x + 2) \cdot (3x + 1) - (x^2 + 2x) \cdot 3}{(3x + 1)^2}$$

$$= \frac{6x^2 + 2x + 6x + 2 - 3x^2 - 6x}{(3x + 1)^2} = \frac{3x^2 + 2x + 2}{(3x + 1)^2}.$$

h) Die Ableitung des Cotangens kann man in Formelsammlungen finden oder elementar aus der Definition $\cot x = \frac{\cos x}{\sin x}$ mittles der Quotienregel berechnen:

$$(\cot x)' = \left(\frac{\cos x}{\sin x} \right)' = \frac{(\cos x)' \cdot \sin x - \cos x \cdot (\sin x)'}{(\sin x)^2}$$

$$= \frac{-\sin x \cdot \sin x - \cos x \cdot \cos x}{(\sin x)^2} = -\frac{\sin^2 x + \cos^2 x}{\sin^2 x}.$$

Fasst man den Zähler mittels des trigonometrischen Pythagoras (s. Satz 1.1.55, 2.) zu 1 zusammen, erhält man

$$(\cot x)' = -\frac{1}{\sin^2 x},$$

spaltet man den Bruch auf, ergibt sich die Darstellung

$$(\cot x)' \;=\; -\frac{\sin^2 x}{\sin^2 x} - \frac{\cos^2 x}{\sin^2 x} \;=\; -1 - \cot^2 x.$$

i) Mit der Sinus-Funktion als äußerer und der Quadrat-Funktion als innerer Funktion liefert die Kettenregel

$$\big(\sin(x^2)\big)' \;=\; \cos(x^2) \cdot \big(x^2\big)' \;=\; \cos(x^2) \cdot 2x.$$

j) Mit der Quadrat-Funktion als äußerer und der Sinus-Funktion als innerer Funktion liefert die Kettenregel

$$\big((\sin x)^2\big)' \;=\; 2 \cdot \sin x \cdot \big(\sin x\big)' \;=\; 2 \cdot \sin x \cdot \cos x.$$

k) Mit der Kettenregel erhält man

$$\big(\ln\sqrt{x}\big)' \;=\; \frac{1}{\sqrt{x}} \cdot \big(\sqrt{x}\big)' \;=\; \frac{1}{\sqrt{x}} \cdot \frac{1}{2\sqrt{x}} \;=\; \frac{1}{2x}.$$

Mit der alternativen Darstellung $\ln\sqrt{x} = \ln(x^{\frac{1}{2}}) = \frac{1}{2}\ln x$ erhält man auch ohne Kettenregel

$$\big(\ln\sqrt{x}\big)' \;=\; \big(\tfrac{1}{2}\ln x\big)' \;=\; \frac{1}{2} \cdot \frac{1}{x}.$$

l) Mehrfache Anwendung der Kettenregel führt zu

$$\big(\sin(\ln(x^2+1))\big)' \;=\; \cos(\ln(x^2+1)) \cdot \underbrace{\big(\ln(x^2+1)\big)'}_{\text{mit Kettenregel}}$$

$$=\; \cos(\ln(x^2+1)) \cdot \frac{1}{x^2+1} \cdot (x^2+1)'$$

$$=\; \cos(\ln(x^2+1)) \cdot \frac{2x}{x^2+1}$$

Aufgabe 5.2.2

A511

Berechnen Sie die Ableitung zu den folgenden Funktionen $f(x)$, bei denen neben der unabhängigen Variablen x auch noch Parameter a, b bzw. c vorkommen.

a) $ax^2 + bx^3$,   b) $\dfrac{1}{ax}$,   c) e^{bx},   d) $\ln(cx)$,

e) $a + \sin x$,   f) $a \cdot \sin x$,   g) $\sin(a+x)$,   h) $\sin(a \cdot x)$.

Lösung:

a) Es ist

$$\left(ax^2 + bx^3\right)' = a \cdot 2x + b \cdot 3x^2.$$

b) Die Ableitung kann man auf verschiedene Arten erhalten, beispielsweise mit der Formel $\left(\frac{1}{g}\right)' = -\frac{g'}{g^2}$ als

$$\left(\frac{1}{ax}\right)' = -\frac{(ax)'}{(ax)^2} = -\frac{a}{a^2x^2} = -\frac{1}{ax^2}.$$

Zieht man den konstanten Faktor $\frac{1}{a}$ vor, ergibt sich

$$\left(\frac{1}{ax}\right)' = \left(\frac{1}{a} \cdot \frac{1}{x}\right)' = \frac{1}{a} \cdot \left(\frac{1}{x}\right)' = \frac{1}{a} \cdot \left(-\frac{1}{x^2}\right) = -\frac{1}{ax^2}.$$

c) Mit der Kettenregel ist

$$\left(e^{bx}\right)' = e^{bx} \cdot (bx)' = e^{bx} \cdot b.$$

d) Die Kettenregel liefert

$$\left(\ln(cx)\right)' = \frac{1}{cx} \cdot c = \frac{1}{x}.$$

Dass hier die Konstante c beim Ableiten verschwindet, sieht man auch an der Darstellung $\ln(cx) = \ln c + \ln x$, die abgeleitet sofort $0 + \frac{1}{x}$ ergibt.

e) Da ein konstanter Summand beim Ableiten verschwindet, ist

$$\left(a + \sin x\right)' = \cos x.$$

f) Einen konstanten Faktor kann man vorziehen und erhält

$$\left(a \cdot \sin x\right)' = a \cdot \left(\sin x\right)' = a \cdot \cos x.$$

g) Mit der Kettenregel ist

$$\left(\sin(a + x)\right)' = \cos(a + x) \cdot (a + x)' = \cos(a + x) \cdot 1 = \cos(a + x).$$

h) Mit der Kettenregel ist

$$\left(\sin(a \cdot x)\right)' = \cos(a \cdot x) \cdot (a \cdot x)' = \cos(a \cdot x) \cdot a.$$

Aufgabe 5.2.3

A512

a) Leiten Sie die Funktionen

$$f(x) = (5x + 3)^2 \quad \text{und} \quad g(x) = (x + 2)^3$$

einerseits mit Hilfe der Kettenregel ab und andererseits summandenweise nach Ausmultiplizieren.

b) Berechnen Sie die Ableitung der Funktion $f(x) = \frac{1}{\sin^2 x}$ auf verschiedene Arten.

Lösung:

a) Für die Funktion f ergibt sich mit der Kettenregel

$$f'(x) = 2 \cdot (5x + 3) \cdot (5x + 3)' = 2 \cdot (5x + 3) \cdot 5 = 50x + 30.$$

Ausmultipliziert ist

$$f(x) = (5x)^2 + 2 \cdot 5x \cdot 3 + 3^2 = 25x^2 + 30x + 9,$$

woraus man ebenso

$$f'(x) = 25 \cdot 2x + 30 = 50x + 30$$

erhält.

Für die Funktion g ergibt sich mit der Kettenregel

$$g'(x) = 3 \cdot (x + 2)^2. \tag{$*$}$$

Ausmultipliziert ist

$$\begin{aligned} g(x) &= (x + 2) \cdot (x^2 + 4x + 4) \quad = x^3 + 2x^2 + 4x^2 + 8x + 4x + 8 \\ &= x^3 + 6x^2 + 12x + 8, \end{aligned}$$

woraus man

$$g'(x) = 3x^2 + 6 \cdot 2x + 12 = 3x^2 + 12x + 12$$

erhält. Dies stimmt mit $(*)$ überein, wie man durch Ausmultiplizieren von $3 \cdot (x + 2)^2$ leicht sieht.

b) 1) Mit der Quotientenregel erhält man

$$\begin{aligned} f'(x) &= \frac{0 \cdot \sin^2 x - 1 \cdot 2 \cdot \sin x \cdot \cos x}{\left(\sin^2 x \right)^2} \\ &= -2 \cdot \frac{\sin x \cdot \cos x}{\sin^4 x} = -2 \cdot \frac{\cos x}{\sin^3 x}. \end{aligned}$$

2) Mit Hilfe der Formel $\left(\frac{1}{g}\right)' = -\frac{g'}{g^2}$ ist

$$f'(x) = -\frac{2 \cdot \sin x \cdot \cos x}{\sin^4 x} = -2 \cdot \frac{\cos x}{\sin^3 x}.$$

3) Aus der Darstellung $f(x) = \left(\sin x\right)^{-2}$ führt die Kettenregel zu

$$f'(x) = -2 \cdot \left(\sin x\right)^{-3} \cdot \cos x = -2 \cdot \frac{\cos x}{\sin^3 x}.$$

4) Aus der Darstellung $f(x) = \left(\sin^2 x\right)^{-1}$ führt die iterierte Anwendung der Kettenregel zu

$$f'(x) = -1 \cdot \left(\sin^2 x\right)^{-2} \cdot 2 \cdot \sin x \cdot \cos x$$
$$= -\frac{2 \sin x \cdot \cos x}{\sin^4 x} = -2 \cdot \frac{\cos x}{\sin^3 x}.$$

5) Wegen $\left(\frac{1}{\sin x}\right)' = -\frac{\cos x}{\sin^2 x}$ erhält man mit der Produktregel

$$f'(x) = \left(\frac{1}{\sin x} \cdot \frac{1}{\sin x}\right)'$$
$$= -\frac{\cos x}{\sin^2 x} \cdot \frac{1}{\sin x} + \frac{1}{\sin x} \cdot \left(-\frac{\cos x}{\sin^2 x}\right) = -2 \cdot \frac{\cos x}{\sin^3 x}.$$

A513

Aufgabe 5.2.4

Berechnen Sie die Ableitung zu den folgenden Funktionen; beachten Sie was die freie Variable ist; der Rest sind Konstanten.

a) $f(x) = \dfrac{x}{y} + y^2$
b) $f(y) = \dfrac{x}{y} + y^2$
c) $f(a) = ab + \sin(ab)$
d) $f(b) = ab + \sin(ab)$

Lösung:

a) Hier ist x die Variable und y konstant. Bei der Ableitung von $\frac{x}{y} = \frac{1}{y} \cdot x$ ist also der Faktor $\frac{1}{y}$ ein konstanter Vorfaktor. Als additive Konstante verschwindet y^2 beim Ableiten:

$$f'(x) = \frac{1}{y} \cdot 1 + 0 = \frac{1}{y}.$$

b) Im Gegensatz zu a) ist nun y die Variable und x eine Konstante, die beim Ableiten von $\frac{x}{y} = x \cdot \frac{1}{y}$ als Vorfaktor erhalten bleibt. Es ist

$$f'(y) \;=\; x \cdot \left(-\frac{1}{y^2}\right) + 2y \;=\; -\frac{x}{y^2} + 2y.$$

c) Hier ist a die Variable und b konstant. Die Ableitung des Produkts $ab = b \cdot a$ wird dann $b \cdot 1 = b$, d.h., es bleibt nur die Konstante b übrig. Bei der Ableitung von $\sin(ab)$ muss man die Kettenregel anwenden; die innere Ableitung ist dann die Ableitung von ab, also wieder die Konstante b:

$$f'(a) \;=\; b + b \cdot \cos(ab).$$

d) Die Rollen von Variable und Parameter sind gegenüber c) vertauscht. Mit den gleichen Überlegungen erhält man

$$f'(b) \;=\; a + a \cdot \cos(ab).$$

Aufgabe 5.2.5

A514

a) Berechnen Sie die Ableitung von $f(x) = \dfrac{x+2}{(x^2+3)^3}$.

Tipp: Nutzen Sie zur Ableitung des Nenners die Kettenregel, um anschließend kürzen zu können.

b) Zeigen Sie, dass man beim Ableiten einer Funktion der Form

$$f(x) \;=\; \frac{p(x)}{(q(x))^n}$$

mit der Quotientenregel immer so kürzen kann, dass sich die Potenz im Nenner nur um Eins erhöht.

Lösung:

a) Nutzt man zur Ableitung des Nenners die Kettenregel, also

$$\left((x^2+3)^3\right)' \;=\; 3 \cdot (x^2+3)^2 \cdot (x^2+3)' \;=\; 3 \cdot (x^2+3)^2 \cdot 2x$$
$$=\; 6x \cdot (x^2+3)^2,$$

so ergibt die Quotientenregel

$$f'(x) = \frac{(x+2)' \cdot (x^2+3)^3 - (x+2) \cdot \left((x^2+3)^3\right)'}{\left((x^2+3)^3\right)^2}$$

$$= \frac{1 \cdot (x^2+3)^3 - (x+2) \cdot 6x \cdot (x^2+3)^2}{(x^2+3)^6}$$

$$= \frac{(x^2+3)^2 \cdot \left((x^2+3) - (x+2) \cdot 6x \cdot 1\right)}{(x^2+3)^6}$$

$$= \frac{x^2+3-6x^2-12x}{(x^2+3)^4} = \frac{-5x^2-12x+3}{(x^2+3)^4}.$$

b) Durch die Anwendung der Quotientenregel und Ableiten des Nenners mit Hilfe der Kettenregel erhält man

$$f'(x) = \frac{p'(x) \cdot \left(q(x)\right)^n - p(x) \cdot \left(\left(q(x)\right)^n\right)'}{\left(\left(q(x)\right)^n\right)^2}$$

$$= \frac{p'(x) \cdot \left(q(x)\right)^n - p(x) \cdot n \cdot \left(q(x)\right)^{n-1} \cdot q'(x)}{\left(q(x)\right)^{2n}}.$$

Im Zähler kann man nun $\left(q(x)\right)^{n-1}$ ausklammern und diesen Term dann kürzen:

$$f'(x) = \frac{\left(q(x)\right)^{n-1} \cdot \left(p'(x) \cdot q(x) - p(x) \cdot n \cdot q'(x)\right)}{\left(q(x)\right)^{n-1} \cdot \left(q(x)\right)^{n+1}}$$

$$= \frac{p'(x) \cdot q(x) - p(x) \cdot n \cdot q'(x)}{\left(q(x)\right)^{n+1}}.$$

A515

Aufgabe 5.2.6

a) Zeigen Sie $(e^x)' = e^x$, $(\sin x)' = \cos x$ und $(\cos x)' = -\sin x$, indem Sie die Potenzreihendarstellungen nutzen und diese Summandenweise ableiten.

b) Was ergibt sich, wenn Sie die Potenzreihendarstellung von $f(x) = \ln(1+x)$ Summandenweise ableiten?

Lösung:

Die Potenzreihendarstellungen sind in Satz 3.3.7 zusammengefasst.

Vorbemerkung:

Eine Funktion f, die als Reihe, also als unendliche Summe dargestellt ist, darf man nicht ohne Weiteres Summandenweise ableiten, um die Ableitung von f zu bestimmen. Bei Potenzreihen ist das aber erlaubt.

a) Man erhält

$$
\begin{aligned}
(e^x)' &= \left(1 + x + \frac{1}{2}x^2 + \frac{1}{3!}x^3 + \frac{1}{4!}x^4 + \dots\right)' \\
&= \quad 1 + \frac{1}{2}\cdot 2x + \frac{1}{3!}\cdot 3x^2 + \frac{1}{4!}\cdot 4x^3 + \dots \\
&= \quad 1 + \quad x \quad + \frac{1}{2}x^2 \quad + \frac{1}{3!}x^3 \quad + \dots \\
&= e^x,
\end{aligned}
$$

$$
\begin{aligned}
(\sin x)' &= \left(x - \frac{1}{3!}x^3 + \frac{1}{5!}x^5 - \frac{1}{7!}x^7 + - \dots\right)' \\
&= \quad 1 \quad - \frac{1}{3!}\cdot 3x^2 + \frac{1}{5!}\cdot 5x^4 - \frac{1}{7!}\cdot 7x^6 + - \dots \\
&= \quad 1 \quad - \quad \frac{1}{2}x^2 \quad + \frac{1}{4!}x^4 - \frac{1}{6!}x^6 + - \dots \\
&= \cos x,
\end{aligned}
$$

$$
\begin{aligned}
(\cos x)' &= \left(1 - \frac{1}{2!}x^2 + \frac{1}{4!}x^4 - \frac{1}{6!}x^6 + - \dots\right)' \\
&= \quad -\frac{1}{2!}\cdot 2x + \frac{1}{4!}\cdot 4x^3 - \frac{1}{6!}\cdot 6x^5 + - \dots \\
&= \quad - \left(x \quad - \frac{1}{3!}x^3 \quad + \frac{1}{5!}x^5 \quad - + \dots\right) \\
&= \quad - \sin x.
\end{aligned}
$$

b) Es ergibt sich

$$
\begin{aligned}
\big(\ln(1+x)\big)' &= \left(x - \frac{1}{2}x^2 + \frac{1}{3}x^3 - \frac{1}{4}x^4 + - \dots\right)' \\
&= 1 - \frac{1}{2}\cdot 2x + \frac{1}{3}\cdot 3x^2 - \frac{1}{4}\cdot 4x^3 + - \dots \\
&= 1 - \quad x \quad + \quad x^2 \quad - \quad x^3 \quad + - \dots
\end{aligned}
$$

Man erhält also die geometrische Reihe $\sum\limits_{k=0}^{\infty}(-x)^k$, und nach Satz 3.2.5 folgt für $|x| < 1$

$$
\big(\ln(1+x)\big)' = \sum_{k=0}^{\infty}(-x)^k = \frac{1}{1-(-x)} = \frac{1}{1+x}.
$$

Aufgabe 5.2.7

Nutzen Sie $\left(\frac{1}{x}\right)' = -\frac{1}{x^2}$ und die Kettenregel, um die Formel $\left(\frac{1}{g(x)}\right)' = -\frac{g'(x)}{(g(x))^2}$ herzuleiten.

Lösung:

Mit $f(x) = \frac{1}{x}$ ist

$$\frac{1}{g(x)} = f(g(x)) = f \circ g(x).$$

Mit der Kettenregel (s. Satz 5.2.5) und der Ableitung $f'(x) = -\frac{1}{x^2}$ ergibt sich

$$\left(\frac{1}{g(x)}\right)' = (f \circ g)'(x) = f'(g(x)) \cdot g'(x)$$

$$= -\frac{1}{(g(x))^2} \cdot g'(x) = -\frac{g'(x)}{(g(x))^2}.$$

Aufgabe 5.2.8

Leiten Sie eine Produktregel zur Ableitung von $f \cdot g \cdot h$ her.

Lösung:

Durch mehrfache Anwendung der Produktregel erhält man

$$(f \cdot g \cdot h)' = ((f \cdot g) \cdot h)' = (f \cdot g)' \cdot h + (f \cdot g) \cdot h'$$
$$= (f' \cdot g + f \cdot g') \cdot h + f \cdot g \cdot h'$$
$$= f' \cdot g \cdot h + f \cdot g' \cdot h + f \cdot g \cdot h'.$$

Das gleiche Ergebnis erhält man, wenn man die Klammerung zunächst anders wählt und $(f \cdot (g \cdot h))'$ berechnet.

Bemerkung:

Eine entsprechende Formel gilt auch bei mehr Faktoren: Die Ableitung erhält man als Summe von Produkten, bei denen jeweils ein Faktor abgeleitet ist.

Aufgabe 5.2.9

Zeigen Sie: Ist a eine doppelte Nullstelle eines Polynoms p, so ist $p'(a) = 0$.

Lösung:

Ist a eine doppelte Nullstelle von p, so ist nach Definition 1.1.40

$$p(x) = (x - a)^2 \cdot q(x)$$

mit einem Polynom q. Es ist dann

$$p'(x) = 2 \cdot (x - a) \cdot q(x) + (x - a)^2 \cdot q'(x),$$

also

$$p'(a) = 2 \cdot 0 \cdot q(a) + 0^2 \cdot q'(a) = 0.$$

Dass bei einer doppelten Nullstelle die Ableitung gleich Null ist, ist auch anschaulich klar, da nach Bemerkung 1.1.42 bei einer doppelten Nullstelle die x-Achse nur berührt wird, also ein Hoch- oder Tiefpunkt mit waagerechter Tangente vorliegt.

Bemerkung:

Es gilt allgemein: Ist a eine k-fache Nullstelle von p, so ist

$$p(a) = p'(a) = \ldots = p^{k-1}(a) = 0.$$

Aufgabe 5.2.10

A519

Zeigen Sie:

   a) Ist f eine gerade Funktion, so ist f' eine ungerade Funktion.

   b) Ist f eine ungerade Funktion, so ist f' eine gerade Funktion.

Lösung:

   a) Ist f gerade, so gilt $f(x) = f(-x)$ (s. Definition 1.2.1).

   Durch Ableiten auf beiden Seiten erhält man mit der Kettenregel

$$f'(x) = \big(f(-x)\big)' = f'(-x) \cdot (-x)' = f'(-x) \cdot (-1) = -f'(-x),$$

   also $f'(-x) = -f'(x)$. Daher ist f' ungerade.

   b) Ist f ungerade, so gilt $f(-x) = -f(x)$ (s. Definition 1.2.1).

   Ableiten wie bei a) bringt

$$-f'(-x) = -f'(x),$$

   also

$$f'(-x) = f'(x).$$

   Daher ist f' gerade.

Aufgabe 5.2.11

a) Berechnen Sie f'' und f''' zu $f(x) = x^2 \cdot \sin x$.

b) Stellen Sie eine allgemeine Formel für $(g \cdot h)''$ und $(g \cdot h)'''$ auf.

Lösung:

a) Durch wiederholte Anwendung der Produktregel erhält man

$$\begin{aligned}
f'(x) &= 2x \cdot \sin x + x^2 \cdot \cos x, \\
f''(x) &= 2 \cdot \sin x + 2x \cdot \cos x + 2x \cdot \cos x + x^2 \cdot (-\sin x) \\
&= 2\sin x + 4x \cdot \cos x - x^2 \cdot \sin x, \\
f'''(x) &= 2\cos x + 4 \cdot \cos x + 4x \cdot (-\sin x) - 2x \cdot \sin x - x^2 \cdot \cos x \\
&= 6\cos x - 6x \cdot \sin x - x^2 \cdot \cos x.
\end{aligned}$$

b) Allgemein ergibt sich durch wiederholte Anwendung der Produktregel

$$\begin{aligned}
(g \cdot h)' &= g' \cdot h + g \cdot h', \\
(g \cdot h)'' &= (g'' \cdot h + g' \cdot h') + (g' \cdot h' + g \cdot h'') \\
&= g'' \cdot h + 2 \cdot g' \cdot h' + g \cdot h'', \\
(g \cdot h)''' &= (g''' \cdot h + g'' \cdot h') + 2 \cdot (g'' \cdot h' + g' \cdot h'') + (g' \cdot h'' + g \cdot h''') \\
&= g''' \cdot h + 3 \cdot g'' \cdot h' + 3 \cdot g' \cdot h'' + g \cdot h'''.
\end{aligned}$$

Bei höheren Ableitungen von Produkten durch wiederholte Anwendung der Produktregel kann man also immer Terme zusammenfassen. Die Formel für $(g \cdot h)''$ erinnert dabei an die binomische Formel $(a + b)^2 = a^2 + 2ab + b^2$.

Aufgabe 5.2.12 (Fortsetzung von Aufgabe 4.2.1)

Finden Sie ein Polynom, das die beiden markierten Wegstücke glatt (d.h. ohne Knick) verbindet.

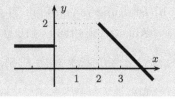

Lösung:

Für das gesuchte Polynom p gibt es folgende Bedingungen:

1. Die gemeinsamen Punkte der Wegstücke mit dem Polynom führen zu

$$p(0) \;=\; 1, \qquad p(2) \;=\; 2.$$

2. Die Bedingung, keinen Knick zu machen, bedeutet, dass das mittlere Kurvenstück in den Stoßpunkten die gleichen Steigungen wie die Wegstücke links bzw. rechts besitzt, also

$$p'(0) \;=\; 0, \qquad p'(2) \;=\; -1.$$

Bei vier Bedingungen ist ein Ansatz mit einem Polynom vom Grad 3 sinnvoll, denn dieses besitzt vier Parameter:

$$p(x) \;=\; a \cdot x^3 + b \cdot x^2 + c \cdot x + d.$$

Damit und mit

$$p'(x) \;=\; 3a \cdot x^2 + 2b \cdot x + c$$

ergeben die Bedingungen an der Stelle $x = 0$:

$$1 \;\overset{!}{=}\; p(0) \;=\; d \qquad \text{und} \qquad 0 \;\overset{!}{=}\; p'(0) \;=\; c,$$

also

$$p(x) \;=\; a \cdot x^3 + b \cdot x^2 + 1 \qquad \text{und} \qquad p'(x) \;=\; 3a \cdot x^2 + 2b \cdot x.$$

Die Bedingungen an der Stelle $x = 2$ führen damit zu:

$$2 \;\overset{!}{=}\; p(2) \;=\; 8a + 4b + 1 \quad \Leftrightarrow \quad 8a + 4b \;=\; 1 \quad \text{(I)},$$
$$-1 \;\overset{!}{=}\; p'(2) \;=\; 12a + 4b \quad \text{(II)}.$$

Die Differenz (II) − (I) ergibt $4a = -2$, also $a = -\frac{1}{2}$, und (II) liefert dann

$$-1 \;=\; -6 + 4b \quad \Leftrightarrow \quad b \;=\; \frac{5}{4}.$$

Das Polynom

$$p(x) \;=\; -\frac{1}{2}x^3 + \frac{5}{4}x^2 + 1$$

erfüllt damit die Bedingungen und verbindet die beiden Wegstücke mit der gleichen Steigung in den Stoßpunkten.

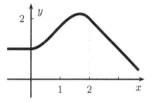

Abb. 5.7 Glatte Verbindung.

A522

Aufgabe 5.2.13 (Fortsetzung von Aufgabe 4.2.2)

Für welche Kombination von Parametern c und a ist der Funktionsgraf zur Funktion

$$f : \mathbb{R} \to \mathbb{R}, \quad f(x) = \begin{cases} cx^2, & \text{für } x < 2, \\ \frac{1}{2}x + a, & \text{für } x \geq 2 \end{cases}$$

glatt, d.h., auch bei $x = 2$ ohne Knick?

Lösung:

Damit die Funktion an der Stelle $x = 2$ glatt ist, müssen dort der links- und der rechtsseitige Grenzwert der Funktion und der Ableitung übereinstimmen.

Damit links- und rechtseitiger Grenzwert der Funktion an der Stelle $x = 2$ übereinstimmen, muss

$$c \cdot 2^2 = \frac{1}{2} \cdot 2 + a$$

gelten (vgl. Aufgabe 4.2.2), also $4c = 1 + a$.

Die Ableitung für $x < 2$ ist $f'(x) = c \cdot 2x$.

Die Ableitung für $x > 2$ ist $f'(x) = \frac{1}{2}$, unabhängig von a.

Damit die Kurve glatt ist, also die Steigungen keinen Sprung machen, muss

$$c \cdot 2 \cdot 2 = \frac{1}{2}$$

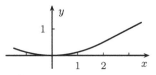

sein, also $c = \frac{1}{8}$ und damit $a = 4 \cdot \frac{1}{8} - 1 = -\frac{1}{2}$.

Abb. 5.8 Glatter Funktionsgraf.

A523

Aufgabe 5.2.14

Das nebenstehende Bild zeigt schematisch eine Papieraufwicklung. Die Walze hat den Radius 1, die Papierbahn kommt vom Punkt $(-2, 2)$.

An welchem Punkt berührt die Papierbahn die Walze?

Anleitung: Stellen Sie den oberen Halbkreis der Walze als Funktion f dar, bestimmen Sie die Tangentengleichung in $(x_0, f(x_0))$ (x_0 variabel) und suchen Sie das x_0, bei dem $(-2, 2)$ auf der Tangente liegt.

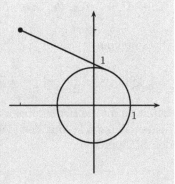

Lösung:

Den oberen Halbkreis der Walze kann man durch die Funktion

$$f(x) = \sqrt{1 - x^2}$$

modellieren (s. Bemerkung 1.3.3, 6.). Die Ableitung dieser Funktion ist

$$f'(x) = \frac{1}{2 \cdot \sqrt{1 - x^2}} \cdot (-2x) = -\frac{x}{\sqrt{1 - x^2}}.$$

Die Tangente t_{x_0} in $(x_0, f(x_0))$ ist nach Satz 5.1.5 gegeben durch

$$\begin{aligned}
t_{x_0}(x) &= f(x_0) + f'(x_0) \cdot (x - x_0) \\
&= \sqrt{1 - x_0^2} - \frac{x_0}{\sqrt{1 - x_0^2}} \cdot (x - x_0) \\
&= \frac{1}{\sqrt{1 - x_0^2}} \cdot \left(1 - x_0^2 - x_0 \cdot (x - x_0)\right) \\
&= \frac{1}{\sqrt{1 - x_0^2}} \cdot \left(1 - x_0^2 - x_0 \cdot x + x_0 \cdot x_0\right) \\
&= \frac{1 - x_0 \cdot x}{\sqrt{1 - x_0^2}}.
\end{aligned}$$

Gesucht ist nun die Stelle x_0, bei der die Tangente durch den Punkt $(-2, 2)$ führt, d.h., bei der $t_{x_0}(-2) = 2$ ist, also

$$2 = \frac{1 - x_0 \cdot (-2)}{\sqrt{1 - x_0^2}} \quad \Leftrightarrow \quad 2 \cdot \sqrt{1 - x_0^2} = 1 + 2x_0. \tag{$*$}$$

Durch Quadrieren erhält man eine quadratische Gleichung:

$$\begin{aligned}
4\left(1 - x_0^2\right) &= (1 + 2x_0)^2 \\
\Leftrightarrow \quad 4 - 4x_0^2 &= 1 + 4x_0 + 4x_0^2 \\
\Leftrightarrow \quad 8x_0^2 + 4x_0 - 3 &= 0 \\
\Leftrightarrow \quad x_0^2 + \frac{1}{2}x_0 - \frac{3}{8} &= 0.
\end{aligned}$$

Die p-q-Formel (s. Satz 1.1.15) liefert

$$x_0 = -\frac{1}{4} \pm \sqrt{\left(\frac{1}{4}\right)^2 + \frac{3}{8}} = -\frac{1}{4} \pm \sqrt{\frac{7}{16}}.$$

Durch Einsetzen in $(*)$ sieht man, dass nur die „+"-Lösung die Gleichung erfüllt. Also ist die Lösung für x_0:

$$x_0 = -\frac{1}{4} + \sqrt{\frac{7}{16}} \approx 0.41,$$

und der gesuchte Auflagepunkt liegt bei $(x_0, f(x_0)) \approx (0.41, 0.91)$.

Bemerkung:

In der „−"-Stelle $x_1 = -\frac{1}{4} - \sqrt{\frac{7}{16}} \approx -0.91$ gibt es eine Tangente an den unteren Halbkreis, die durch $(-2, 2)$ führt. Beim Quadrieren ist diese Lösung dazugekommen.

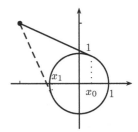

Abb. 5.9 Tangenten an den Kreis.

A524

Aufgabe 5.2.15 (vgl. Aufgabe 1.4.7)

In Hamburg schwankt die Wassertiefe der Elbe auf Grund von Ebbe und Flut zwischen 9m und 13m, wobei der Verlauf grob als Sinus-förmig mit einer Periode von 12 Stunden modelliert werden kann.

  a) Zu welchen Zeiten ändert sich der Wasserstand am schnellsten?

  b) Um wieviel ändert sich der Wasserstand zu diesen Zeiten innerhalb von einer Minute?

  Nutzen Sie die Ableitung zur näherungsweisen Berechnung!

Lösung:

  a) Mit der Modellierung aus Aufgabe 1.4.7 erhält man die Wassertiefe T in Abhängigkeit von der Zeit t als

$$T(t) = 11\,\mathrm{m} + 2\,\mathrm{m} \cdot \sin\left(\frac{2\pi}{12\,\mathrm{h}} \cdot t\right) = 11\,\mathrm{m} + 2\,\mathrm{m} \cdot \sin\left(\frac{\pi}{6\,\mathrm{h}} \cdot t\right)$$

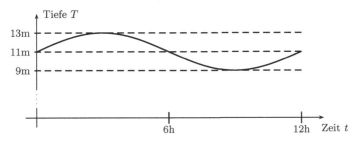

Abb. 5.10 Verlauf des Wasserstands.

Die Änderung des Wasserstandes wird durch die Ableitung der Funktion $T(t)$ beschrieben:

$$T'(t) = 2\,\mathrm{m} \cdot \cos\left(\frac{\pi}{6\,\mathrm{h}} \cdot t\right) \cdot \frac{\pi}{6\,\mathrm{h}} = \frac{\pi}{3} \cdot \cos\left(\frac{\pi}{6\,\mathrm{h}} \cdot t\right) \,\mathrm{m/h}$$

Die stärkste Änderung erhält man, wenn $\cos\left(\frac{\pi}{6\,\mathrm{h}} \cdot t\right)$ gleich ± 1 ist, also bei $t = 0$, $t = 6\,\mathrm{h}$, $t = 12\,\mathrm{h}$, ...

b) Die Änderung ΔT des Wasserstands bei $t = 0$ innerhalb einer Minute, also bei $\Delta t = \frac{1}{60}\,\mathrm{h}$, kann man entsprechend Bemerkung 5.1.9 näherungsweise berechnen durch

$$\Delta T \approx T'(0) \cdot \Delta t = \frac{\pi}{3} \cdot 1\,\mathrm{m/h} \cdot \frac{1}{60}\,\mathrm{h} = \frac{\pi}{180}\,\mathrm{m}$$
$$\approx 0.017\,\mathrm{m} = 1.7\,\mathrm{cm}.$$

An den anderen Stellen ($t = 6\,\mathrm{h}$, $t = 12\,\mathrm{h}$, ...) ist die Änderung betragsmäßig genauso groß.

A525

Aufgabe 5.2.16

Zu Sommerbeginn (21.06) ist in Aachen der Sonnenaufgang um 4:21 Uhr MEZ und zu Winterbeginn (21.12.) um 8:35 MEZ. Die Sonnenaufgangszeit dazwischen kann man grob als sinus-förmig modellieren.

Berechnen Sie damit näherungsweise unter Benutzung der Ableitung, um wieviel Minuten sich die Aufgangszeit vom 24. auf den 25.11. ändert.

Wie groß ist die Änderung zum Herbstanfang?

Lösung:

In den 183 Tagen vom 21.06. bis 21.12. verschiebt sich der Sonnenaufgang um 4 Stunden und 14 Minuten, also 254 Minuten, was einer Schwankung von ± 127 Minuten um die mittlere Aufgangszeit entspricht. Als Funktion f auf dem Intervall von 0 bis 183 Tagen betrachtet, erhält man als Schwankung um die mittlere Aufgangszeit

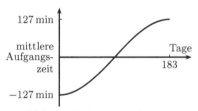

Abb. 5.11 Sonnenaufgangszeiten.

$$f(t) = -127\,\mathrm{min} \cdot \cos\left(\frac{\pi}{183\,\mathrm{d}} \cdot t\right).$$

Es ist

$$f'(t) = -127\,\mathrm{min} \cdot \left(-\sin\left(\frac{\pi}{183\,\mathrm{d}} \cdot t\right)\right) \cdot \frac{\pi}{183\,\mathrm{d}}$$
$$\approx 2.2 \cdot \sin\left(\frac{\pi}{183\,\mathrm{d}} \cdot t\right) \mathrm{min/d}.$$

Die Änderung vom 24. auf den 25.11., also dem 156ten auf den 157ten Tag nach dem 21.06., ist entsprechend Bemerkung 5.1.9

$$f(157\,\mathrm{d}) - f(156\,\mathrm{d}) \approx f'(156\,\mathrm{d}) \cdot (157\,\mathrm{d} - 156\,\mathrm{d})$$
$$\approx 2.2 \cdot \sin(\frac{\pi}{183\,\mathrm{d}} \cdot 156\,\mathrm{d})\,\mathrm{min/d} \cdot 1\,\mathrm{d}$$
$$\approx 2.2 \cdot \sin(2.678)\,\mathrm{min} \approx 1\,\mathrm{min}.$$

Der Herbstanfang t_{Herbst} liegt genau zwischen Sommer- und Winteranfang, so dass $\frac{\pi}{183\,\mathrm{d}} \cdot t_{\mathrm{Herbst}} = \frac{\pi}{2}$ ist. Man erhält damit

$$\text{Änderung} \approx f'(t_{\mathrm{Herbst}}) \cdot 1\,\mathrm{d}$$
$$\approx 2.2 \cdot \sin(\tfrac{\pi}{2})\,\mathrm{min} = 2.2\,\mathrm{min}.$$

A526

Aufgabe 5.2.17

Bei einem See der Länge l (gemessen als direkte Linie) erhält man für die Höhe h, die der See über der direkten Verbindung übersteht (s. Aufgabe 1.3.8):

$$h = R - \sqrt{R^2 - \left(\frac{l}{2}\right)^2}.$$

Mit $f(x) = \sqrt{R^2 - x}$ ist

$$h = f(0) - f\left(\left(\tfrac{l}{2}\right)^2\right).$$

Nutzen Sie diese Darstellung, um mit Hilfe der Ableitung der Funktion f eine Näherung für h zu erhalten.

Vergleichen Sie diese Näherung mit der Näherung von Aufgabe 3.3.6.

Lösung:

Entsprechend Bemerkung 5.1.9 gilt

$$f(0) - f(x) = -\big(f(x) - f(0)\big)$$
$$\approx -\big(f'(0) \cdot (x - 0)\big) = -f'(0) \cdot x.$$

Es ist

$$f'(x) = -\frac{1}{2\sqrt{R^2 - x}},$$

also speziell

$$f'(0) = -\frac{1}{2\sqrt{R^2}} = -\frac{1}{2R}.$$

Damit erhält man

$$h = f(0) - f\left(\left(\tfrac{l}{2}\right)^2\right) \approx -f'(0) \cdot \left(\tfrac{l}{2}\right)^2$$
$$= -\left(-\frac{1}{2R}\right) \cdot \left(\frac{l}{2}\right)^2 = \frac{l^2}{8R}.$$

Dies ist genau die gleiche Näherung wie bei Aufgabe 3.3.6.

5.3 Anwendungen

5.3.1 Kurvendiskussion

Aufgabe 5.3.1 (beispielhafte Klausuraufgabe, $8 + 4 + 4 = 16$ Minuten)

A527

Es sei $f : \mathbb{R} \setminus \{0\} \to \mathbb{R}$, $x \mapsto \dfrac{e^x}{x}$.

a) Berechnen Sie Nullstellen, Extremstellen und Wendestellen von f.

b) Geben Sie das Verhalten von f an den Rändern des Definitionsbereichs und an der Definitionslücke an.

c) Skizzieren Sie grob den Funktionsgraf von f auf Grund der Informationen aus a) und b).

Lösung:

a) *Nullstellen*: Es gilt

$$0 \overset{!}{=} f(x) = \frac{e^x}{x} \quad \Leftrightarrow \quad e^x = 0.$$

Da die Exponentialfunktion e^x immer ungleich Null ist, gibt es keine Nullstelle von f.

Extremstellen: Es ist

$$f'(x) = \frac{e^x \cdot x - e^x}{x^2} = \frac{x-1}{x^2} \cdot e^x,$$
$$f''(x) = \frac{(e^x \cdot x + e^x - e^x) \cdot x^2 - (e^x \cdot x - e^x) \cdot 2x}{x^4}$$
$$= \frac{e^x \cdot x^2 - 2 e^x \cdot x + 2 e^x}{x^3}.$$

Kandidaten für Extremstellen sind Nullstellen von f':

$$0 \overset{!}{=} f'(x) = \frac{x-1}{x^2} \cdot e^x \quad \Leftrightarrow \quad 0 = x - 1 \quad \Leftrightarrow \quad x = 1.$$

Einziger Kandidat für eine Extremstelle ist also $x = 1$. Wegen

$$f''(1) \;=\; e - 2\,e + 2\,e \;=\; e > 0$$

ist $x = 1$ tatsächlich Minimalstelle.

Wendestellen: Kandidaten für Wendestellen sind Nullstellen von f'':

$$0 \stackrel{!}{=} f''(x)$$
$$\Leftrightarrow \quad 0 \;=\; e^x \cdot x^2 - 2 \cdot e^x \cdot x + 2 \cdot e^x$$
$$\Leftrightarrow \quad 0 \;=\; x^2 - 2 \cdot x + 2.$$

Beispielsweise durch die *p-q*-Formel oder durch quadratische Ergänzung sieht man, dass diese quadratische Gleichung keine reelle Lösung besitzt, d.h., es gibt keine Wendestellen.

b) Da exponentielles Verhalten polynomiales dominiert (s. Satz 4.1.10 und Bemerkung 4.1.11) gilt

$$\lim_{x \to -\infty} f(x) \;=\; 0 \qquad \text{und} \qquad \lim_{x \to +\infty} f(x) \;=\; +\infty.$$

In der Nähe von $x = 0$ ist der Zähler von $f(x) = \frac{e^x}{x}$ nahe 1; das Verhalten von f nahe $x = 0$ ähnelt daher dem von $\frac{1}{x}$:

$$\lim_{x \to 0-} f(x) \;=\; -\infty \qquad \text{und} \qquad \lim_{x \to 0+} f(x) \;=\; +\infty.$$

c)

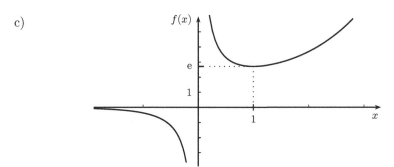

Abb. 5.12 Skizze des Funktionsgrafen.

A528

Aufgabe 5.3.2 (beispielhafte Klausuraufgabe, 8 Minuten)

Für welche Stelle $a \geq 0$ wird die Fläche des Rechtecks unter dem Grafen zur Funktion $f(x) = e^{-x}$ (s. Skizze) maximal?

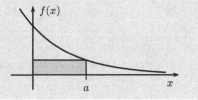

Lösung:

Die Fläche $F(a)$ berechnet sich durch „Breite mal Höhe", also

$$F(a) \;=\; a \cdot f(a) \;=\; a \cdot \mathrm{e}^{-a}.$$

Wegen

$$F(0) \;=\; 0 \qquad \text{und} \qquad \lim_{a \to \infty} F(a) = 0$$

muss es eine Maximalstelle mit $a > 0$ geben. Kandidaten dazu sind Nullstellen von F':

$$0 \;\overset{!}{=}\; F'(a) \;=\; \mathrm{e}^{-a} - a \cdot \mathrm{e}^{-a} \;=\; (1-a) \cdot \mathrm{e}^{-a}.$$

Da e^{-a} immer ungleich 0 ist, muss $1 - a$ gleich Null werden, also $a = 1$ sein.

Als einziger Kandidat ist $a = 1$ also die gesuchte Maximalstelle.

Aufgabe 5.3.3 (beispielhafte Klausuraufgabe, 10 Minuten)

A529

Es soll ein Verpackungskarton mit quadratischer Grundfläche für 1 Liter Milch hergestellt werden. Aus falt- und klebetechnischen Gründen benötigt man bei der Kartonherstellung jeweils doppelte Fläche für Deckel und Boden.

Wie müssen die Maße der Verpackung sein, damit der Materialverbrauch minimal ist?

Lösung:

Bei einer Höhe h und Seitenlänge x (s. Abb. 5.13) ist der Materialbedarf

$$\underbrace{2 \cdot x \cdot x}_{\text{2 Deckel}} + \underbrace{2 \cdot x \cdot x}_{\text{2 Böden}} + \underbrace{4 \cdot x \cdot h}_{\text{4 Seitenflächen}} \;=\; 4x^2 + 4xh.$$

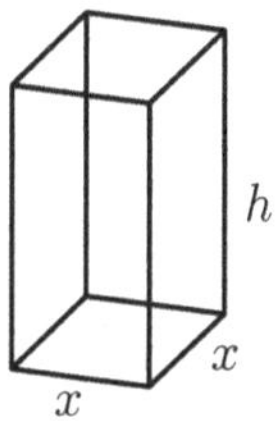

Die Vorgabe „Volumen = 1 Liter" legt die Einheit Dezimeter nahe und bedeutet, dass $1\,\mathrm{dm}^3 = x \cdot x \cdot h$ ist, also

$$h \;=\; \frac{1\,\mathrm{dm}^3}{x^2}.$$

Abb. 5.13 Skizze des Verpackungskartons.

Damit lautet die Zielfunktion

$$f(x) \;=\; 4x^2 + 4x \cdot \frac{1\,\mathrm{dm}^3}{x^2} \;=\; 4x^2 + \frac{4\,\mathrm{dm}^3}{x}.$$

Diese ist für $x > 0$ zu minimieren.

Wegen $\lim\limits_{x \to 0} f(x) = \infty = \lim\limits_{x \to \infty} f(x)$ gibt es eine Minimalstelle in $]0, \infty[$.

Kandidaten sind Nullstellen der Ableitung:

$$0 \overset{!}{=} f'(x) = 8x - \frac{4\,\text{dm}^3}{x^2}$$

$$\Leftrightarrow \quad \frac{4\,\text{dm}^3}{x^2} = 8x$$

$$\Leftrightarrow \quad \frac{1}{2}\,\text{dm}^3 = x^3$$

$$\Leftrightarrow \quad x = \sqrt[3]{\frac{1}{2}}\,\text{dm}.$$

Als einzige Lösung muss also $x = \sqrt[3]{\frac{1}{2}}\,\text{dm}$ die Minimalstelle sein.

Daraus folgt, dass die Grundfläche bei einem minimalen Materialbedarf die Länge und Breite $\sqrt[3]{\frac{1}{2}}\,\text{dm}$ haben muss.

Die Höhe ist dann

$$h = \frac{1\,\text{dm}^3}{\left(\sqrt[3]{\frac{1}{2}}\,\text{dm}\right)^2} = \sqrt[3]{4}\,\text{dm}.$$

A530

Aufgabe 5.3.4

Bei einer n-maligen Messung einer Größe werden die Werte x_1, x_2, ..., x_n gemessen, die auf Grund von Messfehlern und Störungen um den wahren Wert streuen.

Eine gute Näherung für den wahren Wert erhält man durch den Wert $\bar{x}$, für den die Summe der quadratischen Abweichungen minimal wird, d.h. für den Wert, der

$$f(x) = \sum_{k=1}^{n}(x - x_k)^2$$

minimiert. Wie berechnet sich $\bar{x}$ aus x_1, x_2, ..., x_n?

Lösung:

Für $x \to \pm\infty$ gilt $f(x) \to \infty$. Also wird die Minimalstelle bei einem $x \in \mathbb{R}$ angenommen und es gilt für die Minimalstelle $f'(x) = 0$:

$$0 \overset{!}{=} f'(x) = \sum_{k=1}^{n} 2 \cdot (x - x_k)$$

$$= 2 \cdot [(x - x_1) + (x - x_2) + \ldots + (x - x_n)]$$

$$= 2 \cdot [n \cdot x - (x_1 + x_2 + \ldots + x_n)].$$

Teilt man nun durch 2 und löst nach $n \cdot x$ auf, erhält man:

$$n \cdot x = x_1 + x_2 + \ldots + x_n = \sum_{k=1}^{n} x_k \quad \Leftrightarrow \quad x = \frac{1}{n} \cdot \sum_{k=1}^{n} x_k.$$

Als einzige Nullstelle der Ableitung ist dies die Minimalstelle, also

$$\bar{x} = \frac{1}{n} \cdot \sum_{k=1}^{n} x_k.$$

Dies entspricht genau dem Mittelwert der Messgrößen.

Aufgabe 5.3.5

Die Bahnkurve bei einem schrägen Wurf wird bei Vernachlässigung des Luftwiderstandes beschrieben durch

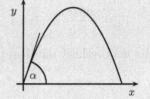

A531

$$y(x) = \tan \alpha \cdot x - \frac{g}{2v_0^2 \cos^2 \alpha} \cdot x^2.$$

Dabei beschreibt v_0 die Abwurfgeschwindigkeit, α den Abwurfwinkel und g die Erdbeschleunigung ($g \approx 9.81 \, \text{m/s}^2$).

Für welchen Abwurfwinkel erreicht man die größte Weite?

Lösung:

Die Wurfweite ergibt sich als die von 0 verschiedene Nullstelle der Bahnkurve $y(x)$. Wegen

$$y(x) = \tan \alpha \cdot x - \frac{g}{2v_0^2 \cos^2 \alpha} \cdot x^2 = x \cdot \left(\tan \alpha - \frac{g}{2v_0^2 \cos^2 \alpha} \cdot x \right)$$

erhält man die Wurfweite $x(\alpha)$ in Abhängigkeit vom Abwurfwinkel α bei

$$\tan \alpha - \frac{g}{2v_0^2 \cos^2 \alpha} \cdot x(\alpha) = 0$$

$$\Rightarrow \quad x(\alpha) = \frac{2v_0^2 \cos^2 \alpha}{g} \cdot \underbrace{\tan \alpha}_{= \frac{\sin \alpha}{\cos \alpha}} = \frac{2v_0^2}{g} \cdot \cos \alpha \cdot \sin \alpha.$$

Wegen $x(0) = 0 = x\left(\frac{\pi}{2}\right)$ wird die maximale Wurfweite für ein $\alpha \in \left]0; \frac{\pi}{2}\right[$ erreicht. Die Maximalstelle muss also Nullstelle der Ableitung sein:

$$0 \stackrel{!}{=} x'(\alpha) = \frac{2v_0^2}{g} \cdot \left((-\sin \alpha) \cdot \sin \alpha + \cos \alpha \cdot \cos \alpha \right)$$

$$= \frac{2v_0^2}{g} \cdot \left(\cos^2 \alpha - \sin^2 \alpha \right).$$

Wegen $\frac{2v_0^2}{g} \neq 0$ folgt $\cos^2 \alpha = \sin^2 \alpha$, und da die Sinus- und Cosinus-Funktion im betrachteten Bereich $]0; \frac{\pi}{2}[$ positiv sind, folgt durch Wurzelziehen

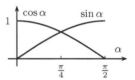

Abb. 5.14 Sinus- und Cosinus-Funktion.

$$\cos \alpha = \sin \alpha.$$

Aus den Funktionsgrafen der Sinus- und Cosinus-Funktion kann man erkennen, dass Gleichheit im betrachteten Bereich $]0; \frac{\pi}{2}[$ genau für $\alpha = \frac{\pi}{4}$ gilt.

Alternativ kann man die Gleichung umformen zu

$$1 = \frac{\sin \alpha}{\cos \alpha} = \tan \alpha \quad \Leftrightarrow \quad \alpha = \arctan 1 = \frac{\pi}{4},$$

oder man rechnet mit dem trigonometrischen Pythagoras (s. Satz 1.1.55, 2.)

$$\cos^2 \alpha = \sin^2 \alpha = 1 - \cos^2 \alpha$$

$$\Leftrightarrow \quad 2 \cos^2 \alpha = 1 \quad \Leftrightarrow \quad \alpha = \arccos \sqrt{\frac{1}{2}} = \frac{\pi}{4}.$$

Man erhält also bei einem Abwurfwinkel von $\frac{\pi}{4} \,\hat{=}\, 45°$ die größte Wurfweite.

Alternative Lösungsvariante ohne Nutzung der Ableitung:

Wegen $\sin(2\alpha) = 2 \sin \alpha \cos \alpha$ (s. Satz 1.1.55, 3.) ist

$$x(\alpha) = \frac{2v_0^2}{g} \cdot \cos \alpha \cdot \sin \alpha = \frac{v_0^2}{g} \sin(2\alpha).$$

Offensichtlich ist dieser Ausdruck maximal, wenn gilt

$$2\alpha = \frac{\pi}{2} \quad \Leftrightarrow \quad \alpha = \frac{\pi}{4}.$$

A532

Aufgabe 5.3.6

a) Ein Automobilhersteller lässt sich Reifen zuliefern. Er braucht pro Jahr insgesamt R Reifen, die er sich in einzelnen Lieferungen mehrmals im Jahr anliefern lässt. Unabhängig vom Umfang ist eine Lieferung mit K_{fix} Kosten verbunden. Lässt er sich pro Lieferung n Reifen kommen, ist dadurch Geld gebunden, das finanziert werden muss. Die dadurch im Jahr entstehenden Kosten sind proportional zu n, also gleich $c \cdot n$ mit einer Konstanten c.

Was ist die optimale Liefergröße n, und welche Kosten entstehen insgesamt (in Abhängigkeit von K_{fix} und c)?

b) Der Automobilhersteller hat 3 Reifenzwischenhändler, von denen er jeweils $\frac{R}{3}$ Reifen bezieht. Im Zuge der Just-in-Time-Anlieferung löst er sein Lager auf, so dass die Lagerung auf die drei Zwischenhändler abgeschoben wird. Diese kalkulieren für sich mit gleichen Liefer- und Lagerkosten.

Wie ändern sich dadurch die gesamten Liefer- und Lagerkosten?

(Vernachlässigen Sie bei den Rechnungen ggf. eigentlich nötige Rundungen.)

Lösung:

a) Bei n Reifen pro Lieferung werden $\frac{R}{n}$ Lieferungen pro Jahr benötigt. Damit entstehen Gesamtkosten von

$$K(n) = \underbrace{c \cdot n}_{\text{Lagerkosten}} + \underbrace{\frac{R}{n} \cdot K_{\text{fix}}}_{\text{Lieferkosten}}.$$

Betrachtet man $K(n)$ als Funktion von $n \in \mathbb{R}$, so gilt $K(n) \to \infty$ für $n \to \infty$ und für $n \to 0+$. Also muss es eine Minimalstelle von K geben, an der die Ableitung gleich Null ist:

$$0 \stackrel{!}{=} K'(n) = c + R \cdot \left(-\frac{1}{n^2}\right) \cdot K_{\text{fix}}$$

$$\Leftrightarrow \quad \frac{R \cdot K_{\text{fix}}}{n^2} = c$$

$$\Leftrightarrow \quad n = \sqrt{\frac{R \cdot K_{\text{fix}}}{c}}.$$

Als einzige potenzielle Extremstelle muss dies die gesuchte Minimalstelle also die optimale Liefergröße sein. Die Kosten sind dann

$$K_{\text{opt}} = K\left(\sqrt{\frac{R \cdot K_{\text{fix}}}{c}}\right) = c \cdot \sqrt{\frac{R \cdot K_{\text{fix}}}{c}} + \frac{R}{\sqrt{\frac{R \cdot K_{\text{fix}}}{c}}} \cdot K_{\text{fix}}$$

$$= \sqrt{c \cdot R \cdot K_{\text{fix}}} + \sqrt{c \cdot R \cdot K_{\text{fix}}}$$

$$= 2 \cdot \sqrt{c \cdot R \cdot K_{\text{fix}}}.$$

b) Die einzelnen Zwischenhändler kalkulieren entsprechend mit $\frac{R}{3}$ statt R Reifen.

Die gleiche Rechnung wie bei a) liefert dann mit $\frac{R}{3}$ statt R eine optimale Liefergröße von $\sqrt{\frac{R/3 \cdot K_{\text{fix}}}{c}}$ und Kosten $2 \cdot \sqrt{c \cdot \frac{R}{3} \cdot K_{\text{fix}}}$ für jeden Zulieferer. Die Gesamtkosten sind dann

$$3 \cdot 2 \cdot \sqrt{c \cdot \frac{R}{3} \cdot K_{\text{fix}}} = \sqrt{3} \cdot 2 \cdot \sqrt{c \cdot R \cdot K_{\text{fix}}} = \sqrt{3} \cdot K_{\text{opt}}.$$

Dies bedeutet einen Gesamtkostenanstieg um ca. 70%.

5.3.2 Regel von de L'Hospital

A533

Aufgabe 5.3.7

Bestimmen Sie die folgenden Grenzwerte:

a) $\lim\limits_{x \to 1} \dfrac{\ln x}{1 - x}$,

b) $\lim\limits_{x \to 0} \dfrac{\cosh x - 1}{\cos x - 1}$,

c) $\lim\limits_{x \to \infty} \dfrac{\ln \sqrt{x}}{\sqrt{\ln x}}$,

d) $\lim\limits_{x \to \infty} x \cdot \ln(1 + \dfrac{1}{x})$.

Lösung:

a) Für $x \to 1$ ist $\frac{\ln x}{1-x}$ vom Typ $\frac{0}{0}$, und die Anwendung der Regel von de L'Hospital (Satz 5.3.12) liefert

$$\lim_{x \to 1} \frac{\ln x}{1 - x} \overset{\text{L'H.}}{=} \lim_{x \to 1} \frac{\frac{1}{x}}{-1} = \frac{\frac{1}{1}}{-1} = -1.$$

b) Der betrachtete Ausdruck ist vom Typ $\frac{0}{0}$, aber auch nach einmaliger Anwendung der Regel von de L'Hospital hat man einen Ausdruck vom Typ $\frac{0}{0}$, so dass man erneut die Regel anwenden muss:

$$\lim_{x \to 0} \frac{\cosh x - 1}{\cos x - 1} \overset{\text{L'H.}}{=} \lim_{x \to 0} \frac{\sinh x}{-\sin x} \overset{\text{L'H.}}{=} \lim_{x \to 0} \frac{\cosh x}{-\cos x} = \frac{1}{-1} = -1.$$

c) Mit der Regel von de L'Hospital ergibt sich:

$$\lim_{x \to \infty} \frac{\ln \sqrt{x}}{\sqrt{\ln x}} \overset{\text{L'H.}}{=} \lim_{x \to \infty} \frac{\frac{1}{\sqrt{x}} \cdot \frac{1}{2\sqrt{x}}}{\frac{1}{2\sqrt{\ln x}} \cdot \frac{1}{x}} = \lim_{x \to \infty} \frac{\frac{1}{2x}}{\frac{1}{2x} \cdot \frac{1}{\sqrt{\ln x}}} = \lim_{x \to \infty} \sqrt{\ln x}$$
$$= \infty.$$

Man kommt aber auch ohne die Regel von de L'Hospital aus, denn es ist

$$\frac{\ln \sqrt{x}}{\sqrt{\ln x}} = \frac{\ln(x^{\frac{1}{2}})}{\sqrt{\ln x}} = \frac{\frac{1}{2}\ln x}{\sqrt{\ln x}} = \frac{1}{2}\sqrt{\ln x},$$

also

$$\lim_{x \to \infty} \frac{\ln \sqrt{x}}{\sqrt{\ln x}} = \lim_{x \to \infty} \frac{1}{2}\sqrt{\ln x} = \infty.$$

d) Den Ausdruck vom Typ „$\infty \cdot 0$" kann man als Bruch umschreiben und dann die Regel von de L'Hospital anwenden:

$$\lim_{x\to\infty} x \cdot \ln\left(1 + \frac{1}{x}\right) = \lim_{x\to\infty} \frac{\ln\left(1 + \frac{1}{x}\right)}{\frac{1}{x}} \overset{\text{L'H.}}{=} \lim_{x\to\infty} \frac{\frac{1}{1+\frac{1}{x}} \cdot \left(-\frac{1}{x^2}\right)}{-\frac{1}{x^2}}$$

$$= \lim_{x\to\infty} \frac{1}{1 + \underbrace{\frac{1}{x}}_{\to 0}} = \frac{1}{1} = 1.$$

Aufgabe 5.3.8

Berechnen Sie $\displaystyle\lim_{x\to 0} \frac{\cos(x^2) - 1}{x^3 \sin x}$

A534

a) mit Hilfe der Potenzreihendarstellungen,

b) mit der Regel von de l'Hospital.

Lösung:

a) Mit den Potenzreihendarstellungen (s. Satz 3.3.7) ergibt sich

$$\lim_{x\to 0} \frac{\cos(x^2) - 1}{x^3 \cdot \sin x} = \lim_{x\to 0} \frac{\left(1 - \frac{1}{2}(x^2)^2 + \frac{1}{4!}(x^2)^4 - +\dots\right) - 1}{x^3 \cdot \left(x - \frac{1}{3!}x^3 + -\dots\right)}$$

$$= \lim_{x\to 0} \frac{-\frac{1}{2}x^4 + \frac{1}{4!}x^8 - +\dots}{x^4 - \frac{1}{3!}x^6 + -\dots}$$

$$\overset{\text{kürzen}}{=} \lim_{x\to 0} \frac{-\frac{1}{2} + \frac{1}{4!}x^4 - +\dots}{1 - \frac{1}{3!}x^2 + -\dots} = \frac{-\frac{1}{2}}{1} = -\frac{1}{2}.$$

b) Mit mehrfacher Anwendung der Regel von de L'Hospital erhält man

$$\lim_{x\to 0} \frac{\cos(x^2) - 1}{x^3 \cdot \sin x} \overset{\text{L'H.}}{=} \lim_{x\to 0} \frac{-2x \cdot \sin(x^2)}{3x^2 \cdot \sin x + x^3 \cdot \cos x}$$

$$\overset{\text{kürzen}}{=} \lim_{x\to 0} \frac{-2 \cdot \sin(x^2)}{3x \cdot \sin x + x^2 \cdot \cos x}$$

$$\overset{\text{L'H.}}{=} \lim_{x\to 0} \frac{-4x \cos(x^2)}{3 \sin x + \underbrace{3x \cos x + 2x \cos x}_{= 5x \cos x} - x^2 \sin x}$$

$$\overset{\text{L'H.}}{=} \lim_{x\to 0} \frac{-4 \cos(x^2) + 8x^2 \sin(x^2)}{3 \cos x + 5 \cos x - 5x \sin x - 2x \sin x - x^2 \cos x}$$

$$= \frac{-4 \cdot 1 + 0}{3 + 5 - 0} = -\frac{4}{8} = -\frac{1}{2}.$$

Bemerkung:

Statt bei b) im zweiten Schritt ein x zu kürzen, hätte man auch die Regel von de L'Hospital anwenden können. Die folgenden Ausdrücke sind dann zwar anders, aber man erhält (nach zwei weiteren Anwendungen der Regel) das gleiche Ergebnis.

Insgesamt hat man dann vier Mal die Regel von de L'Hospital angewendet. Dies entspricht der Potenz x^4, die man bei a) kürzen konnte.

Dies gilt allgemein bei Grenzwerten $x \to 0$: Kann man bei Betrachtung der Potenzreihenentwicklungen eine Potenz x^n kürzen, so muss man bei der Berechnung mittels der Regel von de L'Hospital die Regel n mal anwenden.

A535

Aufgabe 5.3.9

Betrachtet werden die Grenzwerte

$$1) \quad \lim_{x \to \infty} \frac{\sinh x}{\cosh x} \quad \text{und} \quad 2) \quad \lim_{x \to \infty} \frac{x + \sin x}{x}.$$

a) Was ergibt sich bei der Anwendung der Regel von de L'Hospital?

b) Bestimmen Sie die Grenzwerte.

(Tipp zu 1): nutzen Sie die Definitionen von $\sinh x$ und $\cosh x$.)

Lösung:

1) a) Der Ausdruck ist für $x \to \infty$ vom Typ $\frac{\infty}{\infty}$. Mehrfache Anwendung der Regel von de L'Hospital ergibt wegen $(\sinh x)' = \cosh x$ und $(\cosh x)' = \sinh x$:

$$\lim_{x \to \infty} \frac{\sinh x}{\cosh x} \overset{\text{L'H.}}{=} \lim_{x \to \infty} \frac{\cosh x}{\sinh x} \overset{\text{L'H.}}{=} \lim_{x \to \infty} \frac{\sinh x}{\cosh x};$$

man kann auf diese Weise den Grenzwert nicht berechnen.

b) Mit den Definitionen von $\sinh x$ und $\cosh x$ (s. Definition 1.1.64) ist

$$\lim_{x \to \infty} \frac{\sinh x}{\cosh x} = \lim_{x \to \infty} \frac{\frac{1}{2}\left(e^x - e^{-x}\right)}{\frac{1}{2}\left(e^x + e^{-x}\right)} = \lim_{x \to \infty} \frac{\frac{1}{2} e^x \left(1 - e^{-2x}\right)}{\frac{1}{2} e^x \left(1 + e^{-2x}\right)}$$

$$= \lim_{x \to \infty} \frac{1 - \overbrace{e^{-2x}}^{\to 0}}{1 + \underbrace{e^{-2x}}_{\to 0}} = 1.$$

2) a) Der Ausdruck ist für $x \to \infty$ vom Typ $\frac{\infty}{\infty}$. Bildet man entsprechend der Regel von de L'Hospital den Quotienten der Ableitungen, erhält man

$$\lim_{x \to \infty} \frac{1 + \cos x}{1} = \lim_{x \to \infty} \left(1 + \cos x\right).$$

Dieser Grenzwert existiert nicht. Die Regel von de L'Hospital gibt aber nur Auskunft, falls der Grenzwert des Ableitungs-Quotienten existiert (s. Satz 5.3.12). Falls dieser Grenzwert – so wie hier – nicht existiert, sagt die Regel nichts aus. Insbesondere darf man hier nicht schließen, dass der ursprüngliche Grenzwert nicht existiert.

b) Es ist

$$\lim_{x \to \infty} \frac{x + \sin x}{x} = \lim_{x \to \infty} \left(1 + \frac{\sin x}{x} \right) = 1 + 0 = 1.$$

5.3.3 Newton-Verfahren

Aufgabe 5.3.10

Was ergibt die Anwendung des Newton-Verfahrens auf die Funktion

$$f(x) = \frac{x}{x^2 + 3}$$

A536

mit den Startwerten

a) $x_0 = 0.5$,   b) $x_0 = 1$,   c) $x_0 = 1.5$?

(Nutzen Sie einen Taschenrechner.) Skizzieren Sie die Situationen!

Lösung:

Beim Newton-Verfahren (s. Satz 5.3.15) werden die Iterierten x_n definiert gemäß

$$x_{n+1} = x_n - \frac{f(x_n)}{f'(x_n)}.$$

Hier ist

$$f'(x) = \frac{1 \cdot (x^2 + 3) - x \cdot 2x}{(x^2 + 3)^2} = \frac{3 - x^2}{(x^2 + 3)^2},$$

also

$$x_{n+1} = x_n - \frac{\dfrac{x_n}{x_n^2 + 3}}{\dfrac{3 - x_n^2}{(x_n^2 + 3)^2}} = x_n - \frac{(x_n^2 + 3) \cdot x_n}{3 - x_n^2}$$

$$= \frac{x_n \cdot (3 - x_n^2) - x_n \cdot (3 + x_n^2)}{3 - x_n^2} = \frac{-2x_n^3}{3 - x_n^2}.$$

a) Durch iterative Berechnung erhält man mit Hilfe eines Taschenrechners

$$x_0 = 0.5, \qquad\qquad x_1 = \frac{-2 \cdot (0.5)^3}{3 - 0.5^2} \approx -0.091,$$

$$x_2 = \frac{-2 \cdot x_1^3}{3 - x_1^2} \approx 5 \cdot 10^{-4}, \qquad x_3 \approx -8 \cdot 10^{-11}.$$

Offensichtlich konvergieren die Werte x_n gegen die Nullstelle 0, wie man auch an der Skizze sehen kann.

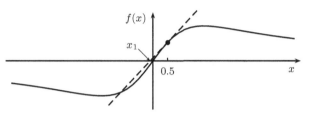

Abb. 5.15 Newton-Verfahren mit dem Startwert $x_0 = 0.5$.

b) Mit $x_0 = 1$ ergibt sich

$$x_1 = \frac{-2 \cdot (1)^3}{3 - 1^2} = -1 \quad \text{und} \quad x_2 = \frac{-2 \cdot (-1)^3}{3 - (-1)^2} = +1 = x_0,$$

Damit ist dann $x_3 = x_1 = -1$, $x_4 = x_2 = +1$ u.s.w., d.h., die Folge (x_n) springt zwischen ± 1.

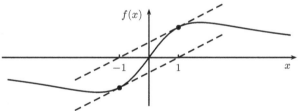

Abb. 5.16 Newton-Verfahren mit dem Startwert $x_0 = 1$.

c) Mit dem Taschenrechner erhält man Iterierte, die immer kleiner werden:

$$x_1 = -9, \qquad x_2 \approx -18.7, \qquad x_3 \approx -37.7, \qquad x_4 \approx -75.6.$$

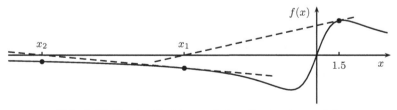

Abb. 5.17 Newton-Verfahren mit dem Startwert $x_0 = 1.5$.

Aufgabe 5.3.11

Bestimmen Sie die lokalen Extremstellen der Funktion

$$f(x) = x^3 - 3x + 1,$$

A537

skizzieren Sie mit diesen Informationen den Funktionsgraf, und bestimmen Sie (mit Hilfe eines Taschenrechners) Näherungen für sämtliche Nullstellen mittels des Newton-Verfahrens.

Lösung:

Es ist

$$f'(x) = 3x^2 - 3 \quad \text{und} \quad f''(x) = 6x.$$

Kandidaten für Extremstellen sind Nullstellen von f':

$$0 \stackrel{!}{=} f'(x) = 3x^2 - 3 \quad \Leftrightarrow \quad x^2 = 1 \quad \Leftrightarrow \quad x = \pm 1.$$

Wegen $f''(1) = 6 > 0$ ist 1 eine Minimalstelle mit $f(1) = -1$ und wegen $f''(-1) = -6 < 0$ ist -1 eine Maximalstelle mit $f(-1) = 3$.

Als Polynom dritten Grades hat f damit einen Funktionsgraf wie in Abbildung 5.18 dargestellt.

Es gibt also 3 Nullstellen:

- eine in $]-\infty, -1[$,
- eine in $]-1, 1[$
- und eine in $]1, \infty[$.

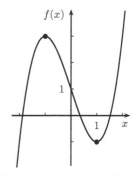

Abb. 5.18 Skizze der Funktion.

Durch grobes Ablesen an der Skizze kann man als Startwerte für das Newtonverfahren -2, 0 und 2 wählen.

Als Newton-Iteration ergibt sich hier konkret

$$x_{n+1} = x_n - \frac{f(x_n)}{f'(x_n)} = x_n - \frac{x_n^3 - 3x_n + 1}{3x_n^2 - 3}$$

$$= \frac{3x_n^3 - 3x_n - (x_n^3 - 3x_n + 1)}{3x_n^2 - 3} = \frac{2x_n^3 - 1}{3(x_n^2 - 1)}.$$

Mit den gewählten Startwerten ergibt sich

$x_0 = -2,$	$x_0 = 0,$	$x_0 = 2,$
$x_1 \approx -1.89,$	$x_1 \approx 0.33,$	$x_1 \approx 1.67,$
$x_2 \approx -1.87945,$	$x_2 \approx 0.34722,$	$x_2 \approx 1.54861,$
$x_3 \approx -1.87938,$	$x_3 \approx 0.34729,$	$x_3 \approx 1.53239.$

A538

Aufgabe 5.3.12 (Fortsetzung von Aufgabe 4.2.4)

Bestimmen Sie mit Hilfe des Newton-Verfahrens ein a, das

$$25 = 2a \cdot \sinh \frac{10}{a}$$

erfüllt. Führen Sie dabei soviel Schritte durch, bis der Abstand zweier aufeinander folgender Iterationslösungen kleiner als 0.001 ist.

Vergleichen Sie die Anzahl der Schritte mit der beim Bisektionsverfahren (s. Aufgabe 4.2.4).

Lösung:

Gesucht ist die Nullstelle von

$$f(a) = 2a \cdot \sinh \frac{10}{a} - 25.$$

Als Startwert kann man z.B. $x_0 = 8$ wählen.

Die Iterationvorschrift ist

$$x_{n+1} = x_n - \frac{f(x_n)}{f'(x_n)} = x_n - \frac{2x_n \cdot \sinh \frac{10}{x_n} - 25}{2 \cdot \sinh \frac{10}{x_n} + 2x_n \cdot \cosh \frac{10}{x_n} \cdot \left(-\frac{10}{(x_n)^2}\right)}.$$

Damit ergibt sich

$$x_1 = 8.415\ldots, \qquad x_2 = 8.4547\ldots, \qquad x_3 = 8.4550\ldots.$$

Beim Bisektionsverfahren benötigt man deutlich mehr Schritte für diese Genauigkeit, z.B. beim Startintervall $[8, 9]$ zehn Schritte bis zu einer Genauigkeit kleiner 0.001 (s. Aufgabe 4.2.4).

A539

Aufgabe 5.3.13

a) Zeigen Sie, dass man nur Multiplikationen und Additionen benötigt, wenn man numerisch $x = \frac{1}{a}$ als Nullstelle der Funktion $f(x) = \frac{1}{x} - a$ gemäß des Newton-Verfahrens berechnet.

b) Zeigen Sie, dass die Rekursionsvorschrift $x_{n+1} = \frac{x_n}{2} + \frac{c}{2x_n}$ (vgl. Aufgabe 3.1.5) der Newton-Iteration zur Bestimmung von $\sqrt{c}$ als Nullstelle von $f(x) = x^2 - c$ entspricht.

Lösung:

a) Mit $f'(x) = -\frac{1}{x^2}$ lautet die Iterationsvorschrift

$$x_{n+1} = x_n - \frac{f(x_n)}{f'(x_n)} = x_n - \frac{\frac{1}{x_n} - a}{-\frac{1}{x_n^2}} = x_n + x_n^2 \cdot \left(\frac{1}{x_n} - a\right)$$

$$= x_n + x_n - x_n^2 \cdot a = 2x_n - x_n^2 \cdot a.$$

In dieser Form enthält die Iterationsvorschrift tatsächlich nur Multiplikationen und Additionen.

b) Zu $f(x) = x^2 - c$ ist $f'(x) = 2x$, so dass die Newton-Iteration lautet:

$$x_{n+1} = x_n - \frac{f(x_n)}{f'(x_n)} = x_n - \frac{x_n^2 - c}{2x_n} = x_n - \frac{x_n}{2} + \frac{c}{2x_n}$$

$$= \frac{x_n}{2} + \frac{c}{2x_n}.$$

Aufgabe 5.3.14 (beispielhafte Klausuraufgabe, $4 + 4 = 8$ Minuten)

A540

a) Skizzieren Sie näherungsweise die Lage von x_1 und x_2 bei Durchführung des Newton-Verfahrens zur Bestimmung einer Nullstelle der abgebildeten Funktion $f(x)$ ausgehend von x_0.

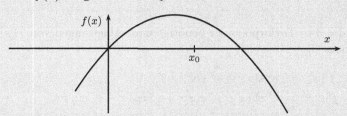

b) Führen Sie einen Schritt des Netwon-Verfahrens zur Bestimmung einer Nullstelle von

$$f(x) = x^3 - 4x + 2$$

ausgehend von $x_0 = 1$ durch.

Lösung:

a)

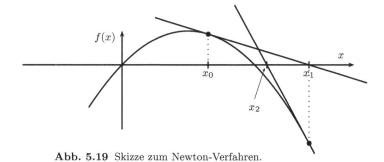

Abb. 5.19 Skizze zum Newton-Verfahren.

b) Es ist $f'(x) = 3x^2 - 4$. Damit ist

$$x_1 \;=\; x_0 - \frac{f(x_0)}{f'(x_0)} \;=\; 1 - \frac{f(1)}{f'(1)} \;=\; 1 - \frac{1 - 4 + 2}{3 - 4} \;=\; 1 - \frac{-1}{-1} \;=\; 0.$$

5.3.4 Taylorpolynome und -reihen

A541

Aufgabe 5.3.15

a) Bestimmen Sie das 3-te Taylorpolynom in 0 von $f(x) = e^x \sin x$.

b) Bestimmen Sie das 13-te Taylorpolynom in 1 zu $f(x) = x^3 - 2x$.

c) Bestimmen Sie das 3-te Taylorpolynom in 0 von $f(x) = \arcsin x$.

(Hinweis: $(\arcsin x)' = \frac{1}{\sqrt{1-x^2}}$)

Lösung:

a) Für das 3-te Taylorpolynom benötigt man Ableitungen von $f(x)$ bis zur Ordnung 3:

$$
\begin{aligned}
f'(x) &= e^x \sin x + e^x \cos x, \\
f''(x) &= e^x \sin x + e^x \cos x + e^x \cos x - e^x \sin x \\
&= 2\,e^x \cos x, \\
f'''(x) &= 2\,e^x \cos x - 2\,e^x \sin x.
\end{aligned}
$$

Damit ergibt sich als Taylorpolynom in 0:

$$
\begin{aligned}
T_{3;0}(x) &= f(0) + f'(0) \cdot x + \frac{1}{2!}f''(0) \cdot x^2 + \frac{1}{3!}f'''(0) \cdot x^3 \\
&= 0 + 1 \cdot x \;\;\;\; + \frac{1}{2} \cdot 2 \cdot x^2 \;\;\;\; + \frac{1}{6} \cdot 2 \cdot x^3 \\
&= x + x^2 + \frac{1}{3}x^3.
\end{aligned}
$$

Alternativ kann man das Taylorpolynom bestimmen, indem man die Taylorreihen in 0 – also die Potenzreihen – zu e^x und $\sin x$ multipliziert und die resultierenden Summanden bis zur Potenz x^3 berücksichtigt (s. Bemerkung 5.3.23, 2.):

$$
\begin{aligned}
e^x \sin x &= \left(1 + x + \tfrac{1}{2}x^2 + \tfrac{1}{6}x^3 + \ldots\right) \cdot \left(x - \tfrac{1}{6}x^3 + - \ldots\right) \\
&= x + x^2 + x^3 \cdot \left(\tfrac{1}{2} - \tfrac{1}{6}\right) + \ldots \\
&= x + x^2 + \tfrac{1}{3}x^3 + \ldots.
\end{aligned}
$$

b) Als Ableitungen ergeben sich:

$$f'(x) = 3x^2 - 2, \qquad f''(x) = 6x, \qquad f'''(x) = 6$$

und für $n \geq 4$:

$$f^{(n)}(x) = 0.$$

Damit erhält man als 13-tes Taylorpolynom:

$$
\begin{aligned}
T_{13;1}&(x) \\
&= f(1) + f'(1)(x-1) + \frac{1}{2!}f''(1)(x-1)^2 + \frac{1}{3!}f'''(1)(x-1)^3 \\
&\quad + \underbrace{\frac{1}{4!}f^{(4)}(1)(x-1)^4 + \ldots + \frac{1}{13!}f^{13}(1)(x-1)^{13}}_{=0} \\
&= -1 \; + 1 \cdot (x-1) \; + \frac{1}{2} \cdot 6 \cdot (x-1)^2 \; + \frac{1}{6} \cdot 6 \cdot (x-1)^3 \\
&= -1 \; + x - 1 \; + 3 \cdot (x^2 - 2x + 1) + x^3 - 3x^2 + 3x - 1 \\
&= x^3 \; - 2x \\
&= f(x).
\end{aligned}
$$

Entsprechend Bemerkung 5.3.22 ist das n-te Taylorpolynom zu einem Polynom f vom Grad N für $n \geq N$ gleich f, so dass man dieses Ergebnis auch ohne Rechnung direkt angeben kann.

c) Zu $f(x) = \arcsin(x)$ ergeben sich als Ableitungen

$$
\begin{aligned}
f'(x) &= \frac{1}{\sqrt{1-x^2}} = \left(1-x^2\right)^{-\frac{1}{2}}, \\
f''(x) &= -\frac{1}{2} \cdot \left(1-x^2\right)^{-\frac{3}{2}} \cdot (-2x) = x \cdot \left(1-x^2\right)^{-\frac{3}{2}}, \\
f'''(x) &= \left(1-x^2\right)^{-\frac{3}{2}} + x \cdot \left(-\frac{3}{2}\right) \cdot \left(1-x^2\right)^{-\frac{5}{2}} \cdot (-2x),
\end{aligned}
$$

also

$$f'(0) = 1, \qquad f''(0) = 0 \quad \text{und} \quad f'''(0) = 1.$$

Daraus folgt das Taylorpolynom in 0:

$$
\begin{aligned}
T_{3;0}(x) &= f(0) + f'(0) \cdot x + \frac{1}{2!}f''(0) \cdot x^2 + \frac{1}{3!}f'''(0) \cdot x^3 \\
&= 0 + 1 \cdot x \; + \frac{1}{2} \cdot 0 \cdot x^2 \; + \frac{1}{3!} \cdot 1 \cdot x^3 \\
&= x + \frac{1}{6} \cdot x^3.
\end{aligned}
$$

A542

Aufgabe 5.3.16

Bei einem See der Länge l (gemessen als direkte Linie) erhält man für die Differenz Δl eines schwimmenden Seils und der direkten Linie (s. Aufgabe 1.3.8):

$$\Delta l = 2R \cdot \arcsin \frac{l}{2R} - l.$$

Berechnen Sie eine Näherung für Δl, indem Sie das dritte Taylorpolynom zu $\arcsin x$ in $x = 0$ (s. Aufgabe 5.3.15, c)) zu Hilfe nehmen.

Vergleichen Sie das Ergebnis mit der Näherung von Aufgabe 3.3.6.

Lösung:

Das dritte Taylorpolynom ist (s. Aufgabe 5.3.15 ,c))

$$T_{3;0}(x) = x + \frac{1}{6} \cdot x^3.$$

Damit erhält man als Näherung zu Δl

$$\Delta l \approx 2R \cdot \left(\frac{l}{2R} + \frac{1}{6} \cdot \left(\frac{l}{2R} \right)^3 \right) - l = l + \frac{R}{3} \cdot \frac{l^3}{8R^3} - l$$

$$= \frac{l^3}{24R^2}.$$

Dies ist genau die gleiche Näherung wie bei Aufgabe 3.3.6.

A543

Aufgabe 5.3.17 (Fortsetzung von Aufgabe 1.1.34 und Aufgabe 3.3.3)

a) Mit Zinseszins wächst ein Guthaben G bei jährlicher Vezinsung zu einem Zinssatz p nach n Jahren auf $G_n = (1 + p)^n \cdot G$.

   Was erhält man als lineare Taylor-Näherung dieser Formel aufgefasst als Funktion bzgl. p an der Entwicklungsstelle $p = 0$?

b) Bei kontinuierlicher Verzinsung zu einem Zinssatz p wächst ein Guthaben G innerhalb eines Jahres auf $G_1 = G \cdot e^p$.

   1) Was erhält man als lineare Taylor-Näherung dieser Formel aufgefasst als Funktion bzgl. p an der Entwicklungsstelle $p = 0$?

   2) Sei konkret $p = 3\% = 0.03$ und $G = 1000€$.

      Ab welcher Ordnung liefert die Taylor-Entwicklung auf den Cent genau den exakten Betrag? (Nutzen Sie einen Taschenrechner.)

Lösung:

a) Zu

$$G_n(p) = (1+p)^n \cdot G$$

ist die lineare Näherung $T_1(p)$ an der Stelle $p = 0$ wegen

$$G'_n(p) = n \cdot (1+p)^{n-1} \cdot G,$$

also $G'_n(0) = n \cdot G$,

$$T_1(p) = G_n(0) + G'_n(0) \cdot p = G + n \cdot G \cdot p = (1+np) \cdot G.$$

Dies entspricht der Formel für eine Verzinsung ohne Zinseszins.

b) 1) Zu

$$G_1(p) = G \cdot e^p$$

ist die lineare Näherung $T_1(p)$ an der Stelle $p = 0$ wegen $G'_1(p) = G \cdot e^p$ also $G'_1(0) = G$

$$T_1(p) = G_1(0) + G'_1(0) \cdot p = G + G \cdot p = (1+p) \cdot G.$$

Dies entspricht einer normalen einfachen Verzinsung am Jahresende.

2) Bei den angegebenen Werten ist konkret

$$G_1 = 1000\text{€} \cdot e^{0.03} \approx 1030.45\text{€}$$

und $T_1(0.03) = 1.03 \cdot 1000\text{€} = 1030\text{€}$.

Wegen $G''_1(p) = G \cdot e^p$, erhält man als quadratische Taylor-Näherung

$$T_2(p) = G_1(0) + G'_1(0) \cdot p + \frac{1}{2} \cdot G''_1(0) \cdot p^2$$

$$= G + G \cdot p + \frac{1}{2}G \cdot p^2 = (1 + p + \frac{1}{2}p^2) \cdot G,$$

konkret $T_2(0.03) = 1030.45\text{€}$ also den Betrag bei kontinuierlicher Verzinsung.

Aufgabe 5.3.18

A544

Die Funktion f sei definiert durch die Potenzreihe $f(x) = \sum_{k=0}^{\infty} a_k x^k$.

Überzeugen Sie sich, dass das n-te Taylorpolynom in $x = 0$ zu f gleich der nach x^n abgeschnittenen Potenzreihe ist.

Lösung:

Zu

$$f(x) \;=\; a_0 + a_1 \cdot x + \quad a_2 \cdot x^2 + \quad\;\; a_3 \cdot x^3 + \quad\quad\;\; a_4 \cdot x^4 + \dots$$

sind die Ableitungen

$$
\begin{aligned}
f'(x) \;&=\; & a_1 \quad & + 2 \cdot a_2 \cdot x \;+\; & 3 \cdot a_3 \cdot x^2 + & 4 \cdot a_4 \cdot x^3 + \dots \\
f''(x) \;&=\; & & 2 \cdot a_2 \quad & + 3 \cdot 2 \cdot a_3 \cdot x \;+\; & 4 \cdot 3 \cdot a_4 \cdot x^2 + \dots \\
f'''(x) \;&=\; & & & 3 \cdot 2 \cdot a_3 \quad & + 4 \cdot 3 \cdot 2 \cdot a_4 \cdot x \;+\dots \\
f^{(4)}(x) \;&=\; & & & & 4 \cdot 3 \cdot 2 \cdot a_4 \quad\; + \dots
\end{aligned}
$$

mit Werten bei $x = 0$:

$$
\begin{aligned}
f(0) \;&=\; a_0, \\
f'(0) \;&=\; \quad a_1, \\
f''(0) \;&=\; \quad\quad 2 \cdot a_2, \\
f'''(0) \;&=\; \quad\quad\quad 3 \cdot 2 \cdot a_3 \;=\; 3! \cdot a_3, \\
f^{(4)}(0) \;&=\; \quad\quad\quad\quad 4 \cdot 3 \cdot 2 \cdot a_4 \;=\; 4! \cdot a_4.
\end{aligned}
$$

Man sieht, dass allgemein gilt

$$f^{(k)}(0) \;=\; k! \cdot a_k.$$

Damit ist das n-te Taylorpolynom in 0 zu $f(x)$

$$T_{n;0}(x) \;=\; \sum_{k=0}^{n} \frac{1}{k!} \cdot f^{(k)}(0) \cdot x^k \;=\; \sum_{k=0}^{n} \frac{1}{k!} \cdot k! \cdot a_k \cdot x^k \;=\; \sum_{k=0}^{n} a_k \cdot x^k,$$

also genau der Beginn der Potenzreihe.

A545

Aufgabe 5.3.19

a) Überlegen Sie sich, dass die hinreichende Bedingung für eine Minimalstelle x_s nach Satz 5.3.7, 1., also $f'(x_s) = 0$ und $f''(x_s) > 0$, bedeutet, dass das zweite Taylorpolynom von f in x_s dort eine Minimalstelle hat.

b) Es soll ein Verfahren zur iterativen Bestimmung einer Extremstelle einer Funktion f entwickelt werden. Dazu wird zu einer Näherungsstelle x_n das zweite Taylorpolynom (eine Parabel) zu f bestimmt und dessen Extremstelle als nächste Näherung x_{n+1} bestimmt.

   1) Veranschaulichen Sie sich das Verfahren an der Funktion $f(x) = x^3 - 6x^2 + 8x$ beginnend mit $x_0 = 0$.

   2) Stellen Sie eine Formel auf, wie sich x_{n+1} aus x_n berechnen lässt.

   Fällt Ihnen etwas auf?

Lösung:

a) Das zweite Taylorpolynom von f in x_s ist

$$T_{2;x_s}(x) \;=\; f(x_s) + f'(x_s) \cdot (x - x_s) + \frac{1}{2} f''(x_s) \cdot (x - x_s)^2.$$

Ist $f'(x_s) = 0$ und $a := \dfrac{1}{2} f''(x_s) > 0$ sowie $b := f(x_s)$, so ist

$$T_{2;x_s}(x) \;=\; b + a \cdot (x - x_s)^2.$$

Dies ist eine nach oben geöffnete Parabel mit Scheitelpunkt (x_s, b), d.h, x_s ist Minimalstelle dieser Parabel, also von $T_{2;x_s}(x)$.

b) 1) Das Taylorpolynom in 0 entspricht dem Anfang der Potenzreihe, so dass man ohne Rechnung als zweites Taylorpolynom in 0

$$T_{2;0}(x) \;=\; -6x^2 + 8x$$

erhält.

Für die Extremstelle muss gelten:

$$0 \;\overset{!}{=}\; (T_{2;0}(x))' \;=\; -12x + 8$$

$$\Leftrightarrow \quad x \;=\; \frac{8}{12} \;=\; \frac{2}{3},$$

also $x_1 = \frac{2}{3}$.

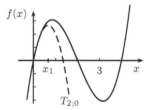

Abb. 5.20 zweites Taylorpolynom in 0.

Nun kann man das zweite Taylorpolynom in $\frac{2}{3}$ aufstellen, dessen Maximalstelle bestimmen u.s.w..

2) Das zweite Taylorpolynom in x_n ist

$$T_{2;x_n}(x) \;=\; f(x_n) + f'(x_n) \cdot (x - x_n) + \frac{1}{2} \cdot f''(x_n) \cdot (x - x_n)^2.$$

Die Extremstelle dieser quadratischen Funktion erhält man als Nullstelle der Ableitung:

$$
\begin{aligned}
0 \;\overset{!}{=}\; T'_{2;x_n}(x) \;&=\; f'(x_n) \cdot 1 + \frac{1}{2} \cdot f''(x_n) \cdot 2 \cdot (x - x_n) \\
&=\; f'(x_n) \;\;+\;\; f''(x_n) \cdot (x - x_n).
\end{aligned}
$$

Auflösen nach x liefert

$$-f'(x_n) = f''(x_n) \cdot (x - x_n)$$
$$\Leftrightarrow \quad x - x_n = -\frac{f'(x_n)}{f''(x_n)}$$
$$\Leftrightarrow \quad x = x_n - \frac{f'(x_n)}{f''(x_n)}$$

und damit

$$x_{n+1} = x_n - \frac{f'(x_n)}{f''(x_n)}.$$

Dies entspricht genau der Newton-Iteration zur Nullstellenbestimmung von $f'(x)$.

A546

Aufgabe 5.3.20

a) Bestimmen Sie das n-te Taylorpolynom von $f(x) = \frac{1}{x}$ in 1 für beliebiges $n \in \mathbb{N}$.

b) Welche Reihe ergibt sich bei a) für $n \to \infty$?

Lösung:

a) In der Potenzschreibweise $f(x) = \frac{1}{x} = x^{-1}$ erhält man

$$f'(x) = -1 \cdot x^{-2},$$
$$f''(x) = +1 \cdot 2 \cdot x^{-3},$$
$$f'''(x) = -1 \cdot 2 \cdot 3 \cdot x^{-4},$$
$$f^{(4)}(x) = +1 \cdot 2 \cdot 3 \cdot 4 \cdot x^{-5},$$
$$\cdots$$

Man sieht, dass allgemein gilt

$$f^{(k)}(x) = (-1)^k \cdot k! \cdot x^{-(k+1)},$$

also für $x = 1$

$$f^{(k)}(1) = (-1)^k \cdot k!.$$

Damit ist das n-te Taylorpolynom in 1 zu $f(x)$

$$T_{n;1}(x) = \sum_{k=0}^{n} \frac{1}{k!} \cdot f^{(k)}(1) \cdot (x-1)^k$$

$$= \sum_{k=0}^{n} \frac{1}{k!} \cdot (-1)^k \cdot k! \cdot (x-1)^k$$

$$= \sum_{k=0}^{n} \big(-(x-1)\big)^k = \sum_{k=0}^{n} (1-x)^k.$$

b) Für $n \to \infty$ erhält man eine geometrische Reihe und für $|1-x| < 1$ ergibt sich (s. Satz 3.2.5)

$$\sum_{k=0}^{\infty} (1-x)^k = \frac{1}{1-(1-x)} = \frac{1}{x}.$$

Aufgabe 5.3.21

A547

Sei $T_2(x)$ das 2-te Taylorpolynom in $x_0 = 2$ zu

$$f(x) = \frac{1}{12}x^5 - \frac{5}{8}x^4 + 2x^2.$$

Geben Sie mit Hilfe der Restglied-Formel (s. Satz 5.3.24) eine Fehler-abschätzung von $|f(x) - T_2(x)|$ für $x \in [1,3]$ an.

Lösung:

Nach Satz 5.3.24 und Bemerkung 5.3.26 ist

$$|f(x) - T_2(x)| = \left| \frac{f'''(\vartheta)}{3!} \cdot (x-2)^3 \right|$$

für ein ϑ zwischen x und 2.

Für $x \in [1, 3]$ ist also auf jeden Fall $\vartheta \in [1, 3]$. Also ist

$$|f(x) - T_2(x)| \le \left(\max_{\vartheta \in [1,3]} \left| \frac{f'''(\vartheta)}{3!} \right| \right) \cdot \underbrace{\max_{x \in [1,3]} \left| (x-2)^3 \right|}_{=1}$$

$$= \frac{1}{6} \cdot \max_{\vartheta \in [1,3]} |f'''(\vartheta)|.$$

Es ist

$$f'(x) = \frac{5}{12}x^4 - \frac{5}{2}x^3 + 4x,$$

$$f''(x) = \frac{5}{3}x^3 - \frac{15}{2}x^2 + 4,$$

$$f'''(x) = 5x^2 - 15x$$
$$= 5 \cdot \left(x^2 - 3x\right).$$

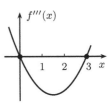

Abb. 5.21 $f'''(x)$.

Offensichtlich ist f''' eine Parabel mit den Nullstellen 0 und 3, also Scheitelpunkt bei $\frac{3}{2}$. Daher ist klar:

$$\max_{\vartheta \in [1,3]} |f'''(\vartheta)| = \left| f'''\left(\frac{3}{2}\right) \right| = \left| 5 \cdot \frac{9}{4} - 15 \cdot \frac{3}{2} \right|$$
$$= \left| \frac{45 - 90}{4} \right| = \left| -\frac{45}{4} \right| = \frac{45}{4}.$$

Daraus folgt:

$$|f(x) - T_2(x)| \leq \frac{1}{6} \cdot \frac{45}{4} = \frac{15}{8}.$$

A548

Aufgabe 5.3.22

a) Schätzen Sie den Fehler ab, den man macht, wenn man

   1) die Funktion $\sin x$ durch x,

   2) die Funktion $\sin x$ durch $x - \frac{1}{3!}x^3$,

   ersetzt und $|x| \leq 0.5$ ist.

b) Wieviel Summanden der Potenzreihenentwicklung braucht man, um die Funktion $f(x) = \sin x$ für $x \in [0, \frac{\pi}{4}]$ mit einer Genauigkeit kleiner 10^{-16} zu berechnen?

Lösung:

a) 1) Wie man an der Potenzreihenentwicklung sieht, ist das erste sowie das zweite Taylorpolynom zu $f(x) = \sin x$ in 0 gleich x.

   Als Fehlerabschätzung kann man daher die Restgliedformel (s. Satz 5.3.24) mit $n = 1$ oder $n = 2$ anwenden. Meist führt ein größeres n zu besseren Ergebnissen.

Für $n = 2$ erhält man mit einem ϑ zwischen 0 und x:

$$
\begin{aligned}
|\sin x - x| &= \left| \frac{1}{3!} f^{(3)}(\vartheta) \cdot (x - 0)^3 \right| \\
&= \frac{1}{3!} \underbrace{|-\cos \vartheta|}_{\leq 1} \cdot |x|^3 \\
&\overset{|x| \leq 0.5}{\leq} \frac{1}{3!} \cdot (0.5)^3 \leq 0.021.
\end{aligned}
$$

2) Entsprechend der Potenzreihenentwicklung ist das (dritte und) vierte Taylorpolynom zu $f(x) = \sin x$ gleich $x - \frac{1}{3!} x^3$.

Als Fehlerabschätzung kann man daher die Restgliedformel mit $n = 4$ anwenden und erhält mit einem ϑ zwischen 0 und x:

$$
\begin{aligned}
\left| \sin x - \left(x - \frac{1}{3!} x^3 \right) \right| &= \left| \frac{1}{5!} f^{(5)}(\vartheta) \cdot x^5 \right| \\
&= \frac{1}{5!} \underbrace{|\cos \vartheta|}_{\leq 1} \cdot |x|^5 \\
&\overset{|x| \leq 0.5}{\leq} \frac{1}{5!} \cdot 0.5^5 \leq 0.00027.
\end{aligned}
$$

b) Sei $T_n(x)$ die Potenzreihenentwicklung zu $f(x) = \sin x$ bis x^n, also das n-te Taylorpolynom in 0. Dann ist mit einem ϑ zwischen 0 und x

$$
\begin{aligned}
|\sin x - T_n(x)| &= \left| \frac{f^{(n+1)}(\vartheta)}{(n+1)!} \cdot (x - 0)^{n+1} \right| \\
&= \frac{1}{(n+1)!} \cdot \left| f^{(n+1)}(\vartheta) \right| \cdot |x|^{n+1}.
\end{aligned}
$$

Für jede Ableitung von $f(x) = \sin x$ und jede Stelle ϑ gilt $|f^{(k)}(\vartheta)| \leq 1$. Damit und mit $|x| \leq \frac{\pi}{4}$ folgt

$$
|\sin x - T_n(x)| \leq \frac{1}{(n+1)!} \cdot 1 \cdot \left(\frac{\pi}{4} \right)^{n+1}.
$$

Durch Ausprobieren findet man $\frac{1}{17!} \cdot \left(\frac{\pi}{4} \right)^{17} < 10^{-16}$, d.h. man erreicht eine Genauigkeit von 10^{-16} bei T_{16}, also bei der Potenzreihenentwicklung bis x^{16} (acht „wirkliche" Summanden).

A549

Aufgabe 5.3.23

Bei einem See der Länge l (gemessen auf der Wasseroberfläche) erhält man für die Höhe h, die der See über der direkten Verbindung übersteht, und für die Differenz Δl eines schwimmenden Seils und der direkten Linie die folgenden Formeln, die mit Hilfe der Potenzreihendarstellungen von sin und cos angenähert werden können (s. Aufgabe 3.3.6):

$$h = R - R \cdot \cos \frac{l}{2R} \approx R - R \cdot (1 - \tfrac{1}{2}\left(\tfrac{l}{2R}\right)^2) = \tfrac{l^2}{8R},$$

$$\Delta l = l - 2R \cdot \sin \frac{l}{2R} \approx l - 2R \cdot (\tfrac{l}{2R} - \tfrac{1}{3!}\left(\tfrac{l}{2R}\right)^3) = \tfrac{l^3}{24R^2}.$$

Nutzen Sie ähnliche Überlegungen wie bei Aufgabe 5.3.22, um abzuschätzen, wie nah die Näherungen an den wirklichen Werten liegen.

Lösung:

Der Fehler F_h, den man bei der Näherung zu h durch die Ersetzung des Cosinus durch den Anfang der Potenzreihenentwicklung gemacht hat, ist

$$F_h = \left| R \cdot \cos \frac{l}{2R} - R \cdot \left(1 - \frac{1}{2}\left(\frac{l}{2R}\right)^2\right)\right|$$

$$= \left| R \cdot \left[\cos \frac{l}{2R} - \left(1 - \frac{1}{2}\left(\frac{l}{2R}\right)^2\right)\right]\right|.$$

Da $1 - \frac{1}{2}x^2$ das zweite und dritte Taylorpolynom zu $\cos x$ ist, ist ähnlich zu Aufgabe 5.3.22 mit einem ϑ zwischen 0 und x

$$\left|\cos x - \left(1 - \frac{1}{2}x^2\right)\right| = \left|\frac{\cos^{(4)}(\vartheta)}{4!} \cdot x^4\right| \leq \frac{1}{24} \cdot |x|^4.$$

Damit erhält man

$$F_h = \left| R \cdot \left[\cos \frac{l}{2R} - \left(1 - \frac{1}{2}\left(\frac{l}{2R}\right)^2\right)\right]\right| \leq R \cdot \frac{1}{24} \cdot \left|\frac{l}{2R}\right|^4 = \frac{l^4}{384R^3}.$$

Mit $R = 6370\,\mathrm{km}$ und $l = 50\,\mathrm{km}$ ist

$$F_h \leq R\frac{l^4}{384R^3} \leq 6.3 \cdot 10^{-8}\,\mathrm{km} = 0.063\,\mathrm{mm}.$$

Der Näherungswert $h \approx \frac{l^2}{8R} \approx 49.0581\,\mathrm{m}$ ist also bis auf die Rundung in der letzten angegebenen Stelle exakt.

Mit

$$\left| \sin x - \left(x - \frac{1}{3!}x^3 \right) \right| = \left| \frac{\sin^5(\vartheta)}{5!} \cdot x^5 \right| \leq \frac{1}{5!}x^5$$

gilt ähnlich für den Fehler $F_{\Delta l}$ zu Δl:

$$
\begin{aligned}
F_{\Delta l} &= \left| 2R \cdot \sin \frac{l}{2R} - 2R \cdot \left(\frac{l}{2R} - \frac{1}{3!} \left(\frac{l}{2R} \right)^3 \right) \right| \\
&= \left| 2R \cdot \left[\sin \frac{l}{2R} - \left(\frac{l}{2R} - \frac{1}{3!} \left(\frac{l}{2R} \right)^3 \right) \right] \right| \\
&\leq 2R \cdot \frac{1}{5!} \cdot \left(\frac{l}{2R} \right)^5 = \frac{l^5}{5! \cdot 2^4 \cdot R^4} \\
&\leq 10^{-10}\,\text{km} = 10^{-4}\text{mm}.
\end{aligned}
$$

Der Näherungswert $\Delta l \approx \frac{l^3}{24R^2} \approx 12.8357\,\text{cm}$ ist also bis auf die Rundung in der letzten angegebenen Stelle exakt.

6 Integralrechnung

6.1 Definition und elementare Eigenschaften

Aufgabe 6.1.1

Sei $f(x) = -x^2 + 2x + 3$ (s. Skizze).

Berechnen Sie (mit einem Taschenrechner) Näherungen zu $\int\limits_0^3 f(x)\,\mathrm{d}x$ durch eine Riemannsche Zwischensumme zu den folgenden Zerlegungen

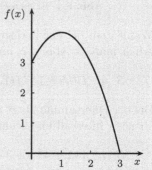

a) $x_0 = 0$, $x_1 = 1$, $x_2 = 2$, $x_3 = 3$,

b) $x_0 = 0$, $x_1 = 0.5$, $x_2 = 1$, $x_3 = 1.5$,
   $x_4 = 2$, $x_5 = 2.5$, $x_6 = 3$,

c) $x_0 = 0$, $x_1 = 1$, $x_2 = 2.5$, $x_3 = 3$,

und Zwischenstellen $\widehat{x_k}$ am linken Intervallrand.

Was ergibt sich bei der Zerlegung a) bei Zwischenstellen $\widehat{x_k}$ in der Intervallmitte bzw. als Ober- und Untersumme?

Skizzieren Sie die Situationen.

Lösung:

a) Es ist (s. Abb. 6.1, links)

$$S = f(0) \cdot 1 + f(1) \cdot 1 + f(2) \cdot 1 = 3 \cdot 1 + 4 \cdot 1 + 3 \cdot 1 = 10.$$

b) Es ist (s. Abb. 6.1, Mitte)

$$S = f(0) \cdot \frac{1}{2} + f(0.5) \cdot \frac{1}{2} + f(1) \cdot \frac{1}{2}$$
$$+ f(1.5) \cdot \frac{1}{2} + f(2) \cdot \frac{1}{2} + f(2.5) \cdot \frac{1}{2} = 9.625.$$

c) Unter Berücksichtigung der unterschiedlichen Intervallbreiten erhält man (s. Abb. 6.1, rechts)

$$S = f(0) \cdot 1 + f(1) \cdot \frac{3}{2} + f(2.5) \cdot \frac{1}{2} = 9.875.$$

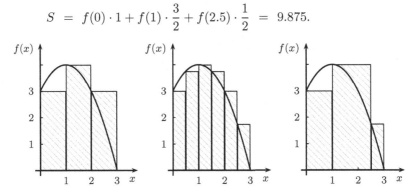

Abb. 6.1 Riemansche Zwischensummen zu verschiedenen Zerlegungen.

Wählt man bei der Zerlegung a) die Zwischenstellen in der Intervallmitte, so erhält man (s. Abb. 6.2, links)

$$S = f(0.5) \cdot 1 + f(1.5) \cdot 1 + f(2.5) \cdot 1 = 9.25.$$

Bei der Obersumme nutzt man jeweils den größten Funktionswert im entsprechenden Intervall und erhält (s. Abb. 6.2, Mitte)

$$S = 4 \cdot 1 + 4 \cdot 1 + 3 \cdot 1 = 11.$$

Bei der Untersumme nutzt man entsprechend den kleinsten Funktionswert und erhält (s. Abb. 6.2, rechts)

$$S = 3 \cdot 1 + 3 \cdot 1 + 0 \cdot 1 = 6.$$

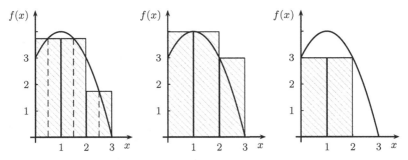

Abb. 6.2 Riemansche Zwischensumme und Ober- und Untersumme.

Aufgabe 6.1.2

Stellen Sie die Riemannsche Zwischensumme zu

A602

$$\int_a^b \frac{1}{x^2}\, dx \qquad (0 < a < b)$$

auf, wobei zu einer Zerlegung $a = x_0 < x_1 < \ldots < x_n = b$ als Zwischenstellen die geometrischen Mittel $\widehat{x_k} := \sqrt{x_{k-1} \cdot x_k} \in [x_{k-1}, x_k]$ von x_{k-1} und x_k genutzt werden.

Vereinfachen Sie die Summe.

Lösung:

Es ist

$$
\begin{aligned}
S(f, Z, \widehat{x_k}) &= \sum_{k=1}^{n} f(\widehat{x_k}) \cdot \Delta x_k \\
&= \sum_{k=1}^{n} \frac{1}{\sqrt{x_{k-1} \cdot x_k}^2} \cdot (x_k - x_{k-1}) \\
&= \sum_{k=1}^{n} \frac{x_k - x_{k-1}}{x_{k-1} \cdot x_k} \\
&= \sum_{k=1}^{n} \left(\frac{1}{x_{k-1}} - \frac{1}{x_k} \right) \\
&= \left(\frac{1}{x_0} - \frac{1}{x_1} \right) + \left(\frac{1}{x_1} - \frac{1}{x_2} \right) + \cdots + \left(\frac{1}{x_{n-1}} - \frac{1}{x_n} \right) \\
&= \frac{1}{x_0} - \frac{1}{x_n} \\
&= \frac{1}{a} - \frac{1}{b}.
\end{aligned}
$$

Bemerkung:

Der Wert der Riemannschen Zwischensumme ist bei dieser Wahl der Zwischenstellen also unabhängig von der Zerlegung. Insbesondere erhält man bei immer feiner werdenden Zerlegungen immer diesen Wert. Daher gilt

$$\int_a^b \frac{1}{x^2}\, dx = \frac{1}{a} - \frac{1}{b}.$$

A603

Aufgabe 6.1.3

Überlegen Sie sich, dass die folgenden Sachverhalte zu Integralberechnungen führen:

a) Bei dem Bau einer Eisenbahnlinie gibt es unterschiedlich schwierige Gelände (z.B. Brücken, Tunnel), die sich direkt in unterschiedlichen Preisen pro Meter Strecke auswirken. Der Streckenplaner hat diese Schwierigkeiten bzw. Kosten in einer Skizze erfasst. Wie teuer wird die gesamte Strecke?

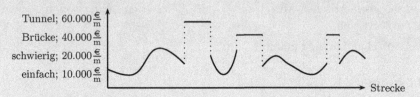

b) Die Zu- und Abflüsse eines Wasservorratsbehälters werden von zwei Messgeräten erfasst: $m_{\text{Zufluss}}(t)$ bzw. $m_{\text{Abfluss}}(t)$ geben jeweils die entsprechenden Mengen Wasser in $\frac{\text{m}^3}{\text{s}}$ an. Die Grafiken zeigen den Verlauf von m_{Zufluss}, m_{Abfluss}, sowie von der Differenz $d(t) = m_{\text{Zufluss}}(t) - m_{\text{Abfluss}}(t)$.

Wieviel Wasser ist zwischen T_0 und T_1 zugeflossen, wieviel abgeflossen?

Wenn zur Zeit T_0 eine Wassermenge M_0 im Behälter war, wieviel ist es dann zur Zeit T_1?

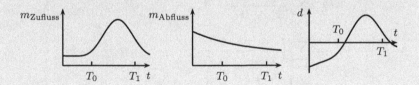

Lösung:

a) Sei $k(s)$ die skizzierte Kostenfunktion in Abhänigkeit von der Strecke s und $s \in [0, S]$. Ein Streckenstück Δs an der Stelle s_l kostet ungefähr $k(s_l) \cdot \Delta s$.

Bei einer Zerlegung in Δs lange Teilstücke und bei entsprechenden Zwischenstellen $s_0, s_1, \dots, s_n$ ergeben sich die Gesamtkosten

$$\sum_{l=1}^{n} k(s_l) \cdot \Delta s,$$

was einer Zwischensumme für $\int_0^S k(s)\,\mathrm{d}s$ entspricht. Bei immer feiner werdender Zerlegung erhält man dieses Integral als tatsächliche Gesamtkosten.

b) In einem Zeitintervall Δt zur Zeit t hat man einen Zufluss von ca. $m_{\text{Zufluss}}(t) \cdot \Delta t$ und einen Abfluss von $m_{\text{Abfluss}}(t) \cdot \Delta t$, also eine Änderung der Menge von

$$m_{\text{Zufluss}}(t) \cdot \Delta t - m_{\text{Abfluss}}(t) \cdot \Delta t \;=\; d(t) \cdot \Delta t.$$

Bei einer Zerlegung des Intervalls $[T_0, T_1]$ in Δt lange Teilintervalle mit Zwischenstellen t_k erhält man als

$$\text{Zufluss:} \quad \sum_k m_{\text{Zufluss}}(t_k) \cdot \Delta t \quad \overset{\Delta t \to 0}{\longrightarrow} \quad \int_{T_0}^{T_1} m_{\text{Zufluss}}(t)\,\mathrm{d}t,$$

$$\text{Abfluss:} \quad \sum_k m_{\text{Abfluss}}(t_k) \cdot \Delta t \quad \overset{\Delta t \to 0}{\longrightarrow} \quad \int_{T_0}^{T_1} m_{\text{Abfluss}}(t)\,\mathrm{d}t.$$

Die Menge M_1 im Behälter zur Zeit T_1 kann man mittels der Änderungen bestimmen:

$$M_1 \;=\; \text{Menge zur Zeit } t_0 + \text{Änderungen}$$

$$\approx \qquad M_0 \qquad + \quad \sum_k d(t) \cdot \Delta t$$

$$\overset{\Delta t \to 0}{\longrightarrow} \qquad M_0 \qquad + \quad \int_{T_0}^{T_1} d(t)\,\mathrm{d}t.$$

Aufgabe 6.1.4

A604

Ziel ist eine Formel zur Berechnung der Länge L einer Kurve, die durch eine Funktion $f : [a, b] \to \mathbb{R}$ gegeben ist.

a) Eine erste Näherung erhält man, indem das Intervall $[a, b]$ in n Teilintervalle $[x_{k-1}, x_k]$ mit

$$a = x_0 < x_1 < \ldots < x_n = b$$

zerlegt wird, und der Funktionsgraf durch Geradenstücke zwischen den Punkten $(x_{k-1}, f(x_{k-1}))$ und $(x_k, f(x_k))$ ersetzt wird (s. Skizze).

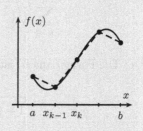

Welche Näherung erhält man auf diese Weise für L?

b) Wie lautet die Näherung, wenn Sie in der Formel von a) die Differenz benachbarter Funktionswerte näherungsweise mit Hilfe der Ableitung ausdrücken?

c) Welche Formel ergibt sich für L, wenn Sie die Zerlegung immer feiner machen?

Lösung:

a) Das Geradenstück zwischen den Punkten $(x_{k-1}, f(x_{k-1}))$ und $(x_k, f(x_k))$ (s. Abb. 6.3) hat nach dem Satz des Pythagoras die Länge

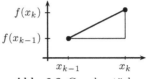

Abb. 6.3 Geradenstück.

$$L_k = \sqrt{(x_k - x_{k-1})^2 + (f(x_k) - f(x_{k-1}))^2},$$

also bei n Teilintervallen

$$L \approx \sum_{k=1}^{n} L_k$$

$$= \sum_{k=1}^{n} \sqrt{(x_k - x_{k-1})^2 + (f(x_k) - f(x_{k-1}))^2}.$$

b) Mit der Näherung (s. Bemerkung 5.1.9)

$$f(x_k) - f(x_{k-1}) \approx f'(x_{k-1}) \cdot (x_k - x_{k-1})$$

erhält man

$$L \approx \sum_{k=1}^{n} \sqrt{(x_k - x_{k-1})^2 + \left(f'(x_{k-1}) \cdot (x_k - x_{k-1})\right)^2}$$

$$= \sum_{k=1}^{n} \sqrt{\left(1 + (f'(x_{k-1}))^2\right) \cdot (x_k - x_{k-1})^2}$$

$$= \sum_{k=1}^{n} \sqrt{1 + (f'(x_{k-1}))^2} \cdot (x_k - x_{k-1}).$$

c) Die Formel aus b) ist eine Riemannsche Zwischensumme zu $\int_a^b g(x)\,dx$ mit

$$g(x) = \sqrt{1 + (f'(x))^2}.$$

Für eine immer feiner werdende Zerlegung erhält man

$$L = \int_a^b g(x)\,dx = \int_a^b \sqrt{1 + (f'(x))^2}\,dx.$$

Aufgabe 6.1.5

Bei der Beschreibung von linear-progressiven
Steuermodellen werden oft Eckdaten wie folgende angegeben:

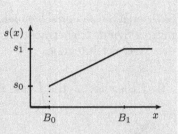

Beträge bis zu B_0 werden nicht versteuert
(Grundfreibetrag). Der Steuersatz s steigt
dann von s_0 (Eingangssteuersatz) linear auf
s_1 (Spitzensteuersatz) bei B_1 zu versteuerndem Einkommen an.

Dabei ist der Steuersatz *nicht* so zu verstehen, dass das Einkommen E mit
dem Steuersatz $s(E)$ versteuert wird, sondern ungefähr so, dass der x-te Euro
des Einkommens mit dem Steuersatz $s(x)$ versteuert wird, bzw. genauer auf
Cent-Unterteilung mit entsprechendem Steuersatz bzw. exakt als Grenzwert
bei immer feineren Zerlegungen.

Sehen Sie einen Zusammenhang zur Integral-Thematik?

Lösung:

Bei einer 1€-Unterteilung muss man vom x-ten Euro $s(x)$€ Steuern zahlen,
insgesamt also

$$\sum_{k=1}^{|E|} s(k€) \cdot 1€.$$

Bei einer Cent-Unterteilung wird die Summe größer und man muss Summanden
$s(x_k) \cdot 1\,\text{Cent} = s(x_k) \cdot \frac{1}{100}€$ addieren.

Dies sind jeweils Riemannsche Zwischensummen zum Integral über $s(x)$ bei einer Zerlegung mit Intervallbreite 1€ bzw. 1 Cent. Exakt erhält man als Grenzwert immer feiner werdender Zerlegungen

$$\text{zu zahlende Steuern bei Einkommen } E \ = \ \int_0^E s(x)\,\mathrm{d}x.$$

A606

Aufgabe 6.1.6

Skizzieren Sie zu den folgenden Integralen die Integranden, und bestimmen Sie mittels Symmetriebetrachtungen und elementar-geometrischen Berechnungen den Wert der Integrale.

a) $\displaystyle\int_0^{2\pi} \cos x \, dx,$ b) $\displaystyle\int_0^{2\pi} \cos^2 x \, dx,$ c) $\displaystyle\int_0^{2\pi} \cos \frac{x}{2} \, dx,$ d) $\displaystyle\int_0^{2\pi} (1 + \cos x) \, dx,$

e) $\displaystyle\int_{-2}^{2} |x| \, dx,$ f) $\displaystyle\int_{-1}^{2} x \, dx,$ g) $\displaystyle\int_{2}^{0} x \, dx,$ h) $\displaystyle\int_{-1.5}^{1.5} (x^3 - x) \, dx.$

Lösung:

a) Aus Symmetriegründen ist

$$\int_0^{2\pi} \cos x \, dx = 0.$$

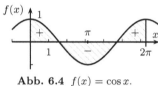

Abb. 6.4 $f(x) = \cos x$.

b) Das Integral entspricht der Hälfte der Fläche des Rechtecks $[0, 2\pi] \times [0, 1]$:

$$\int_0^{2\pi} \cos^2 x \, dx = \frac{1}{2} \cdot 2\pi \cdot 1 = \pi.$$

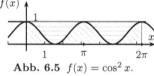

Abb. 6.5 $f(x) = \cos^2 x$.

c) Aus Symmetriegründen ist

$$\int_0^{2\pi} \cos \frac{x}{2} \, dx = 0.$$

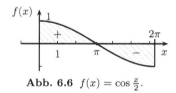

Abb. 6.6 $f(x) = \cos \frac{x}{2}$.

d) Das Integral entspricht der Fläche des Rechtecks $[0, 2\pi] \times [0, 1]$:

$$\int_0^{2\pi} (1 + \cos x) \, dx = 2\pi \cdot 1 = 2\pi.$$

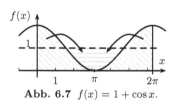

Abb. 6.7 $f(x) = 1 + \cos x$.

e) Das Integral entspricht zweimal der rechten Dreiecksfläche:

$$\int_{-2}^{2} |x|\, dx = 2 \cdot \frac{1}{2} \cdot 2 \cdot 2 = 4.$$

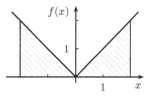

Abb. 6.8 $f(x) = |x|$.

f) Das linke negative Dreieck wird vom rechten Dreieck abgezogen:

$$\int_{-1}^{2} x\, dx = \frac{1}{2} \cdot 2 \cdot 2 - \frac{1}{2} \cdot 1 \cdot 1$$

$$= 2 - \frac{1}{2} = \frac{3}{2}.$$

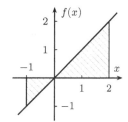

Abb. 6.9 $f(x) = x$.

Alternative Betrachtung:

Die beiden schräg schraffierten Dreiecke heben sich gegenseitig auf, und es bleibt die waagerecht schraffierte Fläche übrig, bestehend aus einem 1×1-Quadrat mit aufgesetztem Dreieck:

$$\int_{-1}^{2} x\, dx = 1 \cdot 1 + \frac{1}{2} = \frac{3}{2}.$$

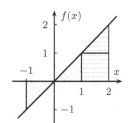

Abb. 6.10 $f(x) = x$.

g) Das Integral entspricht der Dreiecksfläche allerdings mit negativem Vorzeichen, da von 2 (rückwärts) zu 0 integriert wird (s. Definition 6.1.15):

$$\int_{2}^{0} x\, dx = -\frac{1}{2} \cdot 2 \cdot 2 = -2.$$

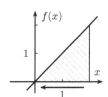

Abb. 6.11 $f(x) = x$.

h) Aus Symmetriegründen (ungerade Funktion) ist das Integral gleich 0:

$$\int_{-1.5}^{1.5} (x^3 - x)\, dx = 0.$$

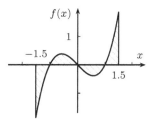

Abb. 6.12 $f(x) = x^3 - x$.

6.2 Hauptsatz der Differenzial- und Integralrechnung

A607

Aufgabe 6.2.1

Skizzieren Sie qualitativ die Flächenfunktion $F(x) := \int_a^x f(t)\, dt$ zu den abgebildeten Funktionen f.

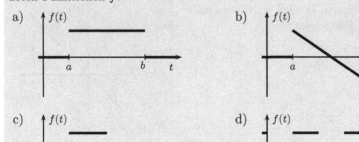

Kontrollieren Sie an den Bildern, dass $F' = f$ gilt.

Lösung:

a) Von a ausgehend steigt die Flächenfunktion linear bis zur Stelle b an, dann bleibt sie konstant.

Tatsächlich ist umgekehrt die Ableitung F' im Intervall $[a, b]$ konstant positiv. Außerhalb des Intervalls ist sie Null. Dies entspricht genau f.

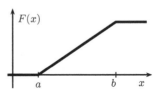

Abb. 6.13 Flächenfunktion.

b) Von a ausgehend steigt die Flächenfunktion zunächst stärker, dann weniger stark an. In der Mitte des Intervalls hat sie ihr Maximum erreicht. Wenn f negativ ist, sinkt F, zunächst langsam, dann schneller.

Die Funktion F hat im Intervall $[a, b]$ die Form einer nach unten geöffneten Parabel. Als Ableitung erhält man eine lineare Funktion mit negativer Steigung.

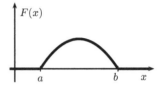

Abb. 6.14 Flächenfunktion.

c) Von a ausgehend baut sich die Flächenfunktion zunächst linear auf, dann sinkt
sie auf Grund der negativen Werte von f
wieder linear.

Die Ableitung F' ist in der ersten Inter-
vallhälfte konstant positiv, dann konstant
negativ.

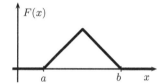

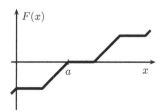

Abb. 6.15 Flächenfunktion.

d) In den Intervallen, in denen f positiv ist,
steigt die Flächenfunktion F linear an, in
den Intervallen, in denen f gleich Null ist,
bleibt F konstant.

Durch die Definition mit unterer Inte-
gralgrenze gleich a ist die Flächenfunktion an der Stelle a gleich Null. Damit
ist beispielsweise $F(0)$ negativ, da ein
Flächenstück in negativer Richtung auf-
gesammelt wurde.

Abb. 6.16 Flächenfunktion.

Die Ableitung von F ist abwechselnd Null und positiv konstant.

Aufgabe 6.2.2 (beispielhafte Klausuraufgabe, 8 Minuten)

A608

Sei $F(x) = \int\limits_{0}^{x} f(t)\,\mathrm{d}t$ die Flächenfunktion zur skizzierten Funktion f.

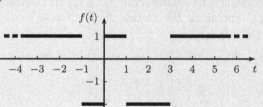

a) Geben Sie $F(1)$, $F(2)$ und $F(-1)$ an.

b) Geben Sie sämtliche Stellen x an, für die $F(x) = 0$ gilt.

Lösung:

a) Von 0 bis 1 hat man ein Quadrat mit Seitenlänge 1 als Fläche aufgesam-
melt, also

$$F(1) = 1.$$

Ausgehend von $F(1)$, als der Stelle 1, bis zur Stelle 2 muss auf Grund des
negativen Funktionswertes von f die Fläche 2 abgezogen werden, also

$$F(2) = F(1) + (-2) = 1 - 2 = -1.$$

Wegen der rückwärts gerichteten Integration von 0 zu −1 und dem negativen Funktionswert von f ergibt sich bei $F(-1)$ ein positiver Wert:

$$F(-1) = (-1) \cdot (-2) = +2.$$

b) Die Forderung $F(x) = 0$ bedeutet, dass man von 0 bis x gleiche positive und negative Flächenanteile von f hat. Dies gilt für

$$x = 0, \quad x = 1.5, \quad x = 6 \quad \text{und} \quad x = -3.$$

A609

Aufgabe 6.2.3

Der Fahrtenschreiber eines LKWs speichere die momentane Geschwindigkeit des Fahrzeugs jede zehntel Sekunde. Wie lässt sich daraus die zurückgelegte Strecke ungefähr berechnen?

Stellen Sie einen Bezug zum Hauptsatz der Differenzial- und Integralrechnung (s. Satz 6.2.3) her.

Lösung:

Sei t_0 der Fahrtbeginn und $v(t)$ die Geschwindigkeit zur Zeit t.

Dann ist $t_k = t_0 + \frac{k}{10}$ s der Zeitpunkt der k-ten Messung. Näherungsweise kann man die Geschwindigkeit im Zeitintervall $[t_{k-1}, t_k]$ als konstant mit dem gemessenen Wert $v(t_k)$ annehmen. Die zurückgelegte Strecke in diesem Zeitintervall ist dann $v(t_k) \cdot (t_k - t_{k-1})$.

Ist N die Anzahl der Messungen bis zum Fahrtende, so ergibt sich für die Gesamtstrecke:

$$\text{Gesamtstrecke} \approx \sum_{k=1}^{N} v(t_k) \cdot (t_k - t_{k-1}).$$

Dies ist eine Riemannsche Zwischensumme von $\int_{t_0}^{t_N} v(t)\,dt$.

Ist $s(t)$ die zurückgelegte Strecke zur Zeit t, so ist die Gesamtstrecke $s(t_N) - s(t_0)$. Als Geschwindigkeit ist $v = s'$. Damit beschreibt der Hauptsatz der Differenzial- und Integralrechnung genau den Zusammenhang zwischen Strecke und Geschwindigkeit:

$$s(t_N) - s(t_0) = \text{Gesamtstrecke} = \int_{t_0}^{t_N} v(t)\,dt = \int_{t_0}^{t_N} s'(t)\,dt.$$

6.3 Integrationstechniken

6.3.1 Einfache Integrationstechniken

Aufgabe 6.3.1

Bestimmen Sie die folgenden Stammfunktionen:

A610

a) $\int x^3 \, dx,$ b) $\int (x^3 + 1) \, dx,$ c) $\int (x+1)^3 \, dx,$

d) $\int (2x+1)^3 \, dx,$ e) $\int (x^2 + 1)^3 \, dx,$ f) $\int x \cdot (x^2 + 1)^3 \, dx,$

g) $\int \sqrt{x} \, dx,$ h) $\int \frac{1}{x^2} \, dx,$ i) $\int \frac{1}{x} \, dx,$

j) $\int \frac{1}{(x-1)^2} \, dx,$ k) $\int \cos(x+2) \, dx,$ l) $\int e^{2x} \, dx.$

Lösung:

a) Es ist $\int x^3 \, dx = \frac{1}{4} x^4.$

b) Es ist $\int (x^3 + 1) \, dx = \frac{1}{4} x^4 + x.$

c) Durch Ausmultiplizieren von $(x+1)^3$ erhält man

$$\int (x+1)^3 \, dx = \int (x^3 + 3x^2 + 3x + 1) \, dx = \frac{1}{4} x^4 + x^3 + \frac{3}{2} x^2 + x.$$

Man kann aber auch direkt eine Stammfunktion angeben:

$$\int (x+1)^3 \, dx = \frac{1}{4} (x+1)^4.$$

Die beiden Stammfunktionen sind nicht gleich, sondern unterscheiden sich um eine additive Konstante:

$$\frac{1}{4} (x+1)^4 = \frac{1}{4} \cdot (x^4 + 4x^3 + 6x^2 + 4x + 1) = \frac{1}{4} x^4 + x^3 + \frac{3}{2} x^2 + x + \frac{1}{4}.$$

d) Wie bei c) kann man ausmultiplizieren und erhält

$$\int (2x+1)^3 \, dx = \int (8x^3 + 3 \cdot 4x^2 + 3 \cdot 2x + 1) \, dx$$
$$= 2x^4 + 4x^3 + 3x^2 + x,$$

oder man kann direkt

$$\int (2x+1)^3 \, \mathrm{d}x \;=\; \frac{1}{2} \cdot \frac{1}{4} (2x+1)^4$$

angeben. Die beiden Stammfunktionen unterscheiden sich wieder um eine additive Konstante.

e) Ausmultiplizieren führt auch hier zu einem Ergebnis:

$$\begin{aligned}
\int (x^2+1)^3 \, \mathrm{d}x \;&=\; \int \left((x^2)^3 + 3(x^2)^2 + 3x^2 + 1\right) \, \mathrm{d}x \\
&=\; \int \left(x^6 + 3x^4 + 3x^2 + 1\right) \, \mathrm{d}x \\
&=\; \frac{1}{7}x^7 + \frac{3}{5}x^5 + x^3 + x.
\end{aligned}$$

Eine direkte Alternative wie bei c) und d) gibt es hier nicht. Ein Versuch von $\frac{1}{4}(x^2+1)^4$ zeigt beim Ableiten, dass auf Grund der Kettenregel ein zusätzlicher Term $2x$ entsteht, so dass man auf diese Weise die Stammfunktion nicht bestimmen kann.

f) Im Vergleich zu e) gibt es hier einen zusätzlichen Faktor x im Integranden, so dass man nach Anpassung der Konstanten direkt eine Stammfunktion angeben kann:

$$\int x \cdot (x^2+1)^3 \, \mathrm{d}x \;=\; \frac{1}{2} \cdot \frac{1}{4} \cdot (x^2+1)^4.$$

Alternativ kann man aber auch ausmultiplizieren:

$$\begin{aligned}
\int x \cdot (x^2+1)^3 \, \mathrm{d}x \;&=\; \int x \cdot (x^6 + 3x^4 + 3x^2 + 1) \, \mathrm{d}x \\
&=\; \int (x^7 + 3x^5 + 3x^3 + x) \, \mathrm{d}x \\
&=\; \frac{1}{8} \cdot x^8 + \frac{1}{2} \cdot x^6 + \frac{3}{4} \cdot x^4 + \frac{1}{2} \cdot x^2.
\end{aligned}$$

g) Mit der Potenzschreibweise $\sqrt{x} = x^{\frac{1}{2}}$ und $\int x^a \, \mathrm{d}x = \frac{1}{a+1}x^{a+1}$ erhält man

$$\int \sqrt{x} \, \mathrm{d}x \;=\; \int x^{\frac{1}{2}} \, \mathrm{d}x \;=\; \frac{2}{3}x^{\frac{3}{2}} \;=\; \frac{2}{3}x\sqrt{x}.$$

h) Mit der Potenzschreibweise $\frac{1}{x^2} = x^{-2}$ und $\int x^a \, \mathrm{d}x = \frac{1}{a+1}x^{a+1}$ erhält man

$$\int \frac{1}{x^2} \, \mathrm{d}x \;=\; \int x^{-2} \, \mathrm{d}x \;=\; \frac{1}{-1} \cdot x^{-1} \;=\; -\frac{1}{x}.$$

i) Bei diesem Integral muss man beachten, dass die Potenzschreibweise $\frac{1}{x} = x^{-1}$ nicht zum Ziel führt, denn bei $\int x^a \, dx = \frac{1}{a+1} x^{a+1}$ steht bei $a = -1$ eine Null im Nenner. Es ist

$$\int \frac{1}{x} \, dx = \ln|x|.$$

j) Verschiebungen machen keine Probleme: Analog zu h) ist

$$\int \frac{1}{(x-1)^2} \, dx = \int (x-1)^{-2} \, dx = -1 \cdot (x-1)^{-1} = -\frac{1}{x-1}.$$

k) Wie bei j) machen Verschiebungen keine Probleme:

$$\int \cos(x+2) \, dx = \sin(x+2).$$

l) Es ist $\int e^{2x} \, dx = \frac{1}{2} e^{2x}.$

Aufgabe 6.3.2

Berechnen Sie die folgenden Integrale:

A611

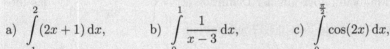

a) $\int_{-1}^{2} (2x+1) \, dx,$ b) $\int_{0}^{1} \frac{1}{x-3} \, dx,$ c) $\int_{0}^{\frac{\pi}{2}} \cos(2x) \, dx,$

d) $\int_{2}^{-1} (2x+1) \, dx,$ e) $\int_{-1}^{1} e^{-|x|} \, dx,$ f) $\int_{-1}^{1} x \cdot |x| \, dx.$

Lösung:

a) Es ist

$$\int_{-1}^{2} (2x+1) \, dx = (x^2 + x) \Big|_{-1}^{2} = 2^2 + 2 - ((-1)^2 + (-1)) = 6.$$

b) Es ist

$$\int_{0}^{1} \frac{1}{x-3} \, dx = \ln|x-3| \Big|_{0}^{1} = \ln|-2| - \ln|-3|$$

$$= \ln 2 - \ln 3 = \ln \frac{2}{3}.$$

c) Mit Hilfe einer Stammfunktion erhält man

$$\int_0^{\frac{\pi}{2}} \cos(2x)\, dx \;=\; \frac{1}{2}\sin(2x)\Big|_0^{\frac{\pi}{2}} \;=\; \frac{1}{2}(\sin\pi - \sin 0) \;=\; 0.$$

Das Ergebnis ist aber bei Betrachtung des Funktionsgrafen auch schon aus Symmetriegründen klar (s. Abb. 6.17).

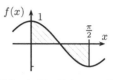

Abb. 6.17 $f(x) = \cos(2x)$.

d) Mit Hilfe einer Stammfunktion erhält man analog zu a)

$$\int_2^{-1} (2x+1)\, dx \;=\; \left(x^2+x\right)\Big|_2^{-1} \;=\; (-1)^2+(-1) - \left(2^2+2\right) \;=\; -6.$$

Alternativ ergibt sich der Wert direkt aus dem Ergebnis von a): Wegen der vertauschten Integrationsgrenzen erhält man nach Definition 6.1.15 genau das negative Ergebnis zu a).

e) Eine Stammfunktion zu $f(x) = e^{-|x|}$ kann man nicht so einfach hinschreiben. Man kann aber mit der Definition $|x| = \begin{cases} x, & \text{für } x \geq 0 \\ -x, & \text{für } x < 0 \end{cases}$ das Integral entsprechend Satz 6.1.17 aufspalten:

$$\int_{-1}^{1} e^{-|x|}\, dx \;=\; \int_{-1}^{0} e^{-|x|}\, dx + \int_{0}^{1} e^{-|x|}\, dx \;=\; \int_{-1}^{0} e^{+x}\, dx + \int_{0}^{1} e^{-x}\, dx$$

$$= \; e^{+x}\Big|_{-1}^{0} + (-e^{-x})\Big|_{0}^{1} \;=\; e^0 - e^{-1} + (-e^{-1}) - (-e^0)$$

$$= \; 2 - 2\,e^{-1}.$$

Da der Integrand eine gerade Funktion ist, kann man alternativ aus Symmetriegründen rechnen:

$$\int_{-1}^{1} e^{-|x|}\, dx \;=\; 2\cdot\int_{0}^{1} e^{-|x|}\, dx \;=\; 2\cdot\int_{0}^{1} e^{-x}\, dx$$

$$= \; 2\cdot(-e^{-x})\Big|_{0}^{1} \;=\; 2\cdot\left((-e^{-1}) - (-e^0)\right) \;=\; 2 - 2\,e^{-1}.$$

f) Man kann wie bei e) das Integral in einen negativen und positiven Teil aufspalten, die Teilintegrale mit den jeweiligen Betrags-Definitionen ausrechnen und dann addieren.

$$\int_{-1}^{1} x \cdot |x| \, dx = \int_{-1}^{0} x \cdot |x| \, dx + \int_{0}^{1} x \cdot |x| \, dx$$

$$= \int_{-1}^{0} x \cdot (-x) \, dx + \int_{0}^{1} x \cdot x \, dx$$

$$= -\int_{-1}^{0} x^2 \, dx + \int_{0}^{1} x^2 \, dx$$

$$= -\frac{1}{3} x^3 \Big|_{-1}^{0} + \frac{1}{3} x^3 \Big|_{0}^{1} = -\frac{1}{3} \cdot (0 - (-1)) + \frac{1}{3} \cdot (1 - 0)$$

$$= -\frac{1}{3} + \frac{1}{3} = 0.$$

Dass das Ergebnis gleich Null ist, kann man auch direkt aus Symmetriegründen sehen, da der Integrand $x \cdot |x|$ eine ungerade Funktion ist.

Aufgabe 6.3.3

Berechnen Sie die folgenden Integrale in Abhängigkeit der auftretenden Parameter.

A612

a) $\displaystyle\int_{0}^{2} (ax + b) \, dx,$ b) $\displaystyle\int_{c}^{d} (y^2 + 1) \, dy,$

c) $\displaystyle\int_{0}^{2} x \cdot y^2 \, dx,$ d) $\displaystyle\int_{0}^{2} x \cdot y^2 \, dy.$

Lösung:

a) Mit den Parametern a und b ist

$$\int_{0}^{2} (ax + b) \, dx = \left(a \cdot \frac{1}{2} x^2 + bx\right) \Big|_{0}^{2} = a \cdot \frac{1}{2} \cdot 4 + b \cdot 2 = 2a + 2b.$$

b) Statt x ist nun y die Integrationsvariable; die Grenzen c und d sind Parameter:

$$\int_{c}^{d} (y^2 + 1) \, dy = \left(\frac{1}{3} y^3 + y\right) \Big|_{c}^{d}$$

$$= \frac{1}{3} d^3 + d - \left(\frac{1}{3} c^3 + c\right) = \frac{1}{3}(d^3 - c^3) + d - c.$$

c) Im Integranden ist x die Variable und y ein Parameter:

$$\int_0^2 x \cdot y^2 \, \mathrm{d}x = \left. \frac{1}{2} x^2 y^2 \right|_{x=0}^2 = \frac{1}{2} \cdot 2^2 \cdot y^2 - 0 = 2y^2.$$

d) Nun ist umgekehrt x ein Parameter und y die Integrationsvariable:

$$\int_0^2 x \cdot y^2 \, \mathrm{d}y = \left. x \cdot \frac{1}{3} y^3 \right|_{y=0}^2 = x \cdot \frac{1}{3} \cdot 2^3 - 0 = \frac{8}{3} x.$$

Aufgabe 6.3.4

A613

Berechnen Sie $\displaystyle\int_0^\infty \mathrm{e}^{-x} \, \mathrm{d}x$.

Lösung:

Offensichtlich ist $-\mathrm{e}^{-x}$ eine Stammfunktion zu e^{-x}.

Zur Berechnung des uneigentlichen Integrals (s. Definition 6.1.12) betrachtet man eine (endliche) obere Grenze c, die man dann gegen unendlich laufen lässt:

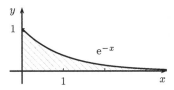

Abb. 6.18 Uneigentliches Integral.

$$\int_0^\infty \mathrm{e}^{-x} \, \mathrm{d}x = \lim_{c \to \infty} \int_0^c \mathrm{e}^{-x} \, \mathrm{d}x$$

$$= \lim_{c \to \infty} \left(\left. -\mathrm{e}^{-x} \right|_0^c \right)$$

$$= \lim_{c \to \infty} \left(\underbrace{-\mathrm{e}^{-c}}_{\to 0} - \underbrace{(-\mathrm{e}^0)}_{=1} \right) = 0 + 1 = 1.$$

Die Funktion $f(x) = \mathrm{e}^{-x}$ bildet also für $x > 0$ eine „unendlich lange" aber endliche Fläche, s. Abb. 6.18.

Aufgabe 6.3.5

A614

Sei $a > 0$. Zeigen Sie für die folgenden uneigentlichen Integrale:

a) $\displaystyle\int_1^\infty \frac{1}{x^a} \, \mathrm{d}x$ existiert $\Leftrightarrow a > 1$, \qquad b) $\displaystyle\int_0^1 \frac{1}{x^a} \, \mathrm{d}x$ existiert $\Leftrightarrow a < 1$.

Lösung:

Stammfunktionen sind für $a \neq 1$

$$\int \frac{1}{x^a}\,\mathrm{d}x \;=\; \int x^{-a}\,\mathrm{d}x \;=\; \frac{1}{-a+1}x^{-a+1}$$

und für $a = 1$:

$$\int \frac{1}{x}\,\mathrm{d}x \;=\; \ln|x|.$$

a) Für $a \neq 1$ ist

$$\int_1^\infty \frac{1}{x^a}\,\mathrm{d}x \;=\; \lim_{c\to\infty}\int_1^c \frac{1}{x^a}\,\mathrm{d}x \;=\; \lim_{c\to\infty}\frac{1}{1-a}\cdot x^{1-a}\Big|_1^c$$

$$=\; \frac{1}{1-a}\cdot\lim_{c\to\infty}(c^{1-a}-1).$$

Der Grenzwert von c^{1-a} für $c\to\infty$ existiert genau dann, wenn der Exponent negativ ist, also für

$$1-a \;<\; 0 \qquad \Leftrightarrow \qquad a \;>\; 1.$$

Für $a = 1$ ist

$$\int_1^\infty \frac{1}{x}\,\mathrm{d}x \;=\; \lim_{c\to\infty}\int_1^c \frac{1}{x}\,\mathrm{d}x \;=\; \lim_{c\to\infty}\ln x\Big|_1^c \;=\; \lim_{c\to\infty}(\ln c - \ln 1).$$

Für $c\to\infty$ strebt $\ln c$ gegen ∞, d.h., das uneigentlich Integral existiert für $a = 1$ nicht.

b) Für $a \neq 1$ ist

$$\int_0^1 \frac{1}{x^a}\,\mathrm{d}x \;=\; \lim_{c\to 0+}\int_c^1 \frac{1}{x^a}\,\mathrm{d}x \;=\; \lim_{c\to 0+}\frac{1}{1-a}x^{1-a}\Big|_c^1$$

$$=\; \frac{1}{1-a}\lim_{c\to 0+}\left(1-c^{1-a}\right).$$

Der Grenzwert von c^{1-a} für $c\to 0+$ existiert genau dann, wenn der Exponent positiv ist, also für

$$1-a \;>\; 0 \qquad \Leftrightarrow \qquad a \;<\; 1.$$

Für $a = 1$ ist

$$\int\limits_0^1 \frac{1}{x}\,\mathrm{d}x \;=\; \lim_{c\to 0+}\int\limits_c^1 \frac{1}{x}\,\mathrm{d}x \;=\; \lim_{c\to 0+}\ln x\Big|_c^1 \;=\; \lim_{c\to 0+}\left(\ln 1 - \ln c\right).$$

Für $c \to 0+$ strebt $\ln c$ gegen $-\infty$, d.h., das uneigentlich Integral existiert für $a = 1$ nicht.

A615

Aufgabe 6.3.6

Im Jahr 2020 galten folgende Eckdaten für das linear-progressive Einkommensteuermodell in Deutschland:

Beträge bis zu 9408€ werden nicht versteuert (Grundfreibetrag). Der Steuersatz steigt dann von 14% (Eingangssteuersatz) linear auf 23.97% bei 14532€ und weiter linear bis 42% (Spitzensteuersatz) bei 57051€ zu versteuerndem Einkommen an. Ab 270501€ beträgt er 45%. (Vgl. Aufgabe 1.1.7.)

Die Steuer berechnet sich als Integral über den Steuersatz bis zum zu versteuernden Jahreseinkommen (vgl. Aufgabe 6.1.5).

Wieviel Steuern musste ein Arbeitnehmer mit einem zu versteuernden Jahreseinkommen x_0 zwischen 9409€ und 14532€ zahlen?

Vergleichen Sie das Ergebnis mit dem offiziellen Gesetzestext.

§ 32a Einkommensteuertarif

(Quelle: Bundesgesetzblatt, www.gesetze-im-internet.de/estg/__32a.html)

(1) Die tarifliche Einkommensteuer bemisst sich nach dem zu versteuernden Einkommen. Sie beträgt [...] jeweils in Euro für zu versteuernde Einkommen

1. bis 9 408 Euro (Grundfreibetrag): 0;

2. von 9 409 Euro bis 14532 Euro: $(972{,}87 \cdot y + 1\,400) \cdot y$;

3. von 14 533 Euro bis 57051 Euro: $(212{,}02 \cdot z + 2\,397) \cdot z + 972{,}79$;

4. von 57 052 Euro bis 270 500 Euro: $0{,}42 \cdot x - 8\,963{,}74$;

5. von 270 501 Euro an: $0{,}45 \cdot x - 17\,078{,}74$.

Die Größe „y" ist ein Zehntausendstel des den Grundfreibetrag übersteigenden Teils des auf einen vollen Euro-Betrag abgerundeten zu versteuernden Einkommens. Die Größe „z" ist ein Zehntausendstel des 14 532 Euro übersteigenden Teils des auf einen vollen Euro-Betrag abgerundeten zu versteuernden Einkommens. Die Größe „x" ist das auf einen vollen Euro-Betrag abgerundete zu versteuernde Einkommen. Der sich ergebende Steuerbetrag ist auf den nächsten vollen Euro-Betrag abzurunden.

Lösung:

Abb. 6.19 zeigt den Verlauf des Steuersatzes.

Beim Steuersatz wird das Geradenstück zwischen 9408€ und 14532€ mit der Steigung

$$m = \frac{0.2397 - 0.14}{14532€ - 9408€}$$

nach der Punkt-Steigungsformel (s. Satz 1.1.6) beschrieben durch

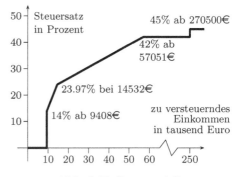

Abb. 6.19 Steuermodell.

$$s(x) = 0.14 + m \cdot (x - 9408€).$$

Also muss ein Arbeitnehmer bei einem Einkommen x_0 zwischen 9409€ und 14532€ folgende Steuern $S(x_0)$ zahlen:

$$S(x_0) = \int_0^{x_0} s(x)\,\mathrm{d}x = \int_{9408€}^{x_0} \left(0.14 + m \cdot (x - 9408€)\right)\,\mathrm{d}x$$

$$= \left(0.14 \cdot x + m \cdot \frac{1}{2}(x - 9408€)^2\right)\Big|_{9408€}^{x_0}$$

$$= 0.14 \cdot x_0 + \frac{m}{2} \cdot (x_0 - 9408€)^2 - \left(0.14 \cdot 9408€ + \frac{m}{2} \cdot 0\right)$$

$$= 0.14 \cdot (x_0 - 9408€) + \frac{m}{2} \cdot (x_0 - 9408€)^2.$$

Um entsprechend des Gesetzestextes den Ausdruck $y = \frac{x_0 - 9408€}{10.000€}$ zu erhalten, kann man geeignet erweitern:

$$S(x_0) = 1400€ \cdot \frac{x_0 - 9408€}{10.000€} + \frac{m}{2} \cdot (10000€)^2 \cdot \left(\frac{x_0 - 9408€}{10.000€}\right)^2.$$

Numerisch ist

$$\frac{m}{2} \cdot (10000€)^2 = 972.8728\ldots€ \approx 972.87€.$$

Damit ist dann

$$S(x_0) = 1400 \cdot y + 972.87 \cdot y^2 \; [€] = (972.87 \cdot y + 1400) \cdot y \; [€].$$

Dies entspricht genau der Formel aus dem Gesetzestext.

A616

Aufgabe 6.3.7

Gemäß Aufgabe 6.1.4 ist die Länge L des Funktionsgrafen zu einer Funktion $f : [c, d] \to \mathbb{R}$ gegeben durch

$$L = \int_c^d \sqrt{1 + (f'(x))^2}\, \mathrm{d}x.$$

Berechnen Sie die Länge einer Kette, die mit Konstanten a und b im Intervall $[-x_0, x_0]$ gegeben ist durch

$$f(x) = a \cosh \frac{x}{a} + b.$$

(Vgl. Aufgabe 1.1.36; Tipp: $\cosh^2 x - \sinh^2 x = 1$.)

Lösung:

Es ist

$$f'(x) = a \cdot \left(\sinh \frac{x}{a} \right) \cdot \frac{1}{a} = \sinh \frac{x}{a}.$$

Als Länge erhält man wegen $1 + \sinh^2 y = \cosh^2 y$ (s. Satz 1.1.66)

$$L = \int_{-x_0}^{x_0} \sqrt{\underbrace{1 + \sinh^2 \frac{x}{a}}_{= \cosh^2 \frac{x}{a}}}\, \mathrm{d}x = \int_{-x_0}^{x_0} \sqrt{\cosh^2 \frac{x}{a}}\, \mathrm{d}x$$

$$= \int_{-x_0}^{x_0} \cosh \frac{x}{a}\, \mathrm{d}x = a \cdot \sinh \frac{x}{a} \Big|_{-x_0}^{x_0}$$

$$= a \cdot \sinh \frac{x_0}{a} - a \cdot \sinh \frac{-x_0}{a}.$$

Da $\sinh y$ eine ungerade Funktion ist, ist

$$a \cdot \sinh \frac{-x_0}{a} = -a \cdot \sinh \frac{x_0}{a},$$

so dass sich aus der letzten Darstellung

$$L = a \cdot \sinh \frac{x_0}{a} - \left(-a \cdot \sinh \frac{x_0}{a} \right) = 2 \cdot a \cdot \sinh \frac{x_0}{a}$$

ergibt. Dies entspricht genau der in Aufgabe 1.1.36 angegebenen Länge.

A617

Aufgabe 6.3.8

Versuchen Sie, eine Stammfunktion zu raten, testen Sie durch zurück-Ableiten
und passen Sie ggf. Konstanten an:

a) $\displaystyle\int (5x-3)^6\,\mathrm{d}x,$ b) $\displaystyle\int \sqrt{3x+1}\,\mathrm{d}x,$ c) $\displaystyle\int \frac{1}{(2x+3)^2}\,\mathrm{d}x,$

d) $\displaystyle\int \frac{3}{4x-1}\,\mathrm{d}x,$ e) $\displaystyle\int \sin(2x+1)\,\mathrm{d}x,$ f) $\displaystyle\int e^{5x-3}\,\mathrm{d}x.$

Lösung:

a) Nahe liegt, die Potenz um Eins zu erhöhen. Eine testweise Ableitung liefert

$$\left((5x-3)^7\right)' \;=\; 7\cdot(5x-3)^6\cdot 5.$$

Den Faktor 35 kann man durch Multiplikation mit $\frac{1}{35}$ kompensieren.
Eine Stammfunktion ist also

$$\int (5x-3)^6\,\mathrm{d}x \;=\; \frac{1}{35}\cdot(5x-3)^7.$$

b) Es ist $\sqrt{3x+1} \;=\; (3x+1)^{\frac{1}{2}}$. Erhöht man hier wie bei a) die Potenz um
1, ergibt sich durch Ableiten

$$\left((3x+1)^{\frac{3}{2}}\right)' \;=\; \frac{3}{2}\cdot(3x+1)^{\frac{1}{2}}\cdot 3.$$

Auch hier kann der Faktor $\frac{9}{2}$ durch Multiplikation mit $\frac{2}{9}$ kompensiert werden:

$$\int \sqrt{3x+1}\,\mathrm{d}x \;=\; \frac{2}{9}\cdot(3x+1)^{\frac{3}{2}}.$$

c) Die Erhöhung der Potenz -2 in der Darstellung $\frac{1}{(2x+3)^2} = (2x+3)^{-2}$ um
Eins führt zu $(2x+3)^{-1} = \frac{1}{2x+3}$. Eine testweise Ableitung liefert

$$\left(\frac{1}{2x+3}\right)' \;=\; -\frac{1}{(2x+3)^2}\cdot 2.$$

Der Faktor -2 kann wie oben kompensiert werden:

$$\int \frac{1}{(2x+3)^2}\,\mathrm{d}x \;=\; -\frac{1}{2}\cdot\frac{1}{2x+3}.$$

d) Da $\ln|x|$ die Stammfunktion zu $\frac{1}{x}$ ist, kann man $\ln|4x-1|$ testen:

$$(\ln |4x - 1|)' = \frac{1}{4x - 1} \cdot 4.$$

Um aus dem Faktor 4 eine 3 zu machen, muss mit $\frac{3}{4}$ multipliziert werden:

$$\int \frac{3}{4x - 1} \, dx = \frac{3}{4} \ln |4x - 1|.$$

e) Die Stammfunktion zu einem Sinus wird etwas mit dem Cosinus zu tun haben:

$$(\cos (2x + 1))' = -\sin(2x + 1) \cdot 2.$$

Nun muss nur noch der Faktor -2 beseitigt werden, und es ergibt sich:

$$\int \sin(2x + 1) \, dx = -\frac{1}{2} \cdot \cos(2x + 1).$$

f) Die e-Funktion reproduziert sich beim Ableiten selbst, daher kann man testen:

$$\left(e^{5x-3} \right)' = e^{5x-3} \cdot 5.$$

Um die 5 zu kompensieren, muss man noch mit $\frac{1}{5}$ multiplizieren:

$$\int e^{5x-3} \, dx = \frac{1}{5} \cdot e^{5x-3}.$$

6.3.2 Partielle Integration

A618

Aufgabe 6.3.9

a) Berechnen Sie mittels partieller Integration eine Stammfunktion zu

    a1) $f(x) = x \cdot \cos(2x)$,   a2) $f(x) = (x + 1) \cdot e^x$.

b) Bestimmen Sie den Wert der folgenden Integrale:

    b1) $\displaystyle\int_0^{2\pi} \cos x \cdot x \, dx$,   b2) $\displaystyle\int_{-\pi}^{\pi} \cos x \cdot x \, dx$.

c) Bestimmen Sie $\displaystyle\int x \cdot \ln x \, dx$.

Lösung:

a) Da der lineare Faktor x bzw. $(x+1)$ beim Ableiten zu 1 wird, bietet es sich an, bei der partiellen Integration diesen Faktor abzuleiten:

a1) Es ist

$$\int \underset{F}{x} \cdot \underset{g}{\cos(2x)}\, \mathrm{d}x \;=\; \underset{F}{x} \cdot \underset{G}{\frac{1}{2}\sin(2x)} - \int \underset{f}{1} \cdot \underset{G}{\frac{1}{2}\sin(2x)}\, \mathrm{d}x$$

$$= \frac{1}{2}x \cdot \sin(2x) - \frac{1}{2}\cdot\frac{1}{2}\cdot(-\cos(2x))$$

$$= \frac{1}{2}x \cdot \sin(2x) + \frac{1}{4}\cos(2x).$$

a2) Man erhält

$$\int \underset{F}{(x+1)} \cdot \underset{g}{\mathrm{e}^x}\, \mathrm{d}x \;=\; \underset{F}{(x+1)} \cdot \underset{G}{\mathrm{e}^x} - \int \underset{f}{1} \cdot \underset{G}{\mathrm{e}^x}\, \mathrm{d}x$$

$$= (x+1)\cdot \mathrm{e}^x - \mathrm{e}^x \;=\; x \cdot \mathrm{e}^x.$$

b) Man kann hier ähnlich zu a) zunächst eine Stammfunktion bestimmen und dann die Grenzen einsetzen. Da die Integranden bei b1) und b2) gleich sind, braucht man nur einmal eine Stammfunktion zu bestimmen:

$$\int \underset{f}{\cos x} \cdot \underset{G}{x}\, \mathrm{d}x \;=\; \underset{F}{\sin x} \cdot \underset{G}{x} - \int \underset{F}{\sin x} \cdot \underset{g}{1}\, \mathrm{d}x$$

$$= \sin x \cdot x - (-\cos x)$$

$$= \sin x \cdot x + \cos x.$$

Einsetzen der Grenzen zu b1) bzw. b2) führt dann zu

$$\int_{0}^{2\pi} \cos x \cdot x\, \mathrm{d}x \;=\; \Big(\sin x \cdot x + \cos x\Big)\Big|_{0}^{2\pi}$$

$$= \big(\sin(2\pi)\cdot 2\pi + \cos(2\pi)\big) - \big(0 + \cos 0\big)$$

$$= 1 - 1 \;=\; 0,$$

$$\int_{-\pi}^{\pi} \cos x \cdot x\, \mathrm{d}x \;=\; \Big(\sin x \cdot x + \cos x\Big)\Big|_{-\pi}^{\pi}$$

$$= \big(\sin(\pi)\cdot\pi + \cos(\pi)\big) - \big(\sin(-\pi)\cdot(-\pi) + \cos(-\pi)\big)$$

$$= 0 + (-1) - \big(0 + (-1)\big) \;=\; 0.$$

Alternativ kann man direkt die Grenzen mit einbeziehen. Nutzt man dann noch Symmetrieargumente erhält man bei b1)

$$\int_0^{2\pi} \cos x \cdot x \, dx = \sin x \cdot x \Big|_0^{2\pi} - \underbrace{\int_0^{2\pi} \sin x \, dx}_{\text{wegen Symmetrie gleich } 0}$$

$$= \sin(2\pi) \cdot 2\pi - 0 = 0.$$

Als Produkt einer geraden und einer ungeraden Funktion ist der Integrand $\cos x \cdot x$ ungerade (s. Aufgabe 1.2.1, f)). Damit ergibt sich bei b2) als Integral über einem symmetrischen Integrationsintervall aus Symmetriegründen sofort

$$\int_{-\pi}^{\pi} \cos x \cdot x \, dx = 0.$$

c) Da eine Stammfunktion zu $\ln x$ nicht so einfach ist, aber umgekehrt die Ableitung einfach ist, bietet es sich an, bei der partiellen Integration $\ln x$ abzuleiten:

$$\int \underset{f}{x} \cdot \underset{G}{\ln x} \, dx = \underset{F}{\frac{1}{2}x^2} \cdot \underset{G}{\ln x} - \int \underset{F}{\frac{1}{2}x^2} \cdot \underset{g}{\frac{1}{x}} \, dx$$

$$= \frac{1}{2}x^2 \cdot \ln x - \int \frac{1}{2} \cdot x \, dx$$

$$= \frac{1}{2}x^2 \cdot \ln x - \frac{1}{4}x^2$$

$$= \frac{1}{2}x^2 \cdot \left(\ln x - \frac{1}{2} \right).$$

A619

Aufgabe 6.3.10

a) Gesucht ist eine Stammfunktion zu $f(x) = x^2 \cdot \cos x$.

Partielle Integration (mit Ableiten von x^2 und Aufleiten von $\cos x$) führt zu

$$\int x^2 \cdot \cos x \, dx = x^2 \cdot \sin x - \int 2x \cdot \sin x \, dx.$$

Das rechte Integral kann nun wieder mit partieller Integration behandelt werden.

a1) Was ergibt sich, wenn man dabei $2x$ auf- und $\sin x$ ableitet?

a2) Was ergibt sich, wenn man umgekehrt $2x$ ab- und $\sin x$ aufleitet?

b) Zur Bestimmung einer Stammfunktion zu

$$f(x) \;=\; \mathrm{e}^{3x} \cdot \sin(2x)$$

kann man zweimalige partielle Integration nutzen. Führen Sie wie in a) die zweite partielle Integration auf zwei verschiedene Arten durch. Was erhalten Sie?

(Tipp: Sie können jeweils das rechts entstehende Integral mit der linken Seite verrechnen.)

Lösung:

a) a1) Durch partielle Integration erhält man:

$$\int x^2 \cos x \, \mathrm{d}x \;=\; x^2 \cdot \sin x - \int \underset{f}{2x} \cdot \underset{G}{\sin x}\, \mathrm{d}x$$

$$= x^2 \cdot \sin x - \left(\underset{F}{x^2} \cdot \underset{G}{\sin x} - \int \underset{F}{x^2} \cdot \underset{g}{\cos x} \, \mathrm{d}x \right)$$

$$= \cancel{x^2 \cdot \sin x} - \cancel{x^2 \cdot \sin x} + \int x^2 \cdot \cos x \, \mathrm{d}x.$$

Man erhält also das anfängliche Integral zurück und kann auf diese Weise keine Stammfunktion bestimmen.

a2) Bei partieller Integration mit umgekehrter Rollenverteilung erhält man eine Stammfunktion:

$$\int x^2 \cos x \, \mathrm{d}x \;=\; x^2 \cdot \sin x - \int \underset{F}{2x} \cdot \underset{g}{\sin x}\, \mathrm{d}x$$

$$= x^2 \cdot \sin x - \left(\underset{F}{2x} \cdot \underset{G}{(-\cos x)} - \int \underset{f}{2} \cdot \underset{G}{(-\cos x)} \, \mathrm{d}x \right)$$

$$= x^2 \cdot \sin x + 2x \cos x - 2 \cdot \int \cos x \, \mathrm{d}x$$

$$= x^2 \cdot \sin x + 2x \cos x - 2 \sin x.$$

b) Für die erste partielle Integration muss man sich entscheiden, welchen der beiden Faktoren e^{3x} und $\sin(2x)$ man auf- und welchen man ableitet. Beide Varianten sind gleich gut. Im Folgenden wird e^{3x} auf- und $\sin(2x)$ abgeleitet.

Leitet man dann die aufgeleitete Funktion wieder auf und die abgeleitete wieder ab, so erhält man:

$$\int \underset{f}{e^{3x}} \underset{G}{\sin(2x)} \, dx$$

$$= \underset{F}{\frac{1}{3} e^{3x}} \cdot \underset{G}{\sin(2x)} - \int \underset{\text{neues } f}{\frac{1}{3} e^{3x}} \cdot 2 \cdot \underset{\text{neues } G}{\cos(2x)} \, dx$$

$$= \frac{1}{3} e^{3x} \cdot \sin(2x) - \left(\frac{2}{3} \cdot \frac{1}{3} e^{3x} \cos(2x) \right.$$

$$\left. - \int \frac{2}{3} \cdot \frac{1}{3} e^{3x} (-2\sin(2x)) \, dx \right)$$

$$= \underbrace{\frac{1}{3} e^{3x} \cdot \sin(2x) - \frac{2}{9} e^{3x} \cos(2x)}_{=:(*)} - \frac{4}{9} \int e^{3x} \sin(2x) \, dx.$$

Das rechts stehende Integral kann man auf die linke Seite bringen und erhält

$$\left(1 + \frac{4}{9} \right) \cdot \int e^{3x} \sin(2x) \, dx = (*).$$

Teilt man durch den Vorfaktor $\frac{13}{9}$, erhält man

$$\int e^{3x} \sin(2x) \, dx = \frac{9}{13} \cdot (*) = \frac{9}{13} \cdot \left(\frac{1}{3} e^{3x} \sin(2x) - \frac{2}{9} e^{3x} \cos(2x) \right)$$

$$= \frac{3}{13} e^{3x} \sin(2x) - \frac{2}{13} e^{3x} \cos(2x).$$

Führt man die erste partielle Integration wie oben durch, die zweite aber mit gegenüber oben vertauschten Rollen, so erhält man

$$\int e^{3x} \sin(2x) \, dx$$

$$\overset{\text{wie}}{\underset{\text{oben}}{=}} \frac{1}{3} e^{3x} \cdot \sin(2x) - \int \underset{F}{\frac{1}{3} e^{3x}} \cdot 2 \cdot \underset{g}{\cos(2x)} \, dx$$

$$= \frac{1}{3} e^{3x} \cdot \sin(2x) - \left(\frac{1}{3} \cdot e^{3x} \cdot 2 \cdot \frac{1}{2} \sin(2x) \right.$$

$$\left. - \int \frac{1}{3} \cdot 3 \cdot e^{3x} \cdot 2 \cdot \frac{1}{2} \sin(2x) \, dx \right)$$

$$= \frac{1}{3} e^{3x} \cancel{\sin(2x)} - \frac{1}{3} e^{3x} \cancel{\sin(2x)} + \int e^{3x} \cdot \sin(2x) \, dx;$$

man erhält also wieder das Ausgangsintegral zurück.

Bemerkung:

Man kann das Integral auch unter Verwendung von komplexen Zahlen ohne partielle Integration lösen: Der Integrand ist nach der Euler-Formel (s. Satz 2.3.1) der Imaginärteil von

$$e^{(3+2j)x} \;=\; e^{3x} \cdot e^{2jx} \;=\; e^{3x} \cdot \big(\cos(2x) + j \sin(2x) \big).$$

Rechnet man im Komplexen wie im Reellen, so ist

$$\begin{aligned}
\int e^{(3+2j)x}\,\mathrm{d}x \;&=\; \frac{1}{3+2j} \cdot e^{(3+2j)x} \\
&=\; \frac{3-2j}{9+4} \cdot e^{3x} \cdot \big(\cos(2x) + j \sin(2x) \big) \\
&=\; e^{3x} \cdot \left(\left(\frac{3}{13} - \frac{2}{13}j \right) \cdot \big(\cos(2x) + j \sin(2x) \big) \right).
\end{aligned}$$

Der Imaginärteil dieser Darstellung ist $e^{3x} \cdot \big(\frac{3}{13} \sin(2x) - \frac{2}{13} \cos(2x) \big)$ und liefert genau die oben gefundene Stammfunktion.

Fazit:

Eine zweimalige partielle Integration bringt nur etwas, wenn man das Abgeleitete nochmal ableitet und das Aufgeleitete nochmals aufleitet.

Aufgabe 6.3.11

A620

a) Berechnen Sie mittels partieller Integration eine Stammfunktion zu

$$f(x) = \sin x \cdot \cos x \qquad \text{und} \qquad g(x) = \sin x \cdot \sin(2x).$$

b) Fallen Ihnen auch andere Wege zur Bestimmung von Stammfunktionen zu den Funktionen aus a) ein?

   (Tipp: Additionstheoreme, s. Satz 1.1.55, 3., und Aufgabe 1.1.29.)

c) Welchen Wert haben konkret

$$\int_0^{2\pi} \sin x \cdot \cos x \,\mathrm{d}x \qquad \text{und} \qquad \int_0^{2\pi} \sin x \cdot \sin(2x) \,\mathrm{d}x\,?$$

Lösung:

a) Bei der Funktion f ergibt eine partielle Integration auf der rechten Seite das gleiche Integral (mit umgekehrtem Vorzeichen) wie auf der linken Seite:

$$\int \underset{F}{\sin x} \cdot \underset{g}{\cos x} \,\mathrm{d}x \;=\; \underset{F}{\sin x} \cdot \underset{G}{\sin x} - \int \underset{f}{\cos x} \cdot \underset{G}{\sin x} \,\mathrm{d}x.$$

Bringt man das Integral von der rechten auf die linke Seite, erhält man

$$2 \cdot \int \sin x \cdot \cos x \, \mathrm{d}x \;=\; \sin x \cdot \sin x \;=\; \sin^2 x,$$

also

$$\int \sin x \cdot \cos x \, \mathrm{d}x \;=\; \frac{1}{2} \sin^2 x.$$

Führt man die partielle Integration mit vertauschten Rollen durch, erhält man ähnlich als Stammfunktion $-\frac{1}{2} \cos^2 x$. Nach dem trigonometrischen Pythagoras (s. Satz 1.1.55, 2.) ist $\frac{1}{2} \sin^2 x = \frac{1}{2} \cdot (1 - \cos^2 x) = -\frac{1}{2} \cos^2 x + \frac{1}{2}$. Man erhält also eine um eine additive Konstante verschobene Stammfunktion

Bei der Funktion g kommt man durch zweifache partielle Integration zum Ziel:

$$\int \underset{f}{\sin x} \cdot \underset{G}{\sin(2x)} \, \mathrm{d}x$$

$$= \; -\underset{F}{\cos x} \cdot \underset{G}{\sin(2x)} - \int \underset{F}{(-\cos x)} \cdot \underset{g}{\cos(2x)} \cdot 2 \, \mathrm{d}x$$

$$= \; -\cos x \cdot \sin(2x) + 2 \cdot \int \underset{\text{neues } f}{\cos x} \cdot \underset{\text{neues } G}{\cos(2x)} \, \mathrm{d}x$$

$$= \; -\cos x \cdot \sin(2x) + 2 \cdot \left(\underset{F}{\sin x} \cdot \underset{G}{\cos(2x)} \right.$$

$$\left. - \int \underset{F}{\sin x} \cdot \underset{g}{(-\sin(2x))} \cdot 2 \, \mathrm{d}x \right)$$

$$= \; -\cos x \cdot \sin(2x) + 2 \cdot \sin x \cdot \cos(2x) + 4 \cdot \int \sin x \cdot \sin(2x) \, \mathrm{d}x.$$

Das rechte Integral auf die linke Seite gebracht, liefert

$$-3 \cdot \int \sin x \cdot \sin(2x) \, \mathrm{d}x \;=\; -\cos x \cdot \sin(2x) + 2 \cdot \sin x \cdot \cos(2x),$$

also

$$\int \sin x \cdot \sin(2x) \, \mathrm{d}x \;=\; \frac{1}{3} \cos x \cdot \sin(2x) - \frac{2}{3} \cdot \sin x \cdot \cos(2x).$$

b) Wegen $\sin(2x) = 2 \sin x \cos x$ (s. Satz 1.1.55, 3.) ist

$$\int f(x) \, \mathrm{d}x \;=\; \int \sin x \cdot \cos x \, \mathrm{d}x \;=\; \int \frac{1}{2} \cdot \sin(2x) \, \mathrm{d}x \;=\; -\frac{1}{4} \cos(2x).$$

Bemerkung:

Diese Stammfunktion ist nicht identisch mit der aus a), sondern um eine Konstante verschoben.

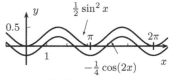

Nach Aufgabe 1.1.29, a), ist

Abb. 6.20 Zwei Stammfunktionen.

$$g(x) \;=\; \sin x \cdot \sin(2x) \;=\; \frac{1}{2}\big(\cos(x-2x) - \cos(x+2x)\big)$$

$$=\; \frac{1}{2}\big(\cos(-x) - \cos(3x)\big) \;=\; \frac{1}{2}\big(\cos(x) - \cos(3x)\big)$$

und damit

$$\int g(x)\,\mathrm{d}x \;=\; \int \sin x \cdot \sin(2x)\,\mathrm{d}x$$

$$=\; \int \frac{1}{2}\big(\cos(x) - \cos(3x)\big)\,\mathrm{d}x$$

$$=\; \frac{1}{2}\Big(\sin(x) - \frac{1}{3}\sin(3x)\Big) \;=\; \frac{1}{2}\sin(x) - \frac{1}{6}\sin(3x).$$

Eine weitere Möglichkeit ist die Ersetzung von $\sin(2x)$ durch $2\sin x \cos x$ (s. Satz 1.1.55, 3.). Damit erhält man

$$\int g(x) \;=\; \int \sin x \cdot 2\sin x \cos x\,\mathrm{d}x \;=\; 2\int \sin^2 x \cos x\,\mathrm{d}x.$$

Hier kann man durch „scharfes Hinschauen" bzw. Substitution (vgl. Aufgabe 6.3.13, b)) als Stammfunktion

$$\int g(x) \;=\; 2\int \sin^2 x \cos(x)\,\mathrm{d}x \;=\; \frac{2}{3}\sin^3 x$$

sehen.

(Man kann sich überlegen, dass diese Stammfunktionen beide tatsächlich identisch zu der in a) angegebenen Stammfunktion sind.)

c) Mit den Stammfunktionen aus b) erhält man

$$\int_0^{2\pi} \sin x \cdot \cos x\,\mathrm{d}x \;=\; -\frac{1}{4}\cos(2x)\Big|_0^{2\pi}$$

$$=\; -\frac{1}{4}\cos(4\pi) - \big(-\frac{1}{4}\cos(0)\big) \;=\; -\frac{1}{4} + \frac{1}{4} \;=\; 0$$

und

$$\int_0^{2\pi} \sin x \cdot \sin(2x)\,\mathrm{d}x \;=\; \frac{1}{2}\sin(x) - \frac{1}{6}\sin(3x)\Big|_0^{2\pi} \;=\; 0 - 0 \;=\; 0.$$

Bemerkung:

Man kann entsprechend zeigen, dass für alle $m, n \in \mathbb{N}$ gilt:

$$\int\limits_0^{2\pi} \sin(nx) \cdot \cos(mx) \;=\; 0$$

und, falls $m \neq n$ ist,

$$\int\limits_0^{2\pi} \sin(nx) \cdot \sin(mx) \;=\; 0 \quad \text{und} \quad \int\limits_0^{2\pi} \cos(nx) \cdot \cos(mx) \;=\; 0.$$

A621

Aufgabe 6.3.12

Die *Gamma-Funktion* ist für $a > 0$ definiert durch

$$\Gamma(a) \;:=\; \int\limits_0^{\infty} x^{a-1} \cdot \mathrm{e}^{-x}\, \mathrm{d}x.$$

a) Berechnen Sie $\Gamma(1)$, $\Gamma(2)$ und $\Gamma(3)$.

b) Zeigen Sie: $\Gamma(a+1) = a \cdot \Gamma(a)$.

c) Überprüfen Sie mit der Formel aus b) Ihre Ergebnisse aus a) und berechnen Sie $\Gamma(4)$ und $\Gamma(5)$.

Welchen Wert hat $\Gamma(n)$ für beliebiges $n \in \mathbb{N}$?

Lösung:

a) Es ist

$$\Gamma(1) \;=\; \int\limits_0^{\infty} x^{1-1}\, \mathrm{e}^{-x}\, \mathrm{d}x \;=\; \int\limits_0^{\infty} x^0\, \mathrm{e}^{-x}\, \mathrm{d}x \;=\; \int\limits_0^{\infty} \mathrm{e}^{-x}\, \mathrm{d}x.$$

Dieses Integral wurde schon in Aufgabe 6.3.4 als uneigentliches Integral berechnet mit dem Ergebnis

$$\Gamma(1) \;=\; \int\limits_0^{\infty} \mathrm{e}^{-x}\, \mathrm{d}x \;=\; 1.$$

Es ist

$$\Gamma(2) \;=\; \int\limits_0^{\infty} x^{2-1}\, \mathrm{e}^{-x}\, \mathrm{d}x \;=\; \int\limits_0^{\infty} x \cdot \mathrm{e}^{-x}\, \mathrm{d}x.$$

Mit partieller Integration erhält man (wieder als uneigentliches Integral)

$$\int_0^\infty x \cdot e^{-x}\,dx$$

$$= \lim_{c\to\infty} \int_0^c \underset{F}{x} \cdot \underset{g}{e^{-x}}\,dx \;=\; \lim_{c\to\infty} \left(x \cdot \left(-e^{-x}\right)\Big|_0^c - \int_0^c 1 \cdot \left(-e^{-x}\right)\,dx \right)$$

$$= \lim_{c\to\infty} \left(\underbrace{-c \cdot e^{-c}}_{\to 0} - 0 + \int_0^c e^{-x}\,dx \right) \;=\; + \underbrace{\int_0^\infty e^{-x}\,dx}_{=\Gamma(1)=1} \;=\; 1,$$

also $\Gamma(2) = 1$.

Schließlich ergibt sich wieder mit partieller Integration und als uneigentliches Integral (wobei diesmal der Grenzwert nicht explizit hingeschrieben ist, sondern jeweils bei „∞" gedacht werden muss):

$$\Gamma(3) \;=\; \int_0^\infty x^2 \cdot e^{-x}\,dx \;=\; x^2 \cdot \left(-e^{-x}\right)\Big|_0^\infty - \int_0^\infty 2x \cdot \left(-e^{-x}\right)\,dx$$

$$= \qquad 0-0 \qquad + 2 \cdot \underbrace{\int_0^\infty x \cdot e^{-x}\,dx}_{=\Gamma(2)=1}$$

$$= \qquad 2.$$

b) Allgemein erhält man mit partieller Integration

$$\Gamma(a+1) \;=\; \int_0^\infty \underset{F}{x^a} \cdot \underset{g}{e^{-x}}\,dx$$

$$= \underset{F}{x^a} \cdot \underset{G}{\left(-e^{-x}\right)}\Big|_0^\infty - \int_0^\infty \underset{f}{a \cdot x^{a-1}} \cdot \underset{G}{\left(-e^{-x}\right)}\,dx$$

$$= \qquad 0-0 \qquad + a \cdot \underbrace{\int_0^\infty x^{a-1} \cdot e^{-x}\,dx}_{=\Gamma(a)}$$

$$= \qquad a \cdot \Gamma(a).$$

c) Tatsächlich ist

$$\Gamma(2) = \Gamma(1+1) = 1 \cdot \Gamma(1) = 1 \cdot 1 = 1,$$
$$\Gamma(3) = \Gamma(2+1) = 2 \cdot \Gamma(2) = 2 \cdot 1 = 2.$$

Weiter ergibt sich

$$\Gamma(4) = \Gamma(3+1) = 3 \cdot \Gamma(3) = 3 \cdot 2 = 6,$$
$$\Gamma(5) = \Gamma(4+1) = 4 \cdot \Gamma(4) = 4 \cdot 3 \cdot 2 = 4!$$

Man sieht: Allgemein ist $\Gamma(n) = (n-1)!$

6.3.3 Substitution

A622

Aufgabe 6.3.13

Leiten Sie die Funktionen in der linken Spalte ab (Kettenregel!), um dann eine Idee zu bekommen, wie Sie bei den Funktionen in der mittleren und rechten Spalte eine Stammfunktion durch Raten, zurück Ableiten und ggf. Anpassen von Konstanten bestimmen können.

	Ableiten	Stammfunktion bilden	
a)	$F(x) = e^{x^3}$	$f_1(x) = x^3 \cdot e^{x^4}$	$f_2(x) = x \cdot e^{x^2}$
b)	$G(x) = \sin^3 x$	$g_1(x) = \cos^2 x \cdot \sin x$	$g_2(x) = \sin^3 x \cdot \cos x$
c)	$H(x) = \sin(x^3)$	$h_1(x) = x \cdot \cos(x^2)$	$h_2(x) = x^2 \cdot \sin(x^3)$
d)	$F(x) = (x^2+1)^2$	$f_1(x) = x \cdot (x^2+2)^3$	$f_2(x) = x^2 \cdot \left(4x^3 - 1\right)^2$

Bestimmen Sie dann erneut Stammfunktionen zu den Funktionen in der mittleren und rechten Spalte, diesmal indem Sie eine geeignete Substitution durchführen.

Lösung:

a) Durch Anwendung der Kettenregel bei innerer Funktion x^3 erhält man $F'(x) = e^{x^3} \cdot 3x^2$.

Bei f_1 und f_2 hat man einen ähnlichen Aufbau: Der Exponent x^n der e-Funktion besitzt einem um eins größeren Grad als der Faktor x^{n-1} davor. Diesen Faktor erhält man bis auf eine Konstante als innere Ableitung der entsprechenden e-Funktion.

Zur Bestimmung einer Stammfunktion von f_1 führt ein Test von e^{x^4} zu

$$\left(e^{x^4} \right)' = e^{x^4} \cdot 4x^3.$$

Die Korrektur des Faktors 4 führt zur Stammfunktion

$$F_1(x) \;=\; \int x^3 \cdot e^{x^4}\,\mathrm{d}x \;=\; \frac{1}{4} \cdot e^{x^4}.$$

Bei f_2 erhält man ähnlich

$$F_2(x) \;=\; \int x \cdot e^{x^2}\,\mathrm{d}x \;=\; \frac{1}{2} \cdot e^{x^2}.$$

b) Die Ableitung ergibt $G'(x) = 3 \cdot \sin^2 x \cdot \cos x$.

Zur Suche einer Stammfunktion bei g_1 und g_2 kann man entsprechend den zweiten Faktor (also $\sin x$ bzw. $\cos x$) als innere Ableitung einer Potenz einer Winkelfunktion auffassen. Die äußere Ableitung dieser Winkelfunktion-Potenz liefert den jeweiligen ersten Faktor. Ggf. nach Test und Anpassen von Konstanten erhält man

$$G_1(x) \;=\; \int \cos^2 x \cdot \sin x\,\mathrm{d}x \;=\; -\frac{1}{3} \cdot \cos^3 x,$$

$$G_2(x) \;=\; \int \sin^3 x \cdot \cos x\,\mathrm{d}x \;=\; \frac{1}{4} \cdot \sin^4 x.$$

c) Es ist $H'(x) = \cos(x^3) \cdot 3x^2$.

Die Faktoren x^k bei h_1 und h_2 können entsprechend bis auf eine Konstante als innere Ableitung der jeweiligen x^{k+1}-Ausdrücke in den Winkelfunktionen aufgefasst werden. Unter Berücksichtigung der Konstanten erhält man

$$H_1(x) \;=\; \int x \cdot \cos(x^2)\,\mathrm{d}x \;=\; \frac{1}{2} \cdot \sin(x^2),$$

$$H_2(x) \;=\; \int x^2 \cdot \sin(x^3)\,\mathrm{d}x \;=\; -\frac{1}{3} \cdot \cos(x^3).$$

d) Die Ableitung ergibt $F'(x) = 2 \cdot (x^2 + 1) \cdot 2x = 4x \cdot (x^2 + 1)$.

Bei f_1 und f_2 kann man analog die x-Potenz als innere Ableitung des zweiten Faktors auffassen. Für f_1 ergibt ein Test von $(x^2 + 2)^4$

$$\left((x^2 + 2)^4 \right)' \;=\; 4 \cdot (x^2 + 2)^3 \cdot 2x \;=\; 8x \cdot (x^2 + 2)^3.$$

Die Korrektur der Konstante führt zur Stammfunktion

$$F_1(x) \;=\; \int x \cdot (x^2 + 2)^3\,\mathrm{d}x \;=\; \frac{1}{8} \cdot (x^2 + 2)^4.$$

Für f_2 kann man $(4x^3 - 1)^3$ testen:

$$\left((4x^3 - 1)^3\right)' \;=\; 3 \cdot (4x^3 - 1)^2 \cdot 4 \cdot 3x^2 \;=\; 36x^2 \cdot (4x^3 - 1)^2.$$

Also ist

$$F_2(x) \;=\; \int x^2 \cdot \left(4x^3 - 1\right)^2 \mathrm{d}x \;=\; \frac{1}{36} \cdot (4x^3 - 1)^3.$$

Die Durchführung einer formalen Substitution folgt hier immer dem gleichen Schema: Die innere Funktion $i(x)$ wird ersetzt; durch die passende Struktur der Funktionen ergibt sich eine einfache Ersetzung von $i'(x)\,\mathrm{d}x$ zu $\mathrm{d}t$, s. Bemerkung 6.3.11, 2.. Dann wird eine Stammfunktion gebildet und die ursprüngliche Substitution rückgängig gemacht:

a) $\displaystyle \int x^3 \cdot \mathrm{e}^{x^4}\, \mathrm{d}x \underset{\substack{4x^3\,\mathrm{d}x\,=\,\mathrm{d}t \\ \Leftrightarrow\, x^3\,\mathrm{d}x\,=\,\frac14\,\mathrm{d}t}}{\overset{x^4\,=\,t}{=}} \int \mathrm{e}^t \cdot \frac{1}{4}\, \mathrm{d}t \;=\; \frac{1}{4}\,\mathrm{e}^t \underset{\text{stitution}}{\overset{\text{Rücksub-}}{=}} \frac{1}{4}\,\mathrm{e}^{x^4}.$

$\displaystyle \int x \cdot \mathrm{e}^{x^2}\, \mathrm{d}x \underset{\substack{2x\,\mathrm{d}x\,=\,\mathrm{d}t \\ \Leftrightarrow\, x\,\mathrm{d}x\,=\,\frac12\,\mathrm{d}t}}{\overset{x^2\,=\,t}{=}} \int \mathrm{e}^t \cdot \frac{1}{2}\, \mathrm{d}t \;=\; \frac{1}{2}\,\mathrm{e}^t \underset{\text{stitution}}{\overset{\text{Rücksub-}}{=}} \frac{1}{2}\,\mathrm{e}^{x^2}.$

b) $\displaystyle \int \cos^2 x \cdot \sin x \, \mathrm{d}x \underset{\substack{-\sin x\,\mathrm{d}x\,=\,\mathrm{d}t \\ \Leftrightarrow\, \sin x\,\mathrm{d}x\,=\,-\,\mathrm{d}t}}{\overset{\cos x\,=\,t}{=}} \int t^2 \cdot (-1)\, \mathrm{d}t \;=\; -\frac{1}{3}t^3$

$$\underset{\text{sub.}}{\overset{\text{Rück-}}{=}} \; -\frac{1}{3}(\cos x)^3.$$

$\displaystyle \int \sin^3 x \cdot \cos x \, \mathrm{d}x \underset{\cos x\,\mathrm{d}x\,=\,\mathrm{d}t}{\overset{\sin x\,=\,t}{=}} \int t^3 \cdot \mathrm{d}t \;=\; \frac{1}{4}t^4$

$$\underset{\text{sub.}}{\overset{\text{Rück-}}{=}} \; \frac{1}{4}(\sin x)^4.$$

c) $\displaystyle \int x \cdot \cos(x^2)\, \mathrm{d}x \underset{\substack{2x\,\mathrm{d}x\,=\,\mathrm{d}t \\ \Leftrightarrow\, x\,\mathrm{d}x\,=\,\frac12\,\mathrm{d}t}}{\overset{x^2\,=\,t}{=}} \int \cos(t) \cdot \frac{1}{2}\, \mathrm{d}t \;=\; \frac{1}{2} \cdot \sin t$

$$\underset{\text{sub.}}{\overset{\text{Rück-}}{=}} \; \frac{1}{2} \cdot \sin(x^2).$$

$\displaystyle \int x^2 \cdot \sin(x^3)\, \mathrm{d}x \underset{\substack{3x^2\,\mathrm{d}x\,=\,\mathrm{d}t \\ \Leftrightarrow\, x^2\,\mathrm{d}x\,=\,\frac13\,\mathrm{d}t}}{\overset{x^3\,=\,t}{=}} \int \sin(t) \cdot \frac{1}{3}\, \mathrm{d}t \;=\; -\frac{1}{3} \cdot \cos t$

$$\underset{\text{sub.}}{\overset{\text{Rück-}}{=}} \; -\frac{1}{3} \cdot \cos(x^3).$$

d) $\displaystyle\int x \cdot (x^2+2)^3 \, dx \underset{\substack{2x\,dx \;=\; dt \\ \Leftrightarrow\, x\,dx \;=\; \frac{1}{2}dt}}{\overset{x^2 \;=\; t}{=}} \int (t+2)^3 \cdot \frac{1}{2}\,dt \;=\; \frac{1}{2}\cdot\frac{1}{4}(t+2)^4$

$$\underset{\text{sub.}}{\overset{\text{Rück-}}{=}} \;\; \frac{1}{8}(x^2+2)^4.$$

$\displaystyle\int x^2 \cdot (4x^3-1)^2 \, dx \underset{\substack{12x^2\,dx \;=\; dt \\ \Leftrightarrow\, x^2\,dx \;=\; \frac{1}{12}dt}}{\overset{4x^3-1 \;=\; t}{=}} \int t^2 \cdot \frac{1}{12}\,dt \;=\; \frac{1}{3}\cdot t^3 \cdot \frac{1}{12}$

$$\underset{\text{sub.}}{\overset{\text{Rück-}}{=}} \;\; \frac{1}{36}\cdot(4x^3-1)^3.$$

Aufgabe 6.3.14

A623

Bestimmen Sie Stammfunktionen durch Substitution oder durch „scharfes Hinschauen" (d.h., raten Sie eine Stammfunktion und passen Sie sie durch Zurück-Ableiten an).

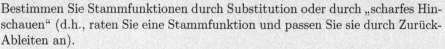

a) $\displaystyle\int x \cdot \sqrt{1-x^2}\, dx,$ b) $\displaystyle\int x \cdot e^{-x^2}\, dx,$ c) $\displaystyle\int \sin x \cdot \cos^4 x \, dx,$

d) $\displaystyle\int \frac{x}{x^2+1}\, dx,$ e) $\displaystyle\int \frac{\sin\sqrt{x}}{\sqrt{x}}\, dx,$ f) $\displaystyle\int \frac{\cos(\ln x)}{x}\, dx.$

Lösung:

a) Sieht man, dass der erste Faktor x etwas mit der inneren Ableitung des Terms $1-x^2$ unter der Wurzel zu tun hat, so kann man – da $\sqrt{x} = x^{\frac{1}{2}}$ bis auf eine Konstante $x^{\frac{3}{2}}$ als Stammfunktion besitzt – die Stammfunktion $(1-x^2)^{\frac{3}{2}}$ testen:

$$\left((1-x^2)^{\frac{3}{2}}\right)' \;=\; \frac{3}{2}\cdot\sqrt{1-x^2}\cdot(-2x) \;=\; -3x\cdot\sqrt{1-x^2}.$$

Die Korrektur des Faktors -3 führt zur Stammfunktion

$$\int x\cdot\sqrt{1-x^2}\, dx \;=\; -\frac{1}{3}\cdot(1-x^2)^{\frac{3}{2}}.$$

Alternativ findet man die Stammfunktion mittels Substitution:

$$\int x \cdot \sqrt{1-x^2}\,\mathrm{d}x \quad \overset{\substack{1-x^2\,=\,t \\ =\\ -2x\,\mathrm{d}x\,=\,\mathrm{d}t \\ \Leftrightarrow\, x\,\mathrm{d}x\,=\,-\frac{1}{2}\,\mathrm{d}t}}{} \quad \int \sqrt{t}\cdot\left(-\frac{1}{2}\right)\mathrm{d}t$$

$$= \quad \frac{2}{3}t^{\frac{3}{2}}\cdot\left(-\frac{1}{2}\right) \;=\; -\frac{1}{3}t^{\frac{3}{2}}$$

$$\overset{\substack{\text{Rücksub-} \\ = \\ \text{stitution}}}{} \quad -\frac{1}{3}\cdot(1-x^2)^{\frac{3}{2}}.$$

b) Durch „scharfes Hinschauen" kann man e^{-x^2} testen:

$$\left(\mathrm{e}^{-x^2}\right)' \;=\; \mathrm{e}^{-x^2}\cdot(-2x).$$

Die Korrektur des Faktors -2 führt zur Stammfunktion

$$\int x\cdot\mathrm{e}^{-x^2}\,\mathrm{d}x \;=\; -\frac{1}{2}\cdot\mathrm{e}^{-x^2}.$$

Alternativ findet man die Stammfunktion mittels Substitution:

$$\int x\cdot\mathrm{e}^{-x^2}\,\mathrm{d}x \quad \overset{\substack{x^2\,=\,t \\ = \\ 2x\,\mathrm{d}x\,=\,\mathrm{d}t \\ \Leftrightarrow\,x\,\mathrm{d}x\,=\,\frac{1}{2}\,\mathrm{d}t}}{} \quad \int \mathrm{e}^{-t}\cdot\frac{1}{2}\,\mathrm{d}t \;=\; \frac{1}{2}\cdot(-\mathrm{e}^{-t})$$

$$\overset{\substack{\text{Rück-} \\ = \\ \text{sub.}}}{} \quad -\frac{1}{2}\cdot\mathrm{e}^{-x^2}.$$

c) Durch „scharfes Hinschauen" kann man $\cos^5 x$ testen:

$$\left(\cos^5 x\right)' \;=\; 5\cdot\cos^4 x\cdot(-\sin x).$$

Also ist eine Stammfunktion

$$\int \sin x\cdot\cos^4 x\,\mathrm{d}x \;=\; -\frac{1}{5}\cdot\cos^5 x.$$

Alternativ findet man die Stammfunktion mittels Substitution:

$$\int \sin x\cdot\cos^4 x\,\mathrm{d}x \quad \overset{\substack{\cos x\,=\,t \\ = \\ -\sin x\,\mathrm{d}x\,=\,\mathrm{d}t}}{} \quad \int t^4\cdot(-\mathrm{d}t) \;=\; -\frac{1}{5}t^5$$

$$\overset{\substack{\text{Rück-} \\ = \\ \text{sub.}}}{} \quad -\frac{1}{5}\cdot\cos^5 x.$$

d) Durch „scharfes Hinschauen" kann man $\ln|x^2+1|$ testen:

$$\left(\ln|x^2+1|\right)' \;=\; \frac{1}{x^2+1}\cdot 2x.$$

Also ist eine Stammfunktion

$$\int \frac{x}{x^2+1}\, dx \;=\; \frac{1}{2}\cdot \ln |x^2+1|.$$

Alternativ findet man die Stammfunktion mittels Substitution:

$$\int \frac{x}{x^2+1}\, dx \overset{\substack{x^2=t\\ 2x\,dx\,=\,dt}}{=} \int \frac{1}{t+1}\cdot\frac{1}{2}\, dt \;=\; \frac{1}{2}\cdot \ln|t+1|$$

$$\overset{\substack{\text{Rück-}\\ \text{sub.}}}{=} \frac{1}{2}\cdot \ln|x^2+1|.$$

e) Durch „scharfes Hinschauen" kann man $\cos\sqrt{x}$ testen:

$$\left(\cos\sqrt{x}\right)' \;=\; -\sin\sqrt{x}\cdot\frac{1}{2\sqrt{x}} \;=\; -\frac{1}{2}\cdot\frac{\sin\sqrt{x}}{\sqrt{x}},$$

also

$$\int \frac{\sin\sqrt{x}}{\sqrt{x}}\, dx \;=\; -2\cdot\cos\sqrt{x}.$$

Alternativ findet man die Stammfunktion mittels Substitution:

$$\int \frac{\sin\sqrt{x}}{\sqrt{x}}\, dx \overset{\substack{\sqrt{x}=t\\ \frac{1}{2\sqrt{x}}\,dx\,=\,dt}}{=} \int \frac{\sin t}{1}\cdot 2\,dt \;=\; 2\cdot(-\cos t)$$

$$\overset{\substack{\text{Rück-}\\ \text{sub.}}}{=} -2\cdot\cos\sqrt{x}.$$

f) Durch „scharfes Hinschauen" kann man $\sin(\ln x)$ testen:

$$\left(\sin(\ln x)\right)' \;=\; \cos(\ln x)\cdot(\ln x)' \;=\; \cos(\ln x)\cdot\frac{1}{x},$$

also

$$\int \frac{\cos(\ln x)}{x}\, dx \;=\; \sin(\ln x).$$

Alternativ findet man die Stammfunktion mittels Substitution:

$$\int \frac{\cos(\ln x)}{x}\, dx \overset{\substack{\ln x=t\\ \frac{1}{x}\,dx\,=\,dt}}{=} \int \cos t\, dt \;=\; \sin t$$

$$\overset{\substack{\text{Rück-}\\ \text{sub.}}}{=} \sin(\ln x).$$

A624

Aufgabe 6.3.15

a) Wie muss man f wählen, damit man Integrale der Form

$$\int g(x) \cdot g'(x) \, dx \qquad \text{bzw.} \qquad \int \frac{g'(x)}{g(x)} \, dx$$

mit der Substitutionsformel $\int f(g(x)) \cdot g'(x) \, dx = F(g(x))$ lösen kann?
Wie lauten (bei allgemeinem $g(x)$) die Stammfunktionen?

b) Nutzen Sie die Überlegungen aus a) zur Bestimmung von

$$\int \sin x \cdot \cos x \, dx \qquad \text{und} \qquad \int \tan x \, dx.$$

Lösung:

a) Mit $f(u) = u$ und entsprechend $F(u) = \frac{1}{2} u^2$ erhält man

$$\int g(x) \cdot g'(x) \, dx \;=\; \int f(g(x)) \cdot g'(x) \, dx \;=\; F(g(x)) \;=\; \frac{1}{2} \big(g(x) \big)^2.$$

Mit $f(u) = \frac{1}{u}$ und entsprechend $F(u) = \ln |u|$ erhält man

$$\int \frac{g'(x)}{g(x)} \, dx \;=\; \int \frac{1}{g(x)} \cdot g'(x) \, dx \;=\; \int f(g(x)) \cdot g'(x) \, dx$$

$$=\; F(g(x)) \;=\; \ln |g(x)|.$$

Man erhält also zusammengefasst als Stammfunktionen

$$\int g(x) \cdot g'(x) \, dx \;=\; \frac{1}{2} \big(g(x) \big)^2 \quad \text{und} \quad \int \frac{g'(x)}{g(x)} \, dx \;=\; \ln |g(x)|.$$

b) Als Anwendung der ersten Formel aus a) mit $g(x) = \sin x$ erhält man

$$\int \sin x \cdot \cos x \, dx \;=\; \frac{1}{2} \sin^2 x.$$

Als Anwendung der zweiten Formel aus a) mit $g(x) = \cos x$ erhält man

$$\int \tan x \, dx \;=\; \int \frac{\sin x}{\cos x} \, dx \;=\; -\int \frac{-\sin x}{\cos x} \, dx \;=\; -\ln |\cos x|.$$

Aufgabe 6.3.16

Formen Sie die folgenden Integrale mittels Substitution so um, dass man die entstehenden Integrale mit partieller Integration lösen kann.

$$\text{a) } \int_0^4 \ln(\sqrt{x}+1)\,\mathrm{d}x, \qquad\qquad \text{b) } \int_0^1 \sin(\ln x)\,\mathrm{d}x.$$

Lösung:

a) Man hat verschiedene Möglichkeiten zur Substitution:

Möglichkeit 1: Substitution $t = \sqrt{x}+1$.

Dann ist

$$\frac{1}{2\cdot\sqrt{x}}\,\mathrm{d}x \;=\; \mathrm{d}t, \qquad \text{also} \quad \mathrm{d}x \;=\; 2\cdot\sqrt{x}\,\mathrm{d}t$$

und wegen $\sqrt{x} = t-1$ folgt

$$\mathrm{d}x \;=\; 2\cdot(t-1)\,\mathrm{d}t.$$

Die Integralgrenzen transformieren sich entsprechend der Substitution von $x=0$ auf $t=\sqrt{0}+1$ und von $x=4$ auf $t=\sqrt{4}+1$:

$$\int_0^4 \ln\left(\sqrt{x}+1\right)\,\mathrm{d}x \;\overset{\substack{\text{Substi-}\\\text{tution}}}{=}\; \int_{\sqrt{0}+1}^{\sqrt{4}+1} \ln(t)\cdot 2(t-1)\,\mathrm{d}t$$

$$= \int_1^3 2(t-1)\cdot \ln t\,\mathrm{d}t.$$

Dieses Integral kann man nun mit partieller Integration lösen, wobei man die ln-Funktion ableitet (vgl. Aufgabe 6.3.9, c))

$$\int \underset{f}{2(t-1)}\cdot \underset{G}{\ln t}\,\mathrm{d}t \;=\; \underset{F}{(t-1)^2}\cdot \underset{G}{\ln t} - \int \underset{F}{(t-1)^2}\cdot \underset{g}{\frac{1}{t}}\,\mathrm{d}t.$$

Das verbleibende Integral kann man wie folgt berechnen:

$$\int (t^2-2t+1)\cdot\frac{1}{t}\,\mathrm{d}t \;=\; \int\left(t-2+\frac{1}{t}\right)\,\mathrm{d}t \;=\; \frac{1}{2}t^2 - 2t + \ln|t|.$$

Damit erhält man insgesamt

$$\int_0^4 \ln\left(\sqrt{x}+1\right)\,dx = \int_1^3 2(t-1)\cdot\ln t\,dt$$

$$= \left((t-1)^2\cdot\ln t - \left(\frac{1}{2}t^2 - 2t + \ln|t|\right)\right)\Big|_1^3$$

$$= 2^2\cdot\ln 3 - \left(\frac{9}{2} - 6 + \ln 3\right) - \left(0 - \left(\frac{1}{2} - 2 + \underset{=\,0}{\ln 1}\right)\right) = 3\ln 3.$$

Möglichkeit 2: Substitution $\sqrt{x} = u \Leftrightarrow x = u^2$:

$$\int_0^4 \ln\left(\sqrt{x}+1\right)\,dx \overset{\substack{x\,=\,u^2 \\ dx\,=\,2u\,du}}{=} \int_0^2 \ln(u+1)\cdot 2u\,du.$$

Hier kann man nun mit partieller Integration weiterrechnen:

$$\int_0^2 \underset{F}{\ln(u+1)}\cdot\underset{g}{2u}\,du = \underset{F}{\ln(u+1)}\cdot\underset{G}{u^2}\Big|_0^2 - \int_0^2 \underset{f}{\frac{1}{u+1}}\cdot\underset{G}{u^2}\,du.$$

Beim verbleibenden rechten Integral kann man nun die Substitution $u+1 = t \Leftrightarrow u = t-1$ durchführen, die auf $\int \frac{1}{t}\cdot(t-1)^2\,dt$ führt, dem Integral, das auch bei Möglichkeit 1 auftrat.

Alternativ kann man die zu integrierende gebrochen rationale Funktion $\frac{u^2}{u+1}$ mittels Polynomdivision in ein Polynom und eine echt gebrochen rationale Funktion zerlegen:

$$\begin{array}{ll}
u^2 & : (u+1) = u-1, \quad \text{Rest } 1 \\
\underline{-(u^2+u)} & \\
\quad -u & \\
\underline{-(-u-1)} & \\
\qquad 1 &
\end{array}$$

Also ist $\frac{u^2}{u+1} = u - 1 + \frac{1}{u+1}$ und es ergibt sich weiter

$$\int_0^4 \ln\left(\sqrt{x}+1\right)\,dx = \ln(2+1)\cdot 2^2 - 0 - \int_0^2 \left(u - 1 + \frac{1}{u+1}\right)\,du$$

$$= \ln 3\cdot 4 - \left(\frac{1}{2}u^2 - u + \ln|u+1|\right)\Big|_0^2$$

$$= \ln 3\cdot 4 - \left[\left(\frac{1}{2}\cdot 4 - 2 + \ln 3\right) - \underset{=\,0}{\ln 1}\right]$$

$$= 3\cdot\ln 3.$$

b) Die Substitution $t = \ln x \Leftrightarrow x = e^t$ führt zu $\mathrm{d}x = e^t\,\mathrm{d}t$.

Das Integral ist ein uneigentliches Integral, da der Integrand bei $x = 0$ nicht definiert ist. Man muss das Integral also mit unterer Grenze $x \to 0+$ auffassen. Dies transformiert sich bei $t = \ln x$ zu $t \to -\infty$.

Die Grenze $x = 1$ transformiert sich zu $t = \ln 1 = 0$:

$$\int_0^1 \sin(\ln x)\,\mathrm{d}x \overset{\substack{\text{Substi-}\\ \text{tution}}}{=} \int_{-\infty}^0 \sin t \cdot e^t\,\mathrm{d}t.$$

Eine Stammfunktion zu $\sin t \cdot e^t$ kann man mittels zweifacher partieller Integration bestimmen:

$$\int \underset{F}{\sin t} \cdot \underset{g}{e^t}\,\mathrm{d}t = \underset{F}{\sin t} \cdot \underset{G}{e^t} - \int \underset{\substack{f\\ F}}{\cos t} \cdot \underset{\substack{G\\ g}}{e^t}\,\mathrm{d}t$$

$$= \sin t \cdot e^t - \left[\underset{F}{\cos t} \cdot \underset{G}{e^t} - \int (\underset{f}{-\sin t}) \cdot \underset{G}{e^t}\,\mathrm{d}t \right]$$

$$= \sin t \cdot e^t - \cos t \cdot e^t - \int \sin t \cdot e^t\,\mathrm{d}t.$$

Bringt man das rechte Integral auf die linke Seite, erhält man

$$2 \cdot \int \sin t \cdot e^t\,\mathrm{d}t = \sin t \cdot e^t - \cos t \cdot e^t$$

und damit

$$\int \sin t \cdot e^t\,\mathrm{d}t = \frac{1}{2} \cdot \left(\sin t \cdot e^t - \cos t \cdot e^t \right).$$

Damit kann nun das Integral berechnet werden:

$$\int_{-\infty}^0 \sin t \cdot e^t\,\mathrm{d}t = \lim_{c \to -\infty} \int_c^0 \sin t \cdot e^t\,\mathrm{d}t$$

$$= \lim_{c \to -\infty} \left[\frac{1}{2} \cdot \left(\sin t \cdot e^t - \cos t \cdot e^t \right) \right]\Bigg|_c^0$$

$$= \lim_{c \to -\infty} \left[\frac{1}{2}(0 - 1) - \frac{1}{2} \underset{\to 0}{e^c} \cdot (\sin c - \cos c) \right]$$

$$= \qquad -\frac{1}{2} \qquad - \qquad 0 \qquad = -\frac{1}{2}.$$

6.3.4 Partialbruch-Zerlegung

A626

Aufgabe 6.3.17

Bestimmen Sie mit Hilfe der Partialbruchzerlegungen (s. dazu Aufgabe 1.1.21) Stammfunktionen zu

a) $f(x) = \dfrac{4x - 3}{x^2 + x - 6}$,

b) $g(x) = \dfrac{2x}{x^2 - 1}$,

c) $h(x) = \dfrac{2x + 3}{x^2 + 2x + 1}$,

d) $f(x) = \dfrac{-2x^2 - 3}{x^3 + x}$.

Lösung:

a) Mit der Partialbruchzerlegung aus Aufgabe 1.1.21, a), ergibt sich

$$\int \frac{4x - 3}{x^2 + x - 6}\, \mathrm{d}x \;=\; \int \left(\frac{1}{x - 2} + \frac{3}{x + 3} \right) \mathrm{d}x$$

$$= \; \ln|x - 2| + 3 \cdot \ln|x + 3|.$$

b) Mit der Partialbruchzerlegung aus Aufgabe 1.1.21, b), ergibt sich

$$\int \frac{2x}{x^2 - 1}\, \mathrm{d}x \;=\; \int \left(\frac{1}{x + 1} + \frac{1}{x - 1} \right) \mathrm{d}x$$

$$= \; \ln|x + 1| + \ln|x - 1|.$$

Umgeformt ist die Stammfunktion auch:

$$\ln|x + 1| + \ln|x - 1| \;=\; \ln|(x + 1) \cdot (x - 1)| \;=\; (\ln|x^2 - 1|).$$

Alternativ findet man die Stammfunktion auch direkt durch „scharfes Hinschauen" (vgl. Aufgabe 6.3.14, d) und Aufgabe 6.3.15, a); der Integrand hat die Form $\frac{g'}{g}$):

$$\int \frac{2x}{x^2 - 1}\, \mathrm{d}x \;=\; \ln|x^2 - 1|.$$

c) Mit der Partialbruchzerlegung aus Aufgabe 1.1.21, c), ergibt sich

$$\int \frac{2x + 3}{x^2 + 2x + 1}\, \mathrm{d}x \;=\; \int \left(\frac{2}{x + 1} + \frac{1}{(x + 1)^2} \right) \mathrm{d}x$$

$$= \; 2 \cdot \ln|x + 1| - \frac{1}{x + 1}.$$

d) Mit der Partialbruchzerlegung aus Aufgabe 1.1.21, d), ergibt sich

$$\int \frac{-2x^2 - 3}{x^3 + x}\, \mathrm{d}x = \int \left(-\frac{3}{x} + \frac{x}{x^2 + 1} \right)\, \mathrm{d}x$$

$$= -3 \cdot \ln|x| + \frac{1}{2} \cdot \ln|x^2 + 1|.$$

Aufgabe 6.3.18

Bestimmen Sie eine Stammfunktion zu $f(x) = \dfrac{x + 3}{x^2 - 4x + 8}$.

A627

Lösung:

Der Nenner $x^2 - 4x + 8$ ist nullstellenfrei, wie man sich zum Beispiel mit der p-q-Formel überlegen kann. Man kann also keine weitere Partialbruchzerlegung durchführen.

Zunächst wird der x-Anteil im Zähler mit Hilfe eines Stammfunktions-Bestandteils der Form „ln(Nenner)" versorgt: Wegen

$$\ln(x^2 - 4x + 8)' = \frac{2x - 4}{x^2 - 4x + 8} = 2 \cdot \frac{x - 2}{x^2 - 4x + 8}$$

kann man f aufspalten in

$$f(x) = \frac{x + 3}{x^2 - 4x + 8} = \frac{x - 2 + 5}{x^2 - 4x + 8}$$

$$= \frac{1}{2} \cdot 2 \cdot \frac{x - 2}{x^2 - 4x + 8} + \frac{5}{x^2 - 4x + 8}$$

und hat zum ersten Summanden eine Stammfunktion $\frac{1}{2} \cdot \ln(x^2 - 4x + 8)$.

Damit bleibt noch $\frac{5}{x^2 - 4x + 8}$ zu integrieren. Ziel ist eine Darstellung in der Form $c \cdot \frac{1}{t^2 + 1}$ mit einer Konstanten c, so dass man mit der Arcustangens-Funktion eine Stammfunktion finden kann:

Man kann den Nenner durch quadratische Ergänzung und Ausklammern wie folgt umformen:

$$x^2 - 4x + 8 = (x - 2)^2 + 4 = 4 \cdot \left[\frac{1}{4} \cdot (x - 2)^2 + 1 \right] = 4 \cdot \left[\left(\frac{x - 2}{2} \right)^2 + 1 \right],$$

also

$$\frac{5}{x^2 - 4x + 8} = \frac{5}{4 \cdot \left[\left(\frac{x-2}{2} \right)^2 + 1 \right]} = \frac{5}{4} \cdot \frac{1}{\left(\frac{x-2}{2} \right)^2 + 1}.$$

Wegen

$$\arctan\left(\frac{x-2}{2}\right)' = \frac{1}{\left(\frac{x-2}{2}\right)^2+1} \cdot \frac{1}{2}$$

ist $\frac{5}{4} \cdot 2 \cdot \arctan\left(\frac{x-2}{2}\right)$ eine Stammfunktion für den verbliebenen Summanden, also

$$\int f(x)\,dx = \frac{1}{2} \cdot \ln(x^2 - 4x + 8) + \frac{5}{2} \cdot \arctan\left(\frac{x-2}{2}\right).$$

7 Vektorrechnung

7.1 Vektoren und Vektorraum

Aufgabe 7.1.1

a) Zeichnen Sie die Punkte $P = \begin{pmatrix} 3 \\ 1 \end{pmatrix}$, $Q = \begin{pmatrix} 1 \\ -2 \end{pmatrix}$ und $S = \begin{pmatrix} -2 \\ 3 \end{pmatrix}$ und die zugehörigen Ortsvektoren $\vec{p}$, $\vec{q}$ und $\vec{s}$.

b) Was ergibt $\vec{p} + \vec{q}$, was $\vec{p} - \vec{s}$?

c) Welcher Vektor führt von P zu S, welcher von Q zu P?

d) Bestimmen und zeichnen Sie $2 \cdot \vec{p}$, $-\frac{1}{2} \cdot \vec{p}$, $2 \cdot (\vec{p} + \vec{q})$.

e) Wie erhält man den Punkt T, der genau zwischen P und Q liegt?

Lösung:

a)

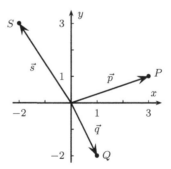

Abb. 7.1 Punkte und Ortsvektoren.

b) Rechnerisch erhält man

$$\vec{p} + \vec{q} = \begin{pmatrix} 3 \\ 1 \end{pmatrix} + \begin{pmatrix} 1 \\ -2 \end{pmatrix} = \begin{pmatrix} 3+1 \\ 1+(-2) \end{pmatrix} = \begin{pmatrix} 4 \\ -1 \end{pmatrix},$$

$$\vec{p} - \vec{s} = \begin{pmatrix} 3 \\ 1 \end{pmatrix} - \begin{pmatrix} -2 \\ 3 \end{pmatrix} = \begin{pmatrix} 3-(-2) \\ 1-3 \end{pmatrix} = \begin{pmatrix} 5 \\ -2 \end{pmatrix}.$$

© Der/die Autor(en), exklusiv lizenziert an
Springer-Verlag GmbH, DE, ein Teil von Springer Nature 2023
G. Hoever, *Arbeitsbuch höhere Mathematik*,
https://doi.org/10.1007/978-3-662-68268-5_18

Grafisch erhält man das Ergebnis durch Aneinanderhängen der Vektoren;
bei $\vec{p} - \vec{s}$ muss man den Vektor $\vec{s}$ zunächst spiegeln, s. Abb. 7.2.

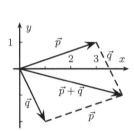

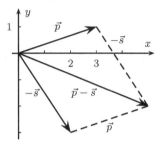

Abb. 7.2 Addition und Subtraktion zweier Vektoren.

c) Um die Verbindungsvektoren zu erhalten, muss man vom Startpunkt zunächst
rückwärts zum Ursprung gehen, also den
ersten Vektor invertieren, und dann zum
Endpunkt gehen, also den zweiten Vektor
addieren (s. Abb. 7.3):

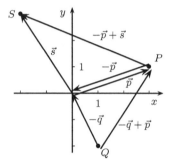

Von P zu S führt:

$$-\vec{p} + \vec{s} = -\begin{pmatrix} 3 \\ 1 \end{pmatrix} + \begin{pmatrix} -2 \\ 3 \end{pmatrix}$$

$$= \begin{pmatrix} -3 - 2 \\ -1 + 3 \end{pmatrix} = \begin{pmatrix} -5 \\ 2 \end{pmatrix}.$$

Abb. 7.3 Vektoren von P zu S
und Q zu P.

Von Q zu P führt:

$$-\vec{q} + \vec{p} = -\begin{pmatrix} 1 \\ -2 \end{pmatrix} + \begin{pmatrix} 3 \\ 1 \end{pmatrix} = \begin{pmatrix} -1 + 3 \\ 2 + 1 \end{pmatrix} = \begin{pmatrix} 2 \\ 3 \end{pmatrix}.$$

d) Rechnerisch erhält man

$$2 \cdot \vec{p} = 2 \cdot \begin{pmatrix} 3 \\ 1 \end{pmatrix} = \begin{pmatrix} 2 \cdot 3 \\ 2 \cdot 1 \end{pmatrix} = \begin{pmatrix} 6 \\ 2 \end{pmatrix},$$

$$-\frac{1}{2} \cdot \vec{p} = -\frac{1}{2} \cdot \begin{pmatrix} 3 \\ 1 \end{pmatrix} = \begin{pmatrix} -1/2 \cdot 3 \\ -1/2 \cdot 1 \end{pmatrix} = \begin{pmatrix} -3/2 \\ -1/2 \end{pmatrix},$$

$$2 \cdot (\vec{p} + \vec{q}) = 2 \cdot \left(\begin{pmatrix} 3 \\ 1 \end{pmatrix} + \begin{pmatrix} 1 \\ -2 \end{pmatrix} \right) = 2 \cdot \begin{pmatrix} 4 \\ -1 \end{pmatrix} = \begin{pmatrix} 8 \\ -2 \end{pmatrix}.$$

Abb. 7.4 zeigt die Vektoren im Koordinatensystem.

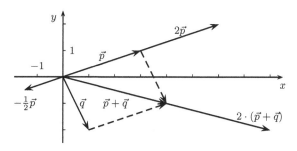

Abb. 7.4 Vektoraddition und skalare Multiplikationen.

e) Man kann von P aus die Hälfte der Verbindungsstrecke zu Q (also $\vec{q} - \vec{p}$) entlang gehen:

$$\vec{t} = \vec{p} + \frac{1}{2}(\vec{q} - \vec{p})$$
$$= \vec{p} + \frac{1}{2}\vec{q} - \frac{1}{2}\vec{p}$$
$$= \frac{1}{2}\vec{p} + \frac{1}{2}\vec{q}$$
$$= \frac{1}{2}(\vec{p} + \vec{q}).$$

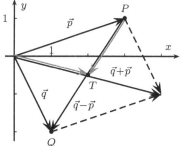

Das Ergebnis $\vec{t} = \frac{1}{2}(\vec{p} + \vec{q})$ ist aus Abb. 7.5 auch direkt ersichtlich.

Abb. 7.5 Mittelpunkt T zwischen P und Q.

Aufgabe 7.1.2

Berechnen Sie

A702

$$\vec{a} + \vec{b}, \qquad \vec{a} - \vec{b}, \qquad -\vec{a}, \qquad 3\vec{b}, \qquad 2 \cdot (\vec{a} + \vec{b}), \qquad 2\vec{a} + 2\vec{b}$$

für die folgenden Fälle:

a) im Vektorraum $\mathbb{R}^2$ mit $\vec{a} = \left(\begin{smallmatrix} 1 \\ -2 \end{smallmatrix}\right)$, $\vec{b} = \left(\begin{smallmatrix} 1 \\ 1 \end{smallmatrix}\right)$. Zeichnen Sie die Vektoren.

b) im Vektorraum $\mathbb{R}^3$ mit $\vec{a} = \left(\begin{smallmatrix} 1 \\ 0 \\ -2 \end{smallmatrix}\right)$, $\vec{b} = \left(\begin{smallmatrix} 0 \\ 1 \\ 3 \end{smallmatrix}\right)$. Versuchen Sie, sich die Vektoren vorzustellen.

c) im Vektorraum $\mathbb{R}^4$ mit $\vec{a} = \left(\begin{smallmatrix} 2 \\ 3 \\ 0 \\ 1 \end{smallmatrix}\right)$, $\vec{b} = \left(\begin{smallmatrix} -1 \\ 1 \\ 1 \\ 0 \end{smallmatrix}\right)$.

d) im Vektorraum aller Polynome mit

$$\vec{a} \text{ als dem Polynom } a(x) = x^3 + x + 1 \quad \text{und} \quad \vec{b} \text{ als } b(x) = x^2 - 2x.$$

Lösung:

Bei a), b) und c) berechnet man die Vektoren komponentenweise:

a)
$$\vec{a} + \vec{b} = \begin{pmatrix} 1 \\ -2 \end{pmatrix} + \begin{pmatrix} 1 \\ 1 \end{pmatrix} = \begin{pmatrix} 2 \\ -1 \end{pmatrix},$$

$$\vec{a} - \vec{b} = \begin{pmatrix} 1 \\ -2 \end{pmatrix} - \begin{pmatrix} 1 \\ 1 \end{pmatrix} = \begin{pmatrix} 0 \\ -3 \end{pmatrix},$$

$$-\vec{a} = \begin{pmatrix} -1 \\ 2 \end{pmatrix},$$

$$3 \cdot \vec{b} = \begin{pmatrix} 3 \\ 3 \end{pmatrix},$$

$$2 \cdot \left(\vec{a} + \vec{b} \right) = 2 \cdot \begin{pmatrix} 2 \\ -1 \end{pmatrix} = \begin{pmatrix} 4 \\ -2 \end{pmatrix},$$

$$2 \cdot \vec{a} + 2 \cdot \vec{b} = \begin{pmatrix} 2 \\ -4 \end{pmatrix} + \begin{pmatrix} 2 \\ 2 \end{pmatrix} = \begin{pmatrix} 4 \\ -2 \end{pmatrix}.$$

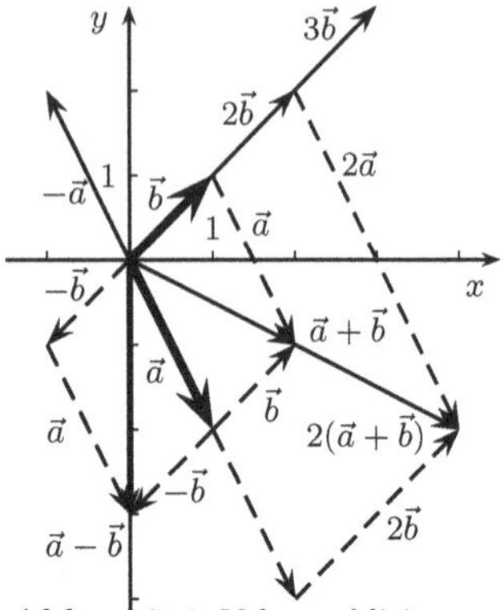

Abb. 7.6 Vektoradditionen und skalare Multiplikationen.

b)
$$\vec{a} + \vec{b} = \begin{pmatrix} 1 \\ 0 \\ -2 \end{pmatrix} + \begin{pmatrix} 0 \\ 1 \\ 3 \end{pmatrix} = \begin{pmatrix} 1+0 \\ 0+1 \\ -2+3 \end{pmatrix} = \begin{pmatrix} 1 \\ 1 \\ 1 \end{pmatrix},$$

$$\vec{a} - \vec{b} = \begin{pmatrix} 1 \\ 0 \\ -2 \end{pmatrix} - \begin{pmatrix} 0 \\ 1 \\ 3 \end{pmatrix} = \begin{pmatrix} 1-0 \\ 0-1 \\ -2-3 \end{pmatrix} = \begin{pmatrix} 1 \\ -1 \\ -5 \end{pmatrix},$$

$$-\vec{a} = \begin{pmatrix} -1 \\ 0 \\ 2 \end{pmatrix}, \qquad 3 \cdot \vec{b} = \begin{pmatrix} 0 \\ 3 \\ 9 \end{pmatrix},$$

$$2 \cdot \left(\vec{a} + \vec{b} \right) = 2 \cdot \begin{pmatrix} 1 \\ 1 \\ 1 \end{pmatrix} = \begin{pmatrix} 2 \\ 2 \\ 2 \end{pmatrix},$$

$$2 \cdot \vec{a} + 2 \cdot \vec{b} = \begin{pmatrix} 2 \\ 0 \\ -4 \end{pmatrix} + \begin{pmatrix} 0 \\ 2 \\ 6 \end{pmatrix} = \begin{pmatrix} 2 \\ 2 \\ 2 \end{pmatrix}.$$

c)
$$\vec{a} + \vec{b} = \begin{pmatrix} 2 \\ 3 \\ 0 \\ 1 \end{pmatrix} + \begin{pmatrix} -1 \\ 1 \\ 1 \\ 0 \end{pmatrix} = \begin{pmatrix} 1 \\ 4 \\ 1 \\ 1 \end{pmatrix}, \qquad -\vec{a} = \begin{pmatrix} -2 \\ -3 \\ 0 \\ -1 \end{pmatrix},$$

$$\vec{a} - \vec{b} = \begin{pmatrix} 2 \\ 3 \\ 0 \\ 1 \end{pmatrix} - \begin{pmatrix} -1 \\ 1 \\ 1 \\ 0 \end{pmatrix} = \begin{pmatrix} 3 \\ 2 \\ -1 \\ 1 \end{pmatrix}, \qquad 3 \cdot \vec{b} = \begin{pmatrix} -3 \\ 3 \\ 3 \\ 0 \end{pmatrix},$$

$$2 \cdot \left(\vec{a} + \vec{b} \right) \;=\; 2 \cdot \begin{pmatrix} 1 \\ 4 \\ 1 \\ 1 \end{pmatrix} \;=\; \begin{pmatrix} 2 \\ 8 \\ 2 \\ 2 \end{pmatrix},$$

$$2 \cdot \vec{a} + 2 \cdot \vec{b} \;=\; \begin{pmatrix} 4 \\ 6 \\ 0 \\ 2 \end{pmatrix} + \begin{pmatrix} -2 \\ 2 \\ 2 \\ 0 \end{pmatrix} \;=\; \begin{pmatrix} 2 \\ 8 \\ 2 \\ 2 \end{pmatrix}.$$

d) Indem man die Polynome wie üblich addiert und mit reellen Skalaren multipliziert, erhält man

$$\vec{a} + \vec{b} \;=\; (x^3 + x + 1) + (x^2 - 2x) \;=\; x^3 + x^2 - x + 1,$$

$$\vec{a} - \vec{b} \;=\; (x^3 + x + 1) - (x^2 - 2x) \;=\; x^3 - x^2 + 3x + 1,$$

$$-\vec{a} \;=\; -(x^3 + x + 1) \;=\; -x^3 - x - 1,$$

$$3 \cdot \vec{b} \;=\; 3 \cdot (x^2 - 2x) \;=\; 3x^2 - 6x,$$

$$2 \cdot \left(\vec{a} + \vec{b} \right) \;=\; 2 \cdot \left[(x^3 + x + 1) + (x^2 - 2x) \right]$$
$$=\; 2 \cdot (x^3 + x^2 - x + 1)$$
$$=\; 2x^3 + 2x^2 - 2x + 2,$$

$$2 \cdot \vec{a} + 2 \cdot \vec{b} \;=\; 2 \cdot (x^3 + x + 1) + 2 \cdot (x^2 - 2x)$$
$$=\; 2x^3 + 2x + 2 + 2x^2 - 4x$$
$$=\; 2x^3 + 2x^2 - 2x + 2.$$

7.2 Linearkombination

Aufgabe 7.2.1

A703

a) Stellen Sie die Vektoren $\begin{pmatrix} 2 \\ 5 \end{pmatrix}$, $\begin{pmatrix} 3 \\ 0 \end{pmatrix}$, $\begin{pmatrix} 1 \\ 0 \end{pmatrix}$ und $\begin{pmatrix} 0 \\ 1 \end{pmatrix}$ als Linearkombination von $\begin{pmatrix} 2 \\ 2 \end{pmatrix}$ und $\begin{pmatrix} 2 \\ -1 \end{pmatrix}$ dar.

b) Stellen Sie $p(x) = 2x^2 + 2x + 1$ dar als Linearkombination von

$$v_1(x) \;=\; x + 1, \quad v_2(x) \;=\; x^2 \quad \text{und} \quad v_3(x) \;=\; x^2 + 1.$$

Lösung:

a) Wie man an Abb. 7.7 sieht und leicht nachrechnet, gilt:

$$\begin{pmatrix} 2 \\ 5 \end{pmatrix} = 2 \cdot \begin{pmatrix} 2 \\ 2 \end{pmatrix} - 1 \cdot \begin{pmatrix} 2 \\ -1 \end{pmatrix}$$

Alternativ kann man zur Berechnung eine allgemeine Linearkombination ansetzen:

$$\begin{pmatrix} 2 \\ 5 \end{pmatrix} = \lambda \cdot \begin{pmatrix} 2 \\ 2 \end{pmatrix} + \mu \cdot \begin{pmatrix} 2 \\ -1 \end{pmatrix}.$$

Bei Betrachtung der einzelnen Komponenten führt dies zu einem Gleichungssystem

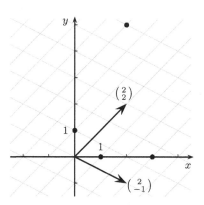

Abb. 7.7 Vektoren und mögliche Linearkombinationen.

$$2 = 2\lambda + 2\mu$$
$$5 = 2\lambda - \mu.$$

Zieht man die erste von der zweiten Gleichung ab, erhält man $3 = -3\mu$, also $\mu = -1$, und damit aus der zweiten Gleichung $5 = 2\lambda + 1$, also $\lambda = 2$.

Für $\begin{pmatrix} 3 \\ 0 \end{pmatrix}$ erhält man mit dem allgemeinen Ansatz

$$\begin{pmatrix} 3 \\ 0 \end{pmatrix} = \lambda \cdot \begin{pmatrix} 2 \\ 2 \end{pmatrix} + \mu \cdot \begin{pmatrix} 2 \\ -1 \end{pmatrix}$$

$$\Leftrightarrow \quad \begin{array}{rcrcr} 3 &=& 2\lambda &+& 2\mu \\ 0 &=& 2\lambda &-& \mu \end{array}.$$

Zieht man hier die zweite von der ersten Gleichung ab, erhält man $3 = 3\mu$, also $\mu = 1$, und damit aus der zweiten Gleichung $0 = 2\lambda - 1$, also $\lambda = \frac{1}{2}$ und damit

$$\begin{pmatrix} 3 \\ 0 \end{pmatrix} = \frac{1}{2} \cdot \begin{pmatrix} 2 \\ 2 \end{pmatrix} + 1 \cdot \begin{pmatrix} 2 \\ -1 \end{pmatrix}.$$

Für $\begin{pmatrix} 1 \\ 0 \end{pmatrix}$ könnte man genauso vorgehen. Da die Darstellung für $\begin{pmatrix} 3 \\ 0 \end{pmatrix}$ aber schon bekannt ist, geht es schneller mit

$$\begin{pmatrix} 1 \\ 0 \end{pmatrix} = \frac{1}{3} \cdot \begin{pmatrix} 3 \\ 0 \end{pmatrix} = \frac{1}{3} \cdot \left(\frac{1}{2} \cdot \begin{pmatrix} 2 \\ 2 \end{pmatrix} + 1 \cdot \begin{pmatrix} 2 \\ -1 \end{pmatrix} \right)$$

$$= \frac{1}{6} \cdot \begin{pmatrix} 2 \\ 2 \end{pmatrix} + \frac{1}{3} \cdot \begin{pmatrix} 2 \\ -1 \end{pmatrix}.$$

Für $\binom{0}{1}$ könnte man wieder ein Gleichungssystem aufstellen. Sieht man aber, dass $\binom{2}{2} - \binom{2}{-1} = \binom{0}{3}$ ist, erhält man leicht

$$\binom{0}{1} = \frac{1}{3} \cdot \binom{0}{3} = \frac{1}{3} \cdot \left(1 \cdot \binom{2}{2} - 1 \cdot \binom{2}{-1} \right)$$
$$= \frac{1}{3} \cdot \binom{2}{2} - \frac{1}{3} \cdot \binom{2}{-1}.$$

Bemerkung:

Hat man nun Darstellungen von $\binom{1}{0}$ und $\binom{0}{1}$, so kann man jeden anderen Vektor leicht darstellen, beispielsweise

$$\binom{3}{4} = 3 \cdot \binom{1}{0} + 4 \cdot \binom{0}{1}$$
$$= 3 \cdot \left(\frac{1}{6} \cdot \binom{2}{2} + \frac{1}{3} \cdot \binom{2}{-1} \right)$$
$$\quad + 4 \cdot \left(\frac{1}{3} \cdot \binom{2}{2} - \frac{1}{3} \cdot \binom{2}{-1} \right)$$
$$= \left(\frac{1}{2} + \frac{4}{3} \right) \cdot \binom{2}{2} + \left(1 - \frac{4}{3} \right) \cdot \binom{2}{-1}$$
$$= \frac{11}{6} \cdot \binom{2}{2} + \left(-\frac{1}{3} \right) \cdot \binom{2}{-1}.$$

b) Der Ansatz für die Darstellung als Linearkombinationen ist

$$p = \lambda_1 \cdot v_1 + \lambda_2 \cdot v_2 + \lambda_3 \cdot v_3.$$

Damit folgt

$$2x^2 + 2x + 1 = \lambda_1 \cdot (x + 1) + \lambda_2 \cdot (x^2) + \lambda_3 \cdot (x^2 + 1)$$
$$= (\lambda_2 + \lambda_3) \cdot x^2 + \lambda_1 \cdot x + (\lambda_1 + \lambda_3).$$

Der Koeffizientenvergleich bringt:

$$\begin{array}{lll} \text{bei } x: & \lambda_1 = 2, & \\ \text{bei } 1: & \lambda_1 + \lambda_3 = 1, & \text{also: } \lambda_3 = -1 \\ \text{bei } x^2: & \lambda_2 + \lambda_3 = 2, & \text{also: } \lambda_2 = 3. \end{array}$$

Damit ist

$$p = 2 \cdot v_1 + 3 \cdot v_2 - v_3.$$

Aufgabe 7.2.2

A704 Ein Roboter kann auf einer Schiene entlang der x-Achse fahren und hat einen diagonalen Greifarm (Richtung $\binom{1}{1}$), den er aus- und einfahren kann.

In welcher Position muss der Roboter stehen, um einen Gegenstand bei $\binom{1}{3}$ zu fassen?

Formulieren Sie das Problem mittels Linearkombination von Vektoren.

Lösung:

Der Roboter kann bei $\binom{x}{0} = x \cdot \binom{1}{0}$ stehen und in Richtung $\binom{1}{1}$ greifen.

In Position $\binom{x}{0}$ kann er also zu

$$\binom{x}{0} + \alpha \cdot \binom{1}{1}$$

greifen.

Gesucht ist nun das x so, dass es ein α gibt mit

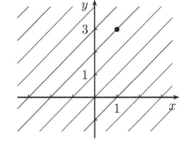

Abb. 7.8 Mögliche Greif-Richtungen des Roboters.

$$\binom{1}{3} = x \cdot \binom{1}{0} + \alpha \cdot \binom{1}{1}.$$

Offensichtlich erfüllt $\alpha = 3$ und $x = -2$ diese Gleichung.

Folglich muss der Roboter bei $\binom{-2}{0}$ stehen.

Aufgabe 7.2.3

A705 Für welche Werte von c sind drei Vektoren

$$\begin{pmatrix} 1 \\ 0 \\ -1 \end{pmatrix}, \quad \begin{pmatrix} 3 \\ 1 \\ -2 \end{pmatrix} \quad \text{und} \quad \begin{pmatrix} 0 \\ 2 \\ c \end{pmatrix}$$

linear unabhängig?

Lösung:

Offensichtlich zeigen die ersten beiden Vektoren $\begin{pmatrix} 1 \\ 0 \\ -1 \end{pmatrix}$ und $\begin{pmatrix} 3 \\ 1 \\ -2 \end{pmatrix}$ in unterschiedliche Richtungen. Damit die drei Vektoren linear unabhängig sind, darf der dritte Vektor $\begin{pmatrix} 0 \\ 2 \\ c \end{pmatrix}$ nicht als Linearkombination der ersten beiden darstellbar sein.

Als Linearkombination darstellbar ist der dritte Vektor (die drei Vektoren sind dann linear abhängig), falls es λ und μ gibt mit

$$\begin{pmatrix} 0 \\ 2 \\ c \end{pmatrix} = \lambda \cdot \begin{pmatrix} 1 \\ 0 \\ -1 \end{pmatrix} + \mu \cdot \begin{pmatrix} 3 \\ 1 \\ -2 \end{pmatrix}$$

$$\Leftrightarrow \quad \begin{aligned} 0 &= \lambda + 3\mu \\ 2 &= \mu . \\ c &= -\lambda - 2\mu \end{aligned}$$

Aus der zweiten Gleichung erhält man $\mu = 2$ und damit aus der ersten

$$\lambda = -3\mu = -3 \cdot 2 = -6.$$

Damit ergibt sich aus der dritten Gleichung

$$c = -(-6) - 2 \cdot 2 = 2.$$

Für $c = 2$ sind die Vektoren also linear abhängig und entsprechend für $c \neq 2$ linear unabhängig.

Aufgabe 7.2.4

Machen Sie sich anschaulich klar, welche der folgenden Mengen ein Erzeugendensystem bzw. sogar eine Basis des $\mathbb{R}^2$ bilden.

a) $\left\{ \begin{pmatrix} 1 \\ 3 \end{pmatrix}, \begin{pmatrix} 0 \\ 1 \end{pmatrix} \right\}$ b) $\left\{ \begin{pmatrix} 2 \\ 1 \end{pmatrix} \right\}$ c) $\left\{ \begin{pmatrix} 3 \\ 1 \end{pmatrix}, \begin{pmatrix} 1 \\ 3 \end{pmatrix} \right\}$

d) $\left\{ \begin{pmatrix} 3 \\ 1 \end{pmatrix}, \begin{pmatrix} 1 \\ 3 \end{pmatrix}, \begin{pmatrix} 1 \\ 1 \end{pmatrix} \right\}$ e) $\left\{ \begin{pmatrix} 2 \\ -1 \end{pmatrix}, \begin{pmatrix} -4 \\ 2 \end{pmatrix} \right\}$

Lösung:

Entsprechend Definition 7.2.4 muss bei einem Erzeugendensystem jeder Vektor aus dem Vektorraum als Linearkombination der gegebenen Vektoren darstellbar sein. Abb. 7.9 zeigt, dass das bei a) und c) (links und rechts) gegeben ist, bei b) (Mitte) nicht.

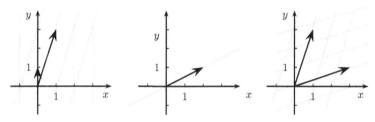

Abb. 7.9 Vektoren und mögliche Linearkombinationen.

Bei d) gibt es einen Vektor mehr als bei c). Da die Menge bei c) ein Erzeugendensystem ist, ist dann auch die bei d) gegebene größere Menge ein Erzeugendensystem.

Abb. 7.10 zeigt, dass die Vektoren $\left(\begin{smallmatrix} 2 \\ -1 \end{smallmatrix}\right)$ und $\left(\begin{smallmatrix} -4 \\ 2 \end{smallmatrix}\right)$ Vielfache voneinander sind, und dass man damit nicht alle Vektoren aus $\mathbb{R}^2$ erreichen kann.

Die Menge $\left\{\left(\begin{smallmatrix} 2 \\ -1 \end{smallmatrix}\right), \left(\begin{smallmatrix} -4 \\ 2 \end{smallmatrix}\right)\right\}$ ist also kein Erzeugendensystem.

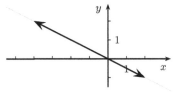

Abb. 7.10 Vektoren auf einer Linie.

Eine Basis ist ein Erzeugendensystem mit linear unabhängigen Vektoren. Die Vektoren bei a) und c) sind offensichtlich linear unabhängig, so dass hier Basen vorliegen. Da bei d) der zusätzliche Vektor $\left(\begin{smallmatrix} 1 \\ 1 \end{smallmatrix}\right)$ ja durch die Vektoren $\left(\begin{smallmatrix} 3 \\ 1 \end{smallmatrix}\right)$ und $\left(\begin{smallmatrix} 1 \\ 3 \end{smallmatrix}\right)$ dargestellt werden kann (da die Menge bei c) ein Erzeugendensystem bildet), sind die Vektoren linear abhängig, die Menge also keine Basis.

A707

Aufgabe 7.2.5

Sei P_n der Vektorraum aller Polynome vom Grad $\leq n$.

a) Welche der folgenden Mengen bilden ein Erzeugendensystem, welche sogar eine Basis von P_2?

   1) $\{1,\, x,\, x^2\}$,   2) $\{1+x,\, 1+x^2\}$,   3) $\{1,\, 1+x,\, 1+x^2\}$

   4) $\{1+x,\, x^2,\, 1+x+x^2\}$,   5) $\{1,\, 1+x,\, 1+x^2,\, x^2\}$

b) Welche Dimension hat P_2?

c) Welche Dimension hat P_n?

Lösung:

a) Es ist

$$\begin{aligned} P_2 &= \{\text{Polynome vom Grad} \leq 2\} \\ &= \left\{ a_0 + a_1 x + a_2 x^2 \mid a_0, a_1, a_2 \in \mathbb{R} \right\}. \end{aligned}$$

1) Die Darstellung $v(x) = a_0 + a_1 x + a_2 x^2$ stellt eine Linearkombination von v als

$$v(x) = \lambda_1 \cdot 1 + \lambda_2 \cdot x + \lambda_3 \cdot x^2$$

dar, wobei die Koeffizienten dabei (eindeutig) $\lambda_1 = a_0$, $\lambda_2 = a_1$ und $\lambda_3 = a_2$ sind.

Also ist $\{1,\, x,\, x^2\}$ ein Erzeugendensystem und (wegen der Eindeutigkeit der Darstellung, s. Bemerkung 7.2.13, 3.) eine Basis von P_2.

2) Die Menge $\{1 + x,\ 1 + x^2\}$ ist kein Erzeugendensystem und damit auch keine Basis von P_2, denn will man $v(x) = 1 + x + x^2$ als Linearkombination darstellen, erhält man mit dem Ansatz

$$\begin{aligned}
1 + x + x^2 = v(x) &= \lambda_1 \cdot (1 + x) + \lambda_2 \cdot (1 + x^2) \\
&= (\lambda_1 + \lambda_2) + \lambda_1 \cdot x + \lambda_2 \cdot x^2
\end{aligned}$$

durch Koeffizientenvergleich bei x und x^2, dass $\lambda_1 = 1 = \lambda_2$ ist. Dann erhält man aber nicht 1 für den absoluten Summanden, d.h., v kann man nicht als Linearkombination darstellen.

3) Will man $v(x) = a_0 + a_1 x + a_2 x^2$ als Linearkombination darstellen, erhält man mit dem Ansatz

$$\begin{aligned}
a_0 + a_1 x + a_2 x^2 &= \lambda_1 \cdot 1 + \lambda_2 \cdot (1 + x) + \lambda_3 \cdot (1 + x^2) \\
&= (\lambda_1 + \lambda_2 + \lambda_3) + \lambda_2 \cdot x + \lambda_3 \cdot x^2
\end{aligned}$$

durch Koeffizientenvergleich, dass $\lambda_2 = a_1$ und $\lambda_3 = a_2$ ist; mit $\lambda_1 + \lambda_2 + \lambda_3 = a_0$ lässt sich dann λ_1 (eindeutig) berechnen.

Also ist $\{1,\ 1 + x,\ 1 + x^2\}$ ein Erzeugendensystem und sogar (wegen der Eindeutigkeit der Darstellung, s. Bemerkung 7.2.13, 3.) eine Basis von P_2.

4) Die Menge $\{1 + x,\ x^2,\ 1 + x + x^2\}$ ist kein Erzeugendensystem und damit auch keine Basis von P_2, denn bei jeder Linearkombination

$$\lambda_1 \cdot (1 + x) + \lambda_2 \cdot x^2 + \lambda_3 \cdot (1 + x + x^2)$$
$$= (\lambda_1 + \lambda_3) + (\lambda_1 + \lambda_3) \cdot x + (\lambda_2 + \lambda_3) \cdot x^2$$

ist der absolute Summand gleich dem Koeffizienten für x, so dass man beispielsweise $v(x) = 1 + 2x$ nicht als Linearkombination darstellen kann.

5) Die Menge enthält ein Element mehr als die bei 3) angegebene Menge. Da die Menge dort ein Erzeugendensystem ist, ist auch die Menge hier ein Erzeugendensystem, allerdings keine Basis, da das zusätzliche Element ja schon durch die anderen dargestellt werden kann und die Vektoren mithin linear abhängig sind.

b) P_2 hat die Dimension 3, da beispielsweise die Basis $\{1,\ x,\ x^2\}$ drei Elemente besitzt.

c) Ähnlich wie bei a1) sieht man, dass P_n als Basis die Menge

$$\{1, x, \ldots, x^{n-1}, x^n\}$$

mit $n + 1$ Elementen besitzt. Also hat P_n die Dimension $n + 1$.

A708

Aufgabe 7.2.6

Sei V die Menge aller in x-Richtung verschobenen und in y-Richtung gestreckten oder gestauchten Sinus- und Cosinus-Funktionen.

a) Überlegen Sie sich, dass V ein Vektorraum ist.

b) Geben Sie eine Basis von V an.

(Tipp: Vgl. Aufgabe 1.4.8 und Aufgabe 2.3.6.)

Lösung:

a) Man muss sich überlegen, dass, wenn f und g verschobene und in y-Richtung gestreckte oder gestauchte Sinus- oder Cosinus-Funktionen sind, dies auch für die Summe $f + g$ und Vielfache $\lambda \cdot f$ gilt.

Bei Vielfachen $\lambda \cdot f$ ist das klar, da die Multiplikation mit λ zu einer weiteren Stauchung oder Streckung in y-Richtung führt.

Für die Summe $f + g$ kann man sich wie bei Aufgabe 1.4.8 mit Hilfe der Additionstheoreme überlegen, dass jede verschobene und in y-Richtung gestreckte oder gestauchte Sinus- oder Cosinus-Funktion als Summe $c \cdot \cos x + d \cdot \sin x$ geschrieben werden kann:

$$f(x) \;=\; c_f \cdot \cos x + d_f \cdot \sin x$$

und

$$g(x) \;=\; c_g \cdot \cos x + d_g \cdot \sin x.$$

Damit ist

$$
\begin{aligned}
(f + g)(x) &\;=\; c_f \cdot \cos x + d_f \cdot \sin x + c_g \cdot \cos x + d_g \cdot \sin x \\
&\;=\; (c_f + c_g) \cdot \cos x + (d_f + d_g) \cdot \sin x.
\end{aligned}
$$

Wie bei Aufgabe 2.3.6 kann eine derartige Überlagerung von Sinus- und Cosinus-Funktion wieder als verschobene cos-Funktion dargestellt werden.

b) Wie schon bei a) erwähnt, kann jede verschobene und in y-Richtung gestreckte oder gestauchte Sinus- oder Cosinus-Funktion (mit Hilfe der Additionstheoreme) als Linearkombination

$$c \cdot \cos x + d \cdot \sin x$$

geschrieben werden. Dabei können offensichtlich keine Mehrdeutigkeiten auftreten.

Daran sieht man, dass $\{\cos x, \sin x\}$ eine Basis ist.

Aufgabe 7.2.7

A709

a) Rechnen Sie nach, dass $f(x) = x$ und $f(x) = \frac{1}{x}$ Lösungen der Differenzialgleichung

$$x^2 \cdot f''(x) + x \cdot f'(x) - f(x) = 0.$$

sind, und dass sogar jedes f mit $f(x) = c_1 \cdot x + c_2 \cdot \frac{1}{x}$ ($c_1, c_2 \in \mathbb{R}$ beliebig) eine Lösung der Differenzialgleichung ist.

b) Rechnen Sie nach, dass, falls die Funktionen f_1 und f_2 Lösungen der Differenzialgleichung

$$a_2(x) \cdot f''(x) + a_1(x) \cdot f'(x) + a_0(x) \cdot f(x) = 0$$

(mit fest vorgegebenen Funktionen a_0, a_1 und a_2) sind, auch immer jede Linearkombination $f(x) = c_1 \cdot f_1(x) + c_2 \cdot f_2(x)$ ($c_1, c_2 \in \mathbb{R}$ beliebig) eine Lösung ist.

Lösung:

a) Zu $f(x) = x$ ist $f'(x) = 1$ und $f''(x) = 0$. Damit ergibt sich eingesetzt

$$x^2 \cdot f''(x) + x \cdot f'(x) - f(x)$$
$$= x^2 \cdot \quad 0 \quad + x \cdot \quad 1 \quad - \quad x \quad = 0.$$

Zu $f(x) = \frac{1}{x}$ ist $f'(x) = -\frac{1}{x^2}$ und $f''(x) = 2 \cdot \frac{1}{x^3}$. Damit ergibt sich eingesetzt

$$x^2 \cdot f''(x) + x \cdot \quad f'(x) \quad - f(x)$$
$$= x^2 \cdot 2 \cdot \frac{1}{x^3} + x \cdot \left(-\frac{1}{x^2}\right) - \frac{1}{x} = 2 \cdot \frac{1}{x} - \frac{1}{x} - \frac{1}{x} = 0.$$

Zu $f(x) = c_1 \cdot x + c_2 \cdot \frac{1}{x}$ ist $f'(x) = c_1 - c_2 \cdot \frac{1}{x^2}$ und $f''(x) = 2c_2 \cdot \frac{1}{x^3}$.
Eingesetzt ergibt sich

$$x^2 \cdot \quad f''(x) \quad + x \cdot \quad f'(x) \quad - \quad f(x)$$
$$= x^2 \cdot \left(2c_2 \cdot \frac{1}{x^3}\right) + x \cdot \left(c_1 - c_2 \cdot \frac{1}{x^2}\right) - \left(c_1 \cdot x + c_2 \cdot \frac{1}{x}\right)$$
$$= c_1 \cdot (x - x) + c_2 \cdot \left(2 \cdot \frac{1}{x} - \frac{1}{x} - \frac{1}{x}\right) = 0.$$

b) Setzt man die Ableitungen

$$f'(x) = c_1 \cdot f_1'(x) + c_2 \cdot f_2'(x)$$

und

$$f''(x) = c_1 \cdot f_1''(x) + c_2 \cdot f_2''(x)$$

in die Differenzialgleichung ein, kann man nach f_1 und f_2 hin umsortieren und dann ausnutzen, dass die einzelnen Funktionen Lösungen der Differenzialgleichung sind:

$$a_2(x) \cdot f''(x) + a_1(x) \cdot f'(x) + a_0(x) \cdot f(x)$$

$$= a_2(x) \cdot \big(c_1 \cdot f_1''(x) + c_2 \cdot f_2''(x)\big)$$
$$\quad + a_1(x) \cdot \big(c_1 \cdot f_1'(x) + c_2 \cdot f_2'(x)\big)$$
$$\quad + a_0(x) \cdot \big(c_1 \cdot f_1(x) + c_2 \cdot f_2(x)\big)$$

$$= c_1 \cdot \big(\underbrace{a_2(x) \cdot f_1''(x) + a_1(x) \cdot f_1'(x) + a_0(x) \cdot f_1(x)}_{= \,0,\ \text{da } f_1 \text{ die Differenzialgleichung löst}} \big)$$

$$\quad + c_2 \cdot \big(\underbrace{a_2(x) \cdot f_2''(x) + a_1(x) \cdot f_2'(x) + a_0(x) \cdot f_2(x)}_{= \,0,\ \text{da } f_2 \text{ die Differenzialgleichung löst}} \big)$$

$$= c_1 \cdot 0 + c_2 \cdot 0 = 0.$$

7.3 Skalarprodukt

A710

Aufgabe 7.3.1

Betrachtet werden die folgenden Gleichungen für $\vec{a}, \vec{b}, \vec{c}, \vec{d} \in \mathbb{R}^n$ und $\lambda, \mu \in \mathbb{R}$.

(1) $(\lambda \cdot \mu) \cdot \vec{a} = \lambda \cdot (\mu \cdot \vec{a}),$

(2) $(\lambda \cdot \vec{a}) \cdot \vec{b} = \lambda \cdot (\vec{a} \cdot \vec{b}),$

(3) $(\vec{a} \cdot \vec{b}) \cdot (\vec{c} \cdot \vec{d}) = \vec{a} \cdot ((\vec{b} \cdot \vec{c}) \cdot \vec{d}),$

(4) $(\vec{a} + \lambda \cdot \vec{b}) \cdot \vec{c} = \vec{a} \cdot \vec{c} + \lambda \cdot (\vec{b} \cdot \vec{c}).$

a) Markieren Sie in den Gleichungen die Multiplikationspunkte entsprechend ihrer Bedeutung:

- $\bullet$ für die normale Multiplikation reeller Zahlen,

- $*$ für die skalare Multiplikation,

- $\odot$ für das Skalarprodukt.

b) Testen Sie, ob die Gleichungen konkret gelten für

$$\vec{a} = \begin{pmatrix} 1 \\ 2 \end{pmatrix}, \ \vec{b} = \begin{pmatrix} 3 \\ -1 \end{pmatrix}, \ \vec{c} = \begin{pmatrix} -2 \\ -4 \end{pmatrix}, \ \vec{d} = \begin{pmatrix} 3 \\ 0 \end{pmatrix}, \ \lambda = 2 \ \text{und} \ \mu = -3.$$

c) Stimmen die Gleichungen immer?

Lösung:

a) Welche Art der Multiplikation vorliegt, ist eindeutig durch die Faktoren (ob reelle Zahl oder Vektor) festgelegt:

  - bei der normalen Multiplikation treffen zwei reelle Zahlen aufeinander,

  - bei der skalaren Multiplikation trifft eine reelle Zahl auf einen Vektor,

  - beim Skalarprodukt treffen zwei Vektoren aufeinander.

Damit erhält man folgende Multiplikationspunkte

(1) $(\lambda \bullet \mu) * \vec{a} \ = \ \lambda * (\mu * \vec{a})$,

(2) $(\lambda * \vec{a}) \odot \vec{b} \ = \ \lambda \bullet (\vec{a} \odot \vec{b})$,

(3) $(\vec{a} \odot \vec{b}) \bullet (\vec{c} \odot \vec{d}) \ = \ \vec{a} \odot ((\vec{b} \odot \vec{c}) * \vec{d})$,

(4) $(\vec{a} + \lambda * \vec{b}) \odot \vec{c} \ = \ \vec{a} \odot \vec{c} + \lambda \bullet (\vec{b} \odot \vec{c})$.

b) Einsetzen der Werte in die linke (l) bzw. rechte (r) Seite zeigt, dass für die angegebenen Werte alle Gleichungen erfüllt sind:

(1) l: $\ (2 \cdot (-3)) \cdot \begin{pmatrix} 1 \\ 2 \end{pmatrix} \ = \ -6 \cdot \begin{pmatrix} 1 \\ 2 \end{pmatrix} \ = \ \begin{pmatrix} -6 \\ -12 \end{pmatrix}$,

$\quad$ r: $\ 2 \cdot \left((-3) \cdot \begin{pmatrix} 1 \\ 2 \end{pmatrix} \right) \ = \ 2 \cdot \begin{pmatrix} -3 \\ -6 \end{pmatrix} \ = \ \begin{pmatrix} -6 \\ -12 \end{pmatrix}$.

(2) l: $\ \left(2 \cdot \begin{pmatrix} 1 \\ 2 \end{pmatrix} \right) \cdot \begin{pmatrix} 3 \\ -1 \end{pmatrix} \ = \ \begin{pmatrix} 2 \\ 4 \end{pmatrix} \cdot \begin{pmatrix} 3 \\ -1 \end{pmatrix}$

$$= \ 2 \cdot 3 + 4 \cdot (-1) \ = \ 2,$$

$\quad$ r: $\ 2 \cdot \left(\begin{pmatrix} 1 \\ 2 \end{pmatrix} \cdot \begin{pmatrix} 3 \\ -1 \end{pmatrix} \right) \ = \ 2 \cdot (1 \cdot 3 + 2 \cdot (-1))$

$$= \ 2 \cdot 1 \ = \ 2.$$

(3) l: $\ \left(\begin{pmatrix} 1 \\ 2 \end{pmatrix} \cdot \begin{pmatrix} 3 \\ -1 \end{pmatrix} \right) \cdot \left(\begin{pmatrix} -2 \\ -4 \end{pmatrix} \cdot \begin{pmatrix} 3 \\ 0 \end{pmatrix} \right)$

$$= \ (1 \cdot 3 + 2 \cdot (-1)) \cdot (-2 \cdot 3 + (-4) \cdot 0)$$

$$= \ 1 \cdot (-6) \ = \ -6,$$

$$r: \quad \begin{pmatrix} 1 \\ 2 \end{pmatrix} \cdot \left(\left(\begin{pmatrix} 3 \\ -1 \end{pmatrix} \cdot \begin{pmatrix} -2 \\ -4 \end{pmatrix} \right) \cdot \begin{pmatrix} 3 \\ 0 \end{pmatrix} \right)$$

$$= \begin{pmatrix} 1 \\ 2 \end{pmatrix} \cdot \left(\left(3 \cdot (-2) + (-1) \cdot (-4) \right) \cdot \begin{pmatrix} 3 \\ 0 \end{pmatrix} \right)$$

$$= \begin{pmatrix} 1 \\ 2 \end{pmatrix} \cdot \left(-2 \cdot \begin{pmatrix} 3 \\ 0 \end{pmatrix} \right)$$

$$= 1 \cdot (-6) + 2 \cdot 0 = -6.$$

$$(4) \ l: \quad \left(\begin{pmatrix} 1 \\ 2 \end{pmatrix} + 2 \cdot \begin{pmatrix} 3 \\ -1 \end{pmatrix} \right) \cdot \begin{pmatrix} -2 \\ -4 \end{pmatrix}$$

$$= \left(\begin{pmatrix} 1 \\ 2 \end{pmatrix} + \begin{pmatrix} 6 \\ -2 \end{pmatrix} \right) \cdot \begin{pmatrix} -2 \\ -4 \end{pmatrix}$$

$$= \qquad \begin{pmatrix} 7 \\ 0 \end{pmatrix} \qquad \cdot \begin{pmatrix} -2 \\ -4 \end{pmatrix}$$

$$= 7 \cdot (-2) + 0 \cdot (-4) = -14,$$

$$r: \quad \begin{pmatrix} 1 \\ 2 \end{pmatrix} \cdot \begin{pmatrix} -2 \\ -4 \end{pmatrix} + 2 \cdot \left(\begin{pmatrix} 3 \\ -1 \end{pmatrix} \cdot \begin{pmatrix} -2 \\ -4 \end{pmatrix} \right)$$

$$= \left(1 \cdot (-2) + 2 \cdot (-4) \right) + 2 \cdot \left(3 \cdot (-2) + (-1) \cdot (-4) \right)$$

$$= -10 + 2 \cdot (-2) = -14.$$

c) Die Gleichung (1) gilt immer (siehe Bemerkung 7.1.8, 5.).

Die Gleichung (2) gilt ebenfallls immer (siehe Satz 7.3.4, 3.).

Die Gleichung (3) gilt meistens nicht. Beispielsweise ist

$$\left(\begin{pmatrix} 1 \\ 0 \end{pmatrix} \cdot \begin{pmatrix} 1 \\ 0 \end{pmatrix} \right) \cdot \left(\begin{pmatrix} 0 \\ 1 \end{pmatrix} \cdot \begin{pmatrix} 0 \\ 1 \end{pmatrix} \right) = 1 \cdot 1 = 1,$$

aber

$$\begin{pmatrix} 1 \\ 0 \end{pmatrix} \cdot \left(\left(\begin{pmatrix} 1 \\ 0 \end{pmatrix} \cdot \begin{pmatrix} 0 \\ 1 \end{pmatrix} \right) \cdot \begin{pmatrix} 0 \\ 1 \end{pmatrix} \right)$$

$$= \begin{pmatrix} 1 \\ 0 \end{pmatrix} \cdot \left(0 \cdot \begin{pmatrix} 0 \\ 1 \end{pmatrix} \right) = \begin{pmatrix} 1 \\ 0 \end{pmatrix} \cdot \begin{pmatrix} 0 \\ 0 \end{pmatrix} = 0.$$

Die Gleichung (4) gilt immer, denn nach Satz 7.3.4, 3., ist:

$$\left(\vec{a} + \lambda \cdot \vec{b} \right) \cdot \vec{c} = \vec{a} \cdot \vec{c} + \left(\lambda \cdot \vec{b} \right) \cdot \vec{c} = \vec{a} \cdot \vec{c} + \lambda \cdot \left(\vec{b} \cdot \vec{c} \right).$$

Aufgabe 7.3.2

A711

Sei $\vec{a} = \begin{pmatrix} 3 \\ 2 \end{pmatrix}$ bzw. $\vec{a} = \begin{pmatrix} 2 \\ 1 \\ 0 \\ -2 \end{pmatrix}$.

a) Berechnen Sie $\|\vec{a}\|$.

b) Berechnen Sie $\|5\vec{a}\|$ einerseits, indem Sie zunächst die entsprechenden Vektoren $5\vec{a}$ und dann deren Norm berechnen und andererseits mit Hilfe von Satz 7.3.13, 1..

c) Oft will man zu einem Vektor $\vec{a}$ einen *normalisierten* Vektor haben, d.h. einen Vektor $\vec{b}$, der in die gleiche Richtung wie $\vec{a}$ zeigt (also $\vec{b} = \lambda\vec{a}$ mit $\lambda \in \mathbb{R}$), und der die Länge 1 hat.

Geben Sie jeweils einen normalisierten Vektor $\vec{b}$ zu den angegebenen Vektoren $\vec{a}$ an.

Wie muss man dazu allgemein λ wählen?

Lösung:

a) Entsprechend der Norm-Definition 7.3.9 ist

$$\left\| \begin{pmatrix} 3 \\ 2 \end{pmatrix} \right\| = \sqrt{3^2 + 2^2} = \sqrt{13}$$

und

$$\left\| \begin{pmatrix} 2 \\ 1 \\ 0 \\ -2 \end{pmatrix} \right\| = \sqrt{2^2 + 1^2 + 0^2 + (-2)^2} = \sqrt{9} = 3.$$

b) 1) Einerseits ist

$$\left\| 5 \cdot \begin{pmatrix} 3 \\ 2 \end{pmatrix} \right\| = \left\| \begin{pmatrix} 15 \\ 10 \end{pmatrix} \right\| = \sqrt{15^2 + 10^2} = \sqrt{325},$$

andererseits mit Satz 7.3.13, 1.,

$$\left\| 5 \cdot \begin{pmatrix} 3 \\ 2 \end{pmatrix} \right\| = |5| \cdot \left\| \begin{pmatrix} 3 \\ 2 \end{pmatrix} \right\| = 5 \cdot \sqrt{13}.$$

Wegen $5 \cdot \sqrt{13} = \sqrt{25 \cdot 13} = \sqrt{325}$ stimmen die Ergebnisse überein.

2) Einerseits ist

$$\left\| 5 \cdot \begin{pmatrix} 2 \\ 1 \\ 0 \\ -2 \end{pmatrix} \right\| = \left\| \begin{pmatrix} 10 \\ 5 \\ 0 \\ -10 \end{pmatrix} \right\|$$
$$= \sqrt{10^2 + 5^2 + 0^2 + (-10)^2} = \sqrt{225} = 15,$$

andererseits mit Satz 7.3.13, 1.,

$$\left\| 5 \cdot \begin{pmatrix} 2 \\ 1 \\ 0 \\ -2 \end{pmatrix} \right\| = |5| \cdot \left\| \begin{pmatrix} 2 \\ 1 \\ 0 \\ -2 \end{pmatrix} \right\| = 5 \cdot 3 = 15.$$

c) Zu $\begin{pmatrix} 3 \\ 2 \end{pmatrix}$ ist ein Wert $\lambda \in \mathbb{R}$ gesucht mit

$$1 \overset{!}{=} \|\lambda \cdot \vec{a}\| = |\lambda| \cdot \left\| \begin{pmatrix} 3 \\ 2 \end{pmatrix} \right\| = |\lambda| \cdot \sqrt{13},$$

also $|\lambda| = \frac{1}{\sqrt{13}}$ und damit $\lambda = \pm \frac{1}{\sqrt{13}}$. Folglich ist

$$\vec{b} = \frac{1}{\sqrt{13}} \cdot \begin{pmatrix} 3 \\ 2 \end{pmatrix} \qquad \text{oder} \qquad \vec{b} = -\frac{1}{\sqrt{13}} \cdot \begin{pmatrix} 3 \\ 2 \end{pmatrix}.$$

Allgemein ist ein λ gesucht mit

$$1 \overset{!}{=} \|\lambda \cdot \vec{a}\| = |\lambda| \cdot \|\vec{a}\| \quad \Leftrightarrow \quad |\lambda| = \frac{1}{\|\vec{a}\|} \quad \Leftrightarrow \quad \lambda = \pm \frac{1}{\|\vec{a}\|}.$$

Zu $\begin{pmatrix} 2 \\ 1 \\ 0 \\ -2 \end{pmatrix}$ erhält man wegen $\left\| \begin{pmatrix} 2 \\ 1 \\ 0 \\ -2 \end{pmatrix} \right\| = 3$ so $\vec{b} = \pm \frac{1}{3} \begin{pmatrix} 2 \\ 1 \\ 0 \\ -2 \end{pmatrix}$.

A712

Aufgabe 7.3.3

Welchen Abstand haben

a) die Punkte $P_1 = (1,3)$ und $P_2 = (4,-1)$ im $\mathbb{R}^2$,

b) die Punkte $Q_1 = (1,1,-1)$ und $Q_2 = (0,0,1)$ im $\mathbb{R}^3$?

c) die Punkte $R_1 = (1,2,3,4)$ und $R_2 = (2,1,2,1)$ im $\mathbb{R}^4$?

Lösung:

Mit den entstsprechenden Ortsvektoren gilt

a) Abstand $= \left\| \vec{P_2} - \vec{P_1} \right\|$

$= \left\| \begin{pmatrix} 4 \\ -1 \end{pmatrix} - \begin{pmatrix} 1 \\ 3 \end{pmatrix} \right\|$

$= \left\| \begin{pmatrix} 3 \\ -4 \end{pmatrix} \right\|$

$= \sqrt{3^2 + (-4)^2}$

$= \sqrt{9 + 16} = \sqrt{25} = 5.$

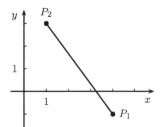

Abb. 7.11 Abstand zwischen P_1 und P_2.

b) Abstand $= \left\| \vec{Q_2} - \vec{Q_1} \right\| = \left\| \begin{pmatrix} 0 \\ 0 \\ 1 \end{pmatrix} - \begin{pmatrix} 1 \\ 1 \\ -1 \end{pmatrix} \right\| = \left\| \begin{pmatrix} -1 \\ -1 \\ 2 \end{pmatrix} \right\|$

$= \sqrt{(-1)^2 + (-1)^2 + 2^2} = \sqrt{6}.$

c) Abstand $= \left\| \vec{R_2} - \vec{R_1} \right\| = \left\| \begin{pmatrix} 2 \\ 1 \\ 2 \\ 1 \end{pmatrix} - \begin{pmatrix} 1 \\ 2 \\ 3 \\ 4 \end{pmatrix} \right\| = \left\| \begin{pmatrix} 1 \\ -1 \\ -1 \\ -3 \end{pmatrix} \right\|$

$$= \sqrt{1^2 + (-1)^2 + (-1)^2 + (-3)^2} = \sqrt{12}.$$

Aufgabe 7.3.4

Ein 100g schweres Gewicht ist wie abgebildet an Fäden aufgehängt.

Wie groß sind die (Zug-)Kräfte in den Fäden? (Nutzen Sie einen Taschenrechner.)

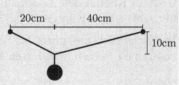

A713

Anleitung: Die nach unten gerichtete Gewichtskraft muss dargestellt werden als Linearkombination von in Richtung der Fäden gerichteten Kraftvektoren.

Lösung:

Sei $\vec{v_1} = \begin{pmatrix} 4 \\ 1 \end{pmatrix}$ und $\vec{v_2} = \begin{pmatrix} -2 \\ 1 \end{pmatrix}$.

Betragsmäßig ist die Gewichtskraft

Masse $\cdot$ Erdbeschleunigung
$\approx 0.1\,\text{kg} \cdot 10\,\text{m/s}^2 = 1\,\text{N},$

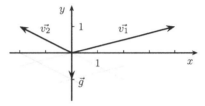

Abb. 7.12 Richtungen der Kräfte.

kann also durch $\vec{g} = \begin{pmatrix} 0 \\ -1 \end{pmatrix}$ (mit Einheit Newton) dargestellt werden.

Nun sind Werte $\lambda_1, \lambda_2 \in \mathbb{R}$ mit $\vec{g} = \lambda_1 \vec{v_1} + \lambda_2 \vec{v_2}$ gesucht:

$$\begin{pmatrix} 0 \\ -1 \end{pmatrix} = \lambda_1 \cdot \begin{pmatrix} 4 \\ 1 \end{pmatrix} + \lambda_2 \cdot \begin{pmatrix} -2 \\ 1 \end{pmatrix} = \begin{pmatrix} 4\lambda_1 - 2\lambda_2 \\ \lambda_1 + \lambda_2 \end{pmatrix}$$

$$\Leftrightarrow \quad 0 = 4\lambda_1 - 2\lambda_2 \quad \text{und} \quad -1 = \lambda_1 + \lambda_2.$$

Aus der ersten Gleichung ergibt sich $2\lambda_1 = \lambda_2$; damit erhält man aus der zweiten Gleichung $-1 = \lambda_1 + 2\lambda_1 = 3\lambda_1$, also $\lambda_1 = -\frac{1}{3}$ und $\lambda_2 = 2\lambda_1 = -\frac{2}{3}$.

Als Längen ergeben sich

$$\left\| -\frac{1}{3} \cdot \begin{pmatrix} 4 \\ 1 \end{pmatrix} \right\| = \frac{1}{3} \cdot \left\| \begin{pmatrix} 4 \\ 1 \end{pmatrix} \right\| = \frac{1}{3} \cdot \sqrt{4^2 + 1^2} = \frac{1}{3} \cdot \sqrt{17} \approx 1.37$$

und

$$\left\| -\frac{2}{3} \cdot \begin{pmatrix} -2 \\ 1 \end{pmatrix} \right\| = \frac{2}{3} \cdot \left\| \begin{pmatrix} -2 \\ 1 \end{pmatrix} \right\| = \frac{2}{3} \cdot \sqrt{(-2)^2 + 1^2} = \frac{2}{3} \cdot \sqrt{5} \approx 1.49.$$

Da mit der Einheit Newton gerechnet wurde, wirkt also im rechten Faden eine Kraft von ca. 1.37 N und im linken von ca. 1.49 N.

Aufgabe 7.3.5

A714

Ein Schiff will in nord-östliche Richtung fahren, also bezüglich eines entsprechenden Koordinatensystems in Richtung $\binom{1}{1}$. Seine Höchstgeschwindigkeit beträgt 13 Knoten. Die Geschwindigkeit der Meeresströmung, mit der das Schiff abtreibt, ist (in Knoten) $\binom{6}{-1}$.

In welche Richtung muss das Schiff steuern, damit es (mit der Meeresströmung zusammen) seinen anvisierten Kurs hält und möglichst schnell voran kommt?

Lösung:

Gesucht ein Vektor $\vec{v}_{\text{Schiff}}$, der von $\binom{6}{-1}$ auf die diagonale Richtung, also zu $\lambda \cdot \binom{1}{1}$ führt, wobei der Faktor λ noch unbekannt ist (s. Abb. 7.13):

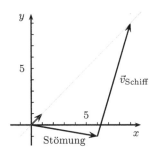

$$\binom{6}{-1} + \vec{v}_{\text{Schiff}} = \lambda \cdot \binom{1}{1}$$

$$\Leftrightarrow \quad \vec{v}_{\text{Schiff}} = \lambda \cdot \binom{1}{1} - \binom{6}{-1}.$$

Abb. 7.13 Stömung und Schiffsgeschwindigkeit.

Offensichtlich kommt das Schiff am schnellsten voran, wenn es selbst Maximalgeschwindigkeit fährt, also $\|\vec{v}_{\text{Schiff}}\| = 13$. Damit kann man λ berechnen:

$$13 = \|\vec{v}_{\text{Schiff}}\| = \left\| \lambda \cdot \binom{1}{1} - \binom{6}{-1} \right\| = \left\| \binom{\lambda - 6}{\lambda + 1} \right\|$$

$$= \sqrt{(\lambda - 6)^2 + (\lambda + 1)^2}$$

$$\Leftrightarrow \quad 13^2 = \lambda^2 - 12\lambda + 36 + \lambda^2 + 2\lambda + 1 = 2\lambda^2 - 10\lambda + 37$$

$$\Leftrightarrow \quad 0 = \lambda^2 - 5\lambda - 66.$$

Die Nullstellen dieser quadratischen Gleichung kann man beispielsweise mit der p-q-Formel (s. Satz 1.1.15) bestimmen und erhält

$$\lambda = 11 \quad \text{oder} \quad \lambda = -6.$$

Offensichtlich führt die negative Lösung in die falsche Richtung (Süd-West statt Nord-Ost). Damit ist

$$\vec{v}_{\text{Schiff}} = 11 \cdot \binom{1}{1} - \binom{6}{-1} = \binom{5}{12}.$$

Aufgabe 7.3.6

Berechnen Sie (wo nötig unter Benutzung eines Taschenrechners) den Winkel, A715
den $\vec{a}$ und $\vec{b}$ einschließen, zu

a) $\vec{a} = \begin{pmatrix} 1 \\ 2 \end{pmatrix}$, $\vec{b} = \begin{pmatrix} 3 \\ 1 \end{pmatrix}$,
\qquad
b) $\vec{a} = \begin{pmatrix} 3 \\ -4 \\ 1 \end{pmatrix}$, $\vec{b} = \begin{pmatrix} 2 \\ 1 \\ -2 \end{pmatrix}$,

c) $\vec{a} = \begin{pmatrix} 1 \\ 0 \\ 2 \end{pmatrix}$, $\vec{b} = \begin{pmatrix} 3 \\ 1 \\ -3 \end{pmatrix}$,
\qquad
d) $\vec{a} = \begin{pmatrix} 2 \\ -4 \\ 6 \end{pmatrix}$, $\vec{b} = \begin{pmatrix} -1 \\ 2 \\ -3 \end{pmatrix}$,

e) $\vec{a} = \begin{pmatrix} 1 \\ 2 \\ -3 \\ 1 \end{pmatrix}$, $\vec{b} = \begin{pmatrix} 2 \\ 0 \\ 1 \\ -2 \end{pmatrix}$.

Zeichnen Sie in a) die Situation und messen Sie den berechneten Werte nach.
Versuchen Sie, sich die Vektoren und Winkel bei b), c) und d) vorzustellen.

Lösung:

Für den eingeschlossenen Winkel φ gilt nach Satz 7.3.16

$$\vec{a} \cdot \vec{b} = \|\vec{a}\| \cdot \|\vec{b}\| \cdot \cos\varphi \quad \Leftrightarrow \quad \varphi = \arccos\left(\frac{\vec{a} \cdot \vec{b}}{\|\vec{a}\| \cdot \|\vec{b}\|}\right).$$

a) Es ist

$$\vec{a} \cdot \vec{b} = 1 \cdot 3 + 2 \cdot 1 = 5,$$
$$\|\vec{a}\| = \sqrt{1^2 + 2^2} = \sqrt{5},$$
$$\|\vec{b}\| = \sqrt{3^2 + 1^2} = \sqrt{10}.$$

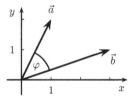

Abb. 7.14 Winkel zwischen $\vec{a}$ und $\vec{b}$.

Wegen

$$\frac{\vec{a} \cdot \vec{b}}{\|\vec{a}\| \cdot \|\vec{b}\|} = \frac{5}{\sqrt{5} \cdot \sqrt{10}} = \frac{5}{\sqrt{5} \cdot \sqrt{5} \cdot \sqrt{2}} = \frac{1}{\sqrt{2}}$$

ist genau

$$\varphi = \arccos\frac{1}{\sqrt{2}} = \frac{\pi}{4} \;\hat{=}\; 45°,$$

wie man in Abb. 7.14 nachmessen kann.

b) Es ist

$$\vec{a} \cdot \vec{b} = 3 \cdot 2 + (-4) \cdot 1 + 1 \cdot (-2) = 0,$$

also

$$\frac{\vec{a} \cdot \vec{b}}{\|\vec{a}\| \cdot \|\vec{b}\|} = \frac{0}{\|\vec{a}\| \cdot \|\vec{b}\|} = 0.$$

Man braucht also die Längen $\|\vec{a}\|$ und $\|\vec{b}\|$ gar nicht zu berechnen und erhält

$$\varphi = \arccos{(0)} = \frac{\pi}{2} \hat{=} 90°,$$

die Vektoren stehen also senkrecht aufeinander.

c) Mit

$$\vec{a} \cdot \vec{b} = 3 + 0 - 6 = -3,$$
$$\|\vec{a}\| = \sqrt{1^2 + 0^2 + 2^2} = \sqrt{5},$$
$$\|\vec{b}\| = \sqrt{3^2 + 1^2 + (-3)^2} = \sqrt{19}$$

ergibt sich

$$\varphi = \arccos\left(\frac{-3}{\sqrt{5} \cdot \sqrt{19}}\right) \approx 1.88 \hat{=} 107.9°.$$

d) Mit

$$\vec{a} \cdot \vec{b} = -2 - 8 - 18 = -28,$$
$$\|\vec{a}\| = \sqrt{2^2 + (-4)^2 + 6^2} = \sqrt{56},$$
$$\|\vec{b}\| = \sqrt{(-1)^2 + 2^2 + (-3)^2} = \sqrt{14}$$

ergibt sich

$$\varphi = \arccos\left(\frac{-28}{\sqrt{56} \cdot \sqrt{14}}\right) = \arccos\left(\frac{-28}{\sqrt{8 \cdot 7 \cdot 7 \cdot 2}}\right)$$
$$= \arccos\left(-\frac{28}{28}\right) = \arccos{(-1)} = \pi \hat{=} 180°.$$

Dies ist auch anschaulich klar, da $\vec{a} = -2 \cdot \vec{b}$ ist.

e) Mit

$$\vec{a} \cdot \vec{b} = 1 \cdot 2 + 2 \cdot 0 + (-3) \cdot 1 + 1 \cdot (-2) = -3,$$
$$\|\vec{a}\| = \sqrt{1^2 + 2^2 + (-3)^2 + 1^2} = \sqrt{15},$$
$$\|\vec{b}\| = \sqrt{2^2 + 0^2 + 1^2 + (-2)^2} = \sqrt{9} = 3,$$

ist

$$\varphi = \arccos\left(\frac{-3}{\sqrt{15} \cdot 3}\right) = \arccos\frac{-1}{\sqrt{15}} \approx 1.83 \hat{=} 105.0°.$$

Aufgabe 7.3.7

a) Wie lang ist die Diagonale in einem (dreidimensionalen) Würfel bei einer Kantenlänge 1?

   Welchen Winkel schließt sie mit einer Kante ein?

b) Welche Werte ergeben sich in einem n-dimensionalen Würfel?

c) Was ergibt sich bei b) für $n \to \infty$?

Lösung:

a) Wird der Würfel wie in Abb. 7.15 durch die Kanten $\begin{pmatrix} 1 \\ 0 \\ 0 \end{pmatrix}, \begin{pmatrix} 0 \\ 1 \\ 0 \end{pmatrix}$ und $\begin{pmatrix} 0 \\ 0 \\ 1 \end{pmatrix}$ aufgespannt, so ist die Diagonale $\vec{d} = \begin{pmatrix} 1 \\ 1 \\ 1 \end{pmatrix}$.

Als Länge erhält man also

$$\|\vec{d}\| = \sqrt{1^2 + 1^2 + 1^2} = \sqrt{3}.$$

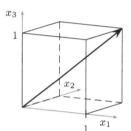

Abb. 7.15 Einheitswürfel mit Diagonale.

Mit einer Kante $\vec{k}$ (dabei ist es egal, ob man $\vec{k} = \begin{pmatrix} 1 \\ 0 \\ 0 \end{pmatrix}$, $\vec{k} = \begin{pmatrix} 0 \\ 1 \\ 0 \end{pmatrix}$ oder $\vec{k} = \begin{pmatrix} 0 \\ 0 \\ 1 \end{pmatrix}$ wählt) gilt:

$$\vec{k} \cdot \vec{d} = 1 \quad \text{und} \quad \|\vec{k}\| = 1.$$

Damit gilt für den Winkel

$$\varphi = \arccos \frac{\vec{k} \cdot \vec{d}}{\|\vec{k}\| \cdot \|\vec{d}\|} = \arccos \frac{1}{1 \cdot \sqrt{3}} \approx 0.95 \; \hat{=} \; 54.7°.$$

b) In einem n-dimensionalen Würfel mit Kantenlänge 1 analog zu a) ist die Diagonale

$$\vec{d} = \left. \begin{pmatrix} 1 \\ 1 \\ \vdots \\ 1 \end{pmatrix} \right\} n\text{-mal} \quad \text{mit Länge } \|\vec{d}\| = \sqrt{\underbrace{1^2 + 1^2 + \ldots + 1^2}_{n-\text{mal}}} = \sqrt{n}.$$

Für die Kanten $\vec{k}$ gilt wieder $\|\vec{k}\| = 1$ und $\vec{k} \cdot \vec{d} = 1$. Damit ergibt sich für den Winkel φ

$$\varphi = \arccos \frac{\vec{k} \cdot \vec{d}}{\|\vec{k}\| \cdot \|\vec{d}\|} = \arccos \frac{1}{1 \cdot \sqrt{n}} = \arccos \frac{1}{\sqrt{n}}.$$

c) Für $n \to \infty$ geht die Länge der Diagonale (bei fester Kantenlänge 1) gegen unendlich:

$$\|\vec{d}\| = \sqrt{n} \to \infty.$$

Der Winkel, den die Diagonale mit den Kanten einschließt nähert sich immer mehr 90°:

$$\varphi = \arccos \frac{1}{\sqrt{n}} \to \arccos 0 = \frac{\pi}{2} \hat{=} 90°.$$

A717

Aufgabe 7.3.8

Welchen Winkel schließen die Dachkanten beim nebenstehend abgebildeten Walmdach untereinander bzw. mit dem Dachfirst ein?

Nutzen Sie einen Taschenrechner.

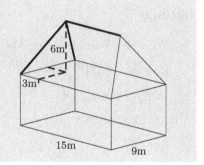

Lösung:

Es gibt mehrere sinnvolle Möglichkeiten zur Modellierung und zur Lage eines passenden Koordinatensystems. Hier wird mit einem Koordinatensystem entsprechend Abb. 7.16 mit dem Ursprung in einer Dachecke und mit der Einheit 1 m gerechnet.

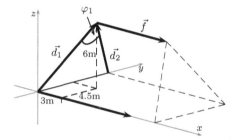

Abb. 7.16 Modellierung der Dachkanten.

Die markierten Dachkanten und der Dachfirst werden dann beschrieben durch

$$\vec{d_1} = \begin{pmatrix} 3 \\ 4.5 \\ 6 \end{pmatrix}, \quad \vec{d_2} = \begin{pmatrix} 3 \\ -4.5 \\ 6 \end{pmatrix} \quad \text{und} \quad \vec{f} = \begin{pmatrix} 9 \\ 0 \\ 0 \end{pmatrix}.$$

Der gesuchte Winkel zwischen den Dachkanten entspricht dem Winkel φ_1 zwischen $-\vec{d_1}$ und $-\vec{d_2}$; es gilt also

$$\cos \varphi_1 = \frac{(-\vec{d_1}) \cdot (-\vec{d_2})}{\| - \vec{d_1}\| \cdot \| - \vec{d_2}\|} = \frac{\vec{d_1} \cdot \vec{d_2}}{\|\vec{d_1}\| \cdot \|\vec{d_2}\|}$$

$$= \frac{3 \cdot 3 - 4.5 \cdot 4.5 + 6 \cdot 6}{\sqrt{3^2 + (4.5)^2 + 6^2} \cdot \sqrt{3^2 + (-4.5)^2 + 6^2}} \approx 0.38,$$

An der ersten Termumformung sieht man, dass der Winkel zwischen $-\vec{d_1}$ und $-\vec{d_2}$ gleich dem zwischen $\vec{d_1}$ und $\vec{d_2}$ ist; dies ist auch anschaulich durch Verschiebung der Vektoren klar.

Der Winkel φ_1 zwischen den Dachkanten beträgt also

$$\varphi_1 \approx \arccos 0.38 \approx 1.18 \,\hat{\approx}\, 67.7°.$$

Der Winkel φ_2 zwischen Dachkante und Dachfirst ist der Winkel zwischen $-\vec{d_1}$ und $\vec{f}$ (s. Abb. 7.17), also

$$
\begin{aligned}
\cos\varphi_2 &= \frac{-\vec{d_1} \cdot \vec{f}}{\|-\vec{d_1}\| \cdot \|\vec{f}\|} \\
&= \frac{-3 \cdot 9}{\sqrt{3^2 + 4.5^2 + 6^2} \cdot \sqrt{9^2}} \\
&\approx -0.37
\end{aligned}
$$

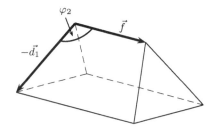

Abb. 7.17 Winkel zwischen Dachkante und Dachfirst.

und damit

$$\varphi_2 \approx \arccos(-0.37) \approx 1.95 \,\hat{\approx}\, 111.8°.$$

Aufgabe 7.3.9 (beispielhafte Klausuraufgabe, 10 Minuten)

Geben Sie einen formelmäßigen Ausdruck an, unter welchem Winkel sich die Kanten einer Pyramide mit Basislänge 2 und Höhe h an der Spitze treffen (s. Skizze).

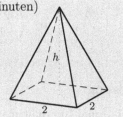

A718

Lösung:

Es gibt mehrere sinnvolle Möglichkeiten zur Modellierung und zur Lage eines passenden Koordinatensystems.

Mit dem Koordinatensystem entsprechend Abb. 7.18 ist

$$
\begin{aligned}
S &= (0, 0, h), \\
P_1 &= (1, 1, 0), \\
P_2 &= (-1, 1, 0).
\end{aligned}
$$

Damit sind die Vektoren der beiden Kanten:

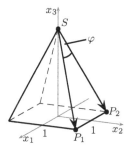

Abb. 7.18 Pyramide im Koordinatensystem.

$$\overrightarrow{SP_1} = \begin{pmatrix} 1 \\ 1 \\ 0 \end{pmatrix} - \begin{pmatrix} 0 \\ 0 \\ h \end{pmatrix} = \begin{pmatrix} 1 \\ 1 \\ -h \end{pmatrix},$$

$$\overrightarrow{SP_2} = \begin{pmatrix} -1 \\ 1 \\ 0 \end{pmatrix} - \begin{pmatrix} 0 \\ 0 \\ h \end{pmatrix} = \begin{pmatrix} -1 \\ 1 \\ -h \end{pmatrix}.$$

Für den eingeschlossenen Winkel φ gilt daher

$$\cos\varphi = \frac{\overrightarrow{SP_1} \cdot \overrightarrow{SP_2}}{\|\overrightarrow{SP_1}\| \cdot \|\overrightarrow{SP_2}\|} = \frac{-1+1+(-h)^2}{\sqrt{1^2+1^2+(-h)^2} \cdot \sqrt{(-1)^2+1^2+(-h)^2}}$$

$$= \frac{h^2}{2+h^2}.$$

Damit erhält man als Formel für den Winkel

$$\varphi = \arccos\frac{h^2}{2+h^2}.$$

A719

Aufgabe 7.3.10

Geben Sie orthogonale Vektoren an zu

a) $\begin{pmatrix} 3 \\ 2 \end{pmatrix}$,   b) $\begin{pmatrix} 2 \\ -1 \end{pmatrix}$,   c) $\begin{pmatrix} 1 \\ 0 \\ 2 \end{pmatrix}$,   d) $\begin{pmatrix} 3 \\ 1 \\ -2 \end{pmatrix}$,   e) $\begin{pmatrix} 4 \\ 1 \\ 0 \\ 2 \end{pmatrix}$.

Lösung:

Bei a) und b) erhält man Lösungen durch Vertauschen der Komponenten und Multiplizieren einer der beiden Komponenten mit -1; außerdem sind sämtliche Vielfache auch Lösungen, vgl. Bemerkung 7.3.20:

a) Beispielhafte Lösungen sind $\begin{pmatrix} -2 \\ 3 \end{pmatrix}$, $\begin{pmatrix} 2 \\ -3 \end{pmatrix}$ oder $\begin{pmatrix} -4 \\ 6 \end{pmatrix}$.

   Jede Lösung hat die Form $\lambda \cdot \begin{pmatrix} -2 \\ 3 \end{pmatrix}$, $\lambda \in \mathbb{R}$.

b) Beispielhafte Lösungen sind $\begin{pmatrix} 1 \\ 2 \end{pmatrix}$, $\begin{pmatrix} -1 \\ -2 \end{pmatrix}$ oder $\begin{pmatrix} -3 \\ -6 \end{pmatrix}$.

   Jede Lösung hat die Form $\lambda \cdot \begin{pmatrix} 1 \\ 2 \end{pmatrix}$, $\lambda \in \mathbb{R}$.

Bei c), d) und e) hat man noch mehr Variabilität. Gibt es eine Nullkomponente (wie bei c) und e)) ist der entsprechende Einheitsvektor ein senkrechter Vektor (s. die jeweils erstgenannte Lösung bei c) und e)). Durch Probieren findet man leicht andere Lösungen; dabei kann man beispielsweise alle Komponenten bis auf eine beliebig vorgeben und dann die letzte so anpassen, dass das Skalarprodukt Null ergibt. Das geht immer, wenn die entsprechende Komponente im ursprünglichen Vektor ungleich Null ist.

c) Beispielhafte Lösungen sind $\begin{pmatrix} 0 \\ 1 \\ 0 \end{pmatrix}$, $\begin{pmatrix} -2 \\ 0 \\ 1 \end{pmatrix}$ oder $\begin{pmatrix} -2 \\ 1 \\ 1 \end{pmatrix}$.

d) Beispielhafte Lösungen sind $\begin{pmatrix} -1 \\ 1 \\ -1 \end{pmatrix}$, $\begin{pmatrix} 1 \\ -1 \\ 1 \end{pmatrix}$ oder $\begin{pmatrix} 0 \\ 2 \\ 1 \end{pmatrix}$.

e) Beispielhafte Lösungen sind $\begin{pmatrix} 0 \\ 0 \\ 1 \\ 0 \end{pmatrix}$, $\begin{pmatrix} 1 \\ -4 \\ 0 \\ 0 \end{pmatrix}$ oder $\begin{pmatrix} 1 \\ 0 \\ 0 \\ -2 \end{pmatrix}$.

Aufgabe 7.3.11 (vgl. Aufgabe 5.2.14)

A720

Das nebenstehende Bild zeigt schematisch eine Papieraufwicklung. Die Walze hat den Radius 1, die Papierbahn kommt vom Punkt $(-2, 2)$.

An welchem Punkt berührt die Papierbahn die Walze?

Anleitung: Stellen Sie den oberen Halbkreis der Walze als Funktion f dar und bestimmen Sie den Punkt X, bei dem der radiale Vektor senkrecht zum Verbindungsvektor von P zu X ist.

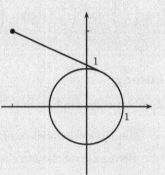

Lösung:

Die betrachteten Punkte X haben die Gestalt $X = (x, f(x))$ mit

$$f(x) = \sqrt{1 - x^2}$$

(s. Bemerkung 1.3.3, 6.). Betrachtet man die Situation vektoriell mit den Bezeichnungen aus Abb. 7.19, so ist

$$\vec{x} = \begin{pmatrix} x \\ f(x) \end{pmatrix}$$

und

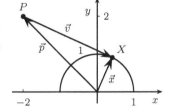

Abb. 7.19 Modellierung der Situation mittels Vektoren.

$$\vec{v} = -\vec{p} + \vec{x} = -\begin{pmatrix} -2 \\ 2 \end{pmatrix} + \begin{pmatrix} x \\ f(x) \end{pmatrix} = \begin{pmatrix} 2 + x \\ -2 + f(x) \end{pmatrix}.$$

Nun ist der Punkt X gesucht, so dass $\vec{v}$ und $\vec{x}$ senkrecht zueinander sind, also

$$0 \overset{!}{=} \ \vec{x} \cdot \vec{v} \ = \ \begin{pmatrix} x \\ f(x) \end{pmatrix} \cdot \begin{pmatrix} 2+x \\ -2+f(x) \end{pmatrix}$$

$$= \ x \cdot (2+x) + f(x) \cdot (-2+f(x))$$

$$= \ 2x + x^2 - 2 \cdot \sqrt{1-x^2} + (1-x^2)$$

$$= \ 2x + 1 - 2 \cdot \sqrt{1-x^2}.$$

Dies entspricht genau der in Aufgabe 5.2.14 entwickelten Gleichung (∗), und die Rechnung kann wie dort beschrieben fortgesetzt werden.

A721

Aufgabe 7.3.12

Verifizieren Sie (wo nötig mit Hilfe eines Taschenrechners) die Dreiecksungleichung und die Cauchy-Schwarzsche Ungleichung für

a) $\begin{pmatrix} 2 \\ 1 \end{pmatrix}$ und $\begin{pmatrix} 2 \\ 3 \end{pmatrix}$,   b) $\begin{pmatrix} 1 \\ 3 \\ -2 \end{pmatrix}$ und $\begin{pmatrix} 2 \\ 6 \\ -4 \end{pmatrix}$,   c) $\begin{pmatrix} -2 \\ 1 \\ 1 \\ 3 \end{pmatrix}$ und $\begin{pmatrix} 3 \\ 1 \\ 2 \\ -2 \end{pmatrix}$.

Lösung:

Zu überprüfen sind (s. Satz 7.3.13)

die Dreiecksungleichung (Δ-Ungl.): $\|\vec{a} + \vec{b}\| \ \leq \ \|\vec{a}\| + \|\vec{b}\|$,

die Cauchy-Schwarzsche Ungleichung (CSU): $|\vec{a} \cdot \vec{b}| \ \leq \ \|\vec{a}\| \cdot \|\vec{b}\|$.

a) Mit

$$\left\| \begin{pmatrix} 2 \\ 1 \end{pmatrix} \right\| \ = \ \sqrt{2^2 + 1^2} \ = \ \sqrt{5} \ \approx \ 2.24,$$

$$\left\| \begin{pmatrix} 2 \\ 3 \end{pmatrix} \right\| \ = \ \sqrt{2^2 + 3^2} \ = \ \sqrt{13} \ \approx \ 3.61,$$

$$\left\| \begin{pmatrix} 2 \\ 1 \end{pmatrix} + \begin{pmatrix} 2 \\ 3 \end{pmatrix} \right\| \ = \ \left\| \begin{pmatrix} 4 \\ 4 \end{pmatrix} \right\| \ = \ \sqrt{4^2 + 4^2} \ = \ \sqrt{32} \ \approx \ 5.66,$$

$$\left| \begin{pmatrix} 2 \\ 1 \end{pmatrix} \cdot \begin{pmatrix} 2 \\ 3 \end{pmatrix} \right| \ = \ |2 \cdot 2 + 1 \cdot 3| \ = \ 7$$

ergibt sich

bei der Δ-Ungl.: $5.66 \ \leq \ 2.24 + 3.61 \ \approx \ 5.85,$

bei der CSU: $7 \ \leq \ 2.24 \cdot 3.61 \ \approx \ 8.09.$

b) Mit ähnlichen Normberechnungen ergibt sich

$$\left\|\begin{pmatrix} 1 \\ 3 \\ -2 \end{pmatrix}\right\| = \sqrt{14}, \qquad \left\|\begin{pmatrix} 2 \\ 6 \\ -4 \end{pmatrix}\right\| = \sqrt{56},$$

$$\left\|\begin{pmatrix} 1 \\ 3 \\ -2 \end{pmatrix} + \begin{pmatrix} 2 \\ 6 \\ -4 \end{pmatrix}\right\| = \sqrt{126},$$

$$\left|\begin{pmatrix} 1 \\ 3 \\ -2 \end{pmatrix} \cdot \begin{pmatrix} 2 \\ 6 \\ -4 \end{pmatrix}\right| = |2 + 18 + 8| = 28.$$

Damit erhält man in beiden Ungleichungen eine genaue Gleichheit:

bei der Δ-Ungl.: $\quad \sqrt{14} + \sqrt{56} = \sqrt{14} + \sqrt{4 \cdot 14} = \sqrt{14} + 2 \cdot \sqrt{14}$
$$= 3 \cdot \sqrt{14} = \sqrt{9 \cdot 14} = \sqrt{126}$$

bei der CSU: $\quad \sqrt{14} \cdot \sqrt{56} = \sqrt{14} \cdot \sqrt{4 \cdot 14} = 2 \cdot 14 = 28.$

Bemerkung:

Bei der Δ-Ungleichung und bei der CSU gelten jeweils Gleichheit genau dann, wenn die Vektoren Vielfache voneinander sind, was hier der Fall ist.

c) Hier ist

$$\|\vec{a}\| = \left\|\begin{pmatrix} -2 \\ 1 \\ 1 \\ 3 \end{pmatrix}\right\| = \sqrt{4 + 1 + 1 + 9} = \sqrt{15} \approx 3.87,$$

$$\|\vec{b}\| = \left\|\begin{pmatrix} 3 \\ 1 \\ 2 \\ -2 \end{pmatrix}\right\| = \sqrt{9 + 1 + 4 + 4} = \sqrt{18} \approx 4.24,$$

$$\|\vec{a} + \vec{b}\| = \left\|\begin{pmatrix} -2 \\ 1 \\ 1 \\ 3 \end{pmatrix} + \begin{pmatrix} 3 \\ 1 \\ 2 \\ -2 \end{pmatrix}\right\| = \left\|\begin{pmatrix} 1 \\ 2 \\ 3 \\ 1 \end{pmatrix}\right\| = \sqrt{15} \approx 3.87,$$

$$|\vec{a} \cdot \vec{b}| = \left|\begin{pmatrix} -2 \\ 1 \\ 1 \\ 3 \end{pmatrix} \cdot \begin{pmatrix} 3 \\ 1 \\ 2 \\ -2 \end{pmatrix}\right| = |-6 + 1 + 2 - 6| = 9.$$

Damit erhält man

bei der Δ-Ungl.: $\quad 3.87 \leq 3.87 + 4.24,$

bei der CSU: $\qquad 9 \leq \sqrt{15} \cdot \sqrt{18} \approx 16.41.$

Aufgabe 7.3.13

Beweisen Sie den Satz des Thales:

Jeder Winkel im Halbkreis ist ein rechter Winkel.

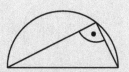

Anleitung: Legen Sie das Koordinatensystem geeignet fest und stellen Sie den Halbkreis als Funktion dar. Beschreiben Sie dann die beiden Schenkel des Winkels als Vektoren und betrachten Sie deren Skalarprodukt.

Lösung:

Wählt man das Koordinatensystem mit Radius 1 wie in Abb. 7.20, so wird der Halbkreis beschrieben durch

$$f(x) = \sqrt{1 - x^2}$$

(s. Bemerkung 1.3.3, 6.).

Zu einem Punkt P auf dem Halbkreis gehört also der Vektor

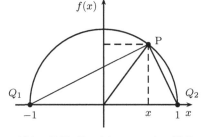

Abb. 7.20 Bezeichnungen im Halbkreises.

$$\vec{p} = \begin{pmatrix} x \\ f(x) \end{pmatrix} = \begin{pmatrix} x \\ \sqrt{1 - x^2} \end{pmatrix}.$$

Mit den Punkten $Q_1 = \begin{pmatrix} -1 \\ 0 \end{pmatrix}$ und $Q_2 = \begin{pmatrix} 1 \\ 0 \end{pmatrix}$ ist nun zu zeigen, dass gilt:

$$\overrightarrow{PQ_1} \perp \overrightarrow{PQ_2} \quad \text{also} \quad \overrightarrow{PQ_1} \cdot \overrightarrow{PQ_2} = 0.$$

Es ist

$$\overrightarrow{PQ_1} = \begin{pmatrix} -1 \\ 0 \end{pmatrix} - \begin{pmatrix} x \\ \sqrt{1 - x^2} \end{pmatrix} = \begin{pmatrix} -1 - x \\ -\sqrt{1 - x^2} \end{pmatrix},$$

$$\overrightarrow{PQ_2} = \begin{pmatrix} 1 \\ 0 \end{pmatrix} - \begin{pmatrix} x \\ \sqrt{1 - x^2} \end{pmatrix} = \begin{pmatrix} 1 - x \\ -\sqrt{1 - x^2} \end{pmatrix}.$$

Damit ist tatsächlich

$$\overrightarrow{PQ_1} \cdot \overrightarrow{PQ_2} = \begin{pmatrix} -1 - x \\ -\sqrt{1 - x^2} \end{pmatrix} \cdot \begin{pmatrix} 1 - x \\ -\sqrt{1 - x^2} \end{pmatrix}$$

$$= (-1 - x) \cdot (1 - x) + \left(-\sqrt{1 - x^2}\right) \cdot \left(-\sqrt{1 - x^2}\right)$$

$$= \qquad x^2 - 1 \qquad + \qquad 1 - x^2$$

$$= \quad 0,$$

was zu zeigen war.

7.4 Vektorprodukt

Aufgabe 7.4.1

Berechnen Sie die folgenden Vektorprodukte

A723

a) $\begin{pmatrix} 2 \\ 3 \\ 1 \end{pmatrix} \times \begin{pmatrix} 0 \\ 1 \\ 2 \end{pmatrix}$,

b) $\begin{pmatrix} 3 \\ -1 \\ 0 \end{pmatrix} \times \begin{pmatrix} 2 \\ 1 \\ 3 \end{pmatrix}$,

c) $\begin{pmatrix} 2 \\ 1 \\ 3 \end{pmatrix} \times \begin{pmatrix} 3 \\ -1 \\ 0 \end{pmatrix}$,

d) $\begin{pmatrix} 1 \\ -2 \\ 3 \end{pmatrix} \times \begin{pmatrix} -2 \\ 4 \\ -6 \end{pmatrix}$.

Versuchen Sie, sich die Vektoren und das Ergebnis vorzustellen.

Lösung:

Die Vektorprodukte kann man mit Definition 7.4.1 oder einer der Merkregeln (s. Bemerkung 7.4.2) berechnen:

a) $\begin{pmatrix} 2 \\ 3 \\ 1 \end{pmatrix} \times \begin{pmatrix} 0 \\ 1 \\ 2 \end{pmatrix} = \begin{pmatrix} 3 \cdot 2 - 1 \cdot 1 \\ 1 \cdot 0 - 2 \cdot 2 \\ 2 \cdot 1 - 3 \cdot 0 \end{pmatrix} = \begin{pmatrix} 5 \\ -4 \\ 2 \end{pmatrix}$.

b) $\begin{pmatrix} 3 \\ -1 \\ 0 \end{pmatrix} \times \begin{pmatrix} 2 \\ 1 \\ 3 \end{pmatrix} = \begin{pmatrix} (-1) \cdot 3 - 0 \cdot 1 \\ 0 \cdot 2 - 3 \cdot 3 \\ 3 \cdot 1 - (-1) \cdot 2 \end{pmatrix} = \begin{pmatrix} -3 \\ -9 \\ 5 \end{pmatrix}$.

c) $\begin{pmatrix} 2 \\ 1 \\ 3 \end{pmatrix} \times \begin{pmatrix} 3 \\ -1 \\ 0 \end{pmatrix} = \begin{pmatrix} 1 \cdot 0 - 3 \cdot (-1) \\ 3 \cdot 3 - 2 \cdot 0 \\ 2 \cdot (-1) - 1 \cdot 3 \end{pmatrix} = \begin{pmatrix} 3 \\ 9 \\ -5 \end{pmatrix}$.

Im Vergleich zu b) wird hier das Vektorprodukt mit den gleichen Vektoren aber vertauschter Reihenfolge berechnet. Das Ergebnis erhält man wegen $\vec{a} \times \vec{b} = -(\vec{b} \times \vec{a})$ (s. Satz 7.4.7, 1.) daher auch direkt aus dem Ergebnis von b).

d) $\begin{pmatrix} 1 \\ -2 \\ 3 \end{pmatrix} \times \begin{pmatrix} -2 \\ 4 \\ -6 \end{pmatrix} = \begin{pmatrix} (-2) \cdot (-6) - 3 \cdot 4 \\ 3 \cdot (-2) - 1 \cdot (-6) \\ 1 \cdot 4 - (-2) \cdot (-2) \end{pmatrix} = \begin{pmatrix} 0 \\ 0 \\ 0 \end{pmatrix}$.

Da die Vektoren $\vec{a} = \begin{pmatrix} 1 \\ -2 \\ 3 \end{pmatrix}$ und $\vec{b} = \begin{pmatrix} -2 \\ 4 \\ -6 \end{pmatrix}$ negative Vielfache voneinander sind, also einen Winkel von $180° \,\hat{=}\, \pi$ einschließen, ist nach Satz 7.4.4, 3.,

$$\|\vec{a} \times \vec{b}\| = \|\vec{a}\| \cdot \|\vec{b}\| \cdot \sin \pi = \|\vec{a}\| \cdot \|\vec{b}\| \cdot 0 = 0,$$

so dass man auch ohne Rechnung auf $\vec{a} \times \vec{b} = \vec{0}$ schließen kann.

A724

Aufgabe 7.4.2

Für das Vektorprodukt gelten folgende allgemeine Gleichungen:

a) $\vec{a} \times (\vec{b} \times \vec{c}) = (\vec{a} \cdot \vec{c}) \cdot \vec{b} - (\vec{a} \cdot \vec{b}) \cdot \vec{c}$ (Graßmann-Identität),

b) $(\vec{a} \times \vec{b}) \cdot (\vec{c} \times \vec{d}) = (\vec{a} \cdot \vec{c}) \cdot (\vec{b} \cdot \vec{d}) - (\vec{b} \cdot \vec{c}) \cdot (\vec{a} \cdot \vec{d})$ (Lagrange-Identität),

c) $\vec{a} \times (\vec{b} \times \vec{c}) + \vec{b} \times (\vec{c} \times \vec{a}) + \vec{c} \times (\vec{a} \times \vec{b}) = 0$ (Jacobi-Identität).

Rechnen Sie konkret nach, dass die Identitäten stimmen für

$$\vec{a} = \begin{pmatrix} 1 \\ 0 \\ 3 \end{pmatrix}, \quad \vec{b} = \begin{pmatrix} 2 \\ -1 \\ 1 \end{pmatrix}, \quad \vec{c} = \begin{pmatrix} 0 \\ 1 \\ 2 \end{pmatrix}, \quad \vec{d} = \begin{pmatrix} 2 \\ 5 \\ 3 \end{pmatrix}.$$

Lösung:

Durch explizite Berechnung der einzelnen Seite der Gleichungen verifiziert man, dass die Gleichung für die angegebenen Werte stimmen:

a) $\vec{a} \times (\vec{b} \times \vec{c})$

$$= \begin{pmatrix} 1 \\ 0 \\ 3 \end{pmatrix} \times \left(\begin{pmatrix} 2 \\ -1 \\ 1 \end{pmatrix} \times \begin{pmatrix} 0 \\ 1 \\ 2 \end{pmatrix} \right) = \begin{pmatrix} 1 \\ 0 \\ 3 \end{pmatrix} \times \begin{pmatrix} -3 \\ -4 \\ 2 \end{pmatrix} = \begin{pmatrix} 12 \\ -11 \\ -4 \end{pmatrix},$$

$(\vec{a} \cdot \vec{c}) \cdot \vec{b} - (\vec{a} \cdot \vec{b}) \cdot \vec{c}$

$$= \left(\begin{pmatrix} 1 \\ 0 \\ 3 \end{pmatrix} \cdot \begin{pmatrix} 0 \\ 1 \\ 2 \end{pmatrix} \right) \cdot \begin{pmatrix} 2 \\ -1 \\ 1 \end{pmatrix} - \left(\begin{pmatrix} 1 \\ 0 \\ 3 \end{pmatrix} \cdot \begin{pmatrix} 2 \\ -1 \\ 1 \end{pmatrix} \right) \cdot \begin{pmatrix} 0 \\ 1 \\ 2 \end{pmatrix}$$

$$= 6 \cdot \begin{pmatrix} 2 \\ -1 \\ 1 \end{pmatrix} - 5 \cdot \begin{pmatrix} 0 \\ 1 \\ 2 \end{pmatrix} = \begin{pmatrix} 12 \\ -11 \\ -4 \end{pmatrix}.$$

b) $(\vec{a} \times \vec{b}) \cdot (\vec{c} \times \vec{d})$

$$= \left(\begin{pmatrix} 1 \\ 0 \\ 3 \end{pmatrix} \times \begin{pmatrix} 2 \\ -1 \\ 1 \end{pmatrix} \right) \cdot \left(\begin{pmatrix} 0 \\ 1 \\ 2 \end{pmatrix} \times \begin{pmatrix} 2 \\ 5 \\ 3 \end{pmatrix} \right) = \begin{pmatrix} 3 \\ 5 \\ -1 \end{pmatrix} \cdot \begin{pmatrix} -7 \\ 4 \\ -2 \end{pmatrix} = 1,$$

$(\vec{a} \cdot \vec{c}) \cdot (\vec{b} \cdot \vec{d}) - (\vec{b} \cdot \vec{c}) \cdot (\vec{a} \cdot \vec{d})$

$$= \left(\begin{pmatrix} 1 \\ 0 \\ 3 \end{pmatrix} \cdot \begin{pmatrix} 0 \\ 1 \\ 2 \end{pmatrix} \right) \cdot \left(\begin{pmatrix} 2 \\ -1 \\ 1 \end{pmatrix} \cdot \begin{pmatrix} 2 \\ 5 \\ 3 \end{pmatrix} \right)$$

$$- \left(\begin{pmatrix} 2 \\ -1 \\ 1 \end{pmatrix} \cdot \begin{pmatrix} 0 \\ 1 \\ 2 \end{pmatrix} \right) \cdot \left(\begin{pmatrix} 1 \\ 0 \\ 3 \end{pmatrix} \cdot \begin{pmatrix} 2 \\ 5 \\ 3 \end{pmatrix} \right)$$

$$= 6 \cdot 2 - 1 \cdot 11 = 1.$$

c) $\vec{a} \times (\vec{b} \times \vec{c}) + \vec{b} \times (\vec{c} \times \vec{a}) + \vec{c} \times (\vec{a} \times \vec{b})$

$$= \begin{pmatrix} 1 \\ 0 \\ 3 \end{pmatrix} \times \left(\begin{pmatrix} 2 \\ -1 \\ 1 \end{pmatrix} \times \begin{pmatrix} 0 \\ 1 \\ 2 \end{pmatrix} \right) + \begin{pmatrix} 2 \\ -1 \\ 1 \end{pmatrix} \times \left(\begin{pmatrix} 0 \\ 1 \\ 2 \end{pmatrix} \times \begin{pmatrix} 1 \\ 0 \\ 3 \end{pmatrix} \right)$$

$$+ \begin{pmatrix} 0 \\ 1 \\ 2 \end{pmatrix} \times \left(\begin{pmatrix} 1 \\ 0 \\ 3 \end{pmatrix} \times \begin{pmatrix} 2 \\ -1 \\ 1 \end{pmatrix} \right)$$

$$= \begin{pmatrix} 1 \\ 0 \\ 3 \end{pmatrix} \times \begin{pmatrix} -3 \\ -4 \\ 2 \end{pmatrix} + \begin{pmatrix} 2 \\ -1 \\ 1 \end{pmatrix} \times \begin{pmatrix} 3 \\ 2 \\ -1 \end{pmatrix} + \begin{pmatrix} 0 \\ 1 \\ 2 \end{pmatrix} \times \begin{pmatrix} 3 \\ 5 \\ -1 \end{pmatrix}$$

$$= \begin{pmatrix} 12 \\ -11 \\ -4 \end{pmatrix} + \begin{pmatrix} -1 \\ 5 \\ 7 \end{pmatrix} + \begin{pmatrix} -11 \\ 6 \\ -3 \end{pmatrix} = \begin{pmatrix} 0 \\ 0 \\ 0 \end{pmatrix}.$$

Aufgabe 7.4.3

A725

Sei $\vec{a} = \begin{pmatrix} 2 \\ 2 \\ -1 \end{pmatrix}$ und $\vec{b} = \begin{pmatrix} 4 \\ 0 \\ 3 \end{pmatrix}$.

a) Berechnen Sie den Winkel φ zwischen $\vec{a}$ und $\vec{b}$ mit Hilfe des Skalarprodukts.

b) Berechnen Sie $\vec{a} \times \vec{b}$.

c) Verifizieren Sie die Gleichung $\|\vec{a} \times \vec{b}\| = \|\vec{a}\| \cdot \|\vec{b}\| \cdot \sin \varphi$.

Lösung:

a) Es ist

$$\|\vec{a}\| = \sqrt{2^2 + 2^2 + (-1)^2} = 3,$$
$$\|\vec{b}\| = \sqrt{4^2 + 0^2 + 3^2} = 5,$$
$$\vec{a} \cdot \vec{b} = 2 \cdot 4 + 2 \cdot 0 + (-1) \cdot 3 = 5.$$

Für den Winkel φ gilt damit

$$\cos \varphi = \frac{\vec{a} \cdot \vec{b}}{\|\vec{a}\| \cdot \|\vec{b}\|} = \frac{5}{3 \cdot 5} = \frac{1}{3},$$

also $\varphi = \arccos \frac{1}{3} \approx 1.23 \, \hat{=} \, 70.53°$.

b) $\vec{a} \times \vec{b} = \begin{pmatrix} 2 \cdot 3 & - & (-1) \cdot 0 \\ (-1) \cdot 4 & - & 2 \cdot 3 \\ 2 \cdot 0 & - & 2 \cdot 4 \end{pmatrix} = \begin{pmatrix} 6 \\ -10 \\ -8 \end{pmatrix}.$

c) Einerseits ist mit dem berechneten Vektorprodukt aus b)

$$\|\vec{a} \times \vec{b}\| \; = \; \sqrt{36 + 100 + 64} \; = \; \sqrt{200}.$$

Andererseits ergibt sich mit dem trigonometrischen Pythagoras (s. Satz 1.1.55, 2.)

$$\sin\varphi \; = \; \sqrt{1 - \cos^2\varphi} \; = \; \sqrt{1 - \left(\frac{1}{3}\right)^2} \; = \; \sqrt{\frac{8}{9}}$$

und damit

$$\|\vec{a}\| \cdot \|\vec{b}\| \cdot \sin\varphi \; = \; 3 \cdot 5 \cdot \sqrt{\frac{8}{9}} \; = \; 3 \cdot \frac{\sqrt{25 \cdot 8}}{3} \; = \; \sqrt{200}.$$

Aufgabe 7.4.4

A726

Zeigen Sie mittels der Komponentendarstellung, dass für $\vec{a}, \vec{b} \in \mathbb{R}^3$ gilt:

$$\vec{a} \times \vec{b} \perp \vec{a} \qquad\text{und}\qquad \vec{a} \times \vec{b} \perp \vec{b}.$$

Lösung:

Zu zeigen ist $(\vec{a} \times \vec{b}) \cdot \vec{a} = 0 = (\vec{a} \times \vec{b}) \cdot \vec{b}$. Dazu betrachtet man die Komponentendarstellung $\vec{a} = \begin{pmatrix} a_1 \\ a_2 \\ a_3 \end{pmatrix}$ und $\vec{b} = \begin{pmatrix} b_1 \\ b_2 \\ b_3 \end{pmatrix}$.

Bei der Berechnung von $(\vec{a} \times \vec{b}) \cdot \vec{a}$ erhält man eine Summe von Faktoren, bei denen sich jeweils zwei Summanden gegeseitig aufheben:

$$\left(\vec{a} \times \vec{b}\right) \cdot \vec{a} \; = \; \begin{pmatrix} a_2 b_3 - a_3 b_2 \\ a_3 b_1 - a_1 b_3 \\ a_1 b_2 - a_2 b_1 \end{pmatrix} \cdot \begin{pmatrix} a_1 \\ a_2 \\ a_3 \end{pmatrix}$$

$$= \; (a_2 b_3 - a_3 b_2) \cdot a_1 + (a_3 b_1 - a_1 b_3) \cdot a_2 + (a_1 b_2 - a_2 b_1) \cdot a_3$$

$$= \; \underbrace{a_1 a_2 b_3}_{(1)} - \underbrace{a_1 a_3 b_2}_{(2)} + \underbrace{a_2 a_3 b_1}_{(3)} - \underbrace{a_1 a_2 b_3}_{(1)} + \underbrace{a_1 a_3 b_2}_{(2)} - \underbrace{a_2 a_3 b_1}_{(3)}$$

$$= \; 0.$$

Ähnlich ergibt sich:

$$\left(\vec{a} \times \vec{b}\right) \cdot \vec{b} \; = \; \begin{pmatrix} a_2 b_3 - a_3 b_2 \\ a_3 b_1 - a_1 b_3 \\ a_1 b_2 - a_2 b_1 \end{pmatrix} \cdot \begin{pmatrix} b_1 \\ b_2 \\ b_3 \end{pmatrix}$$

$$= \; (a_2 b_3 - a_3 b_2) \cdot b_1 + (a_3 b_1 - a_1 b_3) \cdot b_2 + (a_1 b_2 - a_2 b_1) \cdot b_3$$

$$= \; \underbrace{a_2 b_1 b_3}_{(1)} - \underbrace{a_3 b_1 b_2}_{(2)} + \underbrace{a_3 b_1 b_2}_{(2)} - \underbrace{a_1 b_2 b_3}_{(3)} + \underbrace{a_1 b_2 b_3}_{(3)} - \underbrace{a_2 b_1 b_3}_{(1)}$$

$$= \; 0.$$

Aufgabe 7.4.5

Geben Sie mehrere Vektoren $\vec{b} \in \mathbb{R}^3$ an mit $\begin{pmatrix} 1 \\ 0 \\ 0 \end{pmatrix} \times \vec{b} = \begin{pmatrix} 0 \\ 0 \\ 1 \end{pmatrix}$.

A727

Überlegen Sie sich zunächst anschaulich, welche $\vec{b}$ in Frage kommen, und rechnen Sie dann.

Lösung:

Zur Vorstellung nutzt man die Charakterisierung des Vektorprodukts entsprechend Satz 7.4.4:

1) Der Vektor $\vec{c} = \begin{pmatrix} 1 \\ 0 \\ 0 \end{pmatrix} \times \vec{b}$ steht senkrecht auf $\begin{pmatrix} 1 \\ 0 \\ 0 \end{pmatrix}$ und $\vec{b}$. Damit $\vec{c}$ in x_3-Richtung zeigt, muss $\vec{b} = \begin{pmatrix} b_1 \\ b_2 \\ b_3 \end{pmatrix}$ also in der (x_1, x_2)-Ebene liegen, d.h. $b_3 = 0$.

2) Die Vektoren $\begin{pmatrix} 1 \\ 0 \\ 0 \end{pmatrix}$, $\vec{b}$ und $\vec{c}$ bilden ein Rechtssystem. Damit die Orientierung stimmt, muss b_2 positiv sein.

3) Die Länge $\|\vec{c}\|$ entspricht der Fläche des von $\begin{pmatrix} 1 \\ 0 \\ 0 \end{pmatrix}$ und $\vec{b}$ aufgespannten Parallelogramms. Diese muss also gleich $\left\| \begin{pmatrix} 0 \\ 0 \\ 1 \end{pmatrix} \right\| = 1$ sein.

Wie man sich an Abb. 7.21 verdeutlichen kann, muss daher die x_2-Komponente von $\vec{b}$ gleich 1 sein, also $b_2 = 1$.

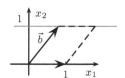

Abb. 7.21 Aufgespanntes Parallelogramm.

Tatsächlich erfüllt jedes $\vec{b} = \begin{pmatrix} b_1 \\ 1 \\ 0 \end{pmatrix}$ die Gleichung: $\begin{pmatrix} 1 \\ 0 \\ 0 \end{pmatrix} \times \begin{pmatrix} b_1 \\ 1 \\ 0 \end{pmatrix} = \begin{pmatrix} 0 \\ 0 \\ 1 \end{pmatrix}$.

Alternativ kann man die möglichen Vektoren $\vec{b}$ rechnerisch wie folgt bestimmen:

Sei $\vec{b} = \begin{pmatrix} b_1 \\ b_2 \\ b_3 \end{pmatrix}$ beliebig. Dann erhält man

$$\begin{pmatrix} 1 \\ 0 \\ 0 \end{pmatrix} \times \begin{pmatrix} b_1 \\ b_2 \\ b_3 \end{pmatrix} = \begin{pmatrix} 0 - 0 \\ 0 - b_3 \\ b_2 - 0 \end{pmatrix} \stackrel{!}{=} \begin{pmatrix} 0 \\ 0 \\ 1 \end{pmatrix},$$

also $b_3 = 0$ und $b_2 = 1$. Da b_1 für die Erfüllung der Bedingung keine Rolle spielt, kann b_1 frei gewählt werden. Somit gilt:

$$\vec{b} = \begin{pmatrix} b_1 \\ 1 \\ 0 \end{pmatrix} \quad \text{mit } b_1 \text{ beliebig.}$$

A728

Aufgabe 7.4.6

a) Geben Sie $\vec{a}$, $\vec{b}$ und $\vec{c}$ an mit

$$(\vec{a} \times \vec{b}) \times \vec{c} \neq \vec{a} \times (\vec{b} \times \vec{c}).$$

b) Untersuchen Sie, ob die folgenden Gleichungen gelten ($\vec{a}, \vec{b}, \vec{c} \in \mathbb{R}^3$, $\lambda \in \mathbb{R}$):

    b1) $\vec{a} \times (\lambda \cdot \vec{b}) = \lambda \cdot (\vec{a} \times \vec{b})$,

    b2) $\vec{a} \times (\vec{c} \cdot \vec{b}) = \vec{c} \cdot (\vec{a} \times \vec{b})$.

Lösung:

a) Durch Probieren findet man Lösungen, z.B.

$$\vec{a} = \begin{pmatrix} 1 \\ 0 \\ 0 \end{pmatrix}, \quad \vec{b} = \begin{pmatrix} 0 \\ 1 \\ 0 \end{pmatrix} \quad \text{und} \quad \vec{c} = \begin{pmatrix} 1 \\ 1 \\ 1 \end{pmatrix}.$$

Mit diesen Vektoren ist

$$\left(\vec{a} \times \vec{b}\right) \times \vec{c} = \begin{pmatrix} 0 \\ 0 \\ 1 \end{pmatrix} \times \begin{pmatrix} 1 \\ 1 \\ 1 \end{pmatrix} = \begin{pmatrix} -1 \\ 1 \\ 0 \end{pmatrix},$$

$$\vec{a} \times \left(\vec{b} \times \vec{c}\right) = \begin{pmatrix} 1 \\ 0 \\ 0 \end{pmatrix} \times \begin{pmatrix} 1 \\ 0 \\ -1 \end{pmatrix} = \begin{pmatrix} 0 \\ 1 \\ 0 \end{pmatrix}.$$

b1) Die Gleichung gilt nach Satz 7.4.7, 2.. Man kann die Beziehung aber auch leicht nachrechnen: Für $\vec{a} = \begin{pmatrix} a_1 \\ a_2 \\ a_3 \end{pmatrix}$ und $\vec{b} = \begin{pmatrix} b_1 \\ b_2 \\ b_3 \end{pmatrix}$ ist

$$\vec{a} \times (\lambda \cdot \vec{b}) = \begin{pmatrix} a_1 \\ a_2 \\ a_3 \end{pmatrix} \times \left(\lambda \cdot \begin{pmatrix} b_1 \\ b_2 \\ b_3 \end{pmatrix}\right) = \begin{pmatrix} a_1 \\ a_2 \\ a_3 \end{pmatrix} \times \begin{pmatrix} \lambda b_1 \\ \lambda b_2 \\ \lambda b_3 \end{pmatrix}$$

$$= \begin{pmatrix} a_2 \cdot \lambda b_3 - a_3 \cdot \lambda b_2 \\ a_3 \cdot \lambda b_1 - a_1 \cdot \lambda b_3 \\ a_1 \cdot \lambda b_2 - a_2 \cdot \lambda b_1 \end{pmatrix} = \begin{pmatrix} \lambda \cdot (a_2 b_3 - a_3 b_2) \\ \lambda \cdot (a_3 b_1 - a_1 b_3) \\ \lambda \cdot (a_1 b_2 - a_2 b_1) \end{pmatrix}$$

$$= \lambda \cdot \left(\begin{pmatrix} a_1 \\ a_2 \\ a_3 \end{pmatrix} \times \begin{pmatrix} b_1 \\ b_2 \\ b_3 \end{pmatrix}\right) = \lambda \cdot \left(\vec{a} \times \vec{b}\right).$$

b2) Die Gleichung gilt nicht, denn die linke Seite stellt keinen gültigen Ausdruck dar: Es ist zwar $\vec{a} \in \mathbb{R}^3$, aber $\vec{c} \cdot \vec{b} \in \mathbb{R}$, so dass man $\vec{a} \times (\vec{c} \cdot \vec{b})$ nicht bilden kann.

Aufgabe 7.4.7

A729

a) Berechnen Sie den Flächeninhalt des Parallelogramms, das durch $\vec{a} = \begin{pmatrix} 4 \\ 2 \end{pmatrix}$

und $\vec{b} = \begin{pmatrix} 2 \\ 3 \end{pmatrix}$ aufgespannt wird,

   1) durch die Formel „Seite mal Höhe", indem Sie mit dem Winkel zwischen $\vec{a}$ und $\vec{b}$ die Höhe berechnen,

   2) indem Sie die Situation ins Dreidimensionale übertragen und das Vektorprodukt zu Hilfe nehmen.

b) Bestimmen Sie den Flächeninhalt des Dreiecks mit den Eckpunkten

$$A = \begin{pmatrix} -1 \\ 2 \end{pmatrix}, \quad B = \begin{pmatrix} 5 \\ -1 \end{pmatrix} \quad \text{und} \quad C = \begin{pmatrix} 2 \\ 3 \end{pmatrix}.$$

(Tipp: Durch Verdoppelung eines Dreiecks kann man ein Parallelogramm erhalten.)

Lösung:

a) 1)   Der Flächeninhalt A ergibt sich als

$$A = \|\vec{a}\| \cdot h$$

mit der Höhe h wie in Abb. 7.22.

Mit dem Winkel φ zwischen $\vec{a}$ und $\vec{b}$ gilt

$$h = \|\vec{b}\| \cdot \sin\varphi,$$

also

$$A = \|\vec{a}\| \cdot \|\vec{b}\| \cdot \sin\varphi.$$

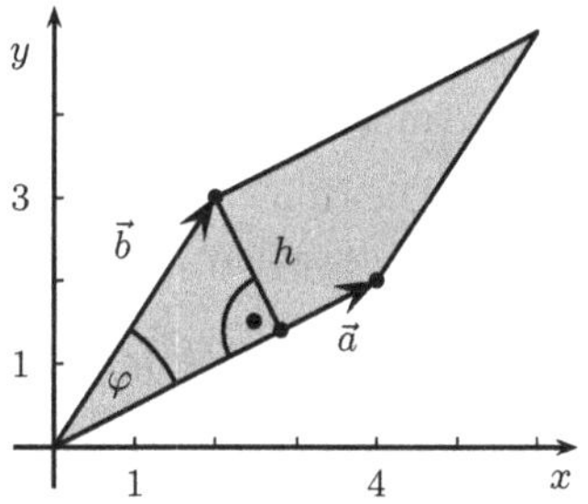

Abb. 7.22 Parallelogramm.

Für den Winkel φ zwischen $\vec{a}$ und $\vec{b}$ gilt

$$\cos\varphi = \frac{\vec{a} \cdot \vec{b}}{\|\vec{a}\| \cdot \|\vec{b}\|} = \frac{14}{\sqrt{20} \cdot \sqrt{13}} = \frac{14}{\sqrt{4 \cdot 5 \cdot 13}} = \frac{7}{\sqrt{65}},$$

also mit dem trigonometrischen Pythagoras (s. Satz 1.1.55, 2.)

$$\sin\varphi = \sqrt{1 - \cos^2\varphi} = \sqrt{1 - \left(\frac{7}{\sqrt{65}}\right)^2} = \sqrt{\frac{16}{65}} = \frac{4}{\sqrt{65}},$$

und damit

$$A = \sqrt{20} \cdot \sqrt{13} \cdot \frac{4}{\sqrt{65}} = 4 \cdot \sqrt{4 \cdot 5 \cdot 13 \cdot \frac{1}{65}} = 8.$$

2) Im Dreidimensionalen kann man das Parallelogramm beispielsweise in die (x_1, x_2)-Ebene einbetten. Es wird dann aufgespannt durch $\vec{a_3} = \begin{pmatrix} 4 \\ 2 \\ 0 \end{pmatrix}$ und $\vec{b_3} = \begin{pmatrix} 2 \\ 3 \\ 0 \end{pmatrix}$.

Den Flächeninhalt kann man nun als Länge des Vektorprodukts berechnen:

$$\text{Flächeninhalt} = \|\vec{a_3} \times \vec{b_3}\|$$

$$= \left\| \begin{pmatrix} 4 \\ 2 \\ 0 \end{pmatrix} \times \begin{pmatrix} 2 \\ 3 \\ 0 \end{pmatrix} \right\| = \left\| \begin{pmatrix} 0 \\ 0 \\ 8 \end{pmatrix} \right\| = 8.$$

b) Wie bei a) kann man auf verschiedene Arten die Dreiecksfläche berechnen:

1) Berechnung der Dreiecksfläche als $\frac{1}{2}$ mal Grundlinie mal Höhe, und Bestimmung der Höhe mittels Winkelberechnung:

Als Grundseite des Dreiecks kann die Seite $\overline{AB}$ betrachtet werden. (Auch andere Betrachtungsweisen sind möglich.)

Die Höhe h erhält man mit dem Winkel φ zwischen $\overrightarrow{AB}$ und $\overrightarrow{AC}$ durch

$$h = \|\overrightarrow{AC}\| \cdot \sin\varphi$$

(s. Abb. 7.23).

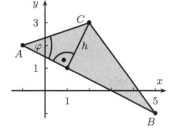

Abb. 7.23 Dreieck.

Mit den Vektoren

$$\overrightarrow{AB} = \begin{pmatrix} 5 \\ -1 \end{pmatrix} - \begin{pmatrix} -1 \\ 2 \end{pmatrix} = \begin{pmatrix} 6 \\ -3 \end{pmatrix}$$

und

$$\overrightarrow{AC} = \begin{pmatrix} 2 \\ 3 \end{pmatrix} - \begin{pmatrix} -1 \\ 2 \end{pmatrix} = \begin{pmatrix} 3 \\ 1 \end{pmatrix}$$

erhält man

$$\cos\varphi = \frac{\overrightarrow{AB} \cdot \overrightarrow{AC}}{\|\overrightarrow{AB}\| \cdot \|\overrightarrow{AC}\|} = \frac{15}{\sqrt{45} \cdot \sqrt{10}} = \frac{15}{\sqrt{9 \cdot 5 \cdot 5 \cdot 2}} = \frac{1}{\sqrt{2}},$$

also mit dem trigonometrischen Pythagoras (s. Satz 1.1.55, 2.)

$$\sin \varphi = \sqrt{1 - \cos^2 \varphi} = \sqrt{1 - \left(\frac{1}{\sqrt{2}}\right)^2} = \sqrt{\frac{1}{2}},$$

und damit

$$\text{Fläche} = \frac{1}{2} \cdot \|\overrightarrow{AB}\| \cdot h = \frac{1}{2} \cdot \|\overrightarrow{AB}\| \cdot \|\overrightarrow{AC}\| \cdot \sin \varphi$$

$$= \frac{1}{2} \cdot \sqrt{45} \cdot \sqrt{10} \cdot \sqrt{\frac{1}{2}} = \frac{1}{2} \cdot \sqrt{\frac{9 \cdot 5 \cdot 5 \cdot 2}{2}}$$

$$= \frac{15}{2} = 7.5.$$

2) Berechnung der Dreiecksfläche als halbe Fläche des Parallelogramms, die man nach Einbettung ins Dreidimensionale mit dem Vektorprodukt berechnen kann:

Wie Abb. 7.24 zeigt, ist die Dreiecksfläche die Hälfte der Fläche des Parallelogramms, das durch

$$\overrightarrow{AB} = \begin{pmatrix} 5 \\ -1 \end{pmatrix} - \begin{pmatrix} -1 \\ 2 \end{pmatrix}$$

$$= \begin{pmatrix} 6 \\ -3 \end{pmatrix}$$

und

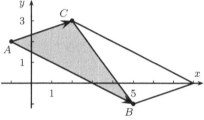

Abb. 7.24 Dreieck als halbes Parallelogramm.

$$\overrightarrow{AC} = \begin{pmatrix} 2 \\ 3 \end{pmatrix} - \begin{pmatrix} -1 \\ 2 \end{pmatrix} = \begin{pmatrix} 3 \\ 1 \end{pmatrix}$$

aufgespannt wird.

Bettet man die Ebene in die (x_1, x_2)-Ebene des Dreidimensionalen ein, so ergibt sich wie bei a) 2):

$$\text{Fläche} = \frac{1}{2} \cdot \left\| \begin{pmatrix} 6 \\ -3 \\ 0 \end{pmatrix} \times \begin{pmatrix} 3 \\ 1 \\ 0 \end{pmatrix} \right\| = \frac{1}{2} \cdot \left\| \begin{pmatrix} 0 \\ 0 \\ 15 \end{pmatrix} \right\|$$

$$= \frac{1}{2} \cdot 15 = 7.5.$$

7.5 Geraden und Ebenen

A730

Aufgabe 7.5.1

a) Geben Sie eine Darstellung der Geraden g im $\mathbb{R}^3$ an, die durch

$$P_1 = \begin{pmatrix} 3 \\ 1 \\ 2 \end{pmatrix} \quad \text{und} \quad P_2 = \begin{pmatrix} 1 \\ 1 \\ -1 \end{pmatrix}$$

verläuft.

Liegt $Q = \begin{pmatrix} -1 \\ 1 \\ -4 \end{pmatrix}$ auf g?

b) Geben Sie eine Darstellung der Geraden g im $\mathbb{R}^4$ an, die durch

$$P_1 = \begin{pmatrix} -1 \\ 0 \\ 1 \\ 2 \end{pmatrix} \quad \text{und} \quad P_2 = \begin{pmatrix} 2 \\ 1 \\ 0 \\ 3 \end{pmatrix}$$

verläuft?

Lösung:

a) Entsprechend Bemerkung 7.5.4, 2., ist ein Richtungsvektor der Geraden

$$\vec{v} = \vec{p_2} - \vec{p_1} = \begin{pmatrix} 1 \\ 1 \\ -1 \end{pmatrix} - \begin{pmatrix} 3 \\ 1 \\ 2 \end{pmatrix} = \begin{pmatrix} -2 \\ 0 \\ -3 \end{pmatrix}.$$

Mit dem Ortsvektor $\vec{p_1}$ ergibt sich als Geradendarstellung

$$g = \left\{ \begin{pmatrix} 3 \\ 1 \\ 2 \end{pmatrix} + \lambda \cdot \begin{pmatrix} -2 \\ 0 \\ -3 \end{pmatrix} \middle| \lambda \in \mathbb{R} \right\}.$$

Der Punkt Q liegt auf der Geraden g, wenn es ein λ gibt, mit dem gilt:

$$\begin{pmatrix} 3 \\ 1 \\ 2 \end{pmatrix} + \lambda \cdot \begin{pmatrix} -2 \\ 0 \\ -3 \end{pmatrix} = \begin{pmatrix} -1 \\ 1 \\ -4 \end{pmatrix}.$$

Dies ist offensichtlich für $\lambda = 2$ erfüllt, d.h Q liegt auf der Geraden g.

b) Analog zu a) erhält man mit dem Richtungsvektor

$$\vec{v} = \vec{p}_2 - \vec{p}_1 = \begin{pmatrix} 2 \\ 1 \\ 0 \\ 3 \end{pmatrix} - \begin{pmatrix} -1 \\ 0 \\ 1 \\ 2 \end{pmatrix} = \begin{pmatrix} 3 \\ 1 \\ -1 \\ 1 \end{pmatrix}$$

eine Geradendarstellung

$$g = \left\{ \begin{pmatrix} -1 \\ 0 \\ 1 \\ 2 \end{pmatrix} + \lambda \cdot \begin{pmatrix} 3 \\ 1 \\ -1 \\ 1 \end{pmatrix} \middle| \lambda \in \mathbb{R} \right\}.$$

Aufgabe 7.5.2

Welche Punkte auf der Geraden $g = \left\{ \begin{pmatrix} 2 \\ 1 \end{pmatrix} + \lambda \begin{pmatrix} -3 \\ 4 \end{pmatrix} \middle| \lambda \in \mathbb{R} \right\}$ haben

A731

a) von $\begin{pmatrix} 2 \\ 1 \end{pmatrix}$ den Abstand 3,   b) von $\begin{pmatrix} 0 \\ -3 \end{pmatrix}$ den Abstand 5?

Lösung:

a) Da $\begin{pmatrix} 2 \\ 1 \end{pmatrix}$ der angegebene Ortsvektor der Geraden g ist und für den Richtungsvektor gilt

$$\left\| \begin{pmatrix} -3 \\ 4 \end{pmatrix} \right\| = \sqrt{(-3)^2 + 4^2} = \sqrt{25} = 5,$$

muss man von $\begin{pmatrix} 2 \\ 1 \end{pmatrix}$ aus $\pm\frac{3}{5}$ des Richtungsvektors auf der Geraden entlanggehen, um zu Punkten mit Abstand 3 zu gelangen (s. Abb. 7.25), d.h., die Punkte

$$\begin{pmatrix} 2 \\ 1 \end{pmatrix} \pm \frac{3}{5} \cdot \begin{pmatrix} -3 \\ 4 \end{pmatrix}$$

also

$$\begin{pmatrix} 1/5 \\ 17/5 \end{pmatrix} \quad \text{und} \quad \begin{pmatrix} 19/5 \\ -7/5 \end{pmatrix}$$

haben von $\begin{pmatrix} 2 \\ 1 \end{pmatrix}$ den Abstand 3 .

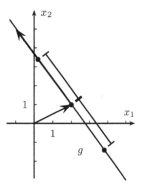

Abb. 7.25 Gerade und Abstände vom Aufpunkt.

b) Man kann den Abstand zwischen einem beliebigen Geradenpunkt

$$\begin{pmatrix} 2 \\ 1 \end{pmatrix} + \lambda \begin{pmatrix} -3 \\ 4 \end{pmatrix}$$

und $\begin{pmatrix} 0 \\ -3 \end{pmatrix}$ (in Abhängigkeit von λ) berechnen:

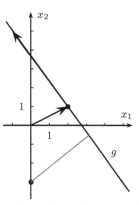

$$\left\| \left[\begin{pmatrix} 2 \\ 1 \end{pmatrix} + \lambda \begin{pmatrix} -3 \\ 4 \end{pmatrix} \right] - \begin{pmatrix} 0 \\ -3 \end{pmatrix} \right\|$$

$$= \left\| \begin{pmatrix} 2 - 3\lambda \\ 4 + 4\lambda \end{pmatrix} \right\|$$

$$= \sqrt{(2 - 3\lambda)^2 + (4 + 4\lambda)^2}$$

$$= \sqrt{4 - 12\lambda + 9\lambda^2 + 16 + 32\lambda + 16\lambda^2}$$

$$= \sqrt{20 + 20\lambda + 25\lambda^2}.$$

Abb. 7.26 Gerade und
Abstände zu einem Punkt.

Dieser Abstand soll gleich 5 sein. Durch Quadrieren erhält man damit

$$5^2 = 20 + 20\lambda + 25\lambda^2 \quad \Leftrightarrow \quad \lambda^2 + \frac{4}{5}\lambda - \frac{1}{5} = 0.$$

Die p-q-Formel (s. Satz 1.1.15) liefert

$$\lambda = -\frac{2}{5} \pm \sqrt{\frac{4}{25} + \frac{1}{5}} = -\frac{2}{5} \pm \sqrt{\frac{9}{25}} = -\frac{2}{5} \pm \frac{3}{5}$$

$$\Leftrightarrow \quad \lambda = \frac{1}{5} \quad \text{oder} \quad \lambda = -1.$$

Folglich haben

$$\begin{pmatrix} 2 \\ 1 \end{pmatrix} + \frac{1}{5} \cdot \begin{pmatrix} -3 \\ 4 \end{pmatrix} = \begin{pmatrix} 7/5 \\ 9/5 \end{pmatrix} \quad \text{und} \quad \begin{pmatrix} 2 \\ 1 \end{pmatrix} - \begin{pmatrix} -3 \\ 4 \end{pmatrix} = \begin{pmatrix} 5 \\ -3 \end{pmatrix}$$

von $\begin{pmatrix} 0 \\ -3 \end{pmatrix}$ den Abstand 5.

A732

Aufgabe 7.5.3

Betrachtet wird das Dreieck mit den Eckpunkten

$$A = \begin{pmatrix} -1 \\ 2 \end{pmatrix}, \quad B = \begin{pmatrix} 5 \\ -1 \end{pmatrix} \quad \text{und} \quad C = \begin{pmatrix} 2 \\ 3 \end{pmatrix}.$$

Gesucht ist der Lotfußpunkt L des Lots von C auf die Seite $\overline{AB}$ bzw. auf die
Gerade g, auf der diese Seite liegt.

Berechnen Sie L auf drei verschiedene Arten:

a) Bestimmen Sie L als Schnittpunkt von g und der Geraden h, die durch C führt und senkrecht zu g ist.

b) Bestimmen Sie L als den Punkt auf g, so dass der Verbindungsvektor von L zu C senkrecht auf dem Richtungsvektor von g steht.

c) Bestimmen Sie L als nächstliegenden Punkt auf g an C, indem Sie den Abstand $d(\lambda)$ von C zu einem allgemeinen Punkt der Geraden g in Abhängigkeit von dem Parameter λ berechnen und die Minimalstelle der Funktion $d(\lambda)$ bestimmen.

Berechnen Sie schließlich die Höhe und damit die Fläche des Dreiecks.

Lösung:

Abb. 7.27 stellt das Dreieck und die Lage des Lotfußpunkts L dar.

Mit dem Richtungsvektor

$$\overrightarrow{AB} = \vec{b} - \vec{a}$$

$$= \begin{pmatrix} 5 \\ -1 \end{pmatrix} - \begin{pmatrix} -1 \\ 2 \end{pmatrix} = \begin{pmatrix} 6 \\ -3 \end{pmatrix}$$

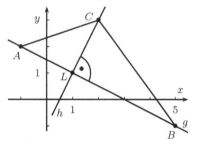

Abb. 7.27 Lotfußpunkt L auf der Seite $\overline{AB}$.

wird die Gerade g, auf der die Seite $\overline{AB}$ liegt, beschrieben durch

$$g = \{\vec{a} + \lambda \cdot \overrightarrow{AB} | \lambda \in \mathbb{R}\} = \left\{ \begin{pmatrix} -1 \\ 2 \end{pmatrix} + \lambda \cdot \begin{pmatrix} 6 \\ -3 \end{pmatrix} \Big| \lambda \in \mathbb{R} \right\}.$$

a) Da $\begin{pmatrix} 3 \\ 6 \end{pmatrix}$ ein zum Richtungsvektor $\begin{pmatrix} 6 \\ -3 \end{pmatrix}$ von g senkrechter Vektor ist, wird die zu g senkrechte Gerade durch C beschrieben durch

$$h = \left\{ \begin{pmatrix} 2 \\ 3 \end{pmatrix} + \mu \cdot \begin{pmatrix} 3 \\ 6 \end{pmatrix} \Big| \mu \in \mathbb{R} \right\}.$$

L ist der Schnittpunkt von g und h:

$$\begin{pmatrix} -1 \\ 2 \end{pmatrix} + \lambda \cdot \begin{pmatrix} 6 \\ -3 \end{pmatrix} = \begin{pmatrix} 2 \\ 3 \end{pmatrix} + \mu \cdot \begin{pmatrix} 3 \\ 6 \end{pmatrix}$$

$$\Leftrightarrow \quad \begin{aligned} 6\lambda - 3\mu &= 3 \\ -3\lambda - 6\mu &= 1. \end{aligned}$$

Addiert man die erste Gleichung zum Doppelten der zweiten Gleichung, erhält man $-15\mu = 5$, also $\mu = -\frac{1}{3}$. Dies in die Darstellung der Geraden h eingesetzt liefert als Lotfußpunkt

$$\vec{l} = \begin{pmatrix} 2 \\ 3 \end{pmatrix} - \frac{1}{3} \cdot \begin{pmatrix} 3 \\ 6 \end{pmatrix} = \begin{pmatrix} 1 \\ 1 \end{pmatrix}.$$

b) Ein allgemeiner Geradenpunkt hat die Gestalt

$$\begin{pmatrix} -1 \\ 2 \end{pmatrix} + \lambda \cdot \begin{pmatrix} 6 \\ -3 \end{pmatrix}.$$

Gesucht ist nun ein solcher Geradenpunkt, dass der Verbindungsvektor zu C senkrecht auf dem Richtungsvektor von g steht:

$$\left[\begin{pmatrix} -1 \\ 2 \end{pmatrix} + \lambda \cdot \begin{pmatrix} 6 \\ -3 \end{pmatrix} \right] - \begin{pmatrix} 2 \\ 3 \end{pmatrix} \quad \perp \quad \begin{pmatrix} 6 \\ -3 \end{pmatrix}$$

$$\Leftrightarrow \qquad \begin{pmatrix} -3 + 6\lambda \\ -1 - 3\lambda \end{pmatrix} \quad \perp \quad \begin{pmatrix} 6 \\ -3 \end{pmatrix},$$

also

$$0 \overset{!}{=} \begin{pmatrix} -3 + 6\lambda \\ -1 - 3\lambda \end{pmatrix} \cdot \begin{pmatrix} 6 \\ -3 \end{pmatrix} = -18 + 36\lambda + 3 + 9\lambda = 45\lambda - 15.$$

Daraus erhält man $\lambda = \frac{15}{45} = \frac{1}{3}$ und so

$$\vec{l} = \begin{pmatrix} -1 \\ 2 \end{pmatrix} + \frac{1}{3} \cdot \begin{pmatrix} 6 \\ -3 \end{pmatrix} = \begin{pmatrix} 1 \\ 1 \end{pmatrix}.$$

c) Wie bei b) wird ein allgemeiner Punkt $\begin{pmatrix} -1 \\ 2 \end{pmatrix} + \lambda \cdot \begin{pmatrix} 6 \\ -3 \end{pmatrix}$ der Geraden g betrachtet. Dessen Abstand zu C ist

$$\begin{aligned} d(\lambda) &= \left\| \left[\begin{pmatrix} -1 \\ 2 \end{pmatrix} + \lambda \cdot \begin{pmatrix} 6 \\ -3 \end{pmatrix} \right] - \begin{pmatrix} 2 \\ 3 \end{pmatrix} \right\| \\ &= \left\| \begin{pmatrix} -3 + 6\lambda \\ -1 - 3\lambda \end{pmatrix} \right\| \\ &= \sqrt{(-3 + 6\lambda)^2 + (-1 - 3\lambda)^2} \\ &= \sqrt{9 - 36\lambda + 36\lambda^2 \quad + \quad 1 + 6\lambda + 9\lambda^2} \\ &= \sqrt{10 - 30\lambda + 45\lambda^2}. \end{aligned}$$

Minimalen Abstand erhält man bei einem Parameterwert λ mit

$$\begin{aligned} 0 \overset{!}{=} d'(\lambda) &= \frac{-30 + 90\lambda}{2 \cdot \sqrt{10 - 30\lambda + 45\lambda^2}} \\ \Leftrightarrow \quad 0 &= -30 + 90\lambda \\ \Leftrightarrow \quad \lambda &= \frac{1}{3}. \end{aligned}$$

Als einziger Kandidat für eine Extremstelle muss dies die Minimalstelle sein. Damit ist der Lotfußpunkt

$$\vec{l} = \begin{pmatrix} -1 \\ 2 \end{pmatrix} + \frac{1}{3} \cdot \begin{pmatrix} 6 \\ -3 \end{pmatrix} = \begin{pmatrix} 1 \\ 1 \end{pmatrix}.$$

Mit L kann nun die Höhe des Dreiecks berechnet werden als

$$\text{Höhe} = \|\overline{CL}\| = \left\| \begin{pmatrix} 1 \\ 1 \end{pmatrix} - \begin{pmatrix} 2 \\ 3 \end{pmatrix} \right\| = \left\| \begin{pmatrix} -1 \\ -2 \end{pmatrix} \right\| = \sqrt{5}$$

und damit die Fläche des Dreiecks als

$$\begin{aligned}
\text{Fläche} &= \frac{1}{2} \cdot \|\overline{AB}\| \cdot \text{Höhe} \\
&= \frac{1}{2} \cdot \left\| \begin{pmatrix} 5 \\ -1 \end{pmatrix} - \begin{pmatrix} -1 \\ 2 \end{pmatrix} \right\| \cdot \sqrt{5} \\
&= \frac{1}{2} \cdot \left\| \begin{pmatrix} 6 \\ -3 \end{pmatrix} \right\| \cdot \sqrt{5} \\
&= \frac{1}{2} \cdot \sqrt{45} \cdot \sqrt{5} = \frac{1}{2} \cdot \sqrt{9 \cdot 5 \cdot 5} \\
&= \frac{15}{2} = 7.5.
\end{aligned}$$

Bemerkung:

Die Fläche des Dreiecks wurde schon in Aufgabe 7.4.7, b), berechnet, allerdings mit anderen Methoden.

Aufgabe 7.5.4

A733

In Aufgabe 7.4.7 und Aufgabe 7.5.3 werden insgesamt fünf verschiedene Möglichkeiten zur Berechnung der Fläche eines ebenen Dreiecks betrachtet.

Stellen Sie diese Möglichkeiten zusammen, und überlegen Sie, welche der Möglichkeiten auch in drei- und höherdimensionalen Räumen funktionieren.

Lösung:

In Aufgabe 7.4.7 wurden folgende Möglichkeiten betrachtet:

1) Flächenberechnung durch die Formel „$\frac{1}{2}$ mal Grundseite mal Höhe", indem die Höhe mit dem Winkel zwischen zwei Seiten berechnet wird, wobei der Winkel mit dem Skalarprodukt ausgerechnet werden kann,

2) Flächenberechnung durch Übertragung ins Dreidimensionale und Benutzung des Vektorprodukts.

In Aufgabe 7.5.3 wird die Fläche jeweils auch mittels der Formel „$\frac{1}{2}$ mal Grundseite mal Höhe" berechnet, wobei hier die Höhe als Länge der Strecke vom dritten Punkt C zum Lotfußpunktes L auf der Geraden g, auf der die Grundseite liegt, berechnet wird, und L auf drei Weisen berechnet wird:

3) als Schnittpunkt von g und der Geraden h, die durch C führt und senkrecht zu g ist.

4) als den Punkt auf g, so dass der Verbindungsvektor von L zu C senkrecht auf dem Richtungsvektor von g steht.

5) als nächstliegende Punkt auf g an C durch Minimierung des Abstands eines allgemeinen Punkts der Geraden g zu C.

Die Möglichkeit (3) geht nur im Zweidimensionalen, da in höheren Dimensionen eine zu g senkrechte Richtung nicht mehr eindeutig ist, und man daher die Gerade h nicht direkt angeben kann.

Die Möglichkeit (2) geht noch im Dreidimensionalen, dann direkt mit dem Vektorprodukt. In noch höheren Dimensionen gibt es kein Vektorprodukt, so dass die Möglichkeit ausscheidet.

Die anderen Möglichkeiten gehen in beliebigen Dimensionen.

A734

Aufgabe 7.5.5

a) Stellen Sie die Ebene durch die Punkte

$$P_1 = \begin{pmatrix} -1 \\ 0 \\ 2 \end{pmatrix}, \quad P_2 = \begin{pmatrix} 2 \\ 1 \\ 1 \end{pmatrix}, \quad P_3 = \begin{pmatrix} 1 \\ -1 \\ 2 \end{pmatrix}$$

in Parameter- und in Normalendarstellung dar.

Testen Sie, ob der Punkt $Q = \begin{pmatrix} -2 \\ 3 \\ 1 \end{pmatrix}$ in der Ebene liegt.

b) Stellen Sie die Ebene, die durch $P = \begin{pmatrix} 3 \\ 1 \\ 0 \end{pmatrix}$ führt und senkrecht zu $\vec{n} = \begin{pmatrix} 1 \\ 2 \\ -1 \end{pmatrix}$ ist, in Parameter- und in Normalendarstellung dar.

Lösung:

a) Entsprechend Bemerkung 7.5.7, 2., sind Richtungsvektoren zum Beispiel

$$\vec{v}_1 = \vec{p}_2 - \vec{p}_1 = \begin{pmatrix} 2 \\ 1 \\ 1 \end{pmatrix} - \begin{pmatrix} -1 \\ 0 \\ 2 \end{pmatrix} = \begin{pmatrix} 3 \\ 1 \\ -1 \end{pmatrix},$$

$$\vec{v}_2 = \vec{p}_3 - \vec{p}_1 = \begin{pmatrix} 1 \\ -1 \\ 2 \end{pmatrix} - \begin{pmatrix} -1 \\ 0 \\ 2 \end{pmatrix} = \begin{pmatrix} 2 \\ -1 \\ 0 \end{pmatrix}.$$

Eine Parameterdarstellung ist damit

$$E = \left\{ \begin{pmatrix} -1 \\ 0 \\ 2 \end{pmatrix} + \alpha \cdot \begin{pmatrix} 3 \\ 1 \\ -1 \end{pmatrix} + \beta \cdot \begin{pmatrix} 2 \\ -1 \\ 0 \end{pmatrix} \,\middle|\, \alpha, \beta \in \mathbb{R} \right\}.$$

Einen Normalenvektor erhält man durch das Vektorprodukt:

$$\vec{n} \;=\; \begin{pmatrix} 3 \\ 1 \\ -1 \end{pmatrix} \times \begin{pmatrix} 2 \\ -1 \\ 0 \end{pmatrix} \;=\; \begin{pmatrix} -1 \\ -2 \\ -5 \end{pmatrix}.$$

Wegen

$$\begin{pmatrix} -1 \\ 0 \\ 2 \end{pmatrix} \cdot \begin{pmatrix} -1 \\ -2 \\ -5 \end{pmatrix} \;=\; -9$$

ist eine Normalendarstellung (s. Satz 7.5.8)

$$\begin{aligned}
E \;&=\; \left\{ \vec{x} \;\middle|\; \vec{x} \cdot \begin{pmatrix} -1 \\ -2 \\ -5 \end{pmatrix} \;=\; -9 \right\} \\
&=\; \left\{ \begin{pmatrix} x_1 \\ x_2 \\ x_3 \end{pmatrix} \;\middle|\; -x_1 - 2x_2 - 5x_3 \;=\; -9 \right\}.
\end{aligned}$$

Um zu testen, ob $Q = \begin{pmatrix} -2 \\ 3 \\ 1 \end{pmatrix}$ auf der Ebene liegt, kann man nun die Normalen- oder Parameterdarstellung nutzen:

Möglichkeit 1: Nutzung der Normalendarstellung

Durch Einsetzen von Q in die Gleichung der Normalendarstellung erhält man

$$-(-2) - 2 \cdot 3 - 5 \cdot 1 \;=\; -9,$$

d.h., Q liegt in der Ebene.

Möglichkeit 2: Nutzung der Parameterdarstellung

Der Punkt Q liegt in der Ebene, falls es Parameter $\alpha, \beta \in \mathbb{R}$ gibt mit

$$\begin{pmatrix} -2 \\ 3 \\ 1 \end{pmatrix} \;=\; \begin{pmatrix} -1 \\ 0 \\ 2 \end{pmatrix} + \alpha \cdot \begin{pmatrix} 3 \\ 1 \\ -1 \end{pmatrix} + \beta \cdot \begin{pmatrix} 2 \\ -1 \\ 0 \end{pmatrix}$$

$$\Leftrightarrow \begin{pmatrix} -1 \\ 3 \\ -1 \end{pmatrix} \;=\; \alpha \cdot \begin{pmatrix} 3 \\ 1 \\ -1 \end{pmatrix} + \beta \cdot \begin{pmatrix} 2 \\ -1 \\ 0 \end{pmatrix}.$$

Dies entspricht einem Gleichungssystem mit drei Gleichungen für die beiden Parameter. Aus der dritten Komponente folgt $\alpha = 1$, aus der zweiten dann $\beta = -2$. Damit stimmt auch die erste Komponente.

Also liegt Q in der Ebene.

b) Eine Normalendarstellung kann man wegen

$$\begin{pmatrix} 3 \\ 1 \\ 0 \end{pmatrix} \cdot \begin{pmatrix} 1 \\ 2 \\ -1 \end{pmatrix} = 5$$

direkt angeben als

$$E = \left\{ \vec{x} \mid \vec{x} \cdot \begin{pmatrix} 1 \\ 2 \\ -1 \end{pmatrix} = 5 \right\}$$

$$= \left\{ \begin{pmatrix} x_1 \\ x_2 \\ x_3 \end{pmatrix} \mid x_1 + 2x_2 - x_3 = 5 \right\}.$$

Für eine Parameterdarstellung braucht man zwei Richtungsvektoren, die nicht Vielfache voneinander sind. Diese kann man sich beschaffen, indem man weitere Punkte auf der Ebene bestimmt, beispielsweise durch beliebige Vorgabe von x_1 und x_2 und dann Berechnung von x_3 so, dass die Gleichung der Normalendarstellung erfüllt ist. Anschließend kann man wie bei a) Richtungsvektoren als Differenzen berechnen.

Einfacher ist es, Richtungsvektoren als zum Normalenvektor $\begin{pmatrix} 1 \\ 2 \\ -1 \end{pmatrix}$ senkrechte Vektoren zu wählen, z.B. $\begin{pmatrix} 1 \\ 0 \\ 1 \end{pmatrix}$ und $\begin{pmatrix} 0 \\ 1 \\ 2 \end{pmatrix}$ (hier hat man viele Möglichkeiten, vgl. Aufgabe 7.3.10). Damit ist eine Parameterdarstellung

$$E = \left\{ \begin{pmatrix} 3 \\ 1 \\ 0 \end{pmatrix} + \alpha \cdot \begin{pmatrix} 1 \\ 0 \\ 1 \end{pmatrix} + \beta \cdot \begin{pmatrix} 0 \\ 1 \\ 2 \end{pmatrix} \mid \alpha, \beta \in \mathbb{R} \right\}.$$

A735

Aufgabe 7.5.6

Stellen

$$E_1 = \left\{ \begin{pmatrix} 3 \\ -1 \\ 0 \end{pmatrix} + \alpha \begin{pmatrix} 1 \\ 2 \\ 2 \end{pmatrix} + \beta \begin{pmatrix} 0 \\ 2 \\ 3 \end{pmatrix} \mid \alpha, \beta \in \mathbb{R} \right\}$$

und

$$E_2 = \left\{ \begin{pmatrix} -1 \\ -3 \\ 1 \end{pmatrix} + \alpha \begin{pmatrix} 2 \\ 2 \\ 1 \end{pmatrix} + \beta \begin{pmatrix} 2 \\ 0 \\ -2 \end{pmatrix} \mid \alpha, \beta \in \mathbb{R} \right\}$$

die gleiche Ebene dar?

Überlegen Sie sich verschiedene Möglichkeiten, dies zu überprüfen.

Lösung:

Im Folenden werden vier verschiedene Möglichkeiten beschrieben:

Möglichkeit 1

Man stellt eine Normalendarstellung zur Ebene E_1 auf und prüft, ob drei Punkte, durch die die Ebene E_2 eindeutig festgelegt ist, in der Ebene E_1 enthalten sind:

Ein Normalenvektor zu E_1 ist $\begin{pmatrix} 1 \\ 2 \\ 2 \end{pmatrix} \times \begin{pmatrix} 0 \\ 2 \\ 3 \end{pmatrix} = \begin{pmatrix} 2 \\ -3 \\ 2 \end{pmatrix}$. Als Normalendarstellung ergibt sich damit

$$E_1 = \left\{ \vec{x} \;\middle|\; \vec{x} \cdot \begin{pmatrix} 2 \\ -3 \\ 2 \end{pmatrix} = \begin{pmatrix} 3 \\ -1 \\ 0 \end{pmatrix} \cdot \begin{pmatrix} 2 \\ -3 \\ 2 \end{pmatrix} \right\}$$

$$= \left\{ \vec{x} \;\middle|\; \vec{x} \cdot \begin{pmatrix} 2 \\ -3 \\ 2 \end{pmatrix} = 9 \right\}.$$

Indem man den Ortsvektor $\begin{pmatrix} -1 \\ -3 \\ 1 \end{pmatrix}$ von E_2 nimmt und von dort in Richtung der beiden Richtungsvektoren geht, erhält man drei Punkte, durch die E_2 eindeutig festgelegt wird:

$$P_1 = \begin{pmatrix} -1 \\ -3 \\ 1 \end{pmatrix},$$

$$P_2 = \begin{pmatrix} -1 \\ -3 \\ 1 \end{pmatrix} + \begin{pmatrix} 2 \\ 2 \\ 1 \end{pmatrix} = \begin{pmatrix} 1 \\ -1 \\ 2 \end{pmatrix}$$

und

$$P_3 = \begin{pmatrix} -1 \\ -3 \\ 1 \end{pmatrix} + \begin{pmatrix} 2 \\ 0 \\ -2 \end{pmatrix} = \begin{pmatrix} 1 \\ -3 \\ -1 \end{pmatrix}.$$

Die Überprüfung, ob diese Punkte die Gleichung in der Normalendarstellung von E_1 erfüllen, ergibt

$$\vec{p_1} \cdot \begin{pmatrix} 2 \\ -3 \\ 2 \end{pmatrix} = \begin{pmatrix} -1 \\ -3 \\ 1 \end{pmatrix} \cdot \begin{pmatrix} 2 \\ -3 \\ 2 \end{pmatrix} = 9,$$

$$\vec{p_2} \cdot \begin{pmatrix} 2 \\ -3 \\ 2 \end{pmatrix} = \begin{pmatrix} 1 \\ -1 \\ 2 \end{pmatrix} \cdot \begin{pmatrix} 2 \\ -3 \\ 2 \end{pmatrix} = 9,$$

$$\vec{p}_3 \cdot \begin{pmatrix} 2 \\ -3 \\ 2 \end{pmatrix} = \begin{pmatrix} 1 \\ -3 \\ -1 \end{pmatrix} \cdot \begin{pmatrix} 2 \\ -3 \\ 2 \end{pmatrix} = 9.$$

Daraus folgt $P_1, P_2, P_3 \in E_1$ und damit $E_1 = E_2$.

Möglichkeit 2

Man prüft, ob die Richtungsvektoren von E_2 senkrecht zu einem Normalenvektor von E_1 sind, und ob ein Punkt von E_2 in E_1 enthalten ist.

Ein Normalenvektor zu E_1 ist

$$\begin{pmatrix} 1 \\ 2 \\ 2 \end{pmatrix} \times \begin{pmatrix} 0 \\ 2 \\ 3 \end{pmatrix} = \begin{pmatrix} 2 \\ -3 \\ 2 \end{pmatrix}.$$

Wegen

$$\begin{pmatrix} 2 \\ 2 \\ 1 \end{pmatrix} \cdot \begin{pmatrix} 2 \\ -3 \\ 2 \end{pmatrix} = 0 = \begin{pmatrix} 2 \\ 0 \\ -2 \end{pmatrix} \cdot \begin{pmatrix} 2 \\ -3 \\ 2 \end{pmatrix}$$

sind die Richtungsvektoren von E_2 senkrecht zu diesem Normalenvektor.

Als Punkt aus E_2 kann man den Ortsvektor $\begin{pmatrix} -1 \\ -3 \\ 1 \end{pmatrix}$ wählen; zur Prüfung, ob dieser Punkt auch in E_1 ist, sucht man α und β mit

$$\begin{pmatrix} -1 \\ -3 \\ 1 \end{pmatrix} = \begin{pmatrix} 3 \\ -1 \\ 0 \end{pmatrix} + \alpha \begin{pmatrix} 1 \\ 2 \\ 2 \end{pmatrix} + \beta \begin{pmatrix} 0 \\ 2 \\ 3 \end{pmatrix} \quad \Leftrightarrow \quad \begin{matrix} -4 = \alpha \\ -2 = 2\alpha + 2\beta \\ 1 = 2\alpha + 3\beta \end{matrix}.$$

Offensichtlich wird dies von $\alpha = -4$ und $\beta = 3$ erfüllt, also $\begin{pmatrix} -1 \\ -3 \\ 1 \end{pmatrix} \in E_1$ und damit $E_1 = E_2$.

Möglichkeit 3

Man prüft, ob die Richtungsvektoren von E_2 als Linearkombinationen der Richtungsvektoren von E_1 dargestellt werden können, und ob ein Punkt von E_2 in E_1 enthalten ist.

Durch „scharfes Hinschauen" oder Aufstellen und Lösen eines Gleichungssystems sieht man

$$\begin{pmatrix} 2 \\ 2 \\ 1 \end{pmatrix} = 2 \cdot \begin{pmatrix} 1 \\ 2 \\ 2 \end{pmatrix} + (-1) \cdot \begin{pmatrix} 0 \\ 2 \\ 3 \end{pmatrix},$$

$$\begin{pmatrix} 2 \\ 0 \\ -2 \end{pmatrix} = 2 \cdot \begin{pmatrix} 1 \\ 2 \\ 2 \end{pmatrix} + (-2) \cdot \begin{pmatrix} 0 \\ 2 \\ 3 \end{pmatrix}.$$

Die Überprüfung von $\begin{pmatrix} -1 \\ -3 \\ 1 \end{pmatrix} \in E_1$ kann wie bei Möglichkeit 2 geschehen.

Möglichkeit 4

Man prüft, ob Normalenvektoren von E_1 und E_2 Vielfache voneinander sind, und ob ein Punkt von E_2 in E_1 enthalten ist.

Ein Normalenvektor zu E_1 ist

$$\begin{pmatrix} 1 \\ 2 \\ 2 \end{pmatrix} \times \begin{pmatrix} 0 \\ 2 \\ 3 \end{pmatrix} = \begin{pmatrix} 2 \\ -3 \\ 2 \end{pmatrix},$$

ein Normalenvektor zu E_2 ist

$$\begin{pmatrix} 2 \\ 2 \\ 1 \end{pmatrix} \times \begin{pmatrix} 2 \\ 0 \\ -2 \end{pmatrix} = \begin{pmatrix} -4 \\ 6 \\ -4 \end{pmatrix}.$$

Diese Vektoren sind offensichtlich Vielfache voneinander.

Die Überprüfung von $\begin{pmatrix} -1 \\ -3 \\ 1 \end{pmatrix} \in E_1$ kann wie bei Möglichkeit 2 geschehen.

Aufgabe 7.5.7

Berechnen Sie die Schnittmenge von

A736

$$E = \left\{ \begin{pmatrix} 3 \\ -1 \\ 0 \end{pmatrix} + \alpha \begin{pmatrix} -1 \\ 2 \\ 3 \end{pmatrix} + \beta \begin{pmatrix} 0 \\ 0 \\ 1 \end{pmatrix} \,\middle|\, \alpha, \beta \in \mathbb{R} \right\}$$

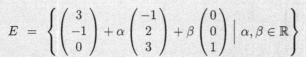

mit der Geraden

$$g = \left\{ \begin{pmatrix} 1 \\ -1 \\ -1 \end{pmatrix} + \lambda \begin{pmatrix} 0 \\ 2 \\ 1 \end{pmatrix} \,\middle|\, \lambda \in \mathbb{R} \right\},$$

indem Sie

a) die Parameterdarstellung von E benutzen.

b) E in Normalendarstellung darstellen und diese nutzen.

Lösung:

a) Gleichsetzen der Parameterdarstellungen führt zu einem Gleichungssystem für die Parameter:

$$\begin{pmatrix} 3 \\ -1 \\ 0 \end{pmatrix} + \alpha \cdot \begin{pmatrix} -1 \\ 2 \\ 3 \end{pmatrix} + \beta \cdot \begin{pmatrix} 0 \\ 0 \\ 1 \end{pmatrix} = \begin{pmatrix} 1 \\ -1 \\ -1 \end{pmatrix} + \lambda \cdot \begin{pmatrix} 0 \\ 2 \\ 1 \end{pmatrix}$$

$$\Leftrightarrow \quad \begin{aligned} -\alpha & & & = & -2 \\ 2\alpha & & -2\lambda & = & 0 \\ 3\alpha & +\beta & -\lambda & = & -1. \end{aligned}$$

Aus der ersten Gleichung folgt $\alpha = 2$, in die zweite eingesetzt dann $\lambda = \alpha = 2$. Dies in die dritte Gleichung eingesetzt führt zu $\beta = -1 - 4 = -5$.

Eingesetzt in die Parameterdarstellungen ergibt sich als Schnittpunkt

$$\begin{pmatrix} 1 \\ -1 \\ -1 \end{pmatrix} + 2 \cdot \begin{pmatrix} 0 \\ 2 \\ 1 \end{pmatrix} = \begin{pmatrix} 1 \\ 3 \\ 1 \end{pmatrix} = \begin{pmatrix} 3 \\ -1 \\ 0 \end{pmatrix} + 2 \cdot \begin{pmatrix} -1 \\ 2 \\ 3 \end{pmatrix} - 5 \cdot \begin{pmatrix} 0 \\ 0 \\ 1 \end{pmatrix}.$$

b) Ein Normalenvektor ist

$$\begin{pmatrix} -1 \\ 2 \\ 3 \end{pmatrix} \times \begin{pmatrix} 0 \\ 0 \\ 1 \end{pmatrix} = \begin{pmatrix} 2 \\ 1 \\ 0 \end{pmatrix},$$

und wegen

$$\begin{pmatrix} 3 \\ -1 \\ 0 \end{pmatrix} \cdot \begin{pmatrix} 2 \\ 1 \\ 0 \end{pmatrix} = 5$$

besitzt E die Normalendarstellung

$$E = \left\{ \begin{pmatrix} x_1 \\ x_2 \\ x_3 \end{pmatrix} \;\middle|\; 2x_1 + x_2 = 5 \right\}.$$

Ein beliebiger Punkt auf der Geraden g hat die Form

$$\begin{pmatrix} 1 \\ -1 \\ -1 \end{pmatrix} + \lambda \begin{pmatrix} 0 \\ 2 \\ 1 \end{pmatrix} = \begin{pmatrix} 1 \\ -1 + 2\lambda \\ -1 + \lambda \end{pmatrix}.$$

Für einen Schnittpunkt muss die Bedingung entsprechend der Normalendarstellung von E erfüllt sein, also

$$2 \cdot 1 + (-1 + 2\lambda) = 5 \quad \Leftrightarrow \quad 2\lambda = 4 \quad \Leftrightarrow \quad \lambda = 2.$$

Diesen Wert für λ in g eingesetzt liefert den Schnittpunkt

$$\begin{pmatrix} 1 \\ -1 + 2 \cdot 2 \\ -1 + 2 \end{pmatrix} = \begin{pmatrix} 1 \\ 3 \\ 1 \end{pmatrix}.$$

Alternativer Rechenweg:

Statt die Komponenten einzeln zu betrachten, kann man auch vektoriell wie folgt rechnen: Eine Normalendarstellung der Ebene in vektorieller Form ist

$$E = \left\{ \vec{x} \;\middle|\; \begin{pmatrix} 2 \\ 1 \\ 0 \end{pmatrix} \cdot \vec{x} = 5 \right\}.$$

Für einen Geradenpunkt in vektorieller Form erhält man also

$$\begin{aligned}
5 &= \begin{pmatrix} 2 \\ 1 \\ 0 \end{pmatrix} \cdot \left(\begin{pmatrix} 1 \\ -1 \\ -1 \end{pmatrix} + \lambda \begin{pmatrix} 0 \\ 2 \\ 1 \end{pmatrix} \right) \\
&= \begin{pmatrix} 2 \\ 1 \\ 0 \end{pmatrix} \cdot \begin{pmatrix} 1 \\ -1 \\ -1 \end{pmatrix} + \lambda \cdot \begin{pmatrix} 2 \\ 1 \\ 0 \end{pmatrix} \cdot \begin{pmatrix} 0 \\ 2 \\ 1 \end{pmatrix} \\
&= 1 + \lambda \cdot 2
\end{aligned}$$

und damit wie oben $2\lambda = 4$, also $\lambda = 2$ und als Schnittpunkt

$$\begin{pmatrix} 1 \\ -1 \\ -1 \end{pmatrix} + 2 \cdot \begin{pmatrix} 0 \\ 2 \\ 1 \end{pmatrix} = \begin{pmatrix} 1 \\ 3 \\ 1 \end{pmatrix}.$$

Aufgabe 7.5.8

Haben die beiden Geraden

$$g_1 = \left\{ \begin{pmatrix} 1 \\ 0 \\ 3 \end{pmatrix} + \lambda \begin{pmatrix} 1 \\ -2 \\ 1 \end{pmatrix} \;\middle|\; \lambda \in \mathbb{R} \right\},$$

$$g_2 = \left\{ \begin{pmatrix} -3 \\ -2 \\ -6 \end{pmatrix} + \lambda \begin{pmatrix} 1 \\ 0 \\ 2 \end{pmatrix} \;\middle|\; \lambda \in \mathbb{R} \right\}$$

einen gemeinsamen Schnittpunkt?

A737

Lösung:

Zu untersuchen ist, ob es einen Punkt gibt, der durch beide Parameterdarstellungen erreicht werden kann. Dabei können die Parameter-Werte λ für g_1 und g_2 unterschiedlich sein. Zu untersuchen ist also, ob es λ_1 und λ_2 gibt mit

$$\begin{pmatrix} 1 \\ 0 \\ 3 \end{pmatrix} + \lambda_1 \cdot \begin{pmatrix} 1 \\ -2 \\ 1 \end{pmatrix} = \begin{pmatrix} -3 \\ -2 \\ -6 \end{pmatrix} + \lambda_2 \begin{pmatrix} 1 \\ 0 \\ 2 \end{pmatrix}$$

$$\Leftrightarrow \quad \begin{array}{rcl} \lambda_1 - \lambda_2 &=& -4 \\ -2\lambda_1 &=& -2 \\ \lambda_1 - 2\lambda_2 &=& -9. \end{array}$$

Die zweite Gleichung liefert $\lambda_1 = 1$. Dies in die erste Gleichung eingesetzt, führt zu $1 - \lambda_2 = -4 \Leftrightarrow \lambda_2 = 5$. Damit ist auch die dritte Gleichung erfüllt. Also gibt es eine Lösung und damit einen Schnittpunkt.

Den Schnittpunkt kann man mit $\lambda_1 = 1$ in g_1 oder mit $\lambda_2 = 5$ in g_2 berechnen:

$$\begin{pmatrix} 1 \\ 0 \\ 3 \end{pmatrix} + 1 \cdot \begin{pmatrix} 1 \\ -2 \\ 1 \end{pmatrix} = \begin{pmatrix} 2 \\ -2 \\ 4 \end{pmatrix} = \begin{pmatrix} -3 \\ -2 \\ -6 \end{pmatrix} + 5 \cdot \begin{pmatrix} 1 \\ 0 \\ 2 \end{pmatrix}.$$

Alternative Lösungswege:

1) Offensichtlich sind die Geraden g_1 und g_2 nicht parallel (sonst müssten die Richtungsvektoren Vielfache voneinander sein). Damit kann man die Ebene E betrachten, die g_1 enthält und parallel zu g_2 ist, also durch $\begin{pmatrix} 1 \\ 0 \\ 3 \end{pmatrix}$ verläuft mit Richtungsvektoren $\begin{pmatrix} 1 \\ -2 \\ 1 \end{pmatrix}$ und $\begin{pmatrix} 1 \\ 0 \\ 2 \end{pmatrix}$. Zu untersuchen ist nun, ob der Ortsvektor $\begin{pmatrix} -3 \\ -2 \\ -6 \end{pmatrix}$ von g_2 in E liegt, denn dann liegt auch g_2 in der Ebene, und es gibt einen Schnittpunkt.

Prüft man dies durch eine entsprechende Parameterdarstellung, erhält man ein ähnliches Gleichungssystem zu oben.

Alternativ kann man eine Normalendarstellung von E nutzen:

Ein Normalenvektor von E ist

$$\begin{pmatrix} 1 \\ -2 \\ 1 \end{pmatrix} \times \begin{pmatrix} 1 \\ 0 \\ 2 \end{pmatrix} = \begin{pmatrix} -4 \\ -1 \\ 2 \end{pmatrix},$$

und wegen

$$\begin{pmatrix} 1 \\ 0 \\ 3 \end{pmatrix} \cdot \begin{pmatrix} -4 \\ -1 \\ 2 \end{pmatrix} = 2$$

folgt

$$E = \left\{ \vec{x} \ \middle| \ \vec{x} \cdot \begin{pmatrix} -4 \\ -1 \\ 2 \end{pmatrix} = 2 \right\}.$$

Wegen

$$\begin{pmatrix} -3 \\ -2 \\ -6 \end{pmatrix} \cdot \begin{pmatrix} -4 \\ -1 \\ 2 \end{pmatrix} = 12 + 2 - 12 = 2$$

liegt g_2 auch in E. Damit kann man darauf schließen, dass g_1 und g_2 einen gemeinsamen Schnittpunkt haben.

2) Mit der Abstandsformel aus Satz 7.5.15, 2., kann man den Abstand d der Geraden bestimmen. Danach ist

$$d = \frac{|(\vec{p}_2 - \vec{p}_1) \cdot (\vec{v}_1 \times \vec{v}_2)|}{\|\vec{v}_1 \times \vec{v}_2\|}$$

mit den Ortsvektoren $\vec{p}_1 = \begin{pmatrix} 1 \\ 0 \\ 3 \end{pmatrix}$ und $\vec{p}_2 = \begin{pmatrix} -3 \\ -2 \\ -6 \end{pmatrix}$ und den Richtungsvektoren $\vec{v}_1 = \begin{pmatrix} 1 \\ -2 \\ 1 \end{pmatrix}$ und $\vec{v}_2 = \begin{pmatrix} 1 \\ 0 \\ 2 \end{pmatrix}$ der Geraden. Mit $\vec{v}_1 \times \vec{v}_2 = \begin{pmatrix} -4 \\ -1 \\ 2 \end{pmatrix}$ erhält man

$$d = \frac{\left| \left[\begin{pmatrix} -3 \\ -2 \\ -6 \end{pmatrix} - \begin{pmatrix} 1 \\ 0 \\ 3 \end{pmatrix} \right] \cdot \begin{pmatrix} -4 \\ -1 \\ 2 \end{pmatrix} \right|}{\left\| \begin{pmatrix} -4 \\ -1 \\ 2 \end{pmatrix} \right\|} = \frac{\left| \begin{pmatrix} -4 \\ -2 \\ -9 \end{pmatrix} \cdot \begin{pmatrix} -4 \\ -1 \\ 2 \end{pmatrix} \right|}{\left\| \begin{pmatrix} -4 \\ -1 \\ 2 \end{pmatrix} \right\|} = 0.$$

Dies bedeutet, dass die Geraden einen gemeinsamen Schnittpunkt haben.

A738

Aufgabe 7.5.9

20 m nördlich eines 30 m hohen Kirchturms steht eine große Mauer.

In welcher Höhe an der Mauer befindet sich der Schatten der Kirchturmspitze um 3 Uhr nachmittags (die Sonne steht im Südwesten), wenn die Sonne 45° über dem Horizont steht?

Lösung:

Legt man das Koordinatensystem wie in Abb. 7.28 durch den Kirchturm, so besitzt die Kirchturmspitze die Koordinaten $\begin{pmatrix} 0 \\ 0 \\ 30 \end{pmatrix}$ (Einheit m).

Weist die x_2-Richtung nach Norden, so ist $\begin{pmatrix} 0 \\ 1 \\ 0 \end{pmatrix}$ ein Normalenvektor der Mauer. Da der Punkt $\begin{pmatrix} 0 \\ 20 \\ 0 \end{pmatrix}$ auf der Mauer liegt, wird die Ebene, in der die Mauer liegt, in Normalendarstellung beschrieben durch

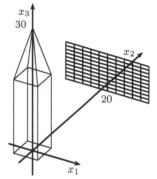

Abb. 7.28 Kirchturm und Mauer mit Koordinatensystem.

$$E = \left\{ \vec{x} \;\middle|\; \vec{x} \cdot \begin{pmatrix} 0 \\ 1 \\ 0 \end{pmatrix} = \begin{pmatrix} 0 \\ 20 \\ 0 \end{pmatrix} \cdot \begin{pmatrix} 0 \\ 1 \\ 0 \end{pmatrix} \right\} = \left\{ \begin{pmatrix} x_1 \\ x_2 \\ x_3 \end{pmatrix} \;\middle|\; x_2 = 20 \right\}.$$

Diese Darstellung ist auch anschaulich klar: Die Punkte der Ebene besitzen eine x_2-Komponente gleich 20.

Der zur Kirchturmspitze gehörige Sonnenstrahl kann durch eine Gerade beschrieben werden. Als Ortsvektor bietet sich die Kirchturmspitze $\begin{pmatrix} 0 \\ 0 \\ 30 \end{pmatrix}$ an.

Um den Richtungsvektor der Geraden zu bestimmen, kann man sich überlegen, dass eine süd-westliche Richtung in der Ebene durch $\begin{pmatrix} x_1 \\ x_2 \end{pmatrix} = \begin{pmatrix} -1 \\ -1 \end{pmatrix}$ gegeben ist.

Einen Richtungsvektor zur Sonne mit $45°$ zum Horizont erhält man durch $\begin{pmatrix} -1 \\ -1 \\ h \end{pmatrix}$ mit $h > 0$ so, dass der Winkel zwischen $\begin{pmatrix} -1 \\ -1 \\ h \end{pmatrix}$ und $\begin{pmatrix} -1 \\ -1 \\ 0 \end{pmatrix}$ gleich $45°$ ist, also

$$\frac{1}{\sqrt{2}} = \cos 45° \;\overset{!}{=}\; \frac{\begin{pmatrix} -1 \\ -1 \\ h \end{pmatrix} \cdot \begin{pmatrix} -1 \\ -1 \\ 0 \end{pmatrix}}{\left\| \begin{pmatrix} -1 \\ -1 \\ h \end{pmatrix} \right\| \cdot \left\| \begin{pmatrix} -1 \\ -1 \\ 0 \end{pmatrix} \right\|} = \frac{2}{\sqrt{2 + h^2} \cdot \sqrt{2}}$$

$$\Leftrightarrow \quad 2 = \sqrt{2 + h^2} \quad \Leftrightarrow \quad 4 = 2 + h^2 \quad \Leftrightarrow \quad h = \sqrt{2}.$$

Alternativ kann man sich überlegen, dass man bei einer ebenen Richtung $\begin{pmatrix} x_1 \\ x_2 \end{pmatrix} = \begin{pmatrix} -1 \\ -1 \end{pmatrix}$ mit Länge $\sqrt{2}$ eine Höhe $h = \sqrt{2}$ braucht, um einen $45°$-Winkel zur Ebene zu erhalten.

Der Sonnenstrahl auf der Kirchturmspitze wird daher beschrieben durch die Gerade

$$g = \left\{ \begin{pmatrix} 0 \\ 0 \\ 30 \end{pmatrix} + \lambda \cdot \begin{pmatrix} -1 \\ -1 \\ \sqrt{2} \end{pmatrix} \;\middle|\; \lambda \in \mathbb{R} \right\}.$$

Der Schnittpunkt mit der Wand ergibt sich bei $x_2 = 20$, also $-\lambda = 20$ und damit $\lambda = -20$.

Der Schatten der Spitze liegt damit bei

$$\begin{pmatrix} 0 \\ 0 \\ 30 \end{pmatrix} - 20 \cdot \begin{pmatrix} -1 \\ -1 \\ \sqrt{2} \end{pmatrix} = \begin{pmatrix} 20 \\ 20 \\ 30 - 20 \cdot \sqrt{2} \end{pmatrix} \approx \begin{pmatrix} 20 \\ 20 \\ 1.72 \end{pmatrix}.$$

Der Schatten befindet sich also in einer Höhe von ca. $1.72\,\mathrm{m}$.

Aufgabe 7.5.10 (beispielhafte Klausuraufgabe, 10 Minuten)

Die nebenstehende Karte (genordet mit 1 km-Raster) zeigt die Lage von vier Berggipfeln G_1, G_2, G_3 und G_4.

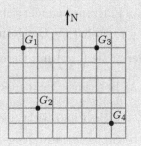

Steht man auf G_1, so sieht man in der Ferne genau über dem Gipfel G_2 eine Stadt liegen. Steht man auf G_3, sieht man die Stadt genau über G_4.

Wie weit südlich von G_1 liegt die Stadt?

Lösung:

Die Stadt liegt im Schnittpunkt der Geraden, die durch G_1 und G_2 bzw. durch G_3 und G_4 verlaufen

Legt man ein Koordinatensystem wie in Abb. 7.29 mit Koordinatenursprung bei G_1 an und Einheit km, so wird die Gerade durch G_1 und G_2 beschrieben durch

$$g = \left\{ \begin{pmatrix} 0 \\ 0 \end{pmatrix} + \lambda \cdot \begin{pmatrix} 1 \\ -4 \end{pmatrix} \mid \lambda \in \mathbb{R} \right\},$$

Abb. 7.29 Landkarte mit Koordinatensystem.

und die durch G_3 und G_4, durch

$$h = \left\{ \begin{pmatrix} 5 \\ 0 \end{pmatrix} + \mu \cdot \begin{pmatrix} 1 \\ -5 \end{pmatrix} \mid \mu \in \mathbb{R} \right\}.$$

Der Schnittpunkt ergibt sich durch Gleichsetzen:

$$\begin{pmatrix} 0 \\ 0 \end{pmatrix} + \lambda \cdot \begin{pmatrix} 1 \\ -4 \end{pmatrix} = \begin{pmatrix} 5 \\ 0 \end{pmatrix} + \mu \cdot \begin{pmatrix} 1 \\ -5 \end{pmatrix} \quad \Leftrightarrow \quad \begin{matrix} \lambda -\mu = 5 \\ -4\lambda +5\mu = 0. \end{matrix}$$

Addiert man das Vierfache der ersten Gleichung auf die zweite, erhält man $\mu = 20$ und damit aus der ersten Gleichung $\lambda = 5 + \mu = 25$.

Der Schnittpunkt ist also (mit der Geraden h berechnet)

$$\begin{pmatrix} 5 \\ 0 \end{pmatrix} + 20 \cdot \begin{pmatrix} 1 \\ -5 \end{pmatrix} = \begin{pmatrix} 25 \\ -100 \end{pmatrix}.$$

Die zweite Komponente gibt die Nord-Süd–Entfernung zu G_1 an. Die Stadt liegt also 100km südlich von G_1.

Aufgabe 7.5.11 (ehemalige Klausuraufgabe, 10 Minuten)

Ein Flugzeug befindet sich (bzgl. eines festen Koordinatensystems) an der Stelle $\begin{pmatrix} 3 \\ 4 \\ 1 \end{pmatrix}$ und hat die Geschwindigkeit $\begin{pmatrix} 1 \\ -2 \\ 3 \end{pmatrix}$; ein zweites Flugzeug befindet sich an der Stelle $\begin{pmatrix} -3 \\ 6 \\ 3 \end{pmatrix}$ mit Geschwindigkeit $\begin{pmatrix} 3 \\ -2 \\ 1 \end{pmatrix}$ (in geeigneten Einheiten).

a) Berechnen Sie den Schnittpunkt der beiden Geraden, die durch die Flugbahnen beschrieben werden, wenn die Flugzeuge Ihre jeweilige Geschwindigkeit und Richtung nicht ändern.

b) Stoßen die Flugzeuge zusammen, wenn die Flugzeuge Ihre Geschwindigkeit und Richtung nicht ändern? (Begründen Sie Ihre Aussage!)

Lösung:

a) Die Geraden werden beschrieben durch

$$g_1 = \left\{ \begin{pmatrix} 3 \\ 4 \\ 1 \end{pmatrix} + \lambda \cdot \begin{pmatrix} 1 \\ -2 \\ 3 \end{pmatrix} \;\middle|\; \lambda \in \mathbb{R} \right\}$$

und

$$g_2 = \left\{ \begin{pmatrix} -3 \\ 6 \\ 3 \end{pmatrix} + \mu \cdot \begin{pmatrix} 3 \\ -2 \\ 1 \end{pmatrix} \;\middle|\; \mu \in \mathbb{R} \right\}.$$

Einen Schnittpunkt von g_1 und g_2 erhält man, wenn

$$\begin{pmatrix} 3 \\ 4 \\ 1 \end{pmatrix} + \lambda \cdot \begin{pmatrix} 1 \\ -2 \\ 3 \end{pmatrix} = \begin{pmatrix} -3 \\ 6 \\ 3 \end{pmatrix} + \mu \cdot \begin{pmatrix} 3 \\ -2 \\ 1 \end{pmatrix}$$

$$\Leftrightarrow \quad \begin{array}{rcl} \lambda -3\mu &=& -6 \\ -2\lambda +2\mu &=& 2 \\ 3\lambda -\mu &=& 2. \end{array}$$

Addiert man das Zweifache der ersten zur zweiten Gleichung, erhält man $-4\mu = -10$, also $\mu = 2.5$, und damit in der ersten Gleichung $\lambda = -6 + 3 \cdot 2.5 = 1.5$. Damit ist auch die dritte Gleichung erfüllt.

Der Schnittpunkt liegt also (mit der Geraden g_1 berechnet) bei

$$\begin{pmatrix} 3 \\ 4 \\ 1 \end{pmatrix} + 1.5 \cdot \begin{pmatrix} 1 \\ -2 \\ 3 \end{pmatrix} = \begin{pmatrix} 4.5 \\ 1 \\ 5.5 \end{pmatrix}.$$

b) Nein, die Flugzeuge stoßen nicht zusammen! Denn da in der Rechnung
   aus a) $\lambda \neq \mu$ ist, sind die Flugzeuge zu unterschiedlichen Zeiten an dem
   Schnittpunkt.

Bemerkung:

Bei einer Rechnung mit Einheiten tragen die Ortsvektoren der Geraden eine
Entfernungseinheit. Die Richtungsvektoren stellen Geschwindigkeiten dar, tragen also eine Einheit „Entfernung durch Zeit". Also besitzen die Parameter
eine Zeiteinheit, da man sonst die Vektoren nicht miteinander addieren kann.

Aufgabe 7.5.12 (beispielhafte Klausuraufgabe, 20 Minuten)

A741

In Krummhausen wird ein Schuppen gebaut mit dem links abgebildeten Grundriss. An drei Ecken stehen schon (unterschiedlich hohe) Säulen (s. rechts).

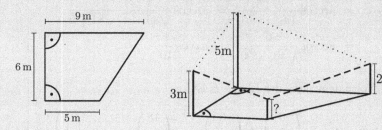

a) Wie groß ist der Winkel zwischen den (gepunktet dargestellten) Dachkanten an der 5m hohen Säule?

b) Zeichnen Sie in die Abbildung rechts ein Koordinatensystem ein und geben
   Sie entsprechend Ihres Koordinatensystems eine Normalendarstellung für
   die durch die Dachfläche gebildete Ebene E an.

c) Wie hoch muss die Säule an der vierten Ecke sein, damit ein ebenes Dach
   passend aufliegt?

Lösung:

In dem in Abb. 7.30 dargestellten
Koordinatensystem mit Einheit m
ist

$$P_1 = \begin{pmatrix} 0 \\ 0 \\ 5 \end{pmatrix}, \quad P_2 = \begin{pmatrix} 6 \\ 0 \\ 3 \end{pmatrix}$$

$$\text{und} \quad P_3 = \begin{pmatrix} 0 \\ 9 \\ 2 \end{pmatrix}.$$

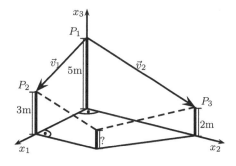

Abb. 7.30 Schuppen mit Koordinatensystem.

Die in Abb. 7.30 eingezeichneten Richtungsvektoren $\vec{v_1}$ und $\vec{v_2}$ haben also eine Darstellung

$$\vec{v_1} = \begin{pmatrix} 6 \\ 0 \\ 3 \end{pmatrix} - \begin{pmatrix} 0 \\ 0 \\ 5 \end{pmatrix} = \begin{pmatrix} 6 \\ 0 \\ -2 \end{pmatrix}$$

und

$$\vec{v_2} = \begin{pmatrix} 0 \\ 9 \\ 2 \end{pmatrix} - \begin{pmatrix} 0 \\ 0 \\ 5 \end{pmatrix} = \begin{pmatrix} 0 \\ 9 \\ -3 \end{pmatrix}.$$

a) Der Winkel φ der Dachkanten ist der Winkel zwischen $\vec{v_1}$ und $\vec{v_2}$, also

$$\begin{aligned}
\varphi &= \arccos \frac{\vec{v_1} \cdot \vec{v_2}}{\|\vec{v_1}\| \cdot \|\vec{v_1}\|} = \arccos \frac{(-2) \cdot (-3)}{\sqrt{36+4} \cdot \sqrt{81+9}} \\
&= \arccos \frac{6}{\sqrt{40} \cdot \sqrt{90}} = \arccos \frac{1}{10}.
\end{aligned}$$

b) Ein Normalenvektor der Ebene E ist

$$\vec{v_1} \times \vec{v_2} = \begin{pmatrix} 6 \\ 0 \\ -2 \end{pmatrix} \times \begin{pmatrix} 0 \\ 9 \\ -3 \end{pmatrix} = \begin{pmatrix} 18 \\ 18 \\ 54 \end{pmatrix} = 18 \cdot \begin{pmatrix} 1 \\ 1 \\ 3 \end{pmatrix}.$$

Damit ist auch $\vec{n} = \begin{pmatrix} 1 \\ 1 \\ 3 \end{pmatrix}$ ein Normalenvektor.

Wegen $\begin{pmatrix} 0 \\ 0 \\ 5 \end{pmatrix} \in E$ und $\begin{pmatrix} 1 \\ 1 \\ 3 \end{pmatrix} \cdot \begin{pmatrix} 0 \\ 0 \\ 5 \end{pmatrix} = 15$ ist eine Normalendarstellung von E

$$E = \left\{ \vec{x} \;\middle|\; \vec{x} \cdot \begin{pmatrix} 1 \\ 1 \\ 3 \end{pmatrix} = 15 \right\}.$$

c) Gesucht ist die Höhe h mit $\begin{pmatrix} 6 \\ 5 \\ h \end{pmatrix} \in E$, also

$$15 = \begin{pmatrix} 6 \\ 5 \\ h \end{pmatrix} \cdot \begin{pmatrix} 1 \\ 1 \\ 3 \end{pmatrix} = 6 + 5 + 3h = 11 + 3h$$

$$\Leftrightarrow \quad 4 = 3h \quad \Leftrightarrow \quad h = \frac{4}{3}.$$

Die Säule muss also $\frac{4}{3}$ m hoch sein, damit ein ebenes Dach passend aufliegt.

Aufgabe 7.5.13

A742

Bestimmen Sie den Abstand des Punktes $\vec{p} = \begin{pmatrix} 2 \\ 3 \\ 3 \end{pmatrix}$ zur Ebene

$$E = \left\{ \begin{pmatrix} 2 \\ -2 \\ 1 \end{pmatrix} + \lambda \begin{pmatrix} 1 \\ 0 \\ 1 \end{pmatrix} + \mu \begin{pmatrix} 0 \\ -1 \\ 2 \end{pmatrix} \,\middle|\, \lambda, \mu \in \mathbb{R} \right\}$$

auf folgende Weisen:

a) durch Bestimmung des Lotfußpunkts L des Lots von P auf E und dann als Länge von $\overline{PL}$.

b) mit Hilfe der Abstandsformel Satz 7.5.15, 1..

Lösung:

Ein Normalenvektor zur Ebene ist

$$\vec{n} = \begin{pmatrix} 1 \\ 0 \\ 1 \end{pmatrix} \times \begin{pmatrix} 0 \\ -1 \\ 2 \end{pmatrix} = \begin{pmatrix} 1 \\ -2 \\ -1 \end{pmatrix}.$$

a) Den Lotfußpunkt L erhält man als Schnittpunkt der Ebene mit der Geraden g durch P mit Richtungsvektor $\vec{n}$:

$$g = \left\{ \begin{pmatrix} 2 \\ 3 \\ 3 \end{pmatrix} + \lambda \cdot \begin{pmatrix} 1 \\ -2 \\ -1 \end{pmatrix} \,\middle|\, \lambda \in \mathbb{R} \right\}.$$

Zur Berechnung des Schnittpunkts kann man eine Normalendarstellung von E aufstellen: Mit dem Normalenvektor $\vec{n} = \begin{pmatrix} 1 \\ -2 \\ -1 \end{pmatrix}$ ist wegen $\begin{pmatrix} 2 \\ -2 \\ 1 \end{pmatrix} \in E$ und $\begin{pmatrix} 1 \\ -2 \\ -1 \end{pmatrix} \cdot \begin{pmatrix} 2 \\ -2 \\ 1 \end{pmatrix} = 5$

$$E = \left\{ \vec{x} \,\middle|\, \vec{x} \cdot \begin{pmatrix} 1 \\ -2 \\ -1 \end{pmatrix} = 5 \right\} = \left\{ \begin{pmatrix} x_1 \\ x_2 \\ x_3 \end{pmatrix} \,\middle|\, x_1 - 2x_2 - x_3 = 5 \right\}.$$

Der allgemeine Geradenpunkt $\begin{pmatrix} 2+\lambda \\ 3-2\lambda \\ 3-\lambda \end{pmatrix}$ in die Gleichung eingesetzt ergibt

$$2 + \lambda - 2 \cdot (3 - 2\lambda) - (3 - \lambda) = 5 \quad \Leftrightarrow \quad 6\lambda = 12,$$

also $\lambda = 2$. Damit gilt für den Lotfußpunkt

$$\vec{l} = \begin{pmatrix} 2 \\ 3 \\ 3 \end{pmatrix} + 2 \cdot \begin{pmatrix} 1 \\ -2 \\ -1 \end{pmatrix} = \begin{pmatrix} 4 \\ -1 \\ 1 \end{pmatrix}.$$

Als Abstand d ergibt sich

$$d = |\vec{l} - \vec{p}| = \left| \begin{pmatrix} 4 \\ -1 \\ 1 \end{pmatrix} - \begin{pmatrix} 2 \\ 3 \\ 3 \end{pmatrix} \right| = \left| \begin{pmatrix} 2 \\ -4 \\ -2 \end{pmatrix} \right|$$

$$= \sqrt{4 + 16 + 4} = \sqrt{24}.$$

b) Mit Hilfe der Abstandsformel Satz 7.5.15, 1. gilt

$$d = \frac{\left| \left[\begin{pmatrix} 2 \\ -2 \\ 1 \end{pmatrix} - \begin{pmatrix} 2 \\ 3 \\ 3 \end{pmatrix} \right] \cdot \begin{pmatrix} 1 \\ -2 \\ -1 \end{pmatrix} \right|}{\left\| \begin{pmatrix} 1 \\ -2 \\ -1 \end{pmatrix} \right\|} = \frac{\left| \begin{pmatrix} 0 \\ -5 \\ -2 \end{pmatrix} \cdot \begin{pmatrix} 1 \\ -2 \\ -1 \end{pmatrix} \right|}{\sqrt{1 + 4 + 1}} = \frac{12}{\sqrt{6}}.$$

Dies ist wegen $\frac{12}{\sqrt{6}} = \frac{2 \cdot \sqrt{6} \cdot \sqrt{6}}{\sqrt{6}} = 2\sqrt{6} = \sqrt{4 \cdot 6} = \sqrt{24}$ tatsächlich der gleiche Wert wie in a).

8 Lineare Gleichungssysteme und Matrizen

8.1 Grundlagen

Aufgabe 8.1.1

Berechnen Sie

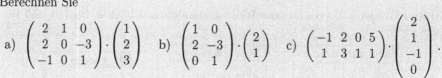

a) $\begin{pmatrix} 2 & 1 & 0 \\ 2 & 0 & -3 \\ -1 & 0 & 1 \end{pmatrix} \cdot \begin{pmatrix} 1 \\ 2 \\ 3 \end{pmatrix}$ b) $\begin{pmatrix} 1 & 0 \\ 2 & -3 \\ 0 & 1 \end{pmatrix} \cdot \begin{pmatrix} 2 \\ 1 \end{pmatrix}$ c) $\begin{pmatrix} -1 & 2 & 0 & 5 \\ 1 & 3 & 1 & 1 \end{pmatrix} \cdot \begin{pmatrix} 2 \\ 1 \\ -1 \\ 0 \end{pmatrix}$.

Lösung:

Entsprechend der Definition der Matrix-Vektor-Multiplikation (s. Definition 8.1.1) erhält man:

a) $\begin{pmatrix} 2 & 1 & 0 \\ 2 & 0 & -3 \\ -1 & 0 & 1 \end{pmatrix} \cdot \begin{pmatrix} 1 \\ 2 \\ 3 \end{pmatrix} = \begin{pmatrix} 2 \cdot 1 + 1 \cdot 2 + 0 \cdot 3 \\ 2 \cdot 1 + 0 \cdot 2 + (-3) \cdot 3 \\ -1 \cdot 1 + 0 \cdot 2 + 1 \cdot 3 \end{pmatrix} = \begin{pmatrix} 4 \\ -7 \\ 2 \end{pmatrix}$,

b) $\begin{pmatrix} 1 & 0 \\ 2 & -3 \\ 0 & 1 \end{pmatrix} \cdot \begin{pmatrix} 2 \\ 1 \end{pmatrix} = \begin{pmatrix} 1 \cdot 2 + 0 \cdot 1 \\ 2 \cdot 2 + (-3) \cdot 1 \\ 0 \cdot 2 + 1 \cdot 1 \end{pmatrix} = \begin{pmatrix} 2 \\ 1 \\ 1 \end{pmatrix}$,

c) $\begin{pmatrix} -1 & 2 & 0 & 5 \\ 1 & 3 & 1 & 1 \end{pmatrix} \cdot \begin{pmatrix} 2 \\ 1 \\ -1 \\ 0 \end{pmatrix} = \begin{pmatrix} -1 \cdot 2 + 2 \cdot 1 + 0 \cdot (-1) + 5 \cdot 0 \\ 1 \cdot 2 + 3 \cdot 1 + 1 \cdot (-1) + 1 \cdot 0 \end{pmatrix} = \begin{pmatrix} 0 \\ 4 \end{pmatrix}$.

A802

Aufgabe 8.1.2

Schreiben Sie das folgende Gleichungssystem in Matrix-Vektor-Schreibweise:

$$\begin{aligned} x_1 \quad\quad - 5x_3 + \;\; x_4 &= 0 \\ 2x_1 + 3x_2 \quad\quad - \;\; x_4 &= 2 \\ 4x_2 \quad\quad + 3x_4 &= -1 \end{aligned}$$

Lösung:

$$\begin{pmatrix} 1 & 0 & -5 & 1 \\ 2 & 3 & 0 & -1 \\ 0 & 4 & 0 & 3 \end{pmatrix} \cdot \begin{pmatrix} x_1 \\ x_2 \\ x_3 \\ x_4 \end{pmatrix} = \begin{pmatrix} 0 \\ 2 \\ -1 \end{pmatrix}$$

A803

Aufgabe 8.1.3

Mutter Beimer will verschiedene Weihnachtsplätzchen backen. Sie hat drei Rezepte:

Sandplätzchen	*Mandelhörnchen*	*Makronen*
200g Butter	200g Butter	150g Zucker
150g Zucker	100g Zucker	2 Eier
2 Eier	250g Mehl	150g Mandeln
375g Mehl	100g Mandeln	

Da die Großfamilie zu Besuch kommt, will Mutter Beimer 4mal Sandplätzchen, 2mal Mandelhörnchen und 3mal Makronen backen. Wieviel Zutaten braucht sie?

Formulieren Sie den Sachverhalt als Matrix-Vektor-Multiplikation.

Lösung:

Man kann eine „Rezeptmatrix" aus den Zutatenlisten aufstellen, die multipliziert mit dem „Anzahlvektor" die Menge der insgesamt benötigten Zutaten ergibt:

$$\begin{array}{l} \text{Butter [g]} \\ \text{Zucker [g]} \\ \text{Eier [Stück]} \\ \text{Mehl [g]} \\ \text{Mandeln [g]} \end{array} \begin{pmatrix} 200 & 200 & 0 \\ 150 & 100 & 150 \\ 2 & 0 & 2 \\ 375 & 250 & 0 \\ 0 & 100 & 150 \end{pmatrix} \cdot \begin{pmatrix} 4 \\ 2 \\ 3 \end{pmatrix}$$

$$
= \begin{pmatrix} 200 \cdot 4 + 200 \cdot 2 + 0 \cdot 3 \\ 150 \cdot 4 + 100 \cdot 2 + 150 \cdot 3 \\ 2 \cdot 4 + 0 \cdot 2 + 2 \cdot 3 \\ 375 \cdot 4 + 250 \cdot 2 + 0 \cdot 3 \\ 0 \cdot 4 + 100 \cdot 2 + 150 \cdot 3 \end{pmatrix} = \begin{pmatrix} 1200 \\ 1250 \\ 14 \\ 2000 \\ 650 \end{pmatrix} \begin{matrix} \text{Butter [g]} \\ \text{Zucker [g]} \\ \text{Eier [Stück]} \\ \text{Mehl [g]} \\ \text{Mandeln [g]} \end{matrix}
$$

Aufgabe 8.1.4

A804

Manche chemische Reaktionen können in beiden Richtungen stattfinden, z.B. die Reaktion von $2NO_2$ (Stickstoffdioxid) zu N_2O_4 (Distickstofftetroxid) und umgekehrt die Rückreaktion von N_2O_4 in $2NO_2$.

Bei einer bestimmten Temperatur wandeln sich pro Minute 20% des vorhandenen NO_2 in N_2O_4 um und umgekehrt 30% des vorhandenen N_2O_4 in NO_2.

a) Welche Mengen NO_2 und N_2O_4 hat man nach einer Minute, wenn es anfangs 100g NO_2 und 150g N_2O_4 sind?

Formulieren Sie den Zusammenhang als Matrix-Vektor-Multiplikation.

b) Wie ist es nach zwei und drei Minuten?

Lösung:

a) Nach einer Minute bleiben 80% der ursprünglichen 100 g NO_2 übrig, und es kommen 30% umgewandeltes N_2O_4 (ursprünglich 150 g) hinzu. Die Menge NO_2 nach einer Minute ist also

$$0.8 \cdot 100\,\text{g} + 0.3 \cdot 150\,\text{g} = 125\,\text{g}.$$

An N_2O_4 erhält man 20% aus der Umwandlung von NO_2 und 70% der ursprünglichen 150g N_2O_4, insgesamt also

$$0.2 \cdot 100\,\text{g} + 0.7 \cdot 150\,\text{g} = 125\,\text{g}.$$

Als Matrix-Vektor-Multiplikation ergeben sich die Mengen wie folgt:

$$
\begin{matrix} {\scriptstyle NO_2} \\ {\scriptstyle N_2O_4} \end{matrix} \begin{pmatrix} 0.8 & 0.3 \\ 0.2 & 0.7 \end{pmatrix} \cdot \begin{pmatrix} 100\,\text{g} \\ 150\,\text{g} \end{pmatrix} = \begin{pmatrix} 125\,\text{g} \\ 125\,\text{g} \end{pmatrix}.
$$

b) Durch die Multiplikation einer Masse-Verteilung mit

$$A = \begin{pmatrix} 0.8 & 0.3 \\ 0.2 & 0.7 \end{pmatrix}$$

erhält man die Verteilung eine Minute später:

$$\text{Nach einer Minute:}\quad A \cdot \begin{pmatrix} 100\,\text{g} \\ 150\,\text{g} \end{pmatrix} \stackrel{\text{s.o.}}{=} \begin{pmatrix} 125\,\text{g} \\ 125\,\text{g} \end{pmatrix},$$

$$\text{nach zwei Minuten:}\quad A \cdot \begin{pmatrix} 125\,\text{g} \\ 125\,\text{g} \end{pmatrix} = \begin{pmatrix} 0.8 & 0.3 \\ 0.2 & 0.7 \end{pmatrix} \cdot \begin{pmatrix} 125\,\text{g} \\ 125\,\text{g} \end{pmatrix}$$

$$= \begin{pmatrix} 137.5\,\text{g} \\ 112.5\,\text{g} \end{pmatrix},$$

$$\text{nach drei Minuten:}\quad A \cdot \begin{pmatrix} 137.5\,\text{g} \\ 112.5\,\text{g} \end{pmatrix} = \begin{pmatrix} 0.8 & 0.3 \\ 0.2 & 0.7 \end{pmatrix} \cdot \begin{pmatrix} 137.5\,\text{g} \\ 112.5\,\text{g} \end{pmatrix}$$

$$= \begin{pmatrix} 143.75\,\text{g} \\ 106.25\,\text{g} \end{pmatrix}.$$

A805

Aufgabe 8.1.5

Ein Lebensmittelhändler hat m Filialen F_1, $F_2, \ldots, F_m$. In jeder Filiale hat er die gleichen n Artikel $A_1, \ldots, A_n$. Zum Jahreswechsel wird überall Inventur gemacht. Die Anzahl von A_k in Filiale F_l sei $a(F_l, A_k)$. In der internen Buchführung wird ein Artikel A_k mit dem Preis p_k bewertet. Wie groß ist der Warenwert in den einzelnen Filialen?

Formulieren Sie den Sachverhalt als Matrix-Vektor-Multiplikation.

Lösung:

Der Warenwert in der l-ten Filiale ist

$$a(F_l, A_1) \cdot p_1 + a(F_l, A_2) \cdot p_2 + \ldots + a(F_l, A_n) \cdot p_n = \sum_{k=1}^{n} a(F_l, A_k) \cdot p_k.$$

Also enthält folgende Matrix-Vektor-Multiplikation in der l-ten Komponente den Warenwert in Filiale F_l:

$$\begin{array}{c} \text{Artikel} \\ \text{Filiale} \end{array} \begin{array}{cccc} A_1 & A_2 & \ldots & A_n \end{array}$$

$$\begin{array}{c} F_1 \\ \vdots \\ F_m \end{array} \begin{pmatrix} a(F_1, A_1) & a(F_1, A_2) & \ldots & a(F_1, A_n) \\ \vdots & \vdots & \ddots & \vdots \\ a(F_m, A_1) & a(F_m, A_2) & \ldots & a(F_m, A_n) \end{pmatrix} \cdot \begin{pmatrix} p_1 \\ p_2 \\ \vdots \\ p_n \end{pmatrix}$$

$$= \begin{pmatrix} a(F_1, A_1) \cdot p_1 + a(F_1, A_2) \cdot p_2 + \ldots + a(F_1, A_n) \cdot p_n \\ \vdots \\ a(F_m, A_1) \cdot p_1 + a(F_m, A_2) \cdot p_2 + \ldots + a(F_m, A_n) \cdot p_n \end{pmatrix}$$

$$= \begin{pmatrix} \sum_{k=1}^{n} a(F_1, A_k) \cdot p_k \\ \vdots \\ \sum_{k=1}^{n} a(F_m, A_k) \cdot p_k \end{pmatrix}.$$

Aufgabe 8.1.6

Sei $M = \begin{pmatrix} \frac{\sqrt{3}}{2} & -\frac{1}{2} \\ \frac{1}{2} & \frac{\sqrt{3}}{2} \end{pmatrix}$ und $\vec{a} = \begin{pmatrix} 1 \\ 1 \end{pmatrix}, \vec{b} = \begin{pmatrix} 2 \\ -1 \end{pmatrix}$ und $\vec{c} = \begin{pmatrix} 5 \\ 3 \end{pmatrix}$.

Berechnen Sie (mit einem Taschenrechner) $\vec{a}' = M \cdot \vec{a}, \vec{b}' = M \cdot \vec{b}$ und $\vec{c}' = M \cdot \vec{c}$ und zeichnen Sie in einem Koordinatensystem Dreiecke mit den entsprechenden Punkten A, B und C bzw. A', B' und C'. Fällt Ihnen etwas auf?

Lösung:

Es ist

$$\vec{a}' = \begin{pmatrix} \frac{\sqrt{3}}{2} - \frac{1}{2} \\ \frac{1}{2} + \frac{\sqrt{3}}{2} \end{pmatrix} \approx \begin{pmatrix} 0.37 \\ 1.37 \end{pmatrix},$$

$$\vec{b}' = \begin{pmatrix} \sqrt{3} + \frac{1}{2} \\ 1 - \frac{\sqrt{3}}{2} \end{pmatrix} \approx \begin{pmatrix} 2.23 \\ 0.13 \end{pmatrix},$$

$$\vec{c}' = \begin{pmatrix} 5 \cdot \frac{\sqrt{3}}{2} - \frac{3}{2} \\ \frac{5}{2} + 3 \cdot \frac{\sqrt{3}}{2} \end{pmatrix} \approx \begin{pmatrix} 2.83 \\ 5.10 \end{pmatrix}.$$

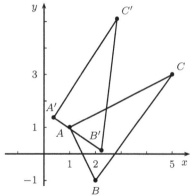

Das $A'B'C'$-Dreieck ist das gedrehte ursprüngliche ABC-Dreieck.

Abb. 8.1 Ursprüngliches und gedrehtes Dreieck.

Bemerkung:

Allgemein erhält man in der Ebene $\mathbb{R}^2$ durch eine Multiplikation mit

$$M = \begin{pmatrix} \cos\alpha & -\sin\alpha \\ \sin\alpha & \cos\alpha \end{pmatrix}$$

eine Drehung bzgl. des Ursprungs um den Winkel α; hier ist $\alpha = 30°$, vgl. Aufgabe 8.4.6.

A807

Aufgabe 8.1.7

Sei $M = \begin{pmatrix} 1 & \frac{2}{3} & 0 \\ 0 & \frac{1}{3} & 1 \end{pmatrix}$.

a) Sei W der Einheitswürfel im $\mathbb{R}^3$. Berechnen Sie für jede Ecke $\vec{p}$ von W den Punkt $M \cdot \vec{p}$ und zeichnen Sie ihn in ein zweidimensionales Koordinatensystem. Verbinden Sie die Punkte, deren entsprechende Ecken in W durch eine Kante verbunden sind.

b) Zeigen Sie, dass $M \cdot \vec{p}$ die Projektion eines Punktes $\vec{p} = \begin{pmatrix} x \\ y \\ z \end{pmatrix} \in \mathbb{R}^3$ auf die (x, z)-Ebene E_{xz} in Richtung $\vec{v} = \begin{pmatrix} 2 \\ -3 \\ 1 \end{pmatrix}$ ist, indem Sie den Schnittpunkt von E_{xz} mit einer Geraden mit Richtung $\vec{v}$ durch einen beliebigen Punkt $\vec{p} = \begin{pmatrix} x \\ y \\ z \end{pmatrix}$ berechnen.

c) Wie kann man mit Hilfe einer Matrix M die Projektion eines Punktes $\vec{p} = \begin{pmatrix} x \\ y \\ z \end{pmatrix} \in \mathbb{R}^3$ auf die (x, y)-Ebene E_{xy} in Richtung $\vec{v} = \begin{pmatrix} 2 \\ 1 \\ 1 \end{pmatrix}$ darstellen?

Lösung:

a) Die Eckpunkte des Einheitswürfels im Dreidimensionalen sind:

$$\begin{pmatrix} 0 \\ 0 \\ 0 \end{pmatrix}, \begin{pmatrix} 1 \\ 0 \\ 0 \end{pmatrix}, \begin{pmatrix} 0 \\ 1 \\ 0 \end{pmatrix}, \begin{pmatrix} 0 \\ 0 \\ 1 \end{pmatrix}, \begin{pmatrix} 1 \\ 1 \\ 0 \end{pmatrix}, \begin{pmatrix} 1 \\ 0 \\ 1 \end{pmatrix}, \begin{pmatrix} 0 \\ 1 \\ 1 \end{pmatrix} \text{ und } \begin{pmatrix} 1 \\ 1 \\ 1 \end{pmatrix}.$$

Damit ergibt sich

$$M \cdot \begin{pmatrix} 0 \\ 0 \\ 0 \end{pmatrix} = \begin{pmatrix} 0 \\ 0 \end{pmatrix}, \quad M \cdot \begin{pmatrix} 1 \\ 0 \\ 0 \end{pmatrix} = \begin{pmatrix} 1 \\ 0 \end{pmatrix}, \quad M \cdot \begin{pmatrix} 0 \\ 1 \\ 0 \end{pmatrix} = \begin{pmatrix} 2/3 \\ 1/3 \end{pmatrix},$$

$$M \cdot \begin{pmatrix} 0 \\ 0 \\ 1 \end{pmatrix} = \begin{pmatrix} 0 \\ 1 \end{pmatrix}, \quad M \cdot \begin{pmatrix} 1 \\ 1 \\ 0 \end{pmatrix} = \begin{pmatrix} 5/3 \\ 1/3 \end{pmatrix}, \quad M \cdot \begin{pmatrix} 1 \\ 0 \\ 1 \end{pmatrix} = \begin{pmatrix} 1 \\ 1 \end{pmatrix},$$

$$M \cdot \begin{pmatrix} 0 \\ 1 \\ 1 \end{pmatrix} = \begin{pmatrix} 2/3 \\ 4/3 \end{pmatrix},$$

$$M \cdot \begin{pmatrix} 1 \\ 1 \\ 1 \end{pmatrix} = \begin{pmatrix} 5/3 \\ 4/3 \end{pmatrix}.$$

Abb. 8.2 zeigt die Bildpunkte in der Ebene. Sie vermitteln das Bild eines dreidimensionalen Würfels.

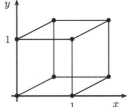

Abb. 8.2 Bildpunkte in der Ebene.

b) Zu einem Punkt $\vec{p} = \begin{pmatrix} x \\ y \\ z \end{pmatrix}$ ist die „Projektionsgerade" gegeben durch

$$g = \left\{ \begin{pmatrix} x \\ y \\ z \end{pmatrix} + \lambda \cdot \begin{pmatrix} 2 \\ -3 \\ 1 \end{pmatrix} \,\middle|\, \lambda \in \mathbb{R} \right\}.$$

In der Ebene $E_{x,z}$ ist die y-Komponente gleich Null. Für den Schnittpunkt von g mit $E_{x,z}$ muss also

$$y + \lambda \cdot (-3) = 0,$$

also $\lambda = \frac{1}{3}y$, sein.

Der Schnittpunkt ist damit

$$\begin{pmatrix} x \\ y \\ z \end{pmatrix} + \frac{1}{3}y \cdot \begin{pmatrix} 2 \\ -3 \\ 1 \end{pmatrix} = \begin{pmatrix} x + \frac{2}{3}y \\ 0 \\ \frac{1}{3}y + z \end{pmatrix}.$$

Die x- und z-Komponente erhält man also durch

$$\begin{pmatrix} x + \frac{2}{3}y + 0 \\ 0 + \frac{1}{3}y + z \end{pmatrix} = \begin{pmatrix} 1 & \frac{2}{3} & 0 \\ 0 & \frac{1}{3} & 1 \end{pmatrix} \cdot \begin{pmatrix} x \\ y \\ z \end{pmatrix} = M \cdot \begin{pmatrix} x \\ y \\ z \end{pmatrix}.$$

c) Bei $E_{x,y}$ ist die z-Komponente gleich Null. Für den Schnittpunkt der Projektionsgeraden

$$g = \left\{ \begin{pmatrix} x \\ y \\ z \end{pmatrix} + \lambda \cdot \begin{pmatrix} 2 \\ 1 \\ 1 \end{pmatrix} \,\middle|\, \lambda \in \mathbb{R} \right\}$$

mit $E_{x,y}$ muss also $z + \lambda = 0$, also $\lambda = -z$, sein.

Der Schnittpunkt liegt damit bei

$$\begin{pmatrix} x \\ y \\ z \end{pmatrix} + (-z) \cdot \begin{pmatrix} 2 \\ 1 \\ 1 \end{pmatrix} = \begin{pmatrix} x - 2z \\ y - z \\ 0 \end{pmatrix}.$$

Die x- und y-Komponente des projizierten Punkts erhält man also durch

$$\begin{pmatrix} x - 2z \\ y - 1z \end{pmatrix} = M \cdot \begin{pmatrix} x \\ y \\ z \end{pmatrix} \qquad \text{mit} \qquad M = \begin{pmatrix} 1 & 0 & -2 \\ 0 & 1 & -1 \end{pmatrix}.$$

Aufgabe 8.1.8

Betrachtet wird das inhomogene Gleichungssystem

$$\begin{pmatrix} 1 & 0 & -1 & 1 \\ 2 & 1 & 1 & 0 \end{pmatrix} \cdot x = \begin{pmatrix} 3 \\ 4 \end{pmatrix} \quad \text{(I)}$$

und das zugehörige homogene System

$$\begin{pmatrix} 1 & 0 & -1 & 1 \\ 2 & 1 & 1 & 0 \end{pmatrix} \cdot x = \begin{pmatrix} 0 \\ 0 \end{pmatrix}. \quad \text{(H)}$$

a) Geben Sie (durch Raten) zwei verschiedene Lösungen $x_{h,1}$ und $x_{h,2}$ des homogenen Systems (H) an.

b) Verifizieren Sie, dass auch $x_{h,1} + x_{h,2}$, $x_{h,1} - x_{h,2}$ und $3 \cdot x_{h,1}$ Lösungen von (H) sind.

c) Geben Sie (durch Raten) eine Lösung x_s des inhomogenen Systems (I) an.

d) Verifizieren Sie, dass auch $x_s + x_{h,1}$, $x_s + 2 \cdot x_{h,2}$ und $x_s + 2 \cdot x_{h,1} + x_{h,2}$ Lösungen von (I) sind.

e) Geben Sie (durch Raten) eine weitere Lösung $x_{s,2}$ des inhomogenen Systems (I) an.

f) Verifizieren Sie, dass $x_0 = x_{s,2} - x_s$ (also $x_{s,2} = x_s + x_0$) eine Lösung des homogenen Systems (H) ist.

g) Überlegen Sie sich allgemein, warum die Verifikation in b), d) und f) funktionieren.

Lösung:

Beim Raten hat man viele Möglichkeiten. Da die Koeffizientenmatrix des Gleichungssystems in beiden Zeilen Nullen enthält, kann man beispielsweise die x_1- und x_3-Komponente beliebig vorgeben und dann die x_2- bzw. x_4-Komponente so anpassen, dass die zweite bzw. erste Gleichung erfüllt ist.

Im Folgenden werden zu a) bis f) entsprechend beispielhafte Lösungen genannt.

a) Lösungen des homogenen Systems sind $x_{h,1} = \begin{pmatrix} 1 \\ -2 \\ 0 \\ -1 \end{pmatrix}$ und $x_{h,2} = \begin{pmatrix} 1 \\ -3 \\ 1 \\ 0 \end{pmatrix}$.

b) Mit den Vektoren aus a) erhält man $x_{h,1} + x_{h,2} = \begin{pmatrix} 2 \\ -5 \\ 1 \\ -1 \end{pmatrix}$, $x_{h,1} - x_{h,2} = \begin{pmatrix} 0 \\ 1 \\ -1 \\ -1 \end{pmatrix}$ und $3 \cdot x_{h,1} = \begin{pmatrix} 3 \\ -6 \\ 0 \\ -3 \end{pmatrix}$.

Dies sind auch Lösungen von (H), denn beispielsweise für den ersten Vektor rechnet man nach:

$$\begin{pmatrix} 1 & 0 & -1 & 1 \\ 2 & 1 & 1 & 0 \end{pmatrix} \cdot \begin{pmatrix} 2 \\ -5 \\ 1 \\ -1 \end{pmatrix} = \begin{pmatrix} 0 \\ 0 \end{pmatrix}.$$

Bei den anderen Vektoren ergibt sich genauso $\begin{pmatrix} 0 \\ 0 \end{pmatrix}$.

c) Eine Lösung des inhomogenen Systems (I) $x_s = \begin{pmatrix} 0 \\ 4 \\ 0 \\ 3 \end{pmatrix}$.

d) Mit den in a) und c) gewählten Vektoren ist $x_s + x_{h_1} = \begin{pmatrix} 1 \\ 2 \\ 0 \\ 2 \end{pmatrix}$, $x_s + 2 \cdot x_{h,2} = \begin{pmatrix} 2 \\ -2 \\ 2 \\ 3 \end{pmatrix}$ und $x_s + 2 \cdot x_{h,1} + x_{h,2} = \begin{pmatrix} 3 \\ -3 \\ 1 \\ 1 \end{pmatrix}$.

Tatsächlich sind dies auch Lösungen von (I), denn beispielsweise ist

$$\begin{pmatrix} 1 & 0 & -1 & 1 \\ 2 & 1 & 1 & 0 \end{pmatrix} \cdot \begin{pmatrix} 1 \\ 2 \\ 0 \\ 2 \end{pmatrix} = \begin{pmatrix} 3 \\ 4 \end{pmatrix}.$$

Bei den anderen Vektoren ergibt sich genauso $\begin{pmatrix} 3 \\ 4 \end{pmatrix}$.

e) Eine weitere Lösung des inhomogenen Systems (I) ist $x_{s,2} = \begin{pmatrix} 2 \\ 0 \\ 0 \\ 1 \end{pmatrix}$.

f) Es ist $x_0 = x_{s,2} - x_s = \begin{pmatrix} 2 \\ -4 \\ 0 \\ -2 \end{pmatrix}$ und tatsächlich ist

$$\begin{pmatrix} 1 & 0 & -1 & 1 \\ 2 & 1 & 1 & 0 \end{pmatrix} \cdot \begin{pmatrix} 2 \\ -4 \\ 0 \\ -2 \end{pmatrix} = \begin{pmatrix} 0 \\ 0 \end{pmatrix}.$$

g) Es sei $A = \begin{pmatrix} 1 & 0 & -1 & 1 \\ 2 & 1 & 1 & 0 \end{pmatrix}$.

Bei a) wurden $x_{h,1}$ und $x_{h,2}$ so gewählt, dass $Ax_{h,1} = 0 = Ax_{h,2}$ gilt. (Mit 0 ist hier der Nullvektor $\begin{pmatrix} 0 \\ 0 \end{pmatrix}$ gemeint.)

Damit erhält man dann bei b) auf Grund der Matrix-Vektor-Rechenregeln (s. Satz 8.1.3):

$$A \cdot (x_{h,1} + x_{h,2}) = \underbrace{Ax_{h,1}}_{=0} + \underbrace{Ax_{h,2}}_{=0} = \begin{pmatrix} 0 \\ 0 \end{pmatrix} + \begin{pmatrix} 0 \\ 0 \end{pmatrix} = \begin{pmatrix} 0 \\ 0 \end{pmatrix},$$

$$A \cdot (x_{h,1} - x_{h,2}) = \underbrace{Ax_{h,1}}_{=0} - \underbrace{Ax_{h,2}}_{=0} = \begin{pmatrix} 0 \\ 0 \end{pmatrix} - \begin{pmatrix} 0 \\ 0 \end{pmatrix} = \begin{pmatrix} 0 \\ 0 \end{pmatrix},$$

$$A \cdot (3 \cdot x_{h,1}) = 3 \cdot \underbrace{Ax_{h,1}}_{=0} = 3 \cdot \begin{pmatrix} 0 \\ 0 \end{pmatrix} = \begin{pmatrix} 0 \\ 0 \end{pmatrix}.$$

Bei c) wurden ein x_s so gewählt, dass $Ax_s = \begin{pmatrix} 3 \\ 4 \end{pmatrix}$ gilt. Damit erhält man dann bei d) wieder auf Grund der Matrix-Vektor-Rechenregeln

$$A \cdot (x_s + x_{h,1}) = \underbrace{Ax_s}_{=\binom{3}{4}} + \underbrace{Ax_{h,1}}_{=0} = \begin{pmatrix} 3 \\ 4 \end{pmatrix} + \begin{pmatrix} 0 \\ 0 \end{pmatrix} = \begin{pmatrix} 3 \\ 4 \end{pmatrix},$$

$$A \cdot (x_s + 2 \cdot x_{h,2}) = \underbrace{Ax_s}_{=\binom{3}{4}} + 2 \cdot \underbrace{Ax_{h,2}}_{=0} = \begin{pmatrix} 3 \\ 4 \end{pmatrix} + 2 \cdot \begin{pmatrix} 0 \\ 0 \end{pmatrix} = \begin{pmatrix} 3 \\ 4 \end{pmatrix},$$

$$A \cdot (x_s + 2 \cdot x_{h,1} - x_{h,2}) = \underbrace{A \cdot x_s}_{=\binom{3}{4}} + 2 \cdot \underbrace{Ax_{h,1}}_{=0} - \underbrace{Ax_{h,2}}_{=0} = \begin{pmatrix} 3 \\ 4 \end{pmatrix}.$$

Zu einem weiteren Vektor $x_{s,2}$ mit $Ax_{s,2} = \begin{pmatrix} 3 \\ 4 \end{pmatrix}$ entspr. e) erhält man schließlich bei f)

$$A \cdot x_0 = A \cdot (x_{s,2} - x_s) = Ax_{s,2} - Ax_s$$

$$= \begin{pmatrix} 3 \\ 4 \end{pmatrix} - \begin{pmatrix} 3 \\ 4 \end{pmatrix} = \begin{pmatrix} 0 \\ 0 \end{pmatrix}.$$

A809

Aufgabe 8.1.9

Betrachtet wird das inhomogene Gleichungssystem $Ax = b$ $(b \neq 0)$ (I) und das zugehörige homogene System $Ax = 0$ (H). $x_{h,1}$ und $x_{h,2}$ seien zwei Lösungen von (H), $x_{s,1}$ und $x_{s,2}$ zwei Lösungen von (I)

Welche der folgenden Aussagen sind richtig?

a) $x_{h,1} + x_{h,2}$ ist Lösung von (H).

b) $x_{s,1} - x_{h,1}$ ist Lösung von (H).

c) $x_{s,1} - x_{h,1}$ ist Lösung von (I).

d) $x_{s,1} - x_{s,2}$ ist Lösung von (H).

e) $2 \cdot x_{s,1} - x_{s,2}$ ist Lösung von (I).

f) Jedes x der Form $x = \alpha_1 \cdot x_{h,1} + \alpha_2 \cdot x_{h,2}$ $(\alpha_1, \alpha_2 \in \mathbb{R})$ ist Lösung von (H).

g) Jedes x der Form $x = \alpha_1 \cdot x_{s,1} + \alpha_2 \cdot x_{s,2}$ $(\alpha_1, \alpha_2 \in \mathbb{R})$ ist Lösung von (I).

h) Jedes x der Form $x = x_{s,1} + \alpha_1 \cdot x_{h,1} + \alpha_2 \cdot x_{h,2}$ $(\alpha_1, \alpha_2 \in \mathbb{R})$ ist Lösung von (I).

Lösung:

Um die Behauptungen zu überprüfen, kann man die entsprechenden Vektoren in das Gleichungssystem einsetzen, d.h. mit der Matrix A multiplizieren. Man kann dann die Matrix-Vektor-Regeln (Satz 8.1.3) anwenden und anschließend die Eigenschaften der einzelnen Vektoren nutzen, also

$$Ax_{h,1} = Ax_{h,2} = 0 \quad \text{und} \quad Ax_{s,1} = Ax_{s,2} = b.$$

a) Richtig; $x_{h,1} + x_{h,2}$ ist Lösung von (H), denn

$$A\left(x_{h,1} + x_{h,2}\right) = \underbrace{Ax_{h,1}}_{=0} + \underbrace{Ax_{h,2}}_{=0} = 0 + 0 = 0.$$

b) Falsch; $x_{s,1} - x_{h,1}$ ist keine Lösung von (H), denn

$$A\left(x_{s,1} - x_{h,1}\right) = Ax_{s,1} - Ax_{h,1} = b - 0 = b \neq 0.$$

c) Richtig; $x_{s,1} - x_{h,1}$ ist Lösung von (I), denn

$$A\left(x_{s,1} - x_{h,1}\right) = Ax_{s,1} - Ax_{h,1} = b - 0 = b.$$

d) Richtig; $x_{s,1} - x_{s,2}$ ist Lösung von (H), denn

$$A\left(x_{s,1} - x_{s,2}\right) = Ax_{s,1} - Ax_{s,2} = b - b = 0.$$

e) Richtig; $2 \cdot x_{s,1} - x_{s,2}$ ist Lösung von (I), denn

$$\begin{aligned} A\left(2 \cdot x_{s,1} - x_{s,2}\right) &= 2 \cdot Ax_{s,1} - Ax_{s,2} \\ &= 2 \cdot b \quad - b \quad = b. \end{aligned}$$

f) Richtig; $x = \alpha_1 \cdot x_{h,1} + \alpha_2 \cdot x_{h,2}$ ist eine Lösung von (H), denn

$$\begin{aligned} A\left(\alpha_1 \cdot x_{h,1} + \alpha_2 \cdot x_{h,2}\right) &= \alpha_1 \cdot Ax_{h,1} + \alpha_2 \cdot Ax_{h,2} \\ &= \alpha_1 \cdot 0 \quad + \alpha_2 \cdot 0 \quad = 0. \end{aligned}$$

g) Falsch; $x = \alpha_1 \cdot x_{s,1} + \alpha_2 \cdot x_{s,2}$ ist keine Lösung von (I), denn

$$\begin{aligned} A\left(\alpha_1 \cdot x_{s,1} + \alpha_2 \cdot x_{s,2}\right) &= \alpha_1 \cdot Ax_{s,1} + \alpha_2 \cdot Ax_{s,2} \\ &= \alpha_1 \cdot b \quad + \alpha_2 \cdot b \\ &= (\alpha_1 + \alpha_2) \cdot b \neq b, \quad \text{falls } \alpha_1 + \alpha_2 \neq 1. \end{aligned}$$

h) Richtig; $x = x_{s,1} + \alpha_1 \cdot x_{h,1} + \alpha_2 \cdot x_{h,2}$ ist Lösung von (I), denn

$$\begin{aligned} A\left(x_{s,1} + \alpha_1 \cdot x_{h,1} + \alpha_2 \cdot x_{h,2}\right) &= Ax_{s,1} + \alpha_1 \cdot Ax_{h,1} + \alpha_2 \cdot Ax_{h,2} \\ &= b \quad + \alpha_1 \cdot 0 \quad + \alpha_2 \cdot 0 \\ &= b. \end{aligned}$$

8.2 Gaußsches Eliminationsverfahren

A810

Aufgabe 8.2.1

Bestimmen Sie die Lösungen zu den folgenden Gleichungssystemen.

a)
$$\begin{aligned}
x_1 &- x_2 &- &x_3 &= 0 \\
x_1 &+ x_2 &+ &3x_3 &= 4 \\
2x_1 & & + &x_3 &= 3
\end{aligned}$$

b)
$$\begin{aligned}
2x_1 &+ 4x_2 &+ 2x_3 &= 2 \\
x_1 &+ 2x_2 &+ 2x_3 &= 2 \\
&3x_2 &- 2x_3 &= 4
\end{aligned}$$

c)
$$\begin{aligned}
x_1 &+ x_2 &- x_3 &+ x_4 &- x_5 &= 1 \\
-x_1 &+ x_2 &- 3x_3 & &+ 3x_5 &= 2 \\
-2x_1 & &+ x_3 &+ 5x_4 &+ 4x_5 &= 1 \\
&x_2 &- 2x_3 &+ x_4 &- x_5 &= -1 \\
2x_1 & &+ 2x_3 &+ x_4 &- 2x_5 &= 1
\end{aligned}$$

Lösung:

Im Folgenden werden nur die erweiterten Koeffizientenmatrizen zu den Gleichungssystemen betrachtet. Hinter den Matrizen sind die zur nächsten Matrix durchgeführten elementaren Zeilenoperationen angegeben. Die römische Zahl bezieht sich dabei auf die jeweilige Zeile.

a)
$$\left(\begin{array}{ccc|c}
1 & -1 & -1 & 0 \\
1 & 1 & 3 & 4 \\
2 & 0 & 1 & 3
\end{array}\right)\begin{array}{c} \\ -\mathrm{I} \\ -2\cdot\mathrm{I}\end{array}
\rightarrow
\left(\begin{array}{ccc|c}
1 & -1 & -1 & 0 \\
0 & 2 & 4 & 4 \\
0 & 2 & 3 & 3
\end{array}\right)\begin{array}{c} \\ \cdot 1/2 \\ \end{array}$$

$$\rightarrow
\left(\begin{array}{ccc|c}
1 & -1 & -1 & 0 \\
0 & 1 & 2 & 2 \\
0 & 2 & 3 & 3
\end{array}\right)\begin{array}{c} \\ \\ -2\cdot\mathrm{II}\end{array}
\rightarrow
\left(\begin{array}{ccc|c}
1 & -1 & -1 & 0 \\
0 & 1 & 2 & 2 \\
0 & 0 & -1 & -1
\end{array}\right)\begin{array}{c} \\ \\ \cdot(-1)\end{array}$$

$$\rightarrow
\left(\begin{array}{ccc|c}
1 & -1 & -1 & 0 \\
0 & 1 & 2 & 2 \\
0 & 0 & 1 & 1
\end{array}\right)\begin{array}{c} +\mathrm{III} \\ -2\cdot\mathrm{III} \\ \end{array}
\rightarrow
\left(\begin{array}{ccc|c}
1 & -1 & 0 & 1 \\
0 & 1 & 0 & 0 \\
0 & 0 & 1 & 1
\end{array}\right)\begin{array}{c} +\mathrm{II} \\ \\ \end{array}$$

$$\rightarrow
\left(\begin{array}{ccc|c}
1 & 0 & 0 & 1 \\
0 & 1 & 0 & 0 \\
0 & 0 & 1 & 1
\end{array}\right).$$

Die Lösung kann man nun ablesen: $\begin{pmatrix} x_1 \\ x_2 \\ x_3 \end{pmatrix} = \begin{pmatrix} 1 \\ 0 \\ 1 \end{pmatrix}.$

b) $\begin{pmatrix} 2 & 4 & 2 & | & 2 \\ 1 & 2 & 2 & | & 2 \\ 0 & 3 & -2 & | & 4 \end{pmatrix} \begin{matrix} \cdot 1/2 \\ \\ \end{matrix}$
$\rightarrow$
$\begin{pmatrix} 1 & 2 & 1 & | & 1 \\ 1 & 2 & 2 & | & 2 \\ 0 & 3 & -2 & | & 4 \end{pmatrix} \begin{matrix} \\ -\mathrm{I} \\ \end{matrix}$

$\rightarrow \begin{pmatrix} 1 & 2 & 1 & | & 1 \\ 0 & 0 & 1 & | & 1 \\ 0 & 3 & -2 & | & 4 \end{pmatrix} \Big\}$
$\rightarrow$
$\begin{pmatrix} 1 & 2 & 1 & | & 1 \\ 0 & 3 & -2 & | & 4 \\ 0 & 0 & 1 & | & 1 \end{pmatrix} \begin{matrix} \\ :3 \\ \end{matrix}$

$\rightarrow \begin{pmatrix} 1 & 2 & 1 & | & 1 \\ 0 & 1 & -2/3 & | & 4/3 \\ 0 & 0 & 1 & | & 1 \end{pmatrix} \begin{matrix} -\mathrm{III} \\ +2/3 \cdot \mathrm{III} \\ \end{matrix}$
$\rightarrow$
$\begin{pmatrix} 1 & 2 & 0 & | & 0 \\ 0 & 1 & 0 & | & 2 \\ 0 & 0 & 1 & | & 1 \end{pmatrix} \begin{matrix} -2 \cdot \mathrm{II} \\ \\ \end{matrix}$

$\rightarrow \begin{pmatrix} 1 & 0 & 0 & | & -4 \\ 0 & 1 & 0 & | & 2 \\ 0 & 0 & 1 & | & 1 \end{pmatrix}.$

Die Lösung kann man nun ablesen: $\begin{pmatrix} x_1 \\ x_2 \\ x_3 \end{pmatrix} = \begin{pmatrix} -4 \\ 2 \\ 1 \end{pmatrix}.$

c) $\begin{pmatrix} 1 & 1 & -1 & 1 & -1 & | & 1 \\ -1 & 1 & -3 & 0 & 3 & | & 2 \\ -2 & 0 & 1 & 5 & 4 & | & 1 \\ 0 & 1 & -2 & 1 & -1 & | & -1 \\ 2 & 0 & 2 & 1 & -2 & | & 1 \end{pmatrix} \begin{matrix} \\ +\mathrm{I} \\ +2 \cdot \mathrm{I} \\ \\ -2 \cdot \mathrm{I} \end{matrix} \rightarrow$
$\begin{pmatrix} 1 & 1 & -1 & 1 & -1 & | & 1 \\ 0 & 2 & -4 & 1 & 2 & | & 3 \\ 0 & 2 & -1 & 7 & 2 & | & 3 \\ 0 & 1 & -2 & 1 & -1 & | & -1 \\ 0 & -2 & 4 & -1 & 0 & | & -1 \end{pmatrix} \begin{matrix} \\ :2 \\ -\mathrm{II} \\ -\frac{1}{2} \cdot \mathrm{II} \\ +\mathrm{II} \end{matrix}$

$\rightarrow \begin{pmatrix} 1 & 1 & -1 & 1 & -1 & | & 1 \\ 0 & 1 & -2 & 1/2 & 1 & | & 3/2 \\ 0 & 0 & 3 & 6 & 0 & | & 0 \\ 0 & 0 & 0 & 1/2 & -2 & | & -5/2 \\ 0 & 0 & 0 & 0 & 2 & | & 2 \end{pmatrix} \begin{matrix} \\ \\ :3 \\ \cdot 2 \\ :2 \end{matrix} \rightarrow$
$\begin{pmatrix} 1 & 1 & -1 & 1 & -1 & | & 1 \\ 0 & 1 & -2 & 1/2 & 1 & | & 3/2 \\ 0 & 0 & 1 & 2 & 0 & | & 0 \\ 0 & 0 & 0 & 1 & -4 & | & -5 \\ 0 & 0 & 0 & 0 & 1 & | & 1 \end{pmatrix} \begin{matrix} +\mathrm{V} \\ -\mathrm{V} \\ \\ +4 \cdot \mathrm{V} \\ \end{matrix}$

$\rightarrow \begin{pmatrix} 1 & 1 & -1 & 1 & 0 & | & 2 \\ 0 & 1 & -2 & 1/2 & 0 & | & 1/2 \\ 0 & 0 & 1 & 2 & 0 & | & 0 \\ 0 & 0 & 0 & 1 & 0 & | & -1 \\ 0 & 0 & 0 & 0 & 1 & | & 1 \end{pmatrix} \begin{matrix} -\mathrm{IV} \\ -\frac{1}{2} \cdot \mathrm{IV} \\ -2 \cdot \mathrm{IV} \\ \\ \end{matrix} \rightarrow$
$\begin{pmatrix} 1 & 1 & -1 & 0 & 0 & | & 3 \\ 0 & 1 & -2 & 0 & 0 & | & 1 \\ 0 & 0 & 1 & 0 & 0 & | & 2 \\ 0 & 0 & 0 & 1 & 0 & | & -1 \\ 0 & 0 & 0 & 0 & 1 & | & 1 \end{pmatrix} \begin{matrix} +\mathrm{III} \\ +2 \cdot \mathrm{III} \\ \\ \\ \end{matrix}$

$\rightarrow \begin{pmatrix} 1 & 1 & 0 & 0 & 0 & | & 5 \\ 0 & 1 & 0 & 0 & 0 & | & 5 \\ 0 & 0 & 1 & 0 & 0 & | & 2 \\ 0 & 0 & 0 & 1 & 0 & | & -1 \\ 0 & 0 & 0 & 0 & 1 & | & 1 \end{pmatrix} \begin{matrix} -\mathrm{II} \\ \\ \\ \\ \end{matrix}$
$\rightarrow$
$\begin{pmatrix} 1 & 0 & 0 & 0 & 0 & | & 0 \\ 0 & 1 & 0 & 0 & 0 & | & 5 \\ 0 & 0 & 1 & 0 & 0 & | & 2 \\ 0 & 0 & 0 & 1 & 0 & | & -1 \\ 0 & 0 & 0 & 0 & 1 & | & 1 \end{pmatrix}.$

Damit ist die Lösung: $\begin{pmatrix} x_1 \\ x_2 \\ x_3 \\ x_4 \\ x_5 \end{pmatrix} = \begin{pmatrix} 0 \\ 5 \\ 2 \\ -1 \\ 1 \end{pmatrix}.$

Aufgabe 8.2.2

Im Folgenden sind die auf Zeilen-Stufen-Form gebrachten erweiterten Koeffizientenmatrizen zu linearen Gleichungssystemen gegeben. Wie lautet jeweils die Lösungsmenge?

a) $\begin{pmatrix} 1 & 0 & 2 & | & -1 \\ 0 & 1 & 1 & | & 0 \\ 0 & 0 & 0 & | & 0 \end{pmatrix}$,   c) $\begin{pmatrix} 1 & -1 & 0 & 0 & 4 & | & -1 \\ 0 & 0 & 1 & 0 & 3 & | & -2 \\ 0 & 0 & 0 & 1 & 0 & | & -3 \end{pmatrix}$,

b) $\begin{pmatrix} 1 & 0 & 2 & | & 3 \\ 0 & 1 & 1 & | & 0 \\ 0 & 0 & 0 & | & 1 \end{pmatrix}$,   d) $\begin{pmatrix} 1 & 3 & 0 & 2 & 0 & 0 & | & 2 \\ 0 & 0 & 1 & 1 & 0 & 0 & | & -1 \\ 0 & 0 & 0 & 0 & 1 & 0 & | & 5 \\ 0 & 0 & 0 & 0 & 0 & 1 & | & 3 \\ 0 & 0 & 0 & 0 & 0 & 0 & | & 0 \end{pmatrix}$.

Lösung:

a) In ausführlicher Form lautet das Gleichungssystem

$$\begin{array}{rl} x_1 \quad + 2x_3 &= -1 \\ x_2 + x_3 &= 0 \\ 0 &= 0 \end{array} \quad \Leftrightarrow \quad \begin{array}{rl} x_1 &= -1 - 2x_3 \\ x_2 &= -x_3 \end{array},$$

Dabei kann man x_3 beliebig vorgeben. Setzt man $\lambda = x_3$, so ist die Lösungsmenge

$$\left\{ \begin{pmatrix} -1 \\ 0 \\ 0 \end{pmatrix} + \lambda \cdot \begin{pmatrix} -2 \\ -1 \\ 1 \end{pmatrix} \;\middle|\; \lambda \in \mathbb{R} \right\}.$$

Alternativ erhält man durch Streichen der Null-Zeile und Einfügen einer Zeile, die ausdrückt, dass $x_3 = \lambda$ beliebig ist,

$$\begin{pmatrix} 1 & 0 & 2 & | & -1 \\ 0 & 1 & 1 & | & 0 \\ 0 & 0 & 1 & | & \lambda \end{pmatrix} \begin{array}{l} -2 \cdot \text{III} \\ -\text{III} \\ {} \end{array} \rightarrow \begin{pmatrix} 1 & 0 & 0 & | & -1 - 2\lambda \\ 0 & 1 & 0 & | & -\lambda \\ 0 & 0 & 1 & | & \lambda \end{pmatrix},$$

so dass man die allgemeine Lösung

$$\begin{pmatrix} -1 - 2\lambda \\ -\lambda \\ \lambda \end{pmatrix} = \begin{pmatrix} -1 \\ 0 \\ 0 \end{pmatrix} + \lambda \cdot \begin{pmatrix} -2 \\ -1 \\ 1 \end{pmatrix}$$

ablesen kann und die gleiche Lösungsmenge erhält.

b) Die Lösungsmenge ist leer, da in der letzten Zeile $0 = 1$, also eine unerfüllbare Aussage steht.

c) In ausführlicher Form lautet das Gleichungssystem

$$\begin{array}{rcl} x_1 \;-x_2 & +4x_5 = -1 \\ x_3 & +3x_5 = -2 \quad\Leftrightarrow \\ x_4 & = -3 \end{array} \qquad \begin{array}{rcl} x_1 &=& -1\;+x_2\;-4x_5 \\ x_3 &=& -2 \quad\quad -3x_5\,, \\ x_4 &=& -3 \end{array}$$

wobei x_2 und x_5 beliebige Werte annehmen können. Setzt man $\lambda = x_2$ und $\mu = x_5$, so erhält man als Lösungsmenge

$$\left\{ \begin{pmatrix} -1 \\ 0 \\ -2 \\ -3 \\ 0 \end{pmatrix} + \lambda \cdot \begin{pmatrix} 1 \\ 1 \\ 0 \\ 0 \\ 0 \end{pmatrix} + \mu \cdot \begin{pmatrix} -4 \\ 0 \\ -3 \\ 0 \\ 1 \end{pmatrix} \;\Bigg|\; \lambda,\, \mu \in \mathbb{R} \right\}.$$

Alternativ kann man die Matrix mit Zeilen ergänzen, die dann eine vollständige Diagonalgestalt darstellen, und rechts durch λ und μ ausdrücken, dass die entsprechenden Variablen beliebig sind:

$$\left(\begin{array}{ccccc|c} 1 & -1 & 0 & 0 & 4 & -1 \\ 0 & 1 & 0 & 0 & 0 & \lambda \\ 0 & 0 & 1 & 0 & 3 & -2 \\ 0 & 0 & 0 & 1 & 0 & -3 \\ 0 & 0 & 0 & 0 & 1 & \mu \end{array} \right) \begin{array}{l} +\mathrm{II} - 4 \cdot \mathrm{V} \\[1.5em] -3 \cdot \mathrm{V} \;\to \end{array} \left(\begin{array}{ccccc|c} 1 & 0 & 0 & 0 & 0 & -1 + \lambda - 4\mu \\ 0 & 1 & 0 & 0 & 0 & \lambda \\ 0 & 0 & 1 & 0 & 0 & -2 - 3\mu \\ 0 & 0 & 0 & 1 & 0 & -3 \\ 0 & 0 & 0 & 0 & 1 & \mu \end{array} \right).$$

Damit erhält man als allgemeine Lösung (wie oben)

$$\begin{pmatrix} -1 + \lambda - 4\mu \\ \lambda \\ -2 - 3\mu \\ -3 \\ \mu \end{pmatrix} = \begin{pmatrix} -1 \\ 0 \\ -2 \\ -3 \\ 0 \end{pmatrix} + \lambda \cdot \begin{pmatrix} 1 \\ 1 \\ 0 \\ 0 \\ 0 \end{pmatrix} + \mu \cdot \begin{pmatrix} -4 \\ 0 \\ -3 \\ 0 \\ 1 \end{pmatrix}.$$

d) In ausführlicher Form lautet das Gleichungssystem

$$\begin{array}{rcl} x_1 \;+3x_2 & +2x_4 & = 2 \\ x_3 \;+x_4 & & = -1 \\ x_5 & & = 5 \quad\Leftrightarrow \\ x_6 & = 3 \\ 0 & = 0 \end{array} \qquad \begin{array}{rcl} x_1 &=& 2\;-3x_2\;-2x_4 \\ x_3 &=& -1 \quad\quad -x_4 \\ x_5 &=& 5 \\ x_6 &=& 3 \end{array}$$

mit beliebigen Werten x_2 und x_4. Mit $\lambda = x_2$ und $\mu = x_4$ ist die Lösungsmenge

$$\left\{ \begin{pmatrix} 2 \\ 0 \\ -1 \\ 0 \\ 5 \\ 3 \end{pmatrix} + \lambda \cdot \begin{pmatrix} -3 \\ 1 \\ 0 \\ 0 \\ 0 \\ 0 \end{pmatrix} + \mu \cdot \begin{pmatrix} -2 \\ 0 \\ -1 \\ 1 \\ 0 \\ 0 \end{pmatrix} \ \middle| \ \lambda, \, \mu \in \mathbb{R} \right\}.$$

Alternativ kann man die allgemeine Lösung wie bei a) und c) durch Streichen der Null-Zeile und Einfügen von Zeilen zu x_2 und x_4 bestimmen.

A812

Aufgabe 8.2.3

Betrachtet wird das lineare Gleichungssystem

$$\begin{array}{rcrcrcrcrcr} -x_1 & - & 4x_2 & + & 2x_3 & & & - & 3x_5 & = & 3 \\ & & & & x_3 & - & x_4 & + & x_5 & = & 1 \\ 2x_1 & + & 8x_2 & - & x_3 & + & x_4 & + & 5x_5 & = & 1 \end{array}$$

a) Bestimmen Sie eine spezielle Lösung.

b) Bestimmen Sie eine Basis des Lösungsraums zum zugehörigen homogenen Gleichungssystem.

c) Wie sieht die allgemeine Lösung des inhomogenen Gleichungssystems aus?

Lösung:

Zunächst wird die erweiterte Koeffizientenmatrix in eine Zeilen-Stufen-Form überführt:

$$\begin{pmatrix} -1 & -4 & 2 & 0 & -3 & | & 3 \\ 0 & 0 & 1 & -1 & 1 & | & 1 \\ 2 & 8 & -1 & 1 & 5 & | & 1 \end{pmatrix} \begin{matrix} \cdot(-1) \\ \\ +2 \cdot I \end{matrix} \rightarrow \begin{pmatrix} 1 & 4 & -2 & 0 & 3 & | & -3 \\ 0 & 0 & 1 & -1 & 1 & | & 1 \\ 0 & 0 & 3 & 1 & -1 & | & 7 \end{pmatrix} \begin{matrix} \\ \\ -3 \cdot II \end{matrix}$$

$$\rightarrow \begin{pmatrix} 1 & 4 & -2 & 0 & 3 & | & -3 \\ 0 & 0 & 1 & -1 & 1 & | & 1 \\ 0 & 0 & 0 & 4 & -4 & | & 4 \end{pmatrix} \begin{matrix} \\ \\ : 4 \end{matrix} \rightarrow \begin{pmatrix} 1 & 4 & -2 & 0 & 3 & | & -3 \\ 0 & 0 & 1 & -1 & 1 & | & 1 \\ 0 & 0 & 0 & 1 & -1 & | & 1 \end{pmatrix} \begin{matrix} \\ \\ +III \end{matrix}$$

$$\rightarrow \begin{pmatrix} 1 & 4 & -2 & 0 & 3 & | & -3 \\ 0 & 0 & 1 & 0 & 0 & | & 2 \\ 0 & 0 & 0 & 1 & -1 & | & 1 \end{pmatrix} \begin{matrix} +2 \cdot II \\ \\ \end{matrix} \rightarrow \begin{pmatrix} 1 & 4 & 0 & 0 & 3 & | & 1 \\ 0 & 0 & 1 & 0 & 0 & | & 2 \\ 0 & 0 & 0 & 1 & -1 & | & 1 \end{pmatrix}.$$

Als Gleichungssystem dargestellt, bedeutet dies

$$\begin{array}{rcrcrcr} x_1 + 4x_2 & & & + & 3x_5 & = & 1 \\ & & x_3 & & & = & 2. \\ & & & & x_4 - x_5 & = & 1 \end{array} \tag{1}$$

a) Eine spezielle Lösung kann man aus (1) ablesen, indem man nur die führenden Variablen in den Zeilen beachtet und die anderen gleich Null setzt:

$$\begin{pmatrix} x_1 \\ x_2 \\ x_3 \\ x_4 \\ x_5 \end{pmatrix} = \begin{pmatrix} 1 \\ 0 \\ 2 \\ 1 \\ 0 \end{pmatrix}$$

b) Das homogene Gleichungssystem führt auf die gleiche Form wie (1), nur dass die rechte Seite immer aus lauter Nullen besteht:

$$\begin{array}{rcl} x_1 + 4x_2 \qquad + 3x_5 &=& 0 \\ x_3 \qquad\qquad &=& 0 \\ x_4 - x_5 &=& 0 \end{array} \quad \Leftrightarrow \quad \begin{array}{rcl} x_1 &=& -4x_2 - 3x_5 \\ x_3 &=& 0 \\ x_4 &=& x_5 \end{array} \qquad (2)$$

mit beliebigen Werten x_2 und x_5. Mit $x_2 = \lambda$ und $x_5 = \mu$ erhält man als Lösungsmenge

$$\left\{ \lambda \cdot \begin{pmatrix} -4 \\ 1 \\ 0 \\ 0 \\ 0 \end{pmatrix} + \mu \cdot \begin{pmatrix} -3 \\ 0 \\ 0 \\ 1 \\ 1 \end{pmatrix} \;\middle|\; \lambda, \mu \in \mathbb{R} \right\}.$$

Alternativ kann man die Lösungsmenge auch durch Einfügen entsprechender Zeilen erhalten:

$$\left(\begin{array}{ccccc|c} 1 & 4 & 0 & 0 & 3 & 0 \\ 0 & 1 & 0 & 0 & 0 & \lambda \\ 0 & 0 & 1 & 0 & 0 & 0 \\ 0 & 0 & 0 & 1 & -1 & 0 \\ 0 & 0 & 0 & 0 & 1 & \mu \end{array} \right) \begin{array}{l} -4 \cdot \text{II} - 3 \cdot \text{V} \\ \\ \\ \\ +\text{V} \end{array} \rightarrow \left(\begin{array}{ccccc|c} 1 & 0 & 0 & 0 & 0 & -4\lambda - 3\mu \\ 0 & 1 & 0 & 0 & 0 & \lambda \\ 0 & 0 & 1 & 0 & 0 & 0 \\ 0 & 0 & 0 & 1 & 0 & \mu \\ 0 & 0 & 0 & 0 & 1 & \mu \end{array} \right),$$

so dass man die Lösungsmenge wie oben angegeben ablesen kann.

Eine Basis der Lösungsmenge ist also offensichtlich

$$\left\{ \begin{pmatrix} -4 \\ 1 \\ 0 \\ 0 \\ 0 \end{pmatrix}, \begin{pmatrix} -3 \\ 0 \\ 0 \\ 1 \\ 1 \end{pmatrix} \right\}.$$

Die Basisvektoren kann man auch direkt aus (2) ablesen, wenn man einerseits $x_2 = 1$, $x_5 = 0$ und andererseits $x_2 = 0$, $x_5 = 1$ setzt.

c) Nach Satz 8.1.7, 2., ergibt sich die allgemeine Lösung als „spezielle Lösung + allgemeine Lösung des homogenen Systems", also

$$\begin{pmatrix} x_1 \\ x_2 \\ x_3 \\ x_4 \\ x_5 \end{pmatrix} = \begin{pmatrix} 1 \\ 0 \\ 2 \\ 1 \\ 0 \end{pmatrix} + \lambda \cdot \begin{pmatrix} -4 \\ 1 \\ 0 \\ 0 \\ 0 \end{pmatrix} + \mu \cdot \begin{pmatrix} -3 \\ 0 \\ 0 \\ 1 \\ 1 \end{pmatrix}, \ \lambda, \ \mu \in \mathbb{R}.$$

Dies erhält man ebenso durch Erweitern der Koeffizientenmatrix:

$$\left(\begin{array}{ccccc|c} 1 & 4 & 0 & 0 & 3 & 1 \\ 0 & 1 & 0 & 0 & 0 & \lambda \\ 0 & 0 & 1 & 0 & 0 & 2 \\ 0 & 0 & 0 & 1 & -1 & 1 \\ 0 & 0 & 0 & 0 & 1 & \mu \end{array} \right) \begin{array}{l} -4 \cdot \mathrm{II} - 3 \cdot \mathrm{V} \\ \\ \\ +\mathrm{V} \\ \\ \end{array} \rightarrow \left(\begin{array}{ccccc|c} 1 & 0 & 0 & 0 & 0 & 1 & -4\lambda -3\mu \\ 0 & 1 & 0 & 0 & 0 & \lambda \\ 0 & 0 & 1 & 0 & 0 & 2 \\ 0 & 0 & 0 & 1 & 0 & 1 & +\mu \\ 0 & 0 & 0 & 0 & 1 & \mu \end{array} \right),$$

Aufgabe 8.2.4

A813

Bestimmen Sie die Lösungsmengen zu den folgenden Gleichungssystemen.

a) $\begin{array}{rcrcrcl} x_1 & - & x_2 & - & x_3 & = & 0 \\ x_1 & + & x_2 & + & 3x_3 & = & 4 \\ & & x_2 & + & 2x_3 & = & 2 \\ 2x_1 & & & + & x_3 & = & 3 \end{array}$,

b) $\begin{array}{rcrcrcrcrcl} x_1 & + & x_2 & - & x_3 & + & x_4 & - & x_5 & = & 1 \\ -x_1 & + & x_2 & - & 3x_3 & & & + & 3x_5 & = & 2 \\ & & x_2 & - & 2x_3 & + & x_4 & - & x_5 & = & -1 \\ 2x_1 & & & + & 2x_3 & + & x_4 & - & 2x_5 & = & 1 \end{array}$.

Lösung:

Im Folgenden werden nur die erweiterten Koeffizientenmatrizen betrachtet.

a) $\left(\begin{array}{ccc|c} 1 & -1 & -1 & 0 \\ 1 & 1 & 3 & 4 \\ 0 & 1 & 2 & 2 \\ 2 & 0 & 1 & 3 \end{array} \right) \begin{array}{l} \\ -\mathrm{I} \\ \\ -2 \cdot \mathrm{I} \end{array} \rightarrow \left(\begin{array}{ccc|c} 1 & -1 & -1 & 0 \\ 0 & 2 & 4 & 4 \\ 0 & 1 & 2 & 2 \\ 0 & 2 & 3 & 3 \end{array} \right) \begin{array}{l} \\ \cdot 1/2 \\ -1/2 \cdot \mathrm{II} \\ -\mathrm{II} \end{array}$

$\rightarrow \left(\begin{array}{ccc|c} 1 & -1 & -1 & 0 \\ 0 & 1 & 2 & 2 \\ 0 & 0 & 0 & 0 \\ 0 & 0 & -1 & -1 \end{array} \right) \begin{array}{l} +\mathrm{II} + \mathrm{IV} \\ +2 \cdot \mathrm{IV} \\ \\ \cdot (-1) \end{array} \rightarrow \left(\begin{array}{ccc|c} 1 & 0 & 0 & 1 \\ 0 & 1 & 0 & 0 \\ 0 & 0 & 1 & 1 \\ 0 & 0 & 0 & 0 \end{array} \right)$.

Das Gleichungssystem ist also eindeutig lösbar mit Lösungsmenge

$$\left\{ \begin{pmatrix} 1 \\ 0 \\ 1 \end{pmatrix} \right\} .$$

b)
$$\begin{pmatrix} 1 & 1 & -1 & 1 & -1 & | & 1 \\ -1 & 1 & -3 & 0 & 3 & | & 2 \\ 0 & 1 & -2 & 1 & -1 & | & -1 \\ 2 & 0 & 2 & 1 & -2 & | & 1 \end{pmatrix} \begin{matrix} \\ +I \\ \\ -2 \cdot I \end{matrix} \rightarrow \begin{pmatrix} 1 & 1 & -1 & 1 & -1 & | & 1 \\ 0 & 2 & -4 & 1 & 2 & | & 3 \\ 0 & 1 & -2 & 1 & -1 & | & -1 \\ 0 & -2 & 4 & -1 & 0 & | & -1 \end{pmatrix} \begin{matrix} \\ \cdot\frac{1}{2} \\ \\ \end{matrix}$$

$$\rightarrow \begin{pmatrix} 1 & 1 & -1 & 1 & -1 & | & 1 \\ 0 & 1 & -2 & 1/2 & 1 & | & 3/2 \\ 0 & 1 & -2 & 1 & -1 & | & -1 \\ 0 & -2 & 4 & -1 & 0 & | & -1 \end{pmatrix} \begin{matrix} \\ \\ -II \\ +2 \cdot II \end{matrix} \rightarrow \begin{pmatrix} 1 & 1 & -1 & 1 & -1 & | & 1 \\ 0 & 1 & -2 & 1/2 & 1 & | & 3/2 \\ 0 & 0 & 0 & 1/2 & -2 & | & -5/2 \\ 0 & 0 & 0 & 0 & 2 & | & 2 \end{pmatrix} \begin{matrix} \\ \\ \cdot 2 \\ \cdot\frac{1}{2} \end{matrix}$$

$$\rightarrow \begin{pmatrix} 1 & 1 & -1 & 1 & -1 & | & 1 \\ 0 & 1 & -2 & 1/2 & 1 & | & 3/2 \\ 0 & 0 & 0 & 1 & -4 & | & -5 \\ 0 & 0 & 0 & 0 & 1 & | & 1 \end{pmatrix} \begin{matrix} +IV \\ -IV \\ +4 \cdot IV \\ \\ \end{matrix} \rightarrow \begin{pmatrix} 1 & 1 & -1 & 1 & 0 & | & 2 \\ 0 & 1 & -2 & 1/2 & 0 & | & 1/2 \\ 0 & 0 & 0 & 1 & 0 & | & -1 \\ 0 & 0 & 0 & 0 & 1 & | & 1 \end{pmatrix} \begin{matrix} -III \\ -\frac{1}{2} \cdot III \\ \\ \end{matrix}$$

$$\rightarrow \begin{pmatrix} 1 & 1 & -1 & 0 & 0 & | & 3 \\ 0 & 1 & -2 & 0 & 0 & | & 1 \\ 0 & 0 & 0 & 1 & 0 & | & -1 \\ 0 & 0 & 0 & 0 & 1 & | & 1 \end{pmatrix} \begin{matrix} -II \\ \\ \\ \end{matrix} \rightarrow \begin{pmatrix} 1 & 0 & 1 & 0 & 0 & | & 2 \\ 0 & 1 & -2 & 0 & 0 & | & 1 \\ 0 & 0 & 0 & 1 & 0 & | & -1 \\ 0 & 0 & 0 & 0 & 1 & | & 1 \end{pmatrix}.$$

Durch Einfügen einer Zeile für die dritte Variable erhält man

$$\begin{pmatrix} 1 & 0 & 1 & 0 & 0 & | & 2 \\ 0 & 1 & -2 & 0 & 0 & | & 1 \\ 0 & 0 & 1 & 0 & 0 & | & \lambda \\ 0 & 0 & 0 & 1 & 0 & | & -1 \\ 0 & 0 & 0 & 0 & 1 & | & 1 \end{pmatrix} \begin{matrix} -III \\ +2 \cdot III \\ \\ \\ \end{matrix} \rightarrow \begin{pmatrix} 1 & 0 & 0 & 0 & 0 & | & 2-\lambda \\ 0 & 1 & 0 & 0 & 0 & | & 1+2\lambda \\ 0 & 0 & 1 & 0 & 0 & | & \lambda \\ 0 & 0 & 0 & 1 & 0 & | & -1 \\ 0 & 0 & 0 & 0 & 1 & | & 1 \end{pmatrix}.$$

Die Lösungsmenge ist also

$$\left\{ \begin{pmatrix} 2 \\ 1 \\ 0 \\ -1 \\ 1 \end{pmatrix} + \lambda \cdot \begin{pmatrix} -1 \\ 2 \\ 1 \\ 0 \\ 0 \end{pmatrix} \middle| \lambda \in \mathbb{R} \right\}.$$

Aufgabe 8.2.5

Bestimmen Sie in Abhängigkeit vom Parameter c den Rang der Matrix

$$A = \begin{pmatrix} 1 & 3 & 0 \\ 0 & 1 & 2 \\ -1 & -2 & c \end{pmatrix}$$

A814

Lösung:

Durch elementare Zeilenoperationen erhält man

$$\begin{pmatrix} 1 & 3 & 0 \\ 0 & 1 & 2 \\ -1 & -2 & c \end{pmatrix} \begin{matrix} \\ \\ +I \end{matrix} \rightarrow \begin{pmatrix} 1 & 3 & 0 \\ 0 & 1 & 2 \\ 0 & 1 & c \end{pmatrix} \begin{matrix} \\ \\ -II \end{matrix} \rightarrow \begin{pmatrix} 1 & 3 & 0 \\ 0 & 1 & 2 \\ 0 & 0 & c-2 \end{pmatrix}.$$

Für $c = 2$ erhält man unten eine Nullzeile, so dass der Rang von A gleich 2 ist; für $c \neq 2$ ist der Rang von A gleich 3, d.h. A hat dann vollen Rang.

Bemerkung:

In Aufgabe 7.2.3 wurde untersucht, für welche Werte von a die Spalten der Matrix A als Vektoren aufgefasst linear unabhängig sind, in den Aufgaben 8.4.4 und 8.5.3 wird untersucht, für welche Werte von a die Matrix A invertierbar ist. Wegen

$$A \text{ hat vollen Rang}$$
$$\Leftrightarrow \quad A \text{ ist invertierbar}$$
$$\Leftrightarrow \quad \text{die Spalten von } A \text{ sind linear unabhängig}$$

(s. Bemerkung 8.4.5 und Satz 8.4.9) erhält man vollen Rang, Invertierbarkeit und lineare Unabhängigkeit immer bei $c \neq 2$.

A815

Aufgabe 8.2.6

Bestimmen Sie die Schnittmenge der Ebenen

$$E_1 = \left\{ \begin{pmatrix} 1 \\ 2 \\ 2 \end{pmatrix} + \alpha \begin{pmatrix} 2 \\ -1 \\ 0 \end{pmatrix} + \beta \begin{pmatrix} 1 \\ -1 \\ -1 \end{pmatrix} \,\middle|\, \alpha, \beta \in \mathbb{R} \right\}$$

und

$$E_2 = \left\{ \begin{pmatrix} 1 \\ 0 \\ 1 \end{pmatrix} + \gamma \begin{pmatrix} 4 \\ -3 \\ 1 \end{pmatrix} + \delta \begin{pmatrix} 2 \\ -3 \\ -1 \end{pmatrix} \,\middle|\, \gamma, \delta \in \mathbb{R} \right\},$$

indem Sie

a) die Parameterdarstellungen gleichsetzen,

b) die Normalendarstellungen von E_1 und E_2 verwenden.

Lösung:

a) Gleichsetzen der Parameterdarstellungen führt zu

$$\begin{pmatrix} 1 \\ 2 \\ 2 \end{pmatrix} + \alpha \cdot \begin{pmatrix} 2 \\ -1 \\ 0 \end{pmatrix} + \beta \cdot \begin{pmatrix} 1 \\ -1 \\ -1 \end{pmatrix} = \begin{pmatrix} 1 \\ 0 \\ 1 \end{pmatrix} + \gamma \cdot \begin{pmatrix} 4 \\ -3 \\ 1 \end{pmatrix} + \delta \cdot \begin{pmatrix} 2 \\ -3 \\ -1 \end{pmatrix}$$

$$\Leftrightarrow \quad \alpha \cdot \begin{pmatrix} 2 \\ -1 \\ 0 \end{pmatrix} + \beta \cdot \begin{pmatrix} 1 \\ -1 \\ -1 \end{pmatrix} + \gamma \cdot \begin{pmatrix} -4 \\ 3 \\ -1 \end{pmatrix} + \delta \cdot \begin{pmatrix} -2 \\ 3 \\ 1 \end{pmatrix} = \begin{pmatrix} 0 \\ -2 \\ -1 \end{pmatrix}.$$

Als erweiterte Koeffizientenmatrix zu diesem Gleichungssystem für die Parameter α, β, γ und δ ergibt sich:

$$\left(\begin{array}{rrrr|r} 2 & 1 & -4 & -2 & 0 \\ -1 & -1 & 3 & 3 & -2 \\ 0 & -1 & -1 & 1 & -1 \end{array}\right) \begin{array}{l} +2\cdot\text{II} \\ \cdot(-1) \\ \end{array} \rightarrow \left(\begin{array}{rrrr|r} 0 & -1 & 2 & 4 & -4 \\ 1 & 1 & -3 & -3 & 2 \\ 0 & -1 & -1 & 1 & -1 \end{array}\right) \begin{array}{l} \cdot(-1) \\ \\ -\text{I} \end{array}$$

$$\rightarrow \left(\begin{array}{rrrr|r} 1 & 1 & -3 & -3 & 2 \\ 0 & 1 & -2 & -4 & 4 \\ 0 & 0 & -3 & -3 & 3 \end{array}\right) \begin{array}{l} -\text{II} \\ \\ :(-3) \end{array} \rightarrow \left(\begin{array}{rrrr|r} 1 & 0 & -1 & 1 & -2 \\ 0 & 1 & -2 & -4 & 4 \\ 0 & 0 & 1 & 1 & -1 \end{array}\right) \begin{array}{l} +\text{III} \\ +2\cdot\text{III} \\ \end{array}$$

$$\rightarrow \left(\begin{array}{rrrr|r} 1 & 0 & 0 & 2 & -3 \\ 0 & 1 & 0 & -2 & 2 \\ 0 & 0 & 1 & 1 & -1 \end{array}\right). \tag{$*$}$$

Die Punkte der Schnittmenge erhält man also, wenn (entsprechend der letzten Zeile) $\gamma + \delta = -1$ ist. Durch die ersten beiden Zeilen erhält man korrespondierende α- und β-Werte. Mit $\gamma = -1 - \delta$ in E_2 eingesetzt erhält man somit als Schnittmenge:

$$\left\{ \begin{pmatrix} 1 \\ 0 \\ 1 \end{pmatrix} + (-1 - \delta)\cdot\begin{pmatrix} 4 \\ -3 \\ 1 \end{pmatrix} + \delta\cdot\begin{pmatrix} 2 \\ -3 \\ -1 \end{pmatrix} \,\Big|\, \delta \in \mathbb{R} \right\}$$

$$= \left\{ \begin{pmatrix} 1 \\ 0 \\ 1 \end{pmatrix} + \begin{pmatrix} -4 \\ 3 \\ -1 \end{pmatrix} + \delta\cdot\left[\begin{pmatrix} -4 \\ 3 \\ -1 \end{pmatrix} + \begin{pmatrix} 2 \\ -3 \\ -1 \end{pmatrix}\right] \,\Big|\, \delta \in \mathbb{R} \right\}$$

$$= \left\{ \begin{pmatrix} -3 \\ 3 \\ 0 \end{pmatrix} + \delta\cdot\begin{pmatrix} -2 \\ 0 \\ -2 \end{pmatrix} \,\Big|\, \delta \in \mathbb{R} \right\},$$

also eine Gerade.

Als Test kann man die Gerade auch über die Parameter von E_1 bestimmen: Die ersten beiden Zeilen von $(*)$ liefern $\alpha = -3 - 2\delta$ und $\beta = 2 + 2\delta$. In E_1 eingesetzt, führt dies zu

$$\left\{ \begin{pmatrix} 1 \\ 2 \\ 2 \end{pmatrix} + (-3 - 2\delta)\cdot\begin{pmatrix} 2 \\ -1 \\ 0 \end{pmatrix} + (2 + 2\delta)\cdot\begin{pmatrix} 1 \\ -1 \\ -1 \end{pmatrix} \,\Big|\, \delta \in \mathbb{R} \right\}$$

$$= \left\{ \begin{pmatrix} 1 \\ 2 \\ 2 \end{pmatrix} + \begin{pmatrix} -6 \\ 3 \\ 0 \end{pmatrix} + \begin{pmatrix} 2 \\ -2 \\ -2 \end{pmatrix} + \delta\cdot\left[\begin{pmatrix} -4 \\ 2 \\ 0 \end{pmatrix} + \begin{pmatrix} 2 \\ -2 \\ -2 \end{pmatrix}\right] \,\Big|\, \delta \in \mathbb{R} \right\}$$

$$= \left\{ \begin{pmatrix} -3 \\ 3 \\ 0 \end{pmatrix} + \delta\cdot\begin{pmatrix} -2 \\ 0 \\ -2 \end{pmatrix} \,\Big|\, \delta \in \mathbb{R} \right\},$$

also tatsächlich zur gleichen Gerade (mit gleicher Darstellung) wie oben.

b) Mit dem Vektorprodukt aus den Richtungsvektoren kann man Normalenvektoren zu den Ebenen bestimmen:

$$\vec{n_1} = \begin{pmatrix} 2 \\ -1 \\ 0 \end{pmatrix} \times \begin{pmatrix} 1 \\ -1 \\ -1 \end{pmatrix} = \begin{pmatrix} 1 \\ 2 \\ -1 \end{pmatrix},$$

$$\vec{n_2} = \begin{pmatrix} 4 \\ -3 \\ 1 \end{pmatrix} \times \begin{pmatrix} 2 \\ -3 \\ -1 \end{pmatrix} = \begin{pmatrix} 6 \\ 6 \\ -6 \end{pmatrix}.$$

Mit den Ortsvektoren $\begin{pmatrix} 1 \\ 2 \\ 2 \end{pmatrix}$ bzw. $\begin{pmatrix} 1 \\ 0 \\ 1 \end{pmatrix}$ der Ebenen E_1 bzw. E_2 und wegen $\begin{pmatrix} 1 \\ 2 \\ 2 \end{pmatrix} \cdot \begin{pmatrix} 1 \\ 2 \\ -1 \end{pmatrix} = 3$ bzw. $\begin{pmatrix} 1 \\ 0 \\ 1 \end{pmatrix} \cdot \begin{pmatrix} 6 \\ 6 \\ -6 \end{pmatrix} = 0$ sind die Normalendarstellungen der Ebenen

$$E_1 = \left\{ \vec{x} \,\middle|\, \vec{x} \cdot \begin{pmatrix} 1 \\ 2 \\ -1 \end{pmatrix} = 3 \right\} = \left\{ \begin{pmatrix} x_1 \\ x_2 \\ x_3 \end{pmatrix} \,\middle|\, x_1 + 2x_2 - x_3 = 3 \right\},$$

$$E_2 = \left\{ \vec{x} \,\middle|\, \vec{x} \cdot \begin{pmatrix} 6 \\ 6 \\ -6 \end{pmatrix} = 0 \right\} = \left\{ \begin{pmatrix} x_1 \\ x_2 \\ x_3 \end{pmatrix} \,\middle|\, 6x_1 + 6x_2 - 6x_3 = 0 \right\}.$$

Die Schnittmenge wird also gebildet aus den Punkten $\vec{x} = \begin{pmatrix} x_1 \\ x_2 \\ x_3 \end{pmatrix}$, die die beiden entsprechenden Gleichungen erfüllen, also

$$\begin{aligned} x_1 + 2x_2 - x_3 &= 3 \\ 6x_1 + 6x_2 - 6x_3 &= 0. \end{aligned}$$

Als Koeffizientenmatrix ergibt sich

$$\begin{pmatrix} 1 & 2 & -1 & | & 3 \\ 6 & 6 & -6 & | & 0 \end{pmatrix} : 6 \quad \rightarrow \quad \begin{pmatrix} 1 & 2 & -1 & | & 3 \\ 1 & 1 & -1 & | & 0 \end{pmatrix} -\mathrm{I}$$

$$\rightarrow \begin{pmatrix} 1 & 2 & -1 & | & 3 \\ 0 & -1 & 0 & | & -3 \end{pmatrix} \begin{matrix} +2 \cdot \mathrm{II} \\ \cdot(-1) \end{matrix} \quad \rightarrow \quad \begin{pmatrix} 1 & 0 & -1 & | & -3 \\ 0 & 1 & 0 & | & 3 \end{pmatrix}$$

Durch Ergänzen einer Zeile für die dritte Variable erhält man

$$\begin{pmatrix} 1 & 0 & -1 & | & -3 \\ 0 & 1 & 0 & | & 3 \\ 0 & 0 & 1 & | & \lambda \end{pmatrix} \begin{matrix} +\mathrm{I} \\ \\ \end{matrix} \quad \rightarrow \quad \begin{pmatrix} 1 & 0 & 0 & | & -3+\lambda \\ 0 & 1 & 0 & | & 3 \\ 0 & 0 & 1 & | & \lambda \end{pmatrix}.$$

Damit erhält man als Lösung für die Komponenten x_1, x_2 und x_3:

$$\begin{pmatrix} x_1 \\ x_2 \\ x_3 \end{pmatrix} = \begin{pmatrix} -3+\lambda \\ 3 \\ \lambda \end{pmatrix} = \begin{pmatrix} -3 \\ 3 \\ 0 \end{pmatrix} + \lambda \cdot \begin{pmatrix} 1 \\ 0 \\ 1 \end{pmatrix},$$

also als Schnittmenge

$$\left\{ \begin{pmatrix} -3 \\ 3 \\ 0 \end{pmatrix} + \lambda \cdot \begin{pmatrix} 1 \\ 0 \\ 1 \end{pmatrix} \;\middle|\; \lambda \in \mathbb{R} \right\}.$$

Diese Menge stellt offensichtlich die gleiche Gerade wie in a) dar.

Aufgabe 8.2.7

Bei einer Verkehrszählung an einem Kreisverkehr werden die nebenstehenden Zahlen gemessen (Autos pro Stunde).

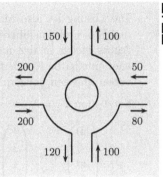

a) Stellen Sie ein Gleichungssystem für die Belastung der einzelnen Abschnitte des Kreisverkehrs auf.

b) Bestimmen Sie die Lösung des Gleichungssystems.

Lösung:

a) Sind x_1, x_2, x_3 und x_4 die Verkehrsaufkommen entsprechend Abb. 8.3, so gilt:

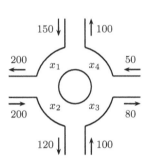

$$\begin{aligned} x_2 &= x_1 - 200 + 200 = x_1, \\ x_3 &= x_2 - 120 + 100 = x_2 - 20, \\ x_4 &= x_3 - 80 + 50 = x_3 - 30, \\ x_1 &= x_4 - 100 + 150 = x_4 + 50. \end{aligned}$$

b) Dies ergibt als Gleichungssystem:

Abb. 8.3 Variablen zum Kreisverkehr.

$$\begin{array}{rrrrl} -x_1 &+x_2 & & &= 0 \\ & -x_2 &+x_3 & &= -20 \\ & & -x_3 &+x_4 &= -30 \\ x_1 & & &-x_4 &= 50 \end{array}$$

und damit als erweiterte Koeffiztientenmatrix:

$$\left(\begin{array}{cccc|c} -1 & 1 & 0 & 0 & 0 \\ 0 & -1 & 1 & 0 & -20 \\ 0 & 0 & -1 & 1 & -30 \\ 1 & 0 & 0 & -1 & 50 \end{array} \right) \begin{array}{l} \cdot(-1) \\ \\ \\ +I \end{array} \rightarrow \left(\begin{array}{cccc|c} 1 & -1 & 0 & 0 & 0 \\ 0 & -1 & 1 & 0 & -20 \\ 0 & 0 & -1 & 1 & -30 \\ 0 & 1 & 0 & -1 & 50 \end{array} \right) \begin{array}{l} \\ \cdot(-1) \\ \\ +II \end{array}$$

$$\rightarrow \left(\begin{array}{cccc|c} 1 & -1 & 0 & 0 & 0 \\ 0 & 1 & -1 & 0 & 20 \\ 0 & 0 & -1 & 1 & -30 \\ 0 & 0 & 1 & -1 & 30 \end{array} \right) \begin{array}{l} \\ \\ -III \\ \cdot(-1) \\ +III \end{array} \rightarrow \left(\begin{array}{cccc|c} 1 & -1 & 0 & 0 & 0 \\ 0 & 1 & 0 & -1 & 50 \\ 0 & 0 & 1 & -1 & 30 \\ 0 & 0 & 0 & 0 & 0 \end{array} \right) \begin{array}{l} +II \\ \\ \\ \end{array}$$

$$\rightarrow \begin{pmatrix} 1 & 0 & 0 & -1 & 50 \\ 0 & 1 & 0 & -1 & 50 \\ 0 & 0 & 1 & -1 & 30 \\ 0 & 0 & 0 & 0 & 0 \end{pmatrix}.$$

Die Lösung ist also nicht eindeutig. (Mit den Verkehrszählungen nur an den Ein- und Ausfahrten des Kreisverkehrs erfasst man nicht, ob z.B. viele Autos gleich in der nächsten Ausfahrt den Kreisverkehr verlassen oder eher eine halbe Runde fahren. Außerdem könnte es theoretisch auch Autos geben, die den ganzen Tag im Kreisverkehr herumfahren.)

Setzt man $x_4 = \lambda$, so ist die allgemeine Lösung gegeben durch

$$\begin{pmatrix} 50 \\ 50 \\ 30 \\ 0 \end{pmatrix} + \lambda \cdot \begin{pmatrix} 1 \\ 1 \\ 1 \\ 1 \end{pmatrix}.$$

A817

Aufgabe 8.2.8 (beispielhafte Klausuraufgabe, 10 Minuten)

Wie kann der Vektor $\vec{a} = \begin{pmatrix} 2 \\ 1 \\ 1 \end{pmatrix}$ als Linearkombination von

$$\vec{v_1} = \begin{pmatrix} 1 \\ 0 \\ -2 \end{pmatrix}, \quad \vec{v_2} = \begin{pmatrix} 2 \\ 2 \\ 3 \end{pmatrix} \quad \text{und} \quad \vec{v_3} = \begin{pmatrix} 5 \\ 3 \\ -1 \end{pmatrix}$$

dargestellt werden?

Lösung:

Der Ansatz

$$\lambda_1 \cdot \begin{pmatrix} 1 \\ 0 \\ -2 \end{pmatrix} + \lambda_2 \cdot \begin{pmatrix} 2 \\ 2 \\ 3 \end{pmatrix} + \lambda_3 \cdot \begin{pmatrix} 5 \\ 3 \\ -1 \end{pmatrix} = \begin{pmatrix} 2 \\ 1 \\ 1 \end{pmatrix}$$

führt auf ein lineares Gleichungssystem für die Werte λ_k. Die erweiterte Koeffizientenmatrix dazu ist

$$\begin{pmatrix} 1 & 2 & 5 & 2 \\ 0 & 2 & 3 & 1 \\ -2 & 3 & -1 & 1 \end{pmatrix} \begin{matrix} \\ :2 \\ 2 \cdot \text{I} \end{matrix} \quad \rightarrow \quad \begin{pmatrix} 1 & 2 & 5 & 2 \\ 0 & 1 & 1,5 & 0.5 \\ 0 & 7 & 9 & 5 \end{pmatrix} \begin{matrix} \\ \\ -7 \cdot \text{II} \end{matrix}$$

$$\rightarrow \begin{pmatrix} 1 & 2 & 5 & 2 \\ 0 & 1 & 1,5 & 0.5 \\ 0 & 0 & -1,5 & 1,5 \end{pmatrix} \begin{matrix} \\ +\text{III} \\ :(-1,5) \end{matrix} \quad \rightarrow \quad \begin{pmatrix} 1 & 2 & 5 & 2 \\ 0 & 1 & 0 & 2 \\ 0 & 0 & 1 & -1 \end{pmatrix} \begin{matrix} -2 \cdot \text{II} - 5 \cdot \text{III} \\ \\ \end{matrix}$$

$$\rightarrow \begin{pmatrix} 1 & 0 & 0 & | & 3 \\ 0 & 1 & 0 & | & 2 \\ 0 & 0 & 1 & | & -1 \end{pmatrix}.$$

Also ist $\lambda_1 = 3$, $\lambda_2 = 2$ und $\lambda_3 = -1$. Tatsächlich ist

$$\begin{pmatrix} 2 \\ 1 \\ 1 \end{pmatrix} = 3 \cdot \begin{pmatrix} 1 \\ 0 \\ -2 \end{pmatrix} + 2 \cdot \begin{pmatrix} 2 \\ 2 \\ 3 \end{pmatrix} - 1 \cdot \begin{pmatrix} 5 \\ 3 \\ -1 \end{pmatrix}.$$

Aufgabe 8.2.9

A818

Für welches Polynom p dritten Grades gilt

$$p(-1) = -3, \quad p(0) = 3, \quad p(1) = 1 \quad \text{und} \quad p(2) = 3?$$

Lösung:

Der Ansatz

$$p(x) = ax^3 + bx^2 + cx + d$$

führt auf das Gleichungssystem

$$\begin{aligned}
-3 &= p(-1) &= -a + b - c + d \\
3 &= p(0) &= d \\
1 &= p(1) &= a + b + c + d \\
3 &= p(2) &= 8a + 4b + 2c + d
\end{aligned}$$

für die Koeffizienten a, b, c und d des Polynoms.

Mit dem Gauß-Verfahren erhält man

$$\begin{pmatrix} -1 & 1 & -1 & 1 & | & -3 \\ 0 & 0 & 0 & 1 & | & 3 \\ 1 & 1 & 1 & 1 & | & 1 \\ 8 & 4 & 2 & 1 & | & 3 \end{pmatrix} \begin{matrix} \cdot(-1) \\ \\ +\mathrm{I} \\ +8\cdot\mathrm{I} \end{matrix} \rightarrow \begin{pmatrix} 1 & -1 & 1 & -1 & | & 3 \\ 0 & 0 & 0 & 1 & | & 3 \\ 0 & 2 & 0 & 2 & | & -2 \\ 0 & 12 & -6 & 9 & | & -21 \end{pmatrix} \begin{matrix} \\ \\ :2 \\ -6\cdot\mathrm{III} \end{matrix}$$

$$\rightarrow \begin{pmatrix} 1 & -1 & 1 & -1 & | & 3 \\ 0 & 0 & 0 & 1 & | & 3 \\ 0 & 1 & 0 & 1 & | & -1 \\ 0 & 0 & -6 & -3 & | & -9 \end{pmatrix} \begin{matrix} +\mathrm{II} \\ \\ -\mathrm{II} \\ +3\cdot\mathrm{II} \end{matrix} \rightarrow \begin{pmatrix} 1 & -1 & 1 & 0 & | & 6 \\ 0 & 0 & 0 & 1 & | & 3 \\ 0 & 1 & 0 & 0 & | & -4 \\ 0 & 0 & -6 & 0 & | & 0 \end{pmatrix} \begin{matrix} \\ \\ \\ :(-6) \end{matrix}$$

$$\rightarrow \begin{pmatrix} 1 & -1 & 1 & 0 & | & 6 \\ 0 & 1 & 0 & 0 & | & -4 \\ 0 & 0 & 1 & 0 & | & 0 \\ 0 & 0 & 0 & 1 & | & 3 \end{pmatrix} \begin{matrix} +\mathrm{II} - \mathrm{III} \\ \\ \\ \end{matrix} \rightarrow \begin{pmatrix} 1 & 0 & 0 & 0 & | & 2 \\ 0 & 1 & 0 & 0 & | & -4 \\ 0 & 0 & 1 & 0 & | & 0 \\ 0 & 0 & 0 & 1 & | & 3 \end{pmatrix}.$$

Also ist

$$a = 2, \quad b = -4, \quad c = 0 \quad \text{und} \quad d = 3,$$

d.h., das Polynom

$$p(x) = 2x^3 - 4x^2 + 3$$

erfüllt die Bedingungen.

A819

Aufgabe 8.2.10 (beispielhafte Klausuraufgabe, 15 Minuten)

Ein metallverarbeitender Betrieb hat vier Stahlsorten auf Lager, die jeweils Legierungen aus Eisen, Chrom und Nickel sind:

	Eisen	Chrom	Nickel
Sorte 1	90%	0%	10%
Sorte 2	70%	10%	20%
Sorte 3	60%	20%	20%
Sorte 4	40%	20%	40%

Der Betrieb will durch eine Mischung daraus eine Tonne bestehend aus

60% Eisen,	10% Chrom,	30% Nickel

herstellen.

Ist das möglich? Wenn ja: wie? Wenn nein: warum nicht?

Lösung:

Sei x_k die Menge, die man von Sorte k für eine entsprechende Legierung nehmen muss. Dann ist beispielsweise die Eisenmenge im Endprodukt gleich

$$0.9 \cdot x_1 + 0.7 \cdot x_2 + 0.6 \cdot x_3 + 0.4 \cdot x_4.$$

Dies soll 60% von einer Tonne, also 0.6 Tonnen sein. Damit und mit den anderen Metallsorten erhält man das Gleichungssystem (mit Einheit Tonne)

$$\begin{aligned}
0.9x_1 + 0.7x_2 + 0.6x_3 + 0.4x_4 &= 0.6 \\
0.1x_2 + 0.2x_3 + 0.2x_4 &= 0.1 \\
0.1x_1 + 0.2x_2 + 0.2x_3 + 0.4x_4 &= 0.3
\end{aligned}$$

Durch Verzehnfachung erhält man die Koeffizientenmatrix

$$\begin{pmatrix} 9 & 7 & 6 & 4 & | & 6 \\ 0 & 1 & 2 & 2 & | & 1 \\ 1 & 2 & 2 & 4 & | & 3 \end{pmatrix} \begin{matrix} -9 \cdot \text{III} \\ \\ \\ \end{matrix} \to \begin{pmatrix} 1 & 2 & 2 & 4 & | & 3 \\ 0 & 1 & 2 & 2 & | & 1 \\ 0 & -11 & -12 & -32 & | & -21 \end{pmatrix} \begin{matrix} \\ \\ +11 \cdot \text{II} \end{matrix}$$

$$\to \begin{pmatrix} 1 & 2 & 2 & 4 & | & 3 \\ 0 & 1 & 2 & 2 & | & 1 \\ 0 & 0 & 10 & -10 & | & -10 \end{pmatrix} \begin{matrix} \\ \\ : 10 \end{matrix} \to \begin{pmatrix} 1 & 2 & 2 & 4 & | & 3 \\ 0 & 1 & 2 & 2 & | & 1 \\ 0 & 0 & 1 & -1 & | & -1 \end{pmatrix} \begin{matrix} -2 \cdot \text{III} \\ -2 \cdot \text{III} \\ \end{matrix}$$

$$\to \begin{pmatrix} 1 & 2 & 0 & 6 & | & 5 \\ 0 & 1 & 0 & 4 & | & 3 \\ 0 & 0 & 1 & -1 & | & -1 \end{pmatrix} \begin{matrix} -2 \cdot \text{II} \\ \\ \end{matrix} \to \begin{pmatrix} 1 & 0 & 0 & -2 & | & -1 \\ 0 & 1 & 0 & 4 & | & 3 \\ 0 & 0 & 1 & -1 & | & -1 \end{pmatrix}.$$

Durch Einfügen einer letzten Zeile, die aussagt, dass $x_4 = \lambda$ beliebig ist, und entsprechender Zeilenoperationen oder durch direktes Ablesen sieht man, dass die allgemeine Lösung dieses Gleichungssystems

$$\begin{pmatrix} x_1 \\ x_2 \\ x_3 \\ x_4 \end{pmatrix} = \begin{pmatrix} -1 \\ 3 \\ -1 \\ 0 \end{pmatrix} + \lambda \begin{pmatrix} 2 \\ -4 \\ 1 \\ 1 \end{pmatrix}$$

ist.

Auf den ersten Blick sieht es so aus, als ob es viele mögliche Mischungsverhältnisse gibt, die die Anforderungen erfüllen. Allerdings müssen die einzelnen Anteile x_k größer oder gleich Null sein. Damit $x_3 \geq 0$ ist, muss offensichtlich $\lambda \geq 1$ sein. Damit ist dann aber $x_2 < 0$.

Es gibt also kein entsprechendes Mischungsverhältnis.

8.3 Matrizen

Aufgabe 8.3.1

A820

Es sei

$$A = \begin{pmatrix} 2 & 1 \\ -1 & 1 \end{pmatrix}, \ B = \begin{pmatrix} 1 & 3 & 0 \\ 5 & -1 & 2 \end{pmatrix}, \ C = \begin{pmatrix} 3 & 0 \\ 2 & 1 \\ -1 & 2 \end{pmatrix}, \ D = \begin{pmatrix} 1 & -1 & 0 & 2 \\ 3 & 0 & 1 & -1 \\ 1 & 1 & 2 & 0 \end{pmatrix}.$$

Welche Matrixprodukte kann man mit diesen Matrizen bilden? Welche Dimensionen haben die Produkte? Berechnen Sie die Produkte.

Lösung:

Um Matrix-Matrix-Produkte bilden zu können, müssen die Dimensionen der Faktoren passen (s. Bemerkung 8.3.6, 1.): Die Spaltenanzahl des ersten Faktors muss gleich der Zeilenanzahl des zweiten Faktors sein. Die Dimension des

Produkts ist dann

Zeilenanzahl der ersten Matrix $\times$ Spaltenanzahl der zweiten Matrix.

In der folgenden Auflistung sind die Dimensionen (Zeile $\times$ Spalten) der Matrix-Matrix-Produkte eingetragen, falls sie gebildet werden können; andernfalls ist „-" eingetragen:

$$
\begin{array}{llll}
A \cdot A\colon 2 \times 2 & A \cdot B\colon 2 \times 3 & A \cdot C\colon \ \ \text{-} & A \cdot D\colon \ \ \text{-} \\
B \cdot A\colon \ \ \text{-} & B \cdot B\colon \ \ \text{-} & B \cdot C\colon 2 \times 2 & B \cdot D\colon 2 \times 4 \\
C \cdot A\colon 3 \times 2 & C \cdot B\colon 3 \times 3 & C \cdot C\colon \ \ \text{-} & C \cdot D\colon \ \ \text{-} \\
D \cdot A\colon \ \ \text{-} & D \cdot B\colon \ \ \text{-} & D \cdot C\colon \ \ \text{-} & D \cdot D\colon \ \ \text{-}
\end{array}
$$

Die Produkte sind

$$
A \cdot A = \begin{pmatrix} 2 & 1 \\ -1 & 1 \end{pmatrix} \cdot \begin{pmatrix} 2 & 1 \\ -1 & 1 \end{pmatrix} = \begin{pmatrix} 3 & 3 \\ -3 & 0 \end{pmatrix},
$$

$$
A \cdot B = \begin{pmatrix} 2 & 1 \\ -1 & 1 \end{pmatrix} \cdot \begin{pmatrix} 1 & 3 & 0 \\ 5 & -1 & 2 \end{pmatrix} = \begin{pmatrix} 7 & 5 & 2 \\ 4 & -4 & 2 \end{pmatrix},
$$

$$
B \cdot C = \begin{pmatrix} 1 & 3 & 0 \\ 5 & -1 & 2 \end{pmatrix} \cdot \begin{pmatrix} 3 & 0 \\ 2 & 1 \\ -1 & 2 \end{pmatrix} = \begin{pmatrix} 9 & 3 \\ 11 & 3 \end{pmatrix},
$$

$$
B \cdot D = \begin{pmatrix} 1 & 3 & 0 \\ 5 & -1 & 2 \end{pmatrix} \cdot \begin{pmatrix} 1 & -1 & 0 & 2 \\ 3 & 0 & 1 & -1 \\ 1 & 1 & 2 & 0 \end{pmatrix} = \begin{pmatrix} 10 & -1 & 3 & -1 \\ 4 & -3 & 3 & 11 \end{pmatrix},
$$

$$
C \cdot A = \begin{pmatrix} 3 & 0 \\ 2 & 1 \\ -1 & 2 \end{pmatrix} \cdot \begin{pmatrix} 2 & 1 \\ -1 & 1 \end{pmatrix} = \begin{pmatrix} 6 & 3 \\ 3 & 3 \\ -4 & 1 \end{pmatrix},
$$

$$
C \cdot B = \begin{pmatrix} 3 & 0 \\ 2 & 1 \\ -1 & 2 \end{pmatrix} \cdot \begin{pmatrix} 1 & 3 & 0 \\ 5 & -1 & 2 \end{pmatrix} = \begin{pmatrix} 3 & 9 & 0 \\ 7 & 5 & 2 \\ 9 & -5 & 4 \end{pmatrix}.
$$

A821

Aufgabe 8.3.2

a) Rechnen Sie nach, dass zu $A = \begin{pmatrix} 1 & 2 \\ 3 & 4 \end{pmatrix}$ und $B = \begin{pmatrix} -1 & 0 \\ 2 & 1 \end{pmatrix}$ die Produkte $A \cdot B$ und $B \cdot A$ verschieden sind.

b) Rechnen Sie nach, dass zu $A = \begin{pmatrix} 2 & 1 \\ -1 & 0 \end{pmatrix}$ und $B = A^2$ die Produkte $A \cdot B$ und $B \cdot A$ gleich sind.

Ist das Zufall?

Lösung:

a) Es ist

$$A \cdot B = \begin{pmatrix} 1 & 2 \\ 3 & 4 \end{pmatrix} \cdot \begin{pmatrix} -1 & 0 \\ 2 & 1 \end{pmatrix} = \begin{pmatrix} 3 & 2 \\ 5 & 4 \end{pmatrix},$$

$$B \cdot A = \begin{pmatrix} -1 & 0 \\ 2 & 1 \end{pmatrix} \cdot \begin{pmatrix} 1 & 2 \\ 3 & 4 \end{pmatrix} = \begin{pmatrix} -1 & -2 \\ 5 & 8 \end{pmatrix}.$$

Man sieht, dass $A \cdot B \neq B \cdot A$ ist.

b) Mit

$$B = \begin{pmatrix} 2 & 1 \\ -1 & 0 \end{pmatrix} \cdot \begin{pmatrix} 2 & 1 \\ -1 & 0 \end{pmatrix} = \begin{pmatrix} 3 & 2 \\ -2 & -1 \end{pmatrix}$$

erhält man

$$A \cdot B = \begin{pmatrix} 2 & 1 \\ -1 & 0 \end{pmatrix} \cdot \begin{pmatrix} 3 & 2 \\ -2 & -1 \end{pmatrix} = \begin{pmatrix} 4 & 3 \\ -3 & -2 \end{pmatrix},$$

$$B \cdot A = \begin{pmatrix} 3 & 2 \\ -2 & -1 \end{pmatrix} \cdot \begin{pmatrix} 2 & 1 \\ -1 & 0 \end{pmatrix} = \begin{pmatrix} 4 & 3 \\ -3 & -2 \end{pmatrix}.$$

Dass hier $A \cdot B = B \cdot A$ ist, ist kein Zufall, denn wegen $B = A^2$ und da die Matrix-Matrix-Multiplikation assoziativ ist (man kann Klammern umsetzen, s. Satz 8.3.7) ist

$$A \cdot B = A \cdot A^2 = A \cdot (A \cdot A) = (A \cdot A) \cdot A = A^2 \cdot A = B \cdot A.$$

Aufgabe 8.3.3

A822

Gegeben sind die beiden linearen Abbildungen $f, g : \mathbb{R}^2 \to \mathbb{R}^2$ mit

$$f(x) = \begin{pmatrix} 1 & -1 \\ 0 & 2 \end{pmatrix} \cdot x \quad \text{und} \quad g(x) = \begin{pmatrix} 1 & -1 \\ 1 & 1 \end{pmatrix} \cdot x.$$

a) Wie wird das Rechteck mit den Eckpunkten

$$A = (2|0), \quad B = (2|1), \quad C = (0|1) \quad \text{und} \quad D = (0|0)$$

einerseits mittels $f \circ g$ und andererseits mittels $g \circ f$ abgebildet?

b) Man kann $f \circ g$ bzw. $g \circ f$ als lineare Abbildung auffassen. Wie lauten die entsprechenden Abbildungsmatrizen?

Lösung:

a) Um zu den Punkten X die Punkte $f \circ g(X) = f(g(X))$ zu berechnen, berechnet man jeweils zunächst $g(X)$ und setzt das Ergebnis in f ein:

Mit

$$g\left(\begin{pmatrix} 2 \\ 0 \end{pmatrix}\right) = \begin{pmatrix} 1 & -1 \\ 1 & 1 \end{pmatrix} \cdot \begin{pmatrix} 2 \\ 0 \end{pmatrix} = \begin{pmatrix} 2 \\ 2 \end{pmatrix},$$

$$g\left(\begin{pmatrix} 2 \\ 1 \end{pmatrix}\right) = \begin{pmatrix} 1 & -1 \\ 1 & 1 \end{pmatrix} \cdot \begin{pmatrix} 2 \\ 1 \end{pmatrix} = \begin{pmatrix} 1 \\ 3 \end{pmatrix},$$

$$g\left(\begin{pmatrix} 0 \\ 1 \end{pmatrix}\right) = \begin{pmatrix} 1 & -1 \\ 1 & 1 \end{pmatrix} \cdot \begin{pmatrix} 0 \\ 1 \end{pmatrix} = \begin{pmatrix} -1 \\ 1 \end{pmatrix},$$

und

$$g\left(\begin{pmatrix} 0 \\ 0 \end{pmatrix}\right) = \begin{pmatrix} 1 & -1 \\ 1 & 1 \end{pmatrix} \cdot \begin{pmatrix} 0 \\ 0 \end{pmatrix} = \begin{pmatrix} 0 \\ 0 \end{pmatrix}$$

erhält man

$$f \circ g\left(\begin{pmatrix} 2 \\ 0 \end{pmatrix}\right) = f(g\left(\begin{pmatrix} 2 \\ 0 \end{pmatrix}\right)) = f\left(\begin{pmatrix} 2 \\ 2 \end{pmatrix}\right)$$
$$= \begin{pmatrix} 1 & -1 \\ 0 & 2 \end{pmatrix} \cdot \begin{pmatrix} 2 \\ 2 \end{pmatrix} = \begin{pmatrix} 0 \\ 4 \end{pmatrix}$$

und entsprechend

$$f \circ g\left(\begin{pmatrix} 2 \\ 1 \end{pmatrix}\right) = \begin{pmatrix} 1 & -1 \\ 0 & 2 \end{pmatrix} \cdot \begin{pmatrix} 1 \\ 3 \end{pmatrix} = \begin{pmatrix} -2 \\ 6 \end{pmatrix},$$

$$f \circ g\left(\begin{pmatrix} 0 \\ 1 \end{pmatrix}\right) = \begin{pmatrix} 1 & -1 \\ 0 & 2 \end{pmatrix} \cdot \begin{pmatrix} -1 \\ 1 \end{pmatrix} = \begin{pmatrix} -2 \\ 2 \end{pmatrix},$$

$$f \circ g\left(\begin{pmatrix} 0 \\ 0 \end{pmatrix}\right) = \begin{pmatrix} 1 & -1 \\ 0 & 2 \end{pmatrix} \cdot \begin{pmatrix} 0 \\ 0 \end{pmatrix} = \begin{pmatrix} 0 \\ 0 \end{pmatrix}.$$

Abb. 8.4 zeigt das ursprüngliche Rechteck (links), die Bildpunkte unter g (Mitte) und schließlich die Bildpunkte zu $f \circ g$ (rechts). (Man sieht, dass g eine Dreh-Streckung bewirkt , vgl. dazu Aufgabe 8.4.6, a).)

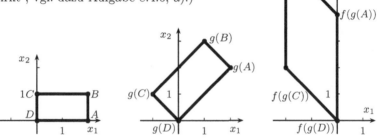

Abb. 8.4 Abbildung des Rechtecks mittels $f \circ g$.

Für $g \circ f(X) = g(f(X))$ erhält man entsprechend

$$f\left(\begin{pmatrix} 2 \\ 0 \end{pmatrix}\right) = \begin{pmatrix} 1 & -1 \\ 0 & 2 \end{pmatrix} \cdot \begin{pmatrix} 2 \\ 0 \end{pmatrix} = \begin{pmatrix} 2 \\ 0 \end{pmatrix},$$

$$f\left(\begin{pmatrix} 2 \\ 1 \end{pmatrix}\right) = \begin{pmatrix} 1 & -1 \\ 0 & 2 \end{pmatrix} \cdot \begin{pmatrix} 2 \\ 1 \end{pmatrix} = \begin{pmatrix} 1 \\ 2 \end{pmatrix},$$

$$f\left(\begin{pmatrix} 0 \\ 1 \end{pmatrix}\right) = \begin{pmatrix} 1 & -1 \\ 0 & 2 \end{pmatrix} \cdot \begin{pmatrix} 0 \\ 1 \end{pmatrix} = \begin{pmatrix} -1 \\ 2 \end{pmatrix},$$

$$f\left(\begin{pmatrix} 0 \\ 0 \end{pmatrix}\right) = \begin{pmatrix} 1 & -1 \\ 0 & 2 \end{pmatrix} \cdot \begin{pmatrix} 0 \\ 0 \end{pmatrix} = \begin{pmatrix} 0 \\ 0 \end{pmatrix}$$

und damit

$$g \circ f\left(\begin{pmatrix} 2 \\ 0 \end{pmatrix}\right) = \begin{pmatrix} 1 & -1 \\ 1 & 1 \end{pmatrix} \cdot \begin{pmatrix} 2 \\ 0 \end{pmatrix} = \begin{pmatrix} 2 \\ 2 \end{pmatrix},$$

$$g \circ f\left(\begin{pmatrix} 2 \\ 1 \end{pmatrix}\right) = \begin{pmatrix} 1 & -1 \\ 1 & 1 \end{pmatrix} \cdot \begin{pmatrix} 1 \\ 2 \end{pmatrix} = \begin{pmatrix} -1 \\ 3 \end{pmatrix},$$

$$g \circ f\left(\begin{pmatrix} 0 \\ 1 \end{pmatrix}\right) = \begin{pmatrix} 1 & -1 \\ 1 & 1 \end{pmatrix} \cdot \begin{pmatrix} -1 \\ 2 \end{pmatrix} = \begin{pmatrix} -3 \\ 1 \end{pmatrix},$$

$$g \circ f\left(\begin{pmatrix} 0 \\ 0 \end{pmatrix}\right) = \begin{pmatrix} 1 & -1 \\ 1 & 1 \end{pmatrix} \cdot \begin{pmatrix} 0 \\ 0 \end{pmatrix} = \begin{pmatrix} 0 \\ 0 \end{pmatrix}.$$

Abb. 8.5 zeigt das ursprüngliche Rechteck (links), die Bildpunkte unter f (Mitte) und schließlich die Bildpunkte zu $g \circ f$ (rechts).

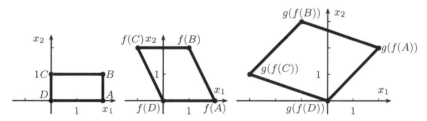

Abb. 8.5 Abbildung des Rechtecks mittels $g \circ f$.

b) Da die Matrix-Matrix-Multiplikation assoziativ ist (man kann Klammern umsetzen, s. Satz 8.3.7) ist

$$f \circ g(X) = f(g(X)) = f\left(\begin{pmatrix} 1 & -1 \\ 1 & 1 \end{pmatrix} \cdot X\right)$$

$$= \begin{pmatrix} 1 & -1 \\ 0 & 2 \end{pmatrix} \cdot \left(\begin{pmatrix} 1 & -1 \\ 1 & 1 \end{pmatrix} \cdot X\right)$$

$$= \left(\begin{pmatrix} 1 & -1 \\ 0 & 2 \end{pmatrix} \cdot \begin{pmatrix} 1 & -1 \\ 1 & 1 \end{pmatrix}\right) \cdot X = \begin{pmatrix} 0 & -2 \\ 2 & 2 \end{pmatrix} \cdot X,$$

d.h. $f \circ g$ besitzt die Abbildungsmatrix $\begin{pmatrix} 0 & -2 \\ 2 & 2 \end{pmatrix}$.

Damit erhält man tatsächlich beispielsweise direkt

$$f \circ g \left(\begin{pmatrix} 2 \\ 0 \end{pmatrix} \right) = \begin{pmatrix} 0 & -2 \\ 2 & 2 \end{pmatrix} \begin{pmatrix} 2 \\ 0 \end{pmatrix} = \begin{pmatrix} 0 \\ 4 \end{pmatrix}.$$

Entsprechend ist

$$
\begin{aligned}
g \circ f(X) = g(f(X)) &= g \left(\begin{pmatrix} 1 & -1 \\ 0 & 2 \end{pmatrix} \cdot X \right) \\
&= \begin{pmatrix} 1 & -1 \\ 1 & 1 \end{pmatrix} \cdot \left(\begin{pmatrix} 1 & -1 \\ 0 & 2 \end{pmatrix} \cdot X \right) \\
&= \left(\begin{pmatrix} 1 & -1 \\ 1 & 1 \end{pmatrix} \cdot \begin{pmatrix} 1 & -1 \\ 0 & 2 \end{pmatrix} \right) \cdot X = \begin{pmatrix} 1 & -3 \\ 1 & 1 \end{pmatrix} \cdot X,
\end{aligned}
$$

d.h. $g \circ f$ besitzt die Abbildungsmatrix $\begin{pmatrix} 1 & -3 \\ 1 & 1 \end{pmatrix}$.

A823

Aufgabe 8.3.4

Wählen Sie sich drei Matrizen A, B und C mit jeweils unterschiedlichen Zeilen- und Spaltenanzahlen, aber so, dass man $A \cdot B$ und $B \cdot C$ bilden kann.

Überlegen Sie, dass man dann auch $(A \cdot B) \cdot C$ und $A \cdot (B \cdot C)$ bilden kann.

Welche Dimensionen ergeben sich? Berechnen Sie die Produkte.

Lösung:

Man kann $A \cdot B$ bilden, wenn die Spaltenanzahl von A gleich der Zeilenanzahl von B ist. Man kann beispielsweise

$$A = \begin{pmatrix} 1 & 0 & -1 \\ 0 & 1 & 0 \end{pmatrix} \in \mathbb{R}^{2 \times 3} \quad \text{und} \quad B = \begin{pmatrix} 1 & 0 & 1 & 1 \\ -1 & 1 & 0 & 0 \\ 0 & 1 & 1 & 0 \end{pmatrix} \in \mathbb{R}^{3 \times 4}$$

wählen. Damit man $B \cdot C$ bilden kann, muss die Zeilenanzahl von C der Spaltenanzahl von B entsprechen, beispielsweise

$$C = \begin{pmatrix} 0 & 1 & 1 & 0 & 0 \\ 0 & 0 & 1 & 1 & 0 \\ 1 & 0 & 0 & 0 & 1 \\ 1 & 1 & 0 & 0 & 0 \end{pmatrix} \in \mathbb{R}^{4 \times 5}.$$

Dann ist $A \cdot B = \begin{pmatrix} 1 & -1 & 0 & 1 \\ -1 & 1 & 0 & 0 \end{pmatrix}$, insbesondere $A \cdot B \in \mathbb{R}^{2 \times 4}$.

Damit kann man $(A \cdot B) \cdot C$ bilden und erhält

$$(A \cdot B) \cdot C = \begin{pmatrix} 1 & 2 & 0 & -1 & 0 \\ 0 & -1 & 0 & 1 & 0 \end{pmatrix} \in \mathbb{R}^{2 \times 5}.$$

Ferner ist $B \cdot C = \begin{pmatrix} 2 & 2 & 1 & 0 & 1 \\ 0 & -1 & 0 & 1 & 0 \\ 1 & 0 & 1 & 1 & 1 \end{pmatrix} \in \mathbb{R}^{3 \times 5}.$

Damit kann man $A \cdot (B \cdot C)$ bilden und erhält

$$A \cdot (B \cdot C) = \begin{pmatrix} 1 & 2 & 0 & -1 & 0 \\ 0 & -1 & 0 & 1 & 0 \end{pmatrix} = (A \cdot B) \cdot C.$$

Man sieht allgemein, dass man $A \cdot B$ bilden kann, wenn die Spaltenanzahl von A gleich der Zeilenanzahl von B ist, also $A \in \mathbb{R}^{k \times l}$ und $B \in \mathbb{R}^{l \times m}$ mit gemeinsamem l. Entsprechend kann man $B \cdot C$ bilden, wenn die Spaltenanzahl von B gleich der Zeilenanzahl von C ist; bei $B \in \mathbb{R}^{l \times m}$ ist also $C \in \mathbb{R}^{m \times n}$ mit gemeinsamem m.

Bei diesen Dimensionen ergibt sich $A \cdot B \in \mathbb{R}^{k \times m}$, so dass man $(A \cdot B) \cdot C$ bilden kann, und $B \cdot C \in \mathbb{R}^{l \times n}$, so dass man $A \cdot (B \cdot C)$ bilden kann.

Die Ergebnisse sind aus $\mathbb{R}^{k \times n}$ und tatsächlich gilt nach Satz 8.3.7 immer

$$(A \cdot B) \cdot C = A \cdot (B \cdot C).$$

Aufgabe 8.3.5

A824

In einer chemischen Fabrik werden vier Grundsubstanzen G_1, G_2, G_3 und G_4 benutzt. Zunächst werden diese zu drei Zwischenprodukten Z_1, Z_2 und Z_3 verarbeitet. Um jeweils eine Mengeneinheit zu erhalten, braucht man

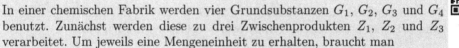

	von G_1	von G_2	von G_3	von G_4
für Z_1	2 Einheiten	1 Einheit	3 Einheiten	
für Z_2	1 Einheit	2 Einheiten	1 Einheit	1 Einheit
für Z_3			1 Einheit	3 Einheiten

In einem weiteren Produktionsschritt werden daraus die beiden Endprodukte E_1 und E_2 gefertigt; für jeweils eine Mengeneinheit braucht man

	von Z_1	von Z_2	von Z_3
für E_1	1 Einheit		2 Einheiten
für E_2		2 Einheiten	1 Einheit

Wie sieht die Zusammensetzung der Endprodukte in Bezug auf die Grundsubstanzen aus?

Formulieren Sie den Zusammenhang als Matrix-Matrix-Multiplikation.

Lösung:

Die Anzahl der Einheiten von G_1 für eine Einheit E_1 erhält man unter Berücksichtigung der Zusammensetzung

$$E_1 = 1 \text{ Einheit } Z_1 + 0 \text{ Einheiten } Z_2 + 2 \text{ Einheiten } Z_3$$

und der einzelnen Bestandteile

$$
\begin{array}{lll}
Z_1 & & 2 \text{ Einheiten} \\
Z_2 & \text{enthält} & 1 \text{ Einheit} \qquad \text{von } G_1. \\
Z_3 & & 0 \text{ Einheiten}
\end{array}
$$

Damit erhält man

$$1 \cdot 2 + 0 \cdot 1 + 2 \cdot 0 = 2$$

Einheiten von G_1 in E_1.

Dies entpricht genau der Berechnung des entsprechenden Eintrags bei der Matrix-Matrix-Multiplikation

$$
\begin{array}{c}
 \begin{matrix} Z_1 & Z_2 & Z_3 \end{matrix} \\
\begin{matrix} E_1 \\ E_2 \end{matrix} \begin{pmatrix} 1 & 0 & 2 \\ 0 & 2 & 1 \end{pmatrix}
\end{array}
\cdot
\begin{array}{c}
\begin{matrix} G_1 & G_2 & G_3 & G_4 \end{matrix} \\
\begin{pmatrix} 2 & 1 & 3 & 0 \\ 1 & 2 & 1 & 1 \\ 0 & 0 & 1 & 3 \end{pmatrix} \begin{matrix} \leftarrow z_1 \\ \leftarrow z_2 \\ \leftarrow z_3 \end{matrix}
\end{array}
=
\begin{array}{c}
\begin{matrix} G_1 & G_2 & G_3 & G_4 \end{matrix} \\
\begin{matrix} E_1 \\ E_2 \end{matrix} \begin{pmatrix} 2 & 1 & 5 & 6 \\ 2 & 4 & 3 & 5 \end{pmatrix}
\end{array}.
$$

Entsprechendes gilt auch für die anderen Zusammensetzungen.

A825

Aufgabe 8.3.6 (Fortsetzung von Aufgabe 8.1.4)

Die Änderung der Masseverteilung von $2NO_2$ und N_2O_4 innerhalb einer Minute kann bei einer bestimmten Termperatur beschrieben werden durch

$$m_1 = \begin{pmatrix} 0.8 & 0.3 \\ 0.2 & 0.7 \end{pmatrix} \cdot m_0,$$

wobei $m_0 = \begin{pmatrix} m_{0,1} \\ m_{0,2} \end{pmatrix}$ die Masseverteilung vorher und $m_1 = \begin{pmatrix} m_{1,1} \\ m_{1,2} \end{pmatrix}$ die nachher beschreiben.

a) Wie kann man die entstehende Masseverteilung m_2 bzw. m_3 nach zwei bzw. drei Minuten als direktes Matrix-Vektor-Produkt aus m_0 berechnen?

b) Wie sieht formelmäßig eine Matrix aus, mit der man die Masseverteilung nach n Minuten ausrechnen kann?

Berechnen Sie das konkrete Ergebnis mit Hilfe eines Computerprogramms. Was ergibt sich für große n? Wie hängt die Masseverteilung für große n von der anfänglichen Masseverteilung ab?

Lösung:

Sei $A = \begin{pmatrix} 0.8 & 0.3 \\ 0.2 & 0.7 \end{pmatrix}$.

Bei einer Masseverteilung m_0 zu Beginn, ist die Masseverteilung

nach einer Minute: $m_1 = A \cdot m_0$,

nach zwei Minuten: $m_2 = A \cdot m_1 = A \cdot A \cdot m_0 = A^2 \cdot m_0$,

nach drei Minuten: $m_3 = A \cdot m_2 = A \cdot A^2 \cdot m_0 = A^3 \cdot m_0$,

$\ldots$

nach n Minuten: $m_n = A^n \cdot m_0$.

a) Konkret kann man den Übergang von m_0 zu m_2 also beschreiben durch $m_2 = (A^2) \cdot m_0$ mit

$$A^2 = \begin{pmatrix} 0.8 & 0.3 \\ 0.2 & 0.7 \end{pmatrix} \cdot \begin{pmatrix} 0.8 & 0.3 \\ 0.2 & 0.7 \end{pmatrix} = \begin{pmatrix} 0.7 & 0.45 \\ 0.3 & 0.55 \end{pmatrix}$$

und den zu m_3 durch $m_3 = (A^3) \cdot m_0$ mit

$$A^3 = A^2 \cdot A = \begin{pmatrix} 0.7 & 0.45 \\ 0.3 & 0.55 \end{pmatrix} \cdot \begin{pmatrix} 0.8 & 0.3 \\ 0.2 & 0.7 \end{pmatrix} = \begin{pmatrix} 0.65 & 0.525 \\ 0.35 & 0.475 \end{pmatrix}.$$

Bemerkung:

Mit diesen Matrizen kann man die Ergebnisse von Aufgabe 8.1.4, b) nachrechnen:

$$A^2 \cdot \begin{pmatrix} 100\,\text{g} \\ 150\,\text{g} \end{pmatrix} = \begin{pmatrix} 137.5\,\text{g} \\ 112.5\,\text{g} \end{pmatrix} \quad \text{und} \quad A^3 \cdot \begin{pmatrix} 100\,\text{g} \\ 150\,\text{g} \end{pmatrix} = \begin{pmatrix} 143.75\,\text{g} \\ 106.25\,\text{g} \end{pmatrix}.$$

b) Der Übergang von m_0 zu m_n wird beschrieben durch $m_n = (A^n) \cdot m_0$.

Mit Hilfe eines Computerprogramm o.ä. erhält man $A^n \approx \begin{pmatrix} 0.6 & 0.6 \\ 0.4 & 0.4 \end{pmatrix}$ für große n. Damit ist bei einer Anfangsverteilung $m_0 = \begin{pmatrix} m_{0,1} \\ m_{0,2} \end{pmatrix}$

$$\begin{aligned} m_n &= A^n \cdot \begin{pmatrix} m_{0.1} \\ m_{0.2} \end{pmatrix} \approx \begin{pmatrix} 0.6 & 0.6 \\ 0.4 & 0.4 \end{pmatrix} \cdot \begin{pmatrix} m_{0,1} \\ m_{0,2} \end{pmatrix} \\ &= \begin{pmatrix} 0.6 \cdot (m_{0,1} + m_{0,2}) \\ 0.4 \cdot (m_{0,1} + m_{0,2}) \end{pmatrix}. \end{aligned}$$

Unabhängig von der Anfangsmischung erhält man also auf lange Sicht 60% $2NO_2$ und 40% N_2O_4.

A826

Aufgabe 8.3.7

a) Sei $A = \begin{pmatrix} 0.8 & 0.3 \\ 0.2 & 0.7 \end{pmatrix}$ und $B = \begin{pmatrix} 0.1 & 0.4 \\ 0.9 & 0.6 \end{pmatrix}$.

Rechnen Sie nach, dass bei A, B und $A \cdot B$ jeweils die Summe der Elemente in einer Spalte gleich 1 ist.

b) Seien $A, B \in \mathbb{R}^{n \times n}$ zwei Matrizen, wobei jeweils die Summe der Elemente in einer Spalte gleich Eins ist. Zeigen Sie, dass diese Eigenschaft dann auch für $A \cdot B$ gilt.

Betrachten Sie zunächst den Fall $n = 2$ und schreiben Sie die Matrizen mit allgemeinen Komponenten $a_{i,j}$ bzw. $b_{i,j}$.

Lösung:

a) Dass die Spaltensummen bei A und B gleich Eins ist, ist offensichtlich. Es ist

$$A \cdot B = \begin{pmatrix} 0.8 & 0.3 \\ 0.2 & 0.7 \end{pmatrix} \cdot \begin{pmatrix} 0.1 & 0.4 \\ 0.9 & 0.6 \end{pmatrix} = \begin{pmatrix} 0.35 & 0.5 \\ 0.65 & 0.5 \end{pmatrix}.$$

Auch hier ist die Summe der Elemente einer Spalte gleich Eins.

b) Bei allgemeinen zweidimensionalen Matrizen

$$A = \begin{pmatrix} a_{11} & a_{12} \\ a_{21} & a_{22} \end{pmatrix} \quad \text{und} \quad B = \begin{pmatrix} b_{11} & b_{12} \\ b_{21} & b_{22} \end{pmatrix}$$

ist

$$A \cdot B = \begin{pmatrix} a_{11} \cdot b_{11} + a_{12} \cdot b_{21} & a_{11} \cdot b_{12} + a_{12} \cdot b_{22} \\ a_{21} \cdot b_{11} + a_{22} \cdot b_{21} & a_{21} \cdot b_{12} + a_{22} \cdot b_{22} \end{pmatrix}.$$

Ist bei den einzelnen Faktoren die Spaltensumme gleich Eins, also

$$1 = a_{11} + a_{21} = a_{12} + a_{22} = b_{11} + b_{21} = b_{12} + b_{22}, \tag{1}$$

so erhält man durch Umsortierung und Ausklammern bei der Spaltensumme in der ersten Spalte des Produkts $A \cdot B$:

$$a_{11} \cdot b_{11} + a_{12} \cdot b_{21} \quad + \quad a_{21} \cdot b_{11} + a_{22} \cdot b_{21}$$
$$= (a_{11} + a_{21}) \cdot b_{11} + (a_{12} + a_{22}) \cdot b_{21}$$
$$\overset{(1)}{=} \quad 1 \quad \cdot b_{11} + \quad 1 \quad \cdot b_{21} = b_{11} + b_{21} \overset{(1)}{=} 1,$$

ähnlich in der zweiten Spalte.

Sei nun im n-dimensionalen

$$A = \begin{pmatrix} a_{11} & \cdots & a_{1n} \\ \vdots & \ddots & \vdots \\ a_{n1} & \cdots & a_{nn} \end{pmatrix} \quad \text{und } B = \begin{pmatrix} b_{11} & \cdots & b_{1n} \\ \vdots & \ddots & \vdots \\ b_{n1} & \cdots & b_{nn} \end{pmatrix}$$

mit Spaltensummen gleich Eins, also

$$\sum_{i=1}^{n} a_{ij} = 1 = \sum_{i=1}^{n} b_{ij} \quad \text{für jedes } j. \tag{2}$$

Die Einträge des Produkts $A \cdot B = C = (c_{ij})$ sind dann

$$c_{ij} = \sum_{k=1}^{n} a_{ik} \cdot b_{kj},$$

und als Spaltensumme der j-ten Spalte ergibt sich

$$\sum_{i=1}^{n} c_{ij} = \sum_{i=1}^{n} \sum_{k=1}^{n} a_{ik} \cdot b_{kj}.$$

Ähnlich wie bei a) kann man die Summe umsortieren, indem man die Summationsreihenfolge vertauscht, und dann ausklammern:

$$\sum_{i=1}^{n} c_{ij} = \sum_{k=1}^{n} \sum_{i=1}^{n} a_{ik} \cdot b_{kj} = \sum_{k=1}^{n} \underbrace{\left(\sum_{i=1}^{n} a_{ik} \right)}_{\overset{(2)}{=} 1} \cdot b_{kj} = \sum_{k=1}^{n} b_{kj} \overset{(2)}{=} 1.$$

Alternativer Lösungsweg:

Multipliziert man eine Matrix $A \in \mathbb{R}^{n \times n}$ von links mit dem Zeilenvektor $(\, 1 \ 1 \ \ldots \ 1 \,) \in \mathbb{R}^n$, der aus lauter Einsen besteht, also

$$(\, 1 \ 1 \ \ldots \ 1 \,) \cdot A,$$

so erhält man einen Zeilenvektor, der die Spaltensummen zu A enthält.

Hat man nun zwei Matrizen $A, B \in \mathbb{R}^{n \times n}$, bei denen alle Spaltensummen gleich Eins sind, also

$$(\, 1 \ 1 \ \ldots \ 1 \,) \cdot A = (\, 1 \ 1 \ \ldots \ 1 \,),$$

$$(\, 1 \ 1 \ \ldots \ 1 \,) \cdot B = (\, 1 \ 1 \ \ldots \ 1 \,),$$

so folgt, da man Klammern umsetzen kann (s. Satz 8.3.7),

$$\begin{aligned} (\, 1 \ 1 \ \ldots \ 1 \,) \cdot (A \cdot B) &= ((\, 1 \ 1 \ \ldots \ 1 \,) \cdot A) \cdot B \\ &= (\, 1 \ 1 \ \ldots \ 1 \,) \quad \cdot B \\ &= (\, 1 \ 1 \ \ldots \ 1 \,), \end{aligned}$$

was zeigt, dass auch bei $A \cdot B$ alle Spaltensummen gleich Eins sind.

Bemerkung:

Aufgabe 8.1.4 und Aufgabe 8.2.10 verdeutlichen, dass die Matrix-Vektor-Multiplikationen Ax bei einer Matrix A mit Spaltensummen gleich Eins Umverteilungen oder Mischungen beschreiben.

Die Matrix-Matrix-Multiplikation zweier solcher Matrizen beschreibt dann das hintereinander Ausführungen der Mischungen. Das Ergebnis ist wieder eine Mischung, so dass aus dieser Sicht heraus klar ist, dass die Spaltensummen wieder gleich Eins sind.

Aufgabe 8.3.8

a) Berechnen Sie $M_1 = A \cdot A^T$ und $M_2 = A^T \cdot A$ zu $A = \begin{pmatrix} -1 & 2 & 0 \\ 1 & 3 & 1 \end{pmatrix}$.

b) Überlegen Sie sich, dass man zu $A \in \mathbb{R}^{m \times n}$ stets die Produkte $A \cdot A^T$ und $A^T \cdot A$ bilden kann. Welche Dimensionen ergeben sich?

c) Die Produkte M_1 und M_2 aus a) sind symmetrisch bzgl. der Hauptdiagonalen, also $M_1{}^T = M_1$ und $M_2{}^T = M_2$. Ist das Zufall?

Lösung:

a) Man erhält

$$M_1 = A \cdot A^T = \begin{pmatrix} -1 & 2 & 0 \\ 1 & 3 & 1 \end{pmatrix} \cdot \begin{pmatrix} -1 & 1 \\ 2 & 3 \\ 0 & 1 \end{pmatrix} = \begin{pmatrix} 5 & 5 \\ 5 & 11 \end{pmatrix},$$

$$M_2 = A^T \cdot A = \begin{pmatrix} -1 & 1 \\ 2 & 3 \\ 0 & 1 \end{pmatrix} \cdot \begin{pmatrix} -1 & 2 & 0 \\ 1 & 3 & 1 \end{pmatrix} = \begin{pmatrix} 2 & 1 & 1 \\ 1 & 13 & 3 \\ 1 & 3 & 1 \end{pmatrix}.$$

b) Ist $A \in \mathbb{R}^{m \times n}$, so ist $A^T \in \mathbb{R}^{n \times m}$.

Damit kann man sowohl $A \cdot A^T$ als auch $A^T \cdot A$ bilden und erhält als Dimension

$$A \cdot A^T \in \mathbb{R}^{m \times m} \quad \text{und} \quad A^T \cdot A \in \mathbb{R}^{n \times n}.$$

c) Wegen $(A^T)^T = A$ und $(A \cdot B)^T = B^T \cdot A^T$ (s. Satz 8.3.13) folgt

$$M_1{}^T = (A \cdot A^T)^T = (A^T)^T \cdot A^T = A \cdot A^T = M_1$$

und

$$M_2{}^T = (A^T \cdot A)^T = A^T \cdot (A^T)^T = A^T \cdot A = M_2.$$

Entsprechende Produkte sind also immer symmetrisch.

A828

Aufgabe 8.3.9

a) Berechnen Sie die Matrix $A^T \cdot A$ zu

$$A = \begin{pmatrix} 0 & 0 & 1 \\ \sqrt{\frac{1}{2}} & \sqrt{\frac{1}{2}} & 0 \\ \sqrt{\frac{1}{2}} & -\sqrt{\frac{1}{2}} & 0 \end{pmatrix}.$$

b) Überlegen Sie sich anhand des Beispiels aus a) und allgemein:

Die Matrix $A \in \mathbb{R}^{m \times n}$ besitze die Vektoren $a_1, \ldots, a_n \in \mathbb{R}^m$ als Spalten, also $A = (a_1, \ldots, a_n)$. Dann gilt:

1) Die Matrix A^T besitzt die Zeilen $a_1^T, \ldots, a_n^T$, also $A^T = \begin{pmatrix} a_1{}^T \\ \cdots \\ a_n{}^T \end{pmatrix}.$

2) Es gilt:

$$a_1, \ldots, a_n \text{ sind normiert und orthogonal zueinander}$$
$$\Leftrightarrow \quad A^T \cdot A = I_n \text{ mit der } (n \times n)\text{-Einheitsmatrix } I_n.$$

Lösung:

a) $A^T \cdot A = \begin{pmatrix} 0 & \sqrt{\frac{1}{2}} & \sqrt{\frac{1}{2}} \\ 0 & \sqrt{\frac{1}{2}} & -\sqrt{\frac{1}{2}} \\ 1 & 0 & 0 \end{pmatrix} \cdot \begin{pmatrix} 0 & 0 & 1 \\ \sqrt{\frac{1}{2}} & \sqrt{\frac{1}{2}} & 0 \\ \sqrt{\frac{1}{2}} & -\sqrt{\frac{1}{2}} & 0 \end{pmatrix} = \begin{pmatrix} 1 & 0 & 0 \\ 0 & 1 & 0 \\ 0 & 0 & 1 \end{pmatrix}.$

b) 1) Bei $A = \left(\boxed{a_1} \cdots \boxed{a_n} \right)$ ist $A^T = \begin{pmatrix} \boxed{a_1^T} \\ \vdots \\ \boxed{a_n^T} \end{pmatrix}.$

2) Ähnlich zu Bemerkung 8.3.18, 2., sieht man:

$$A^T \cdot A = \begin{pmatrix} \boxed{a_1^T} \\ \vdots \\ \boxed{a_n^T} \end{pmatrix} \cdot \left(\boxed{a_1} \cdots \boxed{a_n} \right)$$

$$= \begin{pmatrix} a_1^T \cdot a_1 & a_1^T \cdot a_2 & \cdots & a_1^T \cdot a_n \\ a_2^T \cdot a_1 & a_2^T \cdot a_2 & \cdots & a_2^T \cdot a_n \\ \vdots & \vdots & \ddots & \vdots \\ a_n^T \cdot a_1 & a_n^T \cdot a_2 & \cdots & a_n^T \cdot a_n \end{pmatrix}.$$

Die Einträge $a_k^T \cdot a_l$ entsprechen den Skalarprodukten der Spaltenvektoren a_k und a_l.

Sind nun die Vektoren $a_1, \ldots, a_n$ normiert, so ist

$$a_k^T \cdot a_k = \|a_k\|^2 = 1^2 = 1,$$

d.h., auf der Hauptdiagonalen stehen lauter Einsen.

Sind die Vektoren $a_1, \ldots, a_n$ orthogonal zueinander, so ist $a_k^T \cdot a_l = 0$ für $k \neq l$. Dies entspricht genau den nicht-Diagonaleinträgen.

Wenn die Vektoren $a_1, \ldots, a_n$ also normiert und orthogonal zueinander sind, so gilt

$$A^T \cdot A = \begin{pmatrix} 1 & 0 & \cdots & 0 \\ 0 & 1 & \cdots & 0 \\ \vdots & \vdots & \ddots & \vdots \\ 0 & 0 & \cdots & 1 \end{pmatrix} = I_n.$$

Ist umgekehrt $A^T \cdot A = I_n$ erhält man mit den gleichen Betrachtungen, dass die Vektoren normiert sind (wegen $1 = a_k^T \cdot a_k = \|a_k\|^2$ auf der Diagonalen) und orthogonal zueinander stehen (wegen $0 = a_k^T \cdot a_l = 0$ für $k \neq l$).

A829

Aufgabe 8.3.10

Berechnen Sie den Rang von A und den von A^T zu

$$A = \begin{pmatrix} 1 & 0 & 3 & 2 & 2 \\ 0 & 2 & 4 & 2 & -2 \\ 1 & 0 & 3 & 1 & 1 \\ 2 & -2 & 2 & 1 & 5 \end{pmatrix}.$$

Lösung:

Mittels elementarer Zeilenoperationen gemäß des Gaußschen Eliminationsverfahren erhält man für A:

$$\begin{pmatrix} 1 & 0 & 3 & 2 & 2 \\ 0 & 2 & 4 & 2 & -2 \\ 1 & 0 & 3 & 1 & 1 \\ 2 & -2 & 2 & 1 & 5 \end{pmatrix} \begin{matrix} \\ \cdot 1/2 \\ -I \\ -2 \cdot I \end{matrix} \rightarrow \begin{pmatrix} 1 & 0 & 3 & 2 & 2 \\ 0 & 1 & 2 & 1 & -1 \\ 0 & 0 & 0 & -1 & -1 \\ 0 & -2 & -4 & -3 & 1 \end{pmatrix} \begin{matrix} \\ \\ \cdot(-1) \\ +2 \cdot II \end{matrix}$$

$$\rightarrow \begin{pmatrix} 1 & 0 & 3 & 2 & 2 \\ 0 & 1 & 2 & 1 & -1 \\ 0 & 0 & 0 & 1 & 1 \\ 0 & 0 & 0 & -1 & -1 \end{pmatrix} \begin{matrix} \\ \\ \\ +III \end{matrix} \rightarrow \begin{pmatrix} 1 & 0 & 3 & 2 & 2 \\ 0 & 1 & 2 & 1 & -1 \\ 0 & 0 & 0 & 1 & 1 \\ 0 & 0 & 0 & 0 & 0 \end{pmatrix}.$$

Es gibt also drei nicht-Null-Zeilen, d.h. Rang$(A) = 3$.

Mit Satz 8.3.15 gilt für den Rang von A^T:

$$\text{Rang}(A^T) \;=\; \text{Rang}(A) \;=\; 3.$$

Dies kann man auch elementar nachrechnen:

$$\begin{pmatrix} 1 & 0 & 1 & 2 \\ 0 & 2 & 0 & -2 \\ 3 & 4 & 3 & 2 \\ 2 & 2 & 1 & 1 \\ 2 & -2 & 1 & 5 \end{pmatrix} \begin{array}{l} \\ \cdot 1/2 \\ -3 \cdot \text{I} \\ -2 \cdot \text{I} \\ -2 \cdot \text{I} \end{array} \;\rightarrow\; \begin{pmatrix} 1 & 0 & 1 & 2 \\ 0 & 1 & 0 & -1 \\ 0 & 4 & 0 & -4 \\ 0 & 2 & -1 & -3 \\ 0 & -2 & -1 & 1 \end{pmatrix} \begin{array}{l} \\ \\ -4 \cdot \text{II} \\ -2 \cdot \text{II} \\ +2 \cdot \text{II} \end{array}$$

$$\rightarrow\; \begin{pmatrix} 1 & 0 & 1 & 2 \\ 0 & 1 & 0 & -1 \\ 0 & 0 & 0 & 0 \\ 0 & 0 & -1 & -1 \\ 0 & 0 & -1 & -1 \end{pmatrix} \begin{array}{l} \\ \\ \\ \updownarrow \\ -\text{IV} \end{array} \;\rightarrow\; \begin{pmatrix} 1 & 0 & 1 & 2 \\ 0 & 1 & 0 & -1 \\ 0 & 0 & -1 & -1 \\ 0 & 0 & 0 & 0 \\ 0 & 0 & 0 & 0 \end{pmatrix}.$$

Auch hier gibt es drei nicht-Null-Zeilen, also $\text{Rang}(A^T) = 3$

8.4 Quadratische Matrizen

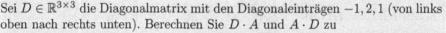

Aufgabe 8.4.1

A830

Sei $D \in \mathbb{R}^{3\times 3}$ die Diagonalmatrix mit den Diagonaleinträgen $-1, 2, 1$ (von links oben nach rechts unten). Berechnen Sie $D \cdot A$ und $A \cdot D$ zu

$$A = \begin{pmatrix} 2 & 3 & 1 \\ -1 & 0 & 4 \\ 5 & 1 & 5 \end{pmatrix}.$$

Lösung:

Die Hauptdiagonale von D ist mit den angegebenen Zahlen besetzt, der Rest mit Nullen gefüllt, also

$$D = \begin{pmatrix} -1 & 0 & 0 \\ 0 & 2 & 0 \\ 0 & 0 & 1 \end{pmatrix}.$$

Die Multiplikationen sind damit

$$D \cdot A = \begin{pmatrix} -1 & 0 & 0 \\ 0 & 2 & 0 \\ 0 & 0 & 1 \end{pmatrix} \cdot \begin{pmatrix} 2 & 3 & 1 \\ -1 & 0 & 4 \\ 5 & 1 & 5 \end{pmatrix} = \begin{pmatrix} -2 & -3 & -1 \\ -2 & 0 & 8 \\ 5 & 1 & 5 \end{pmatrix},$$

$$A \cdot D = \begin{pmatrix} 2 & 3 & 1 \\ -1 & 0 & 4 \\ 5 & 1 & 5 \end{pmatrix} \cdot \begin{pmatrix} -1 & 0 & 0 \\ 0 & 2 & 0 \\ 0 & 0 & 1 \end{pmatrix} = \begin{pmatrix} -2 & 6 & 1 \\ 1 & 0 & 4 \\ -5 & 2 & 5 \end{pmatrix}.$$

Man sieht: Bei $D \cdot A$ werden die Zeilen und bei $A \cdot D$ die Spalten von A mit dem entsprechenden Diagonaleintrag von D multipliziert (vgl. Bemerkung 8.4.2, 3.).

A831

Aufgabe 8.4.2

a) Ist das Produkt zweier symmetrischer Matrizen wieder symmetrisch?

b) Ist das Quadrat einer symmetrischen Matrix wieder symmetrisch?

c) Ist das Produkt zweier Diagonalmatrizen wieder eine Diagonalmatrix?

Lösung:

a) Nein, ein Produkt aus zwei symmetrischen Matrizen ergibt nicht in jedem Fall wieder eine symmetrische Matrix wie das folgende Gegenbeispiel zeigt:

$$\begin{pmatrix} 1 & 2 \\ 2 & 3 \end{pmatrix} \cdot \begin{pmatrix} 0 & 1 \\ 1 & 0 \end{pmatrix} = \begin{pmatrix} 2 & 1 \\ 3 & 2 \end{pmatrix}.$$

b) Ja, denn ist die Matrix A symmetrisch, also $A = A^T$, so gilt für das Quadrat $B = A^2 = A \cdot A$

$$B^T = (A \cdot A)^T = A^T \cdot A^T = A \cdot A = B$$

(die Vertauschung der Faktoren beim Transponieren nach Satz 8.3.13 hat in diesem Fall keinen Effekt), d.h., B ist symmetrisch.

c) Das Produkt zweier Diagonalmatrizen ergibt immer eine neue Diagonalmatrix, denn ist

$$C = \begin{pmatrix} c_1 & & 0 \\ & \ddots & \\ 0 & & c_n \end{pmatrix} \quad \text{und} \quad D = \begin{pmatrix} d_1 & & 0 \\ & \ddots & \\ 0 & & d_n \end{pmatrix},$$

so ergibt sich als Produkt

$$C \cdot D = \begin{pmatrix} c_1 & & 0 \\ & \ddots & \\ 0 & & c_n \end{pmatrix} \cdot \begin{pmatrix} d_1 & & 0 \\ & \ddots & \\ 0 & & d_n \end{pmatrix}$$

$$= \begin{pmatrix} c_1 \cdot d_1 & & 0 \\ & \ddots & \\ 0 & & c_n \cdot d_n \end{pmatrix}.$$

Aufgabe 8.4.3

A832

Sei $A = \begin{pmatrix} 1 & 1 \\ 2 & 3 \end{pmatrix}$ und $B = \begin{pmatrix} 0 & -1 \\ 2 & 3 \end{pmatrix}$.

a) Berechnen Sie A^{-1} und B^{-1}.

b) Berechnen Sie $(A \cdot B)^{-1}$ einerseits, indem Sie $A \cdot B$ berechnen und dazu die Inverse bestimmen, und andererseits, indem Sie A^{-1} und B^{-1} zu Hilfe nehmen.

Lösung:

a) Die inverse Matrix A^{-1} kann man mit dem Gauß-Jordan-Verfahren (s. Bemerkung 8.4.5) berechnen:

$$\left(\begin{array}{cc|cc} 1 & 1 & 1 & 0 \\ 2 & 3 & 0 & 1 \end{array} \right) \begin{array}{c} \\ -2 \cdot I \end{array} \rightarrow \left(\begin{array}{cc|cc} 1 & 1 & 1 & 0 \\ 0 & 1 & -2 & 1 \end{array} \right) \begin{array}{c} -II \\ \\ \end{array} \rightarrow \left(\begin{array}{cc|cc} 1 & 0 & 3 & -1 \\ 0 & 1 & -2 & 1 \end{array} \right).$$

Also ist $A^{-1} = \begin{pmatrix} 3 & -1 \\ -2 & 1 \end{pmatrix}$.

Die inverse Matrix B^{-1} berechnet sich entsprechend:

$$\left(\begin{array}{cc|cc} 0 & -1 & 1 & 0 \\ 2 & 3 & 0 & 1 \end{array} \right) \Big\} \qquad \rightarrow \left(\begin{array}{cc|cc} 2 & 3 & 0 & 1 \\ 0 & -1 & 1 & 0 \end{array} \right) \begin{array}{c} +3 \cdot II \\ \cdot (-1) \end{array}$$

$$\rightarrow \left(\begin{array}{cc|cc} 2 & 0 & 3 & 1 \\ 0 & 1 & -1 & 0 \end{array} \right) : 2 \qquad \rightarrow \left(\begin{array}{cc|cc} 1 & 0 & 1.5 & 0.5 \\ 0 & 1 & -1 & 0 \end{array} \right).$$

Also ist $B^{-1} = \begin{pmatrix} 1.5 & 0.5 \\ -1 & 0 \end{pmatrix}$.

b) Die Inverse zu $A \cdot B = \begin{pmatrix} 2 & 2 \\ 6 & 7 \end{pmatrix}$ berechnet sich auf direktem Weg durch

$$\left(\begin{array}{cc|cc} 2 & 2 & 1 & 0 \\ 6 & 7 & 0 & 1 \end{array} \right) \begin{array}{c} : 2 \\ -3 \cdot I \end{array} \rightarrow \left(\begin{array}{cc|cc} 1 & 1 & 0.5 & 0 \\ 0 & 1 & -3 & 1 \end{array} \right) \begin{array}{c} -II \\ \\ \end{array} \rightarrow \left(\begin{array}{cc|cc} 1 & 0 & 3.5 & -1 \\ 0 & 1 & -3 & 1 \end{array} \right).$$

Also ist $(A \cdot B)^{-1} = \begin{pmatrix} 3.5 & -1 \\ -3 & 1 \end{pmatrix}$.

Das gleiche Ergebnis erhält man mit Satz 8.4.6, 3., unter Benutzung von A^{-1} und B^{-1}:

$$(A \cdot B)^{-1} = B^{-1} \cdot A^{-1} = \begin{pmatrix} 1.5 & 0.5 \\ -1 & 0 \end{pmatrix} \cdot \begin{pmatrix} 3 & -1 \\ -2 & 1 \end{pmatrix}$$

$$= \begin{pmatrix} 3.5 & -1 \\ -3 & 1 \end{pmatrix}.$$

A833

Aufgabe 8.4.4

Für welche Werte von c ist die Matrix

$$A = \begin{pmatrix} 1 & 3 & 0 \\ 0 & 1 & 2 \\ -1 & -2 & c \end{pmatrix}$$

invertierbar?

Wie lautet dann die Inverse A^{-1}?

(Vgl. Aufgabe 7.2.3 und Aufgabe 8.2.5.)

Lösung:

Die inverse Matrix A^{-1} existiert genau dann, wenn man beim Gauß-Jordan-Verfahren (s. Bemerkung 8.4.5) auf der linken Seite die Einheitsmatrix erreichen kann:

$$\left(\begin{array}{ccc|ccc} 1 & 3 & 0 & 1 & 0 & 0 \\ 0 & 1 & 2 & 0 & 1 & 0 \\ -1 & -2 & c & 0 & 0 & 1 \end{array} \right) \quad +\mathrm{I}$$

$$\rightarrow \left(\begin{array}{ccc|ccc} 1 & 3 & 0 & 1 & 0 & 0 \\ 0 & 1 & 2 & 0 & 1 & 0 \\ 0 & 1 & c & 1 & 0 & 1 \end{array} \right) \quad -\mathrm{II}$$

$$\rightarrow \left(\begin{array}{ccc|ccc} 1 & 3 & 0 & 1 & 0 & 0 \\ 0 & 1 & 2 & 0 & 1 & 0 \\ 0 & 0 & c-2 & 1 & -1 & 1 \end{array} \right).$$

Für $c = 2$ erhält man links in der untersten Zeile eine Nullzeile, so dass man links nicht auf eine Einheitsmatrix kommen kann. Für $c = 2$ ist die Matrix A also nicht invertierbar.

Für $c \neq 2$ erhält man bei Division der letzten Zeile durch $c - 2$:

$$\left(\begin{array}{ccc|ccc} 1 & 3 & 0 & 1 & 0 & 0 \\ 0 & 1 & 2 & 0 & 1 & 0 \\ 0 & 0 & 1 & \frac{1}{c-2} & -\frac{1}{c-2} & \frac{1}{c-2} \end{array} \right) \quad -2 \cdot \mathrm{III}$$

$$\rightarrow \left(\begin{array}{ccc|ccc} 1 & 3 & 0 & 1 & 0 & 0 \\ 0 & 1 & 0 & -\frac{2}{c-2} & 1+\frac{2}{c-2} & -\frac{2}{c-2} \\ 0 & 0 & 1 & \frac{1}{c-2} & -\frac{1}{c-2} & \frac{1}{c-2} \end{array} \right).$$

Mit $1 + \frac{2}{c-2} = \frac{c-2+2}{c-2} = \frac{c}{c-2}$ vereinfacht sich das mittlere Element rechts und man erhält weiter

$$\left(\begin{array}{ccc|ccc} 1 & 3 & 0 & 1 & 0 & 0 \\ 0 & 1 & 0 & -\frac{2}{c-2} & \frac{c}{c-2} & -\frac{2}{c-2} \\ 0 & 0 & 1 & \frac{1}{c-2} & -\frac{1}{c-2} & \frac{1}{c-2} \end{array}\right) \quad -3 \cdot \mathrm{II}$$

$$\rightarrow \left(\begin{array}{ccc|ccc} 1 & 1 & 0 & 1+\frac{6}{c-2} & -\frac{3c}{c-2} & \frac{6}{c-2} \\ 0 & 1 & 0 & -\frac{2}{c-2} & \frac{c}{c-2} & -\frac{2}{c-2} \\ 0 & 0 & 1 & \frac{1}{c-2} & -\frac{1}{c-2} & \frac{1}{c-2} \end{array}\right).$$

Wegen $1+\frac{6}{c-2} = \frac{c-2+6}{c-2} = \frac{c+4}{c-2}$ erhält man also, dass die Matrix A für $c \neq 2$ invertierbar ist mit

$$A^{-1} = \left(\begin{array}{ccc} \frac{c+4}{c-2} & -\frac{3c}{c-2} & \frac{6}{c-2} \\ -\frac{2}{c-2} & \frac{c}{c-2} & -\frac{2}{c-2} \\ \frac{1}{c-2} & -\frac{1}{c-2} & \frac{1}{c-2} \end{array}\right) = \frac{1}{c-2} \cdot \left(\begin{array}{ccc} c+4 & -3c & 6 \\ -2 & c & -2 \\ 1 & -1 & 1 \end{array}\right).$$

Aufgabe 8.4.5

A834

Sei $A = \left(\begin{array}{ccc} 1 & 0 & -3 \\ 3 & 1 & 0 \\ 4 & 2 & 4 \end{array}\right)$ und $B = \left(\begin{array}{cccc} 1 & 0 & -2 & -2 \\ 0 & 1 & 0 & 1 \\ -1 & 2 & 3 & 5 \\ 0 & 2 & 1 & 4 \end{array}\right).$

a) Bestimmen Sie A^{-1} und B^{-1}.

b) Geben Sie Lösungen x an zu

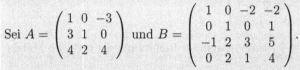

$$Ax = \begin{pmatrix} 1 \\ 0 \\ 0 \end{pmatrix}, \quad Ax = \begin{pmatrix} 2 \\ 1 \\ 0 \end{pmatrix}, \quad Bx = \begin{pmatrix} 0 \\ 0 \\ 1 \\ 0 \end{pmatrix} \quad \text{bzw.} \quad Bx = \begin{pmatrix} 2 \\ 1 \\ 0 \\ -1 \end{pmatrix}.$$

Lösung:

a) Die inverse Matrix zu A ergibt sich mit dem Gauß-Jordan-Verfahren wie folgt:

$$\left(\begin{array}{ccc|ccc} 1 & 0 & -3 & 1 & 0 & 0 \\ 3 & 1 & 0 & 0 & 1 & 0 \\ 4 & 2 & 4 & 0 & 0 & 1 \end{array}\right) \begin{array}{l} \\ -3 \cdot \mathrm{I} \\ -4 \cdot \mathrm{I} \end{array} \rightarrow \left(\begin{array}{ccc|ccc} 1 & 0 & -3 & 1 & 0 & 0 \\ 0 & 1 & 9 & -3 & 1 & 0 \\ 0 & 2 & 16 & -4 & 0 & 1 \end{array}\right) \begin{array}{l} \\ \\ -2 \cdot \mathrm{II} \end{array}$$

$$\rightarrow \left(\begin{array}{ccc|ccc} 1 & 0 & -3 & 1 & 0 & 0 \\ 0 & 1 & 9 & -3 & 1 & 0 \\ 0 & 0 & -2 & 2 & -2 & 1 \end{array}\right) \begin{array}{l} -\frac{3}{2} \cdot \mathrm{III} \\ +\frac{9}{2} \cdot \mathrm{III} \\ : (-2) \end{array} \rightarrow \left(\begin{array}{ccc|ccc} 1 & 0 & 0 & -2 & 3 & -\frac{3}{2} \\ 0 & 1 & 0 & 6 & -8 & \frac{9}{2} \\ 0 & 0 & 1 & -1 & 1 & -\frac{1}{2} \end{array}\right).$$

Also ist $A^{-1} = \left(\begin{array}{ccc} -2 & 3 & -\frac{3}{2} \\ 6 & -8 & \frac{9}{2} \\ -1 & 1 & -\frac{1}{2} \end{array}\right).$

Die Berechnung der Inversen zu B ergibt

$$\left(\begin{array}{rrrr|rrrr} 1 & 0 & -2 & -2 & 1 & 0 & 0 & 0 \\ 0 & 1 & 0 & 1 & 0 & 1 & 0 & 0 \\ -1 & 2 & 3 & 5 & 0 & 0 & 1 & 0 \\ 0 & 2 & 1 & 4 & 0 & 0 & 0 & 1 \end{array}\right)\begin{array}{l} \\ \\ +\mathrm{I} \\ \\ \end{array} \rightarrow \left(\begin{array}{rrrr|rrrr} 1 & 0 & -2 & -2 & 1 & 0 & 0 & 0 \\ 0 & 1 & 0 & 1 & 0 & 1 & 0 & 0 \\ 0 & 2 & 1 & 3 & 1 & 0 & 1 & 0 \\ 0 & 2 & 1 & 4 & 0 & 0 & 0 & 1 \end{array}\right)\begin{array}{l} \\ \\ -2\cdot\mathrm{II} \\ -2\cdot\mathrm{II} \end{array}$$

$$\rightarrow \left(\begin{array}{rrrr|rrrr} 1 & 0 & -2 & -2 & 1 & 0 & 0 & 0 \\ 0 & 1 & 0 & 1 & 0 & 1 & 0 & 0 \\ 0 & 0 & 1 & 1 & 1 & -2 & 1 & 0 \\ 0 & 0 & 1 & 2 & 0 & -2 & 0 & 1 \end{array}\right)\begin{array}{l} +2\cdot\mathrm{III} \\ \\ \\ -\mathrm{III} \end{array} \rightarrow \left(\begin{array}{rrrr|rrrr} 1 & 0 & 0 & 0 & 3 & -4 & 2 & 0 \\ 0 & 1 & 0 & 1 & 0 & 1 & 0 & 0 \\ 0 & 0 & 1 & 1 & 1 & -2 & 1 & 0 \\ 0 & 0 & 0 & 1 & -1 & 0 & -1 & 1 \end{array}\right)\begin{array}{l} \\ -\mathrm{IV} \\ -\mathrm{IV} \\ \end{array}$$

$$\rightarrow \left(\begin{array}{rrrr|rrrr} 1 & 0 & 0 & 0 & 3 & -4 & 2 & 0 \\ 0 & 1 & 0 & 0 & 1 & 1 & 1 & -1 \\ 0 & 0 & 1 & 0 & 2 & -2 & 2 & -1 \\ 0 & 0 & 0 & 1 & -1 & 0 & -1 & 1 \end{array}\right).$$

Also ist $B^{-1} = \begin{pmatrix} 3 & -4 & 2 & 0 \\ 1 & 1 & 1 & -1 \\ 2 & -2 & 2 & -1 \\ -1 & 0 & -1 & 1 \end{pmatrix}.$

b) Die Lösung x zu $Ax = \begin{pmatrix} 1 \\ 0 \\ 0 \end{pmatrix}$ kann man unter Benutzung der inversen Matrix berechnen als

$$x = A^{-1} \cdot \begin{pmatrix} 1 \\ 0 \\ 0 \end{pmatrix} = \begin{pmatrix} -2 & 3 & -\frac{3}{2} \\ 6 & -8 & \frac{9}{2} \\ -1 & 1 & -\frac{1}{2} \end{pmatrix} \cdot \begin{pmatrix} 1 \\ 0 \\ 0 \end{pmatrix} = \begin{pmatrix} -2 \\ 6 \\ -1 \end{pmatrix}$$

und die Lösung zu $Ax = \begin{pmatrix} 2 \\ 1 \\ 0 \end{pmatrix}$ als

$$x = A^{-1} \begin{pmatrix} 2 \\ 1 \\ 0 \end{pmatrix} = \begin{pmatrix} -2 & 3 & -\frac{3}{2} \\ 6 & -8 & \frac{9}{2} \\ -1 & 1 & -\frac{1}{2} \end{pmatrix} \cdot \begin{pmatrix} 2 \\ 1 \\ 0 \end{pmatrix} = \begin{pmatrix} -1 \\ 4 \\ -1 \end{pmatrix}.$$

Entsprechend erhält man die Lösung x von $Bx = \begin{pmatrix} 0 \\ 0 \\ 1 \\ 0 \end{pmatrix}$ durch

$$x = B^{-1} \begin{pmatrix} 0 \\ 0 \\ 1 \\ 0 \end{pmatrix} = \begin{pmatrix} 3 & -4 & 2 & 0 \\ 1 & 1 & 1 & -1 \\ 2 & -2 & 2 & -1 \\ -1 & 0 & -1 & 1 \end{pmatrix} \cdot \begin{pmatrix} 0 \\ 0 \\ 1 \\ 0 \end{pmatrix} = \begin{pmatrix} 2 \\ 1 \\ 2 \\ -1 \end{pmatrix}$$

und die Lösung x von $Bx = \begin{pmatrix} 2 \\ 1 \\ 0 \\ -1 \end{pmatrix}$ durch

$$x = B^{-1} \begin{pmatrix} 2 \\ 1 \\ 0 \\ -1 \end{pmatrix} = \begin{pmatrix} 3 & -4 & 2 & 0 \\ 1 & 1 & 1 & -1 \\ 2 & -2 & 2 & -1 \\ -1 & 0 & -1 & 1 \end{pmatrix} \cdot \begin{pmatrix} 2 \\ 1 \\ 0 \\ -1 \end{pmatrix} = \begin{pmatrix} 2 \\ 4 \\ 3 \\ -3 \end{pmatrix}.$$

Aufgabe 8.4.6

A835

Eine Matrix $A \in \mathbb{R}^{n \times n}$ heißt *orthogonal* genau dann, wenn $A^{-1} = A^T$ ist.

a) Welche der folgenden Matrizen sind orthogonal?

$$\begin{pmatrix} 1 & -1 \\ 1 & 1 \end{pmatrix}, \qquad \begin{pmatrix} \cos\alpha & -\sin\alpha \\ \sin\alpha & \cos\alpha \end{pmatrix} (\alpha \in \mathbb{R}), \qquad \begin{pmatrix} 0 & 0 & 1 \\ 1 & 0 & 0 \\ 0 & 1 & 0 \end{pmatrix}.$$

b) Sei $a_1 = \begin{pmatrix} 1 \\ 0 \\ -1 \end{pmatrix}$, $a_2 = \begin{pmatrix} 2 \\ 1 \\ 2 \end{pmatrix}$ und $a_3 = \begin{pmatrix} 1 \\ -4 \\ 1 \end{pmatrix}$.

1) Prüfen Sie nach, dass die drei Vektoren jeweils orthogonal zueinander sind.

2) Bestimmen Sie λ_i so, dass für $\tilde{a}_i = \lambda_i \cdot a_i$ gilt: $\|\tilde{a}_i\| = 1$.

3) Sei $A \in \mathbb{R}^{3 \times 3}$ die Matrix bestehend aus $\tilde{a}_1$, $\tilde{a}_2$ und $\tilde{a}_3$ als Spalten.

   Überlegen Sie sich, dass A orthogonal ist. (Tipp: Aufgabe 8.3.9 ,b))

4) Prüfen Sie nach, dass die Zeilen von A als Vektoren aufgefasst normiert und orthogonal zueinander sind.

Lösung:

a) Um Orthogonalität zu prüfen, könnte man jeweils A^{-1} bestimmen und testen, ob $A^{-1} = A^T$ ist. Allerdings ist es einfacher, die dazu äquivalente Bedingung $A \cdot A^T = I$ zu überprüfen:

Die erste Matrix ist nicht orthogonal, denn es ist

$$A \cdot A^T = \begin{pmatrix} 1 & -1 \\ 1 & 1 \end{pmatrix} \cdot \begin{pmatrix} 1 & 1 \\ -1 & 1 \end{pmatrix} = \begin{pmatrix} 2 & 0 \\ 0 & 2 \end{pmatrix} \neq I.$$

Die zweite Matrix ist orthogonal, denn die Bedingung wird erfüllt:

$$A \cdot A^T = \begin{pmatrix} \cos\alpha & -\sin\alpha \\ \sin\alpha & \cos\alpha \end{pmatrix} \cdot \begin{pmatrix} \cos\alpha & \sin\alpha \\ -\sin\alpha & \cos\alpha \end{pmatrix}$$

$$= \begin{pmatrix} \cos^2\alpha + \sin^2\alpha & \sin\alpha\cos\alpha - \cos\alpha\sin\alpha \\ \cos\alpha\sin\alpha - \sin\alpha\cos\alpha & \sin^2\alpha + \cos^2\alpha \end{pmatrix}$$

$$= \begin{pmatrix} 1 & 0 \\ 0 & 1 \end{pmatrix}.$$

Die dritte Matrix ist ebenfalls orthogonal, denn es ist

$$A \cdot A^T = \begin{pmatrix} 0 & 0 & 1 \\ 1 & 0 & 0 \\ 0 & 1 & 0 \end{pmatrix} \cdot \begin{pmatrix} 0 & 1 & 0 \\ 0 & 0 & 1 \\ 1 & 0 & 0 \end{pmatrix} = \begin{pmatrix} 1 & 0 & 0 \\ 0 & 1 & 0 \\ 0 & 0 & 1 \end{pmatrix}.$$

Bemerkung:

Eine Matrix-Vektor-Multiplikation aufgefasst als Abbildung $x \mapsto Ax$ wie bei Aufgabe 8.1.6 und Aufgabe 8.3.3 liefert bei einer orthogonalen Matrix eine Drehung ggf. zusammen mit einer Spiegelung; die in Aufgabe 8.1.6 betrachtete Matrix $M = \begin{pmatrix} \frac{\sqrt{3}}{2} & -\frac{1}{2} \\ \frac{1}{2} & \frac{\sqrt{3}}{2} \end{pmatrix}$ ist orthogonal.

Ist $A \cdot A^T$ ein Vielfaches der Einheitsmatrix (wie bei $A = \begin{pmatrix} 1 & 1 \\ -1 & 1 \end{pmatrix}$) so ist die Abbildung eine Dreh-Streckung ggf. zusammen mit einer Spiegelung, vgl. die Abbildung g bei Aufgabe 8.3.3.

b) 1) Zwei Vektoren sind orthogonal zueinander, wenn ihr Skalarprodukt Null ergibt (s. Definition 7.3.18). Hier ist

$$\begin{pmatrix} 1 \\ 0 \\ -1 \end{pmatrix} \cdot \begin{pmatrix} 2 \\ 1 \\ 2 \end{pmatrix} = 0, \quad \begin{pmatrix} 1 \\ 0 \\ -1 \end{pmatrix} \cdot \begin{pmatrix} 1 \\ -4 \\ 1 \end{pmatrix} = 0, \quad \begin{pmatrix} 2 \\ 1 \\ 2 \end{pmatrix} \cdot \begin{pmatrix} 1 \\ -4 \\ 1 \end{pmatrix} = 0.$$

2) Entsprechend Aufgabe 7.3.2, c) kann man $\lambda = \frac{1}{\|a\|}$ wählen, also:

$$\lambda_1 = \frac{1}{\|a_1\|} = \frac{1}{\sqrt{2}}, \quad \lambda_2 = \frac{1}{\|a_2\|} = \frac{1}{\sqrt{9}} = \frac{1}{3}, \quad \lambda_3 = \frac{1}{\|a_3\|} = \frac{1}{\sqrt{18}}.$$

3) Die Matrix A, zusammen gesetzt aus $\tilde{a}_1$, $\tilde{a}_2$ und $\tilde{a}_3$, ist:

$$A = \begin{pmatrix} \frac{1}{\sqrt{2}} & \frac{2}{3} & \frac{1}{\sqrt{18}} \\ 0 & \frac{1}{3} & -\frac{4}{\sqrt{18}} \\ -\frac{1}{\sqrt{2}} & \frac{2}{3} & \frac{1}{\sqrt{18}} \end{pmatrix}.$$

Da die Spalten von A normiert und orthogonal zueinander sind, ist nach Aufgabe 8.3.9, b), $A^T \cdot A = I$, also $A^T = A^{-1}$, d.h. A ist orthogonal.

4) Die Zeilen von A sind als (Spalten-) Vektoren geschrieben

$$b_1 = \begin{pmatrix} \frac{1}{\sqrt{2}} \\ \frac{2}{3} \\ \frac{1}{\sqrt{18}} \end{pmatrix}, \quad b_2 = \begin{pmatrix} 0 \\ \frac{1}{3} \\ -\frac{4}{\sqrt{18}} \end{pmatrix} \quad \text{und} \quad b_3 = \begin{pmatrix} -\frac{1}{\sqrt{2}} \\ \frac{2}{3} \\ \frac{1}{\sqrt{18}} \end{pmatrix}.$$

Die Vektoren sind tatsächlich normiert (d.h., sie haben die Länge Eins):

$$\begin{aligned} \|b_1\| &= \sqrt{\left(\frac{1}{\sqrt{2}}\right)^2 + \left(\frac{2}{3}\right)^2 + \left(\frac{1}{\sqrt{18}}\right)^2} \\ &= \sqrt{\frac{1}{2} + \frac{4}{9} + \frac{1}{18}} = \sqrt{\frac{9 + 4 \cdot 2 + 1}{18}} = 1, \end{aligned}$$

$$\|b_2\| = \sqrt{0^2 + \left(\frac{1}{3}\right)^2 + \left(-\frac{4}{\sqrt{18}}\right)^2}$$

$$= \sqrt{\frac{1}{9} + \frac{16}{18}} = \sqrt{\frac{2+16}{18}} = 1,$$

$$\|b_3\| = \sqrt{\left(-\frac{1}{\sqrt{2}}\right)^2 + \left(\frac{2}{3}\right)^2 + \left(\frac{1}{\sqrt{18}}\right)^2} \overset{\text{wie } b_1}{=} 1.$$

Die Skalarprodukte liefern

$$b_1 \cdot b_2 = 0 + \frac{2}{3} \cdot \frac{1}{3} + \frac{1}{\sqrt{18}} \cdot \left(-\frac{4}{\sqrt{18}}\right) = \frac{2}{9} - \frac{4}{18} = 0,$$

enstsprechend $b_3 \cdot b_2 = 0$, und

$$b_1 \cdot b_3 = -\frac{1}{2} + \frac{4}{9} + \frac{1}{18} = \frac{-9+8+1}{18} = 0,$$

d.h., b_1, b_2 und b_3 sind orthogonal zueinander.

Bemerkung:

Der in b) untersuchte Zusammenhang gilt allgemein: Ist A orthogonal, also $A^T = A^{-1}$, so gilt nach Satz 8.4.6, 2.,

$$\left(A^T\right)^T = \left(A^{-1}\right)^T = \left(A^T\right)^{-1},$$

d.h. auch A^T ist orthogonal. Entsprechend Aufgabe 8.3.9, b), sieht man dann, dass die Spalten von A^T, also die Zeilen von A, orthogonal zueinander sind und die Länge Eins besitzen.

8.5 Determinanten

Aufgabe 8.5.1

A836

a) Berechnen Sie $\det \begin{pmatrix} 1 & 2 \\ 1 & 4 \end{pmatrix}$ und $\det \begin{pmatrix} 2 & 1 & 0 \\ 1 & 1 & 3 \\ 0 & -1 & 2 \end{pmatrix}$, indem Sie

1) die Matrizen auf Dreiecksform bringen,

2) die direkten Berechnungsformeln (Satz 8.5.3) benutzen.

b) Berechnen Sie $\det \begin{pmatrix} 0 & 2 & 3 & 5 \\ -1 & 1 & 0 & 0 \\ 1 & 3 & 1 & 4 \\ 2 & 0 & 1 & 3 \end{pmatrix}$.

c) Sei $A = \begin{pmatrix} 1 & 0 & -3 \\ 3 & 1 & 0 \\ 4 & 2 & 4 \end{pmatrix}$ und $B = \begin{pmatrix} 1 & 1 & 1 \\ 1 & -3 & 2 \\ -1 & 0 & -2 \end{pmatrix}$.

Berechnen Sie $\det A$, $\det B$, $\det A^{-1}$ und $\det(A \cdot B)$.

(Tipp: A^{-1} wurde schon bei Aufgabe 8.4.5 berechnet.)

Lösung:

Bei der Determinantenberechnung durch Transformation auf eine Dreiecksmatrix mit Hilfe von elementaren Zeilenoperationen (s. Definition 8.5.1 und Bemerkung 8.5.2, 1.) sind jeweils hinter der Matrix die Umformungen für den nächsten Schritt notiert.

a) Für $\det \begin{pmatrix} 1 & 2 \\ 1 & 4 \end{pmatrix}$ erhält man

1) $\det \begin{pmatrix} 1 & 2 \\ 1 & 4 \end{pmatrix}_{-I} = \det \begin{pmatrix} 1 & 2 \\ 0 & 2 \end{pmatrix} = 1 \cdot 2 = 2,$

2) $\det \begin{pmatrix} 1 & 2 \\ 1 & 4 \end{pmatrix} = 1 \cdot 4 - 1 \cdot 2 = 2.$

Für $\det \begin{pmatrix} 2 & 1 & 0 \\ 1 & 1 & 3 \\ 0 & -1 & 2 \end{pmatrix}$ erhält man

1) $\quad \det \begin{pmatrix} 2 & 1 & 0 \\ 1 & 1 & 3 \\ 0 & -1 & 2 \end{pmatrix}^{-2 \cdot II} = \det \begin{pmatrix} 0 & -1 & -6 \\ 1 & 1 & 3 \\ 0 & -1 & 2 \end{pmatrix}$

$= -\det \begin{pmatrix} 1 & 1 & 3 \\ 0 & -1 & -6 \\ 0 & -1 & 2 \end{pmatrix}_{-II} = -\det \begin{pmatrix} 1 & 1 & 3 \\ 0 & -1 & -6 \\ 0 & 0 & 8 \end{pmatrix}$

$= -1 \cdot (-1) \cdot 8 = 8,$

2) $\det \begin{pmatrix} 2 & 1 & 0 \\ 1 & 1 & 3 \\ 0 & -1 & 2 \end{pmatrix} = 2 \cdot 1 \cdot 2 + 1 \cdot 3 \cdot 0 + 0 \cdot 1 \cdot (-1)$

$\qquad\qquad\qquad\qquad\qquad - 0 \cdot 1 \cdot 0 - (-1) \cdot 3 \cdot 2 - 2 \cdot 1 \cdot 1$

$\qquad\qquad\qquad\qquad = 4 + 0 + 0 - 0 + 6 - 2 \qquad\qquad = 8.$

b) Direkte Berechnungsformeln gibt es nur für den 2×2- und 3×3-Fall, daher wird die 4×4-Matrix durch elementare Zeilenumformungen entsprechend Definition 8.5.1 auf Dreiecksgestalt gebracht, um die Determinante dann als Produkt der Diagonaleinträge zu berechnen:

$$\det \begin{pmatrix} 0 & 2 & 3 & 5 \\ -1 & 1 & 0 & 0 \\ 1 & 3 & 1 & 4 \\ 2 & 0 & 1 & 3 \end{pmatrix} \Big\} \qquad = -\det \begin{pmatrix} -1 & 1 & 0 & 0 \\ 0 & 2 & 3 & 5 \\ 1 & 3 & 1 & 4 \\ 2 & 0 & 1 & 3 \end{pmatrix} \begin{matrix} \\ \\ +\mathrm{I} \\ +2\cdot\mathrm{I} \end{matrix}$$

$$= -\det \begin{pmatrix} -1 & 1 & 0 & 0 \\ 0 & 2 & 3 & 5 \\ 0 & 4 & 1 & 4 \\ 0 & 2 & 1 & 3 \end{pmatrix} \begin{matrix} \\ \\ -2\cdot\mathrm{II} \\ -\mathrm{II} \end{matrix} \qquad = -\det \begin{pmatrix} -1 & 1 & 0 & 0 \\ 0 & 2 & 3 & 5 \\ 0 & 0 & -5 & -6 \\ 0 & 0 & -2 & -2 \end{pmatrix} \begin{matrix} \\ \\ \\ -2/5\cdot\mathrm{III} \end{matrix} \qquad (*)$$

$$= -\det \begin{pmatrix} -1 & 1 & 0 & 0 \\ 0 & 2 & 3 & 5 \\ 0 & 0 & -5 & -6 \\ 0 & 0 & 0 & \frac{2}{5} \end{pmatrix} \qquad = -(-1)\cdot 2\cdot(-5)\cdot\frac{2}{5} \;=\; -4.$$

Man kann auch mit anderen Zeilenoperationen die Determinante berechnen. Exemplarisch wird ein Alternativweg ab $(*)$ gezeigt. Dabei wird im ersten Schritt aus der letzten Zeile der Matrix der Faktor -2 vor die Determinante gezogen:

$$-\det \begin{pmatrix} -1 & 1 & 0 & 0 \\ 0 & 2 & 3 & 5 \\ 0 & 0 & -5 & -6 \\ 0 & 0 & -2 & -2 \end{pmatrix} \qquad = -(-2)\cdot\det \begin{pmatrix} -1 & 1 & 0 & 0 \\ 0 & 2 & 3 & 5 \\ 0 & 0 & -5 & -6 \\ 0 & 0 & 1 & 1 \end{pmatrix} \Big\}$$

$$= (-2)\cdot\det \begin{pmatrix} -1 & 1 & 0 & 0 \\ 0 & 2 & 3 & 5 \\ 0 & 0 & 1 & 1 \\ 0 & 0 & -5 & -6 \end{pmatrix} \begin{matrix} \\ \\ \\ +5\cdot\mathrm{III} \end{matrix} \qquad = (-2)\cdot\det \begin{pmatrix} -1 & 1 & 0 & 0 \\ 0 & 2 & 3 & 5 \\ 0 & 0 & 1 & 1 \\ 0 & 0 & 0 & -1 \end{pmatrix}$$

$$= (-2)\cdot(-1)\cdot 2\cdot 1\cdot(-1)$$
$$= -4.$$

c) Mit der Regel von Sarrus (Satz 8.5.3, 2.) erhält man

$$\det A \;=\; = 4 + 0 + (-18) - (-12) - 0 - 0 \;=\; -2$$

und

$$\det B \;=\; = 6 + (-2) + 0 - 3 - 0 - (-2) \;=\; 3.$$

Bei Aufgabe 8.4.5 wurde $A^{-1} = \begin{pmatrix} -2 & 3 & -\frac{3}{2} \\ 6 & -8 & \frac{9}{2} \\ -1 & 1 & -\frac{1}{2} \end{pmatrix}$ berechnet.

Nach der Regel von Sarrus ist dann

$$\det A^{-1} \;=\; -8 + \left(-\frac{27}{2}\right) + (-9) - (-12) - (-9) - (-9)$$
$$= 13 - \frac{27}{2} \;=\; -\frac{1}{2}.$$

Alternativ erhält man (s. Satz 8.5.9, 1.)

$$\det A^{-1} = \frac{1}{\det A} = \frac{1}{-2} = -\frac{1}{2}.$$

Es ist

$$A \cdot B = \begin{pmatrix} 1 & 0 & -3 \\ 3 & 1 & 0 \\ 4 & 2 & 4 \end{pmatrix} \cdot \begin{pmatrix} 1 & 1 & 1 \\ 1 & -3 & 2 \\ -1 & 0 & -2 \end{pmatrix} = \begin{pmatrix} 4 & 1 & 7 \\ 4 & 0 & 5 \\ 2 & -2 & 0 \end{pmatrix}$$

und damit

$$\det(A \cdot B) = 0 + 10 - 56 - 0 + 40 - 0 = -6.$$

Alternativ erhält man mit dem Determinanten-Multiplikationssatz (s. Satz 8.5.9, 4.)

$$\det(A \cdot B) = \det A \cdot \det B = -2 \cdot 3 = -6.$$

A837

Aufgabe 8.5.2

a) Zeigen Sie (s. Satz 8.5.12)

Ist $A = \begin{pmatrix} a_{11} & a_{12} \\ a_{21} & a_{22} \end{pmatrix}$ und $\det A \neq 0$, so ist A invertierbar mit

$$A^{-1} = \frac{1}{\det A} \begin{pmatrix} a_{22} & -a_{12} \\ -a_{21} & a_{11} \end{pmatrix}.$$

b) Testen Sie die Formel aus a) an $A = \begin{pmatrix} 1 & 1 \\ 2 & 3 \end{pmatrix}$ und $B = \begin{pmatrix} 0 & -1 \\ 2 & 3 \end{pmatrix}$ (vgl. Aufgabe 8.4.3).

Lösung:

a) Zu überprüfen ist $A \cdot A^{-1} = I$ mit der 2×2-Einheitsmatrix I.

Tatsächlich ist wegen $\det A = a_{11} \cdot a_{22} - a_{21} \cdot a_{12}$

$$\begin{pmatrix} a_{11} & a_{12} \\ a_{21} & a_{22} \end{pmatrix} \cdot \frac{1}{\det A} \cdot \begin{pmatrix} a_{22} & -a_{12} \\ -a_{21} & a_{11} \end{pmatrix}$$

$$= \frac{1}{\det A} \cdot \begin{pmatrix} \overbrace{a_{11} \cdot a_{22} - a_{12} \cdot a_{21}}^{=\det A} & \overbrace{-a_{11} \cdot a_{12} + a_{12} \cdot a_{11}}^{=0} \\ \underbrace{a_{21} \cdot a_{22} - a_{22} \cdot a_{21}}_{=0} & \underbrace{-a_{21} \cdot a_{12} + a_{22} \cdot a_{11}}_{=\det A} \end{pmatrix}$$

$$= \frac{1}{\det A} \cdot \begin{pmatrix} \det A & 0 \\ 0 & \det A \end{pmatrix} = \begin{pmatrix} 1 & 0 \\ 0 & 1 \end{pmatrix}.$$

b) Zu $A = \begin{pmatrix} 1 & 1 \\ 2 & 3 \end{pmatrix}$ ist $\det A = 1 \cdot 3 - 2 \cdot 1 = 1$. Nach a) ist daher

$$A^{-1} = \frac{1}{1} \cdot \begin{pmatrix} 3 & -1 \\ -2 & 1 \end{pmatrix} = \begin{pmatrix} 3 & -1 \\ -2 & 1 \end{pmatrix}.$$

Zu $B = \begin{pmatrix} 0 & -1 \\ 2 & 3 \end{pmatrix}$ ist $\det B = 0 \cdot 3 - 2 \cdot (-1) = 2$. Nach a) ist daher

$$B^{-1} = \frac{1}{2} \cdot \begin{pmatrix} 3 & +1 \\ -2 & 0 \end{pmatrix} = \begin{pmatrix} 1.5 & 0.5 \\ -1 & 0 \end{pmatrix}.$$

Dies stimmt mit den in Aufgabe 8.4.3 berechneten Inversen überein.

Aufgabe 8.5.3

A838

Berechnen Sie in Abhängigkeit vom Parameter c die Determinante zu

$$A = \begin{pmatrix} 1 & 3 & 0 \\ 0 & 1 & 2 \\ -1 & -2 & c \end{pmatrix}.$$

Für welche Werte von c ist A invertierbar?

(Vgl. Aufgabe 7.2.3, Aufgabe 8.2.5 und Aufgabe 8.4.4.)

Lösung:

Mit der Regel von Sarrus (s. Satz 8.5.3) erhält man

$$\begin{aligned} \det(A) &= 1 \cdot 1 \cdot c + 3 \cdot 2 \cdot (-1) + 0 \cdot 0 \cdot (-2) \\ &\quad - (-1) \cdot 1 \cdot 0 - (-2) \cdot 2 \cdot 1 - c \cdot 0 \cdot 3 \\ &= c - 6 + 4 = c - 2. \end{aligned}$$

Da eine Matrix genau dann invertierbar ist, wenn ihre Determinante ungleich 0 ist (s. Satz 8.5.9, 1.), folgt, dass A genau für $c - 2 \neq 0$, also für $c \neq 2$ invertierbar ist.

Aufgabe 8.5.4

A839

Bestimmen Sie die Lösung der Gleichungssysteme

a) $\begin{aligned} x_1 + x_2 &= 0 \\ 2x_1 + 3x_2 &= 4 \end{aligned}$

b) $\begin{aligned} x_1 - x_2 - x_3 &= 0 \\ x_1 + x_2 + 3x_3 &= 4 \\ 2x_1 \quad\quad + x_3 &= 3 \end{aligned}$

mit Hilfe der Cramerschen Regel. (Zu b) vgl. Aufgabe 8.2.1, a).)

Lösung:

a) Mit der Koeffizientenmatrix $A = \begin{pmatrix} 1 & 1 \\ 2 & 3 \end{pmatrix}$ und der rechten Seite $b = \begin{pmatrix} 0 \\ 4 \end{pmatrix}$
   erhält man nach der Cramerschen Regel (s. Satz 8.5.14) wegen $\det A = 1$

$$x_1 = \frac{\det \begin{pmatrix} 0 & 1 \\ 4 & 3 \end{pmatrix}}{\det A} = \frac{-4}{1} = -4,$$

$$x_2 = \frac{\det \begin{pmatrix} 1 & 0 \\ 2 & 4 \end{pmatrix}}{\det A} = \frac{4}{1} = 4,$$

also als Lösung $x = \begin{pmatrix} x_1 \\ x_2 \end{pmatrix} = \begin{pmatrix} -4 \\ 4 \end{pmatrix}$.

b) Mit $A = \begin{pmatrix} 1 & -1 & -1 \\ 1 & 1 & 3 \\ 2 & 0 & 1 \end{pmatrix}$, $b = \begin{pmatrix} 0 \\ 4 \\ 3 \end{pmatrix}$ und $\det A = -2$ ergibt sich

$$x_1 = \frac{\det \begin{pmatrix} 0 & -1 & -1 \\ 4 & 1 & 3 \\ 3 & 0 & 1 \end{pmatrix}}{\det A} = \frac{-2}{-2} = 1,$$

$$x_2 = \frac{\det \begin{pmatrix} 1 & 0 & -1 \\ 1 & 4 & 3 \\ 2 & 3 & 1 \end{pmatrix}}{\det A} = \frac{0}{-2} = 0,$$

$$x_2 = \frac{\det \begin{pmatrix} 1 & -1 & 0 \\ 1 & 1 & 4 \\ 2 & 0 & 3 \end{pmatrix}}{\det A} = \frac{-2}{-2} = 1,$$

also als Lösung $x = \begin{pmatrix} x_1 \\ x_2 \\ x_3 \end{pmatrix} = \begin{pmatrix} 1 \\ 0 \\ 1 \end{pmatrix}$.

A840

Aufgabe 8.5.5

Zeigen Sie:

   Ist A orthogonal (d.h. $A^{-1} = A^T$, s. Aufgabe 8.4.6), so ist $|\det(A)| = 1$.

Lösung:

Aus $A^{-1} = A^T$ folgt, dass auch die jeweiligen Determinanten gleich sind:

$$\det(A^{-1}) = \det(A^T). \tag{$*$}$$

Nun gilt $\det(A^{-1}) = \frac{1}{\det(A)}$ und $\det(A^T) = \det(A)$ (s. Satz 8.5.9), also

$$\frac{1}{\det(A)} = \det(A^{-1}) \stackrel{(*)}{=} \det(A^T) = \det(A)$$
$$\Leftrightarrow \quad 1 = \big(\det(A)\big)^2.$$

Durch Wurzelziehen folgt $1 = |\det(A)|$.

Alternative Herleitung:

Aus $A^{-1} = A^T$ folgt $A \cdot A^T = I$. Betrachtet man nun die Determinanten, so folgt mit dem Determinanten-Multiplikationssatz (s. Satz 8.5.9, 4.) und wegen $\det(A^T) = \det(A)$, dass

$$1 = \det(I) = \det(A \cdot A^T) = \det(A) \cdot \det(A^T) = \det(A) \cdot \det(A)$$
$$= \det(A)^2,$$

und wie oben folgt $1 = |\det(A)|$.

Aufgabe 8.5.6

A841

a) Überlegen Sie sich, dass die Berechnung der Fläche eines Parallelogramms in der zweidimensionalen Ebene einerseits mittels Einbettung ins Dreidimensionale und des Vektorprodukts und andererseits als Determinante der aufspannenden Vektoren auf das gleiche Ergebnis führt.

b) Überlegen Sie sich (mittels der Eigenschaften von Vektor- und Skalarprodukt), dass für Vektoren $a, b, c \in \mathbb{R}^3$ das Volumen des von a, b und c aufgespannten Spats durch $|(a \times b) \cdot c|$ gegeben ist.

Betrachten Sie ggf. zunächst den Spezialfall, dass a, b und c paarweise zueinander senkrecht stehen.

c) Rechnen Sie nach, dass für $a = \begin{pmatrix} 2 \\ 1 \\ 0 \end{pmatrix}$, $b = \begin{pmatrix} 1 \\ 1 \\ -1 \end{pmatrix}$, $c = \begin{pmatrix} 0 \\ 3 \\ 2 \end{pmatrix}$ und der Matrix $A = (a\ b\ c)$, die aus den Vektoren a, b und c als Spalten besteht, gilt:

$$\det A = (a \times b) \cdot c.$$

Lösung:

a) Die Fläche A des von $\begin{pmatrix} a_1 \\ a_2 \end{pmatrix}$ und $\begin{pmatrix} b_1 \\ b_2 \end{pmatrix}$ aufgespannten Parallelogramms kann man mittels Einbettung ins Dreidimensionale und des Vektorprodukts berechnen als

$$A = \left\| \begin{pmatrix} a_1 \\ a_2 \\ 0 \end{pmatrix} \times \begin{pmatrix} b_1 \\ b_2 \\ 0 \end{pmatrix} \right\| = \left\| \begin{pmatrix} 0 \\ 0 \\ a_1 b_2 - a_2 b_1 \end{pmatrix} \right\| = |a_1 b_2 - a_2 b_1|.$$

Mit der Determinantenrechnung ergibt sich der gleiche Wert:

$$A = \left| \det \begin{pmatrix} a_1 & b_1 \\ a_2 & b_2 \end{pmatrix} \right| = |a_1 b_2 - a_2 b_1|.$$

b) Zunächst wird der Spezialfall betrachtet, dass c senkrecht zu a und b ist:

Das Kreuzprodukt $a \times b$ steht senkrecht auf der von a und b aufgespannten Fläche (s. Satz 7.4.4, 1.) und ist damit parallel zu c. Daher ist das Skalarprodukt betragsmäßig gleich dem Produkt der Längen (s. Bemerkung 7.3.17, 5.):

$$|(a \times b) \cdot c| = \|a \times b\| \cdot \|c\|.$$

Nun ist $\|a \times b\|$ die Fläche des von a und b aufgespannten Parallelogramms (s. Bemerkung 7.4.5, 3.). Damit gilt weiter

$$\|a \times b\| \cdot \|c\| = \text{Grundfläche} \cdot \text{Höhe} = \text{Volumen des Quaders.}$$

Bei allgemeinen a, b und c berechnet sich das Volumen des Spats als „Grundfläche mal Höhe", wobei man als Grundfläche das von a und b aufgespannte Parallelogramm mit Fläche $\|a \times b\|$ nehmen kann.

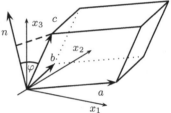

Der Vektor $n = a \times b$ steht senkrecht auf der durch a und b festgelegten Ebene.

Abb. 8.6 Von drei Vektoren aufgespanntes Spat.

Die Höhe ergibt sich als $\|c\| \cdot |\cos \varphi|$ mit φ als dem von c und $n = a \times b$ eingeschlossenen Winkel. (Den Betrag bei $|\cos \varphi|$ braucht man für Fälle, in denen der Winkel φ größer als $90°$ ist.)

Mit Satz 7.3.16 erhält man

$$\begin{aligned}
\text{Volumen} &= \text{Grundfläche} \cdot \text{Höhe} \\
&= \|a \times b\| \cdot \|c\| \cdot |\cos \varphi| = \left| \|a \times b\| \cdot \|c\| \cdot \cos \varphi \right| \\
&= |(a \times b) \cdot c|.
\end{aligned}$$

c) Einerseits ist

$$\left[\begin{pmatrix} 2 \\ 1 \\ 0 \end{pmatrix} \times \begin{pmatrix} 1 \\ 1 \\ -1 \end{pmatrix} \right] \cdot \begin{pmatrix} 0 \\ 3 \\ 2 \end{pmatrix} = \begin{pmatrix} -1 \\ 2 \\ 1 \end{pmatrix} \cdot \begin{pmatrix} 0 \\ 3 \\ 2 \end{pmatrix} = 8,$$

andererseits

$$\det \begin{pmatrix} 2 & 1 & 0 \\ 1 & 1 & 3 \\ 0 & -1 & 2 \end{pmatrix} = 4 + 0 + 0 - 0 - (-6) - 2 = 8.$$

8.6 Eigenwerte und -vektoren

Aufgabe 8.6.1

Bestimmen Sie die Eigenwerte und Eigenvektoren zu

a) $A = \begin{pmatrix} 3 & 2 \\ -2 & -1 \end{pmatrix}$,

b) $A = \begin{pmatrix} 2 & 1 & 0 \\ 1 & 1 & -1 \\ 0 & -1 & 2 \end{pmatrix}$.

Lösung:

a) Das charakteristische Polynom zu A ist

$$\begin{aligned} p(\lambda) &= \det(A - \lambda \cdot I) = \det\begin{pmatrix} 3 - \lambda & 2 \\ -2 & -1 - \lambda \end{pmatrix} \\ &= (3 - \lambda) \cdot (-1 - \lambda) - (-2) \cdot 2 = -3 - 3\lambda + \lambda + \lambda^2 + 4 \\ &= \lambda^2 - 2\lambda + 1 = (\lambda - 1)^2. \end{aligned}$$

Offensichtlich ist also $\lambda = 1$ einzige Nullstelle und damit auch einziger Eigenwert.

Die Eigenvektoren zum Eigenwert λ_0 erhält man als nichttriviale Lösungen des Gleichungssystems $(A - \lambda_0 \cdot I) \cdot x = 0$ (s. Bemerkung 8.6.2, 2.), hier also konkret

$$\left(\begin{pmatrix} 3 & 2 \\ -2 & -1 \end{pmatrix} - 1 \cdot \begin{pmatrix} 1 & 0 \\ 0 & 1 \end{pmatrix} \right) \cdot x = \begin{pmatrix} 2 & 2 \\ -2 & -2 \end{pmatrix} \cdot x \overset{!}{=} \begin{pmatrix} 0 \\ 0 \end{pmatrix}.$$

Man sieht, dass $x = \begin{pmatrix} 1 \\ -1 \end{pmatrix}$ und auch jedes Vielfache $\alpha \cdot x$ Lösung ist. Eigenvektoren sind also

$$\alpha \cdot \begin{pmatrix} 1 \\ -1 \end{pmatrix}, \qquad \alpha \neq 0.$$

Dies kann man leicht überprüfen: Mit $x_1 = \begin{pmatrix} 1 \\ -1 \end{pmatrix}$ ist

$$A \cdot x_1 = \begin{pmatrix} 3 & 2 \\ -2 & -1 \end{pmatrix} \cdot \begin{pmatrix} 1 \\ -1 \end{pmatrix} = \begin{pmatrix} 1 \\ -1 \end{pmatrix} = 1 \cdot x_1,$$

d.h., x_1 ist tatsächlich Eigenvektor zum Eigenwert 1. Damit sind auch für alle Vielfachen $\alpha \cdot x_1, \alpha \neq 0$, Eigenvektoren zum Eigenwert 1 (s. Bemerkung 8.6.6, 1.).

b) Das charakteristische Polynom ist

$$
\begin{aligned}
p(\lambda) \;=\; \det(A - \lambda \cdot I) \;=\; \det \begin{pmatrix} 2-\lambda & 1 & 0 \\ 1 & 1-\lambda & -1 \\ 0 & -1 & 2-\lambda \end{pmatrix} \\[2mm]
= (2-\lambda) \cdot (1-\lambda) \cdot (2-\lambda) + 0 + 0 - \big(0 + (2-\lambda) + (2-\lambda) \big) \\[1mm]
= (4 - 4\lambda + \lambda^2) \cdot (1-\lambda) - 4 + 2\lambda \\[1mm]
= 4 - 4\lambda + \lambda^2 - 4\lambda + 4\lambda^2 - \lambda^3 - 4 + 2\lambda \\[1mm]
= -\lambda^3 + 5\lambda^2 - 6\lambda.
\end{aligned}
$$

Offensichtlich ist $\lambda = 0$ eine Nullstelle. Durch die Faktorisierung

$$
p(\lambda) \;=\; -\lambda \cdot (\lambda^2 - 5\lambda + 6)
$$

kann man weitere Nullstellen als Nullstellen von $\lambda^2 - 5\lambda + 6$ bestimmen (beispielsweise mittels der p-q-Formel, s. Satz 1.1.15) und erhält als weitere Nullstellen 2 und 3.

Es gibt also drei Eigenwerte: 0, 2 und 3.

Wie bei a) bestimmt man die Eigenvektoren zum Eigenwert λ_0 als nicht-triviale Lösungen des Gleichungssystems $(A - \lambda_0 \cdot I) \cdot x = 0$.

- Zum Eigenwert 0:

  Es ist $A - 0 \cdot I = A$. Das entsprechende Gleichungssystem lautet also

$$
\begin{pmatrix} 2 & 1 & 0 & \big| & 0 \\ 1 & 1 & -1 & \big| & 0 \\ 0 & -1 & 2 & \big| & 0 \end{pmatrix}
\begin{matrix} -2 \cdot \mathrm{II} \\ +\mathrm{III} \\ \; \end{matrix}
\;\rightarrow\;
\begin{pmatrix} 0 & -1 & 2 & \big| & 0 \\ 1 & 0 & 1 & \big| & 0 \\ 0 & -1 & 2 & \big| & 0 \end{pmatrix}
\begin{matrix} \cdot(-1) \\ \; \\ -\mathrm{I} \end{matrix}
$$

$$
\rightarrow \begin{pmatrix} 1 & 0 & 1 & \big| & 0 \\ 0 & 1 & -2 & \big| & 0 \\ 0 & 0 & 0 & \big| & 0 \end{pmatrix}.
$$

  Setzt man die dritte Komponente gleich α, erhält man als Lösung

$$
x \;=\; \begin{pmatrix} -\alpha \\ 2\alpha \\ \alpha \end{pmatrix} \;=\; \alpha \cdot \begin{pmatrix} -1 \\ 2 \\ 1 \end{pmatrix}.
$$

  Tatsächlich ist für $x_0 = \begin{pmatrix} -1 \\ 2 \\ 1 \end{pmatrix}$

$$
A \cdot x_0 \;=\; \begin{pmatrix} 2 & 1 & 0 \\ 1 & 1 & -1 \\ 0 & -1 & 2 \end{pmatrix} \cdot \begin{pmatrix} -1 \\ 2 \\ 1 \end{pmatrix} \;=\; \begin{pmatrix} 0 \\ 0 \\ 0 \end{pmatrix} \;=\; 0 \cdot x_0.
$$

- Zum Eigenwert 2:

  Es ist

$$A - 2 \cdot I = \begin{pmatrix} 2 & 1 & 0 \\ 1 & 1 & -1 \\ 0 & -1 & 2 \end{pmatrix} - \begin{pmatrix} 2 & 0 & 0 \\ 0 & 2 & 0 \\ 0 & 0 & 2 \end{pmatrix} = \begin{pmatrix} 0 & 1 & 0 \\ 1 & -1 & -1 \\ 0 & -1 & 0 \end{pmatrix}.$$

Das entsprechende Gleichungssystem lautet also

$$\left(\begin{array}{ccc|c} 0 & 1 & 0 & 0 \\ 1 & -1 & -1 & 0 \\ 0 & -1 & 0 & 0 \end{array} \right) \begin{array}{l} \\ +\text{I} \\ +\text{I} \end{array} \Big\rangle \rightarrow \left(\begin{array}{ccc|c} 1 & 0 & -1 & 0 \\ 0 & 1 & 0 & 0 \\ 0 & 0 & 0 & 0 \end{array} \right).$$

Setzt man die dritte Komponente gleich α, erhält man als Lösung

$$x = \begin{pmatrix} \alpha \\ 0 \\ \alpha \end{pmatrix} = \alpha \cdot \begin{pmatrix} 1 \\ 0 \\ 1 \end{pmatrix}.$$

Tatsächlich ist für $x_2 = \left(\begin{smallmatrix} 1 \\ 0 \\ 1 \end{smallmatrix} \right)$

$$A \cdot x_2 = \begin{pmatrix} 2 & 1 & 0 \\ 1 & 1 & -1 \\ 0 & -1 & 2 \end{pmatrix} \cdot \begin{pmatrix} 1 \\ 0 \\ 1 \end{pmatrix} = \begin{pmatrix} 2 \\ 0 \\ 2 \end{pmatrix} = 2 \cdot x_2.$$

- Zum Eigenwert 3:

  Es ist

$$A - 3 \cdot I = \begin{pmatrix} 2 & 1 & 0 \\ 1 & 1 & -1 \\ 0 & -1 & 2 \end{pmatrix} - \begin{pmatrix} 3 & 0 & 0 \\ 0 & 3 & 0 \\ 0 & 0 & 3 \end{pmatrix} = \begin{pmatrix} -1 & 1 & 0 \\ 1 & -2 & -1 \\ 0 & -1 & -1 \end{pmatrix}.$$

Das entsprechende Gleichungssystem lautet also

$$\left(\begin{array}{ccc|c} -1 & 1 & 0 & 0 \\ 1 & -2 & -1 & 0 \\ 0 & -1 & -1 & 0 \end{array} \right) \begin{array}{l} \\ +\text{III} \\ +\text{I} \end{array} \Big\rangle \rightarrow \left(\begin{array}{ccc|c} -1 & 0 & -1 & 0 \\ 0 & -1 & -1 & 0 \\ 0 & -1 & -1 & 0 \end{array} \right) \begin{array}{l} \cdot(-1) \\ \cdot(-1) \\ -\text{II} \end{array}$$

$$\rightarrow \left(\begin{array}{ccc|c} 1 & 0 & 1 & 0 \\ 0 & 1 & 1 & 0 \\ 0 & 0 & 0 & 0 \end{array} \right).$$

Setzt man die dritte Komponente gleich α, erhält man als Lösung

$$x = \begin{pmatrix} -\alpha \\ -\alpha \\ \alpha \end{pmatrix} = \alpha \cdot \begin{pmatrix} -1 \\ -1 \\ 1 \end{pmatrix}.$$

Tatsächlich ist für $x_2 = \left(\begin{smallmatrix} -1 \\ -1 \\ 1 \end{smallmatrix} \right)$

$$A \cdot x_3 = \begin{pmatrix} 2 & 1 & 0 \\ 1 & 1 & -1 \\ 0 & -1 & 2 \end{pmatrix} \cdot \begin{pmatrix} -1 \\ -1 \\ 1 \end{pmatrix} = \begin{pmatrix} -3 \\ -3 \\ 3 \end{pmatrix} = 3 \cdot x_3.$$

Bemerkung:

Die Eigenvektoren $\left\{ \begin{pmatrix} -1 \\ 2 \\ 1 \end{pmatrix}, \begin{pmatrix} 1 \\ 0 \\ 1 \end{pmatrix}, \begin{pmatrix} -1 \\ -1 \\ 1 \end{pmatrix} \right\}$ von A stehen senkrecht aufeinander und bilden eine Basis des $\mathbb{R}^3$, vgl. Satz 8.6.7.

A843

Aufgabe 8.6.2 (Fortsetzung von Aufgabe 8.1.4 und Aufgabe 8.3.6)

Die Änderung der Masseverteilung von $2NO_2$ und N_2O_4 innerhalb einer Minute kann bei einer bestimmten Temperatur beschrieben werden durch

$$m_1 = A \cdot m_0 \quad \text{mit} \quad A = \begin{pmatrix} 0.8 & 0.3 \\ 0.2 & 0.7 \end{pmatrix},$$

wobei $m_0 = \begin{pmatrix} m_{0,1} \\ m_{0,2} \end{pmatrix}$ die Masseverteilung vorher und $m_1 = \begin{pmatrix} m_{1,1} \\ m_{1,2} \end{pmatrix}$ die nachher beschreiben.

Auf lange Sicht nähert sich die Verteilung einer stationären Verteilung m_∞, die sich nicht mehr ändert.

Überlegen Sie sich, dass m_∞ ein Eigenvektor von A zum Eigenwert 1 ist.

Berechnen Sie m_∞ konkret.

Lösung:

Die stationäre Verteilung m_∞ ist dadurch charakterisiert, dass sich nichts mehr ändert, also $A \cdot m_\infty = m_\infty$ ist. Dies bedeutet gerade, dass m_∞ ein Eigenvektor von A zum Eigenwert 1 ist.

Konkret kann man $m_\infty = \begin{pmatrix} m_{\infty,1} \\ m_{\infty,2} \end{pmatrix}$ als nichttriviale Lösung des Gleichungssystems $(A - 1 \cdot I) \cdot m_\infty = 0$ berechnen, hier also

$$\left(\begin{pmatrix} 0.8 & 0.3 \\ 0.2 & 0.7 \end{pmatrix} - 1 \cdot \begin{pmatrix} 1 & 0 \\ 0 & 1 \end{pmatrix} \right) \cdot m_\infty = \begin{pmatrix} -0.2 & 0.3 \\ 0.2 & -0.3 \end{pmatrix} \cdot m_\infty \overset{!}{=} \begin{pmatrix} 0 \\ 0 \end{pmatrix}.$$

Offensichtlich gilt für die Lösung

$$-0.2 m_{\infty,1} + 0.3 m_{\infty,2} = 0 \quad \Leftrightarrow \quad 1.5 \cdot m_{\infty,2} = m_{\infty,1},$$

d.h. Masseverteilungen der Form

$$\begin{pmatrix} m_{\infty,1} \\ m_{\infty,2} \end{pmatrix} = \alpha \cdot \begin{pmatrix} 1.5 \\ 1 \end{pmatrix}$$

sind stationäre Verteilungen.

Da sich die Gesamtmasse im Laufe der Zeit nicht ändert, wird α durch die Gesamtmasse zu Beginn festgelegt: Bei einer Gesamtmasse M ist $M = \alpha \cdot 1.5 + \alpha \cdot 1 = \alpha \cdot 2.5$, also $\alpha = \frac{1}{2.5} \cdot M = 0.4 \cdot M$

Bemerkungen:

1. Mit $\alpha = 0.4 \cdot (m_{0,1} + m_{0,2})$ erhält man das Ergebnis von Aufgabe 8.3.6, b):

$$m_n \approx m_\infty = 0.4 \cdot (m_{0,1} + m_{0,2}) \cdot \begin{pmatrix} 1.5 \\ 1 \end{pmatrix} = \begin{pmatrix} 0.6 \cdot (m_{0,1} + m_{0,2}) \\ 0.4 \cdot (m_{0,1} + m_{0,2}) \end{pmatrix}.$$

2. Allgemein werden Mischprozesse oder Übergänge durch Matrizen mit Spaltensummen gleich Eins beschrieben, s. Aufgabe 8.3.7. Solche Matrizen haben immer einen Eigenvektor zum Eigenwert 1. Dieser Vektor drückt eine *stationäre Verteilung* aus, die sich bei weiteren Übergängen nicht ändert.

Aufgabe 8.6.3

A844

Durch die Abbildung $\mathbb{R}^3 \to \mathbb{R}^3$, $x \mapsto Ax$ mit $A = \begin{pmatrix} 0 & 1 & 0 \\ 1 & 0 & 0 \\ 0 & 0 & -1 \end{pmatrix}$ wird eine Drehung im $\mathbb{R}^3$ beschrieben.

Überlegen Sie, dass die Drehachse aus Eigenvektoren von A zum Eigenwert 1 besteht.

Berechnen Sie die Drehachse!

Lösung:

Die Drehachse bleibt unter der Drehung unverändert, d.h. für Punkte x auf der Drehachse gilt $Ax = x$. Sie sind also Eigenvektoren zum Eigenwert 1.

Diese Eigenvektoren kann man als nichttriviale Lösung des Gleichungssystems $(A - 1 \cdot I) \cdot x = 0$ berechnen. Dies führt hier zu folgendem Gleichungssystem

$$\begin{pmatrix} -1 & 1 & 0 & | & 0 \\ 1 & -1 & 0 & | & 0 \\ 0 & 0 & -2 & | & 0 \end{pmatrix} \begin{matrix} \cdot(-1) \\ +I \\ :(-2) \end{matrix} \quad \to \quad \begin{pmatrix} 1 & -1 & 0 & | & 0 \\ 0 & 0 & 1 & | & 0 \\ 0 & 0 & 0 & | & 0 \end{pmatrix}$$

Setzt man die zweite Komponente gleich λ, so erhält man als Lösung

$$x = \begin{pmatrix} \lambda \\ \lambda \\ 0 \end{pmatrix} = \lambda \cdot \begin{pmatrix} 1 \\ 1 \\ 0 \end{pmatrix}.$$

Dies entspricht also der Drehachse.

Bemerkung:

Jede orthogonale Matrix A (d.h. $A^{-1} = A^T$, s. Aufgabe 8.3.9 und Aufgabe 8.4.6) beschreibt eine Drehung, ggf. zusammen mit einer Spiegelung. Während es in der Ebene keine Drehachse gibt, existiert bei einer Drehung im dreidimensionalen Raum immer eine Drehachse.

8.7 Quadratische Formen

A845

Aufgabe 8.7.1

a) Sei $A = \begin{pmatrix} 1 & 2 & 0 \\ 2 & -1 & 3 \\ 0 & 3 & 4 \end{pmatrix}$.

Geben Sie die quadratische Form $x^T A x$ zu $x = \begin{pmatrix} x_1 \\ x_2 \\ x_3 \end{pmatrix}$ in Koordinatenschreibweise an.

b) Geben Sie eine Matrix $A \in \mathbb{R}^{3 \times 3}$ an mit

$$x^T A x = x_1{}^2 + 2x_1 x_2 - 4x_1 x_3 + x_3{}^2 \qquad (x = \begin{pmatrix} x_1 \\ x_2 \\ x_3 \end{pmatrix} \in \mathbb{R}^3).$$

Finden Sie auch eine symmetrische Matrix A, die dies erfüllt?

Lösung:

a) Durch Ausmultiplizieren erhält man

$$
\begin{aligned}
x^T A x &= (x_1\ x_2\ x_3) \cdot \begin{pmatrix} 1 & 2 & 0 \\ 2 & -1 & 3 \\ 0 & 3 & 4 \end{pmatrix} \cdot \begin{pmatrix} x_1 \\ x_2 \\ x_3 \end{pmatrix} \\
&= (x_1\ x_2\ x_3) \cdot \begin{pmatrix} x_1 + 2x_2 \\ 2x_1 - x_2 + 3x_3 \\ 3x_2 + 4x_3 \end{pmatrix} \\
&= x_1 \cdot (x_1 + 2x_2) + x_2 \cdot (2x_1 - x_2 + 3x_3) + x_3 \cdot (3x_2 + 4x_3) \\
&= x_1^2 + 4x_1 x_2 - x_2^2 + 6x_2 x_3 + 4x_3^2.
\end{aligned}
$$

b) Aus Aufgabenteil a) sieht man:

- Der Vorfaktor vor x_i^2 ist a_{ii},
- der Vorfaktor vor $x_i x_j$ $(i \neq j)$ ist $a_{ij} + a_{ji}$.

Also erhält man

$$x^T A x = 1 \cdot x_1^2 + 2 \cdot x_1 x_2 - 4 \cdot x_1 x_3 + 0 \cdot x_2^2 + 0 \cdot x_2 x_3 + 1 \cdot x_3^2$$

durch die Matrix

$$A = \begin{pmatrix} 1 & 2 & -4 \\ 0 & 0 & 0 \\ 0 & 0 & 1 \end{pmatrix}$$

oder durch die symmetrische Matrix

$$A = \begin{pmatrix} 1 & 1 & -2 \\ 1 & 0 & 0 \\ -2 & 0 & 1 \end{pmatrix}.$$

Aufgabe 8.7.2

A846

Sei $A = \begin{pmatrix} 2 & 1 \\ 1 & 1 \end{pmatrix}$. Zeigen Sie, dass A positiv definit ist,

a) indem Sie die Komponentendarstellung von $x^T A x$ betrachten und diese als Summe zweier Quadrate darstellen,

b) indem Sie zeigen, dass alle Eigenwerte positiv sind,

c) indem Sie zeigen, dass alle Haupunterdeterminanten positiv sind.

Lösung:

a) In Komponentendarstellung erhält man

$$(x_1 \ x_2) \cdot \begin{pmatrix} 2 & 1 \\ 1 & 1 \end{pmatrix} \cdot \begin{pmatrix} x_1 \\ x_2 \end{pmatrix} = (x_1 \ x_2) \cdot \begin{pmatrix} 2x_1 + x_2 \\ x_1 + x_2 \end{pmatrix}$$

$$= x_1 \cdot (2x_1 + x_2) + x_2 \cdot (x_1 + x_2) = 2x_1{}^2 + x_1 x_2 + x_2 x_1 + x_2{}^2$$

$$= 2x_1{}^2 + 2x_1 x_2 + x_2{}^2 = x_1{}^2 + (x_1 + x_2)^2 \geq 0.$$

Die quadratische Form ist also immer größer oder gleich Null. Gleichheit tritt nur ein, falls $x_1 = 0$ und $x_1 + x_2 = 0$, also $\begin{pmatrix} x_1 \\ x_2 \end{pmatrix} = \begin{pmatrix} 0 \\ 0 \end{pmatrix}$ ist.

Damit ist A positiv definit.

b) Die Eigenwerte von A erhält man als Nullstellen des charakteristischen Polynoms

$$p(\lambda) = \det(A - \lambda \dot{I}) = \det \begin{pmatrix} 2 - \lambda & 1 \\ 1 & 1 - \lambda \end{pmatrix}$$

$$= (2 - \lambda) \cdot (1 - \lambda) - 1 \cdot 1 = 2 - 2\lambda - \lambda + \lambda^2 - 1$$

$$= \lambda^2 - 3\lambda + 1.$$

Die Nullstellen sind nach der p-q-Formel (s. Satz 1.1.15)

$$\lambda_{1/2} = \frac{3}{2} \pm \sqrt{\left(\frac{3}{2}\right)^2 - 1}.$$

Da der Wurzel-Ausdruck kleiner als $\frac{3}{2}$ ist (denn das Quadrat von $\frac{3}{2}$ wird verkleinert, bevor die Wurzel gezogen wird), sind beide Nullstellen, also alle Eigenwerte positiv.

Nach Satz 8.7.7 ist die Matrix A also positiv definit.

c) Die Hauptunterdeterminanten sind

$$\det(2) = 2 > 0,$$

$$\det \begin{pmatrix} 2 & 1 \\ 1 & 1 \end{pmatrix} = 2 - 1 = 1 > 0,$$

also alle positiv. Nach Satz 8.7.9 ist die Matrix A also positiv definit.

A847

Aufgabe 8.7.3

Sei $C \in \mathbb{R}^{n \times n}$ eine reguläre Matrix.

Begründen Sie, dass $A = C^T \cdot C$ positiv definit ist.

Tipp: Die entsprechende quadratische Form kann man als Quadrat der Länge eines Vektors umschreiben.

Lösung:

Da man das Quadrat der Länge eines Vektors y schreiben kann als $\|y\|^2 = y^T \cdot y$ gilt

$$x^T A x = x^T C^T C x = (x^T C^T) \cdot (Cx) = (Cx)^T \cdot (Cx) = \|Cx\|^2.$$

Die quadratische Form ist als Quadrat der Länge von Cx also immer größer oder gleich Null. Dabei gilt Gleichheit nur, falls $Cx = 0$ ist, was – da C regulär ist – gleichbedeutend mit $x = 0$ ist.

Also ist A positiv definit.

Bemerkung:

Man kann zeigen, dass auch die Umkehrung gilt: Zu jeder positiv definiten Matrix A gibt es eine reguläre Matrix C mit $A = C^T \cdot C$. Diese Darstellung nennt man *Cholesky-Zerlegung* von A, wobei man üblicherweise $A = \tilde{C} \cdot \tilde{C}^T$ schreibt.

Die Matrix C ist in gewissem Sinne die „Wurzel aus A".

A848

Aufgabe 8.7.4

Sei $A_1 = \begin{pmatrix} 1 & -1 & 3 \\ -1 & 0 & 1 \\ 3 & 1 & -5 \end{pmatrix}$ und $A_2 = \begin{pmatrix} 2 & -1 & 1 \\ -1 & 2 & 1 \\ 1 & 1 & 3 \end{pmatrix}$.

a) Untersuchen Sie, ob die Matrizen A_1 oder A_2 positiv definit sind.

b) Testen Sie bei der positiv definiten Matrix für verschiedene Vektoren $x \neq 0$, dass $x^T A x > 0$ ist.

c) Finden Sie für die nicht positiv definite Matrix ein $x \neq 0$ mit $x^T A x \leq 0$.

Lösung:

a) Die Prüfung auf positive Definitheit kann man mit Hilfe der Hauptunterdeterminanten und Satz 8.7.9 durchgeführen:

Die Hauptunterdeterminanten zu A_1 sind

$$\det(1) = 1 > 0,$$

$$\det \begin{pmatrix} 1 & -1 \\ -1 & 0 \end{pmatrix} = -1 < 0.$$

Damit ist nach Satz 8.7.9 schon klar, dass A_1 nicht positiv definit ist.

Die Hauptunterdeterminanten zu A_2 sind

$$\det(2) = 2 > 0,$$

$$\det \begin{pmatrix} 2 & -1 \\ -1 & 2 \end{pmatrix} = 3 > 0,$$

$$\det \begin{pmatrix} 2 & -1 & 1 \\ -1 & 2 & 1 \\ 1 & 1 & 3 \end{pmatrix} = 3 > 0.$$

Also ist A_2 positiv definit.

b) Zu A_2 und beispielsweise $x = \begin{pmatrix} 1 \\ 0 \\ 0 \end{pmatrix}$ erhält man

$$(1 \ 0 \ 0) \cdot \begin{pmatrix} 2 & -1 & 1 \\ -1 & 2 & 1 \\ 1 & 1 & 3 \end{pmatrix} \cdot \begin{pmatrix} 1 \\ 0 \\ 0 \end{pmatrix} = (1 \ 0 \ 0) \cdot \begin{pmatrix} 2 \\ -1 \\ 1 \end{pmatrix} = 2 > 0$$

oder zu $x = \begin{pmatrix} 1 \\ 1 \\ -1 \end{pmatrix}$

$$(1 \ 1 \ -1) \cdot \begin{pmatrix} 2 & -1 & 1 \\ -1 & 2 & 1 \\ 1 & 1 & 3 \end{pmatrix} \cdot \begin{pmatrix} 1 \\ 1 \\ -1 \end{pmatrix} = (1 \ 1 \ -1) \cdot \begin{pmatrix} 0 \\ 0 \\ -1 \end{pmatrix} = 1 > 0.$$

c) Zu A_1 und beispielsweise $x = \begin{pmatrix} 0 \\ 0 \\ 1 \end{pmatrix}$ erhält man

$$(0 \ 0 \ 1) \cdot \begin{pmatrix} 1 & -1 & 3 \\ -1 & 0 & 1 \\ 3 & 1 & -5 \end{pmatrix} \cdot \begin{pmatrix} 0 \\ 0 \\ 1 \end{pmatrix} = (0 \ 0 \ 1) \cdot \begin{pmatrix} 3 \\ 1 \\ -5 \end{pmatrix} = -5 < 0;$$

auch zu $x = \begin{pmatrix} 1 \\ 1 \\ 0 \end{pmatrix}$ ist

$$(1\ 1\ 0) \cdot \begin{pmatrix} 1 & -1 & 3 \\ -1 & 0 & 1 \\ 3 & 1 & -5 \end{pmatrix} \cdot \begin{pmatrix} 1 \\ 1 \\ 0 \end{pmatrix} = (1\ 1\ 0) \cdot \begin{pmatrix} 0 \\ -1 \\ 4 \end{pmatrix} = -1 < 0.$$

Bemerkung:

Man kann hier auch positive Werte erhalten, zum Beispiel für $x = \begin{pmatrix} 1 \\ 1 \\ 1 \end{pmatrix}$:

$$(1\ 1\ 1) \cdot \begin{pmatrix} 1 & -1 & 3 \\ -1 & 0 & 1 \\ 3 & 1 & -5 \end{pmatrix} \cdot \begin{pmatrix} 1 \\ 1 \\ 1 \end{pmatrix} = (1\ 1\ 1) \cdot \begin{pmatrix} 3 \\ 0 \\ -1 \end{pmatrix} = 2 > 0.$$

9 Funktionen mit mehreren Veränderlichen

A901

Aufgabe 9.1.1

Betrachtet werden die folgenden Funktionen $\mathbb{R}^2 \to \mathbb{R}$:

$$f(x,y) = y \cdot e^{xy}, \qquad g(x,y) = \sqrt{1 - x^2 - y^2}, \qquad h(x,y) = \sqrt{x^2 + y^2}.$$

a) Wie lauten die in Polarkoordinaten ausgedrückten Funktionsvorschriften?

b) Machen Sie sich mit Hilfe der partiellen Funktionen bzw. mit Hilfe der Polarkoordinaten-Ausdrücke ein Bild zu den Funktionsgrafen.

Lösung:

a) Mit $x = r \cdot \cos\varphi$ und $y = r \cdot \sin\varphi$ erhält man:

$$f(r,\varphi) = r \cdot \sin\varphi \cdot e^{r^2 \cos\varphi \sin\varphi}.$$

Diese Darstellung kann man nicht wesentlich vereinfachen.

Bei g und h erlaubt $\cos^2\varphi + \sin^2\varphi = 1$ (trigonometrischer Pythagoras, s. Satz 1.1.55, 2.) deutliche Vereinfachungen:

$$\begin{aligned}
g(r,\varphi) &= \sqrt{1 - (r \cdot \cos\varphi)^2 - (r \cdot \sin\varphi)^2} \\
&= \sqrt{1 - r^2 \underbrace{(\cos^2\varphi + \sin^2\varphi)}_{=1}} = \sqrt{1 - r^2}, \\
h(r,\varphi) &= \sqrt{(r \cdot \cos\varphi)^2 + (r \cdot \sin\varphi)^2} = \sqrt{r^2} = r.
\end{aligned}$$

b) 1) Zu $f(x,y) = y \cdot e^{xy}$:

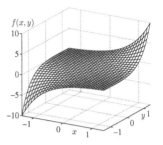

Man kann beispielsweise partielle Funktionen $f_y(x) = y \cdot e^{xy}$ in x-Richtung bei festem y betrachten. Dann ergibt sich beispielsweise

für $y = 0$: $f_0(x) = 0$,

für $y = 1$: $f_1(x) = e^x$,

für $y = 2$: $f_2(x) = 2\,e^{2x}$,

für $y = -1$: $f_{-1}(x) = -\,e^{-x}$.

Abb. 9.1 $f(x,y) = y \cdot e^{xy}$.

Insgesamt ergibt eine in Abb. 9.1 dargestellte Fläche.

2) Zu $g(x,y) = \sqrt{1 - x^2 - y^2}$:

Die partiellen Funktionen in x- und y-Richtung stellen Halbkreise dar (s. Bemerkung 1.3.3, 6.), beispielsweise

für $y = 0$ in x-Richtung:

$$g(x,0) = \sqrt{1 - x^2},$$

für $x = 0.5$ in y-Richtung:

$$g(0.5,y) = \sqrt{1 - 0.5^2 - y^2} = \sqrt{0.75 - y^2}.$$

Die Darstellung $g(r,\varphi) = \sqrt{1 - r^2}$ zeigt, dass der Funktionsgraf rotationssymmetisch ist (keine φ-Abhängigkeit) und einen rotierenden Halbkreis darstellt (s. Bemerkung 9.2.4). Er bildet also eine Halbkugel, s. Abb. 9.2.

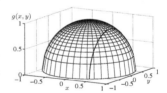

Abb. 9.2 Halbkugel.

3) Zu $h(x,y) = \sqrt{x^2 + y^2}$:

An der Darstellung $h(r,\varphi) = r$ sieht man, dass die Funktionsgraf rotationssymmetrisch ist und durch eine rotierende Diagonale gebildet wird, also einen Trichter darstellt, s. Abb. 9.3.

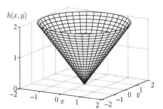

Abb. 9.3 Trichter.

Aufgabe 9.1.2 (beispielhafte Klausuraufgabe, 6 Minuten)

Welche Funktion erzeugt das darüber stehende „Funktionsgebirge"?

A902

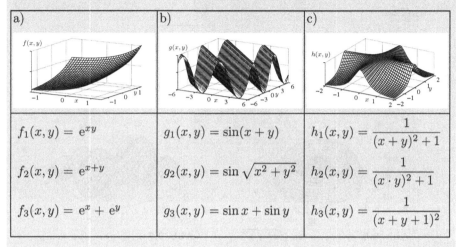

a)	b)	c)
$f_1(x,y) = e^{xy}$	$g_1(x,y) = \sin(x+y)$	$h_1(x,y) = \dfrac{1}{(x+y)^2+1}$
$f_2(x,y) = e^{x+y}$	$g_2(x,y) = \sin\sqrt{x^2+y^2}$	$h_2(x,y) = \dfrac{1}{(x\cdot y)^2+1}$
$f_3(x,y) = e^x + e^y$	$g_3(x,y) = \sin x + \sin y$	$h_3(x,y) = \dfrac{1}{(x+y+1)^2}$

Lösung:

a) Richtig ist $f_3(x,y) = e^x + e^y$.

Die partiellen Funktionen, die man sich als Schnitte durch die Flächen vorstellen kann und insbesondere am Rand der Abbildungen gut zu erkennen sind, sind zueinander verschoben. Dies leistet nur f_3.

Die anderen Funktionen haben Merkmale, die mit dem Bild nicht übereinstimmen:

Bei $f_1(x,y) = e^{xy}$ sind die Funktionswerte bei $x = 0$ und bei $y = 0$ konstant; die partiellen Funktionen für $x < 0$ bzw. $y < 0$ sind monoton fallend; für $x \to -\infty$ und $y \to -\infty$ gilt $f_1(x,y) \to +\infty$, s. Abb. 9.4.

Bei $f_2(x,y) = e^{x+y} = e^x \cdot e^y$ sind die partiellen Funktionen Vielfache voneinander; ferner sind die Funktionswerte auf Diagonalen $y = -x + c$ konstant, insbesondere auch bei $y = -x$, s. Abb. 9.5.

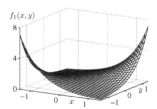

Abb. 9.4 $f_1(x,y) = e^{xy}$.

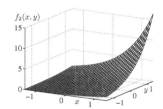

Abb. 9.5 $f_2(x,y) = e^{x+y}$.

b) Richtig ist $g_1(x, y) = \sin(x + y)$. Die partiellen Funktionen in x- und y-Richtung sind in horizontaler Richtung zueinander verschobene Sinus-Schwingungen. Dies leistet nur $g_1(x, y)$.

Die anderen Funktionen haben Merkmale, die mit dem Bild nicht übereinstimmen:

Der Funktionsgraf zu $g_2(x, y) = \sin \sqrt{x^2 + y^2}$ ist rotationssymmetrisch, $g_2(r) = \sin(r)$, und damit ein rotierender Sinus-Bogen, s. Abb. 9.6.

Die partiellen Funktionen in x- und y-Richtung von $g_3(x, y) = \sin x + \sin y$ sind in *vertikaler* Richtung zueinander verschobene Sinus-Schwingungen, s. Abb. 9.7.

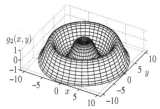

Abb. 9.6 $g_2(x, y) = \sin \sqrt{x^2 + y^2}$.

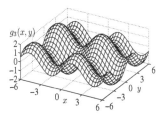

Abb. 9.7 $g_3(x, y) = \sin x + \sin y$.

c) Richtig ist $h_2(x, y) = \frac{1}{(x \cdot y)^2 + 1}$.

Partielle Funktionen bei $x = 0$ und $y = 0$ sind konstant. Dies leistet nur $h_2(x, y)$.

Die anderen Funktionen haben Merkmale, die mit dem Bild nicht übereinstimmen:

Bei $h_1(x, y) = \frac{1}{(x+y)^2+1}$ und $h_3(x, y) = \frac{1}{(x+y+1)^2}$ sind die Funktionswerte auf Diagonalen $y = -x + c$ konstant, insbesondere auch bei $y = -x$. Bei h_3 gibt es außerdem Singularitäten bei $x + y + 1 = 0$, s. Abb. 9.8 und Abb. 9.9.

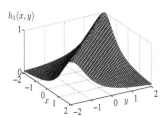

Abb. 9.8 $h_1(x, y) = \frac{1}{(x+y)^2+1}$.

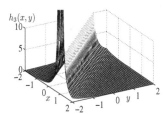

Abb. 9.9 $h_3(x, y) = \frac{1}{(x+y+1)^2}$.

A903

Aufgabe 9.1.3

Versuchen Sie, sich die Funktionsgrafen zu den durch die folgenden Ausdrücke in Polarkoordinaten gegebenen Funktionen als Flächen vorzustellen.

a) $f(r, \varphi) = \dfrac{1}{r}$,　　　　b) $g(r, \varphi) = r \cdot \sin \varphi$,

c) $h(r, \varphi) = r \cdot \sin \dfrac{\varphi}{2}$, mit $\varphi \in [0, 2\pi]$.

Lösung:

a) Da die Funktionswerte unabhängig von φ sind, ist der Funktionsgraf rotationssymmetrisch. Er stellt einen rotierenden Hyperbelast dar. Im Ursprung hat er eine Unendlichkeitsstelle und sieht dort in der Nähe aus wie ein Schornstein, s. Abb. 9.10.

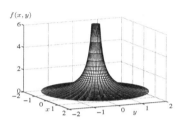

Abb. 9.10 $f(r, \varphi) = \frac{1}{r}$.

b) In radialer Richtung verhält sich die Funktion linear, d.h. man kann sich Strahlen ausgehend vom Ursprung vorstellen, die beim Winkel φ die Steigung $\sin \varphi$ besitzen.

Diese Steigungen beginnen bei Null für $\varphi = 0$ und werden für wachsendes φ größer bis zur Steigung Eins bei $\varphi = \frac{\pi}{2}$. Dann sinken die Steigungen auf Null (bei $\varphi = \pi$) und werden negativ bis zu -1 (bei $\varphi = \frac{3}{2}\pi$). Bis $\varphi = 2\pi$ wird die Steigung dann wieder Null, s. Abb. 9.11.

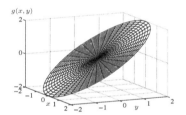

Abb. 9.11 $g(r, \varphi) = r \cdot \sin \varphi$.

Wegen $y = r \cdot \sin(\varphi)$ ist in kartesischen Koordinaten $g(x, y) = y$.

Der Funktionsgraf stellt also eine Ebene dar, die in y-Richtung steigt.

c) Wie bei b) ändert sich der Funktionswert in radialer Richtung linear.

Die Steigung in Richtung φ ist $\sin \frac{\varphi}{2}$. Dabei ist $\varphi \in [0, 2\pi]$ zu beachten, denn beispielsweise stellen $\varphi = \pi$ und $\varphi = 3\pi$ die gleichen Richtungen dar, aber $\sin \frac{\pi}{2} = +1$ und $\sin \frac{3\pi}{2} = -1$.

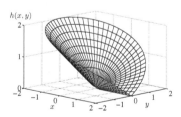

Abb. 9.12 $h(r, \varphi) = r \cdot \sin \frac{\varphi}{2}$.

Für die betrachteten φ-Werte ist $\sin \frac{\varphi}{2}$ immer größer oder gleich Null. Von der Steigung Null bei $\varphi = 0$ nimmt die Steigung zu bis zum maximalen Wert Eins bei $\varphi = \pi$. Dann nimmt sie wieder ab bis zu Null bei $\varphi = 2\pi$, s. Abb. 9.12.

Aufgabe 9.1.4 (beispielhafte Klausuraufgabe, 8 Minuten)

Drücken Sie die Punkte

$$P_1 = \begin{pmatrix} 1 \\ 0 \\ 0 \end{pmatrix}, \quad P_2 = \begin{pmatrix} 0 \\ 1 \\ 1 \end{pmatrix}, \quad P_3 = \begin{pmatrix} -1 \\ 1 \\ 0 \end{pmatrix} \quad \text{und} \quad P_4 = \begin{pmatrix} 1 \\ 1 \\ 1 \end{pmatrix}$$

einerseits in Zylinderkoordinaten und andererseits in Kugelkoordinaten aus.

Lösung:

In den folgenden Abbildungen sind die Punkte im kartesischen Koordinatensystem dargestellt und jeweils links die Beschreibung mittels Zylinder- und rechts mittels Kugelkoordinaten angedeutet (s. Definition 9.2.6 und Definition 9.2.10).

1) Abb. 9.13 zeigt die Lage von $P_1 = \begin{pmatrix} 1 \\ 0 \\ 0 \end{pmatrix}$. Daran liest man direkt ab:

  - Zylinderkoordinaten: $\varrho = 1$, $\varphi = 0$, $z = 0$,
  - Kugelkoordinaten: $r = 1$, $\varphi = 0$, $\vartheta = \frac{\pi}{2}$.

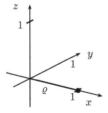
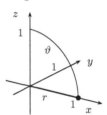

Abb. 9.13 Der Punkt $P_1 = \begin{pmatrix} 1 \\ 0 \\ 0 \end{pmatrix}$ in Zylinder- und Kugelkoordinaten.

2) Abb. 9.14 zeigt die Lage von $P_2 = \begin{pmatrix} 0 \\ 1 \\ 1 \end{pmatrix}$.

  Bei den Zylinderkoordinaten ist ϱ der Abstand zur z-Achse, hier also $\varrho = 1$, während bei den Kugelkoordinaten r den Abstand zum Ursprung angibt, hier $r = \sqrt{2}$, wie man leicht mit Hilfe des Satzes von Pythagoras sieht.

  Die Winkel kann man an Abb. 9.14 ablesen:

  - Zylinderkoordinaten: $\varrho = 1$, $\varphi = \frac{\pi}{2}$, $z = 1$,
  - Kugelkoordinaten: $r = \sqrt{2}$, $\varphi = \frac{\pi}{2}$, $\vartheta = \frac{\pi}{4}$.

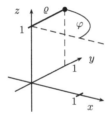
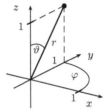

Abb. 9.14 Der Punkt $P_2 = \begin{pmatrix} 0 \\ 1 \\ 1 \end{pmatrix}$ in Zylinder- und Kugelkoordinaten.

3) Abb. 9.15 zeigt die Lage von $P_3 = \begin{pmatrix} -1 \\ 1 \\ 0 \end{pmatrix}$. Daran liest man direkt ab:

- Zylinderkoordinaten: $\varrho = \sqrt{2}$, $\varphi = \frac{3}{4}\pi$, $z = 0$,
- Kugelkoordinaten: $r = \sqrt{2}$, $\varphi = \frac{3}{4}\pi$, $\vartheta = \frac{\pi}{2}$.

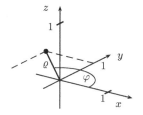 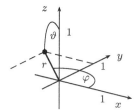

Abb. 9.15 Der Punkt $P_3 = \begin{pmatrix} -1 \\ 1 \\ 0 \end{pmatrix}$ in Zylinder- und Kugelkoordinaten.

4) Abb. 9.16 zeigt die Lage von $P_4 = \begin{pmatrix} 1 \\ 1 \\ 1 \end{pmatrix}$.

Hier ist wie bei 2) die unterschiedliche Bedeutung von ϱ und r wichtig. Den Wert von ϱ erhält man als Diagonale in einem Quadrat mit Seitenlänge 1, also $\varrho = \sqrt{2}$, den Wert von r dann im rechtwinkligen Dreieck mit den Seiten $\sqrt{2}$ (in der (x, y)-Ebene) und 1 (als Höhe) mit dem Satz von Pythagoras:

$$r = \sqrt{(\sqrt{2})^2 + 1^2} = \sqrt{3}.$$

Alternativ erhält man r als

$$r = \|\vec{p}_4\| = \left\| \begin{pmatrix} 1 \\ 1 \\ 1 \end{pmatrix} \right\| = \sqrt{1^2 + 1^2 + 1^2} = \sqrt{3}.$$

Die Winkel liest man an Abb. 9.16 ab, wobei ϑ keinen glatten Wert besitzt.

- Zylinderkoordinaten: $\varrho = \sqrt{2}$, $\varphi = \frac{\pi}{4}$, $z = 1$,
- Kugelkoordinaten: $r = \sqrt{3}$, $\varphi = \frac{\pi}{4}$, $\vartheta = \arccos \frac{1}{\sqrt{3}} = \arctan \frac{\sqrt{2}}{1}$.

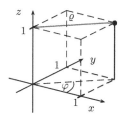 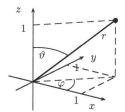

Abb. 9.16 Der Punkt $P_4 = \begin{pmatrix} 1 \\ 1 \\ 1 \end{pmatrix}$ in Zylinder- und Kugelkoordinaten.

Aufgabe 9.1.5

A905

Geben Sie verschiedene Parameterbereiche für Kugelkoordinaten r, φ und ϑ an, mit denen Sie Viertelkugeln (mit Radius 1) beschreiben können.

Wo liegen die Viertelkugeln?

Lösung:

Wegen des Radius Eins ist immer $r \in [0, 1]$. Für φ und ϑ gibt es viele Möglichkeiten; im Folgenden sind exemplarisch vier verschiedene Viertelkugeln beschrieben.

1) $\varphi \in \left[-\frac{\pi}{2}, \frac{\pi}{2}\right]$, $\vartheta \in \left[0, \frac{\pi}{2}\right]$.

2) $\varphi \in [0, \pi]$, $\vartheta \in \left[0, \frac{\pi}{2}\right]$.

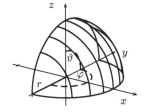

Abb. 9.17 Erste Viertelkugel.

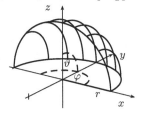

Abb. 9.18 Zweite Viertelkugel.

3) $\varphi \in \left[0, \frac{\pi}{2}\right]$, $\vartheta \in [0, \pi]$.

4) $\varphi \in \left[\frac{\pi}{2}, \frac{3}{2}\pi\right]$, $\vartheta \in \left[\frac{\pi}{2}, \pi\right]$.

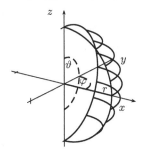

Abb. 9.19 Dritte Viertelkugel.

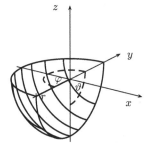

Abb. 9.20 Vierte Viertelkugel.

Aufgabe 9.1.6

A906

Das elektrische Feld eines langen geladenen Stabes ist radial vom Stab weg gerichtet und hat einen Betrag $\frac{c}{\text{Abstand zum Stab}}$ mit einer Konstanten c.

Geben Sie eine formelmäßige Beschreibung des Feldes in geeigneten Koordinaten an.

Lösung:

Es bietet sich an, die z-Achse eines Koordinatensystems in den Stab zu legen und (lokale) Zylinderkoordinaten zur Beschreibung des Feldes zu wählen (s. Bemerkung 9.2.9).

Die elektischen Feldlinien zeigen dann in ϱ-Richtung, also parallel zu $\vec{e}_\varrho$. Wegen

ϱ = Abstand zum Stab

und $\|\vec{e}_\varrho\| = 1$ kann man das elektrische Feld beschreiben durch

$$\vec{E} = \frac{c}{\varrho} \cdot \vec{e}_\varrho.$$

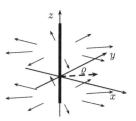

Abb. 9.21 Feld in Zylinderkoordinaten.

Aufgabe 9.1.7

A907

Ziel der Aufgabe ist die Bestimmung des elektrischen Feldes eines Dipols mit entgegengesetzten Ladungen an den Stellen $(0, 0, \frac{d}{2})$ und $(0, 0, -\frac{d}{2})$.

Anleitung:

a) Das elektrische Feld einer Punktladung ist (abhängig vom Vorzeichen der Ladung) von der Ladung weg bzw. zu ihr hin gerichtet und hat den Betrag

$$\frac{c}{(\text{Abstand zur Ladung})^2}$$

mit einer Konstanten c.

Nutzen Sie dies, um herzuleiten, dass (in Zylinderkoordinaten und bzgl. der lokalen Koordinaten) das Feld $\vec{E}_1$ einer Punktladung in $(0, 0, \frac{d}{2})$ an der durch ϱ, φ und z gegebenen Stelle beschrieben wird durch

$$\vec{E}_1 = \frac{c}{\left(\varrho^2 + (z - \frac{d}{2})^2\right)^{3/2}} \cdot \left(\varrho \cdot \vec{e}_\varrho + (z - \frac{d}{2}) \cdot \vec{e}_z\right).$$

b) Wie lautet das Feld $\vec{E}_2$ einer entgegengesetzt geladenen Punktladung in $(0, 0, -\frac{d}{2})$?

c) Das Dipolfeld entsteht durch Überlagerung von $\vec{E}_1$ und $\vec{E}_2$:

$$\vec{E}_{\text{Dipol}} = \vec{E}_1 + \vec{E}_2.$$

Nehmen Sie d als klein an und nutzen Sie eine lineare Näherung bzgl. d, um $\vec{E}_{\text{Dipol}}$ näherungsweise zu vereinfachen.

Lösung:

a) Der Vektor $\vec{E}_1$ zeigt in die glei-
che Richtung wie der Vektor $\vec{h} = \overrightarrow{PQ}$ (s. Abb. 9.22). Diesen Vektor
kann man darstellen als

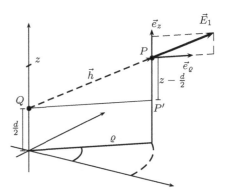

$$\vec{h} = \varrho \cdot \vec{e}_\varrho + \left(z - \frac{d}{2}\right) \cdot \vec{e}_z.$$

Die Länge des Vektors $\vec{h}$ ist genau der Abstand vom Punkt P
zur Ladung; offensichtlich ist

$$\|\vec{h}\| = \sqrt{\varrho^2 + \left(z - \frac{d}{2}\right)^2}.$$

Abb. 9.22 Hilfsgrößen zur Berechnung.

Nun gilt für die Länge von $\vec{E}_1$:

$$\|\vec{E}_1\| = \frac{c}{(\text{Abstand zur Ladung})^2} = \frac{c}{\|\vec{h}\|^2}.$$

Durch entsprechende Skalierung erhält man

$$\vec{E}_1 = \|\vec{E}_1\| \cdot \frac{1}{\|\vec{h}\|} \cdot \vec{h} = \frac{c}{\|\vec{h}\|^2} \cdot \frac{1}{\|\vec{h}\|} \cdot \vec{h} = \frac{c}{\|\vec{h}\|^3} \cdot \vec{h}$$

$$= \frac{c}{\left(\varrho^2 + (z - \frac{d}{2})^2\right)^{3/2}} \cdot \left(\varrho \cdot \vec{e}_\varrho + \left(z - \frac{d}{2}\right) \cdot \vec{e}_z\right).$$

b) Man erhält die Formeln für $\vec{E}_2$, indem man in den Formeln für $\vec{E}_1$ „$z - \frac{d}{2}$"
durch „$z + \frac{d}{2}$" und c durch $-c$ ersetzt:

$$\vec{E}_2 = \frac{-c}{\left(\varrho^2 + \left(z + \frac{d}{2}\right)^2\right)^{3/2}} \cdot \left(\varrho \cdot \vec{e}_\varrho + \left(z + \frac{d}{2}\right) \cdot \vec{e}_z\right).$$

c) Für das Dipolfeld $\vec{E}_{\text{Dipol}}$ erhält man als Überlagerung

$$\vec{E}_{\text{Dipol}} = \vec{E}_1 + \vec{E}_2$$

$$= c \cdot \varrho \cdot \left(\frac{1}{\left(\varrho^2 + \left(z - \frac{d}{2}\right)^2\right)^{3/2}} - \frac{1}{\left(\varrho^2 + \left(z + \frac{d}{2}\right)^2\right)^{3/2}}\right) \cdot \vec{e}_\varrho$$

$$+ c \cdot \left(\frac{z - \frac{d}{2}}{\left(\varrho^2 + \left(z - \frac{d}{2}\right)^2\right)^{3/2}} - \frac{z + \frac{d}{2}}{\left(\varrho^2 + \left(z + \frac{d}{2}\right)^2\right)^{3/2}}\right) \cdot \vec{e}_z.$$

Die Ausdrücke in den großen Klammern kann man auffassen als

$$f_1\left(\tfrac{d}{2}\right) - f_1\left(-\tfrac{d}{2}\right) \qquad \text{zu} \quad f_1(x) := \frac{1}{\left(\varrho^2 + (z-x)^2\right)^{3/2}}$$

bzw.

$$f_2\left(\tfrac{d}{2}\right) - f_2\left(-\tfrac{d}{2}\right) \qquad \text{zu} \quad f_2(x) := \frac{z-x}{\left(\varrho^2 + (z-x)^2\right)^{3/2}}.$$

Bei kleinem d ist (s. Bemerkung 5.1.9)

$$f_1\left(\tfrac{d}{2}\right) \approx f_1(0) + \tfrac{d}{2} \cdot f_1'(0) \quad \text{und} \quad f_1\left(-\tfrac{d}{2}\right) \approx f_1(0) - \tfrac{d}{2} \cdot f'(0),$$

also

$$f_1\left(\tfrac{d}{2}\right) - f_1\left(-\tfrac{d}{2}\right) \approx \left(f_1(0) + \tfrac{d}{2} \cdot f_1'(0)\right) - \left(f_1(0) - \tfrac{d}{2} \cdot f_1'(0)\right)$$
$$= 2 \cdot \tfrac{d}{2} \cdot f_1'(0) = d \cdot f_1'(0),$$

und entsprechend

$$f_2\left(\tfrac{d}{2}\right) - f_2\left(-\tfrac{d}{2}\right) \approx d \cdot f_2'(0).$$

Es ist

$$f_1'(x) = -\frac{3}{2} \cdot \frac{-2(z-x)}{\left(\varrho^2 + (z-x)^2\right)^{5/2}} = \frac{3(z-x)}{\left(\varrho^2 + (z-x)^2\right)^{5/2}},$$

also

$$f_1'(0) = \frac{3z}{\left(\varrho^2 + z^2\right)^{5/2}} = \frac{3z}{r^5} \qquad \text{mit} \quad r = \sqrt{\varrho^2 + z^2}$$

und wegen $f_2(x) = (x-z) \cdot f_1(x)$ nach der Produktregel

$$f_2'(x) = -f_1(x) + (z-x) \cdot f_1'(x),$$

also

$$f_2'(0) = -f_1(0) + z \cdot f_1'(0) = -\frac{1}{r^3} + \frac{3z^2}{r^5}.$$

Damit ergibt sich für das Dipolfeld angenähert

$$\text{Länge des } \vec{e}_\varrho\text{-Anteils} = c \cdot \varrho \cdot \left(f_1\left(\tfrac{d}{2}\right) - f_1\left(-\tfrac{d}{2}\right)\right)$$

$$\approx c \cdot \varrho \cdot d \cdot f_1'(0) = c \cdot \varrho \cdot d \cdot \frac{3z}{r^5},$$

$$\text{Länge des } \vec{e}_z\text{-Anteils} = c \cdot \left(f_2\left(\tfrac{d}{2}\right) - f_2\left(-\tfrac{d}{2}\right)\right)$$

$$\approx c \cdot d \cdot f_2'(0) = c \cdot d \cdot \left(\frac{3z^2}{r^5} - \frac{1}{r^3}\right).$$

Damit kann das Dipolfeld annähernd beschrieben werden durch:

$$\vec{E}_{\text{Dipol}} \approx c \cdot d \cdot \left(\frac{3\varrho z}{r^5} \cdot \vec{e}_\varrho + \left(\frac{3z^2}{r^5} - \frac{1}{r^3}\right) \cdot \vec{e}_z\right).$$

A908

Aufgabe 9.1.8 (beispielhafte Klausuraufgabe, 8 Minuten)

Betrachtet wird das in (lokalen) Kugelkoordinaten gegebene Vektorfeld

$$\vec{F} : \mathbb{R}^3 \to \mathbb{R}^3, \quad \vec{F}(r, \varphi, \vartheta) = r \cdot \cos\varphi \cdot \vec{e}_r + r \cdot \sin\varphi \cdot \vec{e}_\varphi + \sin\vartheta \cdot \vec{e}_\vartheta.$$

Geben Sie den Funktionsvektor an der (in kartesischen Koordinaten gegebenen) Stelle $(x_0, y_0, z_0) = (0, 2, 0)$ einerseits in lokalen Kugelkoordinaten und andererseits in kartesischen Koordinaten an.

Lösung:

Die Stelle $(x_0, y_0, z_0) = (0, 2, 0)$ entspricht in Kugelkoordinaten

$$r = 2, \quad \varphi = \frac{\pi}{2} \quad \text{und} \quad \vartheta = \frac{\pi}{2},$$

s. Abb. 9.23.

Der Funktionsvektor an der Stelle ist also in den (lokalen) Kugelkoordinaten gegeben durch

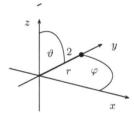

Abb. 9.23 Kugelkoordinaten zu $P_2 = \begin{pmatrix} 0 \\ 2 \\ 0 \end{pmatrix}$.

$$\vec{F} = \vec{F}(2, \frac{\pi}{2}, \frac{\pi}{2})$$

$$= 2 \cdot \cos\frac{\pi}{2} \cdot \vec{e}_r + 2 \cdot \sin\frac{\pi}{2} \cdot \vec{e}_\varphi + \sin\frac{\pi}{2} \cdot \vec{e}_\vartheta$$

$$= \quad 0 \quad + \quad 2 \cdot \vec{e}_\varphi + \quad 1 \cdot \vec{e}_\vartheta.$$

Beim lokalen Koordinatensystem (s. Bemerkung 9.2.14) an der Stelle $(x_0, y_0, z_0) = (0, 2, 0)$ liegt $\vec{e}_\varphi$ in negativer x-Richtung und $\vec{e}_\vartheta$ in negativer z-Richtung (s. Abb. 9.24), so dass man in kartesischen Koordinaten

$$\vec{F} = \begin{pmatrix} -2 \\ 0 \\ -1 \end{pmatrix}$$

erhält.

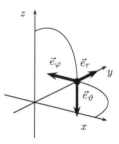

Abb. 9.24 Lokales Koordinatensystem.

10 Differenzialrechnung bei mehreren Veränderlichen

10.1 Partielle Ableitung und Gradient

Aufgabe 10.1.1

A931

Berechnen Sie zu den folgenden Funktionen sämtliche partielle Ableitungen erster und zweiter Ordnung.

a) $f : \mathbb{R}^3 \to \mathbb{R}$, $f(x, y, z) = \dfrac{x^2 y}{z^2 + 1}$.

b) $f : \mathbb{R}^2 \to \mathbb{R}$, $f(x, y) = \mathrm{e}^{xy} \cdot \sin(x^2 + y)$.

Lösung:

a) Die Ableitungen erster Ordnung sind

$$\frac{\partial}{\partial x} f(x, y, z) = \frac{2xy}{z^2 + 1},$$

$$\frac{\partial}{\partial y} f(x, y, z) = \frac{x^2}{z^2 + 1},$$

$$\frac{\partial}{\partial z} f(x, y, z) = x^2 y \cdot \frac{-2z}{\left(z^2 + 1\right)^2}.$$

Die Ableitungen zweiter Ordung sind

$$\frac{\partial^2}{\partial x^2} f(x, y, z) = \frac{\partial}{\partial x} \frac{\partial}{\partial x} f(x, y, z) = \frac{2y}{z^2 + 1},$$

$$\frac{\partial}{\partial y} \frac{\partial}{\partial x} f(x, y, z) = \frac{2x}{z^2 + 1},$$

$$\frac{\partial}{\partial z} \frac{\partial}{\partial x} f(x, y, z) = 2xy \cdot \frac{-2z}{\left(z^2 + 1\right)^2},$$

© Der/die Autor(en), exklusiv lizenziert an
Springer-Verlag GmbH, DE, ein Teil von Springer Nature 2023
G. Hoever, *Arbeitsbuch höhere Mathematik*,
https://doi.org/10.1007/978-3-662-68268-5_21

$$\frac{\partial}{\partial x}\frac{\partial}{\partial y}f(x,y,z) = \frac{2x}{z^2+1},$$

$$\frac{\partial^2}{\partial y^2}f(x,y,z) = \frac{\partial}{\partial y}\frac{\partial}{\partial y}f(x,y,z) = 0,$$

$$\frac{\partial}{\partial z}\frac{\partial}{\partial y}f(x,y,z) = x^2 \cdot \frac{-2z}{\left(z^2+1\right)^2},$$

$$\frac{\partial}{\partial x}\frac{\partial}{\partial z}f(x,y,z) = 2xy \cdot \frac{-2z}{\left(z^2+1\right)^2},$$

$$\frac{\partial}{\partial y}\frac{\partial}{\partial z}f(x,y,z) = x^2 \cdot \frac{-2z}{\left(z^2+1\right)^2},$$

$$\begin{aligned}
\frac{\partial^2}{\partial z^2}f(x,y,z) &= \frac{\partial}{\partial z}\frac{\partial}{\partial z}f(x,y,z)\\
&= x^2y \cdot \frac{-2\cdot\left(z^2+1\right)^2 + 2z\cdot 2\left(z^2+1\right)\cdot 2z}{\left(z^2+1\right)^4}\\
&= x^2y\frac{6z^2-2}{\left(z^2+1\right)^3}.
\end{aligned}$$

Man sieht, dass entsprechend des Satz von Schwarz (s. Satz 10.1.4) gilt:

$$\frac{\partial}{\partial x}\frac{\partial}{\partial y}f(x,y,z) = \frac{\partial}{\partial y}\frac{\partial}{\partial x}f(x,y,z),$$

$$\frac{\partial}{\partial x}\frac{\partial}{\partial z}f(x,y,z) = \frac{\partial}{\partial z}\frac{\partial}{\partial x}f(x,y,z) \qquad \text{und}$$

$$\frac{\partial}{\partial y}\frac{\partial}{\partial z}f(x,y,z) = \frac{\partial}{\partial z}\frac{\partial}{\partial y}f(x,y,z).$$

b) Die Ableitungen erster Ordnung sind

$$\frac{\partial}{\partial x}f(x,y) = y\cdot \mathrm{e}^{xy}\cdot\sin\left(x^2+y\right) + \mathrm{e}^{xy}\cdot 2x\cdot\cos\left(x^2+y\right),$$

$$\frac{\partial}{\partial y}f(x,y) = x\cdot \mathrm{e}^{xy}\cdot\sin\left(x^2+y\right) + \mathrm{e}^{xy}\cdot\cos\left(x^2+y\right).$$

Die Ableitungen zweiter Ordnung sind

$$\begin{aligned}
\frac{\partial^2}{\partial x^2}f(x,y) &= y^2\cdot \mathrm{e}^{xy}\cdot\sin\left(x^2+y\right) + y\cdot \mathrm{e}^{xy}\cdot 2x\cdot\cos\left(x^2+y\right)\\
&\quad + y\cdot \mathrm{e}^{xy}\cdot 2x\cdot\cos\left(x^2+y\right) + 2\,\mathrm{e}^{xy}\cdot\cos\left(x^2+y\right)\\
&\quad - 2x\cdot \mathrm{e}^{xy}\cdot\sin\left(x^2+y\right)\cdot 2x\\
&= \mathrm{e}^{xy}\cdot\left[\left(y^2-4x^2\right)\cdot\sin\left(x^2+y\right)\right.\\
&\quad \left. + (4xy+2)\cdot\cos\left(x^2+y\right)\right],
\end{aligned}$$

$$\frac{\partial}{\partial y}\frac{\partial}{\partial x} f(x,y) = e^{xy} \cdot \sin\left(x^2 + y\right) + xy \cdot e^{xy} \cdot \sin\left(x^2 + y\right)$$
$$+ y \cdot e^{xy} \cdot \cos\left(x^2 + y\right) + x \cdot e^{xy} \cdot 2x \cdot \cos\left(x^2 + y\right)$$
$$- 2x \cdot e^{xy} \cdot \sin\left(x^2 + y\right)$$
$$= e^{xy} \cdot \left[(1 - 2x + xy) \cdot \sin\left(x^2 + y\right)\right.$$
$$\left. + \left(2x^2 + y\right) \cdot \cos\left(x^2 + y\right)\right],$$

$$\frac{\partial}{\partial x}\frac{\partial}{\partial y} f(x,y) = e^{xy} \cdot \sin\left(x^2 + y\right) + xy \cdot e^{xy} \cdot \sin\left(x^2 + y\right)$$
$$+ 2x^2 \cdot e^{xy} \cdot \cos\left(x^2 + y\right) + y \cdot e^{xy} \cdot \cos\left(x^2 + y\right)$$
$$- 2x \cdot e^{xy} \cdot \sin\left(x^2 + y\right)$$
$$= e^{xy} \cdot \left[(1 - 2x + xy) \cdot \sin\left(x^2 + y\right)\right.$$
$$\left. + \left(2x^2 + y\right) \cdot \cos\left(x^2 + y\right)\right]$$
$$= \frac{\partial}{\partial y}\frac{\partial}{\partial x} f(x,y),$$

$$\frac{\partial^2}{\partial y^2} f(x,y) = x^2 \cdot e^{xy} \cdot \sin\left(x^2 + y\right) + x \cdot e^{xy} \cdot \cos\left(x^2 + y\right)$$
$$+ x \cdot e^{xy} \cdot \cos\left(x^2 + y\right) - e^{xy} \cdot \sin\left(x^2 + y\right)$$
$$= e^{xy} \cdot \left[\left(x^2 - 1\right) \cdot \sin\left(x^2 + y\right) + 2x \cdot \cos\left(x^2 + y\right)\right].$$

Aufgabe 10.1.2

A932

Zu zwei Vektoren $\mathbf{a}, \mathbf{b} \in \mathbb{R}^n$, $\mathbf{a} = (a_1, \ldots, a_n)$, $\mathbf{b} = (b_1, \ldots, b_n)$ wird das Skalarprodukt $\mathbf{a} \cdot \mathbf{b} = a_1 b_1 + \ldots + a_n b_n$ betrachtet. Berechnen Sie grad $f(\mathbf{x})$ zu den folgenden Funktionen:

a) $f : \mathbb{R}^n \to \mathbb{R}$, $f(\mathbf{x}) = \mathbf{a} \cdot \mathbf{x}$ zu fest gewähltem $\mathbf{a} \in \mathbb{R}^n$.

b) $f : \mathbb{R}^n \to \mathbb{R}$, $f(\mathbf{x}) = \mathbf{x} \cdot \mathbf{x}$.

c) Zu einer symmetrischen Matrix $A \in \mathbb{R}^{n \times n}$ und einem Vektor $\mathbf{x} \in \mathbb{R}^n$ kann man die quadratische Form $\mathbf{x}^T A \mathbf{x}$ bilden. Sei

$$f : \mathbb{R}^2 \to \mathbb{R}, \quad \mathbf{x} \mapsto \mathbf{x}^T A \mathbf{x} \quad \text{mit} \quad A = \begin{pmatrix} 5 & 2 \\ 2 & -1 \end{pmatrix}.$$

Sehen Sie einen Zusammenhang zwischen A und grad $f(\mathbf{x})$?

Lösung:

a) Mit $\mathbf{x} = (x_1, x_2, \ldots, x_n)$ ist

$$f(\mathbf{x}) = \mathbf{a} \cdot \mathbf{x} = a_1 x_1 + a_2 x_2 + \ldots + a_n x_n,$$

also

$$\frac{\partial}{\partial x_1} f(\mathbf{x}) = a_1, \quad \frac{\partial}{\partial x_2} f(\mathbf{x}) = a_2, \quad \ldots \quad, \frac{\partial}{\partial x_n} f(\mathbf{x}) = a_n.$$

Also ist

$$\operatorname{grad} f(\mathbf{x}) = (a_1, a_2, \ldots, a_n) = \mathbf{a}.$$

b) Mit $\mathbf{x} = (x_1, x_2, \ldots, x_n)$ ist

$$f(x) = \mathbf{x} \cdot \mathbf{x} = x_1^2 + x_2^2 + \ldots + x_n^2,$$

also

$$\frac{\partial}{\partial x_1} f(\mathbf{x}) = 2x_1, \quad \frac{\partial}{\partial x_2} f(\mathbf{x}) = 2x_2, \quad \ldots \quad, \frac{\partial}{\partial x_n} f(\mathbf{x}) = 2x_n.$$

Also ist

$$\operatorname{grad} f(\mathbf{x}) = (2x_1, \ldots, 2x_n) = 2\mathbf{x}.$$

c) Es ist:

$$f(x_1, x_2) = (x_1 \ x_2) \cdot \begin{pmatrix} 5 & 2 \\ 2 & -1 \end{pmatrix} \cdot \begin{pmatrix} x_1 \\ x_2 \end{pmatrix} = (x_1 \ x_2) \cdot \begin{pmatrix} 5x_1 + 2x_2 \\ 2x_1 - x_2 \end{pmatrix}$$

$$= x_1 \cdot (5x_1 + 2x_2) + x_2 \cdot (2x_1 - x_2)$$

$$= 5x_1^2 + 4x_1 x_2 - x_2^2.$$

Damit ist dann:

$$\frac{\partial}{\partial x_1} f(\mathbf{x}) = 10x_1 + 4x_2, \quad \text{und} \quad \frac{\partial}{\partial x_2} f(\mathbf{x}) = 4x_1 - 2x_2,$$

also

$$\operatorname{grad} f(\mathbf{x}) = (10x_1 + 4x_2, \, 4x_1 - 2x_2).$$

Man sieht, dass $\operatorname{grad} f(\mathbf{x}) = 2 \cdot A \cdot \mathbf{x}$ ist (genauer, wenn man Zeilen- und Spaltenvektor unterscheidet: $\operatorname{grad} f(\mathbf{x}) = 2 \cdot (A \cdot \mathbf{x})^T$).

Bemerkung:

Man sieht in den Formeln eine große Ähnlichkeit zu eindimensionalen Formeln:

- Zu $f(x) = a \cdot x$ zu fest gewähltem a ist $f'(x) = a$.
- Zu $f(x) = x^2 = x \cdot x$ ist $f'(x) = 2x$.

Die Formel zu c) gilt allgemein bei $f(\mathbf{x}) = \mathbf{x}^T A \mathbf{x}$ mit einer symmetrischen Matrix A:

$$\operatorname{grad} f(\mathbf{x}) = 2 \cdot (A \cdot \mathbf{x})^T.$$

Dies entspricht im Eindimensionen der Funktion $f(x) = a \cdot x^2$ mit der Ableitung $f'(x) = 2ax$.

Aufgabe 10.1.3

A933

a) Führen Sie von Hand je zwei Schritte des Gradientenverfahrens zur *Minimierung* von

$$f : \mathbb{R}^2 \to \mathbb{R}, \quad f(x,y) = x^4 + 2y^2 - 4xy$$

ausgehend von $(0,1)$ mit Schrittweite $\lambda = \frac{1}{2}$, $\lambda = \frac{1}{4}$ und $\lambda = \frac{1}{8}$ aus.

b) Führen Sie von Hand zwei Schritte des Gradientenverfahrens zur *Minimierung* von

$$f : \mathbb{R}^3 \to \mathbb{R}, \quad f(x_1, x_2, x_3) = 2x_1^2 - 2x_1x_2 + x_2^2 + x_3^2 - 2x_1 - 4x_3$$

ausgehend von $(2,3,4)$ mit Schrittweite $\lambda = \frac{1}{2}$ aus.

c) Schreiben Sie ein Programm zur Minimierung von f aus a) bzw. b) mittels des Gradientenverfahrens und experimentieren Sie mit verschiedenen Startwerten und unterschiedlichen Schrittweiten.

Lösung:

a) Es ist

$$\operatorname{grad} f(x,y) = \left(4x^3 - 4y, 4y - 4x\right).$$

Für den ersten Schritt des Gradientenverfahrens (s. Bemerkung 10.1.10) ist speziell

$$\operatorname{grad} f(0,1) = (-4, 4)$$

relevant.

• Bei einer Schrittweite $\lambda = \frac{1}{2}$ kommt man nach einem Schritt zu

$$\left(x^{(1)}, y^{(1)}\right) = (0,1) - \frac{1}{2}(-4,4) = (2,-1).$$

Wegen

$$\operatorname{grad} f\left(x^{(1)}, y^{(1)}\right) = \operatorname{grad} f(2,-1) = (36,-12)$$

ergibt der zweite Schritt

$$\left(x^{(2)}, y^{(2)}\right) = \left(x^{(1)}, y^{(1)}\right) - \frac{1}{2}\operatorname{grad} f\left(x^{(1)}, y^{(1)}\right)$$

$$= (2,-1) - \frac{1}{2}(36,-12) = (-16,5).$$

- Bei einer Schrittweite $\lambda = \frac{1}{4}$ kommt man nach einem Schritt zu

$$\left(x^{(1)}, y^{(1)}\right) \;=\; (0,1) - \frac{1}{4}\,(-4,4) \;=\; (1,0).$$

Wegen

$$\operatorname{grad} f\left(x^{(1)}, y^{(1)}\right) \;=\; \operatorname{grad} f(1,0) \;=\; (4,-4)$$

ergibt der zweite Schritt

$$\left(x^{(2)}, y^{(2)}\right) \;=\; (1,0) - \frac{1}{4}(4,-4) \;=\; (0,1).$$

Dies entspricht dem Ausgangspunkt. Die weiteren Iterationsstellen springen also immer zwischen $(1,0)$ und $(0,1)$.

- Bei einer Schrittweite $\lambda = \frac{1}{8}$ kommt man nach einem Schritt zu

$$\left(x^{(1)}, y^{(1)}\right) \;=\; (0,1) - \frac{1}{8}\,(-4,4) \;=\; (0.5, 0.5).$$

Wegen

$$\operatorname{grad} f\left(x^{(1)}, y^{(1)}\right) \;=\; \operatorname{grad} f(0.5, 0.5) \;=\; (-1.5, 0)$$

ergibt der zweite Schritt

$$\left(x^{(2)}, y^{(2)}\right) \;=\; (0.5, 0.5) - \frac{1}{8}(-1.5, 0) \;=\; (0.6875, 0.5).$$

b) Es ist

$$\operatorname{grad} f\left(x_1, x_2, x_3\right) \;=\; \left(4x_1 - 2x_2 - 2,\ -2x_1 + 2x_2,\ 2x_3 - 4\right),$$

speziell $\operatorname{grad} f(2,3,4) = (0,2,4)$. Nach einem Schritt kommt man zu

$$\left(x_1^{(1)}, x_2^{(1)}, x_3^{(1)}\right) \;=\; (2,3,4) - \frac{1}{2} \cdot (0,2,4) \;=\; (2,2,2).$$

Wegen $\operatorname{grad} f(2,2,2) = (2,0,0)$ ergibt sich als zweiter Schritt

$$\left(x_1^{(2)}, x_2^{(2)}, x_3^{(2)}\right) \;=\; (2,2,2) - \frac{1}{2} \cdot (2,0,0) \;=\; (1,2,2).$$

c) Bei einem Programm ist es günstig, die numerische Berechnung des Gradienten zu nutzen (s. Bemerkung 10.1.11). Man erhält dann beispielsweise in den Fällen aus a) und b) zwar nicht die exakt gleichen Werte, aber das grundsätzliche Verhalten ist ähnlich, abgesehen von dem (in der Praxis eigentlich nicht auftretenden) periodischen Fall aus a) mit Schrittweite

$\lambda = \frac{1}{4}$, bei dem die numerischen Werte zunächst geringfügig und dann immer weiter von den exakt berechneten Werten abweichen.

Neben der Implementierung eines Iterationsschritts braucht man bei einem Programm ein Abbruchkriterium. Dazu sollte man zum einen die Iterationsanzahl begrenzen. Ferner sollte man bei Divergenz abbrechen, z.B. durch Kontrolle der Beträge der Iterationsstellen. Schließlich sollte man abbrechen, wenn man sich numerisch genau genug einer Extremstelle genähert hat. Das kann man dadurch realisieren, dass man abbricht, wenn sich an den Iterationsstellen nicht mehr viel ändert (oder – gleichbedeutend – wenn der Gradient eine gewisse Länge unterschritten hat), oder wenn der Funktionswert an den Iterationsstellen sich nicht mehr viel ändert.

Beim Experimentieren mit verschiedenen Schrittweiten sieht man:

- Wählt man zu große Schrittweiten λ, so konvergiert das Verfahren nicht.

- Bei sehr kleinen Schrittweiten λ dauert es sehr lange, bis das Verfahren konvergiert, d.h., sich numerisch nicht mehr viel ändert.

Aufgabe 10.1.4

Die beiden Platten eines (unendlich ausgedehnten) Plattenkondensators seien beschrieben durch die beiden Ebenen $\{\begin{pmatrix} x \\ y \\ z \end{pmatrix} \mid x = 0\}$ und $\{\begin{pmatrix} x \\ y \\ z \end{pmatrix} \mid x = 1\}$. Das elektrisches Feld $\vec{E}$ zwischen den Kondensatorplatten ist homogen: $\vec{E}(x,y,z) = \begin{pmatrix} E_0 \\ 0 \\ 0 \end{pmatrix}$ für $0 < x < 1$.

a) Suchen Sie eine Potenzialfunktion $\Phi(x,y,z)$, also eine Funktion $\Phi : \mathbb{R}^3 \to \mathbb{R}$ mit $\vec{E} = -\operatorname{grad} \Phi$.

b) Bestimmen Sie die Äquipotenzialflächen, d.h. die Punktemengen, auf denen Φ konstant ist.

A934

Lösung:

a) Es muss gelten:

$$(E_0, 0, 0) = -\operatorname{grad} \Phi = \left(-\frac{\partial}{\partial x} \Phi, -\frac{\partial}{\partial y} \Phi, -\frac{\partial}{\partial z} \Phi \right),$$

also

$$E_0 = -\frac{\partial}{\partial x} \Phi \qquad \text{und} \qquad \frac{\partial}{\partial y} \Phi = 0 = \frac{\partial}{\partial z} \Phi.$$

Die Funktion Φ hängt also nur von x ab, und die x-Ableitung ist konstant gleich $-E_0$. Dies erfüllt $\Phi(x,y,z) = -E_0 \cdot x + c$ mit einer beliebigen Konstanten c, z.B. $c = 0$, also

$$\Phi(x,y,z) = -E_0 x.$$

b) Mit der Potenzialfunktion $\Phi(x, y, z) = -E_0 x$ erhält man

$$\text{Äquipotenzialfächen} = \text{Flächen, auf denen } \Phi \text{ konstant ist,}$$

$$= \left\{ \begin{pmatrix} x \\ y \\ z \end{pmatrix} \mid \Phi(x, y, z) = d \right\}, \quad d \text{ fest,}$$

$$= \left\{ \begin{pmatrix} x \\ y \\ z \end{pmatrix} \mid -E_0 \cdot x = d \right\}$$

$$= \left\{ \begin{pmatrix} x \\ y \\ z \end{pmatrix} \mid x = -\frac{d}{E_0} \right\}$$

$$= \text{Ebenen parallel zur}(y, z)\text{-Ebene.}$$

Die letzte Mengendarstellung kann man als Normalendarstellung einer Ebene ansehen mit Normalenvektor $\begin{pmatrix} 1 \\ 0 \\ 0 \end{pmatrix}$.

Anschaulich kann man sich den Verlauf der Äquipotenzialflächen folgendermaßen verdeutlichen: Nach Satz 10.1.8, 2., ändert sich Φ senkrecht zu $\operatorname{grad} \Phi$ nicht, d.h., die Äquipotenzialflächen verlaufen senkrecht zu $\operatorname{grad} \Phi$ und damit auch zu dem elektrischen Feld $-\operatorname{grad} \Phi = \vec{E}$. Also gilt:

$$\text{Äquipotenzialfächen}$$

$$= \text{Flächen, die senkrecht zu } \vec{E} = \begin{pmatrix} -E_0 \\ 0 \\ 0 \end{pmatrix} \text{ sind,}$$

$$= \text{Flächen, die senkrecht zur } x\text{-Richtung sind,}$$

$$= \text{Ebenen parallel zur } (y, z)\text{-Ebene.}$$

A935

Aufgabe 10.1.5

Sei $f : \mathbb{R}^3 \to \mathbb{R}$, $f(x, y, z) = x^2 \cdot \sin(yz)$.

Berechnen Sie den Gradienten zu f an der Stelle $(x_0, y_0, z_0) = (2, 1, 3)$ näherungsweise, indem Sie jeweils numerische Ableitungen nutzen, d.h. entsprechende Differenzenquotienten, mit $h = 0.1$.

Wie lautet der Gradient an der Stelle exakt?

(Nutzen Sie einen Taschenrechner!)

Lösung:

Es ist

$$\frac{\partial}{\partial x} f(x_0, y_0, z_0) \approx \frac{f(x_0 + h, y_0, z_0) - f(x_0, y_0, z_0)}{h},$$

also hier konkret

$$\frac{\partial}{\partial x} f(2, 1, 3) \approx \frac{f(2.1, 1, 3) - f(2, 1, 3)}{0.1} \approx 0.5786.$$

Es ist

$$\frac{\partial}{\partial y} f(x_0, y_0, z_0) \approx \frac{f(x_0, y_0 + h, z_0) - f(x_0, y_0, z_0)}{h},$$

also hier konkret

$$\frac{\partial}{\partial y} f(2, 1, 3) \approx \frac{f(2, 1.1, 3) - f(2, 1, 3)}{0.1} \approx -11.96.$$

Es ist

$$\frac{\partial}{\partial z} f(x_0, y_0, z_0) \approx \frac{f(x_0, y_0, z_0 + h) - f(x_0, y_0, z_0)}{h},$$

also hier konkret

$$\frac{\partial}{\partial z} f(2, 1, 3) \approx \frac{f(2, 1, 3.1) - f(2, 1, 3)}{0.1} \approx -3.982.$$

Also ist

$$\mathrm{grad}\, f(2, 1, 3) \approx (0.5786, -11.96, -3.982).$$

Exakt ist

$$\mathrm{grad}\, f(x, y, z) = (2x \cdot \sin(yz), x^2 z \cdot \cos(yz), x^2 y \cdot \cos(yz)),$$

also

$$\mathrm{grad}\, f(2, 1, 3) = (4 \cdot \sin(3), 12 \cdot \cos(3), 4 \cdot \cos(3))$$
$$\approx (0.5645, -11.88, -3.960).$$

Aufgabe 10.1.6

A936

Das Potenzial eines im Ursprung befindlichen in z-Richtung ausgerichteten Dipols ist (in einiger Entfernung vom Ursprung angenähert) durch

$$\Phi(\varrho, \varphi, z) = c \cdot \frac{z}{(\varrho^2 + z^2)^{3/2}} \quad \text{in Zylinderkoordinaten bzw.}$$

$$\Phi(r, \varphi, \vartheta) = c \cdot \frac{\cos \vartheta}{r^2} \quad \text{in Kugelkoordinaten}$$

mit einer Konstanten c gegeben.

Berechnen Sie das elektrische Feld $\vec{E} = -\mathrm{grad}\, \Phi$ einerseits in Zylinder- und andererseits in Kugelkoordinaten.

Lösung:

In Zylinderkoordinaten ist nach Satz 10.1.13, 1.,

$$\vec{E} = -\text{grad}\,\Phi = -\left(\frac{\partial\Phi}{\partial\varrho}\cdot\vec{e}_\varrho + \frac{1}{\varrho}\cdot\frac{\partial\Phi}{\partial\varphi}\cdot\vec{e}_\varphi + \frac{\partial\Phi}{\partial z}\cdot\vec{e}_z\right)$$

$$= -c\cdot\left(\left(-\frac{3}{2}\right)\cdot\frac{z}{(\varrho^2+z^2)^{5/2}}\cdot 2\varrho\cdot\vec{e}_\varrho + 0\cdot\vec{e}_\varphi\right.$$

$$\left. + \underbrace{\frac{1\cdot(\varrho^2+z^2)^{3/2} - z\cdot\frac{3}{2}\cdot(\varrho^2+z^2)^{1/2}\cdot 2z}{(\varrho^2+z^2)^3}}_{=\frac{(\varrho^2+z^2)^{1/2}\cdot[(\varrho^2+z^2)-z\cdot 3\cdot z]}{(\varrho^2+z^2)^3}=\frac{\varrho^2-2z^2}{(\varrho^2+z^2)^{5/2}}}\cdot\vec{e}_z\right)$$

$$= -c\cdot\left(\frac{-3\varrho z}{(\varrho^2+z^2)^{5/2}}\cdot\vec{e}_\varrho + \frac{\varrho^2-2z^2}{(\varrho^2+z^2)^{5/2}}\cdot\vec{e}_z\right)$$

$$= c\cdot\left(\frac{3\varrho z}{(\varrho^2+z^2)^{5/2}}\cdot\vec{e}_\varrho + \frac{2z^2-\varrho^2}{(\varrho^2+z^2)^{5/2}}\cdot\vec{e}_z\right).$$

In Kugelkoordinaten ist nach Satz 10.1.13, 2.,

$$\vec{E} = -\text{grad}\,\Phi = -\left(\frac{\partial\Phi}{\partial r}\cdot\vec{e}_r + \frac{1}{r\sin\vartheta}\frac{\partial\Phi}{\partial\varphi}\cdot\vec{e}_\varphi + \frac{1}{r}\frac{\partial\Phi}{\partial\vartheta}\cdot\vec{e}_\vartheta\right)$$

$$= -c\cdot\left(-2\frac{\cos\vartheta}{r^3}\cdot\vec{e}_r + 0\cdot\vec{e}_\varphi + \frac{1}{r}\cdot\frac{-\sin\vartheta}{r^2}\cdot\vec{e}_\vartheta\right)$$

$$= c\cdot\left(\frac{2\cos\vartheta}{r^3}\cdot\vec{e}_r + \frac{\sin\vartheta}{r^3}\cdot\vec{e}_\vartheta\right).$$

Bemerkung:

Die Darstellung in Zylinderkoordinaten entspricht der in Aufgabe 9.1.7 entwickelten Darstellung

$$\vec{E}_{\text{Dipol}} \approx c\cdot d\cdot\left(\frac{3\varrho z}{r^5}\cdot\vec{e}_\varrho + \left(\frac{3z^2}{r^5} - \frac{1}{r^3}\right)\cdot\vec{e}_z\right),$$

denn dort ist $r = \sqrt{\varrho^2+z^2}$ und daher

$$\frac{3z^2}{r^5} - \frac{1}{r^3} = \frac{3z^2-r^2}{r^5} = \frac{3z^2-(\varrho^2+z^2)}{r^5} = \frac{2z^2-\varrho^2}{(\varrho^2+z^2)^{5/2}}.$$

Aufgabe 10.1.7 (beispielhafte Klausuraufgabe, 12 Minuten)

Sei $f : \mathbb{R}^3 \to \mathbb{R}$ in Kugelkoordinaten gegeben durch

$$f(r, \varphi, \vartheta) = r^2 \cdot \cos(\varphi) \cdot \sin(2\vartheta).$$

a) Welchen Funktionswert hat f an der (in kartesischen Koordinaten gegebenen) Stelle $(x, y, z) = (1, 0, 1)$?

b) Geben Sie den Gradienten $\operatorname{grad} f(r, \varphi, \vartheta)$ in (lokalen) Kugelkoordinaten an.

c) Geben Sie den Gradienten von f an der (in kartesischen Koordinaten gegebenen) Stelle $(x, y, z) = (1, 0, 1)$ in kartesischen Koordinaten an.

A937

Lösung:

a) Abb. 10.1 zeigt die Lage von $P = \begin{pmatrix} 1 \\ 0 \\ 1 \end{pmatrix}$. Daran liest man direkt die Darstellung in Kugelkoordinaten ab:

$$r = \sqrt{2}, \quad \varphi = 0, \quad \vartheta = \frac{\pi}{4}.$$

Damit ist der Funktionswert an dieser Stelle gleich

$$f(\sqrt{2}, 0, \tfrac{\pi}{4}) = (\sqrt{2})^2 \cdot \cos(0) \cdot \sin(2 \cdot \tfrac{\pi}{4})$$
$$= 2 \cdot 1 \cdot 1 = 2.$$

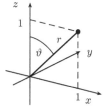

Abb. 10.1 Der Punkt $P = \begin{pmatrix} 1 \\ 0 \\ 1 \end{pmatrix}$ in Kugelkoordinaten.

b) Nach Satz 10.1.13, 2., ist

$$\operatorname{grad} f(r, \varphi, \vartheta) = \frac{\partial f}{\partial r} \cdot \vec{e}_r + \frac{1}{r \sin \vartheta} \frac{\partial f}{\partial \varphi} \cdot \vec{e}_\varphi + \frac{1}{r} \frac{\partial f}{\partial \vartheta} \cdot \vec{e}_\vartheta$$

$$= 2r \cdot \cos(\varphi) \cdot \sin(2\vartheta) \cdot \vec{e}_r$$
$$+ \frac{1}{r \sin \vartheta} \cdot r^2 \cdot (-\sin(\varphi)) \cdot \sin(2\vartheta) \cdot \vec{e}_\varphi$$
$$+ \frac{1}{r} \cdot r^2 \cdot \cos(\varphi) \cdot \cos(2\vartheta) \cdot 2 \cdot \vec{e}_\vartheta.$$

$$= 2r \cdot \cos(\varphi) \cdot \sin(2\vartheta) \cdot \vec{e}_r$$
$$- r \cdot \sin(\varphi) \cdot \frac{\sin(2\vartheta)}{\sin \vartheta} \cdot \vec{e}_\varphi$$
$$+ 2r \cdot \cos(\varphi) \cdot \cos(2\vartheta) \cdot \vec{e}_\vartheta.$$

c) An der Stelle $(x, y, z) = (1, 0, 1)$ ist entsprechend a) $r = \sqrt{2}$, $\varphi = 0$, $\vartheta = \frac{\pi}{4}$ und damit nach b) der Gradient an dieser Stelle in Kugelkoordinaten gegeben durch

$$\operatorname{grad} f(\sqrt{2}, 0, \tfrac{\pi}{4}) \;=\; 2 \cdot \sqrt{2} \cdot \cos(0) \cdot \sin(2 \cdot \tfrac{\pi}{4}) \cdot \vec{e}_r$$

$$- \sqrt{2} \cdot \sin(0) \cdot \frac{\sin(2 \cdot \tfrac{\pi}{4})}{\sin \tfrac{\pi}{4}} \cdot \vec{e}_\varphi$$

$$+ 2 \cdot \sqrt{2} \cdot \cos(0) \cdot \cos(2 \cdot \tfrac{\pi}{4}) \cdot \vec{e}_\vartheta$$

$$= 2 \cdot \sqrt{2} \cdot \vec{e}_r - 0 \cdot \vec{e}_\varphi + 0 \cdot \vec{e}_\vartheta$$

$$= 2 \cdot \sqrt{2} \cdot \vec{e}_r.$$

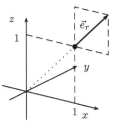

Der lokale $\vec{e}_r$-Vektor an der Stelle $(x, y, z) = (1, 0, 1)$ zeigt in diagonale (x, z)-Richtung (s. Abb. 10.2) und hat Länge 1; in kartesischen Koordinaten ist dort also $\vec{e}_r = (\tfrac{1}{\sqrt{2}}, 0, \tfrac{1}{\sqrt{2}})$ und damit

$$\operatorname{grad} f(\sqrt{2}, 0, \tfrac{\pi}{4}) \;=\; 2 \cdot \sqrt{2} \cdot \vec{e}_r \;=\; (2, 0, 2)$$

Abb. 10.2 $\vec{e}_r$-Vektor.

in kartesischen Koordinaten.

10.2 Anwendungen

10.2.1 Lokale Extremstellen

Aufgabe 10.2.1

Bestimmen Sie die stationären Punkte von

a) $f(x, y) = x^4 + 2y^2 - 4xy$,

b) $f(x_1, x_2, x_3) = 2x_1^2 - 2x_1x_2 + x_2^2 + x_3^2 - 2x_1 - 4x_3$.

Lösung:

a) Die stationären Punkte sind die Nullstellen des Gradienten. Hier ist

$$\operatorname{grad} f(x, y) \;=\; \left(4x^3 - 4y, \; 4y - 4x \right).$$

Damit gilt:

$$\operatorname{grad} f(x, y) \;=\; (0, 0)$$
$$\Leftrightarrow \quad 4x^3 - 4y \;=\; 0 \;\text{ und }\; 4y - 4x \;=\; 0$$
$$\Leftrightarrow \quad x^3 \;=\; y \;\text{ und }\; y \;=\; x$$
$$\Leftrightarrow \quad x^3 \;=\; x \;\text{ und }\; y \;=\; x$$

$\Leftrightarrow$ $(x = 0$ oder $x = 1$ oder $x = -1)$ und $y = x$.

Damit sind $(0,0)$, $(1,1)$ und $(-1,-1)$ die stationären Punkte von f.

b) Aus

$$\operatorname{grad} f(x_1, x_2, x_3) = (4x_1 - 2x_2 - 2, -2x_1 + 2x_2, 2x_3 - 4) \overset{!}{=} 0$$

ergibt sich

$$
\begin{aligned}
4x_1 - 2x_2 - 2 &= 0, \\
-2x_1 + 2x_2 &= 0, \\
2x_3 - 4 &= 0.
\end{aligned}
$$

Aus der dritten Gleichung folgt $x_3 = 2$. Addiert man die ersten beiden Gleichungen, erhält man $2x_1 - 2 = 0$, also $x_1 = 1$. Aus der zweiten Gleichung erhält man damit $x_2 = x_1 = 1$.

Der einzige stationäre Punkt von f ist daher $(1,1,2)$.

Bemerkung:

Satz 10.3.14 gibt unter Benutzung der Hesse-Matrix eine hinreichende Bedingung, ob tatsächlich eine Extremstelle vorliegt, s. Aufgabe 10.3.7.

Aufgabe 10.2.2

Eine quaderförmige Kiste, die oben offen ist, soll einen Inhalt von 32 Litern haben. Bestimmen Sie Länge, Breite und Höhe so, dass der Materialverbrauch für die Kiste minimal ist.

A939

Lösung:

Sei x die Länge, y die Breite und z die Höhe der Kiste.

Dann ist der Materialverbrauch für die Kiste

$$f(x,y,z) = \underbrace{x \cdot y}_{\text{Boden}} + \underbrace{2 \cdot xz + 2 \cdot yz}_{\text{Seitenwände}}.$$

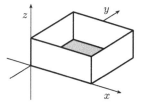

Abb. 10.3 Quaderförmige Kiste

Mit der Nebenbedingung, dass der Inhalt 32 Liter betragen soll, kann man eine der Variablen durch die anderen ausdrücken. Mit

$$V = 32 \text{ Liter} = 32 \, \text{dm}^3$$

ist

$$x \cdot y \cdot z = V \quad \Leftrightarrow \quad z = \frac{V}{x \cdot y}.$$

Zu minimieren ist also die Funktion

$$g(x,y) = f\left(x, y, \frac{V}{x \cdot y}\right) = xy + 2 \cdot x \cdot \frac{V}{x \cdot y} + 2 \cdot y \cdot \frac{V}{x \cdot y}$$
$$= xy + \frac{2V}{y} + \frac{2V}{x}.$$

Kandidaten für Extremstellen sind Nullstellen des Gradienten:

$$\operatorname{grad} g(x,y) = \left(y - \frac{2V}{x^2}, \, x - \frac{2V}{y^2}\right) \overset{!}{=} (0,0)$$

$$\Leftrightarrow \quad y = \frac{2V}{x^2} \quad \text{und} \quad x = \frac{2V}{y^2}$$

$$\Leftrightarrow \quad y = \frac{2V}{x^2} \quad \text{und} \quad x = \frac{2V}{\left(\frac{2V}{x^2}\right)^2} = \frac{x^4}{2V}$$

$$\Leftrightarrow \quad y = \frac{2V}{x^2} \quad \text{und} \quad 2V = x^3$$

$$\Leftrightarrow \quad x = \sqrt[3]{2V} = \sqrt[3]{64\,\mathrm{dm}^3} = 4\,\mathrm{dm} \quad \text{und}$$
$$y = \frac{2V}{(\sqrt[3]{2V})^2} = 2V \cdot (2V)^{-\frac{2}{3}} = (2V)^{\frac{1}{3}} = \sqrt[3]{2V}$$
$$= \sqrt[3]{64\,\mathrm{dm}^3} = 4\,\mathrm{dm}.$$

Also ist $(4\,\mathrm{dm}, 4\,\mathrm{dm})$ die einzige potenzielle Extremstelle.

Da es offensichtlich eine optimale Dimensionierung gibt (für $x \to 0$ oder $x \to \infty$ gilt $g(x,y) \to \infty$, entsprechend für y), ist $(4\,\mathrm{dm}, 4\,\mathrm{dm})$ Minimalstelle von g.

Der Materialverbrauch wird also minimal für

Länge $=$ Breite

und

$$\text{Höhe} = z = \frac{32\,\mathrm{dm}^3}{x \cdot y} = \frac{32\,\mathrm{dm}^3}{4\,\mathrm{dm} \cdot 4\,\mathrm{dm}} = 2\,\mathrm{dm}.$$

A940

Aufgabe 10.2.3

Berechnen Sie eine Ausgleichsgerade zu den drei Punkten

$$(-2,0), \quad (0,1) \quad \text{und} \quad (1,2),$$

d.h. eine Gerade, so dass die Summe der Quadrate der markierten Abstände (in y-Richtung) minimal ist

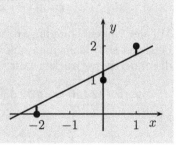

Lösung:

Gesucht sind die Parameter a und m der Geradengleichung $g(x) = mx + a$ mit minimalem

$$
\begin{aligned}
d \;=\; d(m,a) \;&=\; \big(g(-2) - 0\big)^2 + \big(g(0) - 1\big)^2 + \big(g(1) - 2\big)^2 \\
&=\; \big(-2m + a\big)^2 + \big(a - 1\big)^2 + \big(m + a - 2\big)^2 \\
&=\; 4m^2 - 4ma + a^2 \;\;+\;\; a^2 - 2a + 1 \\
&\qquad +\;\; m^2 + a^2 + 4 + 2am - 4m - 4a. \\
&=\; 5m^2 - 2ma + 3a^2 - 6a - 4m + 5.
\end{aligned}
$$

Es ist

$$
\operatorname{grad} d(m,a) \;=\; (10m - 2a - 4,\; -2m + 6a - 6).
$$

Kandidaten für Extremstellen sind Nullstellen des Gradienten, also

$$
\begin{aligned}
10m - 2a - 4 \;&=\; 0 \quad \text{und} \quad -2m + 6a - 6 \;=\; 0 \\
\Leftrightarrow \quad 5m - a \;&=\; 2 \quad\;\; \text{und} \quad\;\; -m + 3a \;=\; 3.
\end{aligned}
$$

Addiert man das Dreifache der ersten Gleichung zur zweiten, so ergibt sich $14m = 9$, also $m = \frac{9}{14}$. Aus der ersten Gleichung erhält man damit

$$
a \;=\; 5m - 2 \;=\; 5 \cdot \frac{9}{14} - 2 \;=\; \frac{45 - 28}{14} \;=\; \frac{17}{14}.
$$

Da es offensichtlich eine optimale Gerade gibt, muss dieser einzige Kandidat $m = \frac{9}{14}$ und $a = \frac{17}{14}$ die gesuchte Minimalstelle sein, d.h., die Ausgleichsgerade wird beschrieben durch

$$
g(x) \;=\; \frac{9}{14}x + \frac{17}{14}.
$$

Aufgabe 10.2.4 (vgl. Aufgabe 7.5.13)

A941

Ziel ist die Bestimmung des an den Punkt $\vec{q} = \begin{pmatrix} 2 \\ 3 \\ 3 \end{pmatrix}$ nächstgelegenen Punktes auf der Ebene

$$
E \;=\; \left\{ \begin{pmatrix} 2 \\ -2 \\ 1 \end{pmatrix} + \lambda \begin{pmatrix} 1 \\ 0 \\ 1 \end{pmatrix} + \mu \begin{pmatrix} 0 \\ -1 \\ 2 \end{pmatrix} \;\middle|\; \lambda, \mu \in \mathbb{R} \right\}.
$$

Bestimmen Sie dazu den Abstand $d(\lambda, \mu)$ eines beliebigen mit den Parametern λ und μ festgelegten Punktes der Ebene E zu $\vec{q}$ und suchen Sie eine Minimalstelle dieser Funktion.

Lösung:

Es ist

$$
d(\lambda, \mu) = \left\| \left(\begin{pmatrix} 2 \\ -2 \\ 1 \end{pmatrix} + \lambda \begin{pmatrix} 1 \\ 0 \\ 1 \end{pmatrix} + \mu \begin{pmatrix} 0 \\ -1 \\ 2 \end{pmatrix} \right) - \begin{pmatrix} 2 \\ 3 \\ 3 \end{pmatrix} \right\|
$$

$$
= \left\| \begin{pmatrix} \lambda \\ -5 - \mu \\ -2 + \lambda + 2\mu \end{pmatrix} \right\|
$$

$$
= \sqrt{\lambda^2 + (-5 - \mu)^2 + (-2 + \lambda + 2\mu)^2}
$$

$$
= \sqrt{\lambda^2 + 25 + 10\mu + \mu^2 \ldots}
$$

$$
\overline{\ldots + 4 + \lambda^2 + 4\mu^2 - 4\lambda - 8\mu + 4\lambda\mu}
$$

$$
= \sqrt{2\lambda^2 + 5\mu^2 + 4\lambda\mu - 4\lambda + 2\mu + 29}.
$$

Kandidaten für Extremstellen sind Nullstellen des Gradienten, also

$$
(0,0) = \operatorname{grad} d(\lambda, \mu)
$$

$$
= \left(\frac{4\lambda + 4\mu - 4}{2\sqrt{2\lambda^2 + 5\mu^2 + 4\lambda\mu - 4\lambda + 2\mu + 29}}, \right.
$$

$$
\left. \frac{10\mu + 4\lambda + 2}{2\sqrt{2\lambda^2 + 5\mu^2 + 4\lambda\mu - 4\lambda + 2\mu + 29}} \right).
$$

Dazu müssen die jeweiligen Zähler gleich Null sein:

$$
4\lambda + 4\mu - 4 = 0 \quad \text{und} \quad 10\mu + 4\lambda + 2 = 0
$$

$$
\Leftrightarrow \quad \lambda + \mu = 1 \quad \text{und} \quad 2\lambda + 5\mu = -1.
$$

Subtrahiert man die zweite Gleichung vom Doppelten der ersten Gleichung, erhält man $-3\mu = 3$, also $\mu = -1$, und aus der ersten Gleichung folgt dann $\lambda = 1 - \mu = 2$.

Als einziger Kandidat für eine Extremstelle muss dies die gesuchte Minimalstelle sein. Der nächstgelegene Punkt an $\vec{q}$ auf E ist also

$$
\begin{pmatrix} 2 \\ -2 \\ 1 \end{pmatrix} + 2 \cdot \begin{pmatrix} 1 \\ 0 \\ 1 \end{pmatrix} + (-1) \cdot \begin{pmatrix} 0 \\ -1 \\ 2 \end{pmatrix} = \begin{pmatrix} 4 \\ -1 \\ 1 \end{pmatrix}.
$$

Bemerkungen:

1. Statt eine Minimalstelle von $d(\lambda, \mu)$ zu suchen, kann man auch

$$
d^2(\lambda, \mu) = 2\lambda^2 + 5\mu^2 + 4\lambda\mu - 4\lambda + 2\mu + 29
$$

minimieren, da (wegen $d \geq 0$) die Minimalstellen von d genau die Minimalstellen von d^2 sind. Als Gradienten erhält man dann

$$\operatorname{grad} d^2(\lambda, \mu) = (4\lambda + 4\mu - 4, 10\mu + 4\lambda + 2);$$

die Einträge sind (als innere Ableitungen) genau die Zähler der Darstellung von grad d von oben. Nullsetzen des Gradienten führt dann auf das obige Gleichungssystem.

2. In Aufgabe 7.5.13 wurde der Punkt auf ganz andere Weise mit Methoden der Vektorrechnung bestimmt.

10.2.2 Jacobi-Matrix und lineare Approximation

Aufgabe 10.2.5

A942

Berechnen Sie die Jacobi-Matrizen zu

a) $f : \mathbb{R}^4 \to \mathbb{R}^3$, $f(x_1, x_2, x_3, x_4) = \begin{pmatrix} x_1 x_2 \, e^{x_3} \\ x_2 x_3 x_4 \\ x_4 \end{pmatrix}$,

b) $g : \mathbb{R}^2 \to \mathbb{R}^4$, $g(x, y) = \begin{pmatrix} 1 \\ x \\ x \\ xy \end{pmatrix}$.

Lösung:

Mit den partiellen Ableitungen der Komponentenfunktionen ergibt sich

$$f'(x_1, x_2, x_3, x_4) = \begin{matrix} \frac{\partial}{\partial x_1}f & \frac{\partial}{\partial x_2}f & \frac{\partial}{\partial x_3}f & \frac{\partial}{\partial x_4}f \\ \begin{pmatrix} x_2 \, e^{x_3} & x_1 \, e^{x_3} & x_1 x_2 \, e^{x_3} & 0 \\ 0 & x_3 x_4 & x_2 x_4 & x_2 x_3 \\ 0 & 0 & 0 & 1 \end{pmatrix} \end{matrix}$$

und

$$g'(x, y) = \begin{pmatrix} 0 & 0 \\ 1 & 0 \\ 1 & 0 \\ y & x \end{pmatrix}.$$

Aufgabe 10.2.6

A943

Wie lautet die Jacobi-Matrix zu

$$f : \mathbb{R}^3 \to \mathbb{R}^2, \ f(x) = Ax \quad \text{mit} \quad A = \begin{pmatrix} 3 & 0 & 5 \\ -1 & 2 & 4 \end{pmatrix}?$$

Lösung:

Ausgeschrieben ist

$$f(x_1, x_2, x_3) = \begin{pmatrix} 3 & 0 & 5 \\ -1 & 2 & 4 \end{pmatrix} \cdot \begin{pmatrix} x_1 \\ x_2 \\ x_3 \end{pmatrix} = \begin{pmatrix} 3x_1 & & +5x_3 \\ -x_1 & +2x_2 & +4x_3 \end{pmatrix}.$$

Damit ergibt sich

$$f'(x_1, x_2, x_3) = \begin{pmatrix} 3 & 0 & 5 \\ -1 & 2 & 4 \end{pmatrix} = A.$$

Bemerkung:

Allgemein gilt: Die Jacobi-Matrix zu einer Abbildung $f : \mathbb{R}^n \to \mathbb{R}^m$, $x \mapsto Ax$ mit einer Matrix $A \in \mathbb{R}^{m \times n}$ ist gleich A.

A944

Aufgabe 10.2.7

Sei $f : \mathbb{R}^2 \to \mathbb{R}$, $f(x,y) = x^2 y + x - y^2$.

a) Geben Sie mit Hilfe der linearen Approximation eine Tangentenebene an f um den Punkt $(2,3)$ an.

b) Geben Sie mit Hilfe der linearen Approximation eine Näherung für die Funktionsänderung $\Delta f = f(2+\Delta x, 3+\Delta y) - f(2,3)$ in Abhängigkeit von Δx und Δy an.

c) Wie groß ist die Abweichung bei der Funktion f bzw. durch die Näherungen aus a) bzw. b), wenn man statt $(2,3)$ die Stellen $(2.1, 3)$ bzw. $(2.05, 3.2)$ einsetzt?

d) Nutzen Sie die Näherung aus b), um abzuschätzen, wie groß der Fehler maximal ist, wenn man statt $(x_0, y_0) = (2,3)$ die Stelle $(x_0 + \Delta x, y_0 + \Delta y)$ mit $|\Delta x| \leq 0.1$ und $|\Delta y| \leq 0.2$ einsetzt.

e) Erklären Sie das lineare Fehlerfortpflanzungsgesetz:

Sei $\mathbf{x} = (x_1, \ldots, x_n)$. Sind die Größen x_k mit Fehlern oder Ungenauigkeiten versehen, die maximal $|\Delta x_k|$ betragen ($k = 1, \ldots, n$), so erhält man bei Einsetzen von $\mathbf{x}$ in eine differenzierbare Funktion $f : \mathbb{R}^n \to \mathbb{R}$ einen maximalen Fehler von ungefähr

$$|\Delta f| \leq \left| \frac{\partial f}{\partial x_1}(\mathbf{x}) \right| \cdot |\Delta x_1| + \ldots + \left| \frac{\partial f}{\partial x_n}(\mathbf{x}) \right| \cdot |\Delta x_n|.$$

Lösung:

a) Eine lineare Näherung an f um $(2,3)$ erhält man entsprechend Bemerkung 10.2.8, 3., durch

$$f(x,y) \approx f(2,3) + f'(2,3) \cdot \left(\begin{pmatrix} x \\ y \end{pmatrix} - \begin{pmatrix} 2 \\ 3 \end{pmatrix} \right)$$
$$= f(2,3) + f'(2,3) \cdot \begin{pmatrix} x-2 \\ y-3 \end{pmatrix}.$$

Hier ist $f(2,3) = 5$ und

$$f'(x,y) = (2xy + 1, \ x^2 - 2y),$$

also speziell $f'(2,3) = (13,-2)$. Damit erhält man für (x,y) nahe $(2,3)$

$$f(x,y) \approx 5 + (13,-2) \cdot \begin{pmatrix} x-2 \\ y-3 \end{pmatrix}$$
$$= 5 + 13 \cdot (x-2) - 2 \cdot (y-3)$$
$$= -15 + 13x - 2y.$$

Die Gleichung $z = -15 + 13x - 2y$ beschreibt die Tangentenebene.

b) Wegen

$$f(2 + \Delta x, 3 + \Delta y) \approx f(2,3) + f'(2,3) \cdot \begin{pmatrix} \Delta x \\ \Delta y \end{pmatrix}$$

(s. Satz 10.2.7) ist

$$\Delta f = f(2 + \Delta x, 3 + \Delta y) - f(2,3)$$
$$\approx f'(2,3) \cdot \begin{pmatrix} \Delta x \\ \Delta y \end{pmatrix} = (13,-2) \cdot \begin{pmatrix} \Delta x \\ \Delta y \end{pmatrix}$$
$$= 13\Delta x - 2\Delta y.$$

c) Exakt ist

$$f(2.1,3) - f(2,3) = 6.33 - 5 = 1.33,$$
$$f(2.05,3.2) - f(2,3) = 5.258 - 5 = 0.258.$$

Mit der Näherung $n(x,y) = -15 + 13x - 2y$ aus a) ist

$$n(2.1,3) - f(2,3) = 6.3 - 5 = 1.3,$$
$$n(2.05,3.2) - f(2,3) = 5.25 - 5 = 0.25.$$

Mit der Formel aus b) erhält man das gleiche Ergebnis, da diese Formel die gleiche Näherung nur in anderen Termen beschreibt:

mit $\Delta x = 0.1$ und $\Delta y = 0$ ist $\Delta f = 13 \cdot 0.1 - 2 \cdot 0 = 1.3$,

mit $\Delta x = 0.05$ und $\Delta y = 0.2$ ist $\Delta f = 13 \cdot 0.05 - 2 \cdot 0.2 = 0.25$.

d) Als maximalen Fehler erhält man

$$|\Delta f| = |13\Delta x - 2\Delta y| \leq |13\Delta x| + |2\Delta y|$$

$$= |13| \cdot |\Delta x| + |2| \cdot |\Delta y|$$

$$\leq 13 \cdot 0.1 + 2 \cdot 0.2 = 1.7.$$

e) Bei einer differenzierbaren Funktion $f : \mathbb{R}^n \to \mathbb{R}$ ist nach Satz 10.2.7

$$f(x_1 + \Delta x_1, \ldots, x_n + \Delta x_n)$$

$$\approx f(x_1, \ldots, x_n) + \operatorname{grad} f(x_1, \ldots, x_n) \cdot \begin{pmatrix} \Delta x_1 \\ \vdots \\ \Delta x_n \end{pmatrix}.$$

Damit gilt für den Fehler

$$|\Delta f| = \left| f(x_1 + \Delta x_1, \ldots, x_n + \Delta x_n) - f(x_1, \ldots, x_n) \right|$$

$$\approx \left| \operatorname{grad} f(x_1, \ldots, x_n) \cdot \begin{pmatrix} \Delta x_1 \\ \vdots \\ \Delta x_n \end{pmatrix} \right|$$

$$= \left| \left(\frac{\partial f}{\partial x_1}(\mathbf{x}), \ldots, \frac{\partial f}{\partial x_n}(\mathbf{x}) \right) \cdot \begin{pmatrix} \Delta x_1 \\ \vdots \\ \Delta x_n \end{pmatrix} \right|$$

$$= \left| \frac{\partial f}{\partial x_1}(\mathbf{x}) \cdot \Delta x_1 + \ldots + \frac{\partial f}{\partial x_n}(\mathbf{x}) \cdot \Delta x_n \right|$$

$$\leq \left| \frac{\partial f}{\partial x_1}(\mathbf{x}) \right| \cdot |\Delta x_1| + \ldots + \left| \frac{\partial f}{\partial x_n}(\mathbf{x}) \right| \cdot |\Delta x_n|.$$

A945

Aufgabe 10.2.8 (beispielhafte Klausuraufgabe, 12 Minuten)

Sei $f : \mathbb{R}^2 \to \mathbb{R}^2$, $f\left(\begin{pmatrix} x \\ y \end{pmatrix} \right) = \begin{pmatrix} x^3 y^3 - 2y \\ x \end{pmatrix}$.

Gesucht ist eine Stelle (x, y) mit $f(\begin{pmatrix} x \\ y \end{pmatrix}) = \begin{pmatrix} 0 \\ 2 \end{pmatrix}$. Führen Sie dazu ausgehend vom Punkt $\mathbf{x}^{(0)} = \begin{pmatrix} 1 \\ 1 \end{pmatrix}$ zwei Schritte des (mehrdimensionalen) Newton-Verfahrens durch.

Lösung:

Das Newton-Verfahren bestimmt *Nullstellen* von Funktionen. Das Finden einer Stelle (x, y) mit $f(\begin{pmatrix} x \\ y \end{pmatrix}) = \begin{pmatrix} 0 \\ 2 \end{pmatrix}$ ist äquivalent zur Suche nach einer Nullstelle von

$$g : \mathbb{R}^2 \to \mathbb{R}^2, \quad g\left(\begin{pmatrix} x \\ y \end{pmatrix}\right) = f\left(\begin{pmatrix} x \\ y \end{pmatrix}\right) - \begin{pmatrix} 0 \\ 2 \end{pmatrix} = \begin{pmatrix} x^3 y^3 - 2y \\ x - 2 \end{pmatrix}.$$

Es ist

$$g'(x, y) = \begin{pmatrix} 3x^2 y^3 & 3x^3 y^2 - 2 \\ 1 & 0 \end{pmatrix}.$$

Die nächste Iterationsstelle beim Newton-Verfahren ist die Nullstelle der linearen Näherung. Diese lautet zu $\mathbf{x}^{(0)} = \begin{pmatrix} 1 \\ 1 \end{pmatrix}$:

$$g(\mathbf{x}^{(0)} + \Delta\mathbf{x}^{(0)}) \approx g(\mathbf{x}^{(0)}) + g'(\mathbf{x}^{(0)}) \cdot \Delta\mathbf{x}^{(0)}$$
$$= \begin{pmatrix} -1 \\ -1 \end{pmatrix} + \begin{pmatrix} 3 & 1 \\ 1 & 0 \end{pmatrix} \cdot \Delta\mathbf{x}^{(0)}.$$

Nun gilt

$$\begin{pmatrix} -1 \\ -1 \end{pmatrix} + \begin{pmatrix} 3 & 1 \\ 1 & 0 \end{pmatrix} \cdot \Delta\mathbf{x}^{(0)} = \begin{pmatrix} 0 \\ 0 \end{pmatrix} \quad \Leftrightarrow \quad \begin{pmatrix} 3 & 1 \\ 1 & 0 \end{pmatrix} \cdot \Delta\mathbf{x}^{(0)} = \begin{pmatrix} 1 \\ 1 \end{pmatrix}.$$

Auflösen des Gleichungssystems (beispielsweise durch das Gaußsche Eliminationsverfahren, Nutzung der Inversen (s. 8.5.12) oder „scharfes Hinschauen") führt zu

$$\Delta\mathbf{x}^{(0)} = \begin{pmatrix} 1 \\ -2 \end{pmatrix}$$

und damit zu

$$\mathbf{x}^{(1)} = \mathbf{x}^{(0)} + \Delta\mathbf{x}^{(0)} = \begin{pmatrix} 1 \\ 1 \end{pmatrix} + \begin{pmatrix} 1 \\ -2 \end{pmatrix} = \begin{pmatrix} 2 \\ -1 \end{pmatrix}.$$

Entsprechend ergibt sich als nächster Schritt

$$\mathbf{x}^{(2)} = \mathbf{x}^{(1)} + \Delta\mathbf{x}^{(1)}$$

mit der Lösung $\Delta\mathbf{x}^{(1)}$ zu

$$\mathbf{0} \stackrel{!}{=} g(\mathbf{x}^{(1)}) + g'(\mathbf{x}^{(1)}) \cdot \Delta\mathbf{x}^{(1)} \quad \Leftrightarrow \quad g'(\mathbf{x}^{(1)}) \cdot \Delta\mathbf{x}^{(1)} = -g(\mathbf{x}^{(1)}),$$

hier konkret

$$\begin{pmatrix} -12 & 22 \\ 1 & 0 \end{pmatrix} \cdot \Delta\mathbf{x}^{(1)} = -\begin{pmatrix} -6 \\ 0 \end{pmatrix} = \begin{pmatrix} 6 \\ 0 \end{pmatrix}.$$

Auflösen des Gleichungssystems führt zu $\Delta\mathbf{x}^{(1)} = \begin{pmatrix} 0 \\ 3/11 \end{pmatrix}$ und damit zu

$$\mathbf{x}^{(2)} = \begin{pmatrix} 2 \\ -1 \end{pmatrix} + \begin{pmatrix} 0 \\ \frac{3}{11} \end{pmatrix} = \begin{pmatrix} 2 \\ -\frac{8}{11} \end{pmatrix}.$$

10.3 Weiterführende Themen

10.3.1 Kurven

A946

Aufgabe 10.3.1

Ein Zylinder rollt auf einer ebenen Platte.

a) Stellen Sie eine Formel für die Kurve auf, die ein Punkt am Rand des Zylinders beschreibt.
   Anleitung: Betrachten Sie das Problem im Zweidimensionalen. Setzen Sie die Bewegung zusammen aus der Drehbewegung um den Zylindermittelpunkt und der Längsbewegung des Zylinders.

b) Welche Bewegungsrichtung hat der Punkt in dem Moment, in dem er die Platte berührt?

Lösung:

a) Es gibt verschiedene Möglichkeiten, die Situation zu modellieren. Im Folgenden wird eine Modellierungsmöglichkeit entsprechend Abb. 10.4 vorgestellt:

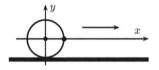

Abb. 10.4 Rollender Zylinder.

Der Zylinder bewege sich nach rechts, habe den Radius r, und der Betrag der Winkelgeschwindigkeit sei ω. Das Koordinatensystem liege so, dass die x-Achse in Höhe des Zylindermittelpunktes liegt, und dass der Zylindermittelpunkt sich zum Zeitpunkt $t = 0$ genau im Ursprung und der betrachtete Randpunkt sich rechts (also bei $(r, 0)$) befindet.

In der angegebenen Modellierung dreht sich der Zylinder im Uhrzeigersinn. Da

$$t \mapsto \begin{pmatrix} \cos(\omega t) \\ \sin(\omega t) \end{pmatrix}$$

(bei $\omega > 0$) eine Bewegung gegen den Uhrzeigersinn beschreibt, erhält man durch die entsprechend negativen Argumente eine Drehung im Uhrzeigersinn. Daher kann die Drehbewegung des Randpunktes um den Zylindermittelpunkt beschrieben werden durch

$$t \mapsto \begin{pmatrix} r \cdot \cos(-\omega t) \\ r \cdot \sin(-\omega t) \end{pmatrix} = \begin{pmatrix} r \cdot \cos(\omega t) \\ -r \cdot \sin(\omega t) \end{pmatrix}.$$

Der Mittelpunkt bewegt sich mit konstanter Geschwindigkeit v in x-Richtung:

$$t \mapsto \begin{pmatrix} v \cdot t \\ 0 \end{pmatrix}.$$

Dabei hängt die Geschwindigkeit v von der Winkelgeschwindigkeit ω ab: Nach einer Umdrehung ($\Delta t = \frac{2\pi}{\omega}$) hat er sich um $\Delta x = r \cdot 2\pi$ (Umfang des Zylinders) bewegt, also

$$v = \frac{\Delta x}{\Delta t} = \frac{r \cdot 2\pi}{\frac{2\pi}{\omega}} = r \cdot \omega.$$

Die Addition der beiden Bewegungen ergibt die tatsächliche Kurve:

$$f(t) := \begin{pmatrix} v \cdot t \\ 0 \end{pmatrix} + \begin{pmatrix} r \cdot \cos(\omega t) \\ -r \cdot \sin(\omega t) \end{pmatrix} = \begin{pmatrix} r\omega \cdot t + r \cdot \cos(\omega t) \\ -r \cdot \sin(\omega t) \end{pmatrix}.$$

b) Bei der gewählten Modellierung liegt der Randpunkt nach einer Vierteldrehung unten, also bei

$$t_0 = \frac{1}{4} \cdot \frac{2\pi}{\omega} = \frac{\pi}{2\omega}.$$

Die Bewegungsrichtung wird durch die Ableitung

$$f'(t) = \begin{pmatrix} r\omega - r\omega \cdot \sin(\omega t) \\ -r\omega \cdot \cos(\omega t) \end{pmatrix}$$

gegeben, zum Zeitpunkt t_0, in dem der Randpunkt die Platte berührt, also durch

$$f'(t_0) = f'\left(\frac{\pi}{2\omega}\right) = \begin{pmatrix} r\omega - r\omega \cdot \sin(\omega \cdot \frac{\pi}{2\omega}) \\ -r\omega \cdot \cos(\omega \cdot \frac{\pi}{2\omega}) \end{pmatrix}$$
$$= \begin{pmatrix} r\omega - r\omega \cdot \sin(\frac{\pi}{2}) \\ -r\omega \cdot \cos(\frac{\pi}{2}) \end{pmatrix} = \begin{pmatrix} r\omega - r\omega \cdot 1 \\ -r\omega \cdot 0 \end{pmatrix} = \begin{pmatrix} 0 \\ 0 \end{pmatrix}.$$

Am untersten Punkt gibt es also keine definierte Richtung.

Abb. 10.5 zeigt die gesamte Bewegungskurve des Punktes.

Abb. 10.5 Bahnkurve des Punktes auf dem Zylinder.

Aufgabe 10.3.2 (beispielhafte Klausuraufgabe, 12 Minuten)

Gegeben ist die Kurve $f : \mathbb{R}^{\geq 0} \to \mathbb{R}^2$, $f(t) = \begin{pmatrix} t \cdot \cos t \\ t \cdot \sin t \end{pmatrix}$.

a) Es ist $f(0) = \begin{pmatrix} 0 \\ 0 \end{pmatrix}$. In welche Richtung verlässt die Kurve bei wachsendem t diesen Punkt?

b) Stellen Sie eine Gleichung für die Tangente an die Kurve zu $t = 2\pi$ auf.

c) Skizzieren Sie die Kurve für $t \in [0, 7]$; berücksichtigen Sie dabei Ihre Ergebnisse von a) und b). Kennzeichnen Sie wichtige Punkte im Koordinatensystem.

Lösung:

a) Es ist

$$f'(t) = \begin{pmatrix} \cos t - t \cdot \sin t \\ \sin t + t \cdot \cos t \end{pmatrix}, \quad \text{also insbesondere } f'(0) = \begin{pmatrix} 1 \\ 0 \end{pmatrix}.$$

Das bedeutet, dass die Kurve den Ursprung in x-Richtung verlässt.

b) Die Tangente ist die lineare Näherung (s. Bemerkung 10.3.2), die sich wegen $f'(2\pi) = \begin{pmatrix} 1 \\ 2\pi \end{pmatrix}$ ergibt als

$$f(2\pi + h) \approx f(2\pi) + h \cdot f'(2\pi) = \underbrace{\begin{pmatrix} 2\pi \\ 0 \end{pmatrix} + h \cdot \begin{pmatrix} 1 \\ 2\pi \end{pmatrix}}_{\text{Tangentengleichung}}.$$

Die Tangente kann man also beschreiben als

$$t = \left\{ \begin{pmatrix} 2\pi \\ 0 \end{pmatrix} + h \cdot \begin{pmatrix} 1 \\ 2\pi \end{pmatrix} \mid h \in \mathbb{R} \right\}.$$

c) Die Darstellung $f(t) = t \cdot \begin{pmatrix} \cos t \\ \sin t \end{pmatrix}$ verdeutlicht, dass die Kurve sich gegen den Uhrzeigersinn um den Ursprung dreht und sich dabei immer weiter von ihm entfernt.

Mit der Information aus a) (Verlassen des Ursprungs in x-Richtung) und der Tangente aus b) erhält man ein Bild wie in Abb. 10.6. Dabei sind die Schnittpunkte mit den Koordinatenachen markiert. Sie entsprechen jeweils einem t-Wert von $\frac{\pi}{2}$, π und $\frac{3}{2}\pi$.

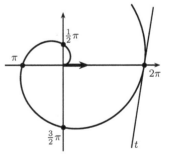

Abb. 10.6 Darstellung der Kurve.

A948

Aufgabe 10.3.3

a) Leiten Sie her, dass die Länge L einer durch eine Funktion $f : [a, b] \to \mathbb{R}^n$ dargestellten Kurve berechnet werden kann durch $L = \int\limits_a^b \|f'(t)\| \, dt$.

Anleitung:

1) Approximieren Sie die Kurve durch einen Streckzug zwischen Punkten $f(t_i)$ mit $a = t_0 < t_1 < \ldots < t_n = b$.

2) Berechnen Sie die Länge der einzelnen Strecken näherungsweise mit Hilfe der Ableitung.

3) Erklären Sie, wie sich das behauptete Integral ergibt.

b) Nutzen Sie die Formel aus a), um die Länge des Kreisbogens zu berechnen, der durch $f : [0, \alpha] \to \mathbb{R}^2$, $f(t) = \begin{pmatrix} \cos t \\ \sin t \end{pmatrix}$ gegeben ist.

Lösung:

a) 1) Mit Zerlegungspunkten

$$a = t_0 < t_1 < \cdots < t_n = b$$

erhält man zu den Punkten $f(t_i)$ einen Streckenzug wie in Abb. 10.7 dargestellt.

Die Länge der Strecke $\overline{f(t_i)f(t_{i+1})}$ ist $\|f(t_{i+1}) - f(t_i)\|$.

Damit erhält man als Approximation der Gesamtlänge

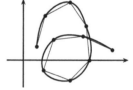

Abb. 10.7 Approximation einer Kurve durch einen Streckenzug.

$$\text{Länge der Kurve} \approx \sum_{i=0}^{n-1} \text{Länge der Strecke } \overline{f(t_i)f(t_{i+1})}$$

$$= \sum_{i=0}^{n-1} \|f(t_{i+1}) - f(t_i)\|.$$

2) Wegen $f(t_{i+1}) \approx f(t_i) + f'(t_i) \cdot (t_{i+1} - t_i)$ (s. Bemerkung 10.2.8, 3.) ergibt sich

$$\|f(t_{i+1}) - f(t_i)\| \approx \|f'(t_i) \cdot (t_{i+1} - t_i)\|$$

Dabei ist $f'(t_i)$ ein Vektor und $(t_{i+1} - t_i)$ eine reelle Zahl. Wegen $\|\lambda \cdot \vec{a}\| = |\lambda| \cdot \|\vec{a}\|$ zu einer Zahl λ und einem Vektor $\vec{a}$ (s. Satz 7.3.13, 1.) folgt

$$\|f(t_{i+1}) - f(t_i)\| \approx \|f'(t_i)\| \cdot |t_{i+1} - t_i|$$

3) Die Ergebnisse aus 1) und 2) führen zu

$$\text{Länge der Kurve} \approx \sum_{i=0}^{n-1} \|f'(t_i)\| \cdot |t_{i+1} - t_i|.$$

Dabei wird die Berechnung genauer, je feiner die Zerlegung gewählt wird.

Die Summe ist eine Riemannsche Zwischensumme zu $\int_a^b \|f'(t)\|\,\mathrm{d}t$, so dass sich dieses Integral bei immer feiner werdenden Zerlegungen als Grenzwert ergibt.

Bemerkung:

Betrachtet man wie bei Beispiel 10.3.1, 3., zu einer Funktion $g : [a,b] \to \mathbb{R}$ den Funktionsgraf als Kurve in der Form $f : \mathbb{R} \to \mathbb{R}^2$, $f(t) = \binom{t}{g(t)}$, so ist $f'(t) = \binom{1}{g'(t)}$ und man erhält

$$L = \int_a^b \|f'(t)\|\,\mathrm{d}t = \int_a^b \sqrt{1 + (g'(t))^2}\,\mathrm{d}t,$$

eine Formel, die schon in Aufgabe 6.1.4 entwickelt wurde.

b) Wegen

$$f'(t) = \begin{pmatrix} -\sin t \\ \cos t \end{pmatrix}$$

erhält man mit der Formel aus a) als Länge des entsprechenden Kreisbogens (s. Abb. 10.8)

Abb. 10.8 Länge eines Einheitskreisbogens.

$$L = \int_0^\alpha \|f_1'(t)\|\,\mathrm{d}t = \int_0^\alpha \left\| \begin{pmatrix} -\sin t \\ \cos t \end{pmatrix} \right\|\,\mathrm{d}t$$

$$= \int_0^\alpha \sqrt{\sin^2 t + \cos^2 t}\,\mathrm{d}t = \int_0^\alpha 1\,\mathrm{d}t = \alpha,$$

ein Ergebnis, das zu erwarten war, da α im Bogenmaß genau die Länge des Kreisbogens darstellt.

10.3.2 Kettenregel

Aufgabe 10.3.4 (Fortsetzung von Aufgabe 10.2.5)

Betrachtet werden die Funktionen $f : \mathbb{R}^4 \to \mathbb{R}^3$ und $g : \mathbb{R}^2 \to \mathbb{R}^4$ mit

$$f(x_1, x_2, x_3, x_4) = \begin{pmatrix} x_1 x_2 \, e^{x_3} \\ x_2 x_3 x_4 \\ x_4 \end{pmatrix} \quad \text{und} \quad g(x, y) = \begin{pmatrix} 1 \\ x \\ x \\ xy \end{pmatrix}$$

sowie $h = f \circ g : \mathbb{R}^2 \to \mathbb{R}^3$.

Berechnen Sie die Jacobi-Matrix von h

a) indem Sie explzit $h(x, y)$ beschreiben und die Jacobi-Matrix dann wie gewöhnlich bestimmen,

b) mit Hilfe der Kettenregel aus den Jacobi-Matrizen zu f und g (s. Aufgabe 10.2.5).

Lösung:

a) Es ist

$$h(x, y) = f(g(x, y)) = f(1, x, x, xy)$$
$$= \begin{pmatrix} 1 \cdot x \cdot e^x \\ x \cdot x \cdot xy \\ xy \end{pmatrix} = \begin{pmatrix} x \cdot e^x \\ x^3 y \\ xy \end{pmatrix}.$$

Damit erhält man als Jacobi-Matrix

$$h'(x, y) = \begin{pmatrix} e^x + x \, e^x & 0 \\ 3x^2 y & x^3 \\ y & x \end{pmatrix}.$$

b) Nach der Kettenregel (Satz 10.3.3) ist

$$h'(x, y) = f'(g(x, y)) \cdot g'(x, y).$$

Die Jacobi-Matrizen zu f und g wurden schon in Aufgabe 10.2.5 berechnet:

$$f'(x_1, x_2, x_3, x_4) = \begin{pmatrix} x_2 \, e^{x_3} & x_1 \, e^{x_3} & x_1 x_2 \, e^{x_3} & 0 \\ 0 & x_3 x_4 & x_2 x_4 & x_2 x_3 \\ 0 & 0 & 0 & 1 \end{pmatrix}$$

und

$$g'(x,y) \;=\; \begin{pmatrix} 0 & 0 \\ 1 & 0 \\ 1 & 0 \\ y & x \end{pmatrix}.$$

Damit ist

$$
\begin{aligned}
h'(x,y) \;&=\; f'(1,x,x,xy) \cdot g'(x,y) \\[2mm]
&=\; \begin{pmatrix} x \cdot e^x & 1 \cdot e^x & 1 \cdot x \cdot e^x & 0 \\ 0 & x \cdot xy & x \cdot xy & x \cdot x \\ 0 & 0 & 0 & 1 \end{pmatrix} \cdot \begin{pmatrix} 0 & 0 \\ 1 & 0 \\ 1 & 0 \\ y & x \end{pmatrix} \\[2mm]
&=\; \begin{pmatrix} e^x + x\,e^x & 0 \\ 3x^2 y & x^3 \\ y & x \end{pmatrix}.
\end{aligned}
$$

Man erhält tatsächlich die gleiche Matrix wie bei a).

10.3.3 Richtungsableitung

A950

Aufgabe 10.3.5

Eine Geländeformation werde beschrieben durch $f(x,y) = 4 - 2x^2 - y^2 + x$.
Sie befinden sich an der Stelle $(0,1)$.

a) In welche Richtung führt der steilste Anstieg? Wie groß ist die Steigung in diese Richtung?

b) Welche Richtung müssen Sie einschlagen, um Ihre Höhe genau zu halten?

c) Sie wollen einen Weg nehmen, der genau die Steigung 1 hat. Welche Richtung müssen Sie nehmen?

Lösung:

a) Es ist $\operatorname{grad} f(x,y) = (-4x + 1, -2y)$, speziell

$$\operatorname{grad} f(0,1) \;=\; (1, -2).$$

Der Gradient zeigt in die Richtung des steilsten Anstiegs (s. Satz 10.1.8, 1.). Um die Steigung in diese Richtung mit Satz 10.3.6 zu berechnen, braucht man einen normierten Richtungsvektor $\mathbf{v}$ (vgl. Aufgabe 7.3.2):

$$\mathbf{v} \;=\; \frac{1}{\|\operatorname{grad} f(0,1)\|} \cdot \operatorname{grad} f(0,1) \;=\; \frac{1}{\sqrt{5}} \cdot \begin{pmatrix} 1 \\ -2 \end{pmatrix}.$$

Die Richtungsableitung ist damit

$$\frac{\partial}{\partial \mathbf{v}} f(0,1) = \operatorname{grad} f(0,1) \cdot \mathbf{v} = (1,-2) \cdot \frac{1}{\sqrt{5}} \cdot \begin{pmatrix} 1 \\ -2 \end{pmatrix}$$

$$= \frac{1}{\sqrt{1^2 + (-2)^2}} = \frac{1}{\sqrt{5}} \cdot 5 = \sqrt{5}.$$

Alternativ erhält man mit Bemerkung 10.3.7, 3., direkt dass die Richtungsableitung in Richtung des Gradienten gleich $\|\operatorname{grad} f(0,1)\| = \|(1,-2)\| = \sqrt{5}$ ist.

b) Nach Satz 10.1.8, 2., ändert sich der Funktionswert senkrecht zum Gradienten nicht.

Eine Richtung senkrecht zu $\operatorname{grad} f(0,1) = (1,-2)$ erhält man mit Bemerkung 7.3.20 beispielsweise als $\binom{2}{1}$ oder $\binom{-2}{-1}$ bzw. normiert $\frac{1}{\sqrt{5}}\binom{2}{1}$ oder $\frac{1}{\sqrt{5}}\binom{-2}{-1}$.

c) Gesucht ist eine Richtung $\mathbf{v} = \binom{v_1}{v_2}$ die normiert ist, also

$$1 = \|\mathbf{v}\| = \sqrt{v_1^2 + v_2^2} \quad \Leftrightarrow \quad 1 = v_1^2 + v_2^2, \tag{$*$}$$

und die die Richtungsableitung 1 besitzt, also

$$1 = \operatorname{grad} f(0,1) \cdot \mathbf{v} = (1,-2) \cdot \begin{pmatrix} v_1 \\ v_2 \end{pmatrix} = v_1 - 2v_2.$$

Setzt man $v_1 = 1 + 2v_2$ in $(*)$ ein, erhält man

$$1 = (1+2v_2)^2 + v_2^2 = 1 + 4v_2 + 4v_2^2 + v_2^2 = 5v_2^2 + 4v_2 + 1$$

$$\Leftrightarrow \quad 5v_2^2 = -4v_2 \quad \Leftrightarrow \quad v_2 = 0 \quad \text{oder} \quad v_2 = -\frac{4}{5}.$$

Aus $v_1 = 1 + 2v_2$ erhält man die entsprechenden v_1-Werte und damit die Richtungen $\binom{1}{0}$ und $\binom{-3/5}{-4/5}$, die eine Richtungsableitung von haben.

10.3.4 Hesse-Matrix

Aufgabe 10.3.6

Berechnen Sie die Hesse-Matrix zu

A951

a) $f : \mathbb{R}^3 \to \mathbb{R},\ f(x_1, x_2, x_3) = x_1^3 + x_2^2 \cdot \sin(x_3)$.

b) $f : \mathbb{R}^2 \to \mathbb{R},\ f(\mathbf{x}) = \mathbf{x}^T A \mathbf{x}$ mit der Matrix $A = \begin{pmatrix} 5 & 2 \\ 2 & -1 \end{pmatrix}$.

Lösung:

a) Die Hesse-Matrix erhält man als Matrix der zweiten Ableitungen.

Die ersten Ableitungen fasst der Gradient zusammen, hier

$$\operatorname{grad} f(x_1, x_2, x_3) \;=\; \left(3x_1^2, \quad 2x_2 \cdot \sin(x_3), \quad x_2^2 \cdot \cos(x_3)\right).$$

Die zweiten Ableitungen erhält man, indem man die einzelnen Komponenten des Gradienten nochmals ableitet. Beispielsweise erhält man die erste Spalte der Hesse-Matrix, indem man die erste Komponente des Gradienten, also die x_1-Ableitung, nach x_1, x_2 und x_3 ableitet.

Man erhält

$$H_f(x_1, x_2, x_3) \;=\; \begin{pmatrix} 6x_1 & 0 & 0 \\ 0 & 2\sin(x_3) & 2x_2 \cdot \cos(x_3) \\ 0 & 2x_2 \cdot \cos(x_3) & -x_2^2 \cdot \sin(x_3) \end{pmatrix}.$$

b) Die Funktion wurde schon in Aufgabe 10.1.2, c), betrachtet. Dort wurde die Komponentenschreibweise

$$f(x_1, x_2) \;=\; 5x_1{}^2 + 4x_1 x_2 - x_2{}^2$$

und der Gradient

$$\operatorname{grad} f(x_1, x_2) \;=\; (10x_1 + 4x_2, \; 4x_1 - 2x_2) \;=\; 2 \cdot A \cdot \mathbf{x}$$

berechnet.

Die Einträge der Hesse-Matrix erhält man wieder als Ableitung der Komponenten des Gradienten:

$$H_f(x_1, x_2) \;=\; \begin{pmatrix} 10 & 4 \\ 4 & -2 \end{pmatrix}.$$

Bemerkung:

Man sieht, dass $H_f = 2 \cdot A$ ist. Dies gilt allgemein bei Hesse-Matrizen zu quadratischen Formen $f(\mathbf{x}) = \mathbf{x}^T A \mathbf{x}$.

Nach der Bemerkung von Aufgabe 10.1.2 ist dann nämlich der Gradient gleich $f'(\mathbf{x}) = 2 \cdot A \cdot \mathbf{x}$. Entsprechend Bemerkung 10.3.9, 3., ist die Hesse-Matrix die Jacobi-Matrix zum Gradienten, und entsprechend der Bemerkung von Aufgabe 10.2.6 ist die Jacobi-Matrix zu einer Funktion $\mathbf{x} \mapsto B \cdot \mathbf{x}$ gleich B, so dass man hier für $B = 2 \cdot A$ als Hesse-Matrix $2 \cdot A$ erhält.

Die Formeln und die Rolle der Hesse-Matrix als verallgemeinerte zweite Ableitung bestärken die Analogie der quadratischen Form als mehrdimensionale Verallgemeinerung einer eindimensionalen quadratischen Funktion $f(x) = ax^2$ mit zweiter Ableitung $2a$.

A952

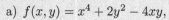

Sind die stationären Punkte der Funktionen

a) $f(x,y) = x^4 + 2y^2 - 4xy,$

b) $f(x_1, x_2, x_3) = 2x_1^2 - 2x_1x_2 + x_2^2 + x_3^2 - 2x_1 - 4x_3.$

lokale Maximal- oder Minimalstellen oder sind es Sattelstellen?

Lösung:

a) In Aufgabe 10.2.1 wurden schon

$$\operatorname{grad} f(x,y) = \left(4x^3 - 4y,\ 4y - 4x\right)$$

und die stationären Punkte

$$(0,0), \quad (1,1) \quad \text{und} \quad (-1,-1)$$

berechnet.

Die Hesse-Matrix zu f ist

$$H_f(x,y) = \begin{pmatrix} 12x^2 & -4 \\ -4 & 4 \end{pmatrix}.$$

Speziell ist

$$H_f(1,1) = \begin{pmatrix} 12 & -4 \\ -4 & 4 \end{pmatrix} = H_f(-1,-1).$$

Diese Matrix ist positiv definit, wie man mit Satz 8.7.9 sehen kann:

$$\det(12) = 12 > 0 \qquad \text{und}$$

$$\det \begin{pmatrix} 12 & -4 \\ -4 & 4 \end{pmatrix} = 36 > 0.$$

Nach Satz 10.3.14 sind $(1,1)$ und $(-1,-1)$ damit Minimalstellen.
Die Matrix

$$H_f(0,0) = \begin{pmatrix} 0 & -4 \\ -4 & 4 \end{pmatrix}$$

ist indefinit, da beispielsweise

$$(0\ \ 1) \cdot \begin{pmatrix} 0 & -4 \\ -4 & 4 \end{pmatrix} \cdot \begin{pmatrix} 0 \\ 1 \end{pmatrix} = 4 > 0$$

und

$$(2 \ 1) \cdot \begin{pmatrix} 0 & -4 \\ -4 & 4 \end{pmatrix} \cdot \begin{pmatrix} 2 \\ 1 \end{pmatrix} = (2 \ 1) \cdot \begin{pmatrix} -4 \\ -4 \end{pmatrix} = -12 < 0$$

ist. Nach Satz 10.3.14 ist $(0,0)$ damit keine Extremstelle, also eine Sattelstelle.

b) In Aufgabe 10.2.1 wurden schon

$$\operatorname{grad} f(x_1, x_2, x_3) = (4x_1 - 2x_2 - 2, \ -2x_1 + 2x_2, \ 2x_3 - 4)$$

und der einzige stationären Punkt $(1,1,2)$ berechnet

Die Hesse-Matrix zu f ist

$$H_f(x_1, x_2, x_3) = \begin{pmatrix} 4 & -2 & 0 \\ -2 & 2 & 0 \\ 0 & 0 & 2 \end{pmatrix}.$$

(Die Matrix hängt gar nicht von der konkreten Stelle ab.)

Die Matrix ist nach Satz 8.7.9 positiv definit, denn

$$\det(4) = 4 > 0,$$

$$\det \begin{pmatrix} 4 & -2 \\ -2 & 2 \end{pmatrix} = 4 > 0 \qquad \text{und}$$

$$\det \begin{pmatrix} 4 & -2 & 0 \\ -2 & 2 & 0 \\ 0 & 0 & 2 \end{pmatrix} = 16 > 0.$$

Also ist der stationäre Punkt $(1,1,2)$ eine Minimalstelle.

A953

Aufgabe 10.3.8

a) Berechnen Sie zur Stelle $(x_0, y_0) = (2, 1)$ eine quadratische Näherung für $f(2 + \Delta x, 1 + \Delta y)$ zur Funktion

$$f : \mathbb{R}^2 \to \mathbb{R}, \ f(x, y) = x^2 - 3xy + y + 4.$$

b) Was ergibt sich bei a), wenn man die Änderungen $(\Delta x, \Delta y)$ in der Form $(x - 2, y - 1)$ schreibt?

Lösung:

a) Es ist

$$\operatorname{grad} f(x, y) = (2x - 3y, -3x + 1)$$

und

$$H_f(x,y) \;=\; \begin{pmatrix} 2 & -3 \\ -3 & 0 \end{pmatrix},$$

speziell

$$\operatorname{grad} f(2,1) \;=\; (1,-5) \quad \text{und} \quad H_f(2,1) \;=\; \begin{pmatrix} 2 & -3 \\ -3 & 0 \end{pmatrix}.$$

Als quadratische Näherung entsprechend Satz 10.3.11 erhält man so

$$f(2+\Delta x, 1+\Delta y)$$

$$\approx f(2,1) + \operatorname{grad} f(2,1) \cdot \begin{pmatrix} \Delta x \\ \Delta y \end{pmatrix} + \frac{1}{2} \cdot (\Delta x, \Delta y) \cdot H_f(2,1) \cdot \begin{pmatrix} \Delta x \\ \Delta y \end{pmatrix}$$

$$= 3 + (1,-5) \cdot \begin{pmatrix} \Delta x \\ \Delta y \end{pmatrix} + \frac{1}{2} \cdot (\Delta x, \Delta y) \cdot \begin{pmatrix} 2 & -3 \\ -3 & 0 \end{pmatrix} \cdot \begin{pmatrix} \Delta x \\ \Delta y \end{pmatrix}$$

$$= 3 + \quad \Delta x - 5\Delta y \quad + \frac{1}{2} \cdot \left(2(\Delta x)^2 - 6\Delta x \Delta y \right)$$

$$= 3 + \Delta x - 5\Delta y + (\Delta x)^2 - 3\Delta x \Delta y.$$

b) Setzt man $\Delta x = x - 2$ und $\Delta y = y - 1$, so erhält man eine Näherung für

$$f(1+(x-1), 2+(y-2)) \;=\; f(x,y)$$

in der Form

$$f(x,y)$$

$$\approx 3 + (x-2) - 5(y-1) + (x-2)^2 - 3(x-2)(y-1)$$

$$= 3 + x - 2 - 5y + 5 + x^2 - 4x + 4 - 3(xy - x - 2y + 2)$$

$$= 4 + y + x^2 - 3xy \;=\; f(x,y).$$

Man erhält also genau die Ausgangsfunktion zurück.

Dies gilt allgemein: Bei einer quadratischen Funktion stimmt die quadratische Approximation (an jeder Stelle entwickelt) mit der Funktion überein.

11 Integration bei mehreren Veränderlichen

11.1 Satz von Fubini

A971

Aufgabe 11.1.1

Berechnen Sie

a) $\displaystyle\int_D (x^2 - xy^2)\, \mathrm{d}(x,y)$ zu $D = [0,3] \times [0,1]$,

b) $\displaystyle\int_D x \cdot \cos(xy)\, \mathrm{d}(x,y)$ zu $D = [0,\pi] \times [0,1]$.

Lösung:

a) Nach dem Satz von Fubini (Satz 11.1.2) kann man das Integral als zwei-faches eindimensionales Integral berechnen, wobei die Integrationsreihen-folge irrelevant ist. Im Folgenden wird zunächst innen nach y differenziert und außen dann nach x. Man kann die Berechnung aber ebenso umgekehrt durchführen.

$$
\int_D (x^2 - xy^2)\, \mathrm{d}(x,y) = \int_{x=0}^{3} \int_{y=0}^{1} (x^2 - xy^2)\, \mathrm{d}y\, \mathrm{d}x
$$

$$
= \int_{x=0}^{3} \left(x^2 \cdot y - \frac{1}{3}xy^3\right)\Big|_{y=0}^{1} \mathrm{d}x = \int_{x=0}^{3} \left(x^2 - \frac{1}{3}x - 0\right) \mathrm{d}x
$$

$$
= \left(\frac{1}{3}x^3 - \frac{1}{3}\cdot\frac{1}{2}x^2\right)\Big|_{x=0}^{3} = 9 - \frac{3}{2} + 0 = \frac{15}{2}.
$$

b) Theoretisch sind auch hier beide Integrationsreihenfolgen möglich. Auf Grund der Struktur des Integranden bietet es sich aber an, zunächst in-nen die y-Integration durchzuführen, da man leicht eine Stammfunktion bzgl. y findet, während eine Stammfunktion bzgl. x mit mehr Aufwand verbunden wäre.

$$\int_D x \cdot \cos(xy) \, \mathrm{d}(x,y) \;=\; \int_{x=0}^{\pi} \int_{y=0}^{1} x \cdot \cos(xy) \, \mathrm{d}y \, \mathrm{d}x$$

$$= \int_{x=0}^{\pi} \sin(xy) \Big|_{y=0}^{1} \, \mathrm{d}x \;=\; \int_{x=0}^{\pi} \sin(x \cdot 1) - \underbrace{\sin(x \cdot 0)}_{=0} \, \mathrm{d}x$$

$$= \int_{x=0}^{\pi} \sin(x) \, \mathrm{d}x \;=\; -\cos(x) \Big|_{x=0}^{\pi} \;=\; -\underbrace{\cos(\pi)}_{-1} - \left(-\underbrace{\cos(0)}_{1}\right) \;=\; 2.$$

A972

Aufgabe 11.1.2

Berechnen Sie

$$\int_D \frac{2z}{(x+y)^2} \, \mathrm{d}(x,y,z) \qquad \text{mit } D = [1,2] \times [2,3] \times [0,2] \subseteq \mathbb{R}^3.$$

Verifizieren Sie, dass der Wert des Integrals unabhängig von der Reihenfolge der Integrationen ist, indem Sie verschiedene Reihenfolgen ausprobieren.

Lösung:

Hier werden exemplarisch die Integrationsreihenfolge x, y, z einmal von außen nach innen und einmal von innen nach außen vorgestellt. Bei den anderen Reihenfolgen ergeben sich ähnliche Rechnungen.

$$\int_D \frac{2z}{(x+y)^2} \, \mathrm{d}(x,y,z) \;=\; \int_{x=1}^{2} \int_{y=2}^{3} \int_{z=0}^{2} \frac{2z}{(x+y)^2} \, \mathrm{d}z \, \mathrm{d}y \, \mathrm{d}x$$

$$= \int_{x=1}^{2} \int_{y=2}^{3} \frac{z^2}{(x+y)^2} \Big|_{z=0}^{2} \, \mathrm{d}y \, \mathrm{d}x \;=\; \int_{x=1}^{2} \int_{y=2}^{3} \frac{4}{(x+y)^2} \, \mathrm{d}y \, \mathrm{d}x$$

$$= \int_{x=1}^{2} \frac{-4}{x+y} \Big|_{y=2}^{3} \, \mathrm{d}x \;=\; \int_{x=1}^{2} \left(\frac{-4}{x+3} + \frac{4}{x+2} \right) \, \mathrm{d}x$$

$$= \left(-4 \cdot \ln|x+3| + 4 \cdot \ln|x+2| \right) \Big|_{x=1}^{2}$$

$$= -4 \cdot \ln 5 + 4 \cdot \ln 4 + 4 \cdot \ln 4 - 4 \cdot \ln 3 \;=\; 4 \cdot (2 \cdot \ln 4 - \ln 3 - \ln 5)$$

Mit den Logarithmenregeln $\ln x + \ln y = \ln(x \cdot y)$ und $\ln x - \ln y = \ln \frac{x}{y}$ (s. Satz 1.3.9) kann man den letzten Ausdruck noch weiter umformen:

$$4 \cdot (2 \cdot \ln 4 - \ln 3 - \ln 5) \;=\; 4 \cdot \ln \frac{4 \cdot 4}{3 \cdot 5} \;=\; 4 \cdot \ln \frac{16}{15}.$$

Die umgekehrte Integrationsreihenfolge führt zu

$$\int_D \frac{2z}{(x+y)^2}\,\mathrm{d}(x,y,z) \;=\; \int_{z=0}^{2}\int_{y=2}^{3}\int_{x=1}^{2} \frac{2z}{(x+y)^2}\,\mathrm{d}x\,\mathrm{d}y\,\mathrm{d}z$$

$$= \int_{z=0}^{2}\int_{y=2}^{3} \left.\frac{-2z}{x+y}\right|_{x=1}^{2}\,\mathrm{d}y\,\mathrm{d}z \;=\; \int_{z=0}^{2}\int_{y=2}^{3} \left(\frac{-2z}{2+y} + \frac{2z}{1+y}\right)\,\mathrm{d}y\,\mathrm{d}z$$

$$= \int_{z=0}^{2} \left(-2z \cdot \ln|2+y| + 2z \cdot \ln|1+y|\right)\Big|_{y=2}^{3}\,\mathrm{d}z$$

$$= \int_{z=0}^{2} \left(-2z \cdot \ln 5 + 2z \cdot \ln 4 + 2z \cdot \ln 4 - 2z \cdot \ln 3\right)\,\mathrm{d}z$$

$$= \int_{z=0}^{2} 2z \cdot \ln \frac{4 \cdot 4}{5 \cdot 3}\,\mathrm{d}z \;=\; \ln \frac{16}{15} \cdot z^2\Big|_{0}^{2} \;=\; 4 \cdot \ln \frac{16}{15}.$$

Aufgabe 11.1.3

A973

a) Seien $f : [a,b] \to \mathbb{R}$ und $g : [c,d] \to \mathbb{R}$ integrierbar, $D = [a,b] \times [c,d]$.
   Zeigen Sie:

$$\int_D f(x) \cdot g(y)\,\mathrm{d}(x,y) = \left(\int_a^b f(x)\,\mathrm{d}x\right) \cdot \left(\int_c^d g(y)\,\mathrm{d}y\right).$$

b) Nutzen Sie die Formel aus a) zur Berechnung von

$$\int_D x^2 \cdot \sin(y)\,\mathrm{d}(x,y) \qquad \text{mit } D = [1,2] \times [0,\pi].$$

Lösung:

a) Nach dem Satz von Fubini (Satz 11.1.2) ist

$$\int_D f(x) \cdot g(y)\,\mathrm{d}(x,y) \;=\; \int_{y=c}^{d} \left(\int_{x=a}^{b} f(x) \cdot g(y)\,\mathrm{d}x\right)\,\mathrm{d}y.$$

Beim inneren Integranden ist der Wert $g(y)$ eine Konstante bzgl. der x-Integration. Diese Konstante kann vor das Integral gezogen werden:

$$\int\limits_{y=c}^{d} \left(\int\limits_{x=a}^{b} f(x) \cdot g(y)\, \mathrm{d}x \right) \mathrm{d}y = \int\limits_{y=c}^{d} \left(g(y) \cdot \underbrace{\int\limits_{x=a}^{b} f(x)\, \mathrm{d}x}_{=:I_f} \right) \mathrm{d}y.$$

Das f-Integral I_f ist für die y-Integration eine Konstante und kann daher vor das Integral gezogen werden:

$$\int\limits_{y=c}^{d} g(y) \cdot I_f\, \mathrm{d}y = I_f \cdot \int\limits_{y=c}^{d} g(y)\, \mathrm{d}y = \int\limits_{x=a}^{b} f(x)\, \mathrm{d}x \cdot \int\limits_{y=c}^{d} g(y)\, \mathrm{d}y.$$

Setzt man alle Gleichungen zusammen, so erhält man die behauptete Formel.

b) Die Formel aus a) ermöglicht das parallele Aufstellen der Stammfunktion:

$$\int\limits_{D} x^2 \cdot \sin(y)\, \mathrm{d}(x,y) = \left(\int\limits_{x=1}^{2} x^2\, \mathrm{d}x \right) \cdot \left(\int\limits_{y=0}^{\pi} \sin(y)\, \mathrm{d}y \right)$$

$$= \left(\frac{1}{3}x^3 \Big|_1^2 \right) \cdot \left(-\cos(y) \Big|_0^{\pi} \right) = \left(\frac{1}{3} \cdot 8 - \frac{1}{3} \right) \cdot \left(-(-1) - (-1) \right)$$

$$= \frac{7}{3} \cdot 2 = \frac{14}{3}.$$

A974

Aufgabe 11.1.4

Ein Joghurtbecher hat eine Höhe von 8cm. Der Radius der Bodenfläche beträgt 2cm, beim Deckel sind es 3cm.

Welches Volumen hat der Becher?

Lösung:

Ein Querschnitt in Höhe h ergibt einen Kreis, dessen Radius linear mit der Höhe zunimmt. Dabei ist entsprechend Abb. 11.1

$$r(0\,\mathrm{cm}) = 2\,\mathrm{cm} \quad \text{und} \quad r(8\,\mathrm{cm}) = 3\,\mathrm{cm}.$$

Als funktionale Beziehung erhält man damit (s. Aufgabe 1.1.5, c))

$$r(h) = 2\,\mathrm{cm} + \frac{1}{8}h.$$

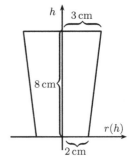

Abb. 11.1 Becher mit Koordinatensystem.

Da die Querschnittsfläche $\pi \cdot (r(h))^2$ entspricht, erhält man als Volumen

$$V = \int_0^{8\,\mathrm{cm}} \pi \cdot (r(h))^2 \, \mathrm{d}h = \pi \cdot \int_0^{8\,\mathrm{cm}} \left(2\,\mathrm{cm} + \frac{1}{8}h\right)^2 \, \mathrm{d}h$$

$$= \pi \cdot \int_0^{8\,\mathrm{cm}} \left(4\,\mathrm{cm}^2 + \frac{1\,\mathrm{cm}}{2}h + \frac{1}{64}h^2\right) \, \mathrm{d}h$$

$$= \pi \cdot \left(4\,\mathrm{cm}^2 \cdot h + \frac{1\,\mathrm{cm}}{4}h^2 + \frac{1}{3 \cdot 64}h^3\right)\Big|_{h=0}^{8\,\mathrm{cm}}$$

$$= \pi \cdot (32\,\mathrm{cm}^3 + 16\,\mathrm{cm}^3 + \frac{8}{3}\,\mathrm{cm}^3 - 0)$$

$$= \pi \cdot \frac{152}{3}\,\mathrm{cm}^3 \approx 159\,\mathrm{cm}^3.$$

Aufgabe 11.1.5

Überlegen Sie sich, dass das Volumen V eines Rotationskörpers mit der Mantellinie $f(x)$, $x \in [x_0, x_1]$, berechnet werden kann durch

$$V = \pi \int_{x_0}^{x_1} (f(x))^2 \, \mathrm{d}x.$$

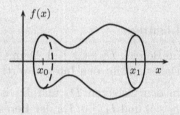

A975

Lösung:

Ein senkrechter Schnitt zur x-Achse an der Stelle x ergibt einen Kreis mit Radius $f(x)$ (s. Abb. 11.2), also der Fläche $\pi \cdot (f(x))^2$.

Damit ergibt sich das Volumen nach Satz 11.1.7 als

$$V = \int_{x_0}^{x_1} (\text{Fläche der Schnitte bei } x) \, \mathrm{d}x$$

Abb. 11.2 Rotationskörper mit Schnittfläche.

$$= \int_{x_0}^{x_1} \pi \cdot (f(x))^2 \, \mathrm{d}x = \pi \cdot \int_{x_0}^{x_1} (f(x))^2 \, \mathrm{d}x.$$

Aufgabe 11.1.6 (beispielhafte Klausuraufgabe, 6 Minuten)

Betrachtet werden die vier jeweils grau dargestellten Integrationsbereiche D_k im $\mathbb{R}^2$

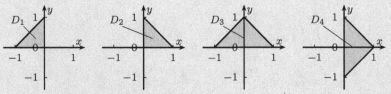

und die entsprechenden Integralwerte

$$I_k = \int_{D_k} xy^2 \, \mathrm{d}(x,y) \qquad (k = 1, \ldots, 4).$$

Sortieren Sie die Werte I_k der Größe nach.

Begründen Sie Ihre Anordnung! (Sie brauchen die I_k nicht zu berechnen!)

Lösung:

Im Bereich D_1 ist $x \leq 0$. Damit ist dort der Integrand kleiner oder gleich Null. Daher gilt für den Integralwert: $I_1 \leq 0$.

In den Gebieten D_2 und D_4 ist der Integrand größer oder gleich Null, also $I_2 \geq 0$ und $I_4 \geq 0$. Da der Bereich D_4 größer als D_2 ist, gilt ferner $I_2 \leq I_4$.

Aus Symmetriegründen ist $I_3 = 0$.

Damit gilt

$$I_1 \leq 0 = I_3 \leq I_2 \leq I_4.$$

11.2 Integration in anderen Koordinatensystemen

Aufgabe 11.2.1

Sei K_R der Kreis in $\mathbb{R}^2$ um $(0,0)$ mit Radius R. Berechnen Sie

a) $\displaystyle \int_{K_2} (x^2 + y^2) \, \mathrm{d}(x,y),$

b) $\displaystyle \int_{K_1} f(x,y) \, \mathrm{d}(x,y)$ mit $f = f(r,\varphi)$ in Polarkoordinaten ausgedrückt durch

$$f(r,\varphi) = r \cdot \sin \frac{\varphi}{2}, \qquad \varphi \in [0, 2\pi].$$

Lösung:

a) In Polarkoordinaten ist der Integrand wegen $r = \sqrt{x^2 + y^2}$ gleich $x^2 + y^2 = r^2$. Er ist also unabhängig vom Winkel φ. Damit ergibt sich bei einer Integration in Polarkoordinaten nach Satz 11.2.4

$$\int\limits_{K_2} (x^2 + y^2) \, d(x, y)$$

$$= \int\limits_0^2 r^2 \cdot 2\pi r \, dr = 2\pi \cdot \int\limits_0^2 r^3 \, dr$$

$$= 2\pi \cdot \frac{1}{4} r^4 \Big|_0^2 = 8\pi.$$

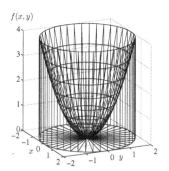

Abb. 11.3 Volumen unter dem Kelch.

Berechnet wird dabei das Volumen unterhalb des durch $f(r) = r^2$ beschriebenen Paraboloids, s. Abb. 11.3.

b) Bei einer Integration in Polarkoordinaten erhält man nach Satz 11.2.1

$$\int\limits_{K_1} f(x, y) \, d(x, y) = \int\limits_{r=0}^1 \int\limits_{\varphi=0}^{2\pi} f(r, \varphi) \cdot r \, d\varphi \, dr$$

$$= \int\limits_{r=0}^1 \int\limits_{\varphi=0}^{2\pi} r \cdot \sin\frac{\varphi}{2} \cdot r \, d\varphi \, dr. = \int\limits_{r=0}^1 \int\limits_{\varphi=0}^{2\pi} r^2 \cdot \sin\frac{\varphi}{2} \, d\varphi \, dr.$$

Beim Integral kann man nun wie bei Aufgabe 11.1.3 die r- und φ-Integrationen parallel durchführen:

$$\int\limits_{K_1} f(x, y) \, d(x, y) = \left(\int\limits_{r=0}^1 r^2 \, dr \right) \cdot \left(\int\limits_{\varphi=0}^{2\pi} \sin\frac{\varphi}{2} \, d\varphi \right)$$

$$= \left(\frac{1}{3} r^3 \Big|_{r=0}^1 \right) \cdot \left(-2 \cdot \cos\frac{\varphi}{2} \Big|_{\varphi=0}^{2\pi} \right) = \frac{1}{3} \cdot (2 - (-2)) = \frac{4}{3}.$$

Das Integral entspricht dem Volumen unter der schon in Aufgabe 9.1.3 betrachteten Fläche, s. Abb. 11.4.

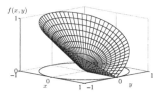

Abb. 11.4 $f(r, \varphi) = r \cdot \sin\frac{\varphi}{2}$.

A978

Aufgabe 11.2.2

a) Sei K_1 der Kreis in $\mathbb{R}^2$ um $(0,0)$ mit Radius 1.

Existiert das Integral $\int\limits_{K_1} \frac{1}{r}\,\mathrm{d}(x,y)$?

(Dabei ist der Integrand in Polarkoordinaten ausgedrückt.)

b) Sei K_1 die Kugel in $\mathbb{R}^3$ um den Ursprung mit Radius 1.

Existiert das Integral $\int\limits_{K_1} \frac{1}{r^2}\,\mathrm{d}(x,y,z)$?

(Dabei ist der Integrand in Kugelkoordinaten ausgedrückt.)

Lösung:

a) Der Integrand wurde schon in Aufgabe 9.1.3 behandelt. Er ist rotationssymmetrisch und stellt eine rotierende Hyperbel dar, s. Abb. 11.5. Im Ursprung liegt eine Polstelle. Daher ist das Integral genau genommen ein uneigentliches Integral.

Bei der Berechnung in Polarkoordinaten erhält man nach Satz 11.2.4 das Integral

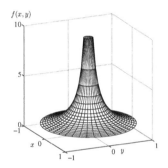

Abb. 11.5 $f(r) = \frac{1}{r}$.

$$\int\limits_{K_1} \frac{1}{r}\,\mathrm{d}(x,y) = \int\limits_0^1 \frac{1}{r}\cdot 2\pi r\,\mathrm{d}r$$

$$= \int\limits_0^1 2\pi\,\mathrm{d}r.$$

Man sieht, dass sich die Polstelle mit dem zusätzlichen Faktor r aufhebt, so dass das Integral existiert (mit Wert 2π).

Bemerkung:

Aufgabe 6.3.5 zeigte, dass das eindimensionale Integral $\int_0^1 \frac{1}{x^a}\,\mathrm{d}x$ genau für $a < 1$ existiert. Mit Überlegungen wie oben sieht man, dass wegen des zusätzlichen Faktors r bei der Integration in Polarkoordinaten im Zweidimensionalen das Integral $\int_{K_1} \frac{1}{r^a}\,\mathrm{d}(x,y)$ genau für $a < 2$ existiert.

b) Ähnlich wie bei a) liegt im Ursprung eine Polstelle. Daher ist das Integral genau genommen wieder ein uneigentliches Integral.

Bei der Berechnung in Kugelkoordinaten erhält man nach Satz 11.2.9

$$\int\limits_{K_1} \frac{1}{r^2}\,\mathrm{d}(x,y,z) = \int\limits_{r=0}^{2\pi} \int\limits_{\varphi=0}^{2\pi} \int\limits_{\vartheta=0}^{\pi} \frac{1}{r^2}\cdot r^2 \cdot \sin\vartheta\ \mathrm{d}\vartheta\,\mathrm{d}\varphi\,\mathrm{d}r$$

$$= \int\limits_{r=0}^{2\pi} \int\limits_{\varphi=0}^{2\pi} \int\limits_{\vartheta=0}^{\pi} \sin\vartheta\ \mathrm{d}\vartheta\,\mathrm{d}\varphi\,\mathrm{d}r.$$

Wie bei a) hebt sich die Polstelle mit dem zusätzlichen Faktor auf, so dass das Integral exisitert.

Bemerkung:

Ähnlich zu der Bemerkung unter a) kann man sich überlegen, dass im Dreidimensionalen das Integral $\int_{K_1} \frac{1}{r^a}\,\mathrm{d}(x,y,z)$ genau für $a < 3$ existiert.

Aufgabe 11.2.3

Ziel dieser Aufgabe ist es, den Wert von $A = \int\limits_{-\infty}^{\infty} e^{-x^2}\,\mathrm{d}x$ zu bestimmen. Gehen Sie dazu wie folgt vor:

a) Zeigen Sie $A^2 = \int\limits_{\mathbb{R}^2} e^{-(x^2+y^2)}\,\mathrm{d}(x,y)$, indem Sie den Integranden als Produkt schreiben und die Formel aus Aufgabe 11.1.3 nutzen.

b) Berechnen Sie $\int\limits_{\mathbb{R}^2} e^{-(x^2+y^2)}\,\mathrm{d}(x,y)$ durch Integration in Polarkoordinaten.

c) Bestimmen Sie nun den Wert von A.

Lösung:

Vorbemerkungen:

1. Die Funktion $f(x) = e^{-x^2}$ besitzt keine elementare Stammfunktion, so dass die Berechnung im Eindimensionalen schwierig ist. Die Funktion und ihr Integral haben allerdings eine große Bedeutung in der Wahrscheinlichkeitsrechnung.

2. Das Integral erstreckt sich über $\mathbb{R}^2$. Genau genommen handelt es sich also um ein uneigentliches Integral, und man müsste es als Grenzwert von Integralen über endliche Bereiche, die immer größer werden, betrachten. Die folgenden Überlegungen kann man dann ähnlich durchführen.

a) Den Integranden kann man als Produkt $e^{-(x^2+y^2)} = e^{-x^2}\cdot e^{-y^2}$ schreiben. Mit Aufgabe 11.1.3 erhält man dann

$$\int_{\mathbb{R}^2} e^{-(x^2+y^2)}\, d(x,y) \;=\; \int_{x=-\infty}^{\infty} \int_{y=-\infty}^{\infty} e^{-x^2} \cdot e^{-y^2}\, dy\, dx$$

$$= \left(\int_{x=-\infty}^{\infty} e^{-x^2}\, dx \right) \cdot \left(\int_{y=-\infty}^{\infty} e^{-y^2}\, dy \right)$$

Die beiden Faktoren des letzten Ausdrucks sind jeweils gleich A (beim zweiten Faktor wird lediglich die Integrationsvariable y statt x genutzt); der Wert des Integrals ist also gleich $A \cdot A = A^2$.

b) In Polarkoordinaten ausgedrückt ist $x^2+y^2 = r^2$, der Integrand also gleich e^{-r^2} und von φ unabhängig.

Bei der Integration in Polarkoordinaten erhält man einen zusätzlichen Faktor r und kann dadurch bzgl. r eine Stammfunktion finden:

$$\int_{\mathbb{R}^2} e^{-(x^2+y^2)}\, d(x,y) \;=\; \int_{r=0}^{\infty} e^{-r^2} \cdot 2\pi r\, dr$$

$$= -\pi \cdot e^{-r^2}\Big|_{r=0}^{\infty} \;=\; -\pi \cdot 0 - (-\pi) \cdot e^0 \;=\; \pi.$$

c) Aus a) und b) folgt $A^2 = \pi$, also $A = \pm\sqrt{\pi}$. Da der Integrand offensichtlich überall positiv ist, scheidet die negative Lösung aus, also $A = \sqrt{\pi}$.

A980

Aufgabe 11.2.4

Berechnen Sie das Volumen des abgebildeten Kelches mit Höhe 4 und oberen Radius 2, der formelmäßig durch $f(x,y) = x^2 + y^2$ beschrieben wird,

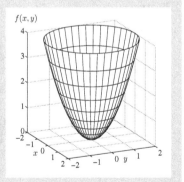

a) mit Hilfe einer Integration in Polarkoordinaten,

   (Achtung: Gesucht ist nicht das Volumen unter der Kurve sondern der Kelchinhalt!),

b) durch Integration der Flächen horizontaler Schnitte.

Wie wird der Kelch bei den Berechnungen in a) bzw. b) jeweils "zerlegt"?

Lösung:

a) In Polarkoordinaten ist $x^2 + y^2 = r^2$. Über einem Punkt mit Abstand r zum Ursprung beginnt der Kelch also in Höhe r^2 und endet bei der Höhe 4. Zu integrieren ist also $4 - r^2$:

$$V = \int_0^2 (4 - r^2) \cdot 2\pi r \, dr$$

$$= 2\pi \cdot \int_0^2 (4r - r^3) \, dr$$

$$= 2\pi \cdot \left(2r^2 - \frac{1}{4} r^4 \right) \Big|_0^2$$

$$= 2\pi \cdot (8 - 4) = 8\pi.$$

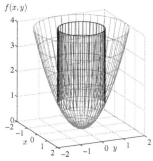

Abb. 11.6 Zerlegung in Ringe.

Der Kelch wird bei der Berechnung in Ringe entsprechend Abb. 11.6 zerlegt.

b) Der Kelch wird bei der Berechnung in horizontale Scheiben zerlegt, s. Abb. 11.7.

Den Zusammenhang zwischen dem Radius $r(h)$ einer Kreisscheibe in Höhe h und der Höhe h kann man sich mit Abb. 11.8 verdeutlichen:

Die Randlinie wird beschrieben durch:

$$h = r^2 \quad \Leftrightarrow \quad r = r(h) = \sqrt{h}.$$

Ein Schnitt in Höhe h hat damit die Fläche

$$A(h) = \pi \cdot \left(\sqrt{h} \right)^2 = \pi \cdot h.$$

Als Integration der Schnittflächen ergibt sich

$$V = \int_0^4 \pi \cdot h \, dh = \pi \cdot \frac{1}{2} h^2 \Big|_0^4$$

$$= \pi \cdot \frac{1}{2} \cdot 16 = 8\pi.$$

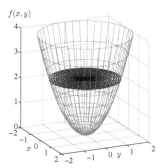

Abb. 11.7 Zerlegung in Scheiben.

Abb. 11.8 Randlinie.

Bemerkung

In Aufgabe 11.2.1 wurde das Volumen *unterhalb* des Kelchs (mit gleichen Ausmaßen) berechnet; dabei ergab sich ebenfalls 8π. Dies gilt allgemein:

Die Funktion $f(r) = r^2$ halbiert das Volumen eines Zylinders mit Grundflächenradius R und Höhe R^2.

Aufgabe 11.2.5

Die Funktion $f : \mathbb{R}^3 \to \mathbb{R}$ sei in kartesischen Koordinaten gegeben durch

$$f(x, y, z) = (x^2 + y^2) \cdot z.$$

a) Bestimmen Sie $\int_Z f(x, y, z)\, d(x, y, z)$, wobei Z der Zylinder um die z-Achse von $z_0 = 0$ bis $z_1 = 2$ mit Radius 1 ist.

b) Bestimmen Sie $\int_K f(x, y, z)\, d(x, y, z)$, wobei K die auf der (x, y)-Ebene um den Nullpunkt liegende Halbkugel mit Radius 1 ist.

Lösung:

a) Zur Integration nutzt man günstigerweise Zylinderkoordinaten:

Die Variablendarstellung in Zylinderkoordinaten ist

$$\begin{pmatrix} x \\ y \\ z \end{pmatrix} = \begin{pmatrix} \varrho \cos \varphi \\ \varrho \sin \varphi \\ z \end{pmatrix}.$$

Damit ist

$$\begin{aligned} f(x, y, z) &= \left((\varrho \cos \varphi)^2 + (\varrho \sin \varphi)^2 \right) \cdot z \\ &= \varrho^2 \left(\underbrace{\cos^2 \varphi + \sin^2 \varphi}_{=1} \right) \cdot z = \varrho^2 \cdot z \end{aligned}$$

(s. auch Beispiel 9.2.8.1).

In Zylinderkoordinaten wird der Zylinder beschrieben durch

$$Z = \left\{ \begin{pmatrix} x \\ y \\ z \end{pmatrix} = \begin{pmatrix} \varrho \cos \varphi \\ \varrho \sin \varphi \\ z \end{pmatrix} \middle| \varrho \in [0, 1],\ \varphi \in [0, 2\pi],\ z \in [0, 2] \right\}.$$

Mit Satz 11.2.7 kann man das Integral als drei eindimensionale Integral berechnen. Nach Aufgabe 11.1.3 kann man diese Integrale parallel abarbeiten:

$$\begin{aligned} \int_Z f(x, y, z)\, d(x, y, z) &= \int_{\varrho=0}^{1} \int_{\varphi=0}^{2\pi} \int_{z=0}^{2} \varrho^2 \cdot z \cdot \varrho\, dz\, d\varphi\, d\varrho \\ &= \int_{\varrho=0}^{1} \varrho^3\, d\varrho \cdot \int_{\varphi=0}^{2\pi} 1\, d\varphi \cdot \int_{z=0}^{2} z\, dz = \left. \frac{1}{4}\varrho^4 \right|_0^1 \cdot 2\pi \cdot \left. \frac{1}{2} z^2 \right|_0^2 \\ &= \frac{1}{4} \cdot 2\pi \cdot 2 = \pi. \end{aligned}$$

b) Zur Integration nutzt man günstigerweise Kugelkoordinaten:

In Kugelkoordinaten hat man die Variablendarstellung

$$\begin{pmatrix} x \\ y \\ z \end{pmatrix} = \begin{pmatrix} r \cos \varphi \sin \vartheta \\ r \sin \varphi \sin \vartheta \\ r \cos \vartheta \end{pmatrix}.$$

Damit ist

$$\begin{aligned} f(x,y,z) &= \left((r \cos \varphi \sin \vartheta)^2 + (r \sin \varphi \sin \vartheta)^2 \right) \cdot r \, \cos \vartheta \\ &= r^2 \sin^2 \vartheta \cdot \left(\cos^2 \varphi + \sin^2 \varphi \right) \qquad \cdot r \, \cos \vartheta \\ &= r^3 \sin^2 \vartheta \cdot \cos \vartheta \end{aligned}$$

(s. auch Beispiel 9.2.13.1).

In Kugelkoordinaten wird die Halbkugel beschrieben durch

$$K = \left\{ \begin{pmatrix} x \\ y \\ z \end{pmatrix} = \begin{pmatrix} r \cos \varphi \sin \vartheta \\ r \sin \varphi \sin \vartheta \\ r \cos \vartheta \end{pmatrix} \middle| r \in [0,1], \, \varphi \in [0, 2\pi], \, \vartheta \in \left[0, \frac{\pi}{2}\right] \right\}.$$

Mit Satz 11.2.9 und paralleler Abarbeitung der Integrale entsprechend Aufgabe 11.1.3 erhält man

$$\begin{aligned} \int_K f(x,y,z) \, \mathrm{d}(x,y,z) &= \int_{r=0}^{1} \int_{\varphi=0}^{2\pi} \int_{\vartheta=0}^{\frac{\pi}{2}} r^3 \sin^2 \vartheta \cos \vartheta \cdot r^2 \sin \vartheta \, \mathrm{d}\vartheta \, \mathrm{d}\varphi \, \mathrm{d}r \\ &= \int_{r=0}^{1} r^5 \, \mathrm{d}r \, \cdot \int_{\varphi=0}^{2\pi} 1 \, \mathrm{d}\varphi \, \cdot \int_{\vartheta=0}^{\frac{\pi}{2}} \sin^3 \vartheta \cos \vartheta \, \mathrm{d}\vartheta \\ &= \left. \frac{1}{6} r^6 \right|_0^1 \, \cdot \quad 2\pi \quad \cdot \quad \left. \frac{1}{4} \sin^4 \vartheta \right|_0^{\frac{\pi}{2}} \\ &= \frac{1}{6} \cdot 2\pi \cdot \frac{1}{4} \cdot 1 \, = \, \frac{1}{12}\pi. \end{aligned}$$

Aufgabe 11.2.6

Betrachtet wird ein Kugelkondensator mit innerem Kugelradius R_1 und äußerem Kugelradius R_2. Tragen die Kugelschalen jeweils die Ladung Q bzw. $-Q$, so gilt der folgende Zusammenhang zwischen der elektrischen Feldstärke $\vec{E}$ und der elektrischen Flussdichte $\vec{D}$ in einem Punkt zwischen den Kugelschalen:

$$\vec{D} = \varepsilon \cdot \vec{E} = \frac{Q}{4\pi r^2} \vec{e_r}.$$

Dabei ist ε die Dielektrizitätskonstante, r gibt den Abstand zum Kugelmittelpunkt an, und $\vec{e}_r$ ist ein Vektor der Länge 1 in radialer Richtung.

Die elektrische Energiedichte w_{el} in einem Raumpunkt ergibt sich durch $w_{\mathrm{el}} = \frac{1}{2}\vec{D} \cdot \vec{E}$, die Gesamtenergie des Feldes durch $W_{\mathrm{el}} = \int w_{\mathrm{el}}\, dV$, wobei sich das Volumenintegral über das betrachtete Gesamtfeld zwischen den Kugelschalen erstreckt.

Berechnen Sie die Energie, die im Feld des Kugelkondensators enthalten ist.

Lösung:

Da die Vektoren $\vec{D}$ und $\vec{E}$ in die gleiche Richtung zeigen, ist das Skalarprodukt $\vec{D} \cdot \vec{E}$ gleich dem Produkt der Beträge (s. Bemerkung 7.3.17, 5.).

Mit Hilfe der Einheitsvektoren $\vec{e}_r$ und $\vec{e}_r \cdot \vec{e}_r = \|\vec{e}_r\|^2 = 1$ erhält man das auch rechnerisch:

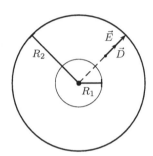

Abb. 11.9 Feldvektoren im Kugelkondensator.

$$
\begin{aligned}
\vec{D} \cdot \vec{E} &= \left(\frac{Q}{4\pi r^2} \vec{e}_r \right) \cdot \left(\frac{1}{\varepsilon} \cdot \frac{Q}{4\pi r^2} \vec{e}_r \right) \\
&= \frac{Q^2}{16\pi^2 \varepsilon} \cdot \frac{1}{r^4} \cdot (\vec{e}_r \cdot \vec{e}_r) \\
&= \frac{Q^2}{16\pi^2 \varepsilon} \cdot \frac{1}{r^4}.
\end{aligned}
$$

Bei der Berechnung des Integrals erstreckt sich der Integrationsbereich auf den Raum zwischen den Kugelschalen. Die φ- und ϑ-Grenzen sind damit wie üblich; der Radius muss im Interval $[R_1, R_2]$ liegen:

$$
\begin{aligned}
W_{el} &= \int \frac{1}{2}\vec{D} \cdot \vec{E}\, dV = \frac{Q^2}{32\pi^2\varepsilon} \int \frac{1}{r^4}\, dV \\
&= \frac{Q^2}{32\pi^2\varepsilon} \int\limits_{r=R_1}^{R_2} \int\limits_{\varphi=0}^{2\pi} \int\limits_{\vartheta=0}^{\pi} \frac{1}{r^4} \cdot 1 \cdot r^2 \sin\vartheta\, d\vartheta\, d\varphi\, dr \\
&= \frac{Q^2}{32\pi^2\varepsilon} \int\limits_{r=R_1}^{R_2} \frac{1}{r^2}\, dr \cdot \int\limits_{\varphi=0}^{2\pi} d\varphi \cdot \int\limits_{\vartheta=0}^{\pi} \sin\vartheta\, d\vartheta \\
&= \frac{Q^2}{32\pi^2\varepsilon} \left(-\frac{1}{r}\bigg|_{r=R_1}^{R_2} \right) \cdot \left(1\bigg|_{\varphi=0}^{2\pi} \right) \cdot \left(-\cos\vartheta\bigg|_{\vartheta=0}^{\pi} \right) \\
&= \frac{Q^2}{32\pi^2\varepsilon} \left(-\frac{1}{R_2} + \frac{1}{R_1} \right) \cdot (2\pi - 0) \cdot (-(-1) - (-1)) \\
&= \frac{Q^2}{8\pi\varepsilon} \cdot \left(\frac{1}{R_1} - \frac{1}{R_2} \right).
\end{aligned}
$$

Bemerkung:

Bezeichnet C die Kapazität des Kondensators, so gilt auch $W_{\mathrm{el}} = \frac{1}{2}\frac{Q^2}{C}$. Damit und mit dem Ergebnis aus a) kann man dann die Kapazität des Kugelkondensators berechnen, denn nach C umgeformt, ergibt sich

$$C \; = \; \frac{1}{2}\frac{Q^2}{W_{el}} \; \overset{a)}{=} \; \frac{1}{2}\frac{Q^2}{\frac{Q^2}{8\pi\varepsilon}\left(\frac{1}{R_1} - \frac{1}{R_2}\right)} \; = \; \frac{1}{2} \cdot \frac{8\pi\varepsilon}{\frac{R_2 - R_1}{R_1 \cdot R_2}} \; = \; 4\pi\varepsilon \cdot \frac{R_1 \cdot R_2}{R_2 - R_1}.$$